普通高等教育“十三五”规划教材

材料化学基础

主　编　马　兰

副主编　刘景景　彭富昌

杨绍利　左承阳

北　京

冶 金 工 业 出 版 社

2025

内容提要

本教材分为材料化学基本原理、物质的性质及应用两部分。第一部分为各专业必修内容；第二部分为按照相关专业需要的选修内容。

本教材按照工程教育专业认证的要求而编写，在现有大学化学、普通化学、化学基础等近现代化学基本知识体系的基础上，强化化学基本原理、基础知识在实际生产、生活中的应用，力求结合工程实践进行案例和实践教学。

本教材可作为材料、冶金、能源、矿冶等非化学化工专业本科生的公共课教材，也可作为具有高中水平的人学习化学知识的自学教材。

图书在版编目(CIP)数据

材料化学基础/马兰主编.—北京：冶金工业出版社，2017.8(2025.1 重印)

普通高等教育“十三五”规划教材

ISBN 978-7-5024-7553-6

Ⅰ.①材…　Ⅱ.①马…　Ⅲ.①材料科学—应用化学—高等学校—教材　Ⅳ.①TB3

中国版本图书馆 CIP 数据核字(2017)第 194717 号

材料化学基础

出版发行　冶金工业出版社　　**电　话**　(010)64027926

地　址　北京市东城区嵩祝院北巷 39 号　　**邮　编**　100009

网　址　www.mip1953.com　　**电子信箱**　service@mip1953.com

责任编辑　刘小峰　曾　媛　美术编辑　彭子赫　版式设计　孙跃红

责任校对　李　娜　责任印制　窦　唯

北京富资园科技发展有限公司印刷

2017 年 8 月第 1 版，2025 年 1 月第 7 次印刷

787mm×1092mm　1/16；22.25 印张；537 千字；346 页

定价 50.00 元

投稿电话　(010)64027932　投稿信箱　tougao@cnmip.com.cn

营销中心电话　(010)64044283

冶金工业出版社天猫旗舰店　yjgycbs.tmall.com

(本书如有印装质量问题，本社营销中心负责退换)

前言

化学是自然科学的基础。面向材料、冶金、能源、矿冶、环境等非化学化工专业本科生开设的“材料化学基础”课程，首要目的是培养学生的科学思维方法、科学素养、创新精神、工程意识和工程能力，启发学生认识化学在自然科学发展中的地位和化学在提高人类生活、生产水平方面的作用。“材料化学基础”注重化学与社会、生活、生产、研究的关系，强调化学知识的应用，力求体现化学学科知识的社会需求价值。

随着工程教育专业认证的持续开展，工程教育日益成为高等学校本科教学的基本理念，教学模式、教学方法、教学手段、教学资源等正在发生着变革。教材是展现教学内容和体现教学方法的载体，是学生学习知识和提升能力的平台。本教材基于工程教育理念，立足学科与展现价值观整合协调，将知识与能力、过程与方法、情感态度与价值观三维学习目标融合，在“以学生为中心，以结果为导向”的教学思想上做了一定的尝试。

本教材遵循和继承了现有大学化学、普通化学、化学基础等近现代化学基本知识体系，在此基础上强化化学基本原理、基础知识在实际生产、生活中的应用，力求结合工程实践进行案例和实践教学。

本教材分为材料化学基本原理、物质的性质及应用两部分。第一部分是各专业的必修内容，包括热化学基础、化学反应的基本原理、物质结构基础、化学平衡及其应用等4章内容。第二部分包括元素及化合物性质及应用、无机材料和高分子材料基础等8章内容，可根据专业的不同特点选择讲授或在教师指导下由学生自学。第二部分试图分析元素化合物的性质及其在相关学科领域中的渗透和应用，为学生提供独特的化学视角，内容上力求体现出知识性、应用性和前沿性，反映材料类学科专业特色，注重实际应用和学生工程能力的培养。

本教材在继承传统编写方式基础上，以章节课题的形式安排内容。考虑到材料化学基本原理的各个课题里需要讲授的内容较多，为此又设置了知识模块。相邻课题和知识模块既相互独立又彼此联系，使知识既成体系又可作为独立突破点。

本教材设置学习目标、能力要求、重点难点预测、知识清单、先修知识等环节。各课题针对难点、重点内容设置问题讨论，引导学生自学时思考，帮助学生突破难点，掌握重点。教材充分考虑了大学化学与高中知识的衔接，专门设置了先修知识复习环节。在开始各个课题学习前，学生应自主复习已有知识，为学习新知识做好铺垫。每个课题设置自学导读单元和选择、判断、填空等题型，让学生对基础知识掌握情况进行自学成果评价。课题最后设置基础知识、知识应用、拓展提升三个层次的展示学习能力效果的练习题，提示学生所要用到的知识点及其要解决的问题，引导学生对所学知识进行活学活用。

为方便教学，本教材配备有电子教案，免费赠送给选用本教材的教师和学生使用。教师可以在冶金工业出版社教学服务资源库里下载电子课件。学生可以扫描教材中所印二维码，下载课件视频，跟随老师的思路预习或复习；可以在冶金工业出版社教学服务资源库里下载先修知识进行预习、下载应用拓展进行课外阅读。

本教材集各位教师长期教学和工程实践经验，并反复探索编写而成。初稿第1~4章由刘景景、马兰撰写，第5~10章由马兰、杨绍利、左承阳撰写，第11、12章由彭富昌撰写。全书由马兰定稿。

本教材在编写过程中，得到了攀枝花学院以及攀枝花欣宇化工有限责任公司、攀钢集团钒业有限公司、攀枝花正源科技有限公司等企业的帮助和支持，在此特别感谢张静博士、李千文和张成康高级工程师。本教材初稿在2015、2016级材料类专业进行试用，反响较好。成稿时采纳了学生的部分意见和建议，在此一并致谢。

本教材的出版得到了材料科学与工程国家级特色专业建设、四川省普通高校应用型本科示范专业建设和攀枝花学院特色教材建设的资助，在此表示衷心感谢。

由于作者水平和经验所限，加之时间仓促，书中不妥之处，敬请各位读者给予批评指正。

编　者

2017年6月

目　录

第1篇　材料化学基本原理

第2篇　物质的性质及应用

第1篇　材料化学基本原理

化学研究的核心问题是化学反应。化学中最具有创造性的工作是设计和创造新的分子，化学研究帮助我们从原子、分子的层面去研究和实现材料的制备合成和冶炼加工。如何实现这个过程？通过本篇内容的学习，结合化学的基本原理和相关知识，能够对简单的工程问题进行求解或分析，并能选择正确的方法。

第1章　热化学基础

【本章学习要点】 在物质的制备合成、冶炼加工过程中，往往伴随着化学反应的发生，化学反应发生时伴随着多种形式的能量变化，但通常以热的形式放出或吸收。本章着重讨论化学反应相关的热化学基本问题，介绍能源的概况及有关的化学知识。

课题1.1　热化学与反应热的测量

学习目标	1. 对热化学基本概念基本清楚； 2. 了解恒容反应热测量装置（弹式量热计）原理，并能根据实验数据计算等容热效应（Q_V）
能力要求	1. 对热化学基本概念清楚，能根据实验数据计算等容热效应（Q_V）； 2. 能在小组讨论中承担个体角色并发挥个体优势； 3. 具有自主学习的意识，逐渐养成终身学习的能力
重点难点预测	重点：化学反应热效应及测量 难点：相关概念，化学反应热效应及测量
知识清单	热化学相关概念（相、系统与环境、状态与状态函数、途径与过程、可逆过程、化学计量数、反应进度），化学反应热效应及测量
先修知识	中学化学选修4化学反应与原理：化学反应与能量有关焓变、反应热、热化学方程式

知识模块一　几个基本概念

1. 系统与环境

简单地说，系统就是研究的对象，有时也称体系。一般情况下，为了讨论问题的方便，有目的地将某一部分物质与其余物质分开（可以是实际的，也可以是假想的），被划定的研究对象称为系统；系统之外，与系统密切相关的、影响所能及的部分称为环境。如研究密闭容器中的反应，可将反应物、生成物及容器中的气氛定位为系统，将容器以及容器以外的物质当做环境。如果容器是敞开的，则系统与环境的界面只能是假想的。

系统和环境密不可分，是一个整体的两个部分。按照系统和环境之间有无物质和能量的交换，可将热力学系统分为三类：

（1）敞开系统。与环境之间既有物质交换，又有能量交换的系统，也称为开放系统（图1.1(a)）。

（2）封闭系统。与环境之间没有物质交换，只有能量交换的系统，通常在密闭容器中的系统即为封闭系统。除特别指出外，所讨论的系统均指封闭系统（图1.1(b)）。

（3）隔离系统。与环境既无物质交换，又无能量交换的系统，也称孤立系统。绝热密闭的恒容系统即为隔离系统。应当指出，绝对的孤立系统是不存在的。为了讨论科学问题的方便，有时把与系统有关的环境部分与系统合并在一起视为孤立系统，也叫隔离系统（图1.1(c)）。

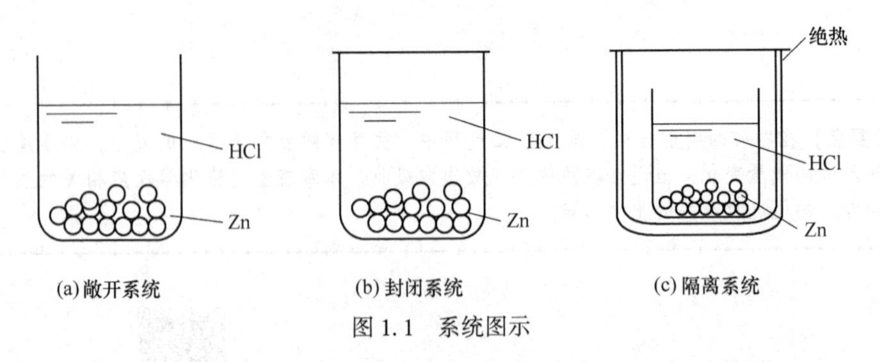

图1.1　系统图示

问题讨论：

$FeSO_4$ 溶液与 NaOH 溶液在不同的上述系统中共混，分别会产生什么现象？

2. 状态与状态函数

（1）状态。是一定条件下体系存在的形式，或者说是系统所处的状况。

在一定的条件下，系统的性质不再随时间而变化，此平衡系统的状态就是确定的，可由一组物理量来对系统进行表征。例如质点的机械运动状态由质点的位置和动量来确定；由一定质量的气体组成的系统的状态可由系统的温度 T、压强 p、体积 V 和物质的量 n 等各种宏观性质来描述和表现。

（2）状态函数。是用来描述系统状态的物理量，例如 p、V、T 以及后面要介绍的热力学能（又称内能）U、焓 H、熵 S 和吉布斯函数 G 等均是状态函数。

状态函数的特点是：状态确定，其值确定；殊途同归，值变相等；周而复始，值变为零。

1）对状态函数特点的理解：

①状态函数只对平衡状态的体系有确定值，对于非平衡状态的体系则无确定值；

②状态函数的变化值只取决于系统的始态和终态，与中间变化过程无关；

③状态函数不都是独立的，有些是相互关联、相互制约的；

④状态函数的微变 dX 为全微分，全微分的积分与积分路径无关；

⑤状态函数的集合（和、差、积、商）也是状态函数。

2）按性质的量值是否与物质的量有关，状态函数可分为两类：

①广度性质（又称容量性质）。广度性质的量与系统中物质的量成正比，具有加和性。当系统分割成若干部分时，系统的某广度性质等于各部分该性质之和。体积、热容、质量、焓、熵和热力学能等均是广度性质。

②强度性质。强度性质的量值与系统宏观中物质的量多寡无关，决定于系统本身性质，不具有加和性。例如，两杯 300K 的水混合，水温仍是 300K，不是 600K。温度、压力、密度、黏度和摩尔体积等均是强度性质。

在系统的状态确定后，系统的宏观性质就有确定的数值，亦即系统的宏观性质是状态的单值函数。但是，系统的性质之间是具有联系的，一般只要确定少数几个性质（对于定量的单相纯物质，只要确定两个强度性质），状态也就确定了。

状态函数 p、V、T 和 n 之间的定量关系式称为状态函数。例如：

$$pV = nRT \tag{1.1}$$

式中，R 为摩尔气体常数，$R = 8.314\mathrm{J \cdot mol^{-1} \cdot K^{-1}}$。

式（1.1）就是理想气体的状态方程，描述理想气体的压力、温度和体积之间的关系。

理想气体状态方程也可以写成：

$$pV_{\mathrm{m}} = RT \tag{1.2}$$

式中，V_{m} 为摩尔体积。

工业上，有许多实用的描述实际气体的状态方程。例如，范德华方程：

$$\left(p + \frac{n^2 a}{V^2}\right)(V - nb) = nRT \tag{1.3}$$

或者写为：

$$\left(p + \frac{a}{V_{\mathrm{m}}^2}\right)(V_{\mathrm{m}} - b) = RT \tag{1.4}$$

式中，a、b 为范德华常数。不同的物质具有不同的范德华常数，可以从物理化学数据手册中查得。

3. 相

物质系统中物理、化学性质完全相同，与其他部分具有明显分界面的均匀部分称为相。所谓均匀是指其分散程度达到分子或离子大小的尺度。相与相之间有明确的界面，超过此相界面，一定有某些宏观性质（如密度、折射率、组成等）发生突变。

如图 1.2 所示，对于 NaCl 的水溶液，无论在何处取样，NaCl 的浓度和物理性质及化学性质都相同，此 NaCl 水溶液就是一个相，称为液相。在溶液上面的水蒸气与空气的混合物称为气相。浮在液面上的冰称为固相。相的存在和物质的量的多少无关，也可以不连续地存在。例如，冰不论是 1.0g 还是 0.5kg，是一大块还是许多小块，它们都属于同一个相。所以，图 1.2 所示系统就是一个三相系统。

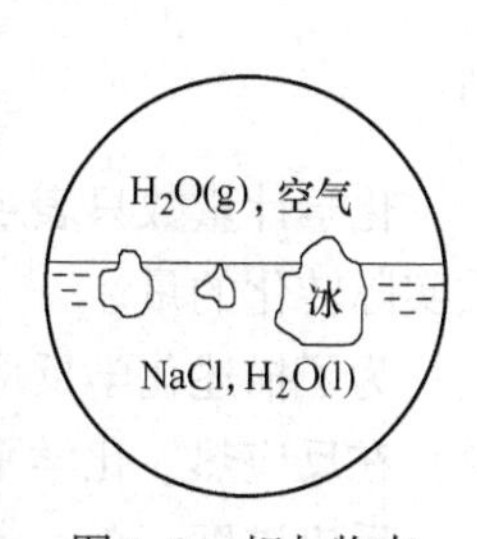

图 1.2　相与物态

通常，任何气体均能无限混合，所以系统内不论有多少种气体都只有一个气相。

液相则按其互溶程度可以是一相或两相共存。例如，液态乙醇与水完全互溶，其混合液为单相系统；甲苯与水不互溶而分层，是相界面很清楚的两相系统。

对于固体，如果系统中不同种固体达到了分子尺度的均匀混合，就形成了固溶体，一种固溶体就是一个相。比如具有钙钛矿结构的 $(Pb+Nd)[Zr_xTi_{1-x}]O_3$ 可作为铁电、压电、介电陶瓷材料，低钒含量的储氢合金 $[Ti_7Cr_8]V_1$ 和低弹性模量高强度的 $[Mo(Ti, Zr)_{14}]Nb_1$ 合金等，都是不同种固体达到了分子尺度的均匀混合，形成了一个相。否则，系统中含有多少种物质，就有多少个固相。由碳元素所形成的石墨、金刚石和碳 60 互为同素异形体，分属不同的相。

若按相的组分来分，系统可分为单相（均相）系统和多相（非均相）系统。在 273.16K 和 611.73Pa 时，水、冰和水蒸气三相可以平衡共存，这个温度和压力条件称为系统的“三相点”。

问题讨论：

相和凝聚态是什么关系？单相系统一定只有一种物质吗？多相系统一定有多种物质吗？

4. 化学计量数和反应进度

对于一般化学反应：

$$aA + bB = yY + zZ \tag{1.5}$$

改写为：

$$0 = (-a)A + (-b)B + yY + zZ \tag{1.6}$$

$$0 = \nu_{B_1}B_1 + \nu_{B_2}B_2 + \nu_{B_3}B_3 + \nu_{B_4}B_4 \tag{1.7}$$

也可改写为：

$$0 = \sum_B \nu_B B \tag{1.8}$$

式中，B 为反应中物质的化学式；ν_B 为物质的化学计量数，是量纲为“1”的量，对于反应物取负值，对产物取正值。

对于同一个化学反应，化学计量数与化学反应方程式的写法有关。

例如，SO_2 的催化氧化反应写成：

$$2SO_2(g) + O_2(g) \xlongequal{} 2SO_3(g)$$

则：

$$\nu_{SO_2} = -2,\ \nu_{O_2} = -1,\ \nu_{SO_3} = 2$$

若写成：

$$SO_2(g) + \frac{1}{2}O_2(g) \xlongequal[\text{催化剂}]{\text{高温高压}} SO_3(g)$$

则：

$$\nu_{SO_2} = -1,\ \nu_{O_2} = -\frac{1}{2},\ \nu_{SO_3} = 1$$

化学计量数只表示当按计量反应式时各物质转化的比例数，并不是反应过程中相应物质实际转化的量。

为了描述化学反应进行的程度，需引入反应进度的概念。反应进度是一个重要的物理量，在反应热、化学平衡和反应速率的表示式中将普遍使用。

反应进度（ξ），是描述化学反应进行的程度，其数学定义为：

$$d\xi = dn_B/\nu_B \tag{1.9}$$

式中，d 为微分符号，表示微小变化；n_B 为物质 B 的物质的量；ν_B 为 B 的化学计量数，故反应进度 ξ 的 SI 单位为 mol。

对于有限的变化，有：

$$\Delta\xi = \Delta n_B/\nu_B \tag{1.10}$$

对于化学反应，一般选尚未反应时 $\xi=0$，因此：

$$\xi = [n_B(\xi) - n_B(0)]/\nu_B \tag{1.11}$$

式中，$n_B(0)$ 为 $\xi=0$ 时物质 B 的物质的量；$n_B(\xi)$ 为 $\xi=\xi$ 时 B 的物质的量。

根据定义，反应进度只与化学反应方程式有关，而与用反应系统中何种物质来表示无关。以合成氨反应为例，对于反应式：

	$N_2(g)$ +	$3H_2(g)$ ══	$2NH_3(g)$	ξ
t_0 时，n_B/mol	3.0	10.0	0.0	0
t_1 时，n_B/mol	2.0	7.0	2.0	1.0
t_2 时，n_B/mol	1.5	5.5	3.0	1.5
t_3 时，n_B/mol	1.0	4.0	4.0	2.0

根据反应进度（ξ）的定义，$t=t_1$ 时：

$$\xi_1 = \frac{\Delta n_{1,N_2}}{\nu_{N_2}} = \frac{2.0\text{mol} - 3.0\text{mol}}{-1} = 1.0\text{mol}$$

$$\xi_1 = \frac{\Delta n_{1,H_2}}{\nu_{H_2}} = \frac{7.0\text{mol} - 10.0\text{mol}}{-3} = 1.0\text{mol}$$

$$\xi_1 = \frac{\Delta n_{1,NH_3}}{\nu_{NH_3}} = \frac{2.0\text{mol} - 0\text{mol}}{2} = 1.0\text{mol}$$

当 $\xi=1$mol 时，即反应按所给反应式的系数比例进行了一个单位的化学反应，就称为 1mol 化学反应，简称摩尔反应。

同理，当反应进行到 t_2、t_3 时刻时，反应进度分别为 1.5mol、2.0mol。

可见，对于化学计量关系一定的化学反应，不管用反应系统中何种物质来表示该反应的进度，结果都是相同的。

问题讨论：

1. 若将合成氨反应式写成下式，请计算出各时刻的反应进度 ξ。

	$\frac{1}{2}N_2(g)$ +	$\frac{3}{2}H_2(g)$ ══	$NH_3(g)$	ξ
t_0 时，n_B/mol	3.0	10.0	0.0	
t_1 时，n_B/mol	2.0	7.0	2.0	
t_2 时，n_B/mol	1.5	5.5	3.0	
t_3 时，n_B/mol	1.0	4.0	4.0	

2. 通过上述计算，当涉及反应进度时，与什么因素有关，与什么因素无关？
3. 该反应进行 1mol 的化学反应时，反应各物质的量分别是多少？

反应进度实际上是以反应方程式整体作为一个特定组合单元来表示反应进行的程度。

问题讨论：

$$N_2(g) + 3H_2(g) \xlongequal{\quad} 2NH_3(g)$$

$$3N_2(g) + 9H_2(g) \xlongequal{\quad} 6NH_3(g)$$

$$\frac{1}{2}N_2(g) + \frac{3}{2}H_2(g) \xlongequal{\quad} NH_3(g)$$

上述三个反应式 $\xi=1\text{mol}$ 时，各物质的量变化比例关系如何?

引入反应进度的最大优势就是，在反应进行到任意时刻时，可用任意反应物或产物来表示反应进行的程度，且所得的值总是相等的。

知识模块二　热效应及其测量

1. 热效应

化学反应的实质是反应系统中反应物化学键的断裂和生成物化学键的生成，是原子重新排列组合的物质变化过程。化学反应引起吸收或放出的热量称为化学反应热效应，简称反应热。

热效应与光、电、磁效应一样，可以反映化学变化过程的重要特征。基于这些效应来捕捉信息、探求规律是化学研究和实践中的基本方法。在材料的制备合成过程中，常常伴随着物理和化学变化，在这些物理和化学变化过程中，常见的热效应有反应热（如生成热、燃烧热、中和热与分解热）、相变热（熔化热、蒸发热、升华热）、溶解热和稀释热等。研究化学反应中热量与其他能量变化的定量关系的学科叫做热化学。

热化学数据，具有重要的理论和实用价值。例如，反应热与物质结构、热力学函数、化学平衡常数等密切相关；反应热的多少与实际生产中能量衡算、设备设计、节能减排以及经济效益预计等具体问题有关。

2. 热效应的测量

热效应的数值大小与具体途径有关。热化学中，等温、等容发生的热效应称为等容热效应；等温、等压过程发生的热效应称为等压热效应。通过量热实验可以测量热效应，测量热效应所用仪器称为热量计。

当需要测量某个热化学过程所放出或吸收的热量（如燃烧热、溶解热等）时，一般可以利用测定一定组成和质量的某种介质（如溶液或水）的温度改变，再利用质量热容公式求得：

$$Q = -c_s m_s(T_2 - T_1) = -c_s m_s \Delta T = -C_s \Delta T \tag{1.12}$$

式中，Q 为一定量反应物在给定条件下的反应热；c_s 为吸热介质的质量热容（比热容）；m_s 为介质的质量；C_s 为介质的热容，$C_s = c_s m_s$；ΔT 为介质终态温度 T_2 与始态 T_1 之差。

对于反应热 Q，负号表示系统放热，正号表示系统吸热。

摩尔反应热 Q_m 等于反应热 Q 与反应进度 ξ 之比，即 $Q_m = Q/\xi$，或等于 1mol 某物质完全反应所吸收或放出的热量，摩尔反应热的 SI 单位为 $\text{J}\cdot\text{mol}^{-1}$，可表示为：

$$Q_m = -\frac{C_s(T_2 - T_1)}{n} \tag{1.13}$$

式中，Q_m 为样品的摩尔燃烧热，$\text{J}\cdot\text{mol}^{-1}$；$n$ 为样品的摩尔数，mol；C_s 为介质和仪器的总热容，$\text{J}\cdot\text{K}^{-1}$或 $\text{J}\cdot℃^{-1}$。

若系统为恒容反应器，上述 Q_m 表示为 $Q_{V,m}$，即为样品的恒容摩尔燃烧热（$\text{J}\cdot\text{mol}^{-1}$）。

问题讨论：

式 (1.12)、式 (1.13) 为何要加上正、负号？

在实验室和工业上，常用弹式热量计（也简称氧弹）精确测定固体、液体有机物的燃烧热，它实际上测得的是等容条件下的燃烧反应热效应 Q_V。其主要部件是一厚壁钢制可密闭的耐压容器（叫做钢弹），可看作恒容封闭体系，如图 1.3 所示。

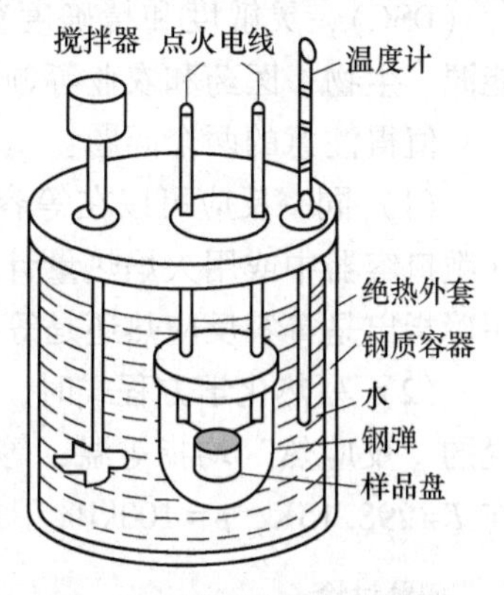

图 1.3　弹式热量计示意图

测量燃烧热时，将已知精确质量的固态或液态可燃物装入钢弹中的试样容器内，密封后充入过量氧气，将钢弹置于热量计中；假如足够的已知质量的吸热介质（水），将钢弹淹没在水中；连接线路，精确测定水的起始温度；用电火花引发燃烧反应，系统（钢弹中物质）反应放出的热使环境（包括钢弹、水、搅拌器、温度计、钢制容器等）温度升高，测定温度计所示的最高读数即环境的终态温度（热量计有绝热外套，可忽略热量的散失）。根据始态温度和热量计的仪器常数即可计算燃烧热数值。

热量的散失仍然无法完全避免，环境可以向热量计辐射进热量而使其温度升高，热量计也可以向环境辐射出热量而使热量计的温度降低。因此，在实际试验中，燃烧前后温度的变化值不能直接准确测量，还需要经过作图法进行校正。

热量计的仪器常数常用国际量热学会推荐的苯甲酸进行标定。

例 1.1　联氨（N_2H_4，又称肼）是一种火箭液体燃料。将 0.500g $N_2H_4(l)$ 在盛有 1210g H_2O 的弹式热量计的钢弹内（通入氧气）完全燃烧。吸热介质水的温度由 293.18K 上升至 294.82K。已知钢弹组件在实验温度范围内的总热容 C_b 为 $848J \cdot K^{-1}$，水的质量热容为 $4.18J \cdot g^{-1} \cdot K^{-1}$。试计算：(1) 在此条件下联氨完全燃烧所放出的热量；(2) 联氨的摩尔等容燃烧热。

解： 联氨在氧气中完全燃烧的反应为

$$N_2H_4(l) + O_2(g) = N_2(g) + 2H_2O(l)$$

如果热损失忽略不计，0.500g $N_2H_4(l)$ 的恒容燃烧热：

$$\begin{aligned} Q &= -(C_{H_2O} + C_b)(T_2 - T_1) \\ &= -(4.18J \cdot g^{-1} \cdot K^{-1} \times 1210g + 848J \cdot K^{-1})(294.82K - 293.18K) \\ &= -9690J = -9.69kJ \end{aligned}$$

即在此条件下 0.500g 联氨完全燃烧所放出的热量为 9.69kJ。

反应热 Q 与反应进度 ξ 之比等于摩尔反应热 Q_m，即 $Q_m = q/\xi$。

按式 (1.11)，例 1.1 中反应进度：

$$\xi = (0 - 0.500g/32.0g \cdot mol^{-1})/(-1) = 1.56 \times 10^{-2}mol$$

$$Q_m = (-9.69kJ)/(1.56 \times 10^{-2}mol) = -6.20 \times 10^2 kJ \cdot mol^{-1}$$

式中，$32.0g \cdot mol^{-1}$ 为 N_2H_4 的摩尔质量，所得摩尔等容反应热即为 $N_2H_4(l)$ 的摩尔等容燃烧热。

对于可燃气体或挥发性强的液体，如天然气、液化石油气，常采用火焰热量计测量其燃烧热，它实际上测得的是等压条件下的燃烧反应热效应 Q_p。具体操作可参考有关文献。

现代量热学中还发展了多种精密的热量计，如恒温滴定热量计（ITC）、差式扫描热量计（DSC），灵敏度和精确度很高，试用用量仅需几微升或几毫克，因而在化学、化工、能源、生物、医药和农业等领域都有特别的用途，已成为重要测试手段之一。

值得注意的两个问题：

（1）同一反应可以在等容或等压条件下进行，弹式热量计测得的是等容反应热 Q_V，在敞口容器中或用火焰热量计测得的却是等压反应热 Q_p。所以，给出反应热的时候应当明确指出是等容反应热还是等压反应热。

（2）写热化学方程式时，应注明物态、温度、压力等组成条件。若没有特别注明，所说的"反应热"均指等温、等压反应热 Q_p。习惯上，对不注明温度和压力的反应，都指在 $T=298.15\text{K}$，$p=100\text{kPa}$ 下进行。

问题讨论：

1. 在采用类似弹热计的量热实验中，精确测得的是 Q_V 而不是 Q_p，但大多数化学反应却在恒压条件下发生，能否确定 Q_V 与 Q_p 间的普遍关系，由 Q_V 求得更常用的 Q_p？

2. 有些反应的热效应，包括设计新产品、新反应所需反应热，难以用实验直接测得，如碳的不完全燃烧反应 $C(s)+\frac{1}{2}O_2(g)=CO(g)$，其热效应显然无法直接测定，因为实验中不能做到不产生 CO_2 的情况下使碳全部转化为 CO，那么应如何得知这些反应热？

因此，如何把具体途径有关的反应热与反应系统自身的性质定量联系起来，实现互相推算，是重要的热化学理论问题。

自学导读单元

（1）什么是系统？系统分为哪几类，每一类系统的特征是什么？

（2）什么是相？相的特点有哪些？

（3）什么是状态与状态函数？状态函数有什么特点？什么是状态函数的广度性质和强度性质，请举例说明哪些状态函数具有广度性质，哪些状态函数具有强度性质？

（4）如何理解途径和过程，以及可逆过程？

（5）什么是化学计量数？化学计量数与化学反应方程式的写法有何关系？化学计量数与化学反应方程式的系数的区别和联系是什么？

（6）如何定义反应进度？说明引入反应进度的意义？什么是摩尔反应？

（7）用弹式热量计测量反应热效应的原理是什么？用弹式热量计所测得的热量是否等于反应的热效应？为什么？弹式量热器有什么实际用途？反应热的测量方法还有哪些？

自学成果评价

一、是非题（对的在括号内填"√"，错的填"×"）

1. 在恒温恒压条件下，下列两个生成液态水的化学方程式所表达的反应放出的热量是一相同值。（　　）

$$H_2(g)+1/2O_2(g)=\!=\!=H_2O(l) \qquad 2H_2(g)+O_2(g)=\!=\!=2H_2O(l)$$

2. 功和热是在系统和环境之间的两种能量传递方式，在系统内部不讨论功和热。（　　）

3. 同一物态可以是多相，也可以是单相。（　　）

4. 同一相中的物态可以不同。（　　）

5. 反应进度与反应中各物质的种类无关，但与反应方程式的配平方式有关。 （ ）
6. 焓和熵，功和热都是状态函数。 （ ）
7. 正反应与逆反应的反应热的数值相等，符号相反。 （ ）
8. 恒容反应热是状态函数，且具有广度性质，摩尔反应热具有强度性质。 （ ）
9. 状态函数都具有加和性。 （ ）
10. 系统的状态发生改变时，至少有一个状态函数发生了改变。 （ ）

二、选择题（将所有的正确答案的标号填入括号内）

1. 在下列反应中，进行1mol反应时放出热量最大的是（ ）。

A. $CH_4(l) + 2O_2(g) = CO_2(g) + 2H_2O(g)$

B. $CH_4(g) + 2O_2(g) = CO_2(g) + 2H_2O(g)$

C. $CH_4(g) + 2O_2(g) = CO_2(g) + 2H_2O(l)$

D. $CH_4(g) + 3/2O_2(g) = CO(g) + 2H_2O(g)$

2. 通常，反应热效应的精确实验数据是通过测定反应或过程的（ ）而获得的。

A. ΔH B. $p\Delta V$ C. Q_p D. Q_V

3. 在一定条件下，由乙二醇水溶液、冰、水蒸气、氮气和氧气组成的系统中含有（ ）。

A. 三个相 B. 四个相 C. 三种组分 D. 四种组分

三、填空题（将正确答案填在横线上）

1. 使可燃样品（质量为1.00g）在弹式热量计内完全燃烧，以测定其反应热，必须知道：（1）________；（2）________；（3）________。计算关系式是：________。

2. 0.640g萘（$C_{10}H_8$）在热量计常数（热容）为10.1$kJ \cdot K^{-1}$的热量计中燃烧使水温上升2.54K，萘的摩尔燃烧热为________。

3. 恒压反应热________（等于、不等于）体系热力学能的变化。

学能展示

知识应用

1. 能够建立反应热效应和总热容之间的计算关系。

钢弹组件的总热容 C_b 可利用一已知反应热数值的样品求得。设将0.500g苯甲酸（C_6H_5COOH）在盛有1209g水的弹式热量计的钢弹内（通入氧气）完全燃烧，系统的温度由296.35K上升为298.59K。已知在此条件下苯甲酸完全燃烧的反应热效应为$-3226kJ \cdot mol^{-1}$，水的质量热容为$4.18J \cdot g^{-1} \cdot K^{-1}$。试计算该钢弹的总热容。

2. 能建立 Q_V 与 $Q_{V,m}$ 之间的关系。

近298.15K时，在弹式热量计内使1.0000g正辛烷（C_8H_{18}，l）完全燃烧，测得此反应热效应为$-47.79kJ$（对于1.0000g C_8H_{18}而言）。试根据此实验值，估算正辛烷（C_8H_{18}，l）完全燃烧的 $Q_{V,m}$。

课题1.2 反应热的理论计算

学习目标	1. 对热力学基本概念基本清楚； 2. 能正确使用和计算 Q_p、ΔH、Q_V、ΔU，并清楚它们之间的关系，会运用盖斯定律利用已知反应热数据求算难测定的反应热； 3. 会运用已知的热力学数据计算标准态化学反应 ΔH，并判断反应放热还是吸热

续表

能力要求	1. 掌握热力学的基本原理知识，会运用盖斯定律利用已知反应热数据求算难测定的反应热，会运用已知的热力学数据计算标准态化学反应的 ΔH，并判断反应是放热还是吸热； 2. 能够在小组讨论中承担个体角色并发挥个体优势； 3. 具有自主学习的意识，逐渐养成终身学习的能力； 4. 理解中国可持续发展的科学发展道路以及个人的责任	
重点难点预测	重点	反应热与焓、Q_p 和 ΔH、Q_V 和 ΔU、盖斯定律，焓变计算
	难点	盖斯定律，焓变计算
知识清单	热力学相关概念（热、功、热力学能）、反应热与焓、Q_p 和 ΔH、Q_V 和 ΔU、盖斯定律、焓变计算、标准状态、焓与焓变、标准摩尔生成焓、标准摩尔反应焓变等	
先修知识	中学化学选修4化学反应与原理：化学反应与能量有关盖斯定律	

知识模块一　热力学第一定律

1. 功和热

功和热是体系的状态发生变化时，体系和环境传递或交换能量的两种形式。

（1）热（Q）：系统与环境之间由于存在温度差而交换的能量。用 Q 的正、负号来表明热传递的方向。若系统吸热，规定 Q 为正值；系统放热，Q 为负值。Q 的SI单位为J。

（2）功（W）：系统与环境之间除热以外的其他形式传递的能量。其SI单位为J。规定环境对系统做功，为正值，系统对环境做功，为负值。功可分为体积功和非体积功两类：

1）体积功：在一定外压 $p_{外}$ 下，由于系统的体积发生变化（ΔV）而与环境交换的能量。体积功对于化学过程有特殊意义，因为许多化学反应在敞口容器中进行时，如果外压恒定，这时系统所做的功 $W=-p_{外}\Delta V=-p_{外}(V_2-V_1)$。

2）非体积功：除体积功以外的一切功 W'，如电功。

注意：功和热都是过程中被传递的能量，它们都不是状态函数，其数值与途径有关，不同的途径有不同的功和热交换。

2. 热力学能

热力学能（U）是指系统内分子的平动能、转动能、振动能、分子间势能、原子间键能、电子运动能、核内基本粒子间核能等内部能量的总和，故又称内能，其单位为J或kJ。

由于系统内部离子运动及粒子间相互作用的复杂性，所以无法确定系统处于某一状态下热力学能的绝对值。事实上，在计算实际过程中各种能量转化关系时，关注的主要是系统与环境交换热与功引起的热力学能变量（热力学正是通过状态函数的变化量来解决实际问题的），而并不需要热力学能的绝对数值。

3. 能量守恒定律——热力学第一定律

能量守恒定律：在任何变化过程中，能量不会自生自灭，只能从一种形式转化为另一种形式，在转化过程中能量的总值不变。

将能量守恒定律用于热力学系统中，称为热力学第一定律，用来描述系统的热力学状态发生变化时系统的热力学能与过程的热和功之间的定量关系。

若封闭系统由始态（热力学能为 U_1）变到终态（热力学能为 U_2），同时系统从环境

吸热 Q、得功 W，则系统热力学能的变化为：

$$\Delta U = U_2 - U_1 = Q + W \tag{1.14}$$

这就是封闭系统的热力学第一定律的数学表达式。即封闭系统热力学能的变化等于体系从环境吸收的热量加上环境对体系所做的功。

系统处于一定的状态，系统内部能量的总和，即热力学能就有一定的数值，所以热力学能是系统自身的性质，是状态函数。其变化量只取决于系统的始态和终态，而与变化的具体途径无关。

知识模块二　反应热与焓

1. 等容反应热与热力学能

在等容、不做非体积功条件下，$\Delta V=0$，$W'=0$，所以 $W=-p\Delta V+W'=0$。

根据热力学第一定律：

$$Q_V = \Delta U \tag{1.15}$$

式中，Q_V 为等容反应热；下标 V 表示等容过程。式（1.15）表明，等容且不做非体积功的过程热在数值上等于系统热力学能的改变量。

2. 等压反应热与焓

在等压、不做非体积功条件下，$p=p_{外}$，$W'=0$，所以 $W=-p\Delta V+W'=-p(V_2-V_1)$。根据热力学第一定律：

$$\Delta U = U_2 - U_1 = Q_p + W = Q_p - p\Delta V = Q_p - p(V_2 - V_1)$$

即

$$Q_p = \Delta U + p\Delta V = (U_2 + pV_2) - (U_1 + pV_1)$$

令

$$H = U + pV \tag{1.16}$$

则

$$Q_p = H_2 - H_1 = \Delta H \tag{1.17}$$

式中，Q_p 为等压反应热；下标 p 表示等压过程。式（1.16）是热力学焓 H 的定义式，H 是状态函数 U、p、V 的组合，所以焓 H 也是状态函数。显然，H 的 SI 单位为 J。式（1.17）表明，等压且不做非体积功的过程热在数值上等于系统的焓变。$\Delta H<0$，表示系统放热，$\Delta H>0$，则表示系统吸热。

问题讨论：

等容反应热和等压反应热是否等于系统热力学能的变化？为什么？

3. Q_p 与 Q_V 的关系

等温等压和等温等容反应系统对应的始、终态如图 1.4 所示。

等压过程：$Q_p=\Delta H_p=\Delta U_p+p\Delta V$；等容过程：$Q_V=\Delta U_V$；由状态函数特征：$\Delta U_p=\Delta U_V+\Delta U_1$。所以，$Q_p=Q_V+p\Delta V+\Delta U_1$。

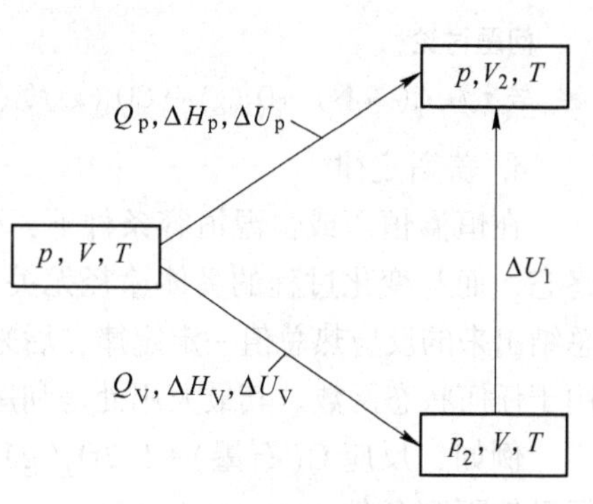

图 1.4　等温等压和等温等容反应系统对应的始、终态

对于凝聚相（液体和固态）的化学反应，系统的压力、体积几乎没有变化，$\Delta V\approx 0$，$\Delta U_1\approx 0$。所以，$Q_p\approx Q_V\approx \Delta U\approx \Delta H$。

对于有气态物质参与的系统，ΔV 主要是由于各气体的物质的量发生变化而引起的。若任意气体的物质的量变化为$\Delta n_{B,g}$，且可视为理想气体，则系统的体积变化：$\Delta V=\sum_B \Delta n_{B,g}\dfrac{RT}{p}$。同时，由于理想气体的热力学能和焓都只是温度的函数，于是$\Delta U_1=0$。所以：

$$Q_p=Q_V+p\Delta V=Q_V+\sum_B \Delta n_{B,g}RT \tag{1.18a}$$

由于$\Delta n_B=\xi\nu_B$，故有：

$$Q_p=Q_V+\xi\sum_B \nu_{B,g}RT \tag{1.18b}$$

两边均除以反应进度ξ，即得化学反应摩尔等压热与摩尔等容热之间的关系式：

$$Q_{p,m}=Q_{V,m}+\sum_B \nu_{B,g}RT \tag{1.19}$$

或反应的摩尔焓$\Delta_r H_m$与反应的摩尔热力学能$\Delta_r U_m$之间的关系式：

$$\Delta_r H_m=\Delta_r U_m+\sum_B \nu_{B,g}RT \tag{1.20}$$

式中，$\sum_B \nu_{B,g}$为反应前后气态物质化学计量数的变化，对反应物ν取负值，对产物ν取正值。

式（1.18）和式（1.19）表达了Q_V和Q_p的关系，根据该式可从一种热效应的测定换算得到另一种热效应，比如由氧弹热量计测得Q_V，然后求得Q_p，或从$\Delta_r U_m$得到$\Delta_r H_m$。文献上大量的热化学数据都是按照这样的方式得到的。

例1.2　在101.3kPa和100℃条件下，反应：$H_2(g)+1/2O_2(g)=H_2O(g)$的$\Delta H=-241.8kJ\cdot mol^{-1}$，求$\Delta U$。

解：　　$\Delta U=\Delta H-p\Delta V$

恒温、恒压过程　　$p\Delta V=\Delta n_g RT$

Δn_g为产物和反应物气体的量之差，也为反应前后气态物质的化学计量数之和。

$$\begin{aligned}\Delta U&=\Delta H-\Delta n_g RT\\&=-241.8-[(1-1.5)\times 8.31\times 10^{-3}\times 373]\\&=-241.8-(-1.50)=-240(kJ\cdot mol^{-1})\end{aligned}$$

可以看出，$\Delta n_g RT$项相对于ΔH项数值小得多，一般来说，可以用ΔH来近似估算ΔU。（$Q_p\approx Q_V$）

问题讨论：

若反应C(石墨)$+O_2(g)\rightarrow CO_2(g)$的$Q_{p,m}$为$-393.5kJ\cdot mol^{-1}$，则该反应的$Q_{V,m}$为多少？

4. 盖斯定律

在恒温恒压或恒温恒容条件下，体系不做非体积功，则反应热只取决于反应的始态和终态，而与变化过程的具体途径无关。此结论是（G. H. Hess）1840年从大量热化学实验中总结出来的反应热总值一定定律，后来称为盖斯定律。盖斯定律是热化学的基本定律，它适用于任何状态函数。其最大用处是利用已精确确定的反应热数据来求算难以测定的反应热。

例如，反应C(石墨)$+1/2O_2(g)=CO(g)$的反应热$\Delta_r H^\ominus_{m,1}$无法通过实验直接测定，但已知下列条件：

$$C(石墨)+O_2(g)=CO_2(g),\ \Delta_r H^\ominus_m(298K)=-393.51kJ\cdot mol^{-1}$$

$$CO(g) + 1/2O_2(g) \Longrightarrow CO_2(g),\ \Delta_r H_{m,2}^{\ominus}(298K) = -282.98kJ \cdot mol^{-1}$$

可设计下列途径来计算：

$$C(s)+O_2(g) \xrightarrow{\Delta_r H_m^{\ominus}} CO_2(g)$$

$$\Delta_r H_{m,1}^{\ominus} \searrow CO(g)+1/2O_2(g) \nearrow \Delta_r H_{m,2}^{\ominus}$$

$$\Delta_r H_m^{\ominus} = \Delta_r H_{m,1}^{\ominus} + \Delta_r H_{m,2}^{\ominus}$$

$$\Delta_r H_{m,1}^{\ominus} = \Delta_r H_m^{\ominus} - \Delta_r H_{m,2}^{\ominus} = (-393.51kJ \cdot mol^{-1}) - (282.98kJ \cdot mol^{-1}) = -110.53kJ \cdot mol^{-1}$$

知识模块三　反应的标准摩尔焓变

1. 热力学标准状态

为避免同一物质的某热力学状态函数在不同反应系统中数值不同，热力学中规定了一个公共的参考状态——标准状态（简称标准态）。我国国家标准规定，标准压力 $p^{\ominus}$ = 100kPa。在任意温度 T、标准压力 $p^{\ominus}$ 下表现出理想气体性质的纯气体状态为气态物质的标准状态；液体、固体物质或溶液的标准状态为在任一温度 T、标准压力 $p^{\ominus}$ 下的纯液体、纯固体或标准浓度 $c^{\ominus}$ 时的状态（$c^{\ominus} = 1mol \cdot L^{-1}$）。应当注意，对标准态的温度并无规定，但手册上一般选 T=298.15K 为参考温度。

2. 物质的标准摩尔生成焓

规定在标准状态时由指定单质生成单位物质的量的纯物质时反应的焓变叫做该物质的标准摩尔生成焓，以符号 $\Delta_f H_m^{\ominus}$ 表示，常用单位为 $kJ \cdot mol^{-1}$。

298.15K 下物质的标准摩尔生成焓表示为 $\Delta_f H_m^{\ominus}(298.15K)$。符号中的下角标“f”表示生成反应，上角标“$\ominus$”代表标准状态，下角标“m”表示此生成反应的产物必定是“单位物质的量”（即 1mol）。定义中的“指定单质”通常为选定温度 T 和标准压力 $p^{\ominus}$ 时的最稳定单质，如氢 H_2、氮 N_2、氧 O_2、氯 Cl_2、溴 Br_2、碳 C（石墨）、硫 S（正交）、钠 Na(s)、铁 Fe(s) 等；磷较为特殊，“指定单质”为白磷，而不是热力学上更稳定的红磷。根据定义，指定单质的标准摩尔生成焓均为零。

对于水合离子，规定水合氢离子的标准摩尔生成焓为零。水合 H^+ 离子在 298.15K 时标准摩尔生成焓，以 $\Delta_f H_m^{\ominus}(H^+,\ aq,\ 298.15K)$ 表示，即规定

$$\Delta_f H_m^{\ominus}(H^+,\ aq,\ 298.15K) = 0$$

据此，可以获得其他水合离子在 298.15K 时的标准摩尔生成焓。

生成焓是说明物质性质的重要热化学数据，生成焓的负值越大，表明该物质键能越大，对热越稳定。其数值可从热力学数据手册中查到。

3. 反应的标准摩尔焓变

在标准状态时化学反应的摩尔焓变称为标准摩尔焓变，以 $\Delta_r H_m^{\ominus}$ 表示。下角标“r”表示反应；下角标“m”表示按指定反应式进行反应，即反应进度 ξ=1mol。

根据盖斯定律和标准生成焓的定义，可以得出关于 298.15K 时反应的标准摩尔焓变 $\Delta_r H_m^{\ominus}(298.15K)$ 的一般计算式为

$$\Delta_r H_m^{\ominus}(298.15K) = \sum_B \nu_B \Delta_f H_{m,B}^{\ominus}(298.15K) \tag{1.21}$$

式中，B 为参加反应的任何物质；ν_B 为 B 的化学计量数。式（1.21）表明，一定温度下

标准摩尔焓变等于同温度下各参加反应物质的标准摩尔生成焓与其化学计量数乘积的总和。即

$$\Delta_r H_m^\ominus = \sum \nu_i \Delta_f H_m^\ominus(\text{生成物}) + \sum \nu_i \Delta_f H_m^\ominus(\text{反应物})$$

例如，对于化学反应：$cC+dD=yY+zZ$（任一物质均处于温度 T 的标准态）

$$\Delta_r H_m^\ominus = [y\Delta_f H_m^\ominus(Y) + z\Delta_f H_m^\ominus(Z)] - [c\Delta_f H_m^\ominus(C) + d\Delta_f H_m^\ominus(D)]$$

注意：对同一反应，若反应方程式写法不同，ξ 的含义不同，$\Delta_r H_m^\ominus$ 的数值也就不同。因此，在表达反应的摩尔焓变时，除注明系统的状态（T，p，物态等）外，还必须指明相应的反应计量式。若系统的温度不是298.15K，反应的焓变有些改变，如果温度变化范围不大，可认为反应的焓变基本不随温度而变。即

$$\Delta_r H_m^\ominus(T) \approx \Delta_r H_m^\ominus(298.15\text{K})$$

问题讨论：

反　应	$\Delta_r H_m^\ominus$/kJ·mol^{-1}	序号
$2Cu_2O(s) + O_2(g) \longrightarrow 4CuO(s)$	−292	1
$CuO(s) + Cu(s) \longrightarrow Cu_2O(s)$	−11.3	2

请计算：$2Cu(s) + O_2(g) \longrightarrow 2CuO(s)$ 的 $\Delta_f H_m(CuO, s)$。

知识模块四　能源概况

1. 能源

能源，即能提供能量的自然资源，包括化石燃料（煤、石油、天然气）、阳光、风力、流水、潮汐以及柴草等。新能源有太阳能、氢能、风能、地热能、海洋能和生物能。能源的开发和利用可以用来衡量一个国家或地区的经济发展和科学技术水平。

城市煤气、液化石油气、天然气和沼气是重要的民用清洁燃料。氢能、生物质能、核能和太阳能等是当前正在重点开发的清洁能源。

2. 节约能源的办法和措施

节能办法：开源节流，即开发新能源，节约现有能源，提高能源的利用率。

节能措施：科学地控制燃烧反应，使燃料充分燃烧，提高能源的利用率。

自学导读单元

（1）标准摩尔生成焓与标准摩尔焓变是如何准确定义的？要注意哪些关键条件？

（2）如何区分等容反应热和等压反应热？

（3）热力学第一定律的数学表达式是什么？与物理学热力学第一定律的数学表达式的对应关系是怎样的？

（4）什么是热和功？

（5）如何理解盖斯定律？举例说明盖斯定律的应用价值。

（6）说明下列符号的意义：Q、Q_p、U、H、$\Delta_r H_m^\ominus$、$\Delta_f H_m^\ominus(298.15\text{K})$。

（7）Q、H、U 之间，p、V、U、H 之间存在哪些重要关系？试用公式表示。

（8）如何利用精确测定的 Q_V 来求得 Q_p 和 ΔH？

（9）如何规定热力学标准态？对于单质，化合物和水合离子所规定的标准摩尔生成焓有何区别？

（10）如何利用物质的 $\Delta_f H_m^\ominus(298.15\text{K})$ 数据，计算燃烧反应及中和反应的 $\Delta_r H_m^\ominus(298.15\text{K})$。

自学成果评价

一、是非题（对的在括号内填“√”，错的填“×”）

1. 已知下列过程的热化学方程式为 $UF_6(l) = UF_6(g)$，$\Delta_r H_m^\ominus = 30.1 kJ \cdot mol^{-1}$，则此温度时蒸发 1mol $UF_6(l)$，会放出热 30.1kJ。（　）
2. 功与热是在系统和环境之间的两种能量传递方式，在系统内部不讨论功和热。（　）
3. 反应的 ΔH 就是反应的热效应。（　）
4. 恒温定压条件下进行的一个化学反应，$\Delta H = \Delta U + p\Delta V$，所以 ΔH 一定大于 ΔU。（　）
5. 环境对体系做功，W 为负值；体系对环境做功，W 为正值。（　）
6. 因为 Q、W 不是系统所具有的性质，而与过程有关，所以热力学过程中（$Q+W$）的值也由具体的过程决定。（　）
7. 由于 $\Delta H = Q_p$，H 是状态函数，ΔH 的数值只与系统的始、终态有关，而与变化的过程无关，故 Q_p 也是状态函数。（　）
8. 同一系统不同状态可能有相同的热力学能。（　）

二、选择题（将所有的正确答案的标号填入括号内）

1. 下列对于功和热的描述中，正确的是（　）。
   A. 都是途径函数，无确定的变化途径就无确定的数值
   B. 都是途径函数，对应于某一状态有一确定值
   C. 都是状态，变化量与途径无关
   D. 都是状态函数，始、终态确定，其值也确定
2. 热力学第一定律的数学表达式 $\Delta U = Q + W$ 只适用于（　）。
   A. 理想气体　B. 孤立体系　C. 封闭体系　D. 敞开体系
3. 下述说法中，不正确的是（　）。
   A. 焓只有在某种特定条件下，才与系统反应热相等
   B. 焓是人为定义的一种具有能量量纲的热力学量
   C. 焓是状态函数
   D. 焓是系统能与环境进行交换的能量
4. 盖斯定律反映了（　）。
   A. 功是状态函数　B. ΔH 取决于反应体系的始、终态，而与途径无关
   C. 热是状态函数　D. ΔH 取决于反应体系的始、终态，也与途径有关
5. 封闭系统经过一循环过程后，其下列哪组参数是正确的？（　）
   A. $Q=0$，$W=0$，$\Delta U=0$，$\Delta H=0$　B. $Q\neq 0$，$W\neq 0$，$\Delta U=0$，$\Delta H=Q$
   C. $Q=-W$，$\Delta U=Q+W$，$\Delta H=0$　D. $Q\neq W$，$\Delta U=Q+W$，$\Delta H=0$
6. 下列反应的 $\Delta_r H_m^\ominus$ 等于产物 $\Delta_f H_m^\ominus$ 的是（　）。
   A. $CO_2(g) + CaO(s) = CaCO_3(s)$　B. $1/2H_2(g) + 1/2I_2(g) = HI(g)$
   C. $H_2(g) + Cl_2(g) = 2HCl(g)$　D. $H_2(g) + 1/2O_2(g) = H_2O(g)$
7. 在温度 T 的标准状态下，若已知反应 A→2B 的标准摩尔反应焓 $\Delta_r H_{m,1}^\ominus$，与反应2A→C 的标准摩尔反应焓 $\Delta_r H_{m,2}^\ominus$，则反应 C→4B 的标准摩尔反应焓 $\Delta_r H_{m,3}^\ominus$ 与 $\Delta_r H_{m,1}^\ominus$ 及 $\Delta_r H_{m,2}^\ominus$ 的关系为 $\Delta_r H_{m,3}^\ominus =$（　）。
   A. $2\Delta_r H_{m,1}^\ominus + \Delta_r H_{m,2}^\ominus$　B. $\Delta_r H_{m,1}^\ominus - 2\Delta_r H_{m,2}^\ominus$　C. $\Delta_r H_{m,1}^\ominus + \Delta_r H_{m,2}^\ominus$　D. $2\Delta_r H_{m,1}^\ominus - \Delta_r H_{m,2}^\ominus$
8. 下列能源属于清洁能源的是（　）。
   A. 煤　B. 汽油　C. 氢能　D. 燃料电池

9. 已知 298K 时下列热化学方程式：

① $C_2H_2(g) + 5/2O_2(g) \longrightarrow 2CO_2(g) + H_2O(l)$　　$\Delta_r H_m^\ominus = -1300 kJ \cdot mol^{-1}$

② $C(s) + O_2(g) \longrightarrow CO_2(g)$　　$\Delta_r H_m^\ominus = -394 kJ \cdot mol^{-1}$

③ $H_2(g) + 1/2O_2(g) \longrightarrow H_2O(l)$　　$\Delta_r H_m^\ominus = -286 kJ \cdot mol^{-1}$

则：$\Delta_f H_m^\ominus(C_2H_2, g)$ 为（　　）。

A. −226　　B. −113　　C. 113　　D. 226

10. 已知反应 $N_2(g)+3H_2(g)=2NH_3(g)$ 的 $\Delta_r H_m^\ominus(298.15K) = -92.22 kJ \cdot mol^{-1}$，则 $NH_3(g)$ 的标准摩尔生成焓为（　　）$kJ \cdot mol^{-1}$。

A. −46.11　　B. −92.22　　C. 46.11　　D. 92.22

11. 在温度为 298.15K，压力为 101.325kPa 下，乙炔、乙烷、氢气和氧气反应的热化学方程式分别为：

$2C_2H_2(g) + 5O_2(g) = 4CO_2(g) + 2H_2O$　(1)　　$\Delta_r H_m^\ominus = -2598 kJ \cdot mol^{-1}$

$2C_2H_6(g) + 7O_2(g) = 4CO_2(g) + 6H_2O$　(2)　　$\Delta_r H_m^\ominus = -3118 kJ \cdot mol^{-1}$

$H_2(g) + 1/2O_2(g) = H_2O$　(3)　　$\Delta_r H_m^\ominus = -285.8 kJ \cdot mol^{-1}$

根据以上热化学方程式，计算下列反应的标准摩尔焓变 $\Delta_r H_m^\ominus$=（　　）$kJ \cdot mol^{-1}$。

$C_2H_2(g) + 2H_2(g) = C_2H_6(g)$　(4)

A. 311.6　　B. −311.6　　C. 623.2　　D. −623.2

三、已知下列热化学方程式

$$Fe_2O_3(s) + 3CO(g) = 2Fe(s) + 3CO_2(g),\ Q_p = -27.6 kJ \cdot mol^{-1}$$

$$3Fe_2O_3(s) + CO(g) = 2Fe_3O_4(s) + CO_2(g),\ Q_p = -58.6 kJ \cdot mol^{-1}$$

$$Fe_3O_4(s) + CO(g) = 3FeO(s) + CO_2(g),\ Q_p = 38.1 kJ \cdot mol^{-1}$$

不用查表，计算反应 $FeO(s) + CO(g) = Fe(s) + CO_2(g)$ 的 Q_p。

四、在下列反应过程中，Q_V 与 Q_p 有区别吗？简单说明之。

(1) $NH_4HS(s) \xrightarrow{25℃} NH_3(g) + H_2S(g)$

(2) $H_2(g) + Cl_2(g) \xrightarrow{25℃} 2HCl(g)$

(3) $CO_2(s) \xrightarrow{-78℃} CO_2(g)$

(4) $AgNO_3(aq) + NaCl(aq) \xrightarrow{25℃} AgCl(s) + NaNO_3(aq)$

五、根据第四题中所列化学反应方程式和条件，试计算发生下列变化时 ΔU 与 ΔH 之间的能量差值。

(1) 2mol $NH_4HS(s)$ 的分解　　(2) 生成 1.00mol HCl(g)

(3) 5.00mol $CO_2(s)$ 的升华　　(4) 沉淀 2.00mol AgCl(s)

六、试查阅相关数据，计算下列反应的 $\Delta_r H_m^\ominus(298.15K)$。

(1) $4NH_3(g) + 3O_2(g) = 2N_2(g) + 6H_2O(l)$

(2) $C_2H_2(g) + H_2(g) = C_2H_4(g)$

(3) $NH_3(g)$ + 稀盐酸 $= NH_4^+(aq) + Cl^-(aq)$

(4) $Fe(s) + CuSO_4(aq) = Cu(s) + Fe^{2+}(aq)$

学能展示

基础知识

1. 能正确进行反应标准摩尔焓变的计算。

已知条件见下表：

反应	$2Cu_2O(s) + O_2(g) \longrightarrow 4CuO(s)$	$CuO(s) + Cu(s) \longrightarrow Cu_2O(s)$
$\Delta_r H_m^{\ominus}/kJ \cdot mol^{-1}$	−292	−11.3

则 $\Delta_f H_m^{\ominus}(CuO, s)=$ ________ $kJ \cdot mol^{-1}$。

2. 能用正确的化学反应方程式表达某物质的 $\Delta_f H_m^{\ominus}$。

表示 $\Delta_r H_m^{\ominus} = \Delta_f H_m^{\ominus}(AgBr, s)$ 的反应式为________。

知识应用

会运用盖斯定律和已知反应热数据求算难测定的反应热。

由金红石（TiO_2）制取单质 Ti，涉及的步骤为：

$$TiO_2 \longrightarrow TiCl_4 \xrightarrow[800℃,\ Ar]{Mg} Ti$$

已知：①$C(s) + O_2(g) = CO_2(g)$，$\Delta H = -393.5kJ \cdot mol^{-1}$；②$2CO(g) + O_2(g) = 2CO_2(g)$，$\Delta H = -566kJ \cdot mol^{-1}$；③$TiO_2(s) + 2Cl_2(g) = TiCl_4(s) + O_2(g)$，$\Delta H = +141kJ \cdot mol^{-1}$，则 $TiO_2(s) + 2Cl_2(g) + 2C(s) = TiCl_4(s) + 2CO(g)$ 的 ΔH 为多少？

拓展提升

会运用已知的热力学数据计算某反应的 $\Delta_r H_m^{\ominus}$ 以及 Q。

1. 通过吸收气体中含有的少量乙醇可使 $K_2Cr_2O_7$ 酸性溶液变色（从橙红色变为绿色），以检验汽车驾驶员是否酒后驾车。其化学反应：$2Cr_2O_7^{2-}(aq) + 16H^+(aq) + 3C_2H_5OH(l) = 4Cr^{3+}(aq) + 11H_2O(l) + 3CH_3COOH(l)$，试利用标准摩尔生成焓数据，求该反应的 $\Delta_r H_m^{\ominus}(298.15K)$。

2. 用来焊接金属的铝热反应涉及 Fe_2O_3 被金属 Al 还原的反应：$2Al(s) + Fe_2O_3(s) \rightarrow Al_2O_3(s) + 2Fe(s)$，试计算：（1）298K 时该反应的 $\Delta_r H_m^{\ominus}$；（2）在此反应中若用 267.0g 铝，问能释放出多少热量？

第 2 章　化学反应的基本原理

【本章学习要点】 本章将在热化学的基础上讨论化学反应的基本原理，着重讨论反应进行的方向、限度和速率这三个大问题。

课题 2.1　化学反应的方向和吉布斯函数

学习目标	1. 清楚 ΔS、ΔG 的意义，能运用已知热力学数据计算标准态 $\Delta_r S_m^\ominus$、$\Delta_r G_m^\ominus$ 和非标准态 ΔG； 2. 能应用物质的标准摩尔熵值初步判断体系的混乱度；能应用 ΔG 判断反应进行的方向，并运用吉布斯公式计算反应的转变温度	
能力要求	1. 掌握化学反应的基本原理知识，并能初步应用于解决复杂工程问题； 2. 能够针对复杂工程问题，初步运用化学反应的基本原理进行研究和信息综合，得到合理有效的结论； 3. 能够在小组讨论中承担个体角色并发挥个体优势； 4. 具有自主学习的意识，逐渐养成终身学习的能力	
重点难点预测	重点	吉布斯函数变计算及应用，自发性判断
	难点	自发性判断
知识清单	熵、熵变计算、吉布斯函数、吉布斯公式、吉布斯函数变计算、吉布斯函数变计算的应用、自发性判断	
先修知识	中学化学选修 4 化学反应与原理：化学反应速率和化学平衡有关熵、熵变、熵判据、化学反应进行方向的判据	

知识模块一　熵和吉布斯函数

1. 自发过程

在给定条件下能自动进行（不需要外加功）的反应（或过程）叫做自发反应（或自发过程）。例如：水总是自动地从高处向低处流，铁在潮湿的空气中易生锈，锌与硫酸铜溶液的化学反应过程。这些自发过程都体现了从一个状态到另一个状态自发变化的过程。要使非自发过程得以进行，外界必须做功。例如：欲使水从低处输送到高处，可借助水泵做机械功来实现。

注意：能自发进行的反应，并不意味着其反应速率一定很大。反应能否自发进行，与给定的条件有关。例如，在雷电的极高温度时，空气中的 N_2 和 O_2 能自发化合成 NO，但在通常条件下此反应并不会自发进行，即使是在汽车内燃室的高温条件下，吸入的空气中的 N_2 和 O_2 也只能反应生成微量的 NO，然而这也足以导致对大气产生污染。

问题讨论：

反应能否自发进行？自发反应可以进行到什么程度？能否用合适的判据预先进行判断？

热力学第一定律解决了能量衡算问题，但是无法说明化学反应进行的方向。过程的方向和限度问题由热力学第二定律来解决，为此需要引入新的热力学状态函数熵 S 和吉布斯函数 G。这样，只要通过热力学函数的有关计算而不必依靠实验，即可知反应能否自发进行和反应进行的限度。

2. 影响化学反应方向的因素

（1）化学反应的焓变

自发过程一般都朝着能量降低的方向进行。能量越低，体系的状态就越稳定。对化学反应，很多放热反应在 298.15K，标准态下是自发的。

例如：

$$CH_4(g) + 2O_2(g) \longrightarrow CO_2(g) + 2H_2O(l) \qquad \Delta_r H_m^\ominus = -890.36\text{kJ} \cdot \text{mol}^{-1}$$

有人曾试图以反应的焓变（$\Delta_r H_m^\ominus$）作为反应自发性的判据，认为在等温等压条件下，当 $\Delta_r H_m^\ominus<0$ 时，化学反应自发进行；当 $\Delta_r H_m^\ominus>0$ 时，化学反应不能自发进行。但实践表明：有些吸热过程（$\Delta_r H_m^\ominus>0$）也能自发进行。

例如：

$$NH_4Cl(s) \longrightarrow NH_4^+(aq) + Cl^-(aq) \qquad \Delta_r H_m^\ominus = 14.7\text{kJ} \cdot \text{mol}^{-1}$$

$$Ag_2O(s) \longrightarrow 2Ag(s) + 1/2O_2(g) \qquad \Delta_r H_m^\ominus = 31.05\text{kJ} \cdot \text{mol}^{-1}$$

可见，把焓变作为反应自发性的判据是不准确、不全面的。除了反应焓变这一重要因素外，还有其他因素。

问题讨论：

为什么有些吸热过程也能自发进行呢？除了反应焓变这一重要因素外，还有什么因素影响化学反应的方向？

（2）化学反应的熵变

前面提到的自然界中的自发过程，系统自发地倾向于取得最低的势能；实际上，还有同时自发地朝着混乱程度增加的方向变化。例如，将一瓶香水放在室内，如果瓶口是敞开的，则不久香气会扩散到整个室内，这个过程是自发进行的，但不能自发地逆向进行。又如，往一杯水中滴入几滴蓝墨水，蓝墨水就会自发地逐渐扩散到整杯水中，这个过程也不能自发地逆向进行。这表明在上述两种情况下，过程都自发地朝着混乱程度增加的方向进行，或者说系统中有序的运动易变成无序的运动。之所以如此，是因为无序情况实现的可能性比有序情况的大。

熵的统计热力学定义（玻耳兹曼定理）：

系统处于某一状态时，内部物质微观粒子的混乱程度确定，可用状态函数熵 S 来表达。统计热力学中的玻耳兹曼定理告诉我们：

$$S = k\ln\Omega \tag{2.1}$$

式中，Ω 为与一定宏观状态对应的微观状态总数（或称混乱度）；k 为玻耳兹曼常量。此式将系统的宏观性质——熵与微观状态总数（即混乱度）联系了起来。它表明熵是系统混乱度的量度，系统的微观状态越多，系统越混乱，熵就越大。因为 Ω 是状态函数，所以 S 也是状态函数。

热力学第二定律告诉我们：在隔离系统中发生的自发反应必伴随着熵的增加，或隔离系统的熵总是趋向于极大值，称为熵增加原理。在隔离系统中，由比较有序的状态向无序的状态变化，是自发变化的方向；熵趋向极大值的状态体现变化的限度。熵增加原理是自发过程的热力学准则，可用下式表示：

$$\Delta S_{隔离} \geqslant 0 \quad \left.\begin{matrix}自发过程\\平衡状态\end{matrix}\right\} \tag{2.2}$$

式（2.2）表明：隔离系统中只能发生熵值增大的过程，不可能发生熵值减小的过程；若熵值保持不变，则系统处于平衡状态。这就是隔离系统的熵判据。

系统内物质微观粒子的混乱度与物质的聚集状态和温度等有关。在绝对零度时，理想晶体内粒子的各种运动都将停止，物质微观粒子处于完全整齐有序的状态。人们根据一系列低温实验事实和推测，总结出热力学第三定律：在 0K 时，一切纯物质的完美晶体的熵值都等于零，即

$$S(0\text{K}) = 0 \tag{2.3}$$

按照统计热力学的观点，0K 时，纯物质完美晶体的无序度最小，微观状态数为 1，所以 $S(0\text{K}) = k\ln 1 = 0$。

以此，可求得在其他温度下的熵值（S_T）。例如：我们将一种纯晶体物质从 0K 升到任一温度（T），并测量此过程的熵变量（ΔS），则该纯物质在 TK 时的熵 $S_T = \Delta S = S_T - S_0 = S_T - 0$，称为这一物质的规定熵。单位物质的量的纯物质在标准状态下的规定熵叫做该物质的标准摩尔熵，以 $S_m^\ominus$ 表示。$S_m^\ominus$ 的 SI 单位为 $\text{J} \cdot \text{mol}^{-1} \cdot \text{K}^{-1}$。

值得注意的几个问题：

1）指定单质的标准熵值并不为零；规定处于标准状态下水合 H^+ 离子的标准摩尔熵值为零，通常温度选定为 298.15K，即 $S_m^\ominus(H^+, \text{aq}, 298.15\text{K}) = 0$。

2）物质的聚集状态不同其熵值不同。对于同一物质而言，相同温度下气态熵大于液态熵，液态熵又大于固态熵，即 $S_g > S_l > S_s$。

3）同一物质在相同的聚合状态时，其熵值随温度的升高而增大，$S_{高温} > S_{低温}$。

4）一般来说，温度和聚合状态相同时，分子或晶体结构较复杂（内部微观粒子较多）的物质的熵大于（由同样元素组成时的）结构较简单（内部微观粒子较少）的物质的熵，$S_{复杂分子} > S_{简单分子}$。

5）混合物或溶液的熵值往往比相应的纯物质的熵值大，即 $S_{混合物} > S_{纯物质}$。

6）气态物质的熵值随压力的增大而减小。

综上所述，对于物理或化学变化而论，几乎没有例外，一个导致气体分子数增加的过程或反应总伴随着熵值增大（$\Delta S > 0$）；如果气体分子数减少，$\Delta S < 0$。

熵的热力学定义：热温商

从热力学得出，在等温可逆过程中，系统所吸收或放出的热量（以 Q_r 表示）除以温度等于系统的熵变 ΔS。

$$\Delta S = Q_r / T \tag{2.4}$$

熵的变化可用可逆过程的热（量）与温（度）之商来计算。“熵”即由“热温商”而得名。式（2.4）表明，对于等温、等压的可逆过程，$T\Delta S = Q_r = \Delta H$。所以 $T\Delta S$ 是对应于能量的一种转化形式，可以与 ΔH 相比较。

因为熵是状态函数，所以反应或过程的熵变取决于始态和终态，而与变化的途径无关。反应的标准摩尔熵变 $\Delta_r S_m^\ominus$ 为

$$\Delta_r S_m^\ominus = \sum_B \nu_B S_{m,B}^\ominus \tag{2.5}$$

即
$$\Delta_r S_m^\ominus = \sum \nu_i S_m^\ominus(\text{生成物}) + \sum \nu_i S_m^\ominus(\text{反应物})$$

例 2.1　计算反应：$2SO_2(g) + O_2(g) \longrightarrow 2SO_3(g)$ 的 $\Delta_r S_m^\ominus$

解：　$2SO_2(g) + O_2(g) \longrightarrow 2SO_3(g)$

$S_m^\ominus/J \cdot mol^{-1} \cdot K^{-1}$　248.22　205.138　256.76

$$\begin{aligned}\Delta_r S_m^\ominus &= 2S_m^\ominus(SO_3) - [2S_m^\ominus(SO_2) + S_m^\ominus(O_2)] \\ &= 2 \times 256.76 - (2 \times 248.22 + 205.138)(J \cdot mol^{-1} \cdot K^{-1}) \\ &= -188.06 J \cdot mol^{-1} \cdot K^{-1}\end{aligned}$$

注意：虽然物质的标准摩尔熵随温度的升高而增大，但只要温度升高时，没有引起物质聚集状态的改变，反应的 $\Delta_r S_m^\ominus$ 随温度升高变化并不大。与 $\Delta_r H_m^\ominus$ 相似，在近似计算中，通常温度的影响可忽略不计，可认为 $\Delta_r S_m^\ominus$ 基本不随温度而变化。即 $\Delta_r S_m^\ominus(T) \approx \Delta_r S_m^\ominus(298.15K)$。

例 2.2　试计算石灰石（$CaCO_3$）热分解反应的 $\Delta_r S_m^\ominus(298.15K)$ 和 $\Delta_r H_m^\ominus(298.15K)$，并初步分析该反应的自发性。

解：写出化学反应方程式，查出反应物和生成物的 $\Delta_f H_m^\ominus(298.15K)$ 和 $S_m^\ominus(298.15K)$ 的值，并在各物质下面标出。

	$CaCO_3(s) = CaO(s) + CO_2(g)$		
$\Delta_f H_m^\ominus(298.15K)/kJ \cdot mol^{-1}$	-1206.92	-635.09	-393.509
$S_m^\ominus(298.15K)/J \cdot mol^{-1} \cdot K^{-1}$	92.9	39.75	213.74

$$\begin{aligned}\Delta_r H_m^\ominus(298.15K) &= \sum_B \nu_B \Delta_f H_{m,B}^\ominus(298.15K) \\ &= (-635.09) + (-393.509) - (-1206.92)(kJ \cdot mol^{-1}) \\ &= 178.32 kJ \cdot mol^{-1}\end{aligned}$$

$$\begin{aligned}\Delta_r S_m^\ominus &= \sum_B \nu_B S_{m,B}^\ominus = (39.75 + 213.74) - 92.9(J \cdot mol^{-1} \cdot K^{-1}) \\ &= 160.59 J \cdot mol^{-1} \cdot K^{-1}\end{aligned}$$

该反应的 $\Delta_r H_m^\ominus(298.15K)$ 为正值，表明此反应为吸热反应。从系统倾向于取得最低的能量这一因素来看，吸热不利于反应自发进行。但反应的 $\Delta_r S_m^\ominus(298.15K)$ 为正值，表明反应过程中系统的熵值增大。从系统倾向于取得最大的混乱度这一因素来看，熵值增大，有利于反应自发进行。因此，该反应的自发性究竟如何，还需要进一步探讨。

问题讨论：

(1) 例 2.2 的计算结果能否说明碳酸钙分解反应的自发性呢？

(2) 化学反应自发性的判断不仅与焓变 ΔH 有关，还与熵变 ΔS 有关，能否把这两个因素综合考虑，形成统一的自发性判据呢？

(3) 反应的吉布斯函数变

1875 年，美国物理学家吉布斯（J. W. Gibbs）首先提出把焓和熵归并在一起的热力学函数——吉布斯函数（或称为吉布斯自由能），其定义为：

$$G = H - TS$$

吉布斯函数 G 是状态函数 H 和 T、S 的组合，当然也是状态函数。

对于等温过程：

$$\Delta G = \Delta H - T\Delta S \tag{2.6a}$$

对于等温化学反应：

$$\Delta_r G_m = \Delta_r H_m - T\Delta_r S_m \tag{2.6b}$$

ΔG 表示过程的吉布斯函数的变化，简称吉布斯函数变。

知识模块二　反应自发性的判断

1. 吉布斯函数判据

根据化学热力学的推导可得到，对于等温等压不做非体积功的一般反应，其自发性的吉布斯函数判据（称为最小自由能原理）为：

$$\left.\begin{aligned} &\Delta G_{T,p,W'=0}<0 \quad \text{自发过程，过程能朝正方向进行} \\ &\Delta G_{T,p,W'=0}=0 \quad \text{平衡状态} \\ &\Delta G_{T,p,W'=0}>0 \quad \text{非自发过程，过程能朝逆方向进行} \end{aligned}\right\} \tag{2.7}$$

表 2.1 中将式（2.2）熵判据和式（2.7）吉布斯函数判据进行比较。由于化学反应在等温等压条件下进行，对于系统不做非体积功的化学反应而言，式（2.7）比式（2.2）更有用。吉布斯函数极为重要，可用以判断过程自发进行的方向，计算反应的平衡常数等。

表 2.1　熵判据和吉布斯函数判据的比较

判　　据	熵	吉布斯函数
系统	隔离系统	封闭系统
过程	任何过程	等温、等压、不做非体积功
自发变化的方向	熵值增大，$\Delta S>0$	吉布斯函数值减小，$\Delta G<0$
平衡条件	熵值最大，$\Delta S=0$	吉布斯函数值最小，$\Delta G=0$
判据法名称	熵增加原理	最小自由能原理

如果化学反应在等温、等压条件下，除体积功外还做非体积功 W'，则吉布斯函数判据就变为（热力学可推导出）：

$$\left.\begin{aligned} &\Delta G_{T,p}<W' \quad \text{自发过程} \\ &\Delta G_{T,p}=W' \quad \text{平衡过程} \\ &\Delta G_{T,p}>W' \quad \text{非自发过程} \end{aligned}\right\} \tag{2.8}$$

此式表明，在等温等压下，一个封闭系统所能做的最大非体积功等于吉布斯函数的减少。这就是电源和燃料电池中电功的源泉，即

$$\Delta G = W'_{max}$$

式中，W'_{max} 为最大电功。

ΔG 作为反应或过程自发性的统一判断依据，实际上包含着焓变（ΔH）和熵变（ΔS）这两个因素。由于 ΔH 和 ΔS 均既可为正值，又可为负值，就有可能出现列于表 2.2 中的 4 种基本情况。

表 2.2　ΔH、ΔS 及 T 对反应自发性的影响

反应实例	ΔH	ΔS	$\Delta G=\Delta H-T\Delta S$	（正）反应的自发性
① $H_2(g) + Cl_2(g) = 2HCl(g)$	−	+	−	自发（任何温度）
② $CO(g) = C(s) + 0.5O_2(g)$	+	−	+	非自发（任何温度）
③ $CaCO_3(s) = CaO(s) + CO_2(g)$	+	+	升高至某温度时由正值变负值	升高温度，有利于反应自发进行
④ $N_2(g) + 3H_2(g) = 2NH_3(g)$	−	−	降低至某温度时由正值变负值	降低温度，有利于反应自发进行

注意：大多数反应属于 ΔH 和 ΔS 同号的上述③或④两类反应，此时温度对于反应的自发性有决定性影响，存在一个自发进行的最低或最高温度，称为转变温度 T_c（此时 $\Delta G=0$）：

$$T_c = \Delta H/\Delta S$$

它取决于 ΔH 与 ΔS 的相对大小，是反应的本性。

2. 标准摩尔吉布斯函数

在标准状态时，由指定单质生成单位物质的量的纯物质时反应的吉布斯函数变，叫做该物质的标准摩尔生成吉布斯函数 $\Delta_f G_m^\ominus$，常用单位为 $kJ \cdot mol^{-1}$。任何指定单质的标准摩尔生成吉布斯函数为零；对于水合离子，规定水合 H^+ 离子的标准摩尔生成吉布斯函数为零。

在标准状态时，化学反应的摩尔吉布斯函数变称为反应的标准摩尔吉布斯函数 $\Delta_r G_m^\ominus$。可得出 298.15K 时的标准摩尔吉布斯函数的计算式为

$$\Delta_r G_m^\ominus(298.15K) = \sum_B \nu_B \Delta_f G_{m,B}^\ominus(298.15K) \tag{2.9}$$

注意：反应的焓变与熵变可视为基本不随温度而变化，而反应的吉布斯函数变近似为温度的线性函数（因为一定温度时，$\Delta G=\Delta H-T\Delta S$）。

$$\Delta_r G_m^\ominus(T) = \Delta_r H_m^\ominus(T) - T\Delta_r S_m^\ominus(T) \approx \Delta_r H_m(298.15K) - T\Delta_r S_m(298.15K) \tag{2.10}$$

例 2.3　试计算石灰石（$CaCO_3$）热分解反应的 $\Delta_r G_m^\ominus(298.15K)$、$\Delta_r G_m^\ominus(1273K)$ 及转变温度 T_c，并分析该反应在标准状态时的自发性。

解：写出化学反应方程式，查出反应物和生成物的 $\Delta_f G_m^\ominus(298.15K)$，并在各物质下面标出。

$$CaCO_3(s) \longrightarrow CaO(s) + CO_2(g)$$

$\Delta_f G_m^\ominus(298.15K)/kJ \cdot mol^{-1}$　-1128.79　　-604.03　　-394.359

（1）$\Delta_r G_m^\ominus(298.15K)$ 的计算。

方法（Ⅰ）：利用 $\Delta_f G_m^\ominus(298.15K)$ 的数据，按式（2.9）可得

$$\begin{aligned}\Delta_r G_m^\ominus(298.15K) &= \sum_B \nu_B \Delta_f G_{m,B}^\ominus(298.15K)\\ &= (-604.03) + (-394.359) - (-1128.79)(kJ \cdot mol^{-1})\\ &= 130.40 kJ \cdot mol^{-1}\end{aligned}$$

方法（Ⅱ）：利用 $\Delta_f H_m^\ominus(298.15K)$ 和 $S_m^\ominus(298.15K)$ 的数据，先求得反应的 $\Delta_r H_m^\ominus(298.15K)$ 和 $\Delta_r S_m^\ominus(298.15K)$，再按式（2.10）可得：

$$\Delta_r G_m^\ominus(298.15K) = \Delta_r H_m^\ominus(298.15K) - 298.15K \cdot \Delta_r S_m^\ominus(298.15K)$$
$$= 178.32 - 298.15 \times 160.59/1000(kJ \cdot mol^{-1}) = 130.44kJ \cdot mol^{-1}$$

（2）$\Delta_r G_m^\ominus(1273K)$ 的计算。

可利用 $\Delta_r H_m^\ominus(298.15K)$ 和 $\Delta_r S_m^\ominus(298.15K)$ 的数据，按式（2.10）求得：

$$\Delta_r G_m^\ominus(1273K) \approx \Delta_r H_m^\ominus(298.15K) - 1273K \cdot \Delta_r S_m^\ominus(298.15K)$$
$$= 178.32 - 1273 \times 160.59/1000(kJ \cdot mol^{-1}) = -26.11kJ \cdot mol^{-1}$$

（3）反应自发性的分析和 T_c 的估算。

298.15K 的标准状态时，由于 $\Delta_r G_m^\ominus(298.15K)>0$，所以石灰石热分解反应非自发；1273K 的标准状态时，因 $\Delta_r G_m^\ominus(298.15K)<0$，故反应能自发进行。

石灰石分解反应，属低温非自发，高温自发的吸热、熵增反应，在标准状态时自发分解的最低温度即转变温度为

$$T_c \approx \frac{\Delta_r H_m^\ominus(298.15K)}{\Delta_r S_m^\ominus(298.15K)} = \frac{178.32 \times 10^{-3} J \cdot mol^{-1}}{160.59J \cdot mol^{-1} \cdot K^{-1}} = 1110.4K$$

问题讨论：

判断封闭系统反应自发方向的吉布斯判据依据是 $\Delta_r G_m$ 还是 $\Delta_r G_m^\ominus$？$\Delta_r G_m$ 和 $\Delta_r G_m^\ominus$ 之间有什么关系？

3. $\Delta_r G_m$ 与 $\Delta_r G_m^\ominus$ 的关系

给定条件下化学反应的吉布斯函数变为 $\Delta_r G_m$，对应给定条件，判断自发与否的条件是 $\Delta_r G_m$(不是 $\Delta_r G_m^\ominus$!)，$\Delta_r G_m$ 会随着系统中反应物和生成物的分压或浓度的改变而改变。$\Delta_r G_m$ 与 $\Delta_r G_m^\ominus$ 之间的关系可由化学热力学理论推导得出，称为化学反应的等温方程。

对于理想气体化学反应，等温方程可表示为：

$$\Delta_r G_m(T) = \Delta_r G_m^\ominus(T) + RT\ln\prod_B (p_B/p^\ominus)^{\nu_B} \tag{2.11a}$$

式中，R 为摩尔气体常数；p_B 为气体 B 的分压力；$p^\ominus$ 为标准压力（$p^\ominus = 100kPa$）；$\prod$ 为连乘算符。因生成物的 ν_B 为正，反应物的 ν_B 为负，$\prod_B (p_B/p^\ominus)^{\nu_B}$ 为生成物和反应物的 $(p_B/p^\ominus)^{\nu_B}$连乘之比，故习惯上将 $\prod_B (p_B/p^\ominus)^{\nu_B}$ 称为压力商（或反应商）Q，$p_B/p^\ominus$ 称为相对分压，所以式（2.11a）可写成：

$$\Delta_r G_m(T) = \Delta_r G_m^\ominus(T) + RT\ln Q \tag{2.11b}$$

注意：若所有气体的分压 p 均为标准压力 $p^\ominus$，则 $Q=1$，$\Delta_r G_m(T)=\Delta_r G^\ominus(T)$，此时可用 $\Delta_r G_m^\ominus(T)$ 判断标准状态下化学反应的自发性。但在一般情况下，需要根据等温方程求出指定态 $\Delta_r G_m(T)$，才能判断该条件下反应的自发性。也就是说，用于判断方向的 $\Delta_r G_m$ 必须与相应的反应条件相对应。

对于水溶液中的离子反应，或水合离子（或分子）参与的多相反应，由于此类物质变化的不是气体的分压，而是相应的水合离子（或分子）的浓度，根据化学热力学的推导，此时各物质的相对分压 $(p_B/p^\ominus)^{\nu_B}$将换为各相应物质的水合离子的相对浓度（$c_B/c^\ominus$），$c^\ominus$ 为标准浓度，$c^\ominus=1mol \cdot L^{-1}$。若有参与反应的固态或液态的纯物质，则不必列入反应商

中。所以，对于一般的化学反应式：

$$aA(l) + bB(aq) \xlongequal{} gG(s) + dD(g)$$

等温方程式可表示为：

$$\Delta_r G_m(T) = \Delta_r G_m^\ominus(T) + RT\ln \frac{(p_D/p^\ominus)^d}{(c_B/c^\ominus)^b} \qquad (2.11c)$$

$\Delta_r G_m$ 与 $\Delta_r G_m^\ominus$ 的应用甚广，除用于估计、判断任一反应的自发性，估计反应自发性的温度条件外，还可用于计算标准平衡常数 $K^\ominus$，计算原电池的最大电功和电动势等。

问题讨论：

请计算 723K、非标准态下，下列反应的 $\Delta_r G_m$，并判断反应自发进行的方向。

$$2SO_2(g) + O_2(g) \longrightarrow 2SO_3(g)$$

分压/Pa　　1.0×10^4　　1.0×10^4　　1.0×10^8

值得注意的几个问题——使用 $\Delta_r G_m$ 判据的条件：

(1) 反应体系必须是封闭体系，反应过程中体系与环境之间不得有物质的交换，如不断加入反应物或取走生成物等。

(2) 反应体系必须不做非体积功（或者不受外界如“场”的影响），反之，判据将不适用。例如：$2NaCl(s) \rightarrow 2Na(s) + Cl_2(g)$，$\Delta_r G_m > 0$，反应不能自发进行，但如果采用电解的方法（环境对体系做电功），则可使其向右进行。

(3) $\Delta_r G_m$ 只给出了某温度、压力条件下（而且要求始态各物质温度、压力和终态相等）反应的可能性，未必能说明其他温度、压力条件下反应的可能性。

例如：$2SO_2(g) + O_2(g) \rightarrow 2SO_3(g)$，298.15K、标准态下，$\Delta_r G_m < 0$，反应自发向右进行；723K，$p_{SO_2} = p_{O_2} = 1.0\times10^4$Pa、$p_{SO_3} = 1.0\times10^8$Pa 的非标准态下，$\Delta_r G_m(723K) > 0$，反应不能自发向右进行。

(4) $\Delta_r G_m < 0$ 的反应与反应速率大小是两回事。

例如：$H_2(g) + O_2(g) \rightarrow H_2O(l)$，$\Delta_r G_m(298.15K) = -237.13kJ\cdot mol^{-1} < 0$，反应能自发向右进行，但因反应速率极小，可认为不发生反应；若有催化剂或点火引发则可剧烈反应。

自学导读单元

(1) 影响反应方向的因素有哪些？

(2) 什么是标准态？标准态有哪些要素？与温度有关吗？

(3) 什么是熵变？熵增加原理（熵判据）适用于什么系统？什么是吉布斯函数？什么是标准摩尔反应吉布斯函数？如何计算标准态下的熵变和吉布斯函数变？

(4) 吉布斯公式是什么？应用有什么条件限制？

(5) 反应自发进行的吉布斯判据是什么？适用什么条件？

(6) 给定条件的摩尔吉布斯函数变 $\Delta_r G_m$ 与标准态吉布斯函数变 $\Delta_r G_m^\ominus$ 的关系可由什么关系式来表示？

(7) 判断封闭系统反应自发方向的吉布斯判据依据是 $\Delta_r G_m$ 还是 $\Delta_r G_m^\ominus$？

(8) 如何计算某一反应的转变温度？

自学成果评价

一、是非题（对的在括号内填“√”，错的填“×”）

1. $\Delta_r S$ 为正值的反应均是自发反应。（　　）
2. 任何最稳定的纯态单质在任何温度下的标准摩尔生成吉布斯自由能均为零。（　　）
3. 催化剂能改变反应历程，降低反应的活化能，但不能改变反应的 $\Delta_r G_m^\ominus$。（　　）
4. 在常温常压下，空气中的 N_2 和 O_2 能长期存在而不化合生成 NO。热力学计算表明，$N_2(g)+O_2(g)=2NO(g)$ 的 $\Delta_r G_m^\ominus(298.15K) \gg 0$，则 N_2 和 O_2 混合气在任何状态下均不会自发正向进行。（　　）
5. 已知室温下 CCl_4 不会与 H_2O 反应，但 $CCl_4(g)+2H_2O(l)=CO_2(g)+4HCl(aq)$ 的 $\Delta_r G_m^\ominus(298.15K)=-379.93kJ \cdot mol^{-1}$，则此反应的转变温度为 298.15K。（　　）
6. 在低温下自发而高温下非自发的反应，必定是 $\Delta_r H_m<0$，$\Delta_r S_m>0$。（　　）
7. 任何纯物质的完美晶体的熵值都为零。（　　）
8. 物质的聚集状态不同其熵值不同，同种物质 $S_m(g)>S_m(l)>S_m(s)$。（　　）
9. 吸热、熵增有利于反应自发进行。（　　）
10. 在等温、等压的封闭体系内，不做非体积功，$\Delta_r G_m<0$ 时，化学反应逆向进行。（　　）
11. 根据吉布斯公式 $\Delta_r G_m=\Delta_r H_m-T\Delta_r S_m$，放热熵增有利于反应自发进行。（　　）

二、选择题（将所有的正确答案的标号填入括号内）

1. 对于反应 $N_2(g)+O_2(g)=2NO(g)$，$\Delta H=+90kJ \cdot mol^{-1}$，$\Delta S=+12J \cdot K^{-1} \cdot mol^{-1}$，下列哪种情况是正确的（　　）。

A. 任何温度下均自发　　B. 任何温度下均非自发
C. 低温下非自发，高温下自发　　D. 低温下自发，高温下非自发

2. 下列哪一种物质的标准生成自由能为零？（　　）

A. $Br_2(g)$　　B. $Br^-(aq)$　　C. $Br_2(l)$　　D. $Br_2(aq)$

三、不用查表，将下列物质按其标准熵 $S_m^\ominus(298.15K)$ 值由大到小的顺序排列。并简单说明理由。

A. K(s)　　B. Na(s)　　C. $Br_2(l)$　　D. $Br_2(g)$　　E. KCl(s)

四、试用标准热力学数据，任意计算下列两个反应的 $\Delta_r G_m^\ominus(298.15K)$。

(1) $3Fe(s) + 4H_2O(l) = Fe_3O_4(s) + 4H_2(g)$
(2) $Zn(s) + 2H^+(aq) = Zn^{2+}(aq) + H_2(g)$
(3) $CaO(s) + H_2O(l) = Ca^{2+}(aq) + 2OH^-(aq)$
(4) $AgBr(s) = Ag(s) + \frac{1}{2}Br_2(l)$

学 能 展 示

基础知识

1. 能正确使用热力学文献数据。

对于反应 $N_2(g) + 3H_2(g) = 2NH_3(g)$，$\Delta_r H_m^\ominus(298.15K) = -92.2kJ \cdot mol^{-1}$，若升高温度（例如升高 100K），则下列各项将如何变化？（填写：不变；基本不变；增大或者减小。）

$\Delta_r H_m^\ominus$ ＿＿＿＿＿，$\Delta_r S_m^\ominus$ ＿＿＿＿＿，$\Delta_r G_m^\ominus$ ＿＿＿＿＿

2. 能用正确的化学反应方程式表达某反应的 $\Delta_f G_m^\ominus$。

根据下列两个反应及其 $\Delta_r G_m^\ominus(298.15K)$ 值，计算 Fe_3O_4 在 298.15K 的标准摩尔生成吉布斯函

数 $\Delta_f G_m^\ominus$。

(1) $2Fe(s) + \frac{3}{2}O_2(g) \longrightarrow Fe_2O_3(s)$　　$\Delta_r G_m^\ominus(298.15K) = -742.2kJ \cdot mol^{-1}$

(2) $4Fe_2O_3(s) + Fe(s) \longrightarrow 3Fe_3O_4$　　$\Delta_r G_m^\ominus(298.15K) = -77.7kJ \cdot mol^{-1}$

知识应用

1. 能应用最小自由能原理即吉布斯判据对反应的自发性做出初步判断。

汽车尾气主要的有害成分为 NO 和 CO，能否使 NO 和 CO 在某种条件下反应生成 N_2 和 CO_2？

2. 能应用化学反应的基本原理知识，并能初步应用于解决复杂工程问题；即能对不同的制备金属锡的工艺方案，从节能的角度进行初步评价。

用锡石（SnO_2）制取金属锡，有建议可用下列几种方法：

(1) 单独加热矿石，使之分解；

(2) 用碳（以石墨计）还原矿石（加热产生 CO_2）；

(3) 用 $H_2(g)$ 还原矿石（加热产生水蒸气）。

今希望加热温度尽可能低些。试采用标准热力学数据，通过计算说明采用何种方法为宜。

拓展提升

能应用化学反应的基本原理知识，并能初步应用于解决复杂工程问题；即能针对废 SCR 脱硝催化剂，从分离回收的角度设计初步的方案；能够根据热力学数据分析讨论提纯镍的方法的合理性。

(1) 废 SCR 脱硝催化剂中主要成分有三氧化二铁、二氧化钛、三氧化钨、五氧化二钒（三氧化二钒）等氧化物，请通过查找标准热力学数据，应用吉布斯判据，分析以上氧化物被单质碳还原的难易顺序，判断这些金属氧化物在标态下被还原成金属单质时的最低温度是多少？

(2) 通常采用的制高纯镍的方法是将粗镍在 323K 与 CO 反应，生成的 $Ni(CO)_4$ 经提纯后在约 473K 分解得到纯镍，$Ni(s)+4CO(g) \rightleftharpoons Ni(CO)_4(l)$，已知反应的 $\Delta_r H_m^\ominus = -161kJ \cdot mol^{-1}$，$\Delta_r S_m^\ominus = -420J \cdot mol^{-1} \cdot K^{-1}$。试由热力学数据分析讨论该方法提纯镍的合理性。

课题 2.2　化学反应的限度和化学平衡

<table>
<tr><td>学习目标</td><td colspan="2">1. 清楚实验平衡常数和 $K^\ominus$ 的区别和联系，能运用 $K^\ominus$ 与 $\Delta_r G_m^\ominus$ 的关系，通过计算判断反应进行的限度；
2. 能通过改变影响化学平衡的因素，对反应限度进行控制</td></tr>
<tr><td>能力要求</td><td colspan="2">1. 掌握化学反应的基本原理知识，并能初步应用于解决复杂工程问题；
2. 能够针对复杂工程问题，初步运用化学反应的基本原理进行研究和信息综合得到合理有效的结论；
3. 能够在小组讨论中承担个体角色并发挥个体优势；
4. 具有自主学习的意识，逐渐养成终身学习的能力</td></tr>
<tr><td rowspan="2">重点难点预测</td><td>重点</td><td>标准平衡常数、多重平衡规则、化学平衡计算、影响平衡移动的因素</td></tr>
<tr><td>难点</td><td>化学平衡移动方向判断、影响平衡移动的因素、范特霍夫方程</td></tr>
<tr><td>知识清单</td><td colspan="2">反应进行的限度、标准平衡常数、多重平衡规则、化学平衡计算、化学平衡移动方向判断、影响平衡移动的因素、范特霍夫方程</td></tr>
<tr><td>先修知识</td><td colspan="2">中学化学选修 4 化学反应与原理：化学反应速率和化学平衡有关化学平衡</td></tr>
</table>

知识模块一　反应限度和平衡常数

1. 反应限度

对于等温、等压下不做非体积功的化学反应，当 $\Delta_r G_m<0$ 时，反应朝着确定的方向自发进行；随着反应的不断进行，$\Delta_r G_m$ 值越来越大；当 $\Delta_r G_m=0$ 时，反应达到了极限，即化学平衡状态。所以，$\Delta_r G_m=0$ 或化学平衡就是给定条件下化学反应的极限，$\Delta_r G_m=0$ 是化学平衡的热力学标志或称反应限度的判据。

2. 化学平衡常数

（1）标准平衡常数

定义标准平衡常数：

$$K^{\ominus}=\exp[-\Delta_r G_m^{\ominus}/(RT)] \tag{2.12a}$$

或

$$-RT\ln K^{\ominus}=\Delta_r G_m^{\ominus} \tag{2.12b}$$

根据化学反应的等温方程，针对理想气体反应系统：

$$\Delta_r G_m = \Delta_r G_m^{\ominus} + RT\ln\prod_B (p_B/p^{\ominus})^{\nu_B}$$

$$= -RT\ln K^{\ominus} + RT\ln\prod_B (p_B/p^{\ominus})^{\nu_B}$$

当化学反应达到平衡时，$\Delta_r G_m=0$，得到标准平衡常数的具体表达式：

$$K^{\ominus} = \prod_B (p_B^{eq}/p^{\ominus})^{\nu_B} \tag{2.13}$$

式中，p_B^{eq} 为 B 组分的平衡分压；上角标 eq 表示“平衡”。这说明标准平衡常数在数值上等于反应达到平衡时的生成物与反应物的 $(p_B^{eq}/p^{\ominus})^{\nu_B}$ 连乘之比。

例如，对于合成氨的平衡系统：

$$N_2(g) + 3H_2(g) \longrightarrow 2NH_3(g) \qquad K^{\ominus} = \frac{(p_{NH_3}^{eq}/p^{\ominus})^2}{(p_{N_2}^{eq}/p^{\ominus})(p_{H_2}^{eq}/p^{\ominus})^3}$$

对于一般的化学反应式：

$$aA(l) + bB(aq) \longrightarrow gG(s) + dD(g)$$

由等温方程可得：

$$K^{\ominus} = \frac{(p_D^{eq}/p^{\ominus})^d}{(c_B^{eq}/c^{\ominus})^b} \tag{2.14}$$

（2）实验平衡常数

$$K_p = \prod_B (p_B^{eq})^{\nu_B} \tag{2.15}$$

$$K_c = \prod_B (c_B^{eq})^{\nu_B} \tag{2.16}$$

值得注意的几个问题：

1）从定义可知，$K^{\ominus}$ 是量纲为 1 的量，其数值取决于反应的本性，温度以及标准状态的选择，与压力或组成无关。$K^{\ominus}$ 值越大，说明该反应进行得越彻底，反应物的转化率越高。

2）当规定了 $p^{\ominus}$、$c^{\ominus}$ 值后，则对于给定反应，$K^{\ominus}$ 只是温度的函数，不随浓度、压力而变。在 $\Delta_r G_m^{\ominus}$ 和 $K^{\ominus}$ 换算时，两者温度必须一致，且应注明温度。若未注明，一般是指 $T=298.15$K。

3）$K^{\ominus}$ 的具体表达式可直接根据化学计量方程式写出。反应式中若有固态、液态纯物质或稀溶液中的溶剂（如水），在 $K^{\ominus}$ 表达式中不必列出，只需考虑平衡时气体的分压和溶质的浓度，而且总是将产物的写在分子上，将反应物的写在分母上。例如：

$$MnO_2(s) + 4H^+(aq) + 2Cl^-(aq) \rightleftharpoons Mn^{2+}(aq) + Cl_2(g) + 2H_2O(l)$$

$$K^{\ominus} = \frac{(c^{eq}_{Mn^{2+}}/c^{\ominus})(p^{eq}_{Cl_2}/p^{\ominus})}{(c^{eq}_{H^+}/c^{\ominus})^4(c^{eq}_{Cl^-}/c^{\ominus})^2}$$

4）$K^{\ominus}$ 的数值与化学计量方程式的写法有关，必须与化学反应式“配套”。一定温度下，不同的反应各有其特定的平衡常数。

5）K_c、K_p 数值和量纲因分压或浓度所用的单位不同而异（$\Delta n=0$ 除外）。

问题讨论：

反应：$C(s) + H_2O(g) \rightleftharpoons CO(g) + H_2(g)$，1000K 达平衡时，$c_{CO} = c_{H_2} = 7.6\times10^{-3}mol\cdot L^{-1}$，$c_{H_2O} = 4.6\times10^{-3}mol\cdot L^{-1}$，平衡分压 $p_{CO} = p_{H_2} = 6.3\times10^4Pa$，$p_{H_2O}=3.8\times10^4Pa$，试计算该反应的 K_c、K_p。

3. 多重平衡规则

多重平衡规则：如果某个反应可以表示为两个（或多个）反应之和（差），则总反应的平衡常数等于各反应平衡常数的相乘（除）。即：

反应(3) = 反应(1) + 反应(2)

则

$$K_3^{\ominus} = K_1^{\ominus}K_2^{\ominus} \tag{2.17}$$

利用多重平衡规则，可以从一些已知反应的平衡常数推出许多未知反应的平衡常数。这对于新产品合成路线的设计是很有用的。

例如：在某温度下生产水煤气时，同时存在下列四个平衡：

$C(g) + H_2O(g) \rightleftharpoons CO(g) + H_2(g)$；　$\Delta_r G^{\ominus}_{m,1} = -RT\ln K_1^{\ominus}$

$CO(g) + H_2O(g) \rightleftharpoons CO_2(g) + H_2(g)$；　$\Delta_r G^{\ominus}_{m,2} = -RT\ln K_2^{\ominus}$

$C(s) + 2H_2O(g) \rightleftharpoons CO_2(g) + 2H_2(g)$；　$\Delta_r G^{\ominus}_{m,3} = -RT\ln K_3^{\ominus}$

$C(s) + CO_2(g) \rightleftharpoons 2CO(g)$；　$\Delta_r G^{\ominus}_{m,4} = -RT\ln K_4^{\ominus}$

其中，第 3 个和第 4 个平衡可以看作是通过第 1 个及第 2 个平衡的建立而形成的。由于

$$\Delta_r G^{\ominus}_{m,3} = \Delta_r G^{\ominus}_{m,1} + \Delta_r G^{\ominus}_{m,2}$$

$$\Delta_r G^{\ominus}_{m,4} = \Delta_r G^{\ominus}_{m,1} - \Delta_r G^{\ominus}_{m,2}$$

所以，根据式（2.17）可得：

$$K_3^{\ominus} = K_1^{\ominus}K_2^{\ominus}$$

$$K_4^{\ominus} = K_1^{\ominus}/K_2^{\ominus}$$

知识模块二　化学平衡的有关计算

许多重要的工程实际过程都涉及化学平衡或需借助平衡产率以衡量实践过程的完善程度。因此，掌握有关化学平衡的计算十分重要。此类计算的重点是：从标准热力学函数或实验数据求平衡常数；用平衡常数求各物质的平衡组分（分压、浓度、最大产率）；以及条件变化对化学反应的方向和限度的影响等，有关平衡计算中，应特别注意：

（1）写出配平的化学反应方程式，并注明物质的聚集状态（如果物质有多种晶型，

还应注明是哪一种）。这对查找标准热力学函数的数据及进行运算，或正确书写 $K^{\ominus}$ 表达式都是十分重要的。

（2）当涉及各物质的初始量、变化量、平衡量时，关键是要搞清楚各物质的变化量之比即反应式中各物质的化学计量数之比。

1. 标准平衡常数 $K^{\ominus}$ 的计算

例 2.4　$C(s)+CO_2(g) \rightleftharpoons 2CO(g)$ 是高温加热处理钢铁零件时涉及脱碳氧化或渗碳的一个重要化学平衡式。试分别计算或估算该反应在 298.15K 和 1173K 时的标准平衡常数 $K^{\ominus}$ 值，并简要说明其意义。

解：查出有关物质的标准热力学函数，并标在相关化学式之下。

	C(s，石墨)	+ $CO_2(g)$ ⇌	2CO(g)
$\Delta_f H_m^{\ominus}(298.15K)/kJ \cdot mol^{-1}$	0	−393.509	−110.525
$S_m^{\ominus}(298.15K)/J \cdot mol^{-1} \cdot K^{-1}$	5.740	213.740	194.674

（1）298.15K 时

$$\Delta_r H_m^{\ominus}(298.15K) = \sum_B \nu_B \Delta_f H_{m,B}^{\ominus}(298.15K)$$
$$= 2 \times (-110.525) - 0 - (-393.509)(kJ \cdot mol^{-1})$$
$$= 172.459kJ \cdot mol^{-1}$$

$$\Delta_r S_m^{\ominus} = \sum_B \nu_B S_{m,B}^{\ominus}$$
$$= 2 \times 197.674 - 5.740 - 213.740(J \cdot mol^{-1} \cdot K^{-1})$$
$$= 175.87J \cdot mol^{-1} \cdot K^{-1}$$

$$\Delta_r G_m^{\ominus}(298.15K) = \Delta_r H_m^{\ominus}(298.15K) - T\Delta_r S_m^{\ominus}(298.15K)$$
$$= 172.459 - 298.15 \times 0.17587(kJ \cdot mol^{-1})$$
$$= 120.1kJ \cdot mol^{-1}$$

$$-RT\ln K^{\ominus} = \Delta_r G_m^{\ominus}$$

$$K^{\ominus} = \exp[-\Delta_r G_m^{\ominus}/(RT)] = 9.1 \times 10^{-22}$$

（2）1173K 时

$$\Delta_r G_m^{\ominus}(1173K) \approx \Delta_r H_m^{\ominus}(298.15K) - T\Delta_r S_m^{\ominus}(298.15K)$$
$$= 172.459 - 1173 \times 0.17587(kJ \cdot mol^{-1})$$
$$= -33.83kJ \cdot mol^{-1}$$

$$K^{\ominus} = \exp[-\Delta_r G_m^{\ominus}/(RT)] = 32.14$$

计算结果分析：温度从室温（25℃）增至高温（900℃）时，$\Delta_r G_m^{\ominus}$ 值急剧减小，反应从非自发转变为自发进行，$K^{\ominus}$ 值显著增大；从 $K^{\ominus}$ 值看，25℃时钢铁中碳被 CO_2 氧化的脱碳反应实际上没有进行，但在 900℃时，钢铁中的碳（以石墨或渗碳体 Fe_3C 形式存在）被氧化脱碳程度会较大，但仍具有明显的可逆性。钢铁脱碳会降低钢铁零件的强度等而使其性能变差。欲使钢铁零件既不脱碳又不渗碳，应使钢铁热处理的炉内气氛中 CO 与 CO_2 组分比符合该温度时的 $(p_{CO}/p^{\ominus})^2/(p_{CO_2}/p^{\ominus}) = K^{\ominus}$ 值。

2. 平衡转化率的计算

转化率：指某反应物在反应中已转化的量相对于该反应物初始用量的比率。转化率越大，反应越完全。

平衡转化率：化学反应达平衡后，该反应物转化为生成物，从理论上能达到的最大转化率。

$$\alpha=\frac{\text{某反应物已转化的量}}{\text{反应开始时该反应物的总量}}\times100\%$$

若反应前后体积不变，则：

$$\alpha=\frac{\text{反应物起始浓度}-\text{反应物平衡浓度}}{\text{反应物的起始浓度}}\times100\%$$

例 2.5　将 1.20mol SO_2 和 2.00mol O_2 的混合气体，在 800K 和 101.325kPa 的总压力下，缓慢通过 V_2O_5 催化剂使生成 SO_3，在等温等压下达到平衡，测得混合物中生成的 SO_3 为 1.10mol。试利用上述实验数据求该温度下反应 $2SO_2(g)+O_2(g)=2SO_3(g)$ 的 $K^\ominus$，$\Delta_rG_m^\ominus$ 及 SO_2 的转化率，并讨论温度、总压力的高低对 SO_2 的转化率的影响。

解：

	$2SO_2(g)$	$+\ O_2(g)$	$=\!=\!=2SO_3(g)$
起始时物质的量/mol	1.20	2.00	0
反应中物质的量的变化/mol	−1.10	−1.10/2	+1.10
平衡时物质的量/mol	0.10	1.45	1.10
平衡时的摩尔分数 x	0.10/2.65	1.45/2.65	1.10/2.65
平衡时的分压/kPa	3.82	55.4	42.1

$$K^\ominus=\frac{(p_{SO_3}^{eq}/p^\ominus)^2}{(p_{SO_2}^{eq}/p^\ominus)^2(p_{O_2}^{eq}/p^\ominus)}=\frac{(p_{SO_3}^{eq})^2p^\ominus}{(p_{SO_2}^{eq})^2p_{O_2}^{eq}}$$

$$=\frac{(42.1)^2\times100}{(3.82)^2\times55.4}=219$$

$$\Delta_rG_m^\ominus=-RT\ln K^\ominus=-8.314\text{J}\cdot\text{mol}^{-1}\cdot\text{K}^{-1}\times800\text{K}\times\ln219$$

$$=-3.58\times10^4\text{J/mol}$$

$$SO_2\text{ 的转化率}=\frac{\text{平衡时 }SO_2\text{ 已转化的量}}{SO_2\text{ 的起始量}}\times100\%=1.10/1.20\times100\%=91.7\%$$

计算结果讨论：此反应为气体分子数减小的反应，可判断 $\Delta_rS_m^\ominus<0$，从上面计算已得 $\Delta_rG_m^\ominus<0$，则根据吉布斯等温方程式 $\Delta G=\Delta H-T\Delta S$，可判断必为 $\Delta_rH_m^\ominus<0$ 的放热反应，高压低温有利于提高 SO_2 的转化率。

问题讨论：

1. 763.8K 时，反应 $H_2(g)+I_2(g)\rightarrow2HI(g)$，$K_c=45.7$。

（1）反应开始时 H_2 和 I_2 的浓度均为 $1.00\text{mol}\cdot\text{L}^{-1}$，求反应达平衡时各物质的平衡浓度及 I_2 的平衡转化率。

（2）假定平衡时要求有 90%I_2 转化为 HI，问开始时 I_2 和 H_2 应按怎样的浓度比混合？

2. 在 5.00L 容器中装有等物质的量的 $PCl_3(g)$ 和 $Cl_2(g)$。523K 时，反应 $PCl_3(g)+Cl_2(g)\rightarrow PCl_5(g)$ 达平衡时，$p_{PCl_5}=p^\ominus$，$K^\ominus=0.767$，求：（1）开始装入的 PCl_3 和 Cl_2 的物质的量；（2）PCl_3 的平衡转化率。

知识模块三　化学平衡的移动及影响因素

1. 化学平衡的移动

化学平衡的移动：因外界条件改变使可逆反应从一种平衡状态向另一种平衡状态转变的过程。

平衡移动原理（勒夏特列原理）：如果改变影响平衡的条件之一（如温度、压强、浓度），平衡朝着能够减弱这种改变的方向移动。

应用这个规律，可以改变条件，使所需的反应进行得更彻底。

注意：平衡移动原理只适用于已达平衡的体系，而不适用于非平衡体系。

问题讨论：

为什么浓度、压力、温度都统一于同一条普遍规律？这一规律的统一依据是什么？

2. 影响化学平衡移动的因素

（1）浓度对化学平衡的影响

根据化学反应的等温方程 $\Delta_r G_m(T)=\Delta_r G_m^\ominus(T)+RT\ln Q$，以及 $\Delta_r G_m^\ominus=-RT\ln K^\ominus$，可得：

$$\Delta_r G_m=RT\ln\frac{Q}{K^\ominus} \tag{2.18}$$

根据此式，只需比较指定态的反应商 Q 与标准平衡常数 $K^\ominus$ 的相对大小，就可以判断反应进行（即平衡移动）的方向，可分为下列三种情况：

$$\left.\begin{array}{l}\text{当 } Q<K^\ominus \text{ 时，则 } \Delta_r G_m<0\text{，反应正向自发进行}\\ \text{当 } Q=K^\ominus \text{ 时，则 } \Delta_r G_m=0\text{，平衡状态}\\ \text{当 } Q>K^\ominus \text{ 时，则 } \Delta_r G_m>0\text{，反应逆向自发进行}\end{array}\right\} \tag{2.19}$$

在定温下，$K^\ominus$ 是常数，而 Q 则可通过调节反应物或产物的量（即浓度或分压）加以改变。若希望反应正向进行，就通过移去产物或增加反应物使 $Q<K^\ominus$，$\Delta_r G_m<0$，从而达到预期的目的。

问题讨论：

含 0.100mol·L^{-1} Ag^+、0.100mol·L^{-1} Fe^{2+}、0.010mol·L^{-1} Fe^{3+} 溶液中发生反应：$Fe^{2+}+Ag^+ \rightleftharpoons Fe^{3+}+Ag$，$K=2.98$。(1) 判断反应进行的方向；(2) 计算平衡时 Ag^+、Fe^{2+}、Fe^{3+} 的浓度；(3) Ag^+ 的转化率；(4) 计算 c_{Ag^+}、$c_{Fe^{3+}}$ 不变，$c_{Fe^{2+}}=0.300$mol·L^{-1} 时 Ag^+ 的转化率；(5) 以上计算结果说明了什么问题？

（2）温度对化学平衡的影响

由于 $\Delta_r G_m^\ominus=-RT\ln K^\ominus$ 和 $\Delta_r G_m^\ominus=\Delta_r H_m^\ominus-T\Delta_r S_m^\ominus$，可得：

$$\ln K^\ominus=-\frac{\Delta_r H_m^\ominus}{RT}+\frac{\Delta_r S_m^\ominus}{R} \tag{2.20a}$$

设某一反应在不同温度 T_1 和 T_2 时的平衡常数分别为 $K_1^\ominus$ 和 $K_2^\ominus$，且 $\Delta_r H_m^\ominus$ 和 $\Delta_r S_m^\ominus$ 为常数，则：

$$\ln\frac{K_2^\ominus}{K_1^\ominus}=-\frac{\Delta_r H_m^\ominus}{R}\left(\frac{1}{T_2}-\frac{1}{T_1}\right)=\frac{\Delta_r H_m^\ominus}{R}\left(\frac{T_2-T_1}{T_1T_2}\right) \tag{2.20b}$$

式（2.20）称为范特霍夫方程。它是说明温度对平衡常数影响的十分有用的公式。它

表明了 $\Delta_r H_m^{\ominus}$、T 和 $K^{\ominus}$ 间相互关系，沟通了热量数据与平衡数据（表 2.3）。

若已知量热数据（反应焓变），及某温度 T_1 时的 $K_1^{\ominus}$，就可推算出另一温度 T_2 下的 $K_2^{\ominus}$；若已知两个不同温度下反应的 $K^{\ominus}$，则不但可以判断反应是吸热还是放热，而且还可以求出 $\Delta_r H_m^{\ominus}$ 的数值。

表 2.3　温度对化学平衡的影响

温度变化	$\Delta_r H_m^{\ominus}<0$，放热反应	$\Delta_r H_m^{\ominus}>0$，吸热反应
升高温度	$K^{\ominus}$ 值变小	$K^{\ominus}$ 值增大
降低温度	$K^{\ominus}$ 值增大	$K^{\ominus}$ 值变小

例 2.6　已知合成氨反应：$N_2(g)+3H_2(g) \rightleftharpoons 2NH_3(g)$；$\Delta_r H_m^{\ominus}(298.15K)=-92.22kJ \cdot mol^{-1}$，若 298.15K 时的 $K_1^{\ominus}=6.0\times10^5$，试计算 700K 时平衡常数 $K_2^{\ominus}$。

解：根据范特霍夫方程（2.20b）得：

$$\ln\frac{K_2^{\ominus}}{K_1^{\ominus}}=-\frac{\Delta_r H_m^{\ominus}}{R}\left(\frac{1}{T_2}-\frac{1}{T_1}\right)=-\frac{-92.22\times10^3 J \cdot mol^{-1}}{8.314J \cdot mol \cdot K^{-1}}\left(\frac{1}{700K}-\frac{1}{298.15K}\right)=-21.4$$

则

$$K_2^{\ominus}/K_1^{\ominus}=5.1\times10^{-10}$$

$$K_2^{\ominus}=3.1\times10^{-4}$$

此系统从室温 25℃ 升高到 427℃，它的平衡常数下降了约 2×10^9 倍。因此，可以推断，为了获得合成氨的高产率，仅从化学热力学考虑，就需要采用尽可能低的反应温度。

问题讨论：

反应：$2SO_2(g)+O_2(g)=2SO_3(g)$，在 298.15K 时，$K^{\ominus}=6.8\times10^{24}$、$\Delta_r H_m^{\ominus}=-197.78kJ \cdot mol^{-1}$，试计算 723K 时的 $K^{\ominus}$，并判断平衡移动方向。

（3）压力对化学平衡的影响

对于可逆反应：　　　　$cC+dD \rightleftharpoons yY+zZ$

1）$\Delta n=[(y+z)-(c+d)]\neq0$（表 2.4）

表 2.4　压力对化学平衡的影响

项　目	$\Delta n>0$，气体分子数增加的反应	$\Delta n<0$，气体分子数减少的反应
压缩体积增加总压	$Q>K^{\ominus}$，平衡朝逆反应方向移动	$Q<K^{\ominus}$，平衡朝正反应方向移动
	均朝气体分子数减小的方向移动	
增大体积降低总压	$Q<K^{\ominus}$，平衡朝正反应方向移动	$Q>K^{\ominus}$，平衡朝逆反应方向移动
	均朝气体分子数增加的方向移动	

2）$\Delta n=[(y+z)-(c+d)]=0$

体系总压力的改变，降低或增加同等倍数反应物和生成物的分压，Q 值不变（仍等于 K），故对平衡不发生影响。

3）引入不参加反应的气体，对化学平衡的影响

恒温恒容条件下，引入不参加反应的气体，对化学平衡无影响；恒温恒压条件下，引入不参加反应的气体，使体积增大，造成各组分气体分压减小，化学平衡朝气体分子总数

增加的方向移动。

(4) 催化剂对化学平衡的影响

1) 催化剂不影响化学平衡状态

对可逆反应来说，由于反应前后催化剂的化学组成、质量不变，因此无论是否使用催化剂，反应的始、终态都是一样的，即反应的 $\Delta_r G_m^\ominus$ 不变，$K^\ominus$ 也不变，则催化剂不会影响化学平衡状态。

2) 催化剂能改变反应速率，可缩短到达平衡的时间，有利于生产效率的提高。

值得注意的几个问题：

①勒夏特列原理中的温度与浓度或分压是从 $K^\ominus$ 和 Q 这两个不同的方面来影响平衡的，其结果都归结到系统的 $\Delta_r G_m$ 是否小于零这一判断反应自发性的最小自由能原理。

②化学平衡的移动或化学反应的方向是考虑反应的自发性，取决于 $\Delta_r G_m$ 是否小于零；

③化学平衡则是考虑反应的限度，即平衡常数，它取决于 $\Delta_r G_m^\ominus$（注意：不是 $\Delta_r G_m$）数值的大小。

自学导读单元

(1) 化学反应限度的判据是什么？

(2) 什么是化学平衡，其特征是什么？

(3) 如何用公式定义标准平衡常数？有哪些注意事项？

(4) 能否用 $K^\ominus$ 来判断反应的自发性？为什么？

(5) 什么是多重平衡规则？试从 $\Delta_r G_m^\ominus$ 和 $K^\ominus$ 的关系，推演多重平衡规则。

(6) 试举出两种计算反应的 $K^\ominus$ 值的方法。

(7) 如何判断平衡移动的方向？影响平衡移动的因素有哪些？

(8) 范特霍夫方程如何表达？其意义如何？

自学成果评价

一、是非题（对的在括号内填“√”，错的填“×”）

1. 某一给定反应达到平衡后，若平衡条件不变，分离出去某生成物，待达到新的平衡后，则各反应物的分压或浓度分别保持原有定值。（　　）
2. 对反应系统 $C(s)+H_2O(g) = CO(g)+H_2(g)$，$\Delta_r H_m^\ominus(298.15K) = 131.3kJ \cdot mol^{-1}$，反应达到平衡后，若升高温度，则正反应速率增加，逆反应速率减小，结果平衡向右移动。（　　）
3. 反应达到平衡后，只要外界条件不变，反应体系中各物质的量将不随时间而变。（　　）
4. $K^\ominus$ 与温度有关，与压力所选单位无关。实验平衡常数有量纲，并与压力所选单位有关。（　　）
5. 恒温恒容条件下，引入不参加反应的气体，对化学平衡无影响。（　　）
6. 恒温恒压条件下，引入不参加反应的气体，使体积增大，造成各组分气体分压减小，化学平衡朝气体分子总数增加的方向移动。（　　）
7. 对反应系统 $C(s)+H_2O(g) = CO(g)+H_2(g)$，$\Delta_r H_m^\ominus(298.15K) = 131.3kJ \cdot mol^{-1}$。由于化学方程式两边物质的化学计量数（绝对值）的总和相等，所以增加总压力对平衡无影响。（　　）

二、选择题（将所有的正确答案的标号填入括号内）

1. 某温度时，反应 $H_2(g) + Br_2(g) = 2HBr(g)$ 的标准平衡常数 $K^\ominus = 4\times10^{-2}$，则反应 $HBr(g) =$

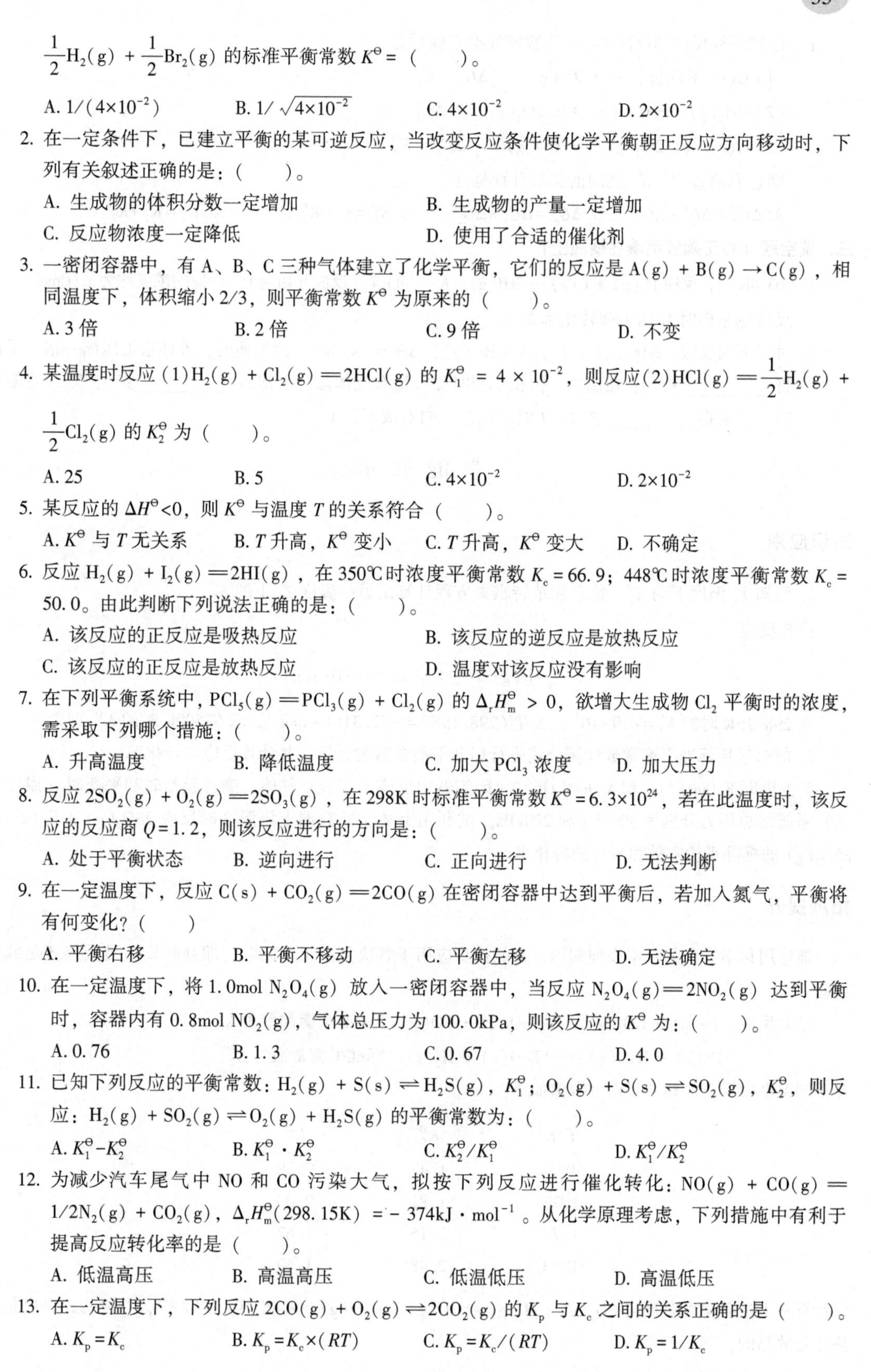

$\frac{1}{2}H_2(g) + \frac{1}{2}Br_2(g)$ 的标准平衡常数 $K^{\ominus}=$（　　）。

A. $1/(4\times10^{-2})$　　B. $1/\sqrt{4\times10^{-2}}$　　C. 4×10^{-2}　　D. 2×10^{-2}

2. 在一定条件下，已建立平衡的某可逆反应，当改变反应条件使化学平衡朝正反应方向移动时，下列有关叙述正确的是：（　　）。

A. 生成物的体积分数一定增加　　B. 生成物的产量一定增加

C. 反应物浓度一定降低　　D. 使用了合适的催化剂

3. 一密闭容器中，有 A、B、C 三种气体建立了化学平衡，它们的反应是 $A(g) + B(g) \rightarrow C(g)$，相同温度下，体积缩小 2/3，则平衡常数 $K^{\ominus}$ 为原来的（　　）。

A. 3 倍　　B. 2 倍　　C. 9 倍　　D. 不变

4. 某温度时反应 (1) $H_2(g) + Cl_2(g) = 2HCl(g)$ 的 $K_1^{\ominus} = 4\times10^{-2}$，则反应 (2) $HCl(g) = \frac{1}{2}H_2(g) + \frac{1}{2}Cl_2(g)$ 的 $K_2^{\ominus}$ 为（　　）。

A. 25　　B. 5　　C. 4×10^{-2}　　D. 2×10^{-2}

5. 某反应的 $\Delta H^{\ominus}<0$，则 $K^{\ominus}$ 与温度 T 的关系符合（　　）。

A. $K^{\ominus}$ 与 T 无关系　　B. T 升高，$K^{\ominus}$ 变小　　C. T 升高，$K^{\ominus}$ 变大　　D. 不确定

6. 反应 $H_2(g) + I_2(g) = 2HI(g)$，在 350℃时浓度平衡常数 $K_c = 66.9$；448℃时浓度平衡常数 $K_c = 50.0$。由此判断下列说法正确的是：（　　）。

A. 该反应的正反应是吸热反应　　B. 该反应的逆反应是放热反应

C. 该反应的正反应是放热反应　　D. 温度对该反应没有影响

7. 在下列平衡系统中，$PCl_5(g) = PCl_3(g) + Cl_2(g)$ 的 $\Delta_r H_m^{\ominus} > 0$，欲增大生成物 Cl_2 平衡时的浓度，需采取下列哪个措施：（　　）。

A. 升高温度　　B. 降低温度　　C. 加大 PCl_3 浓度　　D. 加大压力

8. 反应 $2SO_2(g) + O_2(g) = 2SO_3(g)$，在 298K 时标准平衡常数 $K^{\ominus} = 6.3\times10^{24}$，若在此温度时，该反应的反应商 $Q=1.2$，则该反应进行的方向是：（　　）。

A. 处于平衡状态　　B. 逆向进行　　C. 正向进行　　D. 无法判断

9. 在一定温度下，反应 $C(s) + CO_2(g) = 2CO(g)$ 在密闭容器中达到平衡后，若加入氮气，平衡将有何变化？（　　）

A. 平衡右移　　B. 平衡不移动　　C. 平衡左移　　D. 无法确定

10. 在一定温度下，将 1.0mol $N_2O_4(g)$ 放入一密闭容器中，当反应 $N_2O_4(g) = 2NO_2(g)$ 达到平衡时，容器内有 0.8mol $NO_2(g)$，气体总压力为 100.0kPa，则该反应的 $K^{\ominus}$ 为：（　　）。

A. 0.76　　B. 1.3　　C. 0.67　　D. 4.0

11. 已知下列反应的平衡常数：$H_2(g) + S(s) \rightleftharpoons H_2S(g)$，$K_1^{\ominus}$；$O_2(g) + S(s) \rightleftharpoons SO_2(g)$，$K_2^{\ominus}$，则反应：$H_2(g) + SO_2(g) \rightleftharpoons O_2(g) + H_2S(g)$ 的平衡常数为：（　　）。

A. $K_1^{\ominus} - K_2^{\ominus}$　　B. $K_1^{\ominus} \cdot K_2^{\ominus}$　　C. $K_2^{\ominus}/K_1^{\ominus}$　　D. $K_1^{\ominus}/K_2^{\ominus}$

12. 为减少汽车尾气中 NO 和 CO 污染大气，拟按下列反应进行催化转化：$NO(g) + CO(g) = 1/2N_2(g) + CO_2(g)$，$\Delta_r H_m^{\ominus}(298.15K) = -374kJ\cdot mol^{-1}$。从化学原理考虑，下列措施中有利于提高反应转化率的是（　　）。

A. 低温高压　　B. 高温高压　　C. 低温低压　　D. 高温低压

13. 在一定温度下，下列反应 $2CO(g) + O_2(g) \rightleftharpoons 2CO_2(g)$ 的 K_p 与 K_c 之间的关系正确的是（　　）。

A. $K_p = K_c$　　B. $K_p = K_c\times(RT)$　　C. $K_p = K_c/(RT)$　　D. $K_p = 1/K_c$

14. 已知下列反应的标准 Gibbs 函数和标准平衡常数：

(1) $C(s) + O_2(g) \longrightarrow CO_2(g)$　　$\Delta G_1^\ominus$，$K_1^\ominus$

(2) $CO_2(g) \longrightarrow CO(g) + 1/2O_2(g)$　　$\Delta G_2^\ominus$，$K_2^\ominus$

(3) $C(s) + 1/2O_2(g) \longrightarrow CO(g)$　　$\Delta G_3^\ominus$，$K_3^\ominus$

则它们的 $\Delta G^\ominus$，$K^\ominus$ 之间的关系分别是（　　）。

A. $\Delta G_3^\ominus = \Delta G_1^\ominus + \Delta G_2^\ominus$　B. $\Delta G_3^\ominus = \Delta G_1^\ominus \times \Delta G_2^\ominus$　C. $K_3^\ominus = K_1^\ominus - K_2^\ominus$　D. $K_3^\ominus = K_1^\ominus + K_2^\ominus$

三、填空题（将正确答案填在横线上）

1. 763.8K 时，反应 $H_2(g) + I_2(g) \rightarrow 2HI(g)$，$K_c = 45.7$，反应开始时 H_2 和 I_2 的浓度均为 $1.00mol \cdot L^{-1}$，反应达平衡时 I_2 的平衡转化率为__________。

2. 对于下列反应：$2HBr(g) \rightarrow H_2(g) + Br_2(g)$，$\Delta H = 74.4kJ$，达平衡时，若体系被压缩一倍，平衡将__________移动；在温度，体积不变时加入稀有气体氩，平衡将__________移动；若升高温度时，平衡将__________移动。（填"向左、向右或不"）

学 能 展 示

知识应用

1. 已知 T_1 温度下的 $K_1^\ominus$，能运用范特霍夫方程计算出另一温度 T_2 下的 $K_2^\ominus$。

已知反应

$$\frac{1}{2}H_2(g) + \frac{1}{2}Cl_2(g) \rightleftharpoons HCl(g)$$

在 298.15K 时的 $K_1^\ominus = 4.9 \times 10^{16}$，$\Delta_r H_m^\ominus(298.15K) = -92.31kJ \cdot mol^{-1}$，求在 500K 时的 $K_2^\ominus$。

2. 能够运用标准平衡常数计算公式进行标准平衡常数的计算，并计算反应的转化率。

某温度时 8.0mol SO_2 和 4.0mol O_2 在密闭容器中反应生成 SO_3 气体，测得起始时和平衡时（温度不变）系统的总压力分别为 300kPa 和 220kPa。试利用上述实验数据求该温度时反应 $2SO_2(g) + O_2(g) \rightleftharpoons 2SO_3(g)$ 的标准平衡常数和 SO_2 的转化率。

拓展提升

能应用化学平衡的基本原理知识，并能初步应用于解决复杂工程问题，即判断反应是吸热还是放热反应。

已知反应：$Fe(s) + CO_2(g) \rightleftharpoons FeO(s) + CO(g)$；标准平衡常数为 $K_1^\ominus$

$Fe(s) + H_2O(g) \rightleftharpoons FeO(s) + H_2(s)$；标准平衡常数为 $K_2^\ominus$

在不同温度时反应的标准平衡常数值如下：

T/K	$K_1^\ominus$	$K_2^\ominus$
973	1.47	2.38
1073	1.81	2.00
1173	2.15	1.67
1273	2.48	1.49

试计算在上述各温度时反应 $CO_2(g) + H_2(g) \rightleftharpoons CO(g) + H_2O(g)$ 的标准平衡常数 $K^\ominus$，并说明此反应是吸热还是放热的。

课题 2.3　化学反应速率

<table>
<tr><td>学习目标</td><td colspan="2">1. 能写出基元反应的速率方程，计算反应级数；
2. 能利用浓度、温度与反应速率的定量关系，初步控制反应速率，能用 Arrhenius 公式进行初步计算</td></tr>
<tr><td>能力要求</td><td colspan="2">1. 掌握化学反应速率的基本原理知识，并能初步应用于解决复杂工程问题；
2. 能够针对复杂工程问题，初步运用化学反应速率的基本原理进行研究和信息综合得到合理有效的结论；
3. 能够在小组讨论中承担个体角色并发挥个体优势；
4. 具有自主学习的意识，逐渐养成终身学习的能力</td></tr>
<tr><td rowspan="2">重点难点预测</td><td>重点</td><td>速率方程和反应级数，温度对反应速率的影响，反应活化能和催化剂</td></tr>
<tr><td>难点</td><td>速率方程和反应级数，反应活化能和催化剂</td></tr>
<tr><td>知识清单</td><td colspan="2">化学反应速率、速率方程和反应级数、温度对反应速率的影响、反应活化能和催化剂</td></tr>
<tr><td>先修知识</td><td colspan="2">中学化学选修 4 化学反应与原理：化学反应速率和化学平衡有关化学反应速率</td></tr>
</table>

知识模块一　化学反应速率和速率方程

1. 化学反应速率的定义

(1) 传统的定义

反应速率：通常以单位时间内某一反应物浓度的减少或生成物浓度的增加来表示。单位：$mol\cdot L^{-1}\cdot s^{-1}$；$mol\cdot L^{-1}\cdot min^{-1}$；$mol\cdot L^{-1}\cdot h^{-1}$。

$$aA \quad + \quad bB \longrightarrow cC \quad + \quad dD$$

t_1 时的浓度	$c_{A,1}$	$c_{B,1}$	$c_{C,1}$	$c_{D,1}$
t_2 时的浓度	$c_{A,2}$	$c_{B,2}$	$c_{C,2}$	$c_{D,2}$

$\Delta t=t_2-t_1$，$\Delta c=c_2-c_1$，则平均速率为：

$$\bar{v}_A=-\frac{\Delta c_A}{\Delta t} \qquad \bar{v}_C=\frac{\Delta c_C}{\Delta t}$$

$$\bar{v}_B=-\frac{\Delta c_B}{\Delta t} \qquad \bar{v}_D=\frac{\Delta c_D}{\Delta t}$$

例如：反应	$2N_2O_5 \longrightarrow 4NO_2+O_2$		
开始浓度/$mol\cdot L^{-1}$	2.10	0	0
100s 浓度/$mol\cdot L^{-1}$	1.95	0.30	0.075

$$\bar{v}_{N_2O_5}=-\frac{\Delta c_{N_2O_5}}{\Delta t}=-\frac{(1.95-2.10)\,mol\cdot L^{-1}}{100s}=1.5\times10^{-3}mol\cdot L^{-1}\cdot s^{-1}$$

$$\bar{v}_{NO_2}=\frac{\Delta c_{NO_2}}{\Delta t}=\frac{(0.30-0)\,mol\cdot L^{-1}}{100s}=3.0\times10^{-3}mol\cdot L^{-1}\cdot s^{-1}$$

$$\bar{v}_{O_2}=\frac{\Delta c_{O_2}}{\Delta t}=\frac{(0.075-0)\,mol\cdot L^{-1}}{100s}=7.5\times10^{-4}mol\cdot L^{-1}\cdot s^{-1}$$

$v_{N_2O_5}:v_{NO_2}:v_{O_2}=2:4:1$，即反应速率之比等于方程式中的系数比。不同物质表示的反应速率的数值是不同的。

（2）用反应进度定义的反应速率

定义：单位体积内反应进行程度随时间的变化率。

对于化学反应 $0=\sum_{B}\nu_B B$，定义反应速率：

$$v=\frac{1}{V}\frac{d\xi}{dt} \tag{2.21a}$$

即反应速率为单位时间、单位体积内发生的反应进度，其SI单位为 $mol\cdot L^{-1}\cdot s^{-1}$，对于较慢的反应，时间单位也可采用min、h或a（年）等。

对于恒容反应，上式可写成：

$$v=\frac{1}{\nu_B}\frac{dc_B}{dt} \tag{2.21b}$$

这样定义的反应速率的量值与所研究反应中物质B的选择无关，即可选择任何一种反应物或产物来表达反应速率，都可得到相同的数值。

注意：反应速率与反应进度一样，必须对应于化学反应方程式。因为化学计量数 ν_B 与化学反应方程式的写法有关。

例如，对于合成氨反应 $N_2(g)+3H_2(g)\rightleftharpoons 2NH_3(g)$，其反应速率：

$$v=\frac{1}{2}\frac{dc_{NH_3}}{dt}=-\frac{dc_{N_2}}{dt}=-\frac{1}{3}\frac{dc_{H_2}}{dt}$$

2. 速率方程和反应级数

化学反应可以分为基元反应（又称为元反应）和非基元反应（复合反应）。

基元反应：即一步完成的反应，是组成复合反应的基本单元。

复合反应：由两个或两个以上基元反应构成。反应机理（或反应历程）指明某复合反应由哪些基元反应组成。

速率方程：对于基元反应，反应速率与各反应物浓度的幂乘积（以化学反应方程式中相应物质的化学计量数的绝对值为指数）成正比，这个定量关系称为质量作用定律，是基元反应的速率方程，又称动力学方程。即对于基元反应：

$$aA+bB\longrightarrow gG+dD$$

$$v=kc_A^a c_B^b \tag{2.22}$$

速率方程中的比例系数 k 称为该反应的速率常数，速率常数 k 的物理意义是各反应物浓度均为 $1mol\cdot L^{-1}$ 时的反应速率。k 的大小由反应物的本性决定，与反应物的浓度无关，改变反应物的浓度，可以改变反应的速率，但不会改变 k 的大小。改变温度或使用催化剂，会使 k 的数值发生改变。

反应级数：速率方程中各物质浓度项指数之和（$n=a+b$）。其中，某反应物的浓度的指数 a 或 b 称为该反应对于反应物A或B的分级数，即对A为 a 级反应，对B为 b 级反应。

值得注意的几个问题：

（1）质量作用定律只适用于基元反应，反应级数可直接从化学方程式得到；对于复合反应，反应级数由实验测定，常见的有一级和二级反应，也有零级和三级反应，甚至分数级的。

（2）书写反应速率方程式应注意：稀溶液反应，速率方程不列出溶剂浓度；固体或纯液体不列入速率方程中。

3. 一级反应

一级反应：化学反应速率与反应物浓度的一次方成正比。

一级反应的速率方程：

$$v = -\frac{dc}{dt} = kc \tag{2.23}$$

将式（2.23）进行分离变量并积分（设反应时间从 0 到 t，反应物浓度从 c_0 变到 c）可得：

$$-\int_{c_0}^{c}\frac{dc}{c} = \int_{0}^{t} k dt$$

$$\ln\frac{c_0}{c} = kt \tag{2.24a}$$

即

$$\ln c = \ln c_0 - kt \tag{2.24b}$$

或

$$c = c_0 e^{-kt} \tag{2.24c}$$

半衰期：反应物消耗一半（此时 $c=c_0/2$）所需的时间，符号为 $t_{1/2}$。一级反应的半衰期为：

$$t_{1/2} = \ln 2/k = 0.693/k \tag{2.25}$$

一级反应的三个特征（其中任何一个均可作为判断一级反应的依据）：

（1）$\ln c$ 对 t 作图得一条直线，斜率为 $-k$。

（2）半衰期 $t_{1/2}$ 与反应物的起始浓度无关。

（3）速率常数 k 具有（时间）$^{-1}$ 的量纲，其 SI 单位为 s^{-1}。

知识模块二　温度对反应速率的影响

1. 范特霍夫规则

温度变化对化学反应的速率有很大影响。对于大多数反应，温度升高，反应速率增大，即速率常数 k 随温度升高而增大，而且呈指数变化。

范特霍夫经验规则：反应温度每升高 10℃，反应速率提高 2~4 倍。

以氢气和氧气化合生成水的反应为例，在室温下氢气和氧气作用极慢，以致几年都观察不出有反应发生，如果温度升高到 600℃，它们立即起反应，甚至发生爆炸。

2. 阿仑尼乌斯公式

阿仑尼乌斯根据大量实验和理论验证，提出反应速率与温度的定量关系式，即阿仑尼乌斯公式：

$$k = Ae^{-E_a/(RT)} \tag{2.26a}$$

或

$$\ln k = \ln A - E_a/(RT) \tag{2.26b}$$

式中，A 为指前因子，与速率常数 k 有相同的量纲；E_a 为反应的活化能（通常为正值），常用单位为 $kJ \cdot mol^{-1}$；R 为摩尔气体常数；A 和 E_a 均为反应的特征性常数，基本与温度无关，均可由实验求得。

如果将 A 和 E_a 视为常数，以实验测得的 $\ln k$ 对 $1/T$ 作图为一条直线，从斜率可得活化能，通常又称表观活化能。这是从 k 求活化能 E_a 的重要方法。同时，可得：

$$\ln\frac{k_2}{k_1}=-\frac{E_a}{R}\left(\frac{1}{T_2}-\frac{1}{T_1}\right)=\frac{E_a}{R}\left(\frac{T_2-T_1}{T_1T_2}\right) \tag{2.26c}$$

式中，k_1，k_2 分别为温度 T_1 和 T_2 时的速率常数。

式（2.26）的三个式子是阿仑尼乌斯公式的不同形式。该式表明活化能的大小反映了反应速率随温度变化的程度。活化能较大的反应，温度对反应速率的影响较显著，升高温度能显著地加快反应速率。可以注意到：动力学中的阿仑尼乌斯公式所表达的 k 和 T 的关系，同热力学中的范特霍夫方程表达的 $K^{\ominus}$ 与 T 的关系有着相似的形式。

知识模块三　反应的活化能和催化剂

1. 活化能

阿仑尼乌斯认为在反应体系中，不是每个分子都可以发生反应，只有少数能量就特别高的分子可以反应，这些分子称为活化分子。活化分子具有的最低能量与体系中分子平均能量之差就是活化能 E_a。

当反应体系的温度升高时，体系的能量升高，能量分布发生改变，活化分子的数目增加，反应速率加快。尽管温度升高可使反应体系的分子平均能量提高，但这个变化值不大，与活化能相比可以忽略不计。换言之，在一定温度范围内可认为活化能是一个常数，不受温度的影响。

在阿仑尼乌斯公式中，反应的活化能是以负指数的形式出现的，这说明活化能大小对反应速率影响很大。实验表明，一般反应的活化能为 42~420kJ · mol^{-1}。正是由于各反应的活化能不同，所以在同一温度下各反应的速率相差很大。在一定温度下，反应的活化能越大，则反应越慢；若反应的活化能越小，则反应就越快。通常，E_a<63kJ · mol^{-1}，在室温下瞬时反应；E_a ≈ 100kJ · mol^{-1}，在室温或稍高温度下反应；E_a ≈ 170kJ · mol^{-1}，在 200℃左右反应；E_a ≈300kJ · mol^{-1}，在 800℃左右反应。

问题讨论：

反应的活化能的意义如何？为什么它对反应速率常数的影响较大？

根据气体分子运动理论（碰撞理论），反应物分子（或原子、离子）之间必须相互碰撞，才有可能发生化学反应。但反应物分子之间并不是每一次碰撞都能发生反应。绝大多数碰撞是无效的弹性碰撞，不能发生反应。对一般反应来说，事实上只有少数或极少数分子碰撞时能发生反应。只有具有所需足够能量的反应物分子（或原子）的碰撞才有可能发生反应。这种能够发生反应的碰撞叫做有效碰撞。

根据过渡态理论，化学反应不是通过反应物分子之间简单碰撞就能完成的，在碰撞后先要经过一个中间的过渡状态，即首先形成一种活性基团（活化络合物），然后再分解为产物。

例如：对于反应　　　　$NO_2+CO \longrightarrow NO+CO_2$

设想反应过程可能为：

$$O-C+O-\underset{\diagdown O}{N} \rightleftharpoons O-C\cdots O\cdots \underset{\diagdown O}{N} \longrightarrow O-C-O+N-O$$

反应物（始态）　　活化络合物（过渡态）　　生成物（终态）

当具有足够能量的分子彼此以适当的空间取向相互靠近到一定程度时（不一定要发生碰撞），会引起分子内部的连续性变化，使原来以化学键结合的原子间的距离变长，而没有结合的原子间的距离变短，形成了过渡态的构型，称为活化络合物。

过渡态的势能高于始态，由此形成一个能垒。要使反应物变成产物，必须使反应物分子"爬上"这个能垒，否则反应不能进行。

活化能的物理意义就在于需要克服这个能垒，即在化学反应中破坏旧键所需的最低能量，这种具有足够高的能量，可发生有效碰撞或彼此接近时能形成过渡态（活化络合物）的分子叫做活化分子。

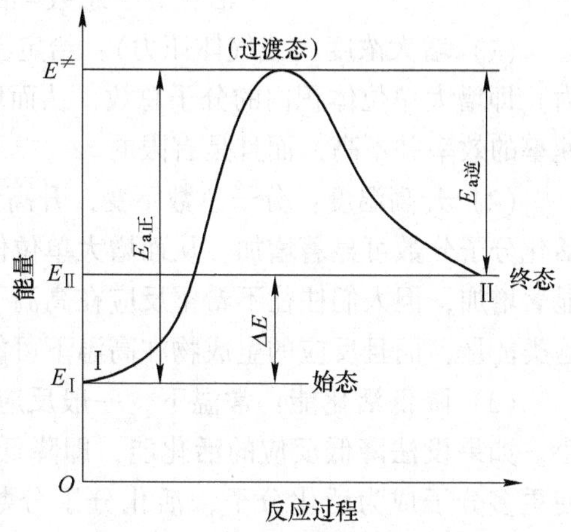

图 2.1　反应系统中活化能示意图

图 2.1 中简单表示出反应中的活化能。$E_{Ⅰ}$ 表示反应物分子的平均能量，$E_{Ⅱ}$ 表示生成物分子的平均能量，$E^{\neq}$ 表示过渡态活化络合物的平均能量，$E_{a正}=E^{\neq}-E_{Ⅰ}$，它表示正反应的活化能。若该反应可逆向进行，则 $E_{a逆}=E^{\neq}-E_{Ⅱ}$，它表示逆反应的活化能。

反应系统中的能量变化（ΔE）只取决于系统终态的能量（$E_{Ⅱ}$）与始态的能量（$E_{Ⅰ}$），而与反应过程的具体途径无关，即 $\Delta E=E_{Ⅱ}-E_{Ⅰ}$。系统的能量通常就指热力学 U，所以$\Delta E=\Delta U$，对于大多数化学反应来说，$\Delta_r U_m$ 与 $\Delta_r H_m$ 之差很小，因而可得：

$$E_{Ⅱ}-E_{Ⅰ}=\Delta_r U_m \approx \Delta_r H_m \tag{2.27}$$

$$E_{a正}-E_{a逆} \approx \Delta_r H_m \tag{2.28}$$

例 2.7　已知下列氨分解反应的活化能约为 300kJ · mol^{-1}，

$$NH_3(g) \longrightarrow \frac{1}{2}N_2(g)+\frac{3}{2}H_2(g)$$

试用标准热力学函数估算合成氨反应的活化能。

解：（1）查阅氨分解反应中各物质的 $\Delta_f H_m^{\ominus}(298.15K)$ 的数据，先计算出该反应的 $\Delta_r H_m^{\ominus}(298.15K)$（注意：需要以上述氨分解的反应方程式为依据）。

$$\begin{aligned}\Delta_r H_m^{\ominus}(298.15K) &= \frac{1}{2}\Delta_f H_m^{\ominus}(N_2, g, 298.15K)+\frac{3}{2}\Delta_f H_m^{\ominus}(H_2, g, 298.15K)- \\ &\quad \Delta_f H_m^{\ominus}(NH_3, g, 298.15K) \\ &= 0+0-(-46.11)(kJ\cdot mol^{-1}) \\ &= 46.11kJ\cdot mol^{-1}\end{aligned}$$

（2）设氨分解反应为正反应，已知其活化能 $E_{a正}\approx 300kJ\cdot mol^{-1}$，则合成氨反应为逆反应，其活化能为 $E_{a逆}$。按式（2.28），作为近似计算，$\Delta_r H_m$ 可用 $\Delta_r H_m^{\ominus}(298.15K)$ 代替，则可得：

$$E_{a正} - E_{a逆} \approx \Delta_r H_m^{\ominus}(298.15K)$$

$$E_{a逆} \approx E_{a正} - \Delta_r H_m^{\ominus}(298.15K) = 300 - 46.11 = 254(kJ \cdot mol^{-1})$$

所以，合成氨反应 $\frac{1}{2}N_2(g)+\frac{3}{2}H_2(g) \rightarrow NH_3(g)$ 的活化能约为 $254kJ \cdot mol^{-1}$。

2. 加快反应速率的方法

从活化分子和活化能的观点来看，增加单位体积内活化分子总数可加快反应速率。

活化分子总数=活化分子分数×分子总数

（1）增大浓度（或气体压力）：给定温度下活化分子分数一定，增大浓度（或气体压力）即增大单位体积内的分子总数，从而增大活化分子总数。通常用这种方法来加快反应速率的效率并不高，而且是有限的。

（2）升高温度：分子总数不变，升高温度能使更多分子因获得能量而成为活化分子，活化分子分数可显著增加，从而增大单位体积内活化分子总数。升高温度虽能使反应速率显著增加，但人们往往不希望反应在高温下进行，这不仅因为需要高温设备，耗费热、电这类能量，而且反应的生成物在高温下可能不稳定或者会发生一些副作用。

（3）降低活化能：常温下，一般反应物分子的能量并不大，活化分子的分数通常极小。如果设法降低反应的活化能，即降低反应的能垒，虽然温度、分子总数不变，但能使更多分子成为活化分子，活化分子分数可显著增加，从而增大单位体积内活化分子总数。

3. 催化剂

催化剂（又称触媒）：是能显著增加化学反应速率，而本身的组成、质量和化学性质在反应前后保持不变的物质。

（1）催化剂对反应速率的影响：

正催化剂——能加快反应速率的催化剂；如：硫酸生产中使用的 V_2O_5。

负催化剂——能减缓反应速率的催化剂。如：防止橡胶、塑料老化的防老剂。通常所说的催化剂是指正催化剂。

对可逆反应而言，正催化剂使正、逆反应速率都加快，且加快的程度相同。相反，负催化剂使正、逆反应速率都减小，且减小的程度相同。

（2）催化剂显著增大反应速率的原因：主要是因为催化剂能与反应物生成不稳定的中间络合物，改变了原来的反应历程，为反应提供一条能垒较低的反应途径，从而降低了反应的活化能。

例如，合成氨生产中加入铁催化剂后，改变了反应途径，使反应分几步进行，而每一步反应的活化能都大大低于原总反应的活化能。因而每一步反应的活化分子分数大大增加，使每步反应的速率都加快，导致总反应速率的加快。

例 2.8　计算合成氨反应采用铁催化剂后在 298K 和 773K 时的反应速率各增加多少倍？设未采用催化剂时 $E_{a,1} = 254kJ \cdot mol^{-1}$，采用催化剂后 $E_{a,2} = 146kJ \cdot mol^{-1}$。

解：设指前因子 A 不因采用铁催化剂而改变，则根据阿仑尼乌斯公式（2.26c）可得：

$$\ln\frac{k_2}{k_1}=\ln\frac{v_2}{v_1}=\frac{E_{a,1}-E_{a,2}}{RT}$$

当 $T=298\text{K}$ 时，可得：

$$\ln\frac{v_2}{v_1}=\frac{(254-146)\times1000\text{J}\cdot\text{mol}^{-1}}{8.314\text{J}\cdot\text{mol}^{-1}\cdot\text{K}^{-1}\times298\text{K}}=43.57$$

$$\frac{v_2}{v_1}=8.0\times10^{18}$$

如果 $T=773\text{K}$（工业生产中合成氨反应时的温度），可得：

$$\ln\frac{v_2}{v_1}=\frac{(254-146)\times1000\text{J}\cdot\text{mol}^{-1}}{8.314\text{J}\cdot\text{mol}\cdot\text{K}^{-1}\times773\text{K}}=16.80$$

$$\frac{v_2}{v_1}=2.0\times10^{7}$$

以上计算说明，有铁催化剂与无铁催化剂相比较，298K 和 773K 时的反应速率分别增大约 8×10^{18} 倍和 2×10^{7} 倍，低温时增大更加显著。

催化剂的主要特性有：

（1）能改变反应途径，降低活化能，使反应速率显著增大。催化剂参与反应后能在生成最终产物的过程中解脱出来，恢复原态，但物理性质如颗粒度、密度、光泽等可能改变。

（2）催化剂不改变反应体系的热力学状态，不影响化学平衡。使用催化剂不能改变平衡常数，只能加快反应的速率，缩短达到平衡所需的时间。

（3）有特殊的选择性。一种催化剂只加速一种或少数几种特定类型的反应。这在生产实践中极有价值，它能使人们在指定时间内消耗同样数量的原料时可得到更多的所需产品。例如，工业上以水煤气为原料，使用不同的催化剂可得到不同的产物。

（4）催化剂对少量杂质特别敏感。这种杂质可能成为助催化剂，也可能是催化毒物。能增强催化剂活性的物质叫做助催化剂。能使催化剂的活性和选择性降低或丧失的物质叫做催化毒物，常见的如 S、N、P 的化合物（例如 CS_2、HCN、PH_3 等）以及某些重金属（例如 Hg、Pb、As 等）。又如，汽车尾气催化转化器的铂系催化剂中 CeO_2 为助催化剂，而 Pb 化合物为催化毒物，这也是提倡用无铅汽车的原因之一。

催化对化工生产（85%以上使用催化剂）、能源开发和利用、环境治理以及生命科学和仿生化学、医学、反应机理的研究等均起着举足轻重的作用。迄今为止，尽管化学家们研制成功了无数种催化剂，并用于工业生产，但对许多催化剂的奥妙所在，即作用原理和反应机理还是没有完全搞清楚，所以，研究催化剂及其催化过程，仍是今后科学家们的重要课题。

自学导读单元

（1）如何定义反应速率？有哪些注意事项？

（2）什么是基元反应的速率方程？用公式如何表达？什么是反应的速率常数？它的大小与浓度、温度、催化剂等因素有什么关系？

（3）阿仑尼乌斯公式如何表示？有什么重要应用？

（4）什么是反应活化能？活化能的大小与温度是否有关？

（5）加快反应速率的方法有哪些？

（6）什么是催化剂？其主要特性是什么？为什么催化剂可以显著加速反应速率？

自学成果评价

一、是非题（对的在括号内填“√”，错的填“×”）

1. 反应的级数取决于反应方程式中反应物的化学计量数（绝对值）。（　）
2. 催化剂能使反应速率加快，但不能改变反应进行的程度。（　）
3. 能自发进行的反应，意味着其反应速率一定很大。（　）
4. 催化剂能改变反应速率，缩短到达平衡的时间，有利于生产效率的提高。（　）
5. 对基元反应，在一定温度下，其反应速率与各反应物浓度的化学计量数次方的乘积成正比，这是质量作用定律。（　）
6. 同一反应，k_c 与反应物浓度、分压无关，与反应的性质、温度、催化剂等有关。（　）
7. 质量作用定律适用于所有的反应。（　）
8. 大多数化学反应，温度升高，反应速率增大。（　）
9. 催化剂能显著改变反应速率，而反应前后组成、质量和化学性质基本不变。（　）
10. 催化剂能显著改变反应速率和平衡常数。（　）
11. 催化剂显著增大反应速率的原因是降低了反应的活化能。（　）

二、选择题（将所有的正确答案的标号填入括号内）

1. 在确定的温度下，$N_2(g) + 3H_2(g) = 2NH_3(g)$ 的反应中，经 2.0min 后 $NH_3(g)$ 的浓度增加了 $0.6mol \cdot L^{-1}$，若用 $H_2(g)$ 浓度变化表示此反应的平均反应速率为（　）。

   A. $0.30mol \cdot L^{-1} \cdot min^{-1}$　　B. $0.45mol \cdot L^{-1} \cdot min^{-1}$

   C. $0.60mol \cdot L^{-1} \cdot min^{-1}$　　D. $0.90mol \cdot L^{-1} \cdot min^{-1}$

2. 温度升高而一定增大的量是（　）。

   A. $\Delta_r G_m^\ominus$　　B. 吸热反应的平衡常数 $K^\ominus$

   C. 反应的速率 v　　D. 反应的速率常数 k

3. 一个化学反应达到平衡时，下列说法中正确的是（　）。

   A. 各物质的浓度或分压不随时间变化

   B. $\Delta_r G_m^\ominus = 0$

   C. 正、逆反应速率常数相等

   D. 如果找到该反应的高效催化剂，可以提高其平衡的转化率

4. 对于反应 A+B→C 而言，当 B 的浓度保持不变，A 的起始浓度增加到两倍时，起始反应速率增加到两倍；当 A 的浓度保持不变，B 的起始浓度增加到两倍时，起始反应速率增加到四倍，则该反应的速率方程式为（　）。

   A. $v = kc_A c_B$　　B. $v = kc_A^2 \{c_B\}$　　C. $v = kc_A c_B^2$　　D. $v = kc_A^2 c_B^2$

5. 反应 $C(s) + O_2(g) = CO_2(g)$ 的 $\Delta_r H_m < 0$，欲加快正反应速率，下列措施无用的是（　）。

   A. 增大 O_2 的分压　　B. 升温　　C. 使用催化剂　　D. 增加 C(碳)的浓度

6. 催化剂加快反应进行的原因在于它（　）。

   A. 提高反应活化能　　B. 降低反应活化能　　C. 使平衡发生移动　　D. 提高反应分子总数

7. 升高温度可以增加反应速率，最主要是因为（　）。

   A. 增加了分子总数　　B. 增加了活化分子的百分数

   C. 降低了反应的活化能　　D. 促使平衡朝吸热方向移动

8. 某基元反应 $2A(g)+B(g)=C(g)$，将2mol 2A(g) 和1mol B(g) 放在1L 容器中混合，问反应开始的反应速率是 A、B 都消耗一半时反应速率的（　　）倍。

A. 0.25　　B. 4　　C. 8　　D. 1

9. 升高同样温度，一般化学反应速率增大倍数较多的是（　　）。

A. 吸热反应　　B. 放热反应　　C. E_a 较大的反应　　D. E_a 较小的反应

10. 某反应 $A(g)+B(g)=C(g)$ 的速率方程为 $v=kc_A^2c_B$，若使密闭的反应容积增大一倍，则其反应速率为原来的（　　）。

A. 1/6　　B. 8 倍　　C. 1/4　　D. 1/8

11. 对于某一化学反应，下列哪种情况下该反应的反应速率越快？（　　）

A. $\Delta_r G_m$ 越小　　B. $\Delta_r H_m$ 越小　　C. $\Delta_r S_m$ 越小　　D. E_a 越小

三、填空题（将正确答案填在横线上）

1. 对于反应 $N_2(g)+3H_2(g)=2NH_3(g)$，$\Delta_r H_m^\ominus(298.15K)=-92.2kJ\cdot mol^{-1}$，若升高温度（例如升高 100K），则下列各项将如何变化？（填写：不变；基本不变；增大或者减小。）

$\Delta_r H_m^\ominus$ ＿＿＿＿＿＿，$\Delta_r S_m^\ominus$ ＿＿＿＿＿＿，$\Delta_r G_m^\ominus$ ＿＿＿＿＿＿

$K^\ominus$ ＿＿＿＿＿＿，$v_正$＿＿＿＿＿＿，$v_逆$＿＿＿＿＿＿。

2. $C_2H_4Br_2+KI\rightarrow C_2H_4+KBr+I+Br$ 是基元反应，写出其反应速率方程＿＿＿＿＿＿。

学 能 展 示

基础知识

能正确分析反应条件的改变对反应速率以及平衡移动产生的影响。

对于下列反应 $C(s)+CO_2(g)\rightleftharpoons 2CO(g)$，$\Delta_r H_m^\ominus(298.15K)=172.5kJ\cdot mol^{-1}$，若增大总压力或升高温度或加入催化剂，则反应速率常数 $k_正$、$k_逆$ 和反应速率 $v_正$、$v_逆$，以及标准平衡常数 $K^\ominus$、平衡移动方向将如何？分别填入表中。

项目	$k_正$	$k_逆$	$v_正$	$v_逆$	$K^\ominus$	平衡移动方向
增加总压力						
升高温度						
加入催化剂						

知识应用

1. 当条件改变时，能正确运用速率方程对反应速率如何变化做出初步判断。

下列反应在一定范围内为基元反应：

$$2NO(g)+Cl_2(g)\rightleftharpoons 2NOCl(g)$$

（1）写出该反应的速率方程。

（2）该反应的总级数是什么？

（3）其他条件不变，如果将容器的体积增加到原来的 2 倍，反应速率如何变化？

（4）如果容器体积不变而将 NO 的浓度增加到原来的 3 倍，反应速率又将如何变化？

2. 能够运用速率方程理论来判断药物的有效期。

已知某药物是按一级反应分解的，在25℃分解反应速率常数 $k=2.09\times10^{-5}h^{-1}$。该药物的起始浓度为

94 单位/cm^3，若其浓度下降至 45 单位/cm^3 就无临床价值，不能继续使用。问该药物有效期应当定为多长？

拓展提升

能应用化学反应速率的基本原理知识，并能初步应用于解决复杂工程问题，即能针对高温时焦炭中碳与二氧化碳的反应，预判温度升高对反应速率变化的影响。

根据实验结果，在高温时焦炭中碳与二氧化碳的反应：

$$C(s) + CO_2(g) \xlongequal{\quad} 2CO(g)$$

其活化能为 167.4kJ · mol^{-1}，计算自 900K 升高到 1000K 时的反应速率变化。

第 3 章　物质结构基础

【本章学习要点】物质的性质是物质结构的反映，分子结构和原子结构是物质内部结构的基础，因此，要了解物质的性质及其变化规律，必须研究组成各种物质的分子或原子的内部结构。由于物质结构的近代理论涉及深奥的量子力学和晶体学，本章只介绍一些最重要的概念和结论，如电子在原子核外运动规律和分布及其与元素周期系的关系，共价键的本质及其与分子构型的联系，晶体结构的基本类型，配位化合物的结构等。

课题 3.1　原子结构的近代概念

学习目标	1. 能用量子化的观点表达或解释玻尔的氢原子结构模型，即氢原子核外的电子的能量、玻尔半径、辐射光的频率和波长，能用德布罗意关系式解释微观粒子运动的波粒二象性特征； 2. 能正确表达 4 个量子数的名称、符号、取值和物理意义，能用合理的量子数组合表达原子轨道（即薛定谔方程的解，也叫波函数），能根据量子数组合或原子轨道准确写出对应原子轨道符号，能通过 4 个量子数组合确定电子的运动状态； 3. 能准确表述和区别电子云和概率密度的概念，知道波函数（原子轨道）和电子云的角度分布图及径向分布图的画法，能辨识波函数（s、p、d 原子轨道）和电子云的角度分布图	
能力要求	1. 掌握物质结构的基本原理知识； 2. 能够在小组讨论中承担个体角色并发挥个体优势； 3. 具有自主学习的意识，逐渐养成终身学习的能力	
重点难点预测	重点	原子轨道、4 个量子数
	难点	波函数（原子轨道）和电子云的角度分布图及径向分布图
知识清单	微观粒子运动的特征、电子云、概率密度、波函数（原子轨道）和电子云的角度分布图及径向分布图、原子轨道、四个量子数	
先修知识	中学化学选修 3 物质结构与性质：原子结构与性质有关电子云、原子轨道	

知识模块一　波函数

近代原子结构理论是在氢原子光谱实验研究的基础上建立起来的。1883 年瑞士物理学家 Balmer(巴尔麦）在研究氢原子发射光谱时，在可见光区发现了 4 条谱线。而后 Luman 等又在紫外光区、红外光区相继发现氢原子的若干谱线（见图 3.1)。1910 年，法国物理学家里德堡通过大量氢光谱谱线波长的测定，推导出经验公式：

$$\nu = R\left(\frac{1}{n_1^2} - \frac{1}{n_2^2}\right)$$

式中，ν 为谱线频率；R 为里德堡常数 $3.289\times10^5 s^{-1}$；n_1，n_2 为正整数，且 $n_1<n_2$。

经典电磁理论和 Rutherford（卢瑟福）原子模型不能解释氢光谱的实验及其经验公式，这引起了科学工作者的关注，推动了近代原子结构理论的发展。

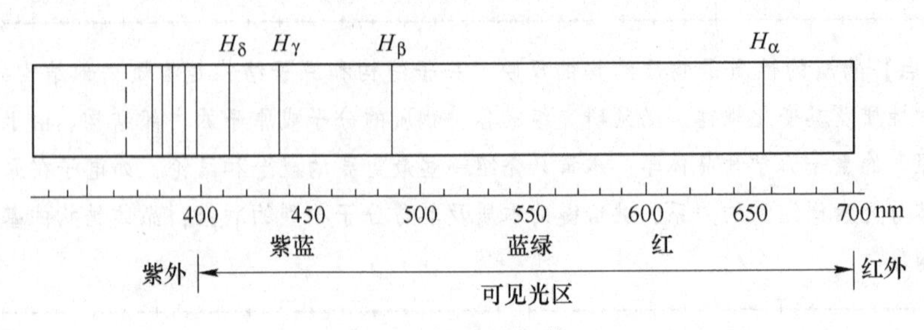

图 3.1　氢原子光谱

1. Bohr 理论

1913 年，丹麦物理学家 Bohr（玻尔）首次认识到氢原子光谱与其结构之间的内在联系，并提出了氢原子结构模型。他根据 Planck（普朗克）的量子论、Rutherford（卢瑟福）的原子模型和 Einstein（爱因斯坦）的光子学说，提出了关于原子结构的假设，后人称之为 Bohr 理论。

（1）Planck 量子论

量子理论认为，一个微观粒子不能连续地吸收或发射辐射能，只能不连续地、一份一份地吸收或发射能量，称为能量的量子化。每份辐射能称为一个能量子，或光量子，一个光量子所具有的能量 E 与光的频率 ν 成正比。

$$E = h\nu$$

式中，h 为 Planck 常量，其值为 $6.626\times10^{-34} J\cdot s$。

（2）Bohr 理论的基本假设

1）原子中的电子只能以固定半径 r 绕原子核做圆周运动，且不吸收或放出能量。电子所处能量状态称为能级，且能量是量子化的。

2）通常，电子处在离核最近的轨道上，能量最低称为基态。原子获得能量后，电子被激发到高能量的轨道上，原子处于激发态。

3）电子从激发态回到基态释放光能，光的频率取决于轨道间的能量差 ΔE。

根据上述假设，Bohr 导出了氢原子的各种定态轨道半径和能量的计算公式：

$$r = 52.9n^2 pm$$

$$E_n = \frac{-2.179\times10^{-18}}{n^2} J$$

或

$$E_n = -13.6\frac{1}{n^2} eV \quad 1 eV = 1.602\times10^{-19} J$$

可见，氢原子各轨道的能量也是量子化的，式中负号表示原子核对电子的吸引，负值越大，能量越小，电子被核吸得越牢固。

（3）Bohr 理论的贡献和局限性

1）贡献：成功地解释了氢原子光谱产生的原因；提出了主量子数 n 和能级的重要概念，为近代原子结构的发展作出了卓越的贡献。

2）局限性：不能解释多电子原子光谱和氢原子光谱的精细结构；不能说明化学键的本质。

3）产生局限性的原因：把宏观的牛顿经典力学用于微观粒子的运动，没有认识到电子等微观粒子的运动必须遵循其特有的运动规律和特征（即能量量子化、波粒二象性和统计性规律）。

2. 电子的波粒二象性

（1）光的波粒二象性

1）光的波动性：（光的干涉、衍射）

①光的干涉：指同样波长的光束在传播时，光波相互重叠而形成明暗相间的条纹的现象。

②光的衍射：光束绕过障碍物弯曲传播的现象。

2）光的粒子性：（光电效应、原子光谱）

1905 年，A. Einstein（爱因斯坦）应用 Planck 量子论成功解释了光电效应，并提出了光子学说。他认为光由具有粒子特征的光子所组成，每一个光子的能量与光的频率成正比，即光子的能量 $E=h\nu$。由此可见：具有特定频率 ν 的光的能量只能是光子能量 E 的整数倍 nE（n 为自然数），而不能是 $1.1E$，$1.12E$，$2.3E$，…，这就是说，光的能量是量子化的。

（2）电子的波粒二象性

1）德布罗意（de Broglie）预言

1924 年，法国物理学家 de Broglie 在光的波粒二象性的启发下，提出具有静止质量的微观粒子（如电子）具有波粒二象性特征，并预言：微观粒子的波长 λ 和质量 m、运动速度 v 之间的关系为：

$$\lambda = \frac{h}{mv} \quad P = mv = \frac{h}{\lambda}$$

这种实物粒子的波称为物质波，又称德布罗意波。

例如：子弹：$m=2.5\times10^{-2}$ kg，$v=300\text{m}\cdot\text{s}^{-1}$，$\lambda=h/(mv)=6.6\times10^{-34}/(2.5\times10^{-2}\times300)=8.8\times10^{-35}$(m)，波动性可忽略不计，主要表现为粒子性。

电子：$m_e=9.1\times10^{-31}$ kg，$v=5.9\times10^{5}\text{m}\cdot\text{s}^{-1}$，$\lambda=h/(mv)=6.6\times10^{-34}/(9.1\times10^{-31}\times5.9\times10^{5})=12\times10^{-10}(m)=1.2$nm，波动性不可忽略不计。

2）衍射实验

1927 年，毕柏曼等进行电子衍射实验，证实了德布罗意的预言。

3）物质波的统计性规律

在衍射实验中，就一个电子来说，不能确定它究竟会落在哪一点上（测不准原理），但若重复进行多次相同的实验，就能显示出电子在空间位置上出现具有衍射环纹的规律。这就是说，电子的波动性是电子无数次行为的统计结果，也可以认为电子是一种遵循一定统计规律的概率波。

电子等微观粒子的运动具有波粒二象性、能量量子化、统计性规律，因此，电子不能用牛顿经典力学来描述原子核外电子的运动状态，而应该用量子力学来描述。

3. 波函数和量子数

（1）波函数

在用量子力学描述原子核外电子的运动规律时，不可能像牛顿力学描述宏观物体那样，明确指出物体某瞬间存在于什么位置，而只能描述某位置上出现的概率与描述电子运动情况的“波函数”（用希腊字母 ψ 表示）的数值的平方有关，而波函数本身是原子周围空间位置（用空间坐标 x，y，z 表示）的函数。

1926 年，奥地利物理学家 Schröndinger（薛定谔）根据电子运动的波粒二象性，提出了描述核外电子运动状态的波动方程，称为薛定谔方程，形式如下：

$$\frac{\partial^2\psi}{\partial x^2}+\frac{\partial^2\psi}{\partial y^2}+\frac{\partial^2\psi}{\partial z^2}+\frac{8\pi^2 m}{h^2}(E-V)\psi=0$$

式中，ψ 为波函数，是电子的波动性在方程中的体现；m 为电子的质量；E 为电子的总能量；V 为电子的势能。

波函数是描述核外电子运动状态的数学函数式，由于波函数与原子核外电子出现在原子周围某位置的概率有关，所以又被形象地称为“原子轨道”。但这里的轨道，不是经典力学意义上的轨道，而是服从统计规律的量子力学意义上的轨道。对于多电子原子来说，在一定状态下（例如基态），每一个电子都有自己的波函数 ψ，每一个 ψ 代表核外电子的一种运动状态，每个运动状态的电子都有确定的能量。

解上述方程，分别得到决定波函数的 3 个参数，即量子数 n、l、m，只有它们经过合理组合，$\psi(n, l, m)$ 才有合理解。求解结果见表 3.1。

（2）4 个量子数

1）主量子数 n

n=1，2，3，…，正整数，n=1，2，3，4，…，对应于电子层 K，L，M，N，…，它决定电子离核的远近和能级。求解 H 原子薛定谔方程得到：每一个对应原子轨道中电子的能量只与 n 有关：$E_n=(-1312/n^2)\ \mathrm{kJ\cdot mol^{-1}}$。$n$ 值越大，表示电子离核的平均距离越远，所处状态的能级（能量）越高。n=1 为基态，n=2，3，…为激发态。

2）角量子数 l

角量子数又称副量子数，l=0，1，2，3，…，n−1，共可取 n 个数，l 的数值受 n 的数值限制。它决定了原子轨道或电子云的形状，并在多电子原子中和 n 一起决定电子的能量。l=0，1，2，3 的轨道分别称为 s，p，d，f 轨道。同一电子层，l 值越小，该电子亚层能级越低。

3）磁量子数 m

m=0，±1，±2，±3，…，±l，共可取（2l+1）个数值，m 的数值受 l 数值的限制。m 值反映了原子轨道或电子云在空间的伸展方向。磁量子数与电子能量无关。l 相同，m 不同的原子轨道（即形状相同，空间取向不同的原子轨道）其能量是相同的。能量相同的各原子轨道称为简并轨道或等价轨道。

表 3.1　氢原子轨道与量子数 n、l、m 的关系

n	1	m	轨道名称	轨道数
1	0	0	1s	1
2	0	0	2s	1 } 4
2	1	0，±1	2p	3
3	0	0	3s	1 } 9
3	1	0，±1	3p	3
3	2	0，±1，±2	3d	5
4	0	0	4s	1 } 16
4	1	0，±1	4p	3
4	2	0，±1，±2	4d	5
4	3	0，±1，±2，±3	4f	7

4）自旋量子数 m_s：原子中的电子除了绕核运动外，还可自旋。用于描述电子自旋方向的量子数称为自旋量子数，用符号 m_s 表示，$m_s=\pm 1/2$，表示同一轨道中电子的两种自旋状态，顺时针方向或逆时针方向。通常可用向上的箭头↑和向下的箭头↓来表示电子的两种所谓自旋状态。如果两个电子处于不同的自旋状态则称为自旋反平行，用符号↑↓或↓↑表示；处于相同的自旋状态则称为自旋平行，用符号↑↑或↓↓表示状态。

（3）量子数与 ψ 的关系

3 个量子数组合（n，l，m）：确定原子轨道 $\psi(n, l, m)$，每个原子轨道 $\psi(n, l, m)$ 内最多能有两个自旋相反的电子。

4 个量子数组合（n，l，m，m_s）：确定电子运动状态 $\psi(n, l, m, m_s)$，如 $n=2$、$l=1$、$m=-1$、$m_s=+1/2$，则可知是第二电子层、p 亚层、$2p_y$ 轨道、自旋方向为 $+1/2$ 的电子。

问题讨论：

（1）$\psi(2, 1, 0, 1/2)$ 表示什么意思？

（2）当 n 为 3 时，l，m 分别可以取何值？轨道的名称怎样？

（3）$n=2$，$l=0$，$m=0$，请用轨道以及轨道名称分别表示。

4. 波函数（原子轨道）的角度分布图

空间位置除可用直角坐标 x、y、z 来描述外，还可用球坐标 r、θ、φ 来表示。代表原子中电子运动状态的波函数以球坐标（r，θ，φ）表示更为方便。

从图 3.2 得直角坐标和球坐标的转换关系如下：

$$x=r\sin\theta\cos\varphi$$
$$y=r\sin\theta\sin\varphi$$
$$z=r\cos\theta$$

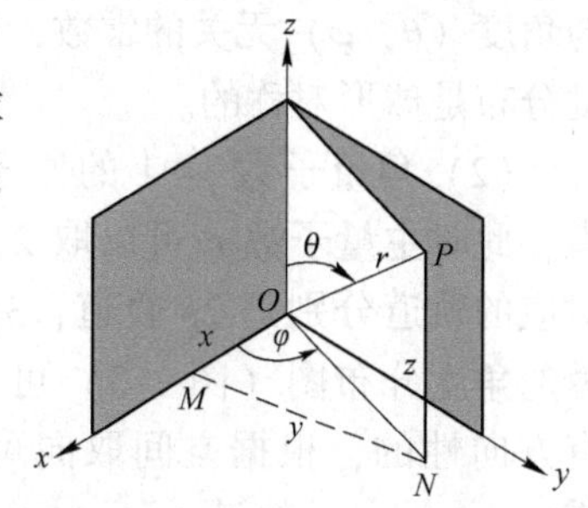

图 3.2　直角坐标与球坐标的关系

波函数 $\psi(r、\theta,\ \varphi)$ 可以用径向分布函数 R 和角度分布函数 Y 的乘积来表示：

$$\psi(r,\ \theta,\ \varphi)=R(r)\cdot Y(\theta,\ \varphi)$$

式中，$R(r)$ 是波函数的径向部分，其自变量 r 为电子离原子核的距离；$Y(\theta,\ \varphi)$ 是波函数的角度部分，它是两个角度变量 θ 和 φ 的函数。

例如，氢原子的波函数见表 3.2，氢原子的基态波函数可表示为：

$$\psi_{1s}=\sqrt{\frac{1}{\pi a_0^3}}\mathrm{e}^{-\frac{r}{a_0}}=R_{1s}\cdot Y_{1s}=2\sqrt{\frac{1}{a_0^3}}\mathrm{e}^{-\frac{r}{a_0}}\cdot\sqrt{\frac{1}{4\pi}}$$

表 3.2　氢原子的波函数（a_0 为玻尔半径）

轨道	$\psi(r,\ \theta,\ \varphi)$	$R(r)$	$Y(\theta,\ \varphi)$
1s	$\sqrt{\frac{1}{\pi a_0^3}}\mathrm{e}^{-r/a_0}$	$2\sqrt{\frac{1}{a_0^3}}\mathrm{e}^{-r/a_0}$	$\sqrt{\frac{1}{4\pi}}$
2s	$\frac{1}{4}\sqrt{\frac{1}{2\pi a_0^3}}\left(2-\frac{r}{a_0}\right)\mathrm{e}^{-r/2a_0}$	$\sqrt{\frac{1}{8a_0^3}}\left(2-\frac{r}{a_0}\right)\mathrm{e}^{-r/2a_0}$	$\sqrt{\frac{1}{4\pi}}$
$2p_z$	$\frac{1}{4}\sqrt{\frac{1}{2\pi a_0^3}}\left(\frac{r}{a_0}\right)\mathrm{e}^{-r/2a_0}\cos\theta$		$\sqrt{\frac{3}{4\pi}}\cos\theta$
$2p_x$	$\frac{1}{4}\sqrt{\frac{1}{2\pi a_0^3}}\left(\frac{r}{a_0}\right)\mathrm{e}^{-r/2a_0}\sin\theta\cos\varphi$	$\sqrt{\frac{1}{24a_0^3}}\left(\frac{r}{a_0}\right)\mathrm{e}^{-r/2a_0}$	$\sqrt{\frac{3}{4\pi}}\sin\theta\cos\varphi$
$2p_y$	$\frac{1}{4}\sqrt{\frac{1}{2\pi a_0^3}}\left(\frac{r}{a_0}\right)\mathrm{e}^{-r/2a_0}\sin\theta\sin\varphi$		$\sqrt{\frac{3}{4\pi}}\sin\theta\sin\varphi$

若将角度分布函数 $Y(\theta,\ \varphi)$ 随 θ、φ 角变化的规律作图，可以获得波函数（原子轨道）的角度分布图，如图 3.3 所示。

以下分别对 s 轨道、p 轨道和 d 轨道加以说明。

（1）角量子数 $l=0$ 的原子轨道称为 s 轨道，此时主量子数 n 可以取 1，2，3，…等数值。对应于 $n=1$，2，3 的 s 轨道分别被称为 1s 轨道，2s 轨道，3s 轨道。各 s 轨道的角度分布都和 1s 轨道的相同。$Y_s=(1/4\pi)^{1/2}$，是一个与角度（$\theta,\ \varphi$）无关的常数，所以 s 轨道的角度分布是球形对称的。

（2）角量子数 $l=1$ 的原子轨道称为 p 轨道，此时主量子数 n 可以取 2，3，…等数值。对应的轨道分别是 2p 轨道，3p 轨道。从 p 轨道的角度分布图（图 3.3）可看出，p 轨道是有方向性的，根据空间取向可分成 3 种 p 轨道：p_x、p_y、p_z 轨道。

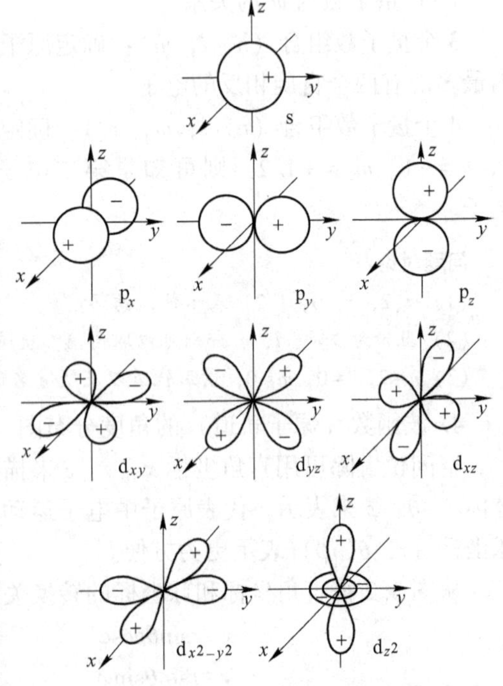

图 3.3　s、p、d 原子轨道的角度分布图

所有 p_z 轨道的角度部分为：

$$Y_{p_z}=\sqrt{\frac{3}{4\pi}}\cos\theta$$

若以 p_z 轨道对 θ 作图，可得两个相切于原点的球面。

p_z 轨道的角度分布图如图 3.3 所示。

根据 $Y_{p_z}=\sqrt{\frac{3}{4\pi}}\cos\theta$，先列出不同 θ 值时的 Y_{p_z} 值，如表 3.3 所示，再从原点引出不同 θ 时的直线，并令直线的长度等于相应角时的 Y_{p_z} 值。例如，$\theta=30°$时，Y_{p_z} 值为 0.42，在该角度的直线上量取 0.42 个单位的线段，并标出端点。连接不同 θ 角时线段的端点，就可以得到如图 3.4 所示的两个相切于原点的圆。因 Y_{p_z} 值与 φ 角无关，可将该圆绕 z 轴旋转 180°，可得两个相切的球面。

表 3.3　p_z 轨道不同 θ 值时对应的 $\cos\theta$、Y_{p_z} 值

θ	0°	30°	60°	90°	120°	150°	180°
$\cos\theta$	1.00	0.87	0.50	0	-0.50	0.87	-1.00
Y_{p_z}	0.49	0.42	0.24	0	-0.24	-0.42	-0.49

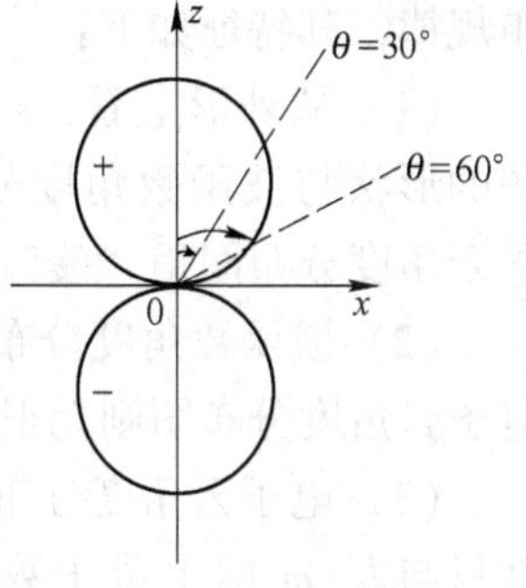

图 3.4　p_z 原子轨道的角度分布图

图 3.4 中球面上每个点至原点的距离，代表在该角度方向上 Y_{p_z} 数值大小；正、负号表示波函数角度部分 Y_{p_z} 在这些角度上为正值或负值。整个球面表示 Y_{p_z} 随 θ 和 φ 角变化的规律。由于在 z 轴上 θ 角为 0，$\cos\theta=1$，所以 Y_{p_z} 在沿 z 轴的方向出现极大值，也就是说，p_z 轨道沿 z 轴取向。从图 3.3 看到，p_x、p_y、p_z 轨道角度分布的形状相同，只是空间取向不同，它们的极大值分别沿 x、y、z 三个轴取向。

（3）5 种 d 轨道的角度分布图中，d_{z2} 和 d_{x2-y2} 等两种轨道 Y 的极大值都在沿 z 轴和 x、y 轴的方向上，d_{xy}、d_{yz}、d_{xz} 等 3 种轨道 Y 的极大值都在沿两个轴间（x 和 y、y 和 z、x 和 z）45°夹角的方向上。除 d_{z2} 轨道外，其余 4 种轨道的角度分布图的形状相同，只是空间取向不同（见图 3.3）。

上述这些原子轨道的角度分布图在说明化学键的形成中有着重要意义。图 3.3 中的正、负号表示波函数角度函数的符号，它们代表角度函数的对称性，并不代表正、负电荷。

知识模块二　电子云

1. 电子云与概率密度

（1）概率密度：表示电子在核外空间某位置上单位体积内出现的概率大小。概率密度与 $|\psi|^2$ 成正比，例如，氢原子基态波函数的平方为：

$$\psi_{1s}^2=\frac{1}{\pi a_0^3}e^{-\frac{2r}{a_0}}$$

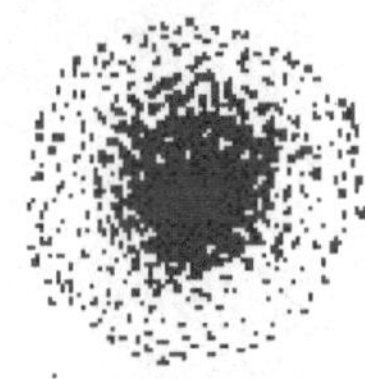

图3.5　氢原子1s电子云

上式表明，1s电子在核外出现的概率密度是电子离核的距离 r 的函数。r 越小，即电子离核越近，出现的概率密度越大；反之，r 越大，电子离核越远，则概率密度越小。

（2）电子云：$|\psi|^2$ 的空间图像，以黑点的疏密表示概率密度分布的图形。$|\psi|^2$ 大的地方，黑点较密，表示电子出现的概率密度较大；$|\psi|^2$ 小的地方，黑点较疏，表示电子出现的概率密度较小。氢原子基态电子云呈球形（见图3.5）。

注意：图中黑点的数目并不代表电子的数目，而只代表这个电子在瞬间出现的那些可能的位置。

当氢原子处于激发态时，也可以按上述规则画出各种电子云的图形，例如2s、2p、3s、3p、3d、…，但要复杂得多。为了使问题简化，通常分别从电子云的径向分布图和角度分布图这两个不同的侧面来反映电子云。

2. 电子云角度分布图

电子云的角度分布图是波函数角度部分的平方 Y^2 随 θ、φ 角变化关系的图形（见图3.6），其画法与波函数角度分布图相似。这种图形反映了电子出现在原子核外各个方向上的概率密度的分布规律，其特征如下：

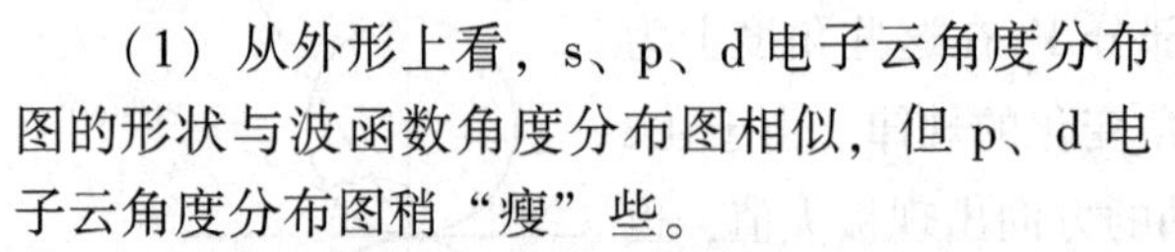

（1）从外形上看，s、p、d电子云角度分布图的形状与波函数角度分布图相似，但p、d电子云角度分布图稍“瘦”些。

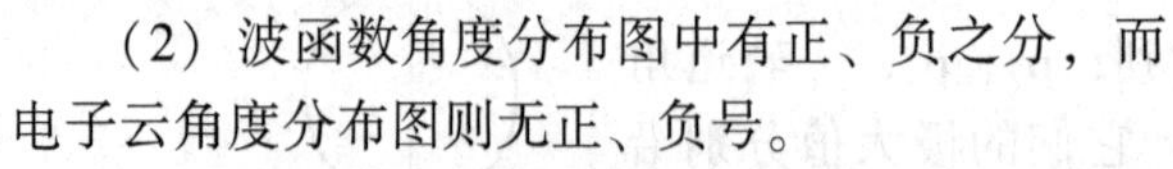

（2）波函数角度分布图中有正、负之分，而电子云角度分布图则无正、负号。

（3）电子云角度分布图和波函数角度分布图都只与 l、m 两个量子数有关，而与主量子数 n 无关。电子云角度分布图只能反映出电子在空间不同角度所出现的概率密度，并不反映电子出现概率离核远近的关系。

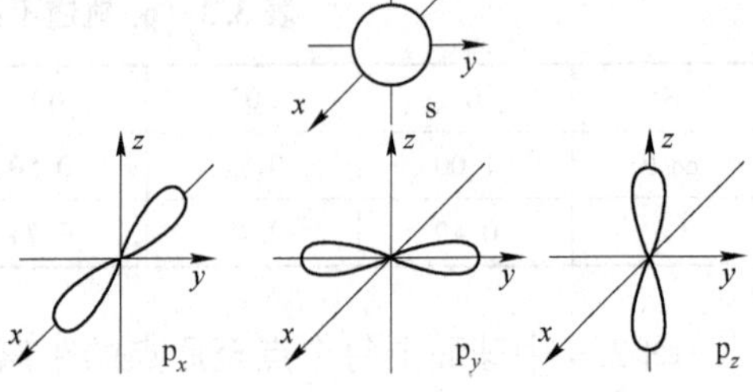

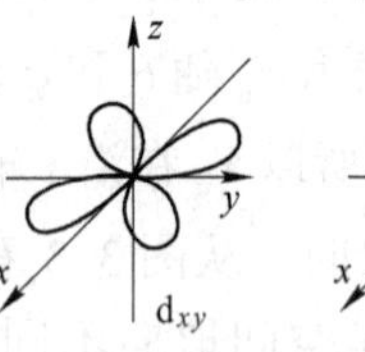

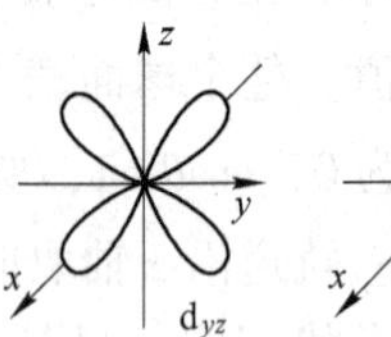

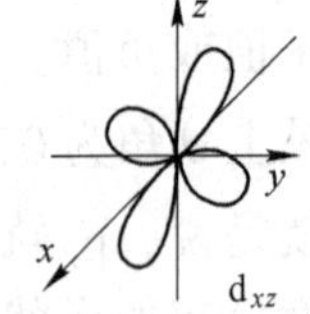

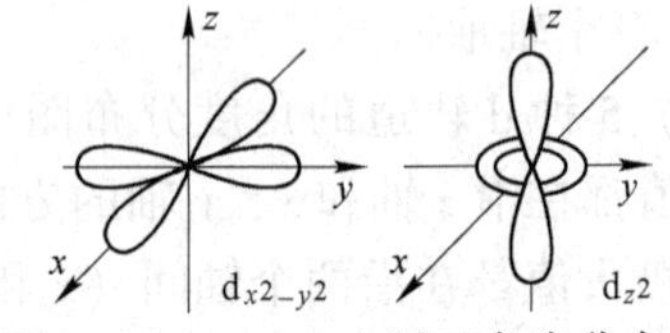

图3.6　s、p、d电子云角度分布图

问题讨论：

原子轨道和电子云的角度分布图像有何区别？

3. 电子云径向分布图

电子云径向分布图反映离核 r 远的地方、厚度为 dr 的薄球中（体积为 $4\pi^2r^2R^2dr$）电子出现的概率的大小。这种图形能反映电子出现概率的大小与离核远近的关系，不能反映概率与角度的关系。

从电子云的径向分布图（见图3.7）可以看出，当主量子数增大时，例如，从1s、2s变化到3s轨道，电子离核的平均距离越来越远。当主量子数为3的情况下，角量子数可取不同的值，对应地存在3s、3p、3d轨道。在这三个轨道上的电子其 n 值为3，通常称这些电子处于同一电子层，在同一电子层中将 l 相同的轨道合称为一电子亚层。

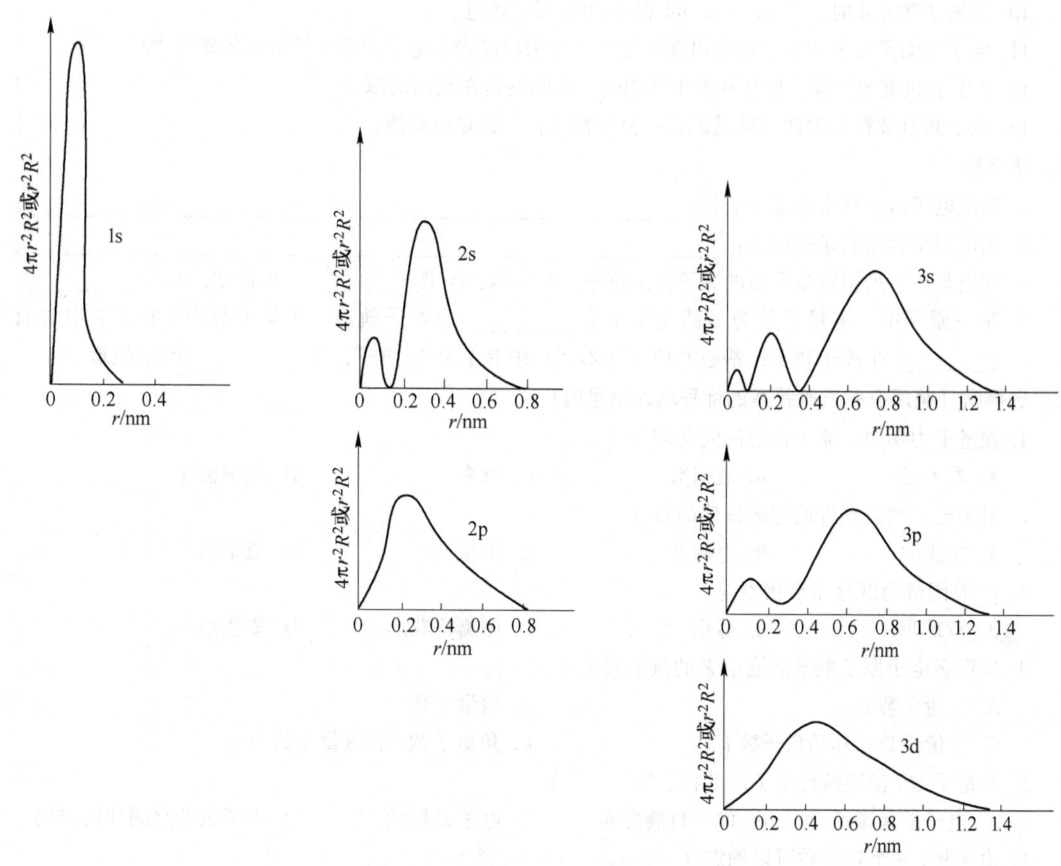

图 3.7　氢原子电子云径向分布图

自学导读单元

（1）什么是波函数，如何描述？微观粒子运动的特征是什么？

（2）什么是原子轨道？什么是电子云和概率密度？

（3）波函数（原子轨道）和电子云的角度分布图有何区别？

（4）4 个量子数分别是什么？如何取值？有何物理意义？

自学成果评价

一、是非题（对的在括号内填“√”，错的填“×”）

1. 波函数和原子轨道是同义词。　（　）
2. 电子运动的波函数 ψ 的空间图像，可以认为是原子轨道。　（　）
3. 核外电子的波函数平方 ψ^2 表示电子在核外运动的轨迹。　（　）
4. 原子轨道的形状由量子数 m 决定，轨道的空间伸展方向由 l 决定。　（　）
5. 电子云是描述核外某空间电子出现的概率密度的概念。　（　）
6. 多电子原子轨道的能级只与主量子数 n 有关。　（　）
7. s 电子绕核运动的轨道为一圆圈，而 p 电子为“8”形轨道。　（　）
8. p 轨道的角度分布图为“8”形，这表明电子是沿“8”轨迹运动的。　（　）
9. 当主量子数 $n=2$ 时，角量子数 l 只能取 1。　（　）

10. 主量子数为 4 时，有 4s、4p、4d 和 4f 四个原子轨道。（　）
11. 电子云的黑点表示电子可能出现的位置，疏密程度表示电子出现在该范围的概率大小。（　）
12. 3 个 p 轨道的能量、形状和大小都相同，不同的是在空间的取向。（　）
13. 电子具有波粒二象性，就是说它一会是粒子，一会是电磁波。（　）

二、填空题

1. 确定电子运动状态的量子数是：________________。
2. 确定原子轨道的量子数是：________________。
3. 写出具有下列指定量子数的原子轨道符号：A. $n=4$，$l=1$ ________；B. $n=5$，$l=2$ ________。
4. 在一原子中，主量子数为 n 的主层中有________个原子轨道，角量子数为 l 的分层中含有________个原子轨道；基态 B 原子（$Z=5$）中有 1 个 2p 电子，有________个 2p 轨道。

三、选择题（将所有的正确答案的标号填入括号内）

1. 在量子力学中，原子轨道的同义词是（　）。
   A. 电子云　B. 波函数　C. 概率　D. 概率密度
2. 对于电子的波动性的理解正确的是（　）。
   A. 物质波　B. 电磁波　C. 机械波　D. 概率波
3. p_z 波函数角度分布形状为（　）。
   A. 双球形　B. 球形　C. 四瓣梅花形　D. 橄榄形
4. 决定多电子原子电子的能量 E 的量子数是（　）。
   A. 主量子数 n　B. 角量子数 l
   C. 主量子数 n 和角量子数 l　D. 角量子数 l 和磁量子数 m
5. 角量子数 l 描述核外电子运动状态的（　）。
   A. 电子能量高低　B. 电子自旋方向　C. 电子云形状　D. 电子云的空间伸展方向
6. 由 n 和 l 两个量子数可以确定（　）。
   A. 原子轨道　B. 能级　C. 电子运动的状态　D. 电子云的形状和伸展方向
7. 某基态原子中的电子主量子数最大为 3，则原子中（　）。
   A. 仅有 s 电子　B. 仅有 p 电子　C. 只有 s、p 电子　D. 有 s、p、d 电子

学能展示

知识应用

能正确表达 4 个量子数的名称、符号、取值。

1. 下列各组量子数正确的是（　）。
   A. $n=3$，$l=2$，$m=-2$，$m_s=+1/2$　B. $n=4$，$l=-1$，$m=0$，$m_s=-1/2$
   C. $n=4$，$l=1$，$m=-2$，$m_s=+1/2$　D. $n=3$，$l=3$，$m=-3$，$m_s=-1/2$
2. 假定某一电子有下列成套量子数（n、l、m、m_s），其中不可能存在的是（　）。
   A. 3，2，2，+1/2　B. 3，1，−1，+1/2
   C. 1，0，0，−1/2　D. 2，−1，0，+1/2
3. 表示核外某电子运动状态的下列各组量子数（n，l，m，m_s）中哪一组是合理的？（　）
   A. (2，1，−1，−1/2)　B. (0，0，0，+1/2)　C. (3，1，2，+1/2)　D. (2，1，0，0)
4. 对原子中的电子来说，下列成套的量子数中不可能存在的是（　）。
   A. (3，1，1，−1/2)　B. (2，1，−1，+1/2)　C. (3，3，0，+1/2)　D. (4，3，0，−1/2)
5. 不合理的一套量子数（n，l，m，m_s）是（　）。

A. 4，0，0，+1/2　　B. 4，0，−1，−1/2　　C. 4，3，+3，−1/2　　D. 4，2，0，+1/2

6. 在某个多电子原子中，分别可用下列各组量子数表示相关电子的运动状态，其中能量最高的电子是（　　）。

A. 2，0，0，−1/2　　B. 2，1，0，−1/2　　C. 3，2，0，−1/2　　D. 3，1，0，+1/2

7. 表示3d的诸量子数为（　　）。

A. $n=3$，$l=1$，$m=+1$，$m_s=-1/2$　　B. $n=3$，$l=2$，$m=+1$，$m_s=+1/2$

C. $n=3$，$l=0$，$m=+1$，$m_s=-1/2$　　D. $n=3$，$l=3$，$m=+1$，$m_s=+1/2$

8. 下列多电子原子能级在电子填充时能量最高的是（　　）。

A. $n=1$，$l=0$　　B. $n=2$，$l=0$　　C. $n=4$，$l=0$　　D. $n=3$，$l=2$

9. 基态$_{24}$Cr原子最外层电子的四个量子数只能是（　　）。

A. 4，1，0，+1/2　　B. 4，0，0，+1/2　　C. 4，1，1，−1/2　　D. 3，0，0，−1/2

课题3.2　多电子原子的电子分布方式和周期系

学习目标	1. 能根据近似能级图正确划分能级组，且知道能级组与元素周期表元素排布形式的一致性；能根据能量最低原理、洪特规则、泡利不相容原理和原子轨道能级高低写出元素原子的核外电子填入轨道的顺序；能用两种方式准确写出元素原子的核外电子排布式； 2. 能根据元素原子的核外电子排布式，准确确定元素在周期表中的周期、分区、族； 3. 能正确书写离子的电子排布式，并判断离子的外层电子构型； 4. 能根据元素在周期表中的周期、区、族等情况，判断元素性质（原子半径、氧化数、电负性、电离能、金属性及非金属性等）的递变规律	
能力要求	1. 掌握物质结构的基本原理知识和科学方法； 2. 能够在小组讨论中承担个体角色并发挥个体优势； 3. 具有自主学习的意识，逐渐养成终身学习的能力	
重点难点预测	重点	能级组，核外电子分布方式和外层电子分布式，原子的电子层结构与元素周期律
	难点	核外电子分布原理，原子的结构与性质的周期性规律
知识清单	核外电子分布原理、能级组、核外电子分布方式和外层电子分布式、原子的电子层结构与元素周期律、原子的结构与性质的周期性规律	
先修知识	中学化学选修3物质结构与性质：原子结构与性质	

知识模块一　核外电子分布原理和核外电子分布方式

1. 核外电子分布的三个原理

原子处于基态时，电子排布必须遵循以下三条规律：

（1）泡利（Pauli）不相容原理：指的是同一原子核外电子不可能4个量子数完全相同，或者说每个原子轨道最多只能容纳两个电子，且自旋方向必须相反。由这一原理，第n电子层可容纳的电子数最多为$2n^2$。

（2）能量最低原理：在不违背泡利不相容原理的前提下，电子总是尽先占据能量较低的原子轨道，以使系统能量处于最低。它反映了n或l值不同的轨道中电子的分布规律。

（3）洪特（Hund）规则：主量子数和角量子数都相同的轨道中电子尽先占据磁量子数不同的轨道，而且自旋量子数相同，即自旋平行。它反映了在 n、l 值相同的轨道中电子的分布规律。量子力学证明，这种排布可使原子体系的能量最低。例如，碳原子核外电子分布为 $1s^2 2s^2 2p^2$，其中 2 个 p 电子应分别占不同 p 轨道，且自旋平行，如图 3.8 所示。

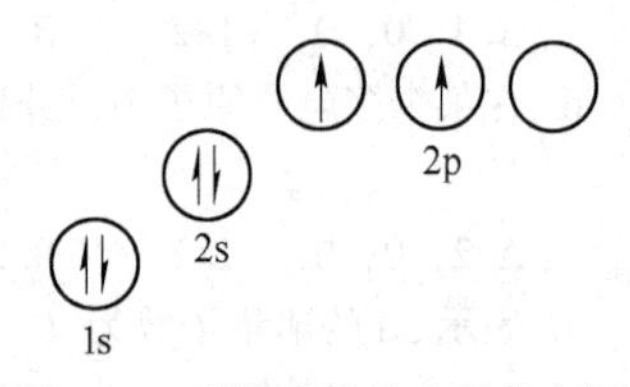

图 3.8　碳原子核外电子分布图

作为洪特规则的补充：等价轨道在全充满状态（p^6、d^{10}、f^{14}）、半充满状态（p^3、d^5、f^7）或全空状态（p^0、d^0、f^0）时，原子的能量较低，体系稳定。

2. 多电子原子轨道近似能级图

原子中的核外电子是分层排布的，电子离核越近，能量越低，离核越远，能量越高。对于单电子体系，电子的能量只取决于主量子数 n，对于多电子体系，电子的能量除取决于主量子数 n 以外，还与角量子数 l 有关。在多电子原子中，电子排布的结果应使原子能量尽量低。著名化学家鲍林根据大量光谱实验，总结出多电子原子中原子轨道的近似能级图（见图 3.9），以表示各原子轨道之间能量高低顺序。多电子原子各轨道能级从低到高的近似顺序为：1s；2s、2p；3s、3p；4s、3d、4p；5s、4d、5p；6s、4f、5d、6p；7s、5f、6d、7p。

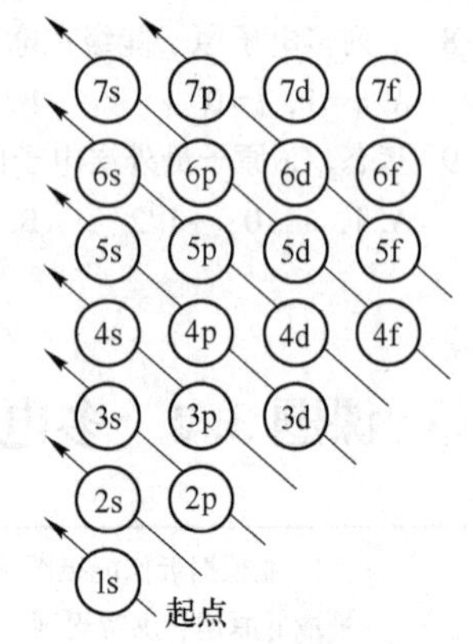

图 3.9　原子轨道近似能级图

根据这一顺序，可以确定各原子的电子在核外排布的一般规律：

$1s^1$			$1s^2$	第 1 能级组
$2s^{1\sim2}$			$2p^{1\sim6}$	第 2 能级组
$3s^{1\sim2}$			$3p^{1\sim6}$	第 3 能级组
$4s^{1\sim2}$		$3d^{1\sim10}$	$4p^{1\sim6}$	第 4 能级组
$5s^{1\sim2}$		$4d^{1\sim10}$	$5p^{1\sim6}$	第 5 能级组
$6s^{1\sim2}$	$4f^{1\sim14}$	$5d^{1\sim10}$	$6p^{1\sim6}$	第 6 能级组
$7s^{1\sim2}$	$5f^{1\sim14}$	$6d^{1\sim10}$	$7p^{1\sim6}$	第 7 能级组

能量相近的能级划为一组，称为能级组，7 个能级对应于周期表中 7 个周期。

根据光谱实验结果，可归纳出以下 3 条规律：

（1）当角量子数 l 相同时，随着主量子数 n 值的增大，轨道能量升高。例如，$E_{1s} < E_{2s} < E_{3s}$ 等。

（2）当主量子数 n 相同时，随着角量子数 l 值的增大，轨道能量升高。例如，$E_{ns} < E_{np} < E_{nd} < E_{nf}$。

（3）当主量子数和角量子数都不同时，有时出现能级交错现象。例如，在某些元素中，$E_{4s} < E_{3d}$，$E_{5s} < E_{4d}$ 等。

对原子轨道近似能级图的几点说明：

（1）它是从周期系中各元素原子轨道图中归纳出的一般规律，不能反映每种元素原子轨道能级的相对高低，所以是近似的。

（2）只能反映同一原子内各原子轨道能级的相对高低，不能比较不同元素原子轨道。

（3）电子轨道上的能级与原子序数有关。

3. 核外电子分布式和外层电子分布式

（1）核外电子分布式：是指多电子原子核外电子分布的表达式，又称电子构型。例如，钛（Ti）原子有22个电子，按上述三个原理和近似能级顺序，电子的分布式为：

$$1s^22s^22p^63s^23p^64s^23d^2$$

但在书写电子分布式时，一般习惯将内电子层放在前面，所以把3d轨道写在4s前面，即把钛原子的电子分布式写成：

$$1s^22s^22p^63s^23p^63d^24s^2$$

对于原子序数较大的元素，为了书写方便，常将内层已达稀有气体的电子层结构部分（称为原子实），用该稀有气体元素符号加方括号表示。例如，原子序数为24的Cr原子的电子分布式可简写成：$[Ar]3d^54s^1$。

（2）外层电子分布式：由于化学反应中通常只涉及外层电子的改变，所以一般不必写完整的电子分布式，只需写出外层电子分布式即可。外层电子分布式又称为外层电子构型。

1）对于主族元素，即为最外层电子分布的形式。例如，氯原子的外层电子分布式为$3s^23p^5$。

2）对于副族元素，则是指最外层s电子和次外层d电子的分布形式。例如，上述钛原子的外层电子分布式为$3d^24s^2$。

3）对于镧系和锕系元素，一般除指最外层电子以外，还需考虑处于外数（自最外层向内计数）第三层的f电子。

4）当原子失去电子而成为正离子时，一般是能量较高的最外层的电子先失去，而且往往引起电子层数的减少。例如，Mn^{2+}的外层电子构型是$3s^23p^63d^5$，而不是$3s^23p^63d^34s^2$或$3d^34s^2$，也不能只写成$3d^5$。

5）原子成为负离子时，原子所得的电子总是分布在它的最外电子层上。例如，Cl^-的外层电子分布式是$3s^23p^6$。

6）金属正离子的外层电子构型一般都是8电子的，称为8电子构型。如Na^+的外层电子构型是$2s^22p^6$。除了8电子构型以外，还有9～17电子构型，如$Fe^{3+}(3s^23p^63d^5)$、$Cu^{2+}(3s^23p^63d^9)$；18电子构型，如$Cu^+(3s^23p^63d^{10})$、$Zn^{2+}(3s^23p^63d^{10})$。

简单基态原子和阳离子的电子分布经验规律：

（1）基态原子外层电子填充顺序：$\rightarrow ns\rightarrow (n-2)f\rightarrow (n-1)d\rightarrow np$

（2）价电子电离顺序：$\rightarrow np\rightarrow ns\rightarrow (n-1)d\rightarrow (n-2)f$

例：$_{26}Fe$　$1s^22s^22p^63s^23p^63d^64s^2$ 或 $[Ar]3d^64s^2$

Fe^{2+}　$1s^22s^22p^63s^23p^63d^6$ 或 $[Ar]3d^6$

问题讨论：

试写出$_{29}Cu$、$_{24}Cr$的外层电子分布式。

知识模块二　原子的结构与性质的周期性规律

1. 原子的电子层结构与元素周期律

原子核外电子分布的周期性是元素周期律的基础，而元素周期表是周期律的表现形式。元素在周期表的位置（周期、区、族）取决于该元素原子核外电子的分布。

（1）周期号数：元素在周期表中所处的周期号数等于该元素原子的电子层数。

（2）区：根据原子的外层电子构型，可将周期系分成 5 个区，即 s 区、p 区、d 区、ds 区和 f 区。表 3.4 反映了原子外层电子构型与周期系的关系。

表 3.4　电子构型与周期系的关系

<table>
<tr><td>1</td><td>ⅠA</td><td></td><td colspan="2" rowspan="3"></td><td>0</td></tr>
<tr><td>2</td><td rowspan="5">s区
ns^1~
ns^2</td><td>ⅡA</td><td>ⅢA　ⅦA</td></tr>
<tr><td>3</td><td rowspan="4"></td><td rowspan="4">p区
ns^2np^1~ns^2np^6</td></tr>
<tr><td>4</td><td>ⅢB　Ⅷ</td><td>ⅠB　ⅡB</td></tr>
<tr><td>5</td><td rowspan="2">d区
$(n-1)d^1ns^2$~$(n-1)d^8ns^2$
(有例外)</td><td rowspan="2">ds区
$(n-1)d^{10}ns^1$
$(n-1)d^{10}ns^2$</td></tr>
<tr><td>6</td></tr>
</table>

<table>
<tr><td>镧系元素</td><td rowspan="2">f 区
$(n-2)f^1ns^2$~$(n-2)f^{14}ns^2$(有例外)</td></tr>
<tr><td>锕系元素</td></tr>
</table>

最后一个电子填入的亚层	区	一般为次外层的 d 亚层	d
最外层的 s 亚层	s	一般为次外层的 d 亚层，且为 d^{10}	ds
最外层的 p 亚层	p	一般为外数第三层的 f 亚层	f

（3）族：对元素在周期表中所处族的号数来说，主族元素以及第Ⅰ、第Ⅱ副族元素的号数等于最外层电子数；第Ⅲ至第Ⅶ副族元素的号数等于最外层电子数与次外层 d 电子数之和。Ⅷ族元素包括三个纵行，最外层电子数与次外层 d 电子数之和为 8～10。零族元素最外层电子数为 8（氦为 2）。

问题讨论：

（1）试写出 $_{20}Ca$、$_{24}Cr$、$_{47}Ag$ 在周期表中的位置（周期、区、族）。

（2）已知某副族元素 A 原子，最后一个电子填入 3d 轨道，族号 = 3。写出元素符号及核外电子排布式。

2. 原子的结构与性质的周期性规律

原子的电子层结构随核电荷的递增呈周期性变化，使原子的某些性质如原子半径、氧化值、电离能、电负性、金属性和非金属性等呈周期性变化。

（1）原子半径

元素的单质和化合物的物理性质、化学性质和原子半径的大小有关。根据相邻原子间作用力的差异，原子半径分为共价半径、金属半径和范德华半径三类。

共价半径——两个相同原子形成共价键时，其核间距离的一半。

金属半径——金属单质晶体中，两个相邻金属原子核间距离的一半。

范德华半径——分子晶体中，两个相邻分子核间距离的一半。

其中，非金属为共价半径，金属为金属半径，稀有气体为范德华半径。

变化规律：

1）同一周期的 d 区元素，自左到右，随核电荷的增加，原子半径略有减小。从ⅠB 族开始，反而有所增加。

2）同一周期的主族元素，自左到右，随核电荷的增加，原子半径逐渐减小。

3）镧系元素，自左到右，随核电荷的增加，原子半径总的趋势缓慢减小，即镧系收缩。镧系收缩使后面五、六周期同族元素（如 Zr 与 Hf、Nb 与 Ta、Mo 与 W）性质极为相似。

4）同一主族元素，自上往下，原子半径逐渐增大。

5）同一副族元素（除ⅢB 外），自上往下，原子半径一般略有增大。五、六周期同族元素原子半径十分相似。

（2）元素的氧化值

同周期主族元素从左至右最高氧化值逐渐升高，并等于所属族的外层电子数或族数。副族元素的原子中，除最外层 s 电子外，次外层的 d 电子也可能参加反应。因此，d 区副族元素的最高氧化值一般等于最外层的 s 电子和次外层 d 电子之和（但不大于 8）。第Ⅲ至第Ⅶ副族元素与主族相似，同周期从左至右最高氧化值也逐渐升高，并等于所属族的族数。ds 区的第Ⅱ副族元素的最高氧化值为+2，即等于最外层的 s 电子数。而第Ⅰ副族中 Cu、Ag、Au 的最高氧化值分别为+2、+1、+3。除钌（Ru）和锇（Os）外，第Ⅷ族中其他元素未发现有氧化值为+8 的化合物。此外，副族元素大都有可变氧化值。

主族元素氧化值（表 3.5）：最高氧化值=价电子数=族号。

表 3.5　主族元素氧化值

族	价层电子构型	价电子总值	主要氧化值	最高氧化值
ⅠA	ns^1	1	+1	+1
ⅡA	ns^2	2	+2	+2
ⅢA	ns^2np^1	3	+3	+3
ⅣA	ns^2np^2	4	+4、+2	+4
ⅤA	ns^2np^3	5	+5、+3	+5
ⅥA	ns^2np^4	6	+6、+4、−2	+6
ⅦA	ns^2np^5	7	+7、+5、+3、+1、−1	+7

副族元素氧化值（表 3.6）：ⅢB～ⅦB 族的最高氧化值=价电子数=族数；Ⅷ族的氧化值变化不规律；ⅠB 族、ⅡB 族的最高氧化值=价电子数=族数(除 Cu 以外)。

表 3.6　副族元素氧化值

族	ⅢB	ⅣB	ⅤB	ⅥB	ⅦB
第四周期	Sc	Ti	V	Cr	Mn
价层电子构型	$3d^14s^2$	$3d^24s^2$	$3d^34s^2$	$3d^54s^1$	$3d^54s^2$
价电子数	3	4	5	6	7
最高氧化值	+3	+4	+5	+6	+7

（3）电离能

电离能（I）：基态气态原子失去电子变为气态阳离子，克服核电荷对电子的引力所消耗的能量。

第一电离能（I_1）：基态的中性气态原子失去一个电子变成+1价气态阳离子所需的能量。

第二电离能（I_2）：由+1价阳离子再失去一个电子变成+2价阳离子所需的能量。其余依次类推。

同一原子的各级电离能是不同的，其大小顺序为 $I_1<I_2<I_3<I_4<\cdots$。因为阳离子电荷越大，离子半径越小，核外电子的吸引力越大，失去电子所需能量越高。

通常只用第一电离能来衡量元素的原子失去电子的难易程度，元素的 I_1 越小，表示该元素原子在气态时越易失去电子，金属性越强。

变化规律（图3.10）：

1）同一周期主族元素，从左到右，电离能逐渐增大。某些元素具有全充满或半充满的电子结构，稳定性高，其第一电离能比左右相邻元素都高，如第二周期中的Be、N。

2）同一周期副族元素，从左到右，第一电离能稍有变化，个别处出现不规则变化，这是由于副族元素所增加的电子填入（n−1）d轨道，以及 ns 和（n−1）d 轨道间能量比较接近的缘故。

3）同一主族元素，从上往下，电离能逐渐减小。

4）同一副族元素，从上往下，电离能变化幅度小，受镧系收缩的影响，第六周期的副族元素原子的第一电离能比第五周期的略有增加。

问题讨论：

第二周期元素的第一电离能，为什么在Be和B，以及N和O之间出现转折？为什么说电离能除了说明金属的活泼性之外，还可以说明元素呈现的氧化态？

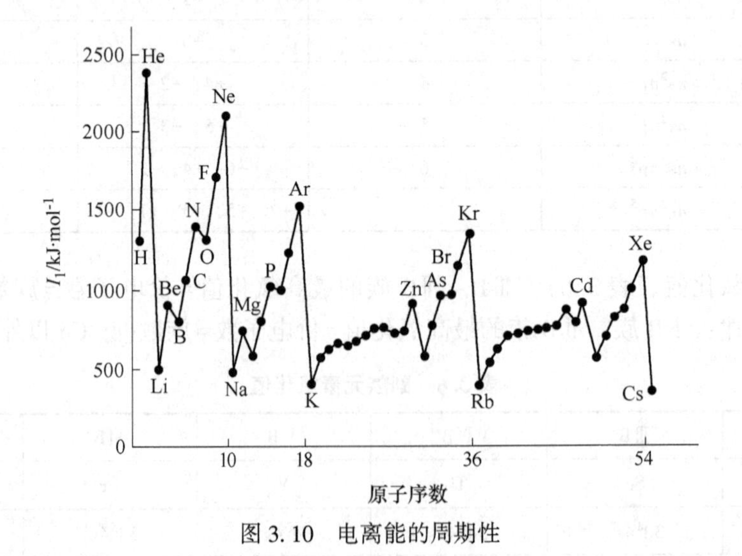

图3.10　电离能的周期性

（4）电子亲和能

电子亲和能（E_A）：基态气态原子得到电子变为气态阴离子，所放出的能量。

第一电子亲和能（E_{A1}）——基态气态原子得到一个电子形成气态阴离子所放出的能量。

$$O(g) + e \longrightarrow O^-(g) \qquad E_{A1} = -141kJ \cdot mol^{-1}$$

第二电子亲和能（E_{A2}）——氧化数为-1 的气态阴离子得到一个电子形成氧化数为-2 的气态阴离子所放出的能量。

$$O^-(g) + e \longrightarrow O^{2-}(g) \qquad E_{A2} = +780kJ \cdot mol^{-1}$$

其余依次类推。

电子亲和能用来衡量气态原子得电子的难易，电子亲和能代数值越小，原子越易得到电子；电子亲和能代数值越大，原子越难得到电子。

（5）电负性

电负性（χ_p）：分子中元素原子吸引电子的能力。

氟的电负性最大，$\chi_p(F) = 4.0$，因而非金属性最强，铯的电负性最小，$\chi_p(Cs) = 0.7$，因而金属性最强。金属一般小于 2.0（除铂系以外），非金属一般大于 2.0（除 Si 以外）。

电负性越大，元素原子吸引电子能力越强，即元素原子越易得到电子，越难失去电子；电负性越小，元素原子吸引电子能力越弱，即元素原子越难得到电子，越易失去电子。

变化规律：同一周期从左到右电负性递增，同族从上到下，电负性递减。副族的电负性值则较接近，变化规律不明显。f 区的镧系元素的电负性更为接近。

（6）元素的金属性和非金属性

金属性：在化学反应中失去电子，变为阳离子的特性。

非金属性：在化学反应中得到电子，变为阴离子的特性。

元素的电负性越小或电离能越小，金属性越强；元素的电负性越大或电子亲和能越小，非金属性越强。

变化规律：

1）同一周期，从左到右，元素原子的电负性增大，元素的金属性逐渐减弱，非金属性逐渐增强。

2）同一主族，自上而下，元素原子的电负性减小，元素的金属性逐渐增强，非金属性逐渐减弱。

3）ⅢB～ⅤB，同一副族，自上而下，元素原子的电负性减小，金属性增强。

4）ⅥB～ⅡB，同一副族，自上而下，元素原子的电负性增大，金属性减弱。

问题讨论：

元素周期律的本质是什么？有人用下面的话来描述原子结构、元素性质及其在周期表中的位置关系：结构是基础、性质是表现、位置是形式。你认为如何？

自学导读单元

（1）在多电子原子中，轨道能量与哪些因素有关，有何规律？

（2）核外电子排布的原则有哪些？

（3）什么是能级组？

（4）什么是电子分布式（电子构型）？有哪些注意事项？原子的外层电子构型有哪些类型？

（5）周期表如何分区？每个区各包括哪几个族？每个区所有的族数与 s、p、d、f 轨道可分布的电子数有何关系？

（6）如何确定元素在周期表中的位置（周期、区、族）？

（7）什么是电离能、电负性？原子半径、氧化值、电离能、电负性在周期系中的一般递变规律如何？它们与金属性、非金属性有何联系？

（8）金属正离子的外层电子构型主要有哪几类？如何表示？举例说明。

自学成果评价

一、是非题（对的在括号内填“√”，错的填“×”）

1. 多电子原子轨道的能级只与主量子数 n 有关。（　）
2. 最外层电子组态为 np^3 或 np^4 的元素，属于 p 区元素。（　）
3. 铬原子的电子排布为 Cr［Ar］$4s^1 3d^5$，由此得出：洪特规则在与能量最低原理出现矛盾时，首先应服从洪特规则。（　）
4. 电负性越大，元素原子吸引电子能力越强，即元素原子越易得到电子。（　）
5. 元素的电负性越小或电离能越小，金属性越强。（　）
6. 元素的电负性越大或电子亲和能越小，非金属性越强。（　）

二、选择题（将所有的正确答案的标号填入括号内）

1. 下列元素中外层电子构型为 ns^2np^5 的是哪个？（　）
   A. Na　　B. Mg　　C. Si　　D. F
2. ds 区元素包括（　）。
   A. 锕系元素　　B. 非金属元素　　C. ⅢB～ⅦB 元素　　D. ⅠB、ⅡB 元素
3. 激发态的 Be 原子的电子排布式写成 $1s^1 2s^3$，可以看出这种写法（　）。
   A. 是正确的　　B. 违背了能量最低原理
   C. 违背了 Pauli 不相容原理　　D. 违背了 Hund 规则
4. H 原子中 3d、4s、4p 能级之间的能量高低关系为（　）。
   A. 3d<4s<4p　　B. 3d<4s=4p　　C. 3d=4s=4p　　D. 3d>4s=4p
5. 下列离子中单电子数最少的是（　）。
   A. ${}_{26}Fe^{3+}$　　B. ${}_{26}Fe^{2+}$　　C. ${}_{27}Co^{3+}$　　D. ${}_{28}Ni^{2+}$
6. 已知某元素+2 价离子的电子分布式为 $1s^2 2s^2 2p^6 3s^2 3p^6 3d^{10}$，该元素在周期表中所属的分区为（　）。
   A. s 区　　B. d 区　　C. ds 区　　D. p 区
7. 某元素最高能级组成电子构型为 $3d^{10}4s^2$，则该元素位于周期表（　）。
   A. s 区　　B. p 区　　C. d 区　　D. ds 区
8. 某金属离子 M^{2+} 的价层电子组态为 $3d^9$，其在周期表中位置为（　）。
   A. ⅧB 族，d 区，第三周期　　B. B 族，ds 区，第三周期
   C. ⅠB 族，ds 区，第四周期　　D. ⅠA 族，ds 区，第四周期
9. 有 4 种元素，其基态原子价层电子组态分别为①$2s^2 2p^5$，②$4s^2 4p^5$，③$5s^2 2p^0$，④$4s^2 4p^0$，它们中电负性最大的是（　）。
   A. ①　　B. ②　　C. ③　　D. ④
10. 第三周期中最外层有 1 个未成对电子的元素共有（　）。
    A. 1 种　　B. 2 种　　C. 3 种　　D. 4 种
11. 基态 ${}_{25}Mn$ 原子的价电子组态是（　）。

A. $3d^5 4s^2$　　B. $4s^2$　　C. $3d^7$　　D. $1s^2 2s^2 2p^6 3s^2 3p^6 3d^5 4s^2$

12. 某元素的+2 价离子的外层电子分布式为：$3s^2 3p^6 3d^6$，该元素为（　　）。

A. Mn　　B. Cr　　C. Fe　　D. Co

13. 原子序数为 25 的元素，其+2 价离子的外层电子分布为（　　）。

A. $3d^3 4s^2$　　B. $3d^5$　　C. $3s^2 3p^6 3d^5$　　D. $3s^2 3p^6 3d^3 4s^2$

14. 原子序数为 29 的元素，其原子外层电子排布应是（　　）。

A. $3d^9 4s^2$　　B. $3d^{10} 4s^2$　　C. $3d^{10} 4s^1$　　D. $3d^{10} 5s^1$

15. 铁原子的价电子构型为 $3d^6 4s^2$，在轨道图中，未配对的电子数为（　　）。

A. 0　　B. 4　　C. 2　　D. 6

16. 属于第四周期的某一元素的原子，失去 3 个电子后，在角量子数为 2 的外层轨道上电子恰好处于半充满状态，该元素为（　　）。

A. Mn　　B. Co　　C. Ni　　D. Fe

17. 某元素原子的价电子层构型为 $5s^2 5p^2$，则此元素应是（　　）。

A. 位于第 VA 族　　B. 位于第六周期　　C. 位于 s 区　　D. 位于 p 区

18. 某元素原子基态的电子构型为 $1s^2 2s^2 2p^6 3s^2 3p^5$，它在周期表中的位置是：（　　）。

A. p 区ⅦA 族　　B. s 区ⅡA 族　　C. ds 区ⅡB 族　　D. p 区Ⅵ族

19. 某元素位于第五周期ⅣB 族，则此元素（　　）。

A. 原子的价层电子构型为 $5s^2 5p^2$　　B. 原子的价层电子构型为 $4d^2 5s^2$

C. 原子的价层电子构型为 $4s^2 4p^2$　　D. 原子的价层电子构型为 $5d^2 6s^2$

20. 某元素的原子序数小于 36，当该元素原子失去一个电子时，其副量子数等于 2 的轨道内电子数为全充满，则该元素为：（　　）。

A. Cu　　B. K　　C. Br　　D. Cr

21. 34 号元素最外层的电子构型为（　　）。

A. $3s^2 3p^4$　　B. $4s^2 4p^5$　　C. $4s^2 4p^2$　　D. $4s^2 4p^4$

三、填空题（将正确答案填在横线上）

1. 在元素周期表中，同一主族自上而下，元素第一电离能的变化趋势是逐渐__________，因而其金属性依次__________；在同一周期中自左向右，元素的第一电离能的变化趋势是逐渐__________。

2. 核外电子分布原理主要有：__________、__________、__________。

3. 写出 29 号元素的核外电子分布式____________________。

4. 写出 24 号元素的核外电子分布式__________，其为____区，第____周期、____族元素。

5. [Kr]$4d^{10} 5s^1$ 是____区，第____周期，第____族元素。

6. 已知某副族元素 A 原子，最后一个电子填入 3d 轨道，族号 = 3。该元素符号为____及核外电子排布式__________。

7. 某元素电子构型为 [Ar]$3d^5 4s^2$，此元素位于____周期，____族。

四、符合下列电子结构的元素，分别是哪一区的哪些（或哪一种）元素？

（1）最外层具有两个 s 电子和两个 p 电子的元素。

（2）最外层具有 6 个 3d 电子和两个 4s 电子的元素。

（3）3d 轨道全充满，4s 轨道只有 1 个电子的元素。

五、下列各元素各有哪些主要氧化值？并各举出一种相应的化合物。

（1）Cl　（2）Pb　（3）Mn　（4）Cr　（5）Hg

六、写出下列原子和离子的电子排布式。

（1）$_{29}Cu$ 和 Cu^{2+}　（2）$_{26}Fe$ 和 Fe^{3+}　（3）$_{47}Ag$ 和 Ag^+　（4）$_{17}Cl$ 和 Cl^-

学能展示

知识应用

能根据元素原子的核外电子排布式，准确确定元素在周期表中的周期、分区、族；能正确书写离子的电子排布式，并判断离子的外层电子构型。

1. 某一元素的 M^{3+} 离子的 3d 轨道上有 3 个电子，则

（1）写出该原子的核外电子排布式；

（2）用量子数表示这 3 个电子可能的运动状态；

（3）指出原子的成单电子数，画出其价电子轨道电子排布图；

（4）写出该元素在周期表中所处的位置及所处分区。

2. 写出下列各种离子的外层电子分子式，并指出它们外层电子的构型各属何种构型。

（1）Sn^{2+}　（2）Cd^{2+}　（3）Fe^{2+}　（4）Be^{2+}　（5）Se^{2+}　（6）Cu^{2+}（7）Ti^{4+}

3. 完成下表。

原子序数	原子的外层电子构型	未成对的电子数	周期	族	所属区
16					
19					
42					
48					

课题 3.3　化学键和分子间相互作用力

学习目标	1. 清楚三种基本类型的化学键的本质，能根据价键理论要点判断共价键的成键类型，并能判断简单的双原子分子中的共价键类型； 2. 能根据分子的键参数（键长和键角）确定分子的空间构型，能根据电负性差值正确判断键的极性，根据偶极矩判断分子的极性大小，并能正确描述键的极性与分子的极性之间的关系； 3. 能运用杂化轨道理论要点解释或判断简单分子的杂化类型、空间构型及分子的极性，能准确表述简单多原子分子极性与化学键及空间构型的关系； 4. 能准确表述分子间力的形成原因、特点及对影响分子间力的一般因素，能准确表述分子间力对物质的物理性质的影响，并能初步根据物质的溶解性规律在金属表面清洗中进行应用	
能力要求	1. 掌握物质结构的基本原理知识； 2. 通过文献研究、识别、表达、分析复杂工程问题，并获得有效结论； 3. 能够在小组讨论中承担个体角色并发挥个体优势； 4. 具有自主学习的意识，逐渐养成终身学习的能力	
重点难点预测	重点	键参数、杂化轨道理论、分子极性和空间构型、分子间相互作用力及其对物质性质的影响
	难点	杂化轨道理论、分子极性和空间构型
知识清单	化学键（金属键、离子键、共价键）、键参数、价键理论、杂化轨道理论、分子极性和空间构型、分子间相互作用力及其对物质性质的影响	
先修知识	中学化学选修 3 物质结构与性质：分子结构与性质	

知识模块一　化学键

化学键：通常除稀有气体外，大多数物质都是依靠原子（或离子）间的某种强的作用力而结合成分子的，分子中原子（或离子）之间的这种强作用力称为化学键。化学键主要有金属键、离子键和共价键3类。

1. 金属键

金属键：存在于金属晶体内部的化学键。

2. 离子键

离子键：当电负性值较小的活泼金属（如第Ⅰ主族的K、Na等）和电负性值较大的活泼非金属（如第Ⅶ主族的F、Cl等）元素的原子相互靠近时，因前者易失电子形成正离子，后者易获得电子而形成负离子，从而正、负离子以静电引力结合在一起形成离子型化合物。这种由正、负离子之间的静电引力形成的化学键叫做离子键。离子键无饱和性也无方向性。

3. 共价键

同种非金属元素或电负性数值相差不很大的不同种元素（一般均为非金属，有时也有金属与非金属），一般以共价键结合形成共价型单质或共价型化合物。

共价键：原子间由于成键电子的原子轨道重叠而形成的化学键。

键型过渡：两原子是形成离子键还是共价键取决于两原子吸引电子的能力，即两元素原子电负性的差值（$\Delta\chi$）。$\Delta\chi$ 越大，键的极性越强。极性键含有少量离子键和大量共价键成分，大多数离子键只是离子键成分占优势而已。

现代价键理论是建立在量子力学基础上，主要有价键理论和分子轨道理论两种。

（1）价键理论（电子配对法）要点：

1）两原子靠近时，自旋方向相反的未成对的价电子可以配对，形成共价键。

2）成键电子的原子轨道重叠越多，形成的共价键越牢固——最大重叠原理。

3）共价键的特征：

①饱和性：原子有几个未成对的价电子，一般只能和几个自旋方向相反的电子配对成键。

②方向性：为满足最大重叠原理，成键时原子轨道只能沿着轨道伸展的方向重叠。

4）共价键的类型：

①按键是否有极性分：

共价键
- 极性共价键
  - 强极性键：如H—Cl
  - 弱极性键：如H—I
- 非极性共价键：如H—H、Cl—Cl

②按原子轨道重叠部分的对称性分：σ键、π键、δ键。

σ键：原子轨道以“头碰头”的形式重叠所形成的键，对键轴（x 轴）具有圆柱形对称性。

π键：原子轨道以“肩对肩”的形式重叠所形成的键，对 xy 平面具有反对称性。即重叠部分对 xy 平面的上、下两侧，形状相同、符号相反。

例如，N_2 分子中的 N 原子有 3 个未成对的 p 电子（p_x，p_y，p_z），2 个 N 原子间除形成 p_x-p_x 的 σ 键以外，还能形成 p_y-p_y 和 p_z-p_z 2 个相互垂直的 π 键。

δ 键：两个原子相匹配的 d 轨道以"面对面"的形式重叠所形成的键。

③配位共价键：凡共用电子对由一个原子单方面提供所形成的共价键。

形成条件：一个原子价层有孤电子对（电子给予体），另一个原子价层有空轨道（电子接受体），如 CO。

（2）分子轨道理论要点：强调分子的整体性。当原子形成分子时，电子不再局限于个别原子的原子轨道，而是从属于整个分子的分子轨道。

知识模块二　分子的极性和分子的空间构型

1. 共价键参数

表征共价键特性的物理量称为共价键参数。例如键长、键角和键能等。

（1）分子中成键原子的两核间的距离叫做键长。在原子种类确定的情况下，键长较小则分子较稳定。同一种键在不同分子中，键长基本是个定值。

（2）分子中相邻两键间的夹角叫做键角。

（3）共价键的强弱可以用键能数值的大小来衡量。一般规定，在 298.15K 和 101kPa 下，断开气态物质（如分子）中单位物质的量的化学键而生成气态原子时所吸收的能量叫做键解离能，以符号 D 表示。例如：

$$\mathrm{H{-}Cl(g)} \longrightarrow \mathrm{H(g)} + \mathrm{Cl(g)}; \quad D(\mathrm{H{-}Cl}) = 432\mathrm{kJ \cdot mol^{-1}}$$

对双原子分子来说，键解离能可以认为就是该气态分子中共价键的键能 E，即：$E(\mathrm{H{-}Cl}) = D(\mathrm{H{-}Cl}) = 432\mathrm{kJ \cdot mol^{-1}}$。

对于多原子分子来说，可以用键解离能的平均值作为键能。

键能可衡量化学键的牢固程度，键长越短，键能越大，化学键越牢固。同一种键在不同分子中，键能大小可能不同。

键能的热化学计算：化学反应过程实质上是反应物化学键的破坏和生成物化学键的组成的过程。因此，气态物质化学反应的热效应就是化学键改组前后键解离能或键能总和的变化。利用键能数据，可以估算一些反应热效应或反应的标准焓变。

2. 分子的极性和电偶极矩

在分子中，由于原子核所带正电荷的电量和电子所带负电荷的电量是相等的，所以就分子的总体来说，是电中性的。但从分子内部这两种电荷的分布情况来看，可把分子分成极性分子和非极性分子两类。

设想在分子中正、负电荷都有一个"电荷中心"。正、负电荷中心重合的分子叫做非极性分子，正、负电荷中心不重合的分子叫做极性分子。

电偶极矩：若分子中正、负电荷中心所带的电量为 q，距离为 l，两者的乘积叫做电偶极矩，以符号 μ 表示，单位为 C·m（库·米）。即：

$$\mu = ql$$

电偶极矩数值越大，表示分子的极性也越大，μ 值为零的分子即为非极性分子，μ 值不为零的分子是极性分子。

键的极性与分子的极性之间的关系：键的极性取决于成键两原子共用电子对的偏离，即取决于电负性差值；分子的极性取决于分子中正、负电荷中心是否重合，即取决于偶极矩。

双原子分子：分子的极性取决于键的极性，有极性键的分子一定是极性分子，极性分子一定含有极性键。

多原子分子：分子的极性取决于键的极性和分子的几何构型（见表 3.7）。

表 3.7　多原子分子的极性

分子	Br_2	NO	H_2S	CS_2	BF_3	NH_3
键的极性	非极性	极性	极性	极性	极性	极性
几何构型	直线	直线	V 形	直线	正三角形	三角锥形
分子极性	非极性	极性	极性	非极性	非极性	极性

问题讨论：

为何 NH_3 与 BF_3 具有相似的分子式，空间几何构型却不一样呢？

3. 分子的空间构型和杂化轨道理论

共价型分子中各原子在空间排列构成的几何形状叫做分子的空间构型。例如，甲烷分子为正四面体形，水分子为“V”字形，氨分子为三角锥形等。

价键理论的局限性：价键理论能较好地说明一些双原子分子价键的形成，不能很好地说明多原子分子的价键形成和几何构型。

为解决价键理论的局限性问题，鲍林等以价键理论为基础，提出杂化轨道理论。

杂化轨道理论的要点：

（1）原子成键时，参与成键的若干个能级相近的原子轨道相互“混杂”，组成一组新轨道（杂化轨道），这一过程叫原子轨道的“杂化”。

（2）有几个原子轨道参与杂化，就形成几个杂化轨道。

（3）杂化轨道比原来未杂化的轨道成键能力强，形成化学键的键能大，生成的分子稳定。

等性杂化：同一杂化轨道的性质完全相同。

不等性杂化：孤对电子的存在，使各个杂化轨道中所含的成分不同的杂化。

NH_3 分子和 H_2O 分子中的轨道杂化属于 sp^3 不等性杂化（表 3.8），CH_4 分子中的轨道杂化属于 sp^3 等性杂化。因此，甲烷分子的空间构型完全对称，而氨和水分子的空间构型为不完全对称，从而反映在分子的极性上有着显著的差异，前者为非极性分子，而后两者为极性分子。

表 3.8　一些杂化轨道的类型与分子的空间构型

杂化轨道类型	sp^1	sp^2	sp^3	sp^3（不等性）	
参与杂化的轨道	1 个 s、1 个 p	1 个 s、2 个 p	1 个 s、3 个 p	1 个 s、3 个 p	
杂化轨道数	2	3	4	4	
成键轨道夹角 θ	180°	120°	109°28′	$90° < \theta < 109°28'$	
空间构型	直线形	平面三角形	（正）四面体形	三角锥形	“V”字形
实例	$BeCl_2$，$HgCl_2$	BF_3，BCl_3	CH_4，$SiCl_4$	NH_3，PH_3	H_2O，H_2S
中心原子	Be(ⅡA) Hg(ⅡB)	B(ⅢA)	C，Si(ⅣA)	N，P(ⅤA)	O，S(ⅥA)

知识模块三　分子间相互作用力

1. 分子间力

除分子中有化学键外，在分子与分子之间还存在着比化学键弱得多的相互作用力。分子间相互作用力一般可分为取向力、诱导力、色散力、氢键和疏水作用等。取向力、诱导力和色散力的总和通常叫做分子间力，又称为范德华力。分子间力是决定物质的沸点、熔点、气化热、熔化热、溶解度、表面张力、吸附性能、黏度等性质的主要因素。

2. 分子间力的产生

（1）非极性分子与非极性分子之间

非极性分子正负电荷中心重合，分子没有极性。但由于电子的不断运动和原子核的不断振动，要使每一瞬间正、负电荷中心都重合是不可能的，在某一瞬间总会有偶极存在，这种偶极叫做瞬间偶极。瞬间偶极之间总是处于异极相吸的状态。由瞬间偶极产生的分子间力叫做色散力。

（2）极性分子与极性分子之间

当极性分子相互靠近时，色散力也起着作用。此外，它们还存在着固有偶极。由于固有偶极的相互作用，极性分子在空间就按异极相吸的状态取向。由固有偶极之间的取向而产生的分子间力叫做取向力。由于取向力的存在，使极性分子更加靠近，同时在相邻分子的固有偶极作用下，使每个分子的正、负电荷中心更加分开，产生了诱导偶极。诱导偶极与固有偶极之间产生的分子间力叫做诱导力。

（3）非极性分子与极性分子之间

由于电子与原子核的相对运动，极性分子也会出现瞬间偶极，所以非极性分子与极性分子之间也存在色散力。非极性分子在极性分子固有偶极作用下，发生变形，产生诱导偶极，因此非极性分子与极性分子之间还存在诱导力。

表 3.9 为分子间力的种类。

表 3.9　分子间力的种类

分子	非极性分子-非极性分子	非极性分子-极性分子	极性分子-极性分子
分子间力的种类	色散力	色散力、诱导力	色散力、诱导力、取向力

3. 分子间力的特点

（1）分子间力是一种电性作用力。

（2）作用距离短，作用范围仅为几百皮米（pm）。

（3）作用能小，一般为几到几十千焦每摩尔，比键能小 1~2 个数量级。

（4）无饱和性和方向性。

（5）对大多数分子来说，以色散力为主（除极性很大且存在氢键的分子，如 H_2O 以外）。

4. 分子间力的影响因素

（1）分子间距离：分子间距离越大，分子间力越弱。

（2）取向力：温度越高，取向力越弱；分子的偶极矩越大，取向力越强。

（3）诱导力：极性分子的偶极矩越大，诱导力越强；非极性分子的极化率越大，诱导力越强。

（4）色散力：共价型分子的摩尔质量越大，越易变形，分子的极化率越大，色散力越强。

5. 分子间力对物质性质的影响

（1）一般来说，结构相似的同系列物质，相对分子质量越大，分子变形性越大，分子间力越强，熔点、沸点越高。

（2）溶质或溶剂分子的变形性越大，分子间力越大，溶解度越大。

（3）同周期氢化物熔点、沸点随相对分子质量的增大而升高，但 NH_3、H_2O、HF 特殊。

6. 氢键

除上述分子间力以外，在某些化合物的分子之间或分子内还存在着与分子间力大小接近的另一种作用力——氢键。

氢键是指氢原子与电负性较大的 X 原子（如 F、O、N 原子）以极性共价键相结合的同时，还能吸引另一个电负性较大而半径又较小的 Y 原子，其中 X 原子与 Y 原子可相同，也可不同。氢键可简单示意如下：X—H…Y。氢键与共价键相似，具有方向性和饱和性。氢键可分为分子间氢键和分子内氢键两类。

形成氢键必须具备两个条件：

（1）分子中有 H 原子与电负性很大的元素（如 F、O、N 等）形成共价键；

（2）分子中有电负性很大且带有孤对电子的原子。

氢键的强度：可用氢键键能表示，即每拆开 1mol H…Y 键所需的能量，氢键键能一般小于 $42kJ \cdot mol^{-1}$，远小于正常共价键键能，与分子间力差不多。如 H_2O 氢键键能为 $18.83kJ \cdot mol^{-1}$，O—H 键能为 $463kJ \cdot mol^{-1}$。

氢键形成对物质性质的影响：

（1）熔沸点：分子间的氢键存在使熔点、沸点升高，如 HF、H_2O、NH_3；分子内的氢键存在使熔点、沸点降低。

（2）溶解度：在极性溶剂中，若溶质和溶剂间存在氢键，则会使溶质的溶解度增大。如 HF、NH_3 在 H_2O 中的溶解度较大。

（3）黏度增大：如甘油、磷酸、浓硫酸均因分子间氢键的存在，为黏稠状液体。

问题讨论：

在机械和电子工业中，如何清洗金属部件表面的润滑油等矿物性油污，所利用的是什么原理？

自学导读单元

（1）什么是化学键？主要有哪些类型？

（2）什么是离子键？有哪些特点？举例说明。正、负离子各有何种电子构型？

（3）什么是共价键？共价键理论有哪几种？各自的要点是什么？

（4）为什么共价键具有饱和性和方向性？

（5）什么是σ键、π键？各有什么特点？

（6）什么是键长、键角、键能？

（7）什么是极性分子和非极性分子？举例说明。什么是偶极矩？分子的极性和偶极矩之间有何关系？

（8）什么是分子的空间构型？什么是杂化轨道？杂化轨道理论的要点是什么？

（9）什么是等性杂化与不等性杂化？

（10）杂化轨道的类型与分子的空间构型之间的关系如何？

（11）分子间力有哪些类型？各存在于什么类型的分子中？形成氢键必须具备什么条件？

（12）物质的熔点、沸点，溶解性与分子的极性，分子间力以及氢键之间有何关系？

自学成果评价

一、是非题（对的在括号内填“√”，错的填“×”）

1. 共价键的键长等于成键原子共价半径之和。（　　）
2. 同种原子之间的化学键的键长越短，其键能越大，化学键也越稳定。（　　）
3. 对多原子分子来说，其键的键能就等于它的离解能。（　　）
4. $\mu=0$ 的分子，其化学键一定是非极性键。（　　）
5. s轨道和p轨道成键时，只能形成σ键。（　　）
6. 原子核外有几个未成对电子就能形成几个共价键。（　　）
7. 分子间氢键是有方向性和饱和性的一类化学键。（　　）
8. 所有含氢的化合物的分子之间都存在着氢键。（　　）
9. 由于 CO_2、H_2O、H_2S、CH_4 分子中都含有极性键，因此皆为极性分子。（　　）

二、选择题（将所有的正确答案的标号填入括号内）

1. 极性共价化合物的实例是：（　　）。

A. KCl　　B. HCl　　C. CCl_4　　D. BF_3

2. 下列物质中，哪个是非极性分子：（　　）。

A. H_2O　　B. CO_2　　C. HCl　　D. NH_3

3. 下列分子中，偶极矩不为零的是（　　）。

A. H_2O　　B. H_2　　C. CO_2　　D. O_2

4. 在下列分子中，偶极矩为零的非极性分子是（　　）。

A. H_2O　　B. CCl_4　　C. CH_3OCH_3　　D. NH_3

5. 下列分子中，偶极矩不等于零的极性分子是（　　）。

A. $BeCl_2$　　B. PCl_3　　C. PCl_5　　D. SiF_4

6. 下列各物质分子间只存在色散力的是（　　）。

A. H_2O　　B. NH_3　　C. SiH_4　　D. HCl

7. NH_3 溶于水后，分子间产生的作用力有：（　　）。

A. 取向力和色散力　　B. 取向力和诱导力

C. 诱导力和色散力　　D. 取向力、色散力、诱导力及氢键

8. 在 H_2O 分子和 CO_2 分子之间存在的分子间作用力是（　　）。

A. 取向力、诱导力　　B. 诱导力、色散力

C. 取向力、色散力　　D. 取向力、诱导力、色散力

9. CH_3OH 和 H_2O 分子之间存在的作用力形式是（　　）。

A. 色散力　　B. 色散力、诱导力、取向力

C. 色散力、诱导力　　D. 色散力、诱导力、取向力、氢键

10. 下列说法正确的是（　　）。

A. 取向力只存在于极性分子之间

B. 色散力只存在于非极性分子之间

C. 凡有氢键的物质，其熔点、沸点都一定比同类物质的熔点、沸点高

D. 在所有含氢化合物的分子间都存在氢键

11. 下类物质存在氢键的是（　　）。

A. HBr　　B. H_2SO_4　　C. C_2H_6　　D. $CHCl_3$

12. 下列含氢化合物中，不存在氢键的化合物有（　　）。

A. C_2H_5OH　　B. CH_3COOH　　C. H_2S　　D. H_3BO_3

13. 下列化合物中哪种能形成分子间氢键（　　）。

A. H_2S　　B. HI　　C. CH_4　　D. HF

14. 下列各种含氢化合物分子间不含有氢键的是（　　）。

A. H_3BO_3　　B. CH_3CHO　　C. CH_3OH　　D. CH_3COOH

15. N 的氢化物（NH_3）的熔点都比它同族中其他氢化物的熔点高得多，这主要由于 NH_3（　　）。

A. 相对分子质量最小　　B. 取向力最强　　C. 存在氢键　　D. 诱导力强

16. NH_3 的沸点高于 PH_3，是由于存在着（　　）。

A. 共价键　　B. 分子间氢键　　C. 离子键　　D. 分子内氢键

17. 下列分子结构成平面三角形的是（　　）。

A. BBr_3　　B. NCl_3　　C. $CHCl_3$　　D. H_2S

18. 下列分子中，分子间作用力最大的是（　　）。

A. F_2　　B. Cl_2　　C. Br_2　　D. I_2

19. 下列物质熔点最高的是（　　）。

A. CF_4　　B. CCl_4　　C. CBr_4　　D. CI_4

20. 下列物质沸点最高的是（　　）。

A. O_2　　B. Cl_2　　C. F_2　　D. Br_2

21. 下列物质中，哪种物质的沸点最高（　　）。

A. H_2Se　　B. H_2S　　C. H_2Te　　D. H_2O

22. 下列各分子中，中心原子在成键时以 sp^3 不等性杂化的是（　　）。

A. $BeCl_2$　　B. PH_3　　C. H_2S　　D. $SiCl_4$

23. 下列分子中，其中心原子均采用不等性 sp^3 化的一组是（　　）。

A. H_2O，NH_3，H_2S　　B. BF_3，NH_3，CH_4　　C. PH_3，CO_2，H_2S　　D. BF_3，CH_4，$SnCl_4$

24. 下列分子的中心原子采取 sp 杂化轨道成键的是（　　）。

A. BF_3　　B. $HgCl_2$　　C. CF_4　　D. H_2O

25. 下列分子键角最小的是（　　）。

A. H_2S　　B. CO_2　　C. CCl_4　　D. BF_3

26. 下列各物质的化学键中，只存在 σ 键的是（　　）；同时存在 σ 键和 π 键的是（　　）。

A. PH_3　　B. 丁二烯　　C. 丙烯腈

D. CO_2　　E. N_2

27. 下列物质在水中溶解度最大的是（　　）。

A. 苯酚　　B. 苯胺　　C. 乙胺　　D. 甲苯

28. 共价键、离子键和范德华力是构成物质粒子间的不同作用方式，物质中，只含有上述一种作用的是（　　）。

A. 干冰　　B. 氯化钠　　C. 氢氧化钠　　D. 碘

三、填空题（将正确答案填在横线上）

1. 键的极性取决于______________________________。
2. 分子的极性取决于______________________________。
3. $BeCl_2$ 是__________型分子，杂化轨道类型为__________杂化。CH_4 分子空间构型为__________，杂化轨道类型为__________杂化。
4. 非极性分子与非极性分子之间只存在__________；非极性分子与极性分子之间存在着__________和__________，极性分子与极性分子之间存在着______________________________。
5. 甘油、磷酸、浓硫酸均因__________________的存在，为黏稠状液体。

学能展示

基础知识

1. 下列化合物晶体中既存在离子键又存在共价键的有哪些？

（1）NaOH　（2）Na_2S　（3）$CaCl_2$　（4）Na_2SO_4　（5）MgO

2. 下列各物质的分子之间，分别存在何种类型的分子间作用力？

（1）H_2　（2）SiH_4　（3）CH_3COOH　（4）CCl_4　（5）HCHO　（6）甲醇和水

知识应用

能运用杂化轨道理论判断简单分子的杂化类型、空间构型及分子的极性

1. 试写出下列各化合物的分子的空间构型，成键时的中心原子的杂化轨道类型以及分子的电偶极矩（是否为零）。

分子	空间构型	杂化轨道类型	电偶极矩
SiH_4			
H_2S			
BCl_3			
$BeCl_2$			
PH_3			

2. 根据键的极性和分子的几何构型，判断下列分子哪些是极性分子？哪些是非极性分子？

Br_2　HF　H_2S(V形)　CS_2(直线形)　$CHCl_3$(四面体)　CCl_4(正四面体)

拓展提升

能正确分析分子间力对物质的物理性质的影响。

1. 乙醇和二甲醚（CH_3OCH_3）的组成相同，但前者的沸点为78.5℃，而后者的沸点为−23℃。为什么？

2. 试判断下列各组物质的熔点的高低顺序，并作简单说明。

（1）SiF_4、$SiCl_4$、$SiBr_4$、SiI_4　（2）PF_3、PCl_3、PBr_3、PI_3

课题 3.4　晶体结构

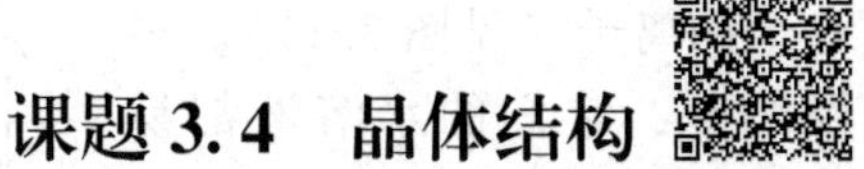

学习目标	1. 能根据晶体中格点上微粒的种类和它们之间作用力的不同，判断晶体的基本类型； 2. 单质及化合物物性变化的规律性及其与晶体结构的关系； 3. 能正确表达离子极化理论，并用离子极化理论解释物质性质（熔点、沸点、溶解度、热稳定性、颜色等）的递变规律，初步判断物质的用途	
能力要求	1. 掌握物质结构的基本原理知识； 2. 通过文献研究、识别、表达、分析复杂工程问题，并获得有效结论； 3. 能够在小组讨论中承担个体角色并发挥个体优势； 4. 具有自主学习的意识，逐渐养成终身学习的能力	
重点难点预测	重点	晶体的基本类型，单质的熔点、沸点、硬度与晶体类型的关系，离子极化理论
	难点	离子极化理论
知识清单	晶体的基本类型、过渡型晶体、离子极化理论、晶体的缺陷与非整比化合物、单质的熔点、沸点、硬度与晶体类型的关系	
先修知识	中学化学选修 3 物质结构与性质：晶体的结构与性质	

知识模块一　晶体的类型

1. 晶体与非晶体

物质通常包括固态、液态和气态。固态物质一般分为晶体与非晶体两大类。物质微粒（原子、分子、离子等）有规则周期性地排列形成的具有整齐外形的固体称为晶体；微粒无规则地排列则形成非晶体。组成晶体的微粒排列成的空间格子称为晶格。微粒在晶格中所占的位置叫做晶格结点。为研究方便，通常可根据晶体的周期性在晶体中划分出许多晶胞，晶胞是晶体中最小的周期重复单位。

晶体的特征：

（1）有一定的几何外形。晶体具有规则的几何外形，非晶体则没有。应注意微晶体（炭黑和新析出的沉淀等）的存在。

（2）有固定的熔点。在常压下加热固体，只有上升到一定温度时，晶体才开始熔化，而且熔化过程，系统的温度不再改变。非晶体无固定的熔点，加热时先软化，随温度的升高，流动性逐渐增强，直至熔融状态。

（3）各向异性。一块晶体的某些性质，如光学性质、力学性质、导热导电性、机械强度、溶解性等，从晶体的不同方向去测定时，常常是不同的。非晶体的物理性质往往是各向同性的。

2. 晶体的基本类型

根据晶体中微粒的不同，习惯上把晶体分为 4 种基本类型。

（1）离子晶体

离子晶体中的物质微粒是正离子和负离子，在离子晶体中，正负离子通常通过静电作用相结合，例如氯化钠。各个离子与尽可能多的异号离子接触，以使系统尽可能处于低能量状态。例如在氯化钠晶体中，每个钠离子周围有 6 个氯离子，每个氯离子周围有 6 个钠离子（见图 3.11）。多数离子晶体易溶于水等极性溶剂，它们的水溶液都易导电。

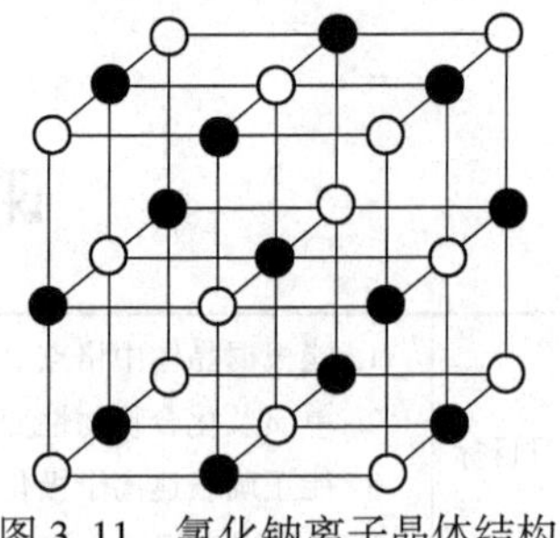

图 3.11　氯化钠离子晶体结构

在离子晶体中，由于离子间以较强的离子键相互作用，因此离子晶体具有较高的熔点和较大的硬度。离子晶体的熔点、硬度等物理性质与晶体的晶格能大小有关。晶格能越大，离子晶体的熔点、沸点越高，硬度越大，离子化合物越稳定。

晶格能：是指在 100kPa 和 298.15K 条件下，由气态正、负离子形成单位物质的量的离子晶体所释放的能量。晶格能与正、负离子的所带电荷（分别以 z_+、z_-表示）和正、负离子的半径（分别以 r_+、r_-表示）有关：

$$E_L \propto \frac{|z_+ \cdot z_-|}{r_+ + r_-}$$

从式中可以看出，若离子的电荷数越多，离子的半径越小，离子晶体的晶格能也就越大，其晶格也越稳定。因此，当离子的电荷数相同时，晶体的熔点和硬度随着正、负离子间距离的增大而降低。当正、负离子间距离相近时，则晶体的熔点和硬度取决于离子的电荷数（见表 3.10）。

绝大多数盐类（如 NaCl、NaF、CsCl 等）、强碱及许多氧化物（MgO、CaO、BaO 等）都属于离子晶体结构。

问题讨论：

比较 MgO、NaF 熔点的高低。

表 3.10　离子的电荷对晶体的熔点和硬度的影响

离子化合物	NaF	CaO
$(r_+ + r_-)$/nm	0.23	0.231
$\lvert z_+ \cdot z_- \rvert$	1	4
熔点/℃	993	2614
莫氏硬度	3.2	4.5

（2）原子晶体

原子晶体中周期排列的物质微粒是原子。在原子晶体中，原子之间通过共价键牢固地结合在一起，因此熔点、沸点和硬度极高。常见的原子晶体包括金刚石、SiC、SiO_2、Si、B_4C、B、BN、AlN 等。

（3）分子晶体

在分子晶体中周期排列的物质微粒是分子。分子间通过范德华力或氢键作用聚集，因此熔点、沸点和硬度都较低，易挥发，熔融不导电。如固态的卤素单质、冰、固态 CO_2、SO_2、S_8 和 P_4 等，以及绝大多数的固态有机化合物都属于分子晶体。

值得注意的是，二氧化碳（CO_2）和方石英（SiO_2）这两种化合物。C 和 Si 都是第Ⅳ

主族元素，前者为分子晶体，而后者为原子晶体，晶体结构不同导致物理性质不一样。CO_2 晶体在-78.5℃时即升华，而 SiO_2 的熔点却高达 1610℃，这说明晶体结构中微粒间作用力的不同，对物质的物理性质影响是很大的。

（4）金属晶体

在金属晶体中周期排列的物质微粒是金属原子或金属正离子，它们之间依靠金属键相互结合。绝大多数金属元素的单质和合金都属于金属晶体。

金属键：在金属中，自由电子与原子（或正离子）之间的作用力叫做金属键。

金属元素的电负性较小，电离能也较小，最外层的价电子容易脱离原子核的束缚而在金属晶粒间比较自由地运动，形成“自由电子”或称离域电子。这些在三维空间运动、离域范围很大的“自由电子”，把失去价电子的金属正离子吸引在一起，形成金属晶体。

金属的一般特性都和金属中存在着这种自由电子有关。自由电子可以比较自由地在整个金属晶体中运动，使得金属具有良好的导电与传热性。自由电子能吸收可见光，并将能量向四周散射，使得金属具有金属光泽。由于自由电子的流动性，当金属受到外力时，金属原子间容易相对滑动，表现出良好的延性和展性。金属键没有方向性。

金属晶体中金属原子一般也尽可能采取密堆积形式，配位数较高，可达 12。金属单质的熔点、硬度等差异较大，这主要与金属键的强弱有关。Hg 在常温下为液态，钨的熔点很高，表明金属键跨度较大。一般情况下金属键的强弱取决于金属原子价电子构型中未成对的单电子数，数目越多，则金属键越强，熔点、沸点越高，硬度也越大。

熔点最高的金属	W	硬度最大的金属	Cr
熔点最低的金属	Hg	导电性最好的金属	Ag

3. 过渡型晶体

近几十年中，随着 X 射线晶体结构测定技术的成熟与发展，大量的晶体结构被精准测定。结果表明，许多物质的晶体结构不是简单地属于上述 4 种基本晶体类型，而是属于更复杂的过渡型，主要有链状结构和层状结构。

（1）链状结构晶体

在天然硅酸盐晶体中的基本结构单位是 1 个硅原子和 4 个氧原子所组成的四面体，根据这种四面体的连接方式不同，可以得到不同结构的硅酸盐。若将各个四面体通过两个顶角的氧原子分别与另外两个四面体中的硅原子相连，便构成链状结构的硅酸盐负离子，如图 3.12 所示。图中虚线表示四面体，直线表示共价键。这些硅酸盐负离子具有由无数硅、氧原子通过共价键组成的长链形式，链与链之间充填着金属正离子（如 Na^{+}、Ca^{2+} 等）。由于带负电荷的长链与金属正离子之间的静电作用能比链内共价键的作用能要弱，因此，若沿平行于链的方向用力，晶体往往易裂开成柱状或纤维状。石棉就是类似这类结构的晶体。

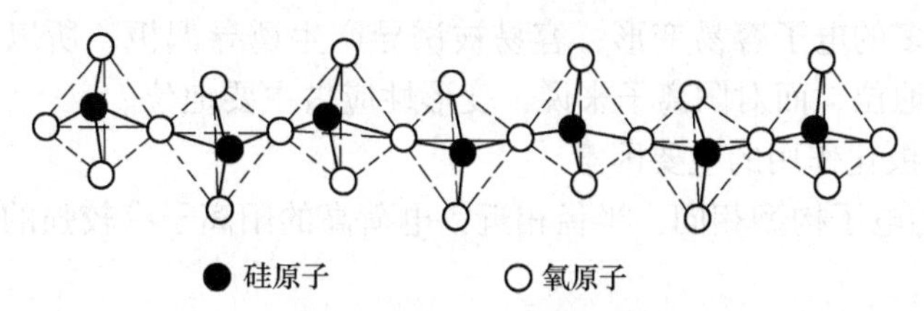

图 3.12　硅酸盐负离子单链结构示意图

（2）层状结构晶体

石墨是典型的层状结构晶体，在石墨中每1个碳原子以 sp^2 杂化形成3个 sp^2 杂化轨道，分别与相邻的3个碳原子形成3个 sp^2-sp^2 重叠的σ键，键角为120°，构成一个正六角形的平面层。在层中每个碳原子还有1个垂直于 sp^2 杂化轨道的2p轨道，其中各有剩余的1个2p电子。这种相互平行的p轨道可以相互重叠，形成遍及整个平面层的离域的大π键。由于大π键的离域性，电子能沿着每一平面层方向移动，使石墨具有良好的导电、传热性，并具有光泽。值得注意的是，石墨的这种性质是由石墨的特殊结构决定的，对于其他层状结构的晶体一般并不具有石墨的这种良好的导电性。

在石墨晶体中同层原子间的距离为0.142nm，但层间的距离较长，为0.335nm，因而层间的作用力远弱于层中碳原子间的共价键，层与层易滑动，工业上常用作润滑剂和铅笔芯的原料。类似石墨结构的氮化硼（BN）为白色粉末状，有“白色石墨”之称，是一种比石墨更耐高温的固体润滑剂。

层状结构的鳞片石墨（似鱼鳞的片状石墨）在常温下与浓硝酸和浓硫酸的混合酸或高锰酸钾溶液等氧化剂作用，可以形成结构较复杂的层间化合物，从而可使石墨层间距离由原来0.335nm增大至1倍左右，这些层间化合物在高温条件下大部分分解成气体逸出。所产生的气体足以克服石墨层间的作用力，而使石墨层间距离大大膨胀，其体积可增大几十乃至上百倍，所以这种石墨称为膨胀石墨或柔性石墨。膨胀石墨很轻，密度是原来的1%左右。但膨胀石墨仍具有六方晶格的结构，它既具有普通石墨所具有的耐高温、耐腐蚀、自润滑等特性，又具有普通石墨所没有的独特的柔软性和弹性。因此，近年来国内外常用压缩的膨胀石墨制品作为一种新颖的密封材料，普遍用于石油、化工、机械、电力和宇航等领域，以代替橡胶、石棉等密封材料。

知识模块二　离子极化理论

离子极化理论是离子键理论的重要补充。离子极化理论认为：离子化合物中除起主要作用的静电引力外，诱导力还起着很重要的作用。离子本身带电荷，阴、阳离子接近时，在相反电场的影响下，电子云变形，正、负电荷重心不再重合，产生诱导偶极，导致离子极化，致使物质在结构和性质上发生相应的变化。

1. 离子的极化作用和变形性

离子极化作用的大小取决于离子的极化力和变形性。离子使异号离子极化而变形的作用称为该离子的“极化作用”；被异号离子极化而发生离子电子云变形的性能称为该离子的“变形性”。虽然异号离子之间都可以使对方极化，但因阳离子具有多余的正电荷，半径较小，在外壳上缺少电子，它对相邻的阴离子起诱导作用显著；而阴离子则因半径较大，在外壳上有较多的电子容易变形，容易被诱导产生诱导偶极。所以，对阳离子来说，极化作用应占主要地位，而对阴离子来说，变形性应占主要地位。

（1）影响离子极化作用的主要因素

1）离子壳层的电子构型相同，半径相近，电荷高的阳离子有较强的极化作用。例如：$Al^{3+}>Mg^{2+}>Na^+$。

2）半径相近，电荷相等，对于不同电子构型的阳离子，其极化作用大小顺序如下：

18 电子和 18+2 电子构型以及氦型离子。如：Ag^+、Pb^{2+}、Li^+ 等	>	9～17 电子构型的离子。如：Fe^{2+}、Ni^{2+}、Cr^{3+} 等	>	离子壳层为 8 电子构型的离子。如：Na^+、Ca^{2+}、Mg^{2+} 等

3）离子的构型相同，电荷相等，半径越小，离子的极化作用越大。

（2）影响离子变形性的主要因素

1）离子的电子层构型相同，正电荷越高的阳离子变形性越小。例如：$O^{2-}>F^->Ne>Na^+>Mg^{2+}>Al^{3+}>Si^{4+}$。

2）离子的电子层构型相同，半径越大，变形性越大。例如：$F^-<Cl^-<Br^-<I^-$。

3）若半径相近，电荷相等，18 电子层构型和不规则（9～17 电子）构型的离子，其变形性大于 8 电子构型离子的变形性。例如：$Ag^+>K^+$；$Hg^{2+}>Ca^{2+}$。

4）复杂阴离子的变形性通常不大，而且复杂阴离子中心原子氧化数越高，其变形性越小。例如：$ClO_4^-<F^-<NO_3^-<H_2O<OH^-<CN^-<Cl^-<Br^-<I^-$；$SO_4^{2-}<H_2O<CO_3^{2-}<O^{2-}<S^{2-}$。

从上面的影响因素可看出，最容易变形的离子是体积大的阴离子（如：I^-、S^{2-} 等）和 18 电子层或不规则电子层的少电荷的阳离子（如：Ag^+、Hg^{2+} 等）。最不容易变形的离子是半径小、电荷高、8 电子构型的阳离子（如：Be^{2+}、Al^{3+}、Si^{4+} 等）。

2. 离子的附加极化

在上面的讨论中，偏重于阳离子对阴离子的极化作用。但是，当阳离子也容易变形时，阴离子对阳离子也会产生极化。两种离子相互极化，产生附加极化效应，加大了离子间引力，因而会影响离子间引力所决定的许多化合物性质。

（1）18 电子层或不规则电子层构型的阳离子容易变形，可产生附加极化作用。

（2）同一族，从上到下，18 电子层构型的离子附加极化作用递增。例如：在锌、镉、汞的碘化物中，总极化作用依 $Zn^{2+}<Cd^{2+}<Hg^{2+}$ 顺序增大。

（3）在 18 电子层构型阳离子的化合物中，阴离子变形性越大，附加极化作用越强。

3. 离子极化对化合物性质的影响

离子极化理论对于由典型离子键向典型共价键过渡的一些过渡型化合物的性质可以做出比较好的解释。

（1）影响离子晶格变形

在典型的离子化合物中，可以根据离子半径比规则确定离子晶格类型。但是，如果阴、阳离子之间有强烈的相互极化作用，晶格类型就会偏离离子半径比规则。在 AB 型化合物中，离子间相互极化的结果缩短了离子间的距离，往往也减小了晶体的配位数。晶型将依下列顺序发生改变：CsCl 型→NaCl 型→ZnS 型→分子晶体。

相互极化作用递增，晶型的配位数递减。

例如：AgCl、AgBr 和 AgI，按离子半径比规则计算，它们的晶体都应该属于 NaCl 型晶格（配位数为 6）。但是，AgI 却由于离子间很强的附加极化作用，促使离子强烈靠近，结果 AgI 以 ZnS 型晶格存在。

（2）影响离子晶体熔点、沸点下降

由于离子极化作用加强，化学键型发生变化，使离子键逐渐向极性共价键过渡，导致晶格能降低。例如：AgCl 与 NaCl 同属于 NaCl 型晶体，但 Ag 离子的极化力和变形性远大于 Na 离子，所以，AgCl 的键型为过渡型，晶格能小于 NaCl 的晶格能。因而 AgCl 的熔点（455℃）远远低于 NaCl 的熔点（800℃）。

（3）化合物的颜色加深

影响化合物颜色的因素很多，其中离子极化作用的影响大。在化合物中，阴、阳离子相互极化的结果，使电子能级改变，致使激发态和基态间的能量差变小。所以，只要吸收可见光部分的能量即可引起激发，从而呈现颜色。极化作用愈强，激发态和基态能量差愈小，化合物的颜色就愈深，见表 3.11。

表 3.11　化合物的颜色

离子	Hg^{2+}	Pb^{2+}	Bi^{3+}	Ni^{2+}
Cl^-	白	白	白	黄褐
Br^-	白	白	橙	棕
I^-	红	黄	黑	黑

（4）在极性溶剂中溶解度下降

物质的溶解度是一个复杂的问题，它与晶格能、水化能、键能等因素有关，但离子的极化往往起很重要的作用。一般来说，由于偶极水分子的吸引，离子化合物是可溶于水的，而共价型的无机晶体却难溶于水。因为水的介电常数（约为 80）大，离子化合物中阳、阴离子间的吸引力在水中可以减少小到原来的 1/80，容易受热运动及其他力量冲击而分离溶解。如果离子间相互极化强烈，离子间吸引力很大，甚至于键型变化，由离子键向共价键过渡，无疑会增加溶解的难度。因此说，随着无机物中离子间相互极化作用的增强，共价程度增强，其溶解度下降。例如：

溶度积	AgCl	AgBr	AgI
K_{sp}	1.56×10^{-10}	7.7×10^{-13}	1.5×10^{-16}

（5）影响离子化合物热稳定性下降

在离子化合物中，如果阳离子极化力强，阴离子变形性大，受热时则因相互作用强烈，阴离子的价电子振动剧烈，可越过阳离子外壳电子斥力进入阳离子的原子轨道，为阳离子所有，从而使化合物分解。

在二元化合物中，对于同一阴离子，若阳离子极化力越大，则化合物越不稳定。例如，KBr 的稳定性远远大于 AgBr 的稳定性。对于同一阳离子来说，阴离子的变形性越大，电子越易靠拢阳离子，化合物就越不稳定，越容易分解。例如：

铜（Ⅱ）的卤化物	CuF_2	$CuCl_2$	$CuBr_2$	CuI_2
热分解温度/℃（$2CuX_2 = 2CuX + X_2$）	950	500	490	不存在

在含氧酸中，阳离子极化力大的盐，则由于阳离子的反极化作用强，对相邻氧原子的电子云争夺力强，受热时容易形成金属氧化物使盐分解。例如：

碳酸盐	$BaCO_3$	$MgCO_3$	$ZnCO_3$	Ag_2CO_3
分解温度/K(MCO_3 ═ $MO+CO_2$)	1633	813	573	491

含氧酸与其含氧酸盐相比较，含氧酸的热稳定性比其盐小得多。

（6）对盐的水解性的影响

盐类水解是指盐类溶于水后，阳离子或阴离子和水分子间相互作用，生成弱电解质（弱酸、弱碱、碱式盐或氧基盐等）的过程。水解作用的强弱与阳离子及阴离子对水分子所具有的电场力大小有关。若离子的电场力强，对水分子的极化作用大，能够引起水分子变形产生较大偶极，甚至断裂成两部分：OH^-、H^+，与离子电荷相反的一部分组合在一起，形成水解产物。对于盐来说，不一定阴、阳离子同时发生水解。若盐的阴离子水解，则生产弱酸，其酸的强度越弱，盐的水解度越大。若阳离子水解，其水解能力与离子极化力成正比。离子的极化力越大，离子的水解度越大。

（7）增强导电率和金属性

某些情况下，阴离子被阳离子极化后，使自由电子脱离了阴离子，这样就使离子晶格向金属晶格过渡，电导率因而增大，金属性也相应增强，硫化物的不透明性，金属光泽等都与此有关。如 FeS、CoS、NiS 等化合物，特别是它们的矿石均有金属光泽。

知识模块三　晶体的缺陷与非整数比化合物

1. 晶体的缺陷

实际晶体大都存在着结构的缺陷。晶体缺陷通常有点缺陷、线缺陷、面缺陷和体缺陷。

（1）点缺陷：在晶体中，构成晶体的微粒在其平衡位置上做热振动，当温度升高时，微粒获得足够能量使振幅增大，可脱离原来的位置而“逃脱”，这样在晶格中便出现空缺；另外，从晶格中脱落的粒子又可进入晶格的空隙，形成间隙粒子，这类缺陷在实际晶体中较普遍存在。此外，在晶体中某些格点的位置能被杂质原子所取代，这样就使规整的格点出现了无序的排列。上述三种缺陷都属于点缺陷。

（2）线缺陷：在晶体中出现线状位置的短缺或错乱的现象。线缺陷又称位错。所谓位错就是晶格的某一部分相对于另一部分发生了位移。

（3）面缺陷：主要指晶体中缺少一层离子而形成了“层错”现象。

（4）体缺陷：指完整的晶体结构中存在着空洞或包裹物。

由于晶体的缺陷使正常晶体结构受到一定程度的破坏或搅乱，从而导致晶体的某些性质发生变化，晶体缺陷使得晶体在光、电、磁、声、热学上出现新的特性。例如，由于缺陷使晶体的机械强度降低，同时对晶体的韧性、脆性等性能也会产生显著的影响。但当大量的位错（线缺陷）存在时，由于位错之间的相互作用，阻碍位错运动，也会提高晶体的强度。此外，晶体的导电性与缺陷密切相关。例如，离子晶体在电场的作用下，离子会通过缺陷的空位而移动，从而提高了离子晶体的电导率。对于金属晶体来说，由于缺陷而使电阻率增大，导电性能降低；对于半导体材料的固体而言，晶体的某些缺陷将会增大半导体的电导率。单晶硅、锗都是优良的半导体材料，而人为地在硅、锗中掺入微量砷、镓形成的有控制的晶体缺陷，便成为晶体管材料，是集成电路的基础。杂质缺陷还可使离子型晶体具有绚丽的色彩。如 $\alpha-Al_2O_3$ 中掺入 CrO_3 呈现鲜艳的红色，常称“红宝石”，可用于激光器中作晶体材料。离子晶体的缺陷有时可使绝缘性发生变化，如在 AgI 中掺杂+1 价阳离子后，室温下就有了较强的导电性，称为“固体电解质”，能在高温下工作，可用于制造燃料电池、离子选择电极等。

2. 非整数比化合物

通常讨论的化合物，其组成元素的原子数通常都是整数比。但是，随着对晶体结构和性质的研究工作深入，发现了一系列原子数目非整数比的无机化合物，它们的组成可以用化学式 $A_aB_{b+\delta}$ 来表示，其中 δ 为一个小的正值或负值。1987 年发现的高温超导 $YBa_2Cu_3O_{7-\delta}$ 中，部分 Cu 为+2 价，部分为+3 价，随着+2 价与+3 价 Cu 离子数比值的改变，δ 也就有不同的数值。

非整数比化合物的存在，与实际晶体的缺陷也有关系。晶格的空位与间隙粒子的存在，都能引起原子数目非整数比的结果。例如，将普通氧化锌 ZnO 晶体放在 600～1200℃的锌蒸气中加热，可以得到非整数比氧化锌 $Zn_{1+\delta}O$，晶体变为红色，生成的 $Zn_{1+\delta}O$ 是半导体，这是由于晶体中的锌原子进入普通氧化锌的晶格，成为间隙原子而形成的。非整数比氧化锌的导电能力比普通氧化锌强得多，可归因于间隙原子的存在。

非整数比化合物中元素的混合价态，可能是该类化合物具有催化性能的重要原因。非整数比化合物中的晶体缺陷，可能对化合物的电学、磁学等物理能有大的影响。因此，研究非整数比化合物的组成、结构、价态及性能，对于探索新的无机功能材料是很有帮助的。熟练掌握晶体掺杂技术，生成各种各样的非整数比化合物，可以获得各种性能各异的晶体材料。

自学导读单元

（1）晶体有哪些特征？其内部结构是什么？

（2）晶体有哪些类型？如何定义？各有什么特点？

（3）金属晶体的特性与金属键有何联系？

（4）什么是晶格能？离子晶体的稳定性如何判别？

（5）链状结构晶体以及层状结构晶体的代表物质是什么？各有什么特点？

（6）晶体有哪些缺陷？什么是非整数比化合物？有哪些用途？

（7）为什么干冰（CO_2）和石英的物理性质差异很大？金刚石和石墨都是碳元素的单质，为什么物理性质不同？

（8）什么是离子的极化作用、变形性？影响离子极化作用的主要因素有哪些？影响离子变形性的主要因素有哪些？什么是离子的附加极化？什么构型的离子可产生附加极化作用？离子极化对化合物性质有何影响？

自学成果评价

一、是非题（对的在括号内填“√”，错的填“×”）

1. 对晶体构型相同的离子化合物，离子电荷数越多，核间距越短，晶格能越大，熔点越高，硬度

较大。　　　　　　　　　　　　　　　　　　　　　　　　　　　　　　　　　（　　）

2. MgO 的熔点比 NaF 的高。　　　　　　　　　　　　　　　　　　　　　　（　　）

3. 因为变形性 $S^{2-}>O^{2-}$，所以键的极性 ZnS>ZnO。　　　　　　　　　（　　）

二、选择题（将所有的正确答案的标号填入括号内）

1. 晶体与非晶体的严格判别可采用（　　）。
   A. 是否自范性　B. 是否各向同性　C. 是否固定熔点　D. 是否周期性结构

2. 区别晶体与非晶体最可靠的科学方法是：（　　）。
   A. 熔、沸点　B. 硬度　C. 颜色　D. X 射线衍射实验

3. 下列不属于晶体的特点是：（　　）。
   A. 一定有固定的几何外形　B. 一定有各向异性
   C. 一定有固定的熔点　D. 一定是无色透明的固体

4. 关于晶体的下列说法正确的是（　　）。
   A. 在晶体中只要有阴离子就一定有阳离子　B. 在晶体中只要有阳离子就一定有阴离子
   C. 原子晶体的熔点一定比金属晶体的高　D. 分子晶体的熔点一定比金属晶体的低

5. 下列性质中，可以较充分说明某晶体是离子晶体的是（　　）。
   A. 具有较高的熔点　B. 固态不导电，水溶液能导电
   C. 可溶于水　D. 固态不导电，熔融状态能导电

6. 固态时为典型离子晶体的是（　　）。
   A. $AlCl_3$　B. SiO_2　C. Na_2SO_4　D. CCl_4

7. 晶格能的大小，常用来表示（　　）。
   A. 共价键的强弱　B. 金属键的强弱　C. 离子键的强弱　D. 氢键的强弱

8. 由于 NaF 的晶格能较大，所以可以预测它的（　　）。
   A. 溶解度小　B. 水解度大　C. 电离度小　D. 熔、沸点高

9. 金属键具有的性质是（　　）。
   A. 饱和性　B. 方向性
   C. 无饱和性和方向性　D. 既有饱和性又有方向性

10. 下列晶体中不属于原子晶体的是（　　）。
   A. 干冰　B. 金刚砂　C. 金刚石　D. 水晶

11. 下列晶体中，化学键种类相同，晶体类型也相同的是（　　）。
   A. SO_2 和 SiO_2　B. CO_2 和 H_2O　C. NaCl 和 HCl　D. CCl_4 与 KCl

12. 金属能导电的原因是（　　）。
   A. 金属晶体中的金属阳离子与自由电子间的相互作用较弱
   B. 金属晶体中的自由电子在外加电场作用下可发生定向移动
   C. 金属晶体中的金属阳离子在外加电场作用下可发生定向移动
   D. 金属晶体在外加电场作用下可失去电子

13. 下列固体熔化时必须破坏极性共价键的是（　　）。
   A. 晶体硅　B. 二氧化硅　C. 冰　D. 干冰

14. 固体熔化时，必须破坏非极性共价键的是（　　）。
   A. 冰　B. 晶体硅　C. 溴　D. 二氧化硅

15. 估计下列物质中属于分子晶体的是（　　）。
   A. BBr_3，熔点−46℃　B. KI，熔点 880℃　C. Si，熔点 1423℃　D. NaF，熔点 995℃

16. 下列晶体熔化时，只需克服色散力的是（　　）。
   A. Ag　B. NH_3　C. SiO_2　D. CO_2

17. 下列物质中熔点最高的是（　　）。

A. $AlCl_3$　　B. $SiCl_4$　　C. SiO_2　　D. H_2O

18. 下列氯化物中熔点最低的是（　　）。

A. CsCl　　B. $BaCl_2$　　C. $AlCl_3$　　D. NaCl

19. 下列氧化物中，熔点最高的是（　　）。

A. MgO　　B. CaO　　C. SrO　　D. SO_2

20. 晶体熔点高低正确的顺序是（　　）。

A. $NaCl>SiO_2>HCl>HF$　　B. $SiO_2>NaCl>HCl>HF$

C. $NaCl>SiO_2>HF>HCl$　　D. $SiO_2>NaCl>HF>HCl$

21. 下列物质中，熔点由低到高排列的顺序应该是（　　）。

A. $NH_3<PH_3<SiO_2<CaO$　　B. $PH_3<NH_3<CaO<SiO_2$

C. $NH_3<CaO<PH_3<SiO_2$　　D. $NH_3<PH_3<CaO<SiO_2$

22. 下列物质中熔点高低关系正确的是（　　）。

A. $NaCl>NaF$　　B. $BaO>CaO$　　C. $H_2S>H_2O$　　D. $SiO_2>CO_2$

23. 一个离子应具有下列哪一种特性，它的极化能力最强（　　）。

A. 离子电荷高、离子半径大　　B. 离子电荷高、离子半径小

C. 离子电荷低、离子半径小　　D. 离子电荷低、离子半径大

24. 如果正离子的电子层结构类型相同，在下述情况中极化力较大的是（　　）。

A. 离子的半径大、电荷多　　B. 离子的半径小、电荷多

C. 离子的半径大、电荷少　　D. 离子的半径小、电荷少

25. 下列物质中，变形性最大的是（　　）。

A. O^{2-}　　B. S^{2-}　　C. F^-　　D. Cl^-

26. AgI 在水中的溶解度比 AgCl 小，主要是由于（　　）。

A. 晶格能 AgCl>AgI　　B. 电负性 Cl>I　　C. 变形性 $Cl^-<I^-$　　D. 极化力 $Cl^-<I^-$

27. 下列物质中溶解度相对大小关系正确的是（　　）。

A. $Cu_2S>Ag_2S$　　B. AgI>AgCl　　C. $Ag_2S>Cu_2S$　　D. CuCl>NaCl

28. 下列离子极化率最大的是（　　）。

A. K^+　　B. Rb^+　　C. Br^-　　D. I^-

29. 下列化合物的离子极化作用最强的是（　　）。

A. CaS　　B. FeS　　C. ZnS　　D. Na_2S

三、填空题（将正确答案填在横线上）

1. 晶体的特征包括：__________、__________、__________。

2. 因为 Ca^{2+} 的极化作用__________ Mg^{2+}，所以 $CaCO_3$ 的分解温度__________ $MgCO_3$（填>、<或=）。

3. 离子键的强弱取决于__________的大小。

4. 在下列物质中：NaCl、NaOH、Na_2S、H_2O_2、Na_2S_2、$(NH_4)_2S$、CO_2、CCl_4、C_2H_2、SiO_2、SiC、晶体硅、金刚石。

（1）其中只含有离子键的离子晶体是__________；

（2）其中既含有离子键又含有极性共价键的离子晶体是__________；

（3）其中既含有离子键又含有极性共价键和配位键的离子晶体是__________；

（4）其中既含有离子键又含有非极性共价键的离子晶体是__________；

（5）其中含有极性共价键的非极性分子是__________；

（6）其中含有极性共价键和非极性共价键的非极性分子是__________；

（7）其中含有极性共价键和非极性共价键的极性分子是__________；

（8）其中含有极性共价键的原子晶体是__________。

5. 有下列 8 种晶体：A、水晶　B、冰醋酸　C、氧化镁　D、白磷　E、晶体氩　F、氯化铵　G、铝　H、金刚石，以上晶体中：

（1）属于原子晶体的化合物是__________；直接由原子构成的晶体是__________；直接由原子构成的分子晶体是__________。

（2）由极性分子构成的晶体是__________，含有共价键的离子晶体是__________；属于分子晶体的单质是__________。

（3）在一定条件下能导电而不发生化学变化的是__________，受热熔化后化学键不发生变化的是__________，需克服共价键的是__________。

四、填充下表：

物质	晶格结点上的粒子	微粒间的作用力	晶体类型	预测熔点（高、低）
SiC				
I_2				
Ag				
冰				
CaO				

五、试判断下列物质各属何种晶体类型，并写出熔点从高至低的顺序。

（1）KCl　（2）SiC　（3）HI　（4）BaO

六、（1）试比较下列各离子极化力的相对大小：Fe^{2+}，Sn^{2+}，Sn^{4+}，Sr^{2+}

（2）试比较下列各离子变形性（或极化率）的相对大小：O^{2-}，F^-，S^{2-}

七、试比较下列化合物中正离子的极化能力的大小：

（1）$ZnCl_2$，$FeCl_2$，$CaCl_2$，KCl　（2）$SiCl_4$，$AlCl_3$，PCl_5，$MgCl_2$，NaCl

学 能 展 示

知识应用

能运用晶体结构的基本原理知识解释有关物理现象。

1. 根据结构解释下列事实：

（1）石墨比金刚石软得多；

（2）SiO_2 与 SO_2 相比，SiO_2 的熔点、沸点高得多。

2. 试判断下列各组物质的熔点的高低顺序，并作简单说明。

（1）NaF、MgO　（2）BaO、CaO　（3）SiC、$SiCl_4$　（4）NH_3、PH_3

拓展提升

能运用离子极化理论解释有关现象。

1. 试用离子极化理论解释下列现象：

（1）$FeCl_2$ 熔点为 670℃，$FeCl_3$ 熔点为 306℃；

（2）NaCl 易溶于水，CuCl 难溶于水，已知 $r(Na^+) = 0.095nm$，$r(Cu^+) = 0.096nm$；

（3）PbI_2 的溶解度小于 $PbCl_2$ 的；

（4）$CdCl_2$ 无色，CdS 黄色，CuCl 白色，Cu_2S 黑色。

2. 试用离子极化的观点解释下列现象：

（1）AgF 易溶于水，AgCl、AgF、AgI 难溶于水，溶解度由 AgF 到 AgI 依次减小。

（2）AgCl、AgBr、AgI 的颜色依次加深。

课题 3.5　配位化合物的组成及命名

学习目标	能准确表述配位化合物各部分的组成，能对配合物进行命名，并能根据名称写出简单配合物的化学式	
能力要求	1. 掌握物质结构的基本原理和科学方法； 2. 能够在小组讨论中承担个体角色并发挥个体优势； 3. 具有自主学习的意识，逐渐养成终身学习的能力	
重点难点预测	重点	配位化合物的组成、命名
	难点	配位化合物的命名
知识清单	配位化合物的组成、命名	

知识模块一　配位化合物的组成

1. 配位化合物的定义

配位化合物简称配合物，也称络合物。在组成上一般包括内界和外界两大部分。书写时内界用方括号括起来，外界在方括号之外，如：$[Cu(NH_3)_4]SO_4$，内界与外界以离子键结合。在水溶液中，内界和外界完全电离分开。配合物的主要特征部分是内界，它由中心离子和配位体结合而成。

由中心离子和一定数目的配体以配位键结合而形成的结构单元称为配位个体。配位个体一般为带电的配离子，如 $[Cu(NH_3)_4]^{2+}$，配离子常与带有相反电荷的其他离子结合成盐，这类盐称为配盐。也有电中性的，如 $Ni(CO)_4$。含有配位个体的电中性化合物即为配位化合物，如 $[Cu(NH_3)_4]SO_4$。电中性的配位个体本身就是配位化合物。

2. 中心离子

中心离子是内界的核心，又叫形成体，可以给配体提供空的原子轨道。中心离子一般是金属离子，特别是一些过渡元素的离子，如 Fe^{3+}、Cu^{2+}、Co^{2+}、Ni^{2+}、Ag^{+}；有时也可以是中性原子和高氧化态的非金属元素，如 $Ni(CO)_4$ 中的 Ni 原子，SiF_6^{2-} 中的 Si(Ⅳ)。

3. 配位体

（1）配位体：配位体简称配体。在中心离子周围直接配位的有化学键作用的分子、离子或基团。如 NH_3、H_2O、OH^-、CN^-、CO 等。

（2）配位原子：在配体中，与中心离子直接形成配位键的原子。配位原子必须能够提供孤对电子，通常是电负性较大的非金属原子，如 O、N、S、C 和卤素原子等。

（3）配体类型：根据一个配体中所含配位原子个数，将配体分为单齿配体（配位原子个数为 1 个），见表 3.12。和多齿配体（配位原子个数为 2 个或 2 个以上），见表 3.13。

表 3.12　常见单齿配体

<table>
<tr><td>中性分子配体</td><td colspan="4">H_2O
水</td><td>NH_3
氨</td><td>CO
羰基</td><td>CH_3NH_2
甲胺</td></tr>
<tr><td>配位原子</td><td colspan="4">O</td><td>N</td><td>C</td><td>N</td></tr>
<tr><td>阴离子配体</td><td>F^-
氟</td><td>Cl^-
氯</td><td>Br^-
溴</td><td>I^-
碘</td><td>OH^-
羟基</td><td>CN^-
氰</td><td>NO_2^-
硝基</td></tr>
<tr><td>配位原子</td><td>F</td><td>Cl</td><td>Br</td><td>I</td><td>O</td><td>C</td><td>N</td></tr>
<tr><td>阴离子配体</td><td colspan="2">ONO^-
O═N═O
亚硝酸根</td><td colspan="2">SCN^-
S—C≡N
硫氰酸根</td><td colspan="3">NCS^-
N═C═S
异硫氰酸根</td></tr>
<tr><td>配位原子</td><td colspan="2">O</td><td colspan="2">S</td><td colspan="3">N</td></tr>
</table>

表 3.13　常见多齿配体

分子式	名　称	缩写符号
$[(O=)(\ddot{O}^-)C-C(=O)(\ddot{O}^-)]^{2-}$	草酸根	(OX)
$H_2\ddot{N}-CH_2-CH_2-\ddot{N}H_2$	乙二胺	(en)
（结构式，含 N、N）	邻菲罗啉	(o-phen)
（结构式，含 N、N）	联吡啶	(bpy)
$[(\ddot{O}OC-H_2C)_2\ddot{N}-CH_2-CH_2-\ddot{N}(CH_2-CO\ddot{O})_2]^{4-}$	乙二胺四乙酸根	EDTA(Y^{4-})

4. 配位数

配位数：与中心离子以配位键相结合的配位原子的总数。

配位数数目的确定：

（1）单齿配体：配位数=配体数；

（2）多齿配体：配位数≠配体数，如：$[Cu(en)_2]^{2+}$配体数=2，配位数=4；$[Co(en)_2(NH_3)Cl]^{2+}$配体数=4，配位数=6。

影响配位数的因素：

(1) 中心离子：离子电荷越高，吸引配体的能力越强，配位数就越大，如配离子 $[PtCl_4]^{2-}$、$[PtCl_6]^{2-}$；半径越大，其周围可容纳的配体较多，配位数就大，如配离子 $[AlF_6]^{3-}$、$[BF_4]^-$，Al^{3+}半径大于B^{3+}。但半径过大，中心离子对配体的引力减弱，反而会使配位数减小；离子的电子构型不同，配位数也不同，中心原子的价层空轨道越多，能容纳的电子对数就越多，配位数也就越多。

(2) 配体：配体电荷越高，配体间斥力增大，配位数就越小，如配离子 $[Zn(NH_3)_6]^{2+}$、$[Zn(OH)_4]^{2-}$；配体半径越大，中心离子所能容纳的配体数减少，配位数就越小，如配离子 $[AlF_6]^{3-}$、$[AlCl_4]^-$。

(3) 外界条件：增大配体浓度，降低反应温度，有利于形成高配位数的配合物。

5. 配离子的电荷数

配离子的电荷数等于组成该配离子的中心离子电荷数与各配体电荷数的代数和，也等于外界离子的电荷数（表3.14）。

表3.14 配离子的电荷数

配合物	$[Cu(NH_3)_4]SO_4$	$K_3[Fe(CN)_6]$
中心离子	Cu^{2+}	Fe^{3+}
配体	NH_3	CN^-
配离子电荷数	+2	$(+3)+(-1)\times6=-3$
外界	SO_4^{2-}	K^+
配离子	$[Cu(NH_3)_4]^{2+}$	$[Fe(CN)_6]^{3-}$

问题讨论：

(1) 请指出配合物 $Ni(NH_3)_4Cl_2$、$[Co(C_2O_4)(en)_2]Cl$ 的配离子、配离子电荷、配体、配位原子、配位数；(2) Cl 是配体或配位原子吗？

知识模块二 配位化合物的命名

1. 配合物的命名

命名原则：遵循一般无机物的命名原则，命名为“某酸”、“氢氧化某”、“某化某”和“某酸某”。

若配合物为酸：××酸，如：$H_2[PtCl_6]$ 六氯合铂（Ⅳ）酸；

若配合物为碱：氢氧化××，如：$[Cu(NH_3)_4](OH)_2$ 氢氧化四氨合铜（Ⅱ）；

若配合物为盐：先阴离子后阳离子，简单酸根加“化”字，复杂酸根加“酸”字。如 $[Ag(NH_3)_2]Cl$：氯化二氨合银（Ⅰ）；$[Cu(NH_3)_4]SO_4$：硫酸四氨合铜（Ⅱ）；$K_4[Fe(CN)_6]_2$：六氰合铁（Ⅱ）酸钾。

命名顺序：

(1) 总体顺序：配体数→配体名称→“合”→形成体名称及其氧化数。

配体名称列在形成体之前，配体数目用一、二、三、四等数字表示，不同配体名称之间用“·”隔开，在最后一个配体名称之后缀以“合”字。形成体的氧化数用带括号的罗马数字Ⅰ、Ⅱ、Ⅲ、Ⅳ等表示（氧化数为0时省略）。

（2）配体顺序：

1）先阴离子后中性分子，先无机配体后有机配体，先简单配体后复杂配体；

2）同类配体，按配位原子元素符号的英文字母顺序排列。配位原子相同，少原子在先；

3）配位原子相同，且配体中含原子数目又相同，按非配位原子元素符号的英文字母顺序排列。

（3）配体的命名：

1）带倍数词头的无机含氧酸根阴离子配体，命名时要用括号括起来，如：（三磷酸根）。若无机含氧酸阴离子，含有一个以上代酸原子，也要用括号“（）”，如（硫代硫酸根）；

2）有些配体具有相同的化学式，但由于配位原子不同，命名不同。某些分子或基团，作配体后读法上有所改变。如：配体 ONO^-（O 为配位原子）称亚硝酸根，而 NO_2^-（N 为配位原子）称硝基；SCN^-（S 为配位原子）称硫氰酸根，而 NCS^-（N 为配位原子）称异硫氰酸根；CO 称羰基、OH^-称羟基、NO 称亚硝基等。$Na_3[Ag(S_2O_3)_2]$ 二（硫代硫酸根）合银（Ⅰ）酸钠；$NH_4[Cr(NCS)_4(NH_3)_2]$ 四（异硫氰酸根）·二氨合铬（Ⅲ）酸铵。

2. 配合物化学式的书写

（1）阳离子写在前，阴离子写在后。

（2）配位个体的化学式，先列出形成体的元素符号，再依次列出阴离子和中性配体；无机配体列在前面，有机配体列在后面，将整个配位个体的化学式括在方括号内。在括号内同类配体的次序，以配位原子元素符号的英文字母顺序为准。

配合物化学式的书写与命名见表 3.15。

表 3.15　配合物化学式的书写与命名

类　型	化 学 式	命　　名
配位酸	$H[BF_4]$	四氟合硼(Ⅲ)酸
	$H_3[AlF_6]$	六氟合铝(Ⅲ)酸
配位碱	$[Zn(NH_3)_4](OH)_2$	氢氧化四氨合锌(Ⅱ)
	$[Cr(OH)(H_2O)_5](OH)_2$	氢氧化一羟基·五水合铬(Ⅲ)
配位盐	$K[Al(OH)_4]$	四羟基合铝(Ⅲ)酸钾
	$[Co(NH_3)_5(H_2O)]Cl_3$	三氯化五氨·一水合钴(Ⅲ)
	$[Pt(NH_3)_6][PtCl_4]$	四氯合铂(Ⅱ)酸六氨合铂(Ⅱ)
中性分子	$[Ni(CO)_4]$	四羰基合镍
	$[PtCl_2(NH_3)_2]$	二氯·二氨合铂(Ⅱ)

自学导读单元

（1）配位化合物由什么组成？

（2）什么是中心离子（形成体）、配位个体、配位体、配位原子、配位数？举例说明。

（3）配离子的电荷数为多少？

（4）配体有哪些类型？配位数与配体个数之间有何联系？

（5）配位化合物的命名规则是什么？

自学成果评价

一、是非题（对的在括号内填"√"，错的填"×"）

1. 配合物中，提供孤对电子与形成体形成配位键的分子或离子称为配位体或配体。（　）
2. 配合物的配体中与形成体直接相连成键的原子称为配位原子。（　）
3. 配合物形成体是指接受配体孤对电子的原子或离子，即中心原子或离子。（　）
4. 配合物形成体的配位数是指直接和中心原子或（离子）相连的配体总数。（　）
5. 常见配合物的形成体多为过渡金属的离子或原子，而配位原子则可以是任何元素的原子。（　）
6. 同一元素带有不同电荷的离子作为中心离子，与相同配体形成配合物时，中心离子的电荷越多，其配位数一般也越大。（　）
7. 在多数配位化合物中，内界的中心原子与配体之间的结合力总是比内界与外界之间的结合力强。因此配合物溶于水时较容易解离为内界和外界，而较难解离为中心离子（或原子）和配体。（　）
8. $[Fe(C_2O_4)_3]^{3-}$的配位原子为C，配位数为3。（　）
9. 配合物$[CrCl_2(H_2O)_4]Cl$的命名应为一氯化四水·二氯合铬（Ⅲ）。（　）
10. 配合物$Na_3[Ag(S_2O_3)_2]$应命名为二（硫代硫酸根）合银（Ⅰ）酸钠。（　）
11. 配合物$H_2[PtCl_6]$应命名为六氯合铂（Ⅳ）酸。（　）
12. 配合物$[PtCl_2(NH_3)_2]$应命名为二氯二氨合铂（Ⅳ）。（　）
13. 配合物$[Fe(CO)_5]$应命名为五（一氧化碳）合铁。（　）
14. 氢氧化二氨合银（Ⅰ）的化学式是$[Ag(NH_3)_2]OH$。（　）
15. 五氯·一氨合铂（Ⅳ）酸钾的化学式为$K_3[PtCl_5(NH_3)]$。（　）

二、选择题（将所有的正确答案的标号填入括号内）

1. 对于配合物$[Cu(NH_3)_4][PtCl_4]$，下列叙述中错误的是（　）。
   A. 前者是内界，后者是外界　　B. 二者都是配离子
   C. 前者为正离子，后者为负离子　　D. 两种配离子构成一个配合物
2. 下列物质中不能作为配合物的配体的是（　）。
   A. NH_3　　B. NH_4^+　　C. CH_3NH_2　　D. $C_2H_4(NH_2)_2$
3. 下列金属离子中，作为配合物形成体形成配合物可能性最小的是（　）。
   A. Cu^{2+}　　B. Ni^{2+}　　C. Ag^+　　D. Na^+
4. 下列配合物中只含有单齿（基）配体的是（　）。
   A. $K_2[PtCl_2(OH)_2(NH_3)_2]$　　B. $[Cu(en)_2]Cl_2$
   C. $K_2[CoCl(NH_3)(en)_2]$　　D. $[FeY]^-$（注：Y为edta）
5. 下列配合物中只含有多齿（基）配体的是（　）。
   A. $H[AuCl_4]$　　B. $[CrCl(NH_3)_5]Cl$
   C. $[Co(C_2O_4)(en)_2]Cl$　　D. $[CoCl_2(NO_2)(NH_3)_3]$
6. 下列配合物中，形成体的配位数与配体总数不相等的是（　）。
   A. $[CoCl_2(en)_2]Cl$　　B. $[Fe(OH)_2(H_2O)_4]$
   C. $[Cu(NH_3)_4]SO_4$　　D. $[Ni(CO)_4]$
7. $[Fe(NH_3)_6]SO_4$的中心离子的配位数是（　）。
   A. 4　　B. 5　　C. 6　　D. 7
8. 配合物$K_3[Fe(CN)_5(CO)]$中心离子的电荷、配位原子、中心离子的配位数为（　）。
   A. +3，CN，6　　B. +2，C，6　　C. +2，CN，6　　D. +2，CO，6

9. 在配离子 $[PtCl_3(C_2H_4)]^-$ 中，中心离子的氧化值是（　　）。
A. +3　　B. +4　　C. +2　　D. +5
10. 在配离子 $[Ni(CN)_4]^{2-}$ 中，中心离子的氧化数和配位数分别是（　　）。
A. +3，4　　B. +2，4　　C. +2，5　　D. +2，4
11. 在配合物 $[CoCl_2(NH_3)_3(H_2O)]Cl$ 中，形成体的配位数和氧化值分别为（　　）。
A. 3，+1　　B. 3，+3　　C. 6，+1　　D. 6，+3
12. 在配合物 $[Co(en)_3]_2(SO_4)_3$ 中，中心离子的配位数和氧化值分别是（　　）。
A. 3，+3　　B. 6，+3　　C. 3，+2　　D. 6，+2
13. 在配合物 $[ZnCl_2(en)]$ 中，形成体的配位数和氧化值分别是（　　）。
A. 3，0　　B. 3，+2　　C. 4，+2　　D. 4，0
14. 在配离子 $[Co(C_2O_4)_2(en)]^-$ 中，中心离子的配位数和氧化值分别是（　　）。
A. 6，+3　　B. 3，+3　　C. 6，+2　　D. 3，+2
15. 配合物 $(NH_4)_3[SbCl_6]$ 的中心离子氧化值和配离子电荷分别是（　　）。
A. +2 和−3　　B. +3 和−3　　C. −3 和+3　　D. −2 和+3
16. 化合物 $[Co(NH_3)_4Cl_2]Br$ 的名称是（　　）。
A. 溴化二氯四氨钴酸盐（Ⅱ）　　B. 溴化二氯四氨钴酸盐（Ⅲ）
C. 溴化二氯四氨合钴（Ⅱ）　　D. 溴化二氯四氨合钴（Ⅲ）
17. 化合物 $[Co(en)_3]Cl_3$ 的正确命名是（　　）。
A. 三氯化三（乙二胺）钴　　B. 三氯化三（乙二胺）合钴（Ⅲ）
C. 三氯・三（乙二胺）钴（Ⅲ）　　D. 三氯酸三（乙二胺）合钴（Ⅲ）
18. 配离子 $[CoCl(NO_2)(NH_3)_4]^+$ 的正确名称是（　　）。
A. 氯・硝基・四氨钴（Ⅲ）离子
B. 氯・硝基・四氨钴离子
C. 一氯・一硝基・四氨合钴（Ⅲ）离子
D. 氯化硝基・四氨合钴（Ⅲ）离子
19. 配合物 $K[Au(OH)_4]$ 的正确名称是（　　）。
A. 四羟基合金化钾　　B. 四羟基合金酸钾
C. 四个羟基金酸钾　　D. 四羟基合金（Ⅲ）酸钾
20. 配合物 $Cu_2[SiF_6]$ 的正确名称是（　　）。
A. 六氟硅酸铜　　B. 六氟合硅（Ⅳ）酸亚铜
C. 六氟合硅（Ⅳ）化铜　　D. 六氟硅酸铜（Ⅰ）
21. 配合物 $[CrCl_3(NH_3)_2(H_2O)]$ 的正确名称是（　　）。
A. 三氯化一水・二氨合铬（Ⅲ）　　B. 三氯・二氨・一水合铬（Ⅲ）
C. 一水・二氨・三氯合铬（Ⅲ）　　D. 二氨・一水・三氯合铬（Ⅲ）
22. 化合物 $(NH_4)_3[SbCl_6]$ 的正确名称是（　　）。
A. 六氯合锑酸铵（Ⅲ）　　B. 六氯化锑（Ⅲ）酸铵
C. 六氯合锑（Ⅲ）酸铵　　D. 六氯化锑三铵
23. 二羟基四水合铝（Ⅲ）配离子的化学式是（　　）。
A. $[Al(OH)_2(H_2O)_4]^{2+}$　　B. $[Al(OH)_2(H_2O)_4]^-$
C. $[Al(H_2O)_4(OH)_2]^-$　　D. $[Al(OH)_2(H_2O)_4]^+$

三、填空题（将正确答案填在横线上）

1. 在配位体中，与__________直接结合的原子叫做配位原子。
2. 配合物的中心离子与配体之间是以__________键结合的。

3. 与中心离子直接形成配位键的原子称为_________，这类原子常见的有_________、_________、_________和卤素原子等。

4. $[CoCl(NH_3)_5]Cl_2$ 形成体的配位数是_________，配位原子_________，命名为_________，配离子电荷为_________。

5. 配合物 H_2PtCl_6 的中心离子是_________；配位原子是_________；配位数是_________；命名为_________。

6. 配合物 $K_2[Co(NCS)_4]$ 的中心离子是_________；配位体是_________；配位原子是_________；配位数是_________。

7. 配合物 $Ni(CO)_4$ 中配位体是_________；配位原子是_________；配位数是_________；命名为_________。

学能展示

知识应用

1. 能准确表述配合物各部分的组成。

指出下列配合物中心离子的价态和配位数，以及配离子的电荷数。

配合物	中心离子的价态	配位数	配离子的电荷数
$[Cu(NH_3)_4]Cl_2$			
$K_2[PtCl_6]$			
$Na_3[Ag(S_2O_3)_2]$			
$K_3[Fe(CN)_6]$			

2. 能对配合物进行命名。

命名下列配合物：

配合物	命名
$[Co(NH_3)_6]Cl_2$	
$K_3[Fe(CN)_6]$	
$[PtCl_2(NH_3)_2]$	
$Co_2(CO)_8$	
$[Co(NH_3)_3(H_2O)Cl_2]Cl$	
$[Cu(NH_3)_4]SO_4$	
$H_3[AlF_6]$	
$[Ni(CO)_4]$	

拓展提升

能根据名称写出简单配合物的化学式。

写出下列配合物的化学式：

三氯·一氨合铂（Ⅱ）酸钾	
高氯酸六氨合钴（Ⅱ）	
二氯化六氨合镍（Ⅱ）	
一羟基·一草酸根·一水·一乙二胺合铬（Ⅲ）	
五氰·一羰基合铁（Ⅱ）酸钠	
二氯化三乙二胺合镍（Ⅱ）	
氯化二氯·四水合铬（Ⅲ）	
六氰合铁（Ⅱ）酸铵	

课题3.6　配位化合物的结构及应用

学习目标	1. 能根据中心离子和配离子及外界条件的特点，初步判断配离子的配位数高低； 2. 能根据价键理论，结合中心离子的价层电子结构及配体性质判断简单的配离子的杂化轨道类型和空间构型； 3. 能判断简单配离子的配位键类型（内轨、外轨）及其与配离子稳定性、磁性的关系； 4. 能表述配合物知识在分析化学、电镀、催化、冶金、生物等方面的运用	
能力要求	1. 掌握物质结构的基本原理和科学方法； 2. 能够在小组讨论中承担个体角色并发挥个体优势； 3. 具有自主学习的意识，逐渐养成终身学习的能力	
重点难点预测	重点	配合物的结构
	难点	配合物的结构
知识清单	配合物的结构、配合物的应用	
先修知识	配合物的组成	

知识模块一　配合物的结构

1. 配合物的空间构型

配合物中配位原子的空间位置被确定后，将相邻的配位原子用线连接，就得到配位原子围绕中心离子所形成的几何形状，称为配合物的空间构型。常见的配合物空间构型有直线形、等边三角形、平面四方形、四面体形、三角双锥形、八面体形等。

配合物的空间构型与配位数是密切相关的。最常见的配位数是2、3、4、5、6。例如，配位数为2的配合物的空间构型是直线形。由于配位原子和中心离子间的配位键长不等，这些空间构型经常有一定程度的畸变。配位数相同的配合物，也可能有不同的空间构型。例如，配位数为4的配合物，常见平面四方形和四面体形两种不同的空间构型；配位数为5的配合物，常见四方锥形（金字塔形）和三角双锥形两种不同的空间构型。

2. 配合物的价键理论

配合物的价键理论是鲍林首先将杂化轨道理论应用于配合物中而逐渐形成和发展起来

的。配合物的空间构型可用价键理论进行很好的解释和预测。价键理论的基本要点是：

（1）配合物的中心离子与配体之间以配位键结合。要形成配位键，配体中配位原子必须含孤对电子（或 π 键电子），中心离子必须具有空的价电子轨道。中心离子的价电子轨道通常指 $(n-1)$d、ns、np 轨道，有时也包括 nd 轨道。

（2）中心离子的空轨道必须杂化，以杂化轨道成键。在形成配合物时，中心离子的杂化轨道与配体的孤对电子（或 π 键电子）所在的轨道发生重叠，从而形成配位键。

（3）外轨型和内轨型配合物的形成。在形成配合物时，中心离子全部以外层空轨道（ns，np，nd）参与杂化成键，所形成的配合物称为外轨型配合物。若中心离子的 $(n-1)$ d 轨道参与杂化成键，则形成的配合物称为内轨型配合物。

价键理论的优点：简单明了，易于理解和接受，可以解释配离子的形成、空间构型、配位数、磁性，定性地解释配合物的稳定性。缺点：无法定量解释配合物的稳定性及配合物的颜色。

3. 配离子的形成

（1）外轨型配离子的形成

$[Zn(NH_3)_4]^{2+}$的形成：Zn^{2+}离子价层电子结构是 $3d^{10}4s^04p^0$，在与 NH_3 分子接近时，Zn^{2+}的 1 个 4s 和 3 个 4p 空轨道杂化形成 4 个等价的 sp^3 杂化轨道，分别接受 4 个 N 原子提供的孤对电子，形成 4 个配位键。因而形成的 $[Zn(NH_3)_4]^{2+}$配离子属外轨型，呈四面体构型。

（2）内轨型配离子的形成

$[Fe(CN)_6]^{3-}$的形成：Fe^{3+}离子价层电子结构是 $3d^54s^04p^0$，在成键过程中，受配体 CN^-的强烈影响，Fe^{3+}的价电子发生重排，5 个 d 电子配对集中到 3 个 3d 轨道上，空出两个 3d 轨道，于是 Fe^{3+}采用 d^2sp^3 杂化。因而形成的 $[Fe(CN)_6]^{3-}$配离子属内轨型，呈正八面体构型。

中心离子的杂化类型决定了中心离子的配位数，中心离子的杂化轨道类型与配离子的空间构型的关系见表 3.16。

表 3.16　中心离子的杂化轨道类型与配离子的空间构型的关系

配位数	杂化轨道类型	杂化轨道组成	空间构型	举例
2	sp	外层 ns、np 空轨道	直线形	$[Ag(NH_3)_2]^+$
3	sp^2	外层 ns、np 空轨道	等边三角形	$[CuCl_3]^{2-}$
4	sp^3	外层 ns、np 空轨道	正四面体形	$[Ni(NH_3)_4]^{2+}$
	dsp^2	内层 $(n-1)$d 和外层 ns、np 空轨道	平面四方形	$[Ni(CN)_4]^{2-}$
5	dsp^3	内层 $(n-1)$d 和外层 ns、np 空轨道	三角双锥形	$[Fe(CO)_5]$
6	sp^3d^2	外层 ns、np、nd 空轨道	正八面体形	$[CoF_6]^{3-}$
	d^2sp^3	内层 $(n-1)$d 和外层 ns、np 空轨道		$[Fe(CN)_6]^{3-}$

（3）形成外轨型或内轨型配离子的影响因素

中心离子的价电子层结构是影响外轨型或内轨型配离子形成的主要因素。

1）中心离子内层 d 轨道已经全满（如 Zn^{2+}，$3d^{10}$；Ag^+，$4d^{10}$），没有可利用的内层空

轨道，只能形成外轨型配离子。

2）中心离子本身具有空的内层d轨道（如Cr^{3+}，$3d^3$），一般倾向于形成内轨型配离子。

3）如果中心离子的内层d轨道未完全充满（$d^4 \sim d^9$），则既可形成外轨型配离子，也可形成内轨型配离子，这时，配体就成为决定配合物类型的主要因素：

①F^-、H_2O、OH^-等配体中配位原子F、O的电负性较高，吸引电子的能力较强，不容易给出孤对电子，对中心离子内层d电子的排斥作用较小，基本不影响其价电子层构型，因而只能利用中心离子的外层空轨道成键，倾向于形成外轨型配离子。

②CN^-、CO等配体中配位原子C的电负性较低，给出电子的能力较强，因而其配位原子的孤对电子对中心离子内层d电子的排斥作用较大，内层d电子容易发生重排（如Fe^{3+}，$3d^5$；Ni^{2+}，$3d^8$）或激发（如Cu^{2+}，$3d^9$），从而空出内层d轨道，所以倾向于形成内轨型配离子。

③NH_3、Cl^-等配体有时形成内轨型配离子，有时形成外轨型配离子，随中心离子而变。

4. 配离子的稳定性、磁性与键型关系

同一中心离子形成相同配位数的配离子时，内轨型配离子的稳定性大于外轨型离子。

物质的磁性大小可用磁矩μ来衡量，μ的理论近似计算公式：$\mu=\sqrt{n(n+2)}\mu_B$，式中$\mu_B=9.27\times10^{-24}A\cdot m^2(J\cdot T^{-1})$，称为Bohr（玻尔）磁子，是磁矩单位，符号为B.M.，n为未成对电子数。

n	0	1	2	3	4	5
μ/B.M.	0	1.73	2.83	3.87	4.90	5.92

不同的配离子表现出不同的磁性，与中心离子中所含未成对电子数的多少密切相关。对于外轨型配离子，中心离子的价电子层结构保持不变，即内层d电子尽可能分占每个d轨道且自旋平行，未成对电子数一般较多，因而表现为顺磁性，且磁矩较高，称为高自旋体（或高自旋型配离子）。而对于内轨型配离子，中心离子的内层d电子经常发生重排，使未成对电子数减少，因而表现为弱的顺磁性，磁矩较小，称为低自旋体（或低自旋型配离子）。如果中心离子的价电子完全配对或重排后完全配对，则表现为抗磁性，磁矩为零。

例如，Fe^{3+}在形成外轨型配离子$[FeF_6]^{3-}$时，具有5个自旋平行的未成对电子，为高自旋体，磁矩大（实测为$5.88\mu_B$）；而在形成内轨型配离子$[Fe(CN)_6]^{3-}$时，由于3d电子重排而只有一个未成对电子，因而磁矩较小（实测为$2.3\mu_B$），为低自旋体。同样，外轨型配离子$[Fe(H_2O)_6]^{2+}$为高自旋体，磁矩较大（实测为$5.30\mu_B$），而内轨型配离子$[Fe(CN)_6]^{4-}$为低自旋体，磁矩为零，表现为抗磁性。

一般情况下，通过测定配离子的磁矩μ来计算出中心离子的未成对电子数，从而判断配离子是属于外轨型还是内轨型的。

知识模块二 配合物的应用

1. 分析化学方面

（1）离子的鉴定：形成有色配离子或形成难溶有色配合物。如浓氨水鉴定Cu^{2+}—

$[Cu(NH_3)_4]^{2+}$（深蓝色）；KSCN鉴定Fe^{3+}—$[Fe(SCN)]^{2+}$（血红色）；$K_4[Fe(CN)_6]$鉴定Fe^{3+}—$Fe_4[Fe(CN)_6]_3$（普鲁士蓝沉淀）；$K_3[Fe(CN)_6]$鉴定Fe^{2+}—$Fe_3[Fe(CN)_6]_2$（滕氏蓝沉淀）；利用螯合剂与某些金属离子生成有色难溶的螯合物，作为检验这些离子的特征反应。例如丁二肟是Ni^{2+}的特效试剂，它与Ni作用，生成鲜红色的二（丁二肟）合镍内配盐。

（2）离子的分离。

（3）离子的掩蔽。

2. 电镀工业方面

在电镀工艺中，为了使金属离子保持恒定的低浓度水平，一般利用配合物的特性使金属离子形成配离子。如在电镀铜工艺中，一般不直接用$CuSO_4$溶液作电镀液，而常加入配位剂焦磷酸钾（$K_2P_2O_7$），使之形成$[Cu(P_2O_7)_2]^{6-}$配离子。电镀液中存在下列平衡：

$$[Cu(P_2O_7)_2]^{6-} \rightleftharpoons Cu^{2+} + 2P_2O_7^{4-}$$

配离子$[Cu(P_2O_7)_2]^{6-}$比较稳定，因此溶液中游离的Cu^{2+}的浓度降低，在镀件（阴极）上Cu的析出电势代数值减小，若溶液中Cu^{2+}在电镀中被消耗掉，$[Cu(P_2O_7)_2]^{6-}$会因平衡移动而解离，Cu^{2+}浓度维持在相对稳定的值，不会迅速降低。这样，可以较好地控制Cu的析出速率，从而有利于得到较均匀、较光滑、附着力较好的镀层。

3. 配位催化方面

配位催化：在有机合成中，利用配位反应而产生的催化作用，即反应分子先与催化剂活性中心配合，然后在配位界内进行反应。

4. 冶金工业方面

（1）制备高纯金属：采用羰基化精炼技术，如高纯铁粉的制取：Fe（细粉）+5CO→$[Fe(CO)_5]$→5CO+Fe（高纯）。

（2）用合适的配位体溶液直接把金属从矿物中浸取出来，再用适当的还原剂将配合物还原为金属，也称为湿法冶金。

例如，镍的提取：

$$NiS + 6NH_3 \longrightarrow [Ni(NH_3)_6]^{2+} + S^{2-}$$

$$[Ni(NH_3)_6]^{2+} + H_2 \longrightarrow Ni(\text{粉}) + 2NH_4^+ + 4NH_3$$

又如，废旧材料中金的回收：

$$4Au + 8CN^- + 2H_2O + O_2 \longrightarrow 4[Au(CN)_2]^- + 4OH^-$$

$$2[Au(CN)_2]^- + Zn \longrightarrow 2Au + [Zn(CN)_4]^{2-}$$

5. 生物体中的配合物

生物体中的微量金属元素通常以配合物的形式存在。如在生物体内各种各样的起着特殊催化作用的酶，很多是Fe^{2+}、Zn^{2+}、Mg^{2+}、Co^{2+}、Mo^{2+}、Mn^{2+}、Cu^{2+}、Ca^{2+}等金属配合物。这些配合物，在生命过程中发挥着重要作用。

例如，人体内输送O_2的血红素是铁的配合物（确切地说，是Fe^{2+}的卟啉螯合物）。又如，对人体有重要作用的维生素B_{12}辅酶为钴的配合物；植物进行光合作用所必需的叶绿素是以Mg^{2+}为中心离子的配合物等。

在医学上，常利用配位反应治疗人体中某些元素的中毒。例如，EDTA钠盐用作铅中毒的解毒剂，使 EDTA 与 Pb^{2+}形成配合物 $[Pb(EDTA)_2]^{2-}$，随尿液排出体外，从而达到解铅毒的目的。

自学导读单元

（1）根据价键理论，配位键是如何形成的？

（2）什么是配位化合物的空间构型，配合物常见的杂化轨道类型和空间构型有哪几种？举例说明。

（3）什么是内轨型配合物和外轨型配合物？内轨型配合物和外轨型配合物哪个更稳定？配位键类型与磁性之间有何关系？磁矩如何计算？

（4）配合物有哪些应用？

自学成果评价

一、是非题（对的在括号内填“√”，错的填“×”）

1. 价键理论认为，在配合物形成时由配体提供孤对电子进入中心离子（或原子）的空的价电子轨道而形成配位键。（　）
2. 价键理论认为，配合物具有不同的空间构型是由于中心离子（或原子）采用不同杂化轨道与配体成键的结果。（　）
3. 价键理论认为，所有中心离子（或原子）都既能形成内轨型配合物，又能形成外轨型配合物。（　）
4. 价键理论能够较好地说明配合物的配位数、空间构型、磁性和稳定性，也能解释配合物的颜色。（　）
5. 按照价键理论可推知，中心离子的电荷数低时，只能形成外轨型配合物，中心离子电荷数高时，才能形成内轨型配合物。（　）
6. 所有八面体构型的配合物比平面四方形的稳定性强。（　）
7. 不论配合物的中心离子采取 d^2sp^3 还是 sp^3d^2 杂化轨道成键，其空间构型均为八面体形。（　）
8. 在配离子 $[AlCl_4]^-$和 $[Al(OH)_4]^-$中，Al^{3+}的杂化轨道不同，这两种配离子的空间构型也不同。（　）
9. 所有内轨型配合物都呈反磁性，所有外轨型配合物都呈顺磁性。（　）

二、选择题（将所有的正确答案的标号填入括号内）

1. 价键理论认为，决定配合物空间构型主要是（　）。
   A. 配体对中心离子的影响与作用　　B. 中心离子对配体的影响与作用
   C. 中心离子（或原子）的原子轨道杂化　　D. 配体中配位原子对中心原子的作用
2. 配位化合物形成时中心离子（或原子）轨道杂化成键，与简单二元化合物形成时中心原子轨道杂化成键的主要不同之处是：配位化合物形成时中心原子的轨道杂化（　）。
   A. 一定要有 d 轨道参与杂化　　B. 一定要激发成对电子成单后杂化
   C. 一定要有空轨道参与杂化　　D. 一定要未成对电子偶合后让出空轨道杂化
3. 价键理论可以解释配合物的（　）。
   A. 磁性和颜色　B. 空间构型和颜色　C. 颜色和氧化还原性　D. 磁性和空间构型
4. 配合物的磁矩主要取决于形成体的（　）。
   A. 原子序数　B. 电荷数　C. 成单电子数　D. 成对电子数
5. 在 $[AlF_6]^{3-}$中，Al^{3+}杂化轨道类型是（　）。
   A. sp^3　B. dsp^2　C. sp^3d^2　D. d^2sp^3
6. 在 $[Al(OH)_4]^-$中 Al^{3+}的杂化轨道类型是（　）。

A. sp^2　　B. sp^3　　C. dsp^2　　D. sp^3d^2

7. 下列配离子中，不是八面体构型的是（　　）。

A. $[Fe(CN)_6]^{3-}$　　B. $[CrCl_2(NH_3)_4]^+$　　C. $[CoCl_2(en)_2]^+$　　D. $[Zn(CN)_4]^{2-}$

8. $[Cu(CN)_4]^{3-}$的空间构型及中心离子的杂化方式是（　　）。

A. 平面正方形，dsp^2 杂化　　B. 变形四面体，sp^3d 杂化

C. 正四面体，sp^3 杂化　　D. 平面正方形，sp^3d^2 杂化

9. 配离子 $[HgCl_4]^{2-}$的空间构型和中心离子的杂化轨道类型是（　　）。

A. 平面正方形，dsp^2　　B. 正四面体，sp^3　　C. 正四面体，dsp^2　　D. 平面正方形，sp^3

10. 下列各种离子中，在通常情况下形成配离子时不采用 sp 杂化轨道成键的是（　　）。

A. Cu^{2+}　　B. Cu^+　　C. Ag^+　　D. Au^+

11. 下列配离子的中心离子采用 sp 杂化呈直线形的是（　　）。

A. $[Cu(en)_2]^{2+}$　　B. $[Ag(CN)_2]^-$　　C. $[Zn(NH_3)_4]^{2+}$　　D. $[Hg(CN)_4]^{2-}$

12. 下列离子中，在形成四配位的配离子时，必定具有四面体空间构型的是（　　）。

A. Ni^{2+}　　B. Zn^{2+}　　C. Co^{2+}　　D. Co^{3+}

三、填空题（将正确答案填在横线上）

1. 配位数为_________的配合物，会形成四方锥形或三角双锥形两种不同的空间构型；配位数为 4 的配合物，常见的空间构型是_________和_________两种。

2. 按配合物的价键理论，为了形成结构匀称的配合物，形成体要采取_________轨道与配体成键，配体必须有_________电子。

3. 配合物的磁性主要取决于_________，磁矩 μ 的近似计算公式为_________。

4. 在 $[Ag(NH_3)_2]^+$ 配离子中，Ag^+ 采用_________杂化轨道成键，该配离子的几何构型为_________。

5. 根据价键理论可以推知，$[Hg(NH_3)_2]^{2+}$和 $[CuCl_3]^{2-}$空间构型分别为_________和_________；中心离子采用的杂化方式分别为_________和_________。

学 能 展 示

知识应用

能够判断简单配离子的杂化轨道类型和几何构型，以及与配位键类型（内轨型、外轨型）、磁性的关系。

1. 根据配合物的价键理论，判断下列配合物形成体的杂化轨道类型：

$[Zn(NH_3)_4]^{2+}$_________；$[Cd(NH_3)_4]^{2+}$_________；

$[Cr(H_2O)_6]^{3+}$_________；$[AlF_6]^{3-}$_________。

2. Zn^{2+}形成的四配位配合物的空间构型应为_________。

3. 已知配离子 $[Co(NCS)_4]^{2-}$中有 3 个未成对电子，则此配离子的中心离子采用_________杂化轨道成键，配离子的空间构型为_________。

4. 在 $[CuI_2]^-$配离子中，Cu^+采用_________杂化轨道成键，Cu^+的电子构型为_________。该配离子的几何构型为_________。

5. Ni^{2+}可形成平面正方形、四面体形和八面体形配合物，在这几种构型的配合物中，Ni^{2+}采用的杂化方式依次是_________、_________和_________。

6. 已知：$[Co(NH_3)_6]^{3+}$的磁矩 μ=0B. M.，$[Co(NH_3)_6]^{2+}$的磁矩 μ=3. 88B. M.，请指出：

（1）$[Co(NH_3)_6]^{2+}$配离子的成单电子数为_________；

（2）按照价键理论，$[Co(NH_3)_6]^{3+}$和$[Co(NH_3)_6]^{2+}$的中心离子的杂化轨道类型分别为__________和__________；形成的配合物分别属于__________型和__________型。

7. 下列配合物中，属于内轨型配合物的是（　　）。

A. $[V(H_2O)_6]^{3+}$，μ=2.8B. M.　　B. $[Mn(CN)_6]^{4-}$，μ=1.8B. M.

C. $[Zn(OH)_4]^{2-}$，μ=0B. M.　　D. $[Co(NH_3)_6]^{2+}$，μ=4.2B. M.

8. 已知下列配合物磁矩的测定值，按价键理论判断属于外轨型配合物的是（　　）。

A. $[Fe(H_2O)_6]^{2+}$，μ=5.3B. M.　　B. $[Co(NH_3)_6]^{3+}$，μ=0B. M.

C. $[Fe(CN)_6]^{3-}$，μ=1.7B. M.　　D. $[Mn(CN)_6]^{4-}$，μ=1.8B. M.

9. 下列各组配离子中，都是外轨型配合物的是（　　）。

A. $[Fe(H_2O)_6]^{2+}$、$[Fe(CN)_6]^{4-}$　　B. $[FeF_6]^{3-}$、$[Fe(CN)_6]^{3-}$

C. $[FeF_6]^{3-}$、$[CoF_6]^{3-}$　　D. $[Co(CN)_6]^{3-}$、$[Co(NH_3)_6]^{3+}$

10. 下列物质中具有顺磁性的是（　　）。

A. $[Zn(NH_3)_4]^{2+}$　　B. $[Cu(NH_3)_4]^{2+}$　　C. $[Fe(CN)_6]^{4-}$　　D. $[Ag(NH_3)_2]^+$

第 4 章　化学平衡在溶液平衡体系中的应用

【本章学习要点】 本章着重讨论化学平衡在溶液平衡体系中的应用。通过本章的学习，应掌握酸碱解离平衡、难溶电解质的多相离子平衡的基本原理并能应用。此外，本章在介绍原电池组成和原电池中化学反应的基础上，还着重讨论电极电势及其在化学上的应用，如比较氧化剂、还原剂的相对强弱，判断氧化还原反应进行的方向和程度，计算原电池的电动势等，并简单介绍化学电源、电解的应用、电化学腐蚀及其防止的原理。

课题 4.1　酸碱解离平衡

<table>
<tr><td>学习目标</td><td colspan="2">1. 能正确运用酸碱电离理论、质子理论表达酸碱的概念，能运用酸碱质子理论正确表达共轭酸碱对的关系；
2. 能运用文献数据和公式进行一元弱酸碱的解离平衡及溶液 pH 计算；
3. 能正确理解缓冲溶液的定义，能根据影响缓冲溶液缓冲能力的因素判断缓冲溶液缓冲性质和比较缓冲容量大小；能根据生产或实验需要选择合理的缓冲对，并能配制一定 pH 值的缓冲溶液</td></tr>
<tr><td>能力要求</td><td colspan="2">1. 掌握酸碱解离平衡的基本原理知识，并能初步应用于解决复杂工程问题；
2. 通过文献研究、识别、结论表达、分析复杂工程问题，并获得有效结论；
3. 能够在小组讨论中承担个体角色并发挥个体优势；
4. 具有自主学习的意识，逐渐养成终身学习的能力</td></tr>
<tr><td rowspan="2">重点难点预测</td><td>重点</td><td>酸碱解离平衡，pH 值计算，缓冲溶液</td></tr>
<tr><td>难点</td><td>酸碱解离平衡，pH 值计算</td></tr>
<tr><td>知识清单</td><td colspan="2">酸碱的近代理论、酸碱解离平衡、缓冲溶液、pH 值计算</td></tr>
<tr><td>先修知识</td><td colspan="2">中学化学选修 4 化学反应与原理：水溶液中的离子平衡有关电离平衡、电离平衡常数、水的离子积、溶液 pH 值的计算</td></tr>
</table>

知识模块一　酸碱理论

酸碱理论主要有以下几种：阿仑尼乌斯的电离理论（1887 年）、布朗斯特和劳莱的质子理论（1923 年）、路易斯的电子理论（1923 年）等。

1. 电离理论

在水溶液中解离时所生成的正离子全部都是 H^+ 的化合物叫做酸；所生成的负离子全部是 OH^- 的化合物叫做碱。酸碱中和反应的实质是 $H^+ + OH^- = H_2O$。

电离理论的缺陷：把酸、碱的定义局限在以水为溶剂的系统，并把碱限制为氢氧化物。无法解释 NH_3、Na_2CO_3 均不含 OH^-，也具有碱性；也无法解释季铵盐具有碱性，铵盐具有酸性；更无法解释醇盐的碱性。

2. 酸碱质子理论

凡是能给出质子的物质都是酸；凡能结合质子的物质都是碱。若某物质既能给出质子又能接受质子，可称为酸碱两性物质。简单地说，酸是质子的给体，而碱是质子的受体。酸碱质子理论对酸碱的区分只以 H^+ 为判据。酸碱可以是分子或离子。

酸给出质子的过程是可逆的，酸给出质子后的部分是碱，碱又可接受质子转变为酸。以通式表示：

$$\text{酸} \rightleftharpoons \text{质子} + \text{碱}$$

酸与对应的碱的这种相互依存、相互转化的关系称为酸碱共轭关系。酸失去质子后形成的碱称为该酸的共轭碱，例如 NH_3 是 NH_4^+ 的共轭碱。碱结合质子后形成的酸称为该碱的共轭酸，例如 NH_4^+ 是 NH_3 的共轭酸。共轭酸与它的共轭碱一起称为共轭酸碱对。

酸碱质子理论的意义：酸碱质子理论扩大了酸碱的范围，除原来的分子酸、分子碱之外，又增加了离子酸、离子碱。按酸碱质子理论，酸碱的反应就是两个共轭酸碱对之间的质子传递反应，因此电离理论的弱酸、弱碱的电离反应、盐类的水解反应在酸碱质子理论中均可归为酸碱反应，可使计算得到简化。它比电离理论更广泛，其酸碱的定义只以 H^+ 为判据，与溶剂无关，可以解释 NH_3、Na_2CO_3 以及 NH_4Cl 等的酸碱性。

3. 酸碱电子理论

酸碱电子理论（又称路易斯酸碱理论），以电子对的授受来判断酸碱的属性，即凡能接受电子对的物质称为酸；凡能给出电子对的物质称为碱。它摆脱了物质必须含有质子的限制，所包括的范围更为广泛。

知识模块二　酸和碱的解离平衡

1. 一元弱酸的解离平衡

若以 HA 表示酸，则：

$$HA(aq) \rightleftharpoons H^+(aq) + A^-(aq)$$

$$K_a(HA) = \frac{\{c^{eq}(H^+,\ aq)/c^{\ominus}\} \cdot \{c^{eq}(Ac^-,\ aq)/c^{\ominus}\}}{c^{eq}(HA,\ aq)/c^{\ominus}}$$

由于 $c^{\ominus} = 1mol \cdot dm^{-3}$，一般在不考虑 K_a 的单位时，可将上式简化为：

$$K_a(HA) = \frac{c^{eq}(H^+) \cdot c^{eq}(A^-)}{c^{eq}(HA)}$$

设一元酸的浓度为 c，解离度为 α，则：

$$K_a = \frac{c\alpha \cdot c\alpha}{c(1-\alpha)} = \frac{c\alpha^2}{1-\alpha}$$

当 α 很小时，$1-\alpha \approx 1$，则：

$$K_a \approx c\alpha^2 \quad \alpha \approx \sqrt{K_a/c} \quad c^{eq}(H^+) = c\alpha \approx \sqrt{K_a \cdot c}$$

$$pH = -\lg c^{eq}(H^+) = -\lg(c\alpha) = -\lg\sqrt{K_a \cdot c}$$

上式表明：溶液的解离度近似与其浓度平方根成反比。即浓度越稀，解离度越大。α

和 $K_a^\ominus$ 都可用来表示酸的强弱，但 α 随 c 而变；在一定温度时，$K_a^\ominus$ 不随 c 而变，是一个常数。同类型弱酸（碱）的相对强弱可由解离常数值的大小得出，如 HF（$K_a=3.53\times10^{-4}$）和 HAc（$K_a=1.76\times10^{-5}$）均为一元弱酸，但 HF 的酸性比 HAc 强。

2. 一元弱碱的解离平衡

若以 B 代表弱碱，可写成如下通式：

$$B(aq)+H_2O(l)\rightleftharpoons BH^+(aq)+OH^-(aq)$$

$$K=K_b=\frac{c^{eq}(BH^+)\cdot c^{eq}(OH^-)}{c^{eq}(B)}$$

与一元酸相仿，一元碱的解离平衡中：

$$K_b=c\alpha^2/(1-\alpha)$$

当 α 很小时：

$$K_b\approx c\alpha^2\quad \alpha\approx\sqrt{K_b/c}\quad c^{eq}(OH^-)=c\alpha\approx\sqrt{K_b\cdot c}$$

从而可得　　　　$c^{eq}(H^+)=K_w/c^{eq}(OH^-)$

3. 多元弱酸和多元弱碱的解离平衡

分子中含 2 个或 2 个以上的 H^+ 或 OH^- 的弱酸、弱碱叫多元弱酸、弱碱。多元弱酸（碱）的解离是分级进行的，每一级解离都有一个解离常数。以在水溶液中的磷酸 H_3PO_4 为例，其解离过程按以下三步进行：

一级解离：　$H_3PO_4(aq)\rightleftharpoons H^+(aq)+H_2PO_4^-(aq)$

$$K_{a1}=\frac{c(H^+)\cdot c(H_2PO_4^-)}{c(H_3PO_4)\cdot c^\ominus}=7.52\times10^{-3}$$

二级解离：　$H_2PO_4^-(aq)\rightleftharpoons H^+(aq)+HPO_4^{2-}(aq)$

$$K_{a2}=\frac{c(H^+)\cdot c(HPO_4^{2-})}{c(H_2PO_4^-)\cdot c^\ominus}=6.25\times10^{-8}$$

三级解离：　$HPO_4^{2-}(aq)\rightleftharpoons H^+(aq)+PO_4^{3-}(aq)$

$$K_{a3}=\frac{c(H^+)\cdot c(PO_4^{3-})}{c(HPO_4^{2-})\cdot c^\ominus}=2.2\times10^{-13}$$

式中，$K_{a3}\ll K_{a2}\ll K_{a1}$，因此，$H^+$浓度的计算以一级解离为主（原因：一是同离子效应；二是受电荷吸引）；计算 H^+浓度，当 $K_{a2}/K_{a1}<10^{-3}$时，可忽略二、三级解离平衡；比较多元弱酸的酸性强弱时，只需比较它们的一级解离常数值即可。

浓度为 $c_a$mol · L^{-1}的多元酸：　$[H^+]=\sqrt{K_{a1}c_a}$

浓度为 $c_b$mol · L^{-1}的多元碱：　$[OH^-]=\sqrt{K_{b1}c_b}$

两性物质：　$[H^+]=\sqrt{K_{a_n}\cdot K_{a_{n+1}}}\Rightarrow pH=\frac{1}{2}(pK_{a_n}+pK_{a_{n+1}})$

问题讨论：

（1）根据反应式 $H_2S(aq)=2H^+(aq)+S^{2-}$，H^+浓度是 S^{2-}离子浓度的两倍，此结论是否正确？为什么？

（2）已知 H_2CO_3 的 $K_{a,1}=4.30\times10^{-7}$，$K_{a,2}=5.61\times10^{-11}$，计算 0.0200mol · dm^{-3} H_2CO_3 溶液中 H^+和 CO_3^{2-} 的浓度及 pH 值。

4. 共轭酸碱解离常数之间的关系

根据已知弱酸（碱）的解离常数 $K_a(K_b)$，可计算出其共轭碱（酸）的 $K_b(K_a)$。以 Ac^- 为例：

$$Ac^-(aq) + H_2O \rightleftharpoons HAc(aq) + OH^-(aq)$$

$$K_b = \frac{c^{eq}(HAc) \cdot c^{eq}(OH^-)}{c^{eq}(Ac^-)}$$

Ac^- 的共轭酸是 HAc：　$HAc(aq) \rightleftharpoons H^+(aq) + Ac^-(aq)$

$$K_b \cdot K_a = \frac{c^{eq}(HAc) \cdot c^{eq}(OH^-)}{c^{eq}(Ac^-)} \times \frac{c^{eq}(H^+) \cdot c^{eq}(Ac^-)}{c^{eq}(HAc)} = c^{eq}(H^+) \cdot c^{eq}(OH^-)$$

任何共轭酸碱的解离常数之间都有同样的关系，即：

$$K_a \cdot K_b = K_w$$

$$pK_a + pK_b = pK_w$$

K_a、K_b 互成反比，这体现了共轭酸碱之间的强度的关系，酸越强，其共轭碱就越弱。

对于多元酸（碱）的共轭关系为：

$$H_3A \underset{pK_{b3}}{\overset{pK_{a1}}{\rightleftharpoons}} H_2A^- \underset{pK_{b2}}{\overset{pK_{a2}}{\rightleftharpoons}} HA^{2-} \underset{pK_{b1}}{\overset{pK_{a3}}{\rightleftharpoons}} A^{3-}$$

$$pK_{a1} + pK_{b3} = pK_w, \quad pK_{a2} + pK_{b2} = pK_w, \quad pK_{a3} + pK_{b1} = pK_w$$

问题讨论：

(1) 设有一个二元酸，其一级和二级解离常数分别为 $K_{a,1}$ 和 $K_{a,2}$，共轭碱的一级和二级解离常数分别为 $K_{b,1}$ 和 $K_{b,2}$，它们之间有何关系？

(2) 比较同浓度的 Na_2S、NaAc、NaCN、Na_2CO_3 溶液 pH 值的大小。已知 $K_a(HS^-) = 1.1 \times 10^{-12}$，$K_a(HAc) = 1.76 \times 10^{-5}$，$K_a(HCN) = 4.93 \times 10^{-10}$，$K_a(HCO_3^-) = 5.61 \times 10^{-11}$。

知识模块三　缓冲溶液和 pH 值控制

1. 同离子效应

在弱酸溶液中加入该酸的共轭碱，或在弱碱的溶液中加入该碱的共轭酸时，可使这些弱酸或弱碱的解离度降低。这种现象叫做同离子效应。例如，往 HAc 溶液中加入 NaAc，由于 Ac^- 浓度增大，使平衡向生成 HAc 的一方移动，结果就降低了 HAc 的解离度。

2. 缓冲溶液

共轭酸碱对组成的溶液具有一种很重要的性质，其 pH 值能在一定范围内不因稀释或外加少量酸或碱而发生显著变化。即对外加的酸和碱具有缓冲的能力，这种溶液称为缓冲溶液。组成缓冲溶液的一对共轭酸碱，如 $HAc-Ac^-$、$NH_4^+-NH_3$、$H_2PO_4^--HPO_4^{2-}$ 等也称为缓冲对。

例如，在 HAc 和 NaAc 的混合溶液中，HAc 是弱电解质，解离度较小；NaAc 是强电解质，完全解离；因而溶液中 HAc 和 Ac^- 的浓度都较大。由于同离子效应，抑制了 HAc 的解离，而使 H^+ 浓度较小。

$$HAc(aq) \rightleftharpoons H^+(aq) + Ac^-(aq)$$

当往该溶液中加入少量强酸时，H^+ 离子与 Ac^- 离子结合形成 HAc 分子，则平衡向左移动，使溶液中 Ac^- 浓度略有减少，HAc 浓度略有增加，但溶液中 H^+ 浓度不会有显著变化。如果加入少量强碱，强碱会与 H^+ 结合，则平衡向右移动，使 HAc 浓度略有减少，Ac^- 浓度略有增加，H^+ 浓度仍不会有显著变化。

注意：缓冲溶液的缓冲作用是有一定限度的，当加入大量的强酸或强碱，溶液中的弱酸及其共轭碱或弱碱及其共轭酸中的一种消耗将尽时，就失去缓冲能力了，通常用缓冲容量来衡量缓冲溶液的缓冲能力。

（1）缓冲溶液 pH 值的计算

对于由共轭酸-共轭碱构成的酸性缓冲溶液，可得：

$$K_a = \frac{c^{eq}(H^+) \cdot c^{eq}(\text{共轭碱})}{c^{eq}(\text{共轭酸})}$$

$$c^{eq}(H^+) = K_a \times \frac{c^{eq}(\text{共轭酸})}{c^{eq}(\text{共轭碱})}$$

$$pH = -\lg c^{eq}_{(H^+)} = -\lg K_a - \lg \frac{c_{\text{共轭酸}}}{c_{\text{共轭碱}}} = pK_a - \lg \frac{c_{\text{共轭酸}}}{c_{\text{共轭碱}}}$$

对于由共轭碱-共轭酸构成的碱性缓冲溶液，可得：

$$pOH = -\lg c^{eq}_{(OH^-)} = -\lg K_b - \lg \frac{c_{\text{共轭碱}}}{c_{\text{共轭酸}}} = pK_b - \lg \frac{c_{\text{共轭碱}}}{c_{\text{共轭酸}}}$$

$$pH = 14 - pOH = 14 - pK_b + \lg \frac{c_{\text{共轭碱}}}{c_{\text{共轭酸}}}$$

注意：在上述公式中，各物质的浓度均指其在混合液中的浓度而非混合前的浓度。

（2）影响缓冲容量的因素

1）缓冲溶液中共轭酸（碱）的 $pK_a(pK_b)$ 值：缓冲溶液的 pH（或 pOH）在其 pK_a（pK_b）值附近时，缓冲容量较大。

2）缓冲对的浓度：缓冲对的浓度越大，其缓冲容量也就越大。

3）缓冲对的浓度比为 1∶1 时，缓冲容量最大，通常控制在 0.1～10 比较合适。

（3）缓冲溶液的缓冲范围

缓冲溶液所能控制的 pH 范围称为缓冲溶液的缓冲范围。对于酸式缓冲溶液，$pH = pK_a \pm 1$；对于碱式缓冲溶液，$pOH = pK_b \pm 1$。

问题讨论：

1. 已知，HAc 的 $K_a = 1.76 \times 10^{-5}$。

（1）计算含有 $0.100 mol \cdot dm^{-3}$ HAc 与 $0.100 mol \cdot dm^{-3}$ NaAc 的缓冲溶液的 H^+ 浓度、pH 值和 HAc 的解离度。

（2）计算 $0.100 mol \cdot dm^{-3}$ HAc 溶液中的 H^+ 浓度、pH 值和 HAc 的解离度。

（3）以上计算结果说明了什么问题？

2. $40.00 cm^3$ $1.000 mol \cdot dm^{-3}$ HAc 与 $20.00 cm^3$ $1.000 mol \cdot dm^{-3}$ NaOH 混合，求混合液的 pH 值？

3. 已知若在 $50.00 cm^3$ 含有 $0.1000 mol \cdot dm^{-3}$ 的 HAc 和 $0.1000 mol \cdot dm^{-3}$ NaAc 缓冲液中加入 $0.050 cm^3$ $1.000 mol \cdot dm^{-3}$ 盐酸，求其 pH 值。

4. 已知 HAc-NaAc 缓冲体系，$pK_a = 4.74$；$NH_3 \cdot H_2O-NH_4Cl$ 缓冲体系，$pK_b = 4.74$，其缓冲范围分别是什么？

3. 缓冲溶液的选择及标准缓冲溶液

(1) 缓冲溶液的选择

缓冲溶液的 pH 值不仅取决于缓冲对中共轭酸的 K_a 值，还取决于缓冲对中两种物质浓度的比值。缓冲对中任一种物质的浓度过小都会使溶液丧失缓冲能力，故两者浓度之比值最好趋近于 1，此时缓冲能力最强。

当 c(共轭酸) = c(共轭碱) 时，$pH = pK_a$。

因此，在选择缓冲体系时，应当选用共轭酸的 pK_a 接近或等于要求的 pH 值的缓冲对。

问题讨论：

要配制 $10cm^3$ pH = 5 的 HAc-NaAc 缓冲液，问需浓度为 $1.0mol \cdot dm^{-3}$ 的 HAc 和 NaAc 溶液各多少毫升？

(2) 标准缓冲溶液

它们由规定浓度的某些逐级解离常数相差较小的两性物质（例如酒石酸氢钾等），或由共轭酸碱对（例如 KH_2PO_4-Na_2HPO_4）所组成。其值是根据国际纯粹与应用化学联合会（IUPAC）所规定的 pH 操作定义经实验准确测定的，在国际上规定用作测量溶液 pH 时的参照溶液（校准仪器），见表 4.1。

表 4.1　几种常用的标准缓冲溶液

标准缓冲溶液	pH 值（实验值，25℃）
饱和酒石酸氢钾（$0.034mol \cdot kg^{-1}$）	3.56
$0.050mol \cdot kg^{-1}$ 邻苯二甲酸氢钾	4.01
$0.025mol \cdot kg^{-1} KH_2PO_4$-$0.025mol \cdot kg^{-1} Na_2HPO_4$	6.86
$0.010mol \cdot kg^{-1}$ 硼砂	9.18

自学导读单元

(1) 酸碱近代理论有哪些？

(2) 酸碱质子理论的要点是什么？有何意义？

(3) 什么叫做共轭酸碱对？共轭酸碱对的解离常数之间有何关系？共轭酸碱平衡的计算通式是什么？

(4) 一元弱电解质的解离平衡常数、解离度、pH 值如何计算？

(5) 多元弱电解质的解离平衡常数、pH 值如何计算？

(6) 什么是缓冲溶液和同离子效应？缓冲溶液为什么具有缓冲能力？

(7) 如何选择合理的缓冲对，并配制一定 pH 值的缓冲溶液？

自学成果评价

一、是非题（对的在括号内填"√"，错的填"×"）

1. 严格地说，中性溶液是指 pH = 7.0 的溶液。（　　）

2. 凡能给出质子的物质都是酸；凡能结合质子的物质都是碱。（　　）

3. 根据反应式 $H_2S(aq) = 2H^+(aq) + S^{2-}$，$H^+$ 浓度是 S^{2-} 离子浓度的两倍。（　　）

4. 两种分子酸 HX 溶液和 HY 溶液有同样的 pH 值，则这两种酸的浓度（$mol \cdot dm^{-3}$）相同。（　　）
5. $0.10mol \cdot dm^{-3}$NaCN 溶液的 pH 值比相同浓度的 NaF 溶液的 pH 值要大，这表明 CN^- 的 K_b 值比 F^- 的 K_b 值要大。（　　）
6. 往 HAc 稀溶液中加水，HAc 的解离度增大，所以 $c(H^+)$ 也增大。（　　）
7. 有一种由 $HAc-Ac^-$ 组成的缓冲溶液，若溶液中 $c(HAc)>c(Ac^-)$，则该缓冲溶液抵抗外来酸的能力大于抵抗外来碱的能力。（　　）
8. 25℃时，往 HF 和 NaF 等摩尔混合溶液中加入少量盐酸或烧碱后，该溶液的 pH 值均基本维持不变。（　　）
9. 向缓冲溶液加入大量的强酸或强碱，溶液都不会失去缓冲能力。（　　）
10. 缓冲对的浓度比为 1∶1，缓冲能力最大。（　　）

二、选择题（将所有的正确答案的标号填入括号内）

1. 严格地说，中性溶液是指（　　）。
A. pH=7.0 的溶液　B. pOH=7.0 的溶液
C. pH+pOH=14.0 的溶液　D. $c(H^+)=c(OH^-)$ 的溶液
2. 共轭酸碱对的 K_a 与 K_b 的关系是（　　）。
A. $K_a \cdot K_b=1$　B. $K_a \cdot K_b=K_w$　C. $K_a/K_b=K_w$　D. $K_b/K_a=K_w$
3. $H_2PO_4^-$ 的共轭碱是（　　）。
A. H_3PO_4　B. HPO_4^{2-}　C. PO_4^{3-}　D. OH^-
4. 下列各组酸碱组分中，属于共轭酸碱对的是（　　）。
A. HCN—NaCN　B. H_3PO_4—Na_2HPO_4
C. $^+NH_3CH_2COOH$—$NH_2CH_2COO^-$　D. H_3O^+—OH^-
5. 按酸碱质子理论，Na_2HPO_4 是（　　）。
A. 中性物质　B. 酸性物质　C. 碱性物质　D. 两性物质
6. 根据酸碱质子理论，下列化学物质中既可作为酸又可以作为碱的是（　　）。
A. NH_4^+　B. HCO_3^-　C. H_3O^+　D. NaAc
7. 常温下，往 $1.0dm^3$ $0.10mol \cdot dm^{-3}$HAc 溶液中加入一些 NaAc 晶体并使之溶解，可能发生的变化是（　　）。
A. HAc 的 K_a 值增大　B. HAc 的 K_a 值减小　C. 溶液的 pH 值增大　D. 溶液的 pH 值减小
8. 在氨水中加入一些 NH_4Cl 晶体，会使（　　）。
A. NH_3 水的解离常数增大　B. NH_3 水的解离度 α 增大
C. 溶液的 pH 值增大　D. 溶液的 pH 值降低
9. 浓度为 0.1mol/L HAc($pK_a=4.74$) 溶液的 pH 值是（　　）。
A. 4.87　B. 3.87　C. 2.87　D. 1.87
10. 浓度为 0.10mol/L NH_4Cl($pK_b=4.74$) 溶液的 pH 值是（　　）。
A. 5.13　B. 4.13　C. 3.13　D. 2.13
11. pH=1.00 的 HCl 溶液和 pH=13.00 的 NaOH 溶液等体积混合后 pH 值是（　　）。
A. 14　B. 12　C. 7　D. 6
12. $0.010mol \cdot L^{-1}$的一元弱碱（$K_b=1.0\times10^{-8}$）溶液与等体积水混合后，溶液的 pH 值为（　　）。
A. 8.7　B. 8.85　C. 9.0　D. 10.5
13. 25℃时，$K_a(HCN)=4.9\times10^{-10}$，则 $0.010mol \cdot dm^{-3}$HCN 水溶液中的 $c(H^+)$ 为（　　）。
A. $2.2\times10^{-6}mol \cdot dm^{-3}$　B. $4.9\times10^{-12}mol \cdot dm^{-3}$　C. $1.0\times10^{-4}mol \cdot dm^{-3}$　D. $2.2\times10^{-5}mol \cdot dm^{-3}$

14. 在0.05mol·dm^{-3}的HCN中，若有0.01%的HCN电离了，则HCN的解离常数K_a为（　　）。

A. 5×10^{-8}　　B. 5×10^{-10}　　C. 5×10^{-6}　　D. 2.5×10^{-7}

15. 已知某一元弱酸的浓度为0.01mol·dm^{-3}，pH=4.55，则其解离常数K_a为（　　）。

A. 5.8×10^{-2}　　B. 9.8×10^{-3}　　C. 8.6×10^{-7}　　D. 7.97×10^{-8}

16. 下列水溶液中pH值最大的是（　　）。已知$K_a(HAc)=1.76\times10^{-5}$，$K_a(HCN)=4.9\times10^{-10}$。

A. 0.1mol·dm^{-3} HCN

B. 0.1mol·dm^{-3} NaCN

C. 0.1mol·dm^{-3} HCN+0.1mol·dm^{-3} NaCN

D. 0.1mol·dm^{-3} NaAc

17. 各物质浓度均为0.10mol·dm^{-3}的下列水溶液中，其pH值最小的是（　　）。已知$K_b(NH_3)=1.77\times10^{-5}$，$K_a(HAc)=1.76\times10^{-5}$

A. NH_4Cl　　B. NH_3　　C. CH_3COOH　　D. $CH_3COOH+CH_3COONa$

18. 相同浓度的CO_3^{2-}、S^{2-}、$C_2O_4^{2-}$三种碱性物质水溶液，其碱性强弱（由大至小）的顺序是（　　）。已知H_2CO_3 $pK_{a1}=6.38$，$pK_{a2}=10.25$；H_2S $pK_{a1}=6.88$，$pK_{a2}=14.15$；$H_2C_2O_4$ $pK_{a1}=1.22$，$pK_{a2}=4.19$

A. $CO_3^{2-}>S^{2-}>C_2O_4^{2-}$　　B. $S^{2-}>C_2O_4^{2-}>CO_3^{2-}$　　C. $S^{2-}>CO_3^{2-}>C_2O_4^{2-}$　　D. $C_2O_4^{2-}>S^{2-}>CO_3^{2-}$

19. 关于缓冲溶液，下列说法错误的是（　　）。

A. 能够抵抗外加少量强酸、强碱或稍加稀释，其自身pH值不发生显著变化的溶液称为缓冲溶液

B. 缓冲溶液一般由浓度较大的弱酸（或弱碱）及其共轭碱（或共轭酸）组成

C. 强酸强碱本身不能作为缓冲溶液

D. 缓冲容量的大小与产生缓冲作用组分的浓度以及各组分浓度的比值有关

20. 欲配制500mL pH=5.0的缓冲溶液，应选择下列哪种混合溶液较为合适（　　）。

A. HAc-NaAc($K_a=1.75\times10^{-5}$)　　B. $NH_3\cdot H_2O-NH_4Cl(K_b=1.74\times10^{-5})$

C. $NaH_2PO_4-Na_2HPO_4(K_{a2}=6.31\times10^{-8})$　　D. $NaHCO_3-Na_2CO_3(K_{a2}=4.68\times10^{-11})$

21. 欲配制pH=5.1的缓冲溶液，最好选择（　　）。

A. 一氯乙酸（$pK_a=2.86$）　　B. 氨水（$pK_b=4.74$）

C. 六次甲基四胺（$pK_b=8.85$）　　D. 甲酸（$pK_a=3.74$）

22. 在某温度时，下列体系属于缓冲溶液的是（　　）。

A. 0.100mol·dm^{-3}的NH_4Cl溶液

B. 0.100mol·dm^{-3}的NaAc溶液

C. 0.400mol·dm^{-3}的HCl与0.200mol·dm^{-3} $NH_3\cdot H_2O$等体积混合的溶液

D. 0.400mol·dm^{-3}的$NH_3\cdot H_2O$与0.200mol·dm^{-3} HCl等体积混合的溶液

23. $NaHCO_3-Na_2CO_3$组成的缓冲溶液pH值为（　　）。

A. $pK_{a2}-\lg\dfrac{c(HCO_3^-)}{c(CO_3^{2-})}$　　B. $pK_{a1}-\lg\dfrac{c(HCO_3^-)}{c(CO_3^{2-})}$　　C. $pK_{a2}-\lg\dfrac{c(CO_3^{2-})}{c(HCO_3^-)}$　　D. $pK_{a1}-\lg\dfrac{c(CO_3^{2-})}{c(HCO_3^-)}$

24. 在100mL的0.14mol·dm^{-3} HAc溶液中，加入100mL的0.10mol·dm^{-3} NaAc溶液，则该溶液的pH值是（计算误差±0.01pH单位）（　　）。已知HAc的$pK_a=4.75$

A. 9.40　　B. 4.75　　C. 4.60　　D. 9.25

25. 将1dm^3 4mol·dm^{-3}氨水和1dm^3 2mol·dm^{-3}盐酸溶液混合，混合后OH^-离子浓度为（　　）。已知氨水的$K_b=1.8\times10^{-5}$

A. 1mol·dm^{-3}　　B. 2mol·dm^{-3}　　C. 8×10^{-6}mol·dm^{-3}　　D. 1.8×10^{-5}mol·dm^{-3}

26. 将0.2mol·dm^{-3}的醋酸（$K_a=1.76\times10^{-5}$）与0.2mol·dm^{-3}醋酸钠溶液混合，为使溶液的pH值

维持在4.05，则酸和碱的比例应为：(　　)。

A. 6∶1　　B. 4∶1　　C. 5∶1　　D. 10∶1

27. 下列各混合溶液，哪种不具有pH的缓冲能力？(　　)

A. 100mL 1mol · L^{-1} HAC+100mL 1mol · L^{-1} NaOH

B. 100mL 1mol · L^{-1} HCl+200mL 2mol · L^{-1} $NH_3 \cdot H_2O$

C. 200mL 1mol · L^{-1} HAC+100mL 1mol · L^{-1} NaOH

D. 100mL 1mol · L^{-1} NH_4Cl+100mL 1mol · l^{-1} $NH_3 \cdot H_2O$

28. 有下列水溶液：（1）0.01mol · L^{-1} CH_3COOH；（2）0.01mol · L^{-1} CH_3COOH溶液和等体积0.01mol · L^{-1} HCl溶液混合；（3）0.01mol · L^{-1} CH_3COOH溶液和等体积0.01mol · L^{-1} NaOH溶液混合；（4）0.01mol · L^{-1} CH_3COOH溶液和等体积0.01mol · L^{-1} NaAc溶液混合。则它们的pH值由大到小的正确次序是（　　）。

A.（1）>（2）>（3）>（4）　　B.（1）>（3）>（2）>（4）

C.（4）>（3）>（2）>（1）　　D.（3）>（4）>（1）>（2）

三、填空题（将正确答案填在横线上）

1. $H_2PO_4^-$ 的共轭酸是：__________，而 HPO_4^{2-} 的共轭碱是：__________。

2. NH_3 的 $K_b=1.8\times10^{-5}$，则其共轭酸__________的 K_a 为__________。

3. 对于三元酸，K_{a1} · __________$=K_w$。

4. 已知某三元酸 H_3A 的 $pK_{a1}=2.00$，$pK_{a2}=7.00$，$pK_{a3}=12.00$。则，其共轭碱 A^{3-} 的 pK_{b1} 值为__________。

5. 在0.10mol · L^{-1} $NH_3 \cdot H_2O$ 溶液中，浓度最大的物种是__________，浓度最小的物种是__________。加入少量 $NH_4Cl(s)$ 后，$NH_3 \cdot H_2O$ 的解离度将__________，溶液的pH值将__________，H^+的浓度将__________。

6. 根据酸碱质子理论，物质给出质子的能力越强，酸性就越__________，其共轭碱的碱性就越__________。

7. 在弱酸的溶液中加入该酸的共轭碱，或在弱碱的溶液中加入该碱的共轭酸，使得弱酸或弱碱的解离度大大下降的现象，称为__________。

8. pH=4.0与pH=10.0的两强电解质溶液等体积混合后pH为__________。

9. 1mol · L^{-1} $NH_3 \cdot H_2O$ 与1mol · L^{-1} HAc等体积混合液pH为__________。

10. 0.1mol · L^{-1} H_2SO_4 与0.2mol · L^{-1} NaOH等体积混合后pH为__________。

11. 0.1000mol/L $NaHCO_3$ 溶液的pH=__________，已知 $K_{a1}=4.2\times10^{-7}$，$K_{a2}=5.6\times10^{-11}$。

12. 在0.100mol · dm^{-3} HAc溶液中加入一定量固体NaAc，使NaAc的浓度等于0.100mol · dm^{-3}（假设溶液体积保持不变），pK_a 为4.76，该溶液pH为__________。

13. 40.00cm^3 1.000mol · dm^{-3} HAc与20.00cm^3 1.000mol · dm^{-3} NaOH混合，混合液的pH为__________。（已知HAc的 pK_a 为4.76）

14. 在氨水溶液中加入NaOH溶液，则溶液的OH^-离子浓度__________，NH_4^+离子浓度__________，pH __________，$NH_3 \cdot H_2O$ 的解离度__________，$NH_3 \cdot H_2O$ 的解离平衡常数__________。

四、写出物质的共轭酸或共轭碱

1. 写出下列物质的共轭酸：

A. CO_3^{2-}　B. HS^-　C. H_2O　D. HPO_4^{2-}　E. NH_3　F. S^{2-}

2. 写出下列物质的共轭碱：

A. H_3PO_4　B. HAc　C. HS^-　D. HNO_2　E. HClO　F. H_2CO_3

学能展示

基础知识

能正确理解缓冲溶液 pH 的变化。

在下列各系统中，各加入约 1.00g NH_4Cl 固体并使之溶解，对所指定的性质（定性地）影响如何？并简单指出原因。

（1）10.0$cm^3$0.10$mol \cdot dm^{-3}$ HCl 溶液 pH 值__________。

（2）10.0$cm^3$0.10$mol \cdot dm^{-3}$ NH_3 水溶液（氨在水溶液中的解离度）__________。

（3）10.0cm^3 纯水（pH 值）__________。

（4）10.0cm^3 带有 $PbCl_2$ 沉淀的饱和溶液（$PbCl_2$ 的溶解度）__________。

知识应用

1. 能够运用公式计算一元弱电解质的解离平衡常数、解离度、pH 值。

（1）已知氨水溶液的浓度为 0.20$mol \cdot dm^{-3}$。

1）求该溶液中的 OH^-的浓度、pH 值和氨的解离度。

2）在上述溶液中加入 NH_4Cl 晶体，是其溶解后 NH_4Cl 的浓度为 0.20$mol \cdot dm^{-3}$。求所得溶液的 OH^-的浓度、pH 值和氨的解离度。

3）比较上述 1）、2）两小题的计算结果，说明了什么？

（2）在烧杯中盛放 20.00$cm^3$0.100$mol \cdot dm^{-3}$氨的水溶液，逐步加入 0.100$mol \cdot dm^{-3}$ HCl 溶液。试计算：

1）加入 10.00cm^3 HCl 后，混合液的 pH 值；

2）加入 20.00cm^3 HCl 后，混合液的 pH 值；

3）加入 30.00cm^3 HCl 后，混合液的 pH 值。

2. 能够利用缓冲溶液 pH 计算公式求算弱电解质的解离常数。

取 50.0cm^3 0.100$mol \cdot dm^{-3}$某一元弱酸溶液，与 20.0cm^3 0.100$mol \cdot dm^{-3}$ KOH 溶液混合，将混合溶液稀释至 100cm^3，测得此溶液的 pH 值为 5.25，求此一元弱酸的解离常数。

拓展提升

能应用酸解解离平衡的基本原理知识，并能初步应用于解决复杂工程问题，即选择合理的缓冲对，并配制一定 pH 的缓冲溶液。

（1）如需配 pH≈5 的缓冲溶液，如何选择缓冲对？欲配 500mL、pH＝5 的缓冲溶液，若该溶液中 HAc 浓度为 0.2$mol \cdot dm^{-3}$，问需加 $NaAc \cdot 3H_2O$ 多少克？若用 6.0$mol \cdot dm^{-3}$ HAc 溶液配制需多少毫升？

（2）现有 125cm^3 1.0$mol \cdot dm^{-3}$ NaAc 溶液，欲配制 250cm^3、pH＝5 的缓冲溶液，需加入 6.0$mol \cdot dm^{-3}$ HAc 溶液多少立方厘米？

课题 4.2　难溶电解质的多相离子平衡

学习目标	1. 能正确区分溶度积和溶解度的概念和使用条件，能建立溶度积与溶解度的计算关系； 2. 能熟练运用溶度积规则，并能运用溶度积规则预测沉淀的生成、溶解或转化； 3. 能针对材料生产过程的有关工程问题进行分析，并能应用溶度积规则和相关文献数据，提出相应的解决方案

续表

能力要求	1. 通过文献研究、识别、结论表达、分析复杂工程问题，并获得有效结论； 2. 能够在小组讨论中承担个体角色并发挥个体优势； 3. 具有自主学习的意识，逐渐养成终身学习的能力	
重点难点预测	重点	溶度积规则及其应用
	难点	溶度积规则及其应用
知识清单	多相离子平衡、溶解度与溶度积之间的关系、难溶电解质溶液的同离子效应、溶度积规则及其应用	
先修知识	中学化学选修4化学反应与原理：水溶液中的离子平衡有关沉淀溶解平衡	

知识模块一　多相离子平衡和溶度积

1. 多相离子平衡和溶度积

可溶电解质的解离平衡是单相体系的离子平衡。难溶电解质在一定条件下，当溶解与结晶的速率相等时，便建立了固体和溶液中离子之间的动态平衡，称为多相离子平衡或溶解平衡。此时的溶液称为饱和溶液。

$$\mathrm{AgCl(s)} \underset{\text{结晶}}{\overset{\text{溶解}}{\rightleftharpoons}} \mathrm{Ag^+(aq) + Cl^-(aq)}$$

其平衡常数表达式为：

$$K^\ominus = K_{sp}^\ominus(\mathrm{AgCl}) = \{c^{eq}(\mathrm{Ag^+, aq})/c^\ominus\}\{c^{eq}(\mathrm{Cl^-, aq})/c^\ominus\}$$

若不考虑单位时，可将上式简化为：

$$K_{sp}(\mathrm{AgCl}) = c^{eq}(\mathrm{Ag^+}) \cdot c^{eq}(\mathrm{Cl^-})$$

此式表明：难溶电解质的饱和溶液中，当温度一定时，其离子浓度的乘积为一常数，这个平衡常数 K_{sp} 称为溶度积常数，简称溶度积。

对于任一难溶电解质

$$\mathrm{A}_n\mathrm{B}_m(\mathrm{s}) \rightleftharpoons n\mathrm{A}^{m+}(\mathrm{aq}) + m\mathrm{B}^{n-}(\mathrm{aq})$$

溶度积的表达式为：

$$K_{sp}(\mathrm{A}_n\mathrm{B}_m) = \{c^{eq}(\mathrm{A}^{m+})/c^\ominus\}^n \cdot \{c^{eq}(\mathrm{B}^{n-})/c^\ominus\}^m$$

简化为

$$K_{sp}(\mathrm{A}_n\mathrm{B}_m) = \{c^{eq}(\mathrm{A}^{m+})\}^n \cdot \{c^{eq}(\mathrm{B}^{n-})\}^m$$

K_{sp} 的物理意义：揭示了某难溶电解质过剩（或未溶）的固相与其溶剂化的离子之间的平衡，表示了溶解平衡时，饱和溶液中离子浓度的大小，反映了同类难溶电解质溶解能力的大小，溶度积与物质的本性和温度有关。

2. 溶度积与溶解度的关系

（1）AB 型难溶物：如 AgCl、$CaCO_3$

$$\mathrm{AB(s)} \rightleftharpoons \mathrm{A^+(aq) + B^-(aq)}$$

$c_{平}/\mathrm{mol \cdot dm^{-3}}$　　　　s　　　　s

$$K_{sp}(\mathrm{AB}) = c_\mathrm{A}^{eq} c_\mathrm{B}^{eq} = s \times s = s^2$$

所以

$$s = \sqrt{K_{sp}}$$

（2）A_2B 型和 AB_2 型难溶物，如 Ag_2S，$Cu(OH)_2$

$$\mathrm{A_2B(s)} \rightleftharpoons \mathrm{2A^+(aq) + B^-(aq)}$$

$c_{平}/\mathrm{mol \cdot dm^{-3}}$　　　　$2s$　　　　s

$$K_{sp}(A_2B) = (c_A^{eq})^2 c_B^{eq} = (2s)^2 \times s = 4s^3$$

所以
$$s = \sqrt[3]{\frac{K_{sp}}{4}}$$

对于同一类型的难溶电解质，可以通过溶度积的大小来比较它们的溶解度大小。在相同温度下，溶度积越大，溶解度也越大；反之亦然。但对于不同类型的难溶电解质，则不能通过 K_{sp} 的大小比较其溶解度能力，而应通过计算其溶解度来比较其溶解能力的大小。

例 4.1　在 25℃时，氯化银的溶度积为 1.77×10^{-10}，铬酸银的溶度积为 1.12×10^{-12}，试求氯化银和铬酸银的溶解度（$mol \cdot dm^{-3}$）。

解：（1）设 AgCl 的溶解度为 s_1，则根据

$$AgCl(s) \rightleftharpoons Ag^+(aq) + Cl^-(aq)$$

可得：
$$c^{eq}(Ag^+) = c^{eq}(Cl^-) = s_1$$

$$K_{sp} = c^{eq}(Ag^+) \cdot c^{eq}(Cl^-) = s_1 \cdot s_1 = s_1^2$$

$$s_1 = \sqrt{K_{sp}} = \sqrt{1.77\times10^{-10}}\ mol \cdot dm^{-3} = 1.33\times10^{-5}\ mol \cdot dm^{-3}$$

（2）设 Ag_2CrO_4 的溶解度为 s_2，则根据

$$Ag_2CrO_4(s) \rightleftharpoons 2Ag^+(aq) + CrO_4^{2-}(aq)$$

可得：
$$c^{eq}(CrO_4^{2-}) = s_2 \qquad c^{eq}(Ag^+) = 2s_2$$

$$K_{sp} = \{c^{eq}(Ag^+)\}^2 \cdot \{c^{eq}(CrO_4^{2-})\} = (2s_2)^2 \cdot s_2 = 4s_2^3$$

$$s_2 = \sqrt[3]{K_{sp}/4} = \sqrt[3]{\frac{1.12\times10^{-12}}{4}}\ mol \cdot dm^{-3} = 6.54\times10^{-5}\ mol \cdot dm^{-3}$$

上述计算结果表明，AgCl 的溶度积 K_{sp} 虽比 Ag_2CrO_4 的 K_{sp} 要大，但 AgCl 的溶解度（$1.33\times10^{-5}\ mol \cdot dm^{-3}$）反而比 Ag_2CrO_4 的溶解度（$6.54\times10^{-5}\ mol \cdot dm^{-3}$）要小。这是因为 AgCl 是 AB 型难溶电解质，Ag_2CrO_4 是 A_2B 型难溶电解质，两者的类型不同且两者的溶度积数值相差不大。

知识模块二　溶度积规则及其应用

1. 溶度积规则

对一给定难溶电解质来说，在一定条件下沉淀能否生成或溶解，可以从反应商 Q 与溶度积 K_{sp} 的比较来判断。对于 A_nB_m，反应商 Q 的表达式为：

$$Q = \{c(A^{m+})/c^{\ominus}\}^n \cdot \{c(B^{n-})/c^{\ominus}\}^m$$

简写为
$$Q = \{c(A^{m+})\}^n \cdot \{c(B^{n-})\}^m$$

显然有：

$Q>K_{sp}$，有沉淀析出直至达饱和
$Q=K_{sp}$，溶解达平衡，饱和溶液
$Q<K_{sp}$，不饱和溶液，无沉淀析出或可使沉淀溶解
} 溶度积规则

这一规律被称为溶度积规则。

2. 难溶电解质溶液的同离子效应

在难溶电解质饱和溶液中，加入含有与难溶物组成中相同离子的强电解质，使难溶电解质的溶解度降低的现象，称为同离子效应。

同离子效应使得 $Q>K_{sp}$，例如在 AgCl 饱和液中加入 NaCl 时，由于 Cl^- 离子的大量存在，使 AgCl 的溶解度下降。同离子效应比较见表 4.2。

表 4.2　同离子效应比较

名称	多相离子平衡中的同离子效应	弱电解质溶液中的同离子效应
相数	多相	单相
特征	难溶电解质的溶解度降低	弱电解质的电离度降低

问题讨论：

1. AgCl(s) 在 $0.01mol \cdot dm^{-3}$ 下列溶液中的溶解度比在水中大的是（　　）。

（1）NaCl　　（2）$AgNO_3$　　（3）NH_3

2. 计算 $BaSO_4$ 在 $0.100mol \cdot dm^{-3}$ Na_2SO_4 溶液中的溶解度，并与其在水中的溶解度比较。（$K_{sp}(BaSO_4)=1.08\times10^{-10}$）

3. 溶度积规则的应用

（1）沉淀的生成

工业废水中往往含有重金属离子，达不到排放标准。人们往往在废水中加入石灰乳，使重金属离子以其氢氧化物的形式沉淀下来。

如：
$$Pb^{2+}(aq) + 2OH^-(aq) \rightleftharpoons Pb(OH)_2(\text{沉淀})$$

由 $K_{sp}(Pb(OH)_2)$ 计算出 OH^- 浓度（$c_{Pb^{2+}} \cdot c_{OH^-}^2 > K_{sp}(Pb(OH)_2)$），通过控制溶液的 pH 值，使 Pb^{2+} 浓度达到排放标准。

（2）沉淀的溶解

根据溶度积规则，只要设法降低难溶电解质饱和溶液中有关离子的浓度，使离子浓度乘积小于它的溶度积，就有可能使难溶电解质溶解。

如在 $CaCO_3$ 饱和溶液中加盐酸

$$CaCO_3(s) \rightleftharpoons Ca^{2+}(aq) + CO_3^{2-}(aq)$$
$$+$$
$$2HCl = 2Cl^-(aq) + 2H^+(aq)$$
$$\longrightarrow CO_2(g) + H_2O$$

加入盐酸后由于生成 CO_2 气体，CO_3^{2-} 浓度降低，使 $c_{Ca^{2+}} \cdot c_{CO_3^{2-}} < K_{sp}$（$CaCO_3$），$CaCO_3$ 不断溶解进入溶液，直到 $c_{Ca^{2+}} \cdot c_{CO_3^{2-}} = K_{sp}$ 为止。

（3）沉淀的转化

在实践中，有时需将一种沉淀转化为另一种沉淀。如中、小锅炉的循环用水处理。因 $CaSO_4$ 结垢坚硬且不溶于酸，不易清除，需将其转化成疏松且可溶于酸的 $CaCO_3$。因此循环水中加一定量的 Na_2CO_3，以达到沉淀转化的目的。

$$CaSO_4(s) \rightleftharpoons Ca^{2+}(aq) + SO_4^{2-}(aq)$$
$$+$$
$$Na_2CO_3(s) = CO_3^{2-}(aq) + 2Na^+(aq)$$
$$\rightleftharpoons$$
$$CaCO_3(s)$$

由于 $CaSO_4$ 的溶度积（$K_{sp}=7.10\times10^{-5}$）大于 $CaCO_3$ 的溶度积（$K_{sp}=4.96\times10^{-9}$），在溶液中与 $CaSO_4$ 平衡的 Ca^{2+} 与加入的 CO_3^{2-} 结合生成溶度积更小的 $CaCO_3$ 沉淀。从而降低了溶液中 Ca^{2+} 浓度，破坏了 $CaSO_4$ 的溶解平衡，使 $CaSO_4$ 不断溶解或转化。

沉淀转化的程度可以用反应的平衡常数值来表达：

$$CaSO_4(s) + CO_3^{2-}(aq) \rightleftharpoons CaCO_3(s) + SO_4^{2-}(aq)$$

$$K=\frac{c^{eq}(SO_4^{2-})}{c^{eq}(CO_3^{2-})}=\frac{c^{eq}(SO_4^{2-})\cdot c^{eq}(Ca^{2+})}{c^{eq}(CO_3^{2-})\cdot c^{eq}(Ca^{2+})}$$

$$=\frac{K_{sp}(CaSO_4)}{K_{sp}(CaCO_3)}=\frac{7.10\times10^{-5}}{4.96\times10^{-9}}=1.43\times10^4$$

上述平衡常数较大，表明沉淀转化的程度较大。

问题讨论：

1. 工业上生产 Al_2O_3 的过程 $Al^{3+}+OH^-\rightarrow Al(OH)_3\rightarrow Al_2O_3$，加入适当过量的沉淀剂 $Ca(OH)_2$，可以使溶液中 Al^{3+} 沉淀完全。请问过量沉淀剂改为 NaOH 或 KOH 行吗？为什么？

2. 往 10.0mL，0.0015mol · dm^{-3} 的 $MnSO_4$ 溶液中加入 5.0mL 0.15mol · dm^{-3} 氨水溶液，能否生成 $Mn(OH)_2$ 沉淀？已知 $K_b(NH_3)=1.77\times10^{-5}$，$K_{sp}(Mn(OH)_2)=2.06\times10^{-13}$

自学导读单元

（1）什么是多相离子平衡？
（2）如何定义溶度积？表达式如何？
（3）溶度积与溶解度的关系如何？
（4）溶度积规则是什么？有何应用？
（5）什么是同离子效应？

自学成果评价

一、是非题（对的在括号内填“√”，错的填“×”）

1. PbI_2 和 $CaCO_3$ 的溶度积均近似为 10^{-9}，从而可知在它们的饱和溶液中，前者的 Pb^{2+} 浓度与后者的 Ca^{2+} 浓度近似相等。（　）
2. $MgCO_3$ 的溶度积 $K_{sp}=6.82\times10^{-6}$，这意味着所有含有固体 $MgCO_3$ 的溶液中 $c(Mg^{2+})=c(CO_3^{2-})$，且 $c(Mg^{2+})\cdot c(CO_3^{2-})=6.82\times10^{-6}$。（　）
3. 已知 $K_{sp}(CaSO_4)>K_{sp}(CaCO_3)$，则对于用纯碱处理锅垢的反应：$CaSO_4(s)+CO_3^{2-}(aq)=CaCO_3+SO_4^{2-}(aq)$ 有利于向右进行。（　）
4. 难溶电解质，可以通过 K_{sp} 值的大小，比较其溶解度的大小，K_{sp} 越大，溶解度越大；相反，K_{sp} 越小，溶解度越小。（　）
5. 对于同类型的难溶电解质，可以通过 K_{sp} 的大小判断溶解度的大小。（　）
6. 加入适当过量的沉淀剂 NaOH，可以使溶液中 Al^{3+} 沉淀完全。（　）

二、选择题（将所有的正确答案的标号填入括号内）

1. 设 AgCl 在水中，在 0.01mol · dm^{-3} $CaCl_2$ 中，在 0.01mol · dm^{-3} NaCl 中及在 0.05mol · dm^{-3} $AgNO_3$ 中的溶解度分别为 s_0、s_1、s_2 和 s_3，这些量之间的正确关系是（　）。
A. $s_0>s_1>s_2>s_3$　　B. $s_0>s_2>s_1>s_3$　　C. $s_0>s_1=s_2>s_3$　　D. $s_0>s_2>s_3>s_1$

2. 难溶电解质CaF_2饱和溶液的浓度是$2.0\times10^{-4}mol \cdot dm^{-3}$，它的溶度积是（　　）。

A. 8.0×10^{-8}　　B. 4.0×10^{-8}　　C. 3.2×10^{-11}　　D. 8.0×10^{-12}

3. 已知$K_{sp}[Pb(OH)_2]=4\times10^{-15}$，则难溶电解质$Pb(OH)_2$的溶解度为（　　）。

A. $6\times10^{-7}mol \cdot dm^{-3}$　　B. $2\times10^{-15}mol \cdot dm^{-3}$　　C. $1\times10^{-5}mol \cdot dm^{-3}$　　D. $2\times10^{-5}mol \cdot dm^{-3}$

4. CaC_2O_4的溶度积2.6×10^{-9}，如果要使Ca^{2+}浓度为$0.02mol \cdot dm^{-3}$的溶液生成沉淀，所需要草酸根离子的浓度为（　　）。

A. $1.0\times10^{-9}mol \cdot dm^{-3}$　B. $1.3\times10^{-7}mol \cdot dm^{-3}$　　C. $2.2\times10^{-5}mol \cdot dm^{-3}$　　D. $5.2\times10^{-11}mol \cdot dm^{-3}$

5. 在已经产生了AgCl沉淀的溶液中，能使沉淀溶解的方法是（　　）。

A. 加入HCl溶液　　B. 加入$AgNO_3$溶液　　C. 加入浓氨水　　D. 加入NaCl溶液

6. Ag_2CrO_4与AgSCN的溶度积几乎相同（1×10^{-12}），下列比较溶解度s的式子正确的是（　　）。

A. $s_{(AgSCN)}=s_{(Ag_2CrO_4)}$　　B. $s_{(AgSCN)}>s_{(Ag_2CrO_4)}$　　C. $s_{(AgSCN)}<s_{(Ag_2CrO_4)}$　　D. $2s_{(AgSCN)}=s_{(Ag_2CrO_4)}$

7. 已知AgCl、AgBr、Ag_2CrO_4的溶度积分别为1.8×10^{-10}，5.2×10^{-13}，3.4×10^{-11}，某溶液中含有Cl^-、Br^-、CrO_4^{2-}的浓度均为$0.01mol \cdot L^{-1}$，向该溶液逐滴加入$0.01mol \cdot L^{-1}$ $AgNO_3$溶液时，最先和最后产生沉淀的分别是（　　）。

A. AgBr和Ag_2CrO_4　　B. AgBr和AgCl　　C. Ag_2CrO_4和AgCl　　D. Ag_2CrO_4和AgBr

三、判断下列反应进行的方向，并简单说明。（设各物质浓度均为$1.0mol \cdot dm^{-3}$）

$$PbCO_3(s) + S^{2-} = PbS(s) + CO_3^{2-}$$

学能展示

基础知识

能建立溶度积与溶解度的计算关系。

1. 难溶电解质CaF_2饱和溶液的浓度是$2.0\times10^{-4}mol \cdot dm^{-3}$，它的溶度积是__________。

2. 已知$K_{sp}[Pb(OH)_2]=4\times10^{-15}$，则难溶电解质$Pb(OH)_2$的溶解度为__________。

3. 工业废水排放标准规定Cd^{2+}降到$0.10mg \cdot L^{-1}$以下即可排放，若用及消石灰中和沉淀法除去Cd^{2+}，按理论计算，废水溶液中的pH至少应为__________。（Cd的相对原子质量：$112.41g \cdot mol^{-1}$；$K_{sp}(Cd(OH)_2)=7.2\times10^{-15}$）

4. 当Q__________K_{sp}时，$\Delta_r G_m<0$，反应正向自发进行，沉淀溶解或无沉淀析出，溶液为不饱和溶液。（填>、<或=）

5. 废水中Cr^{3+}的浓度为$0.010mol \cdot dm^{-3}$，加入固体NaOH使之生成$Cr(OH)_3$沉淀，设加入固体NaOH后溶液体积不变，若使Cr^{3+}的浓度小于$4.0mg \cdot dm^{-3}$（即$7.7\times10^{-5}mol \cdot dm^{-3}$）以达到排放标准，此时溶液的pH最小应为__________。（$K_{sp}(Cr(OH)_3)=6.3\times10^{-31}$）

6. $BaSO_4$在$0.100mol \cdot dm^{-3}$ Na_2SO_4溶液中的溶解度为__________。（$K_{sp}(BaSO_4)=1.08\times10^{-10}$）

知识应用

1. 能够运用标准热力学数据计算难溶电解质的溶度积常数。

应用标准热力学数据计算298.15K时AgCl的溶度积常数。

2. 能根据溶度积计算溶解度。

根据PbI_2的溶度积，计算（25℃时）：（1）PbI_2在水中的溶解度（$mol \cdot dm^{-3}$）；（2）PbI_2饱和溶液中的Pb^{2+}和I^-的浓度；（3）PbI_2在$0.010mol \cdot dm^{-3}$ KI饱和溶液中的Pb^{2+}的浓度；（4）PbI_2在$0.010mol \cdot dm^{-3}$ $Pb(NO_3)_2$溶液中的溶解度（$mol \cdot dm^{-3}$）。

拓展提升

能应用溶度积规则预测沉淀的生成，并能初步应用于解决复杂工程问题，即能应用溶度积规则和相关文献数据，提出相应的解决方案。

1. 将 $Pb(NO_3)_2$ 溶液与 NaCl 溶液混合，设混合液中 $Pb(NO_3)_2$ 的浓度为 0.20mol · dm^{-3}，问：（1）当混合液中 Cl^- 的浓度等于 5.0×10^{-4}mol · dm^{-3}时，是否有沉淀生成？（2）当混合液中 Cl^- 的浓度多大时，开始生成沉淀？（3）当混合液中 Cl^- 的浓度等于 6.0×10^{-2}mol · dm^{-3}时，残留于溶液中 Pb^{2+} 的浓度为多少？

2. 溶液中 Fe^{3+} 和 Mg^{2+} 的浓度均为 0.01mol · L^{-1}，欲通过生成氢氧化物使二者分离，问溶液的 pH 值应控制在什么范围？（$K_{sp}[Fe(OH)_3]=2.79\times10^{-39}$，$K_{sp}[Mg(OH)_2]=5.61\times10^{-12}$）

课题 4.3　原电池

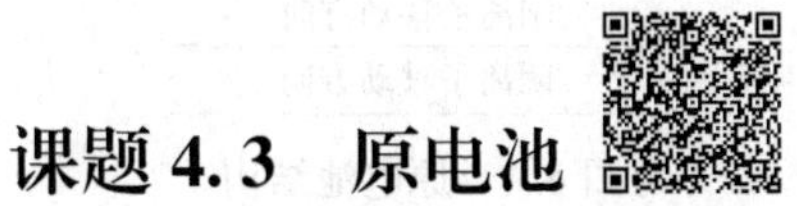

学习目标	能正确识别原电池各部分组成及功能，能正确书写电极反应，并对电池反应的热力学原理有基本了解，能通过计算确定原电池的电动势与吉布斯函数变的关系	
能力要求	1. 掌握电化学基本原理知识，并能初步应用于解决复杂工程问题； 2. 通过文献研究、识别、结论表达、分析复杂工程问题，并获得有效结论； 3. 能够在小组讨论中承担个体角色并发挥个体优势； 4. 具有自主学习的意识，逐渐养成终身学习的能力	
重点难点预测	重点	原电池、电动势
	难点	原电池、电动势
知识清单	原电池、电动势	
先修知识	中学化学选修 4 化学反应与原理：电化学基础有关原电池	

知识模块一　原电池中的化学反应

1. 电池反应

在原电池中发生的过程，包括两电极上的还原反应和氧化反应、电解质溶液的离子移动以及外电路中的电子流动。因此，在原电池放电过程中所发生的化学反应，显然为两电极上的电极反应之和，称为电池反应。

电池反应：　　$Cu^{2+}+Zn=Zn^{2+}+Cu$

2. 电极、电极反应通式及氧化还原电对

（1）原电池是由两个半电池组成的（图 4.1）；半电池中的反应就是半反应，即电极反应。因此将半电池又叫电极。

如：电池反应　　$Cu(s)+2Ag^+(aq)=Cu^{2+}(aq)+2Ag(s)$

在负极上发生 Cu 的氧化反应：　$Cu(s)-2e=Cu^{2+}(aq)$

在正极上发生 Ag^+ 的还原反应：$2Ag^+(aq)+2e=2Ag(s)$

对于自发进行的电池反应，都可以把它分成两个部分（相应于两个电极的反应），一个表示氧化剂的（被）还原，一个表示还原剂的（被）氧化。对于其中的任一部分称为原电池的半反应式。

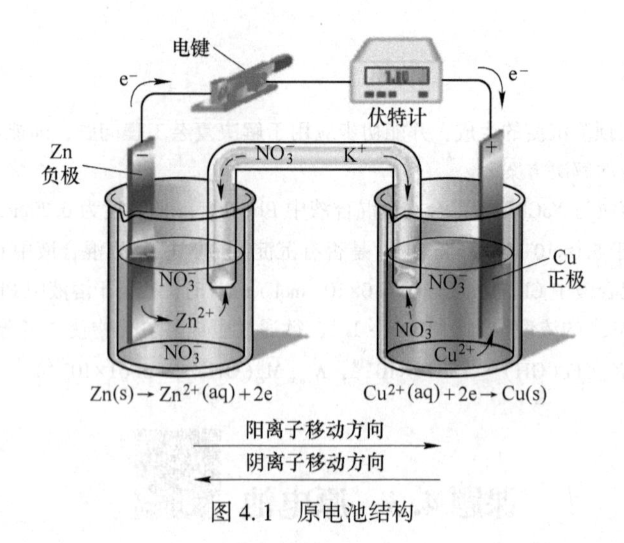

图 4.1　原电池结构

（2）电极反应的通式：半反应（电极反应）涉及同一元素的氧化态和还原态

$$a(\text{氧化态}) + ne \rightleftharpoons b(\text{还原态})$$

式中，n 为所写电极反应中电子的系数。

从反应式可以看出，每一个电极反应中都有两类物质：一类是可作还原剂的物质，称为还原态物质，如上面的半反应中的 Cu、Ag 等；另一类是可作氧化剂的物质，称为氧化态物质，如 Cu^{2+}、Ag^+等。

（3）氧化态和相应的还原态物质能用来组成电对，通常称为氧化还原电对，用符号“氧化态/还原态”表示。一般只把作为氧化态和还原态的物质用化学式表示出来，通常不表示电极液的组成。如，铜锌原电池中的两个半电池的电对可分别表示为 Zn^{2+}/Zn 和 Cu^{2+}/Cu。又如：Fe^{3+}/Fe^{2+}，O_2/OH^-，Hg_2Cl_2/Hg，MnO_4^-/Mn^{2+}等。

3. 电极类型及电极表示式（见表 4.3）

（1）金属与其对应的正离子溶液，如 Zn^{2+}/Zn；

（2）不同价态的同种元素所组成的物质，如 AgCl/Ag、O_2/OH^-；

（3）非金属单质及其对应的非金属离子，如 H^+/H_2、Cl_2/Cl^-；

（4）同种元素不同价态的离子，如 Fe^{3+}/Fe^{2+}、$Cr_2O_7^{2-}/Cr^{3+}$、MnO_4^-/Mn^{2+}等。

对于后两者，在组成电极时常需外加惰性导电体材料（惰性电极）如 Pt。以氢电极为例，可表示为 $H^+(c) \mid H_2(p) \mid Pt$。

表 4.3　四类常见电极

电极类型	电对（举例）	电极
金属电极	Zn^{2+}/Zn	$Zn^{2+}(c) \mid Zn$
非金属电极	Cl_2/Cl^-	$Cl^-(c) \mid Cl_2(p) \mid Pt$
氧化还原电极	Fe^{3+}/Fe^{2+}	$Fe^{3+}(c_1),\ Fe^{2+}(c_2) \mid Pt$
难溶盐电极	AgCl/Ag	$Cl^-(c) \mid AgCl \mid Ag$

4. 原电池及电极的表示方法

任一自发的氧化还原反应都可以组成一个原电池，电极及原电池都可用图式表示。

规定：负极写在左边，正极写在右边。“|”表示固液两相的界面，“‖”表示盐桥，

用“,”来分隔两种不同种类或不同价态溶液。

例如：Cu-Zn 原电池可表示为

$$(-)Zn \mid ZnSO_4(c_1) \parallel CuSO_4(c_2) \mid Cu(+)$$

或

$$(-)Zn \mid Zn^{2+}(c_1) \parallel Cu^{2+}(c_2) \mid Cu(+)$$

关于电极表示中值得注意的两个问题：

（1）若组成电极物质中无金属时，应插入惰性电极（能导电而不参与电极反应的电极，如 Pt、石墨）。组成电极中的气体物质应在导体这一边，后面应注明压力。

如：　$Fe^{3+}(c_1)$，$Fe^{2+}(c_2) \mid Pt(+)$；$(-)Pt \mid Cl_2(p) \mid Cl^-(c)$；

$H^+(c_1) \mid H_2(p) \mid Pt(+)$；$(-)Pt \mid O_2(p) \mid OH^-(c_1)$

（2）电极中含有不同氧化态同种离子时，高氧化态离子靠近盐桥，低氧化态离子靠近电极，中间用“,”分开。参与电极反应的其他的物质也应写入电极符号中。

如：$Sn^{4+}(c_1)$，$Sn^{2+}(c_2) \mid Pt(+)$；$Cr_2O_7^{2-}(c_1)$，$H^+(c_2)$，$Cr^{3+}(c_3) \mid Pt(+)$

问题讨论：

试写出下列电池反应的电极反应以及原电池符号。

（1）$2H_2+O_2 \longrightarrow 2H_2O$

（2）$Cr_2O_7^{2-}+6Cl^-+14H^+ \longrightarrow 2Cr^{3+}+3Cl_2\uparrow+7H_2O$

知识模块二　原电池的热力学

1. 电池反应的 $\Delta_r G_m$ 与电动势 E 的关系

根据热力学原理，恒温恒压下进行的可逆化学反应，摩尔吉布斯函数变 $\Delta_r G_m$ 与系统在反应过程中能够对环境做的非体积功 W' 之间存在以下关系：

$$\Delta_r G_m = W'$$

对于一个电动势为 E 的原电池，其中进行的可逆电池反应为：

$$a\mathrm{A(aq)} + b\mathrm{B(aq)} \rightleftharpoons g\mathrm{G(aq)} + d\mathrm{D(aq)}$$

如果在 1mol 的可逆电池反应过程中有 $n$mol 的电子（即 nF 库伦的电荷量）通过电路，根据物理学电功的概念，则电池所做的电功为：

$$W' = -nFE$$

所以，电池反应的 $\Delta_r G_m$ 与电动势 E 的关系为：

$$\Delta_r G_m = -nFE$$

如果原电池的各组分都处于标准状态下（活度等于 1），则：

$$\Delta_r G_m^{\ominus} = -nFE^{\ominus}$$

$E^{\ominus}$ 称为原电池的标准电动势。

反应的摩尔吉布斯函数变 $\Delta_r G_m$ 可用热力学等温方程式表示：

$$\Delta_r G_m = \Delta_r G^{\ominus} + RT\ln \frac{\{c(\mathrm{G})/c^{\ominus}\}^g \{c(\mathrm{D})/c^{\ominus}\}^d}{\{c(\mathrm{A})/c^{\ominus}\}^a \{c(\mathrm{B})/c^{\ominus}\}^b}$$

由此可得电动势的能斯特方程：

$$E = E^{\ominus} - \frac{RT}{nF}\ln \frac{\{c(\mathrm{G})/c^{\ominus}\}^g \{c(\mathrm{D})/c^{\ominus}\}^d}{\{c(\mathrm{A})/c^{\ominus}\}^a \{c(\mathrm{B})/c^{\ominus}\}^b}$$

当 $T=298.15$K 时，将上式中自然对数换成常用对数，可得

$$E = E^{\ominus} - \frac{0.05917V}{n}\lg\frac{\{c(G)/c^{\ominus}\}^{g}\{c(D)/c^{\ominus}\}^{d}}{\{c(A)/c^{\ominus}\}^{a}\{c(B)/c^{\ominus}\}^{b}}$$

注意：原电池电动势数值与电池反应计量式的写法无关，电动势数值不因电池反应方程式的化学物质计量数改变而改变。

2. 电池反应的标准平衡常数 $K^{\ominus}$ 与标准电动势 $E^{\ominus}$ 的关系

已知化学反应的平衡常数 $K^{\ominus}$ 与标准摩尔吉布斯函数变 $\Delta_r G_m^{\ominus}$ 有如下关系：

$$-RT\ln K^{\ominus} = \Delta_r G_m^{\ominus}$$

因为 $$\Delta_r G_m^{\ominus} = -nFE^{\ominus}$$

所以 $$\ln K^{\ominus} = nFE^{\ominus}/RT$$

当 $T=298.15$K 时 $$\lg K^{\ominus} = nE^{\ominus}/(0.05917V)$$

可见，如果能测得原电池的标准电动势 $E^{\ominus}$，就容易求得该电池反应的平衡常数 $K^{\ominus}$。由于电动势能够测量得很精确，所以用这一方法得到的反应平衡常数，比根据测量平衡浓度而得出的结果要准确得多。

自学导读单元

（1）什么是原电池？如何用图示表示原电池？

（2）什么是电极和电极反应？举例说明。

（3）什么是电池反应？举例说明。

（4）电池反应的 $\Delta_r G_m$ 与电动势之间的关系如何？什么是标准电动势？

（5）电动势的能斯特方程如何表示？有哪些注意事项？

（6）电池反应的标准平衡常数 $K^{\ominus}$ 与标准电动势 $E^{\ominus}$ 的关系如何？用公式表示。

自学成果评价

一、是非题（对的在括号内填“√”，错的填“×”）

1. 取两根铜棒，将一根插入盛有 0.1mol·dm^{-3} $CuSO_4$ 溶液的烧杯中，另一根插入盛有 1mol·dm^{-3} $CuSO_4$ 溶液的烧杯中，并用盐桥将两只烧杯中的溶液连接起来，可以组成一个浓差原电池。（　）
2. 金属铁可以置换 Cu^{2+}，因此三氯化铁不能与金属铜反应。（　）
3. 电动势 E（或电极电势 φ）的数值与反应式（或半反应式）的写法无关，而标准平衡常数 $K^{\ominus}$ 的数值随反应式的写法（即化学计量数不同）而变。（　）
4. 有下列原电池：(−)Cd｜$CdSO_4$(1mol·dm^{-3})‖$CuSO_4$(1.0mol·dm^{-3})｜Cu(+)
   若往 $CdSO_4$ 溶液中加入少量 Na_2S 溶液，或往 $CuSO_4$ 溶液中加入少量 $CuSO_4 \cdot 5H_2O$ 晶体，都会使原电池的电动势变小。（　）
5. 已知某电池反应为 $A+\frac{1}{2}B^{2+} \rightarrow A^{+}+\frac{1}{2}B$，而当反应式改为 $2A+B^{2+} \rightarrow 2A^{+}+B$ 时，则此反应的 $E^{\ominus}$ 不变，而 $\Delta_r G_m^{\ominus}$ 改变。（　）

二、选择题（将所有的正确答案的标号填入括号内）

1. 某反应由下列两个半反应组成：$A^{2+}+2e^{-} = A$；$B^{2+}+2e^{-} = B$。反应 $A+B^{2+} = A^{2+}+B$ 的平衡常数是 10^4，则该电池的标准电动势 $E^{\ominus}$ 是（　）。
   A. 1.20V　　B. 0.07V　　C. 0.236V　　D. 0.118V

2. 下列哪一反应设计出来的电池不需要用到惰性电极？（　　）

A. $H_2+Cl_2 \rightarrow 2HCl(aq)$　　B. $Ce^{4+}+Fe^{2+} \rightarrow Ce^{3+}+Fe^{3+}$

C. $Ag^++Cl^- \rightarrow AgCl(s)$　　D. $2Hg^{2+}+Sn^{2+}+2Cl^- \rightarrow Hg_2Cl_2(s)+Sn^{4+}$

3. $E^{\ominus}(Cu^{2+}/Cu^+)=0.158V$，$E^{\ominus}(Cu^+/Cu)=0.522V$，则反应 $2Cu^+ \rightleftharpoons Cu^{2+}+Cu$ 的 $K^{\ominus}$ 为：（　　）。

A. 6.93×10^{-7}　　B. 1.98×10^{12}　　C. 1.4×10^{6}　　D. 4.8×10^{-13}

4. 某电池的电池符号为 (-)Pt | A^{3+}，A^{2+} ‖ B^{4+}，B^{3+} | Pt(+)，则此电池反应的产物应为（　　）。

A. A^{3+}，B^{4+}　　B. A^{3+}，B^{3+}　　C. A^{2+}，B^{4+}　　D. A^{2+}，B^{3+}

三、根据下列原电池反应，分别写出各原电池中正，负电极反应（须配平）。

(1) $Zn+Fe^{2+} = Zn^{2+}+Fe$　　(2) $2I^-+2Fe^{3+} = I_2+2Fe^{2+}$

(3) $Ni+Sn^{4+} = Ni^{2+}+Sn^{2+}$　　(4) $5Fe^{2+}+8H^++MnO_4^- = Mn^{2+}+5Fe^{3+}+4H_2O$

四、将上题各氧化还原反应组成的原电池，分别用图式表示各原电池。

学能展示

基础知识

能正确书写电极反应。

1. 有下列原电池

(-)Pt | $Fe^{2+}(1mol\cdot dm^{-3})$，$Fe^{3+}(0.01mol\cdot dm^{-3})$ ‖ $Fe^{2+}(1.0mol\cdot dm^{-3})$，$Fe^{3+}(1mol\cdot dm^{-3})$ | Pt(+) 该原电池的负极反应是________；正极反应为________；电池反应为________。

2. 写出 $2Fe^{3+}(c_2)+2I^-(c_1) \rightarrow 2Fe^{2+}(c_3)+I_2(s)$ 的原电池符号：________________。

3. 写出反应 $Cr_2O_7^{2-}+6Cl^-+14H^+ \rightarrow 2Cr^{3+}+3Cl_2\uparrow+7H_2O$ 的原电池符号________________。

4. 用电对 MnO_4^-/Mn^{2+}，Cl_2/Cl^- 组成的原电池，其正极反应为________，负极反应为________，电池的电动势等于________，电池符号为________。($\varphi^{\ominus}(MnO_4^-/Mn^{2+})=1.51V$，$\varphi^{\ominus}(Cl_2/Cl^-)=1.36V$)

5. 若某原电池的一个电极发生的反应是 $Cl_2+2e \rightarrow 2Cl^-$，而另一个电极发生的反应为 $Fe^{2+}-e^- \rightarrow Fe^{3+}$，已测得 $\varphi(Cl_2/Cl^-)>\varphi(Fe^{3+}/Fe^{2+})$，则该原电池的电池符号应为________________。

知识应用

能够运用标准电极电势数据计算反应的标准平衡常数。

1. 求反应 $Zn+Fe^{2+}(aq) = Zn^{2+}(aq)+Fe$ 在 298.15K 时的标准平衡常数。若将过量极细的锌粉加入 Fe^{2+} 溶液中，求平衡时 $Fe^{2+}(aq)$ 浓度对 $Zn^{2+}(aq)$ 浓度的比值。

2. 用图式表示反应 $Cu(s)+2Fe^{3+}(aq) = Cu^{2+}(aq)+2Fe^{2+}(aq)$ 可能组成的原电池，并利用标准电极电势数据计算反应的标准平衡常数。

课题 4.4　电极电势

学习目标	掌握电极电势的概念和使用条件，能用能斯特方程计算电极电势和电动势
能力要求	1. 掌握电化学基本原理知识，并能初步应用于解决复杂工程问题； 2. 通过文献研究、识别、结论表达、分析复杂工程问题，并获得有效结论； 3. 能够在小组讨论中承担个体角色并发挥个体优势； 4. 具有自主学习的意识，逐渐提高终身学习的能力

续表

重点难点预测	重点	电极电势、标准电极电势、Nernst 方程式
	难点	Nernst 方程式
知识清单	电极电势、电动势、标准氢电极、电极电势 φ 的测定、参比电极、标准电极电势、参比电极、浓差电池、Nernst 方程式	
先修知识	原电池	

知识模块一　标准电极电势

1. 电极电势

原电池能够产生电流，表明原电池两极间存在电势差，即每个电极都有一个电势，称为电极电势。用符号 φ(氧化态/还原态) 表示，如 $\varphi(Zn^{2+}/Zn)$。目前测定电极电势 φ 的绝对值尚有困难。在实际应用中只需知道 φ 的相对值而不必去追求它们的绝对值。

2. 电动势

原电池的电动势是构成原电池的两个电极的电极电势的差值，即

$$E = \varphi(\text{正极}) - \varphi(\text{负极})$$

3. 标准氢电极

国际上统一（人为）规定："标准氢电极"的电极电势为零，即：

$$\varphi^{\ominus}(H^+/H_2) = 0V$$

标准氢电极的组成和结构如图4.2所示。将镀有一层疏松铂黑的铂片插入标准 H^+ 浓度的酸溶液中，并不断通入压力为100kPa的纯氢气流。这时溶液中的氢离子与被铂表面所吸附的氢气建立起动态平衡。这样组成的电极称为标准氢电极。在 φ 右上角加"$\ominus$"以示"标准"，括号中电对"H^+/H_2"表示"氢电极"。可表示为 $Pt \mid H_2(p = 100kPa) \mid H^+(c = 1mol \cdot dm^{-3})$。

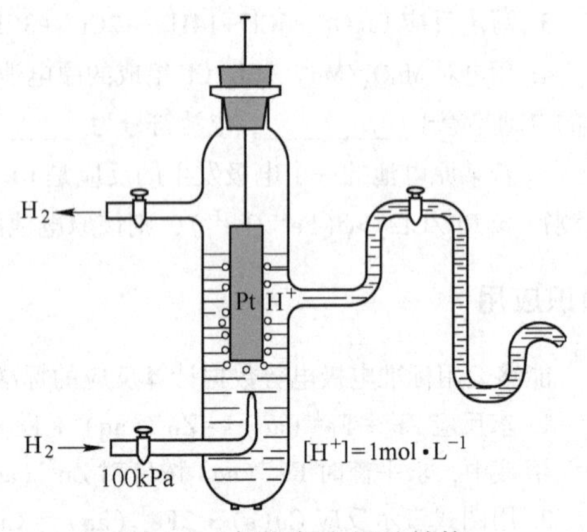

图4.2　标准氢电极的结构

4. 某电极的电极电势 φ 的测定

让某电极与标准氢电极一起构成如下原电池：

（-）标准氢电极 ¦¦ 某电极（+）或（-）某电极 ¦¦ 标准氢电极（+）

则
$$E = \varphi(\text{某电极}) - \varphi^{\ominus}(H^+/H_2) = \varphi(\text{某电极})$$

或
$$E = \varphi^{\ominus}(H^+/H_2) - \varphi(\text{某电极}) = -\varphi(\text{某电极})$$

在上述电池中，若某电极上实际进行的是还原反应，则电极电势为正值；若某电极实际进行的是氧化反应，则电极电势为负值。

5. 参比电极

由于标准氢电极要求氢气纯度高、压力稳定，并且铂在溶液中易吸附其他组分而失去活性，因此实际上常用易于制备、使用方便且电极电势稳定的甘汞电极或氯化银电极作为电极电势的对比参考，称为参比电极。

（1）甘汞电极

电极反应：　　　　$Hg_2Cl_2(s) + 2e \rightleftharpoons 2Hg(l) + 2Cl^-(aq)$

电极电势：$\varphi(Hg_2Cl_2/Hg) = \varphi^{\ominus}(Hg_2Cl_2/Hg) - (RT/2F)\ln[c(Cl^-)/c^{\ominus}]^2$

甘汞电极的电极电势大小与 KCl 溶液中的 Cl^-浓度有关。常用的参比电极有饱和甘汞电极、Cl^-浓度为 $1mol \cdot dm^{-3}$的甘汞电极和 Cl^-浓度为 $0.1mol \cdot dm^{-3}$的甘汞电极。它们在 298.15K 时的电极电势分别为 0.2412V、0.2801V 和 0.3337V。

（2）氯化银电极

电极反应：　　　　$AgCl(s) + e \rightleftharpoons Ag(s) + Cl^-(aq)$

电极电势：$\varphi(AgCl/Ag) = \varphi^{\ominus}(AgCl/Ag) - (RT/F)\ln[c(Cl^-)/c^{\ominus}]$

电极电势也与 KCl 溶液中 Cl^-浓度有关。当 $c(Cl^-) = 1mol \cdot dm^{-3}$，温度为 298.15K 时，电极电势为 0.2223V。

6. 标准电极电势

根据上述方法，可利用标准氢电极或参比电极测得一系列待定电极的标准电极电势。表 4.4 中列出了 298.15K、标准状态（$c = 1mol \cdot dm^{-3}$，压力 $p = 100kPa$）下的一些氧化还原电对的标准电极电势。

表 4.4　一些主要电对的标准电极电势（298.15K，在酸性溶液中）

氧化型 + ne	$\rightleftharpoons$	还原型	$\varphi^{\ominus}$/V
$Li^+ + e$	$\rightleftharpoons$	Li	−3.045
$Na^+ + e$	$\rightleftharpoons$	Na	−2.714
$Mg^{2+} + 2e$	$\rightleftharpoons$	Mg	−2.37
$Zn^{2+} + 2e$	$\rightleftharpoons$	Zn	−0.763
$Fe^{2+} + 2e$	$\rightleftharpoons$	Fe	−0.44
$Sn^{2+} + 2e$	$\rightleftharpoons$	Sn	−0.136
$Pb^{2+} + 2e$	$\rightleftharpoons$	Pb	−0.126
$2H^+ + 2e$	$\rightleftharpoons$	H_2	0
$Cu^{2+} + 2e$	$\rightleftharpoons$	Cu	0.337
$I_2 + 2e$	$\rightleftharpoons$	$2I^-$	0.5345
$Ag^+ + e$	$\rightleftharpoons$	Ag	0.799
$Br_2 + 2e$	$\rightleftharpoons$	$2Br^-$	1.065
$Cl_2 + 2e$	$\rightleftharpoons$	$2Cl^-$	1.36
$MnO_4^- + 8H^+ + 5e$	$\rightleftharpoons$	$Mn^{2+} + 4H_2O$	1.51
$F_2 + 2e$	$\rightleftharpoons$	$2F^-$	2.87

氧化型的氧化能力增强（↓）

还原型的还原能力增强（↑）

（1）表中 $\varphi^{\ominus}$ 代数值按从小到大顺序排列。$\varphi^{\ominus}$ 代数值越大，表明电对的氧化态越易得电子，氧化态是越强的氧化剂；$\varphi^{\ominus}$ 代数值越小，表明电对的还原态越易失电子，还原态是越强的还原剂。

（2）$\varphi^{\ominus}$ 代数值与电极反应中化学计量数的选配无关。$\varphi^{\ominus}$ 代数值是反映物质得失电子倾向的大小，它与物质的数量无关。

如：$Zn^{2+} + 2e = Zn$ 与 $2Zn^{2+} + 4e = 2Zn$，$\varphi^{\ominus}$ 数值相同。

（3）$\varphi^{\ominus}$ 代数值与半反应的方向无关。IUPAC（国际纯粹与应用化学联合会）规定，表中电极反应以还原反应表示（又称“还原电势”），无论电对物质在实际反应中的转化方向如何，其 $\varphi^\ominus$ 代数值都不变。

如：$Cu^{2+}+2e = Cu$ 与 $Cu = Cu^{2+}+2e$，φ 数值相同。

（4）查阅标准电极电势数据时，要注意电对的具体存在形式、状态和介质条件等都必须完全符合。

（5）上述讨论的电极电势，是在电对的氧化态物质与还原态物质处于可逆平衡状态，且在整个原电池中无电流通过的条件下测得的。这种电极电势称为可逆电势或平衡电势。

7. 浓差电池

电极电势因离子浓度的不同而异。将同一金属离子不同浓度的两个溶液分别与该金属组成电极，因为两电极的电极电势不相等，所以组成电池的电动势不为零。这种原电池成为浓差电池。

问题讨论：

Zn 与 H_2 在标准条件下组成电池，Zn 为负极，在 25℃ 时测得电池的电动势 $E=0.7618V$。求 $\varphi^\ominus(Zn^{2+}/Zn)=?$

知识模块二　电极电势的能斯特方程

1. 电极电势的能斯特方程

对于任意给定的电极，电极反应通式为：$a(\text{氧化态}) + ne \rightleftharpoons b(\text{还原态})$

则
$$\varphi = \varphi^\ominus - (RT/nF)\ln\{[c(\text{还原态})/c^\ominus]^b/[c(\text{氧化态})/c^\ominus]^a\}$$

在 $T=298.15K$ 时，
$$\varphi = \varphi^\ominus + (0.05917V/n)\lg\{[c(\text{氧化态})/c^\ominus]^a/[c(\text{还原态})/c^\ominus]^b\}$$

上面两式称为电极电势的能斯特方程，它与原电池电动势的能斯特方程具有相同的形式。

值得注意的两个问题：

（1）电池反应或电极反应中某物质若是纯的固体或纯的液体（不是混合物），则能斯特方程中该物质的浓度作为1（因为热力学规定纯固体和纯液体的活度等于1）；

（2）电池反应或电极反应中某物质若是气体，则能斯特方程中的该物质的相对浓度 $c/c^\ominus$ 改用相对压力 $p/p^\ominus$ 表示。例如，对于氢电极，电极反应 $2H^+(aq) + 2e = H_2(g)$，能斯特方程中氢离子用相对浓度 $c(H^+)/c^\ominus$ 表示，氢气用相对分压 $p(H_2)/p^\ominus$ 表示，即 $\varphi(H^+/H_2) = \varphi^\ominus(H^+/H_2) - (RT/2F)\ln\{[p(H_2)/p^\ominus]/[c(H^+)/c^\ominus]^2\}$。

2. 电动势的能斯特方程与电极电势的能斯特方程的关系

$$E = \varphi(\text{正极}) - \varphi(\text{负极})$$
$$= \varphi^\ominus(\text{正极}) - \varphi^\ominus(\text{负极}) - (RT/nF)\ln\{[c(\text{产物})/c^\ominus]^b/[c(\text{反应物})/c^\ominus]^a\}$$

3. 电极电势的相关计算

例 4.2　计算 298.15K $c(Zn^{2+})=0.00100mol\cdot dm^{-3}$ 时，锌电极的电极电势。

解：查得锌电极的标准电极电势 $\varphi^\ominus(Zn^{2+}/Zn)=-0.7618V$

电极反应：　　$Zn^{2+}(aq)+2e \rightleftharpoons Zn(s)$

根据能斯特方程，当 $c(Zn^{2+})=0.00100mol\cdot dm^{-3}$ 时，

$$\varphi(Zn^{2+}/Zn) = \varphi^{\ominus}(Zn^{2+}/Zn) + (RT/2F)\ln\{[c(Zn^{2+})/c^{\ominus}]\}$$
$$= -0.7618 + (0.05917/2)\lg(0.00100)$$
$$= -0.8506(V)$$

从本例可以看出，离子浓度的改变对电极电势有影响，但在通常情况下影响不大。与标准状态下 $c(Zn^{2+}) = 1mol \cdot dm^{-3}$ 时的电极电势（$-0.7618V$）相比，当锌离子浓度减少到1/1000时，锌电极的电极电势改变不到0.1V。

例 4.3　已知 $c(MnO_4^-) = c(Mn^{2+}) = 1.000mol \cdot dm^{-3}$，计算298.15K不同pH时，$MnO_4^-/Mn^{2+}$ 电极的电极电势。（1）pH=5；（2）pH=1。

解：电极反应：　$MnO_4^- + 8H^+ + 5e \rightleftharpoons Mn^{2+} + 4H_2O$

标准电极电势：　$\varphi^{\ominus}(MnO_4^-/Mn^{2+}) = 1.507V$

（1）pH=5时，$c(H^+) = 1.000 \times 10^{-5} mol \cdot dm^{-3}$

$$\varphi(MnO_4^-/Mn^{2+}) = \varphi^{\ominus}(MnO_4^-/Mn^{2+}) - (RT/5F)\ln\{[c(Mn^{2+})/c^{\ominus}]/[c(H^+)/c^{\ominus}]^8[c(MnO_4^-)/c^{\ominus}]\}$$
$$= 1.507 + (0.05917/5)\lg(1.000 \times 10^{-5})^8$$
$$= 1.507 - 0.473 = 1.034(V)$$

（2）pH=1时，$c(H^+) = 1.000 \times 10^{-1} mol \cdot dm^{-3}$

$$\varphi(MnO_4^-/Mn^{2+}) = \varphi^{\ominus}(MnO_4^-/Mn^{2+}) - (RT/5F)\ln\{[c(Mn^{2+})/c^{\ominus}]/[c(H^+)/c^{\ominus}]^8[c(MnO_4^-)/c^{\ominus}]\}$$
$$= 1.507 + (0.05917/5)\lg(1.000 \times 10^{-1})^8$$
$$= 1.507 - 0.095 = 1.412(V)$$

从本例可以看出，电解质溶液的酸碱性对含氧酸根盐的电极电势有较大的影响。酸性增强，电极电势明显增大，则含氧酸盐的氧化性显著增强。

例 4.4　测得某铜锌溶液原电池的电动势为1.06V，并已知其中 $c(Cu^{2+}) = 0.02mol \cdot dm^{-3}$，问该原电池 $c(Zn^{2+})$ 为多少？

解：该原电池反应为：

$$Cu^{2+}(aq) + Zn(s) \rightleftharpoons Cu(s) + Zn^{2+}(aq),\ n = 2$$

查得 $\varphi^{\ominus}(Zn^{2+}/Zn) = -0.7618V$，$\varphi^{\ominus}(Cu^{2+}/Cu) = 0.3419V$。

该原电池的标准电动势为：

$$E^{\ominus} = \varphi^{\ominus}(正) - \varphi^{\ominus}(负) = 0.3419 - (-0.7618) = 1.1037(V)$$

根据能斯特方程：

$$E = E^{\ominus} - (0.05917/2)\lg\{[c(Zn^{2+})/c^{\ominus}]/[c(Cu^{2+})/c^{\ominus}]\}$$

将数据代入，得：

$$1.06 = 1.1073 - 0.02959\lg\{[c(Zn^{2+})]/0.02\}$$

解得　$c(Zn^{2+}) = 0.59mol \cdot dm^{-3}$

问题讨论：

（1）计算 OH^- 浓度为 $0.100mol \cdot dm^{-3}$ 时，氧的电极电势 $\varphi(O_2/OH^-)$。已知：$p(O_2) = 101.325kPa$，$T = 298.15K$。

（2）计算当pH=5.00，$c(Cr_2O_7^{2-}) = 0.0100mol \cdot dm^{-3}$，$c(Cr^{3+}) = 1.00 \times 10^{-6} mol \cdot dm^{-3}$ 时，重铬酸钾溶液中的 $\varphi(Cr_2O_7^{2-}/Cr^{3+})$ 值。

自学导读单元

（1）什么是电极电势和标准电极电势？如何表示？

（2）电极电势和电动势之间的关系如何？用公式表示。

（3）电极电势的能斯特方程如何表示？应用能斯特方程时，有哪些注意事项？

自学成果评价

一、是非题（对的在括号内填“√”，错的填“×”）

1. 查阅标准电极电势数据时，要注意电对的具体存在形式、状态和介质条件等都必须完全符合。（　　）

2. 在25℃及标准状态下测定氢的电极电势为零。（　　）

二、选择题（将所有的正确答案的标号填入括号内）

1. 下列电池反应 $Ni(s) + Cu^{2+}(aq) = Ni^{2+}(1.0mol \cdot dm^{-3}) + Cu(s)$，已知电对 Ni^{2+}/Ni 的 $\varphi^{\ominus}$ 为 −0.257V，则电对 Cu^{2+}/Cu 的 $\varphi^{\ominus}$ 为+0.342V，当电池电动势为零时，Cu^{2+} 离子浓度应为（　　）。

   A. $5.05\times10^{-27}mol \cdot dm^{-3}$　　B. $4.95\times10^{-21}mol \cdot dm^{-3}$

   C. $7.10\times10^{-14}mol \cdot dm^{-3}$　　D. $7.56\times10^{-11}mol \cdot dm^{-3}$

2. 298K时，金属锌放在 $1.0mol \cdot dm^{-3}$ 的 Zn^{2+} 溶液中，其电极电势为 $\varphi^{\ominus}=-0.76V$。若往锌盐溶液中滴加少量氨水，则电极电势应（　　）。

   A. 增大　　B. 减小　　C. 不变　　D. 不能判断

3. 电极反应 $MnO_4^-(aq) + 8H^+ + 5e^- = Mn^{2+}(aq) + 4H_2O$ 的标准电极电势为+1.51V，则当 pH=1.0 时，其余物质浓度均为 $1.0mol \cdot dm^{-3}$ 时的电动势为（　　）。

   A. +1.51V　　B. +1.50V　　C. +1.42V　　D. +1.60V

4. 若在标准Zn-Ag原电池的 Ag^+/Ag 半电池中，加入NaCl，则其电动势会（　　）。

   A. 增大　　B. 减小　　C. 不变　　D. 无法确定

5. 由反应 $Fe(s) + 2Ag^+(aq) = Fe^{2+}(aq) + 2Ag(s)$ 组成原电池，若仅将 Ag^+ 浓度减小到原来浓度的1/10，则电池电动势会（　　）。

   A. 增大0.059V　　B. 减小0.059V　　C. 减小0.118V　　D. 增大0.118V

6. 若将氢电极（$p_{H_2}=100kPa$）插入纯水中构成的氢电极与标准氢电极组成原电池时，则电动势 E 应为：（　　）。

   A. 0.4144V　　B. −0.4144V　　C. 0V　　D. 0.8288V

7. 已知电极反应 $Cu^{2+}+2e\rightarrow Cu$ 的标准电极电势为0.342V，则电极反应 $2Cu-4e\rightarrow 2Cu^{2+}$ 的标准电极电势应为（　　）。

   A. 0.684V　　B. −0.684V　　C. 0.342V　　D. −0.342V

三、填空题（将正确答案填在横线上）

1. Zn与 H_2 在标准条件下组成电池，Zn为负极，在25℃时测得电池的电动势 $E=0.7618V$，则 $\varphi(Zn^{2+}/Zn)=$＿＿＿＿＿＿。

2. 当 pH=5.00，$c(Cr_2O_7^{2-})=0.0100mol \cdot dm^{-3}$，$c(Cr^{3+})=1.00\times10^{-6}mol \cdot dm^{-3}$ 时，重铬酸钾溶液中的 $\varphi(Cr_2O_7^{2-}/Cr^{3+})$ 为＿＿＿＿＿＿。

四、计算题

由镍电极和标准氢电极组成原电池，若 $c(Ni^{2+})=0.0100mol \cdot dm^{-3}$ 时，原电池的电动势为0.315V，其中镍为负极，计算镍电极的标准电极电势。

学 能 展 示

基础知识

由标准钴电极（Co^{2+}/Co）与标准氯电极组成原电池，测得其电动势为 1.64V，此时钴电极为负极。已知 $\varphi^{\ominus}(Cl_2/Cl^-)=1.36V$，问：标准钴电极的电极电势为________（不查表）？

知识应用

能够运用能斯特方程计算电极电势以及电动势。

1. 已知下列两个电对的标准电极电势如下：

$$Ag^+(aq)+e \rightleftharpoons Ag(s) \qquad \varphi^{\ominus}(Ag^+/Ag)=0.7990V$$

$$AgBr(s)+e \rightleftharpoons Ag(s)+Br^-(aq) \qquad \varphi^{\ominus}(AgBr/Ag)=0.730V$$

试从 φ 值及能斯特方程，计算 AgBr 的溶度积。

2. 将反应 $2I^-(aq)+2Fe^{3+}(aq) \rightleftharpoons I_2(s)+2Fe^{2+}(aq)$ 组成原电池（温度为 298.15K）：（1）计算原电池的标准电动势；（2）计算反应的标准摩尔吉布斯函数变；（3）用图式表示原电池；（4）计算 $c(I^-)=1.0\times10^{-2}mol\cdot dm^{-3}$，以及 $c(Fe^{3+})=c(Fe^{2+})/10$ 时原电池的电动势。

3. 有一原电池：

$Pt \mid H_2(50.7kPa) \mid H^+(0.50mol\cdot L^{-1}) \parallel Sn^{4+}(0.7mol\cdot L^{-1}),\ Sn^{2+}(0.50mol\cdot L^{-1}) \mid Pt$

（1）确定其正、负极；

（2）计算电池的电动势。

已知：$\varphi^{\ominus}(Sn^{4+}/Sn^{2+})=0.154V$

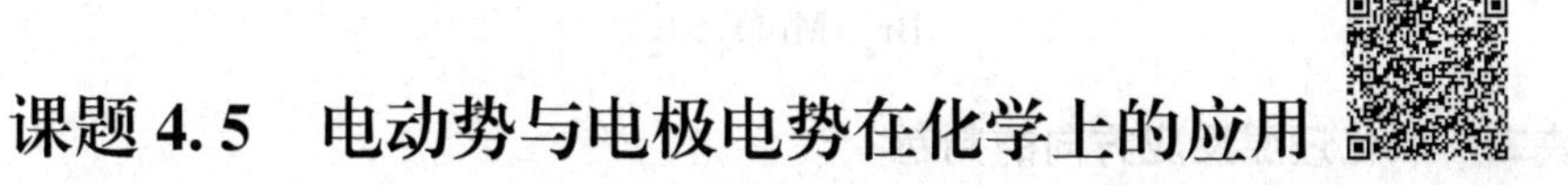

课题 4.5　电动势与电极电势在化学上的应用

学习目标	能运用电极电势判断物质的氧化性和还原性强弱，判断氧化还原反应的方向，衡量氧化还原反应进行的程度	
能力要求	1. 掌握电化学基本原理知识，并能初步应用于解决复杂工程问题； 2. 通过文献研究、识别、结论表达、分析复杂工程问题，并获得有效结论； 3. 能够在小组讨论中承担个体角色并发挥个体优势； 4. 具有自主学习的意识，逐渐养成终身学习的能力	
重点难点预测	重点	氧化剂和还原剂相对强弱的比较、反应方向的判断、反应进行程度的衡量
	难点	氧化剂和还原剂相对强弱的比较、反应方向的判断、反应进行程度的衡量
知识清单	氧化剂和还原剂相对强弱的比较、反应方向的判断、反应进行程度的衡量	
先修知识	电极电势、电动势、Nernst 方程式	

知识模块一　氧化剂和还原剂相对强弱的比较

电极电势的大小反映了电极中氧化态物质和还原态物质在溶液中氧化还原能力的相对

强弱。根据电对的电极电势的相对大小，可以判断各物质氧化还原能力的强弱。

若某电极电势代数值越小，则该电极上越容易发生氧化反应，或者说该电极的还原态物质越容易失去电子，是较强的还原剂；而该电极的氧化态物质越难得到电子，是较弱的氧化剂。若某电极电势的代数值越大，则该电极上越容易发生还原反应，该电极的氧化态物质越容易得到电子，是较强的氧化剂；而该电极的还原态物质越难失去电子，是较弱的还原剂。

例 4.5　下列三个电极中，在标准条件下哪个是最强的氧化剂？若其中的 MnO_4^-/Mn^{2+} 电极改为在 pH＝5.00 的条件下，它们的氧化性相对强弱次序将怎样改变？

$$\varphi^{\ominus}(MnO_4^-/Mn^{2+}) = +1.507V$$

$$\varphi^{\ominus}(Br_2/Br^-) = +1.066V$$

$$\varphi^{\ominus}(I_2/I^-) = +0.5355V$$

解：（1）在标准状态下可用 $\varphi^{\ominus}$ 值的相对大小进行比较。$\varphi^{\ominus}$ 值的相对大小次序为：

$$\varphi^{\ominus}(MnO_4^-/Mn^{2+}) > \varphi^{\ominus}(Br_2/Br^-) > \varphi^{\ominus}(I_2/I^-)$$

所以，在上述物质中 $MnO_4^-(KMnO_4)$ 是最强的氧化剂，I^-是最强的还原剂，即氧化性的强弱次序为：

$$MnO_4^- > Br_2 > I_2$$

（2）$KMnO_4$ 溶液中的 pH＝5.00，即 $c(H^+) = 1.00\times10^{-5}mol\cdot dm^{-3}$时，根据能斯特方程进行计算，得 $\varphi(MnO_4^-/Mn^{2+}) = 1.034V$。此时电极电势大小次序为：

$$\varphi^{\ominus}(Br_2/Br^-) > \varphi(MnO_4^-/Mn^{2+}) > \varphi^{\ominus}(I_2/I^-)$$

这就是说，当 $KMnO_4$ 溶液的酸性减弱为 pH＝5.00 时，氧化性的强弱次序变为：

$$Br_2 > MnO_4^- > I_2$$

知识模块二　氧化还原反应方向的判断

定温定压下，氧化还原反应进行的方向可根据反应的吉布斯自由能变化来判断。

根据 $\Delta_r G_m = -nFE = -nF(\varphi_+ - \varphi_-)$，只要 $E>0$，即 $\varphi_+>\varphi_-$，作为氧化剂电对的电极电势代数值大于作为还原剂电对的电极电势代数值时，就能满足反应自发进行的条件。

因此，可用电动势 E 或 φ 判断反应方向：

$E>0$　　即 $\varphi_+>\varphi_-$，$\Delta G<0$　　反应正向自发

$E=0$　　即 $\varphi_+=\varphi_-$，$\Delta G=0$　　反应处于平衡状态

$E<0$　　即 $\varphi_+<\varphi_-$，$\Delta G>0$　　反应正向非自发（逆反应可自发）

例 4.6　判断下列氧化还原反应进行的方向。

（1）$Sn + Pb^{2+}(1mol\cdot dm^{-3}) \rightleftharpoons Sn^{2+}(1mol\cdot dm^{-3}) + Pb$

（2）$Sn + Pb^{2+}(0.100mol\cdot dm^{-3}) \rightleftharpoons Sn^{2+}(1.000mol\cdot dm^{-3}) + Pb$

解：$\varphi^{\ominus}(Sn^{2+}/Sn) = -0.1375V$，$\varphi^{\ominus}(Pb^{2+}/Pb) = -0.1262V$

（1）当 $c(Sn^{2+}) = c(Pb^{2+}) = 1mol\cdot dm^{-3}$时，因为 $\varphi^{\ominus}(Pb^{2+}/Pb) > \varphi^{\ominus}(Sn^{2+}/Sn)$，所以 Pb^{2+}作为氧化剂，Sn 作为还原剂。反应按下列反应正向进行

$$Sn + Pb^{2+}(1mol\cdot dm^{-3}) \rightleftharpoons Sn^{2+}(1mol\cdot dm^{-3}) + Pb$$

（2）当 $c(Sn^{2+}) = 1.000mol\cdot dm^{-3}$，$c(Pb^{2+}) = 0.100mol\cdot dm^{-3}$时，

$$\varphi(Pb^{2+}/Pb) = \varphi^{\ominus}(Pb^{2+}/Pb) - (RT/2F)\ln\{1/[c(Pb^{2+})/c^{\ominus}]\}$$
$$= -0.1262 + (0.05917/2)\lg(0.1)$$
$$= -0.1558(V)$$
$$\varphi^{\ominus}(Sn^{2+}/Sn) > \varphi(Pb^{2+}/Pb)$$

所以，反应按（2）中反应的逆向进行，即

$$Pb + Sn^{2+}(1.000mol \cdot dm^{-3}) = Pb^{2+}(0.100mol \cdot dm^{-3}) + Sn$$

问题讨论：

试判断以下反应在 H^+ 浓度为 $1.00\times10^{-5}mol \cdot dm^{-3}$ 溶液中进行时的方向（其余物质处于标准态）。已知 $\varphi^{\ominus}(MnO_4^-/Mn^{2+}) = 1.507V$，$\varphi^{\ominus}(Cl_2/Cl^-) = 1.358V$。

$$2MnO_4^-(aq) + 16H^+(aq) + 10Cl^-(aq) \rightleftharpoons 5Cl_2(g) + 2Mn^{2+}(aq) + 8H_2O(l)$$

知识模块三　氧化还原反应进行程度的衡量

氧化还原反应进行的程度也就是氧化还原反应在达到平衡时，生成物相对浓度与反应物相对浓度之比，可由氧化还原反应的标准平衡常数 $K^{\ominus}$ 的大小来衡量。

已知
$$\Delta_r G_m^{\ominus} = -RT\ln K^{\ominus} = -nFE^{\ominus}$$

则 $T = 298.15K$ 时，可由 $\lg K^{\ominus} = nE^{\ominus}/0.5917V$ 求得反应的平衡常数 $K^{\ominus}$，分析该反应能够进行的程度。

例 4.7　计算下列反应在 298.15K 时的标准平衡常数 $K^{\ominus}$。

$$Cu(s) + 2Ag^+(aq) \longrightarrow Cu^{2+}(aq) + 2Ag(s)$$

解：先设计一个原电池以实现上述氧化还原反应：

负极　　$Cu(s) \rightleftharpoons Cu^{2+}(aq) + 2e$；$\varphi^{\ominus}(Cu^{2+}/Cu) = 0.3419V$

正极　　$2Ag^+(aq) + 2e \rightleftharpoons 2Ag(s)$；$\varphi^{\ominus}(Ag^+/Ag) = 0.7996V$

该原电池的标准电动势为

$$E^{\ominus} = \varphi^{\ominus}(正) - \varphi^{\ominus}(负) = \varphi^{\ominus}(Ag^+/Ag) - \varphi^{\ominus}(Cu^{2+}/Cu)$$
$$= 0.7996 - 0.3419 = 0.4577(V)$$
$$\lg K^{\ominus} = nE^{\ominus}/0.05917V = 15.47$$
$$K^{\ominus} = 3.0\times10^{15}$$

从以上结果可以看出，该反应进行的程度是相当彻底的。

自学导读单元

（1）氧化剂和还原剂的相对强弱是如何比较的？

（2）反应方向如何判断？

（3）反应进行的程度如何衡量？

自学成果评价

一、选择题（将所有的正确答案的标号填入括号内）

1. 在标准条件下，下列反应均朝正方向进行：

$$Cr_2O_7^{2-} + 6Fe^{2+} + 14H^+ \rightleftharpoons 2Cr^{3+} + 6Fe^{3+} + 7H_2O$$
$$2Fe^{3+} + Sn^{2+} \rightleftharpoons 2Fe^{2+} + Sn^{4+}$$

它们中间最强的氧化剂和最强的还原剂是（　　）。

A. Sn^{2+} 和 Fe^{3+}　　B. $Cr_2O_7^{2-}$ 和 Sn^{2+}　　C. Sn^{4+} 和 Cr^{3+}　　D. $Cr_2O_7^{2-}$ 和 Fe^{3+}

2. 下列反应能自发进行：$2Fe^{3+}+Cu = 2Fe^{2+}+Cu^{2+}$　$Cu^{2+}+Fe = Fe^{2+}+Cu$

由此比较 a. $\varphi^{\ominus}_{Fe^{3+}/Fe^{2+}}$、b. $\varphi^{\ominus}_{Cu^{2+}/Cu}$、c. $\varphi^{\ominus}_{Fe^{2+}/Fe}$ 的代数值大小顺序为（　　）。

A. c>b>a　　B. b>a>c　　C. a>c>b　　D. a>b>c

3. 已知 $\varphi^{\ominus}_{Cu^{2+}/Cu}=+0.3419V$，$\varphi^{\ominus}_{Fe^{3+}/Fe^{2+}}=+0.771V$，$\varphi^{\ominus}_{Sn^{4+}/Sn^{2+}}=+0.151V$，$\varphi^{\ominus}_{I_2/I^-}=+0.5355V$，其还原态还原性由强到弱的顺序为（　　）。

A. $Cu>I^->Fe^{2+}>Sn^{2+}$　　B. $I^->Fe^{2+}>Sn^{2+}>Cu$　　C. $Sn^{2+}>Cu>I^->Fe^{2+}$　　D. $Fe^{2+}>Sn^{2+}>I^->Cu$

4. 已知 $\varphi^{\ominus}_{Sn^{4+}/Sn^{2+}}=0.15V$，$\varphi^{\ominus}_{Cu^{2+}/Cu}=0.34V$，$\varphi^{\ominus}_{Fe^{3+}/Fe^{2+}}=0.77V$，$\varphi^{\ominus}_{Cl_2/Cl^-}=1.36V$，在标准状态下能自发进行的反应是（　　）。

A. $Cl_2+Sn^{2+}\rightarrow 2Cl^-+Sn^{4+}$　　B. $2Fe^{2+}+Cu^{2+}\rightarrow 2Fe^{3+}+Cu$

C. $2Fe^{2+}+Sn^{4+}\rightarrow 2Fe^{3+}+Sn^{2+}$　　D. $2Fe^{2+}+Sn^{2+}\rightarrow 2Fe^{3+}+Sn^{4+}$

5. 下列电对中，若增加 H^+ 的浓度，其氧化性增大的是（　　）。

A. Cu^{2+}/Cu　　B. $Cr_2O_7^{2-}/Cr^{3+}$　　C. Fe^{3+}/Fe^{2+}　　D. Cl_2/Cl^-

二、填空题（将正确答案填在横线上）

1. 含 $0.100mol\cdot L^{-1}$ Ag^+、$0.100mol\cdot L^{-1}$ Fe^{2+}、$0.010mol\cdot L^{-1}$ Fe^{3+} 溶液中发生反应：$Fe^{2+}+Ag^+ = Fe^{3+}+Ag$，$K^{\ominus}=2.98$。反应向________进行。

2. 对于氧化-还原反应，若以电对的电极电势作为判断的依据时，其自发的条件必为________。

3. 25℃时，若电极反应 $2D^+(aq)+2e\rightarrow D_2$ 的标准电极电势为 $-0.0034V$，则在相同温度及标准状态下反应 $2H^+(aq)+D_2(g)\rightarrow 2D^+(aq)+H_2(g)$ 的 $E^{\ominus}=$________，$\Delta_r G^{\ominus}_m=$________，$K^{\ominus}=$________。

三、判断下列氧化还原反应进行的方向（在 25℃的标准状态下）：

（1）$Ag^++Fe^{2+} \rightleftharpoons Ag+Fe^{3+}$

（2）$2Cr^{3+}+3I_2+7H_2O \rightleftharpoons Cr_2O_7^{2-}+6I^-+14H^+$

（3）$Cu+2FeCl_3 \rightleftharpoons CuCl_2+2FeCl_2$

学能展示

基础知识

能利用电极电势推算出氧化剂和还原剂的强弱。

有一种含 Cl^-、Br^- 和 I^- 的溶液，要使 I^- 被氧化而 Cl^-，Br^- 不被氧化，则现在以下常用的氧化剂：A. $KMnO_4$ 酸性溶液，B. $K_2Cr_2O_7$ 酸性溶液，C. 氯水和，D. $Fe_2(SO_4)_3$ 溶液中，应选________最适宜。

知识应用

1. 能够运用电极电势数据计算判断反应能否自发进行。

（1）在 pH=4.0 时，下列反应能否自发进行？试通过计算说明之（除 H^+ 及 OH^- 外，其他物质均处于标准条件下）。

1）$Cr_2O_7^{2-}(aq)+14H^+(aq)+6Br^- = 3Br_2(l)+2Cr^{3+}(aq)+7H_2O(l)$

2）$2MnO_4^-(aq)+10Cl^-(aq)+16H^+ = 2Mn^{2+}(aq)+5Cl_2(g)+8H_2O(l)$

（2）由标准钴电极（Co^{2+}/Co）与标准氯电极组成原电池，测得其电动势为 1.64V，此时钴电极为负极。已知 $\varphi^{\ominus}(Cl_2/Cl^-)=1.36V$，问：

1）标准钴电极的电极电势为多少（不查表）？

2）此电池反应的方向如何？

3）当氯气的压力增大或减小时，原电池的电动势将发生怎样的变化？

4）当 Co^{2+} 的浓度降低到 0.010mol · dm^{-3} 时，原电池的电动势将发生怎样的变化？数值是多少？

2. 能够通过标准平衡常数与标准电动势之间的关系进行计算，衡量氧化还原反应进行的程度。

为什么 Cu^+ 在水溶液中不稳定，容易发生歧化反应？25℃时歧化反应的 $\Delta_r G_m^\ominus$ 和 $K^\ominus$ 是多少？已知：铜的歧化反应为 $2Cu^+(aq) = Cu^{2+}(aq) + Cu(s)$，$\varphi^\ominus(Cu^{2+}/Cu^+) = 0.163V$，$\varphi^\ominus(Cu^+/Cu) = 0.521V$。

拓展提升

能应用电动势、电极电势以及能斯特方程，并能初步应用于解决复杂工程问题，即能根据相关文献数据，提出相应的解决方案。

从标准电极电势值分析下列反应朝哪一方向进行？

$$MnO_2(s) + 2Cl^-(aq) + 4H^+(aq) \rightleftharpoons Mn^{2+}(aq) + Cl_2(g) + 2H_2O(l)$$

实验室中是根据什么原理，采用什么措施，利用上述反应制备氯气的？

课题 4.6　化学电源、金属的腐蚀和防腐

学习目标	1. 了解化学电源、电解的原理及电解在工业生产中的一些应用； 2. 能对工业过程中简单的金属腐蚀和防腐问题进行识别，分析，并通过文献研究，提出可行的防腐方案	
能力要求	1. 掌握电化学基本原理知识，并能初步应用于解决复杂工程问题； 2. 通过文献研究、识别、结论表达、分析复杂工程问题，并获得有效的结论； 3. 能够针对复杂工程问题进行研究和信息综合，得到合理有效的结论； 4. 能够在小组讨论中承担个体角色并发挥个体优势； 5. 具有自主学习的意识，逐渐养成终身学习的能力	
重点难点预测	重点	电解、金属的腐蚀及防腐
	难点	电解、金属的腐蚀及防腐
知识清单	化学电源、电解（分解电压、超电势）、金属的腐蚀及防腐	
先修知识	中学化学选修 4 化学反应与原理：电化学基础有关化学电池、电解池、金属的电化学腐蚀和防护	

知识模块一　化学电源

1. 一次电池

一次电池是放电后不能充电或补充化学物质使其复原的电池。常见的有酸性的锌锰干电池和碱性的锌汞电池。

（1）锌锰干电池

电池符号：　$(-)Zn \mid ZnCl_2,\ NH_4Cl(糊状) \mid MnO_2 \mid C(+)$

电极反应：　$(-)Zn(s) \longrightarrow Zn^{2+}(aq) + 2e$

$(+)2MnO_2(s) + 2NH_4^+(aq) + 2e \longrightarrow Mn_2O_3(s) + 2NH_3(g) + H_2O(l)$

锌锰干电池的电动势为1.5V，携带方便，但反应不可逆，使用寿命有限。

(2) 锌-氧化汞电池（又称纽扣电池）

电池符号：$(-)Zn(Hg)\mid KOH$(糊状，含饱和ZnO)$\mid HgO\mid C(+)$

电极反应：

$$(-)Zn + 2OH^- - 2e \longrightarrow ZnO + H_2O$$

$$(+)HgO(s) + H_2O + 2e \longrightarrow Hg(l) + 2OH^-$$

锌-氧化汞电池体积小、能量高，储存性能优良，是常用电池中放电电压最平稳的电源之一。其缺点是使用汞，不利于环保。

(3) 锂-铬酸银电池

以锂为负极的还原剂，铬酸银为正极的氧化剂，其导电介质为含有高氯酸锂（$LiClO_4$）的碳酸丙烯酯（PC）溶液。

电池符号：$(-)Li\mid LiClO_4, PC\mid Ag_2CrO_4\mid Ag(+)$

电极反应：

$$(-)Li - e \longrightarrow Li^+$$

$$(+)Ag_2CrO_4 + 2Li^+ + 2e \longrightarrow 2Ag + Li_2CrO_4$$

优点：单位体积所含能量高，稳定性好，电池电压高（2.8~3.6V）。

2. 二次电池

放电后能通过充电使其复原的电池称为二次电池，常用的二次电池有铅蓄电池、镉镍电池和氢镍电池。

(1) 铅蓄电池

电池符号：$(-)Pb\mid H_2SO_4(1.25\sim1.30g\cdot cm^{-3})\mid PbO_2(+)$

电极反应：

$$(-)Pb(s) + SO_4^{2-}(aq) = PbSO_4(s) + 2e$$

$$(+)PbO_2(s) + 4H^+(aq) + SO_4^{2-}(aq) + 2e = PbSO_4(s) + 2H_2O(l)$$

电池总反应：

$$Pb(s) + PbO_2(s) + 2H_2SO_4(aq) \rightleftharpoons 2PbSO_4(s) + 2H_2O(l)$$

铅蓄电池在放电后，可以利用外界直流电源进行充电，输入能量，使两电极恢复原状。充电时，两极反应为放电时的逆反应。正常蓄电池中硫酸密度为$1.25\sim1.30g\cdot cm^{-3}$。若低于$1.20g\cdot cm^{-3}$，则表示已部分放电，需充电后才能使用。具有原料易得、价格低廉、技术成熟、使用可靠，可大电流放电等优点，所以使用很广泛。其中约80%用于汽车工业（主要用于启动马达）。其缺点是太笨重（例如：载重2t的搬运车电池自重0.5t）。

(2) 镉镍电池

电池符号：$(-)Cd\mid KOH(1.19\sim1.21g\cdot cm^{-3})\mid NiO(OH)\mid C(+)$

电极反应：

$$(-)Cd(s) + 2OH^-(aq) = Cd(OH)_2(s) + 2e$$

$$(+)2NiO(OH)(s) + 2H_2O(l) + 2e = 2NiO(OH)_2(s) + 2OH^-(aq)$$

电池总反应：

$$Cd(s) + 2NiO(OH)(s) + 2H_2O(l) = 2NiO(OH)_2(s) + Cd(OH)_2(s)$$

镉镍电池的内部电阻小，电压平稳，反复充放电次数多，使用寿命长，且能在低温环境下工作，常用于航天部门和用作电子计算器及收录机的电源，但镉镍电池存在严重的镉污染问题。

(3) 氢镍电池

氢镍电池以新型储氢材料——钛镍合金或镧镍合金、混合稀土镍合金为负极，镍电极为正极，氢氧化钾水溶液为电解质溶液，电池电动势约为1.20V。氢镍电池被称为绿色环保电池，无毒、不污染环境。其突出优点是循环使用寿命很长，有望成为航天、电子、通信领域中应用最广泛的高能电池之一。

电池符号：　$(-)Ti-Ni \mid H_2(p) \mid KOH(c) \mid NiO(OH) \mid C(+)$

3. 连续电池

在放电过程中可以不断地输入化学物质，通过反应把化学能转变成电能，连续产生电流的电池。

燃料电池就是一种连续电池，是名副其实的将燃料的化学能直接转化为电能的“能量转化器”。能量转换率很高，理论上可达 100%。实际转换率为 70%~80%。

燃料电池由燃料（氢、甲烷、肼、烃、甲醇、煤气、天然气等）、氧化剂（氧气、空气等）、电极和电解质溶液等组成。燃料（如氢）连续不断地输入负极，作还原活性物质，把氧连续不断输入正极，作氧化活性物质，通过反应连续产生电流。其无噪声、无污染的优点，更显示了化学在能源领域中的作用和魅力。

（1）氢氧燃料电池

电池符号：　$(-)C \mid H_2(p) \mid KOH(aq) \mid O_2(p) \mid C(+)$

电极反应：　$(-)2H_2(g) + 4OH^-(aq) \rightleftharpoons 4H_2O(l) + 4e$

$$(+)O_2(g) + 2H_2O(l) + 4e \rightleftharpoons 4OH^-(aq)$$

电池总反应：　$H_2(g) + O_2(g) \rightleftharpoons 2H_2O(l)$

当 H_2 和 O_2 的分压均为 100kPa，KOH 的浓度为 30% 时，电池的理论电动势约为 1.23V。氢氧燃料电池的燃烧产物为水，因此对环境无污染。

（2）磷酸型燃料电池

采用磷酸作为电解质，廉价的碳材料作为骨架。除了可以用氢气为燃料外，现在还有可能直接利用甲醇、天然气等廉价燃料。磷酸型燃料电池是目前最成熟的燃料电池。目前世界上最大的燃料电池发电厂是东京电能公司经营的 11MW 美日合作磷酸型燃料电池发电厂。

4. 化学电源与环境污染

在一次电池和二次电池中，含有汞、锰、镉、铅、锌等重金属，使用后如果随意丢弃，就会造成环境污染。研究无污染电池和无害化处理是目前亟待解决的两个问题。

重金属通过食物链后在人体内聚积，就会对健康造成严重的危害。重金属聚积到一定量后会使人发生中毒现象，严重时将会导致人死亡。因此，加强废电池的管理，不乱扔废电池，实现有害废弃物的“资源化、无害化”管理，已迫在眉睫。

知识模块二　电解

1. 电解

利用外加电能的方法促使反应进行的过程叫做电解。在电解过程中，电能转变为化学能。

在电解池中，与直流电源的负极相连的极叫做阴极，与直流电源的正极相连的极叫做阳极。在阴极上得到电子，进行还原反应，在阳极上给出电子，进行氧化反应。

在电解池的两极反应中，氧化态物质得到电子或还原态物质给出电子的过程都叫做放电。通过电极反应这一特殊形式，使金属导线中电子导电与电解质溶液中离子导电联系起来。

2. 分解电压和超电势

(1) 分解电压

使电解顺利进行的最低电压称为实际分解电压，简称分解电压。

这里以铂作电极，电解 0.100mol · dm^{-3} Na_2SO_4 溶液为例。

0.100mol · dm^{-3} Na_2SO_4 水溶液中 pH=7，即 $c(H^+) = c(OH^-) = 1.00 \times 10^{-7}$mol · dm^{-3}。

阳极反应： $H_2O + 1/2O_2 + 2e \rightleftharpoons 2OH^-$

氧电极电势：$\varphi(O_2/OH^-) = \varphi^\ominus - (RT/2F)\ln\{[c(OH^-)/c^\ominus]^2/[p(O_2)/p^\ominus]^{1/2}\}$

$= 0.401V - (0.05917V/2)\lg(1.00 \times 10^{-7})^2 = 0.815V$

阴极反应： $H_2 \rightleftharpoons 2H^+ + 2e$

氢电极电势：$\varphi(H^+/H_2) = \varphi^\ominus - (RT/2F)\ln\{[p(H_2)/p^\ominus]/[c(H^+)/c^\ominus]^2\}$

$= (0.05917V/2)\lg(1.00 \times 10^{-7})^2 = -0.414V$

由电解产物组成的氢氧原电池，H_2 为负极，O_2 为正极。

$$E = 0.815V - (-0.414V) = 1.23V$$

该原电池的电子流方向与外加直流电源电子流的方向相反。因而至少需要外加一定值的电压以克服该原电池所产生的电动势，才能使电解顺利进行。这个电压（1.23V）称为理论分解电压 E（理）。

事实上，上述实验至少需 1.7V 才能使其发生电解。此值（1.7V）称为实际分解电压 E（实）。

(2) 极化

电极电势偏离了没有电流通过时的平衡电极电势值的现象，在电化学上称为极化。电解池中实际分解电压与理论分解电压之间的偏差，除了由电阻引起的电压降以外，就是由电极的极化引起的。电极极化包括浓差极化和电化学极化。

1) 浓差极化：由离子扩散速率缓慢引起的。可通过搅拌电解液和升高温度，使离子扩散速率增大而得到一定程度的消除。

2) 电化学极化：是由电解产物析出过程中某一步骤（如离子的放电、原子结合为分子、气泡的形成等）反应速率迟缓而引起电极电势偏离平衡电势的现象。即电化学极化是由电化学反应速率决定的。对电解液的搅拌，一般并不能消除电化学极化的现象。

(3) 电极的超电势 η

有显著大小的电流通过时电极的电势 φ(实) 与没有电流通过时电极的电势 φ(理) 之差的绝对值被定义为电极的超电势 η，即：

$$\eta = |\varphi(实) - \varphi(理)|$$

超电势导致：阳极析出电势升高，即 $\varphi(析，阳) = (\varphi_{阳} + \eta)$；阴极析出电势降低，即 $\varphi(析，阴) = (\varphi_{阴} - \eta)$。

电解时电解池的实际分解电压 E（实）与理论分解电压 E（理）之差，称为超电压 E（超），即

$$E(超) = E(实) - E(理)$$

超电压与超电势之间的关系为：$E(超) = \eta(阴) + \eta(阳)$

影响超电势的因素主要有三个方面：

1）电解产物：金属超电势较小，气体的超电势较大，而氢气、氧气的超电势则更大。

2）电极材料和表面状态：同一电解产物在不同电极上的超电势数值不同，且电极表面状态不同，超电势数值也不同。

3）电流密度：随着电流密度增大，超电势增大。在表达超电势的数据时，必须指明电流密度的数值或具体条件。

电极上超电势的存在，使得电解池所需的外加电压增大，消耗更多的能源，因此人们常常设法降低超电势。但是，有时超电势也会给人们带来便利。例如，在铁板上电镀锌（利用电解的方法在铁板上沉积一层金属锌）时，如果没有超电势，由于 $\varphi(H^+/H_2) > \varphi(Zn^{2+}/Zn)$，所以在阴极铁板上析出的是氢气而不是金属锌。但是，控制电解条件，使得氢的超电势很大，实际上就可以析出金属锌。

3. 电解池中两极的电解产物

综合考虑电极电势和超电势的因素，在阳极上进行氧化反应的首先是析出电势（考虑超电势因素后的实际电极电势）代数值较小的还原态物质；在阴极上进行还原反应的首先是析出电势代数值较大的氧化态物质。

（1）如果电解的是熔融盐，电极采用铂或者石墨等惰性电极，则电极产物只可能是熔融盐的正、负离子分别在阴、阳两极上进行还原和氧化后所得的产物。例如，电解熔融 $CuCl_2$，在阴极得到金属铜，在阳极得到氯气。

（2）如果电解的是盐类的水溶液，电解液中除了盐类离子外，还有 H^+ 和 OH^- 离子存在，电解时究竟是哪种离子先在电极上析出就值得讨论了。简单盐类水溶液电解产物归纳如下：

1）阴极析出的物质：φ（析出）大的氧化态物质。

①电极电势代数值比 $\varphi(H^+/H_2)$ 大的金属正离子首先在阴极还原析出。

②一些电极电势比 $\varphi(H^+/H_2)$ 小的金属正离子（如 Zn^{2+}、Fe^{2+} 等），则由于 H_2 的超电势较大，这些金属正离子的析出电势仍可能大于 H^+ 的析出电势（可小于−0.1V），因此这些金属也会首先析出。

③电极电势很小的金属离子（如 Na^+、K^+、Mg^{2+}、Al^{3+} 等），在阴极不易被还原，而总是水中的 H^+ 被还原成 H_2 而析出。

2）阳极析出的物质：φ（析出）小的还原态物质。

①金属材料（除 Pt 等惰性电极外，如 Zn 或 Cu、Ag 等）作阳极时，金属阳极首先被氧化成金属离子溶液。

②用惰性材料作电极时，溶液中存在 S^{2-}、Br^-、Cl^- 等简单负离子时，如果从标准电极电势数值来看，$\varphi^\ominus(O_2/OH^-)$ 比它们的小，似乎应该是 OH^- 在阳极上易于被氧化而产生氧气。然而由于溶液中 OH^- 浓度对 $\varphi(O_2/OH^-)$ 的影响较大，再加上 O_2 的超电势较大，OH^- 析出电势可大于 1.7V，甚至还要大。因此在电解 S^{2-}、Br^-、Cl^- 等简单负离子的盐溶液时，在阳极可以优先析出 S、Br_2 和 Cl_2。

③用惰性阳极且溶液中存在复杂离子如 SO_4^{2-} 等时，由于其电极电势 $\varphi^\ominus(SO_4^{2-}/S_2O_8^{2-}) = +2.01V$，比 $\varphi^\ominus(O_2/OH^-)$ 还要大，因而一般都是 OH^- 首先被氧化而析出氧气。

例如，在电解 NaCl 浓溶液（以石墨作阳极，铁作阴极）时，在阴极能得到氢气，在阳极能得到氯气；在电解 $ZnSO_4$ 溶液（以铁作阴极，石墨作阳极）时，在阴极能得到金属锌，在阳极能得到氧气。

4. 电解的应用

(1) 电镀

电镀是应用电解原理将一种金属覆盖到另一种金属零件表面上的过程。既可防腐蚀又可起装饰的作用。

在电镀时，一般将需要镀层的零件作为阴极（连接电源负极），而用作镀层的金属（如 Ni-Cr 合金、Au 等）作为阳极（连接电源正极）。电镀液一般为含镀层金属配离子的溶液。

在适当的电压下，阳极发生氧化反应，金属失去电子而成为正离子进入溶液中，即阳极溶解；阴极发生还原反应，金属正离子在阴极镀件上获得电子，析出沉积成金属镀层。

如：电镀锌，被镀零件作为阴极材料，金属锌作为阳极材料，在锌盐（如 $Na_2[Zn(OH)_4]$）溶液中进行电解。

阴极：

$$Zn^{2+}+2e \xlongequal{} Zn$$

阳极：

$$Zn \xlongequal{} Zn^{2+}+2e$$

(2) 阳极氧化

阳极氧化就是把金属在电解过程中作为阳极，使之氧化而得到厚度 5~300μm 的氧化膜，以达到防腐耐蚀目的。

以铝的阳极氧化为例，在阳极铝表面上，一种是 Al_2O_3 的形成反应，另一种是 Al_2O_3 被电解液不断溶解的反应。当生成速率大于溶解速率时，氧化膜就能形成，并保持一定的厚度。电极反应如下：

阳极

$$2Al+3H_2O-6e \xlongequal{} Al_2O_3+6H^+ \text{（主要反应）}$$

$$2H_2O-4e \xlongequal{} 4H^++O_2\uparrow \text{（次要反应）}$$

阴极

$$2H^++2e \xlongequal{} H_2\uparrow$$

阳极氧化可采用稀硫酸、铬酸或草酸溶液。

(3) 电镀刷

电刷镀是把适当的电镀液刷镀到受损的机械零部件上使其回生的技术。几乎所有与机械有关的工业部门都在推广应用，能以很低的成本取得较大的经济效益。

用镀笔作阳极，工件作阴极，并在操作中不断旋转。电刷镀的电镀液不是放在电镀槽中，而是在电刷镀过程中不断滴加电镀液，使之浸湿在棉花包套中，在直流电的作用下不断刷镀到工件阴极上。这样就把固定的电镀槽改变为不固定形状的棉花包套，从而摆脱了庞大的电镀槽，使设备简单而操作方便。

知识模块三　金属的腐蚀和防腐

1. 金属的腐蚀

当金属与周围介质接触时，由于发生化学反应或电化学作用而引起金属的破坏叫做金属的腐蚀。金属腐蚀的本质是金属原子失电子被氧化的过程。

根据金属腐蚀过程的不同特点，可以分为化学腐蚀和电化学腐蚀两大类。

（1）化学腐蚀

金属与周围介质直接发生氧化还原反应而引起的腐蚀叫做化学腐蚀。

化学腐蚀发生在非电解质溶液中或干燥的气体中，在腐蚀过程中不产生电流。如：钢铁的高温氧化脱碳、石油或天然气输送管部件的腐蚀等。化学腐蚀原理比较简单，属于一般的氧化还原反应。

（2）电化学腐蚀

当金属与电解质溶液接触时，由电化学作用而引起的腐蚀叫做电化学腐蚀。金属在大气中的腐蚀，在土壤及海水中的腐蚀和在电解质溶液中的腐蚀都是电化学腐蚀。

电化学腐蚀的特点是形成腐蚀电池，电化学腐蚀过程的本质是腐蚀电池放电的过程。

1）析氢腐蚀

在酸性较强的条件下钢铁发生析氢腐蚀，电极反应为：

阳极：　$Fe-2e = Fe^{2+}$

阴极：　$2H^{+}+2e = H_2\uparrow$

2）吸氧腐蚀

在弱酸性或中性条件下钢铁发生吸氧腐蚀，电极反应为：

阳极：　$Fe-2e = Fe^{2+}$

阴极：　$2H_2O+O_2+4e = 4OH^{-}$

2. 金属腐蚀的防止

（1）改变金属的内部结构：例如，把铬、镍加入普通钢中制成不锈钢。

（2）保护层法：例如，在金属表面涂漆、电镀或用化学方法形成致密而耐腐蚀的氧化膜等。如白口铁（镀锌铁）、马口铁（镀锡铁）。

（3）缓蚀剂法：在腐蚀介质中，加入少量能减小腐蚀速率的物质以防止腐蚀的方法。

1）无机缓蚀剂：在中性或碱性介质中主要采用无机缓蚀剂，如铬酸盐、重铬酸盐、磷酸盐、碳酸氢盐等。主要是在金属的表面形成氧化膜或沉淀物。

2）有机缓蚀剂：在酸性介质中，一般是含有 N、S、O 的有机化合物。常用的缓蚀剂有乌洛托品、若丁等。

3）气相缓蚀剂：如亚硝酸二环己烷基胺，给机器产品（尤其是精密仪器）的包装技术带来重大革新。

（4）阴极保护法：将被保护的金属作为腐蚀电池的阴极（原电池的正极）或者为电解池的阴极而不受腐蚀。前一种是牺牲阳极（原电池的负极）保护法，后一种是外加电流法。

1）牺牲阳极保护法：将较活泼金属或其合金连接在被保护的金属上，使形成原电池的方法。较活泼金属作为腐蚀电池的阳极而被腐蚀，被保护的金属则得到电子作为阴极而达到保护目的。一般常用的牺牲阳极材料有铝合金、镁合金、锌合金和锌铝铬合金等。牺牲阳极法常用于保护海轮外壳、锅炉和海底设备。

2）外加电流法：在外加直流电的作用下，用废钢或石墨等难溶性导电物质作为阳极，将被保护金属作为电解池的阴极而进行保护的方法。此法可用于防止土壤、海水和河水中金属设备的腐蚀。

自学导读单元

（1）什么是化学电源？化学电源分为几类？试举例说明。

（2）试分别写出铅蓄电池和氢氧燃料电池在放电时的两极反应。

（3）什么是电解？电解池中两极的电解产物有何规律？

（4）什么是分解电压和超电势？超电势有哪些利弊？

（5）电解有哪些应用？

（6）金属腐蚀的本质是什么？金属腐蚀有哪些分类？通常金属在大气中的腐蚀主要是析氢还是吸氧腐蚀？写出腐蚀电池的电极反应。

（7）防止金属腐蚀的方法主要有哪些？各根据什么原理？

自学成果评价

一、是非题（对的在括号内填“√”，错的填“×”）

1. 钢铁在大气的中性或弱酸性水膜中主要发生吸氧腐蚀，只有在酸性较强的水膜中才主要发生析氢腐蚀。（　　）
2. 外加电流的阴极保护法是将需保护的金属材料与直流电源的正极相连。（　　）
3. 超电势导致阳极析出电势降低，阴极析出电势升高。（　　）

二、选择题（将所有的正确答案的标号填入括号内）

1. 电镀工艺是将欲电镀零件作为电解池的（　　）；阳极氧化是将需处理的部件作为电解池的（　　）。

   A. 阴极　　B. 阳极　　C. 任意一个电极　　D. 负极

2. 电解提纯铜时，使用纯铜作的电极应是（　　）。

   A. 阳极　　B. 阴极　　C. 两极　　D. 不确定

3. 电解 $CuCl_2$ 水溶液，以石墨作电极，则在阳极上：（　　）。

   A. 析出 Cu　　B. 析出 O_2　　C. 析出 Cl_2　　D. 石墨溶解

4. 以石墨为电极，电解 Na_2SO_4 水溶液，则其电解产物为：（　　）。

   A. Na 和 SO_2　　B. Na 和 O_2　　C. H_2 和 O_2　　D. H_2 和 SO_2

5. 含有杂质的铁在水中发生吸氧腐蚀，则阴极反应是下列中哪个反应式？（　　）

   A. $O_2+2H_2O+4e=4OH^-$　　B. $Fe^{2+}+2OH^-=Fe(OH)_2$

   C. $2H^++2e=H_2$　　D. $Fe=Fe^{2+}+2e$

6. 下列说法错误的是（　　）。

   A. 金属腐蚀分为化学腐蚀和电化学腐蚀　　B. 金属在干燥的空气中主要发生化学腐蚀

   C. 金属在潮湿的空气中主要发生析氢腐蚀　　D. 金属在潮湿的空气中主要发生吸氧腐蚀

7. 为保护海水中的钢铁设备，下列哪些金属可作牺牲阳极（　　）。

   A. Pb　　B. Cu　　C. Sn　　D. Zn

三、填空题（将正确答案填在横线上）

1. 电解含有下列金属离子的盐类水溶液：Li^+，Na^+，K^+，Zn^{2+}，Ba^{2+}，Ca^{2+}，Ag^+。其中__________能被还原成金属单质；__________不能被还原成金属单质。
2. 超电势导致阳极析出电势__________，阴极析出电势__________。
3. 金属腐蚀的本质是__________的过程。在酸性较强的条件下钢铁发生__________腐蚀，在弱酸性或中性条件下钢铁发生__________腐蚀。

学 能 展 示

知识应用

1. 能够运用标准电极电势数据推算电解反应产物。

用两级反应表示下列物质的主要电解产物：

（1）电解 $NiSO_4$ 溶液，阳极用镍，阴极用铁；

（2）电解熔融 $MgCl_2$，阴极用石墨，阴极用铁；

（3）电解 KOH 溶液，两极都用铂。

2. 能够运用标准电极电势数据控制电解所需条件。

电解镍盐溶液，其中 $c(Ni^{2+}) = 0.10mol \cdot L^{-1}$。如果阴极上只析出 Ni，而不析出氢气，计算溶液的最小 pH 值（设氢气在 Ni 上的超电势为 0.21V）。

3. 能够根据电化学腐蚀理论写出金属腐蚀的两极反应式。

分别写出铁在微酸性水膜中，与铁完全浸没在稀硫酸（$1mol \cdot L^{-1}$）中发生腐蚀的两极反应式。

拓展提升

能应用电解的基本原理知识，并能初步应用于解决复杂工程问题，即能根据超电势控制电解条件，提出相应的解决方案。

氢气在锌电极上的超电势 η 与电极上通过的电流密度 j（单位为 $A \cdot cm^{-2}$）的关系为 $\eta = 0.72 + 0.116\lg j$。在 298K 时，用锌作阴极，惰性物质作阳极，电解液是浓度为 $0.1mol \cdot L^{-1}$ 的 $ZnSO_4$ 溶液，设 pH = 7.0。若要使 $H_2(g)$ 不与 Zn 同时析出，应控制电流密度在什么范围内？

第2篇　物质的性质及应用

物质的组成与结构决定物质的性质，物质的性质和用途之间有着密切的关系。物质分为纯净物和混合物，纯净物包括单质和化合物，单质根据其性质不同又分为金属单质、非金属单质和稀有气体单质；化合物分为无机化合物和有机化合物。限于篇幅，本篇仅介绍常用的元素无机化合物、无机材料及高分子材料。元素化学是无机化学的主体部分。第5~10章将介绍由元素组成的常见单质和化合物的组成、结构、制备、性质及其变化规律的有关知识，第11章简单介绍无机材料，第12章简单介绍高分子材料有关知识。

第5章　元素概论及氢、稀有气体

【本章学习要点】 本章综述元素的发现、分类和存在形态，元素的自然资源，单质的性质和制备方法，氢气的性质、氢化物的类型及其离子型氢化物的性质，稀有气体的性质和用途。

<table>
<tr><td>学习目标</td><td colspan="2">1. 对元素的发现、分类和存在形态有初步认识；
2. 能根据单质的性质，选择合适的制备方法；
3. 能运用埃林汉姆图结合热力学知识判断金属氧化物的还原顺序</td></tr>
<tr><td>能力要求</td><td colspan="2">1. 能将化学元素化合物基础知识初步应用于解决金属的制备和提纯等工程问题；
2. 能够针对复杂工程问题，初步运用化学反应的基本原理和元素化合物基础知识，进行研究和信息综合得到合理有效的结论；
3. 能够在小组讨论中承担个体角色并发挥个体优势；
4. 具有自主学习的意识，逐渐养成终身学习的能力</td></tr>
<tr><td rowspan="2">重点难点预测</td><td>重点</td><td>单质的制备方法，埃林汉姆图、氢化物的性质和用途</td></tr>
<tr><td>难点</td><td>埃林汉姆图的运用、氢化物的性质和用途</td></tr>
<tr><td>知识清单</td><td colspan="2">元素概述（元素的发现、分类和存在形态，元素的自然资源，单质的晶体结构和物理性质，单质的制取方法、埃林汉姆图），稀有气体的性质和用途，以及氢（氢原子的结构和性质，氢气的性质和用途，氢气的工业制备和储运，氢化物的性质和用途）</td></tr>
<tr><td>先修知识</td><td colspan="2">高中化学：物质性质与元素周期律的关系</td></tr>
</table>

课题 5.1　元素概论

1. 元素的发现、分类和存在形态

（1）元素的发现

迄今为止，在人类可能探测的宇宙范围，已经发现的元素和人工合成的 10 多种元素加一起，共有 118 种，其中地球上天然存在的元素有 92 种，其余为人工合成元素。

元素的发现经历了漫长的历史过程，它与人类的进步和科学的发展有着密切的联系。很长一段时间，门捷列夫元素周期表中的第七周期都不完整，直至 21 世纪，国际纯粹与应用化学联合会（IUPAC）逐步宣布确认 114 号、116 号、113 号、115 号、117 号和 118 号元素的存在。如今，新的化学元素已经被正式添加到元素周期表中，这也意味着，这张表的第七行终于完整了。元素的发现时期详见表 5.1。

表 5.1　元素的发现时期

时期	发现的元素	发现元素的数目
古代	Fe，Cu，Ag，Sn，Sb，Au，Hg，Pb，C，S	10
13 世纪	As	1
17 世纪	P	1
18 世纪	Ti，Cr，Mn，Co，Ni，Zn，Sr，Y，Zr，Mo，W，Pt，Bi，U，H，O，N，Cl，Se，Te	20
19 世纪	Li，Be，Na，Mg，Al，K，Ca，V，Nb，Ru，Rh，Pd，Cd，Ba，La，Ce，Tb，Er，Ta，Os，Ir，Th，Sc，Ga，Ge，Rb，In，Cs，Pr，Nd，Sm，Gd，Dy，Ho，Tm，Yb，Po，Tl，Ra，Ac，F，He，Ne，Ar，Kr，Xe，Rn，B，Si，Br，I	51
20 世纪	Fr，Pm，Eu，Lu，Hf，Re，Pr，Pa，At，Np，Pu，Am，Cm，Bk，Cf，Es，Fm，Md，No，Lr，Rf，Db，Sg，Bh，Hs，Mt，Ds，Rg，Uub	29
21 世纪	Uut，F1，Uup，Lv，Uus，Uuo	6

（2）元素的分类

1）按性质分类

118 种元素按其性质可以分为金属元素和非金属元素，其中金属元素 96 种，非金属元素 22 种，金属元素约占元素总数的 4/5。它们在长式周期表中的位置可以通过硼—硅—砷—碲—砹和铝—锗—锑—钋之间的对角线来划分。位于这条对角线左下方的单质都是金属；右上方的都是非金属。这条对角线附近的锗、砷、锑、碲等称为准金属。所谓准金属是指性质介于金属和非金属之间的单质。准金属大多数可作半导体。

2）化学分类法

在化学上将元素分为普通元素和稀有元素。所谓稀有元素一般指在自然界中含量少或分布稀散，被人们发现较晚，难从矿物中提取的或在工业上制备和应用较晚的元素。例如钛，由于冶炼技术要求较高，难以制备，长期以来人们对它的性质了解得很少，被列为稀有元素，但它在地壳中的含量排第十位；而有些元素储量并不多但矿物比较集中，如硼、金等早已被人们所熟悉，被列为普通元素。因此，普通元素和稀有元素的划分不是绝对的。

稀有元素通常分为以下几类：

轻稀有元素：锂（Li）、铷（Rb）、铯（Cs）、铍（Be）；

分散性稀有元素：镓（Ga）、铟（In）、铊（Tl）、硒（Se）、碲（Te）；

高熔点稀有元素：钛（Ti）、锆（Zr）、铪（Hf）、钒（V）、铌（Nb）、钽（Ta）、钼（Mo）、钨（W）；

铂系元素：钌（Ru）、铑（Rh）、钯（Pd）、锇（Os）、铱（Ir）、铂（Pt）；

稀土元素：钪（Sc）、铱（Y）、镧（La）及镧系元素；

放射性稀有元素：锕（Ac）及锕系元素、钫（Fr）、镭（Ra）、锝（Tc）、钋（Po）等。

随着稀有元素的应用日益广泛，新矿源的开发和研究工作的进展，稀有元素与普通元素之间的有些界限已越来越不明显。

3）扎瓦里茨基元素地球化学分类

扎瓦里茨基元素地球化学分类是以展开式元素周期表为基础，赋予原子和离子半径以重要意义，根据元素地球化学行为的相似性将元素划分为 12 族：

氢族：H；

惰性气体族：He、Ne、Ar、Kr、Xe、Rn；

造岩元素族：Li、Be、Na、Mg、Al、Si、K、Ca、Rb、Sr、Cs 和 Ba；

挥发分元素族：B、C、N、O、F、P、S、Cl；

铁族：Ti、V、Cr、Mn、Fe、Co、Ni；

稀土、稀有元素族：Sc、Y、Zr、Nb、RE、Hf、Ta 等；

放射性元素族：Fr、Ra、Ac、Pa、U 等；

钨钼族：Mo、Tc、W、Re；

铂族：Ru、Rh、Pd、Os、Ir、Pt；

金属矿床成矿元素族：Cu、Zn、Ge、Ag、Cd、In、Sn、Au、Hg、Pb；

半金属元素族：As、Sb、Bi、Se、Te、Po；

重卤素元素族：Br、I、At。

4）戈尔德施密特分类法

根据戈尔德施密特的分类，元素分为五类：亲铁元素、亲硫元素、亲石元素、亲气元素、有机元素。

①亲铁元素

这些元素与铁共生，主要存在于基性、超基性岩中，包括 Ti、V、Cr、Mn、Fe、Co、Ni 及铂族元素等。

②亲硫元素

这类元素指与硫的亲和力强，自然界主要以硫化物状态产出的元素。这些元素离子的最外层电子为具 18 电子的铜型结构，硫化物的形成热小于氧化物的形成热，包括四至六周期中Ⅰ、Ⅱ副族和Ⅲ至Ⅶ主族的元素。这些元素常形成硫化物，主要与中酸性岩浆岩及热液有关；

ⅠB 族：Cu、Ag、Au；

ⅡB 族：Zn、Cd、Hg；

非变价亲硫元素：Ga、Ge、In、Sn、Tl、Pb，因为这些元素常与铜共生，也称亲铜元素。

③亲石元素

这类元素常形成氧化物、硅氧酸岩或各类含氧酸岩，主要富集于地壳及酸碱性岩中，也称为造岩元素，如 O、Si、Al、K、Na、Ca、Mg、Li、Rb、Be、Sr、Ba 等。

碱土金属与碱金属元素都属于亲石元素，主要为成岩元素，Li、Be 产于伟晶岩中；Na、Mg、Al、Si、K、Ca 一般岩石矿物的主要组成元素；Rb、Cs、Sr、Ba、稀有金属可以形成独立矿物。一些放射性元素 U、Th、Ra 也主要与亲石元素共生，尤其是与碱性岩元素共生。

一些稀有元素，Sc、Y、Zr、Hf、Nb、Ta、W、Mo、Re，一般形成氧化物，可以形成独立矿物或作为伴生微量元素出现。

④亲气元素

亲气元素是以气态为主要存在状态的元素，常易于形成易溶、易挥发的化合物，由于其较大的流动性，是有利于成矿元素的迁移富集的。

亲气元素是岩浆射气的主要成分：如 B、C、N、O、F、P、S、Cl，包括主要的卤素元素，常与金属元素形成络合物或络阴离子（$[FeOH]^{2+}$、$[FeCl]^{2+}$、$[FeCl_3]^-$、$[FeSO_4]^+$、$[Fe(SO_4)_2]^-$、$[CuCl_2]^-$、$[CuCl_3]^{2-}$、$[CuCl]^+$、$[Cu(S_2O_3)_2]^{3-}$、$[AgCl_2]^-$、$[Ag(NH_2)_2]^{2+}$、$[Ag(S_2O_3)_2]^{3-}$、$[PbCl_3]^-$、$[ZnCl_3]^-$、$[ZnCl_4]^{2-}$、$[PbCl]^+$、$[ZnCl]^+$）。

络阴离子可以增加金属元素的溶解度，因此也称为矿化剂或挥发性元素。

实验表明，成矿元素在盐水溶液中的溶解度明显增加，主要与形成络合物或络阴离子有关。

⑤有机元素

有机元素也称生命元素，它们是构成生命有机体的主要元素，因此与生命活动有关，主要是 C、H、O、N、P、S、Cl、Ca、Mg、K、Na 等。

（3）元素在自然界中的存在形态

元素在自然界中物种的存在形态主要有游离态（单质）和化合态（化合物）。

1）游离态

在自然界中以游离态存在的元素比较少，大致有三种情况：

①气态非金属单质，如 N_2、O_2、H_2 及元素气体（He、Ne、Ar、Kr、Xe）等；

②固态非金属单质，如碳（金刚石、石墨）、硫；

③金属单质，如 Hg、Ag、Au 及铂系元素（Ru、Rh、Pd、Os、Ir、Pt）单质，还有由陨石引入的天然铜和铁。

2）化合态

大多数元素以化合态（氧化物、硫化物、卤化物、碳酸盐、磷酸盐、硫酸盐、硅酸盐、硼酸盐等）存在。广泛存在于矿物及海水中，例如：

①活泼金属元素（ⅠA 族和ⅡA 族中 Mg）与ⅦA 族（卤素）形成的离子型卤化物，存在于海水、盐湖水、地下卤水、气井水及岩盐矿中。例如，钠盐（NaCl）、钾盐

(KCl)、光卤石（$KCl \cdot MgCl_2 \cdot 6H_2O$）、萤石（$CaF_2$）等。

②ⅡA 族元素还常以难溶碳酸盐形式存在于矿物中，如石灰石（$CaCO_3$）、菱镁矿（$MgCO_3$）、白云石［$CaMg(CO_3)_2$］、方解石（$CaCO_3$）等；以硫酸盐形式存在的有石膏（$CaSO_4$）、重晶石（$BaSO_4$）、芒硝（$Na_2SO_4 \cdot 10H_2O$）等。

③准金属元素（B 除外）以及ⅠB 族、ⅡB 族元素常以能溶硫化物形式存在，例如辉锑矿（Sb_2S_3）、辉铜矿（Cu_2S）、闪锌矿（ZnS）、辰砂矿（HgS）等。

④ⅢB～ⅦB 族过渡元素主要以稳定的氧化物形式存在，如金红石（TiO_2）、铬铁矿（$FeO \cdot Cr_2O_3$）、软锰矿（MnO_2）、磁铁矿（Fe_3O_4）、赤铁矿（Fe_2O_3）等。

从存在的物理形态来说，在常温常压下元素的单质以气体存在的有 11 种，即 N_2、O_2、H_2、Cl_2、F_2 和 He、Ne、Ar、Kr、Xe、Rn；以液体存在的有 2 种，Hg、Br_2；还有两种单质，熔点很低，易形成过冷状态，即 Cs（熔点为 28.5℃）、Ga（熔点为 30℃）。其余元素的单质呈固态。

问题讨论：

1. 元素不同分类方法，分别有什么意义？
2. 从上述分类方法中，可得到什么启示？
3. 哪种元素分类法可解释元素在自然界中的存在形态？

2. 元素的自然资源

元素在地壳中的含量称为丰度，丰度可用质量分数或原子分数来表示。

O	H	Si	Al	Na
52.32%	16.95%	16.67%	5.53%	1.95%
Fe	Ca	Mg	K	Ti
1.50%	1.48%	1.39%	1.08%	0.22%

从以上数据可以看出，在组成地壳的原子总数中，这 10 种元素约占 99%，而其余所有元素的含量总共不超过 1%，可见大多数元素的丰度是很小的。从以上数据还可以看出，按照化学分类法，Ti 虽然划分成稀有元素，其实在地壳中的丰度较高。

地壳中的元素存在于矿物和天然水系（海水、河水、湖水及地下水）中。我国的矿物资源比较丰富。到目前为止，世界上已知的矿物在我国都找得到，已探明储量的达 148 种。

金属矿物，如钛铁矿、钨、锂、锑、锌、稀土居世界首位，钒、锡、钼、铋、铅、汞、铌、钽、铍等矿物储量居世界前列，铝、铜、镍等常用金属的矿石在我国的储量也比较大。其中稀土（钇及镧系）矿总储量占世界的 80%，蕴藏量最大的地方就是内蒙古白云鄂博，其次是四川凉山彝族自治州，是我国轻稀土独立矿床最大资源地。

非金属矿物资源中，磷、硫、石墨矿和硼矿储量高，硼矿储量居世界第一位，磷矿居世界第二位。菱镁矿、萤石、硅石、白云岩和石灰石等重要冶金辅助原料也不少，其中菱镁矿居世界首位；非金属建材矿产如石棉、滑石、水泥原料、珍珠岩、大理石、膨润土、石膏、花岗岩等也有相当储量。

但我国铁矿（90%以上）、铜矿、磷矿多为贫矿；钾盐、天然碱、天然硫、金刚石等资源不足；金、银、铂等更为稀少。共生、伴生矿多，而且地区分布不均。因此，要依靠科学技术，以目前物理勘探手段加强综合勘探，重视资源的综合利用。为寻找新的资源，科学家开始向地球深处进军。

海水里除组成水的H、O外，主要元素的含量见表5.2。海洋中的元素大多以离子形式存在于海水中；也有些沉积在海底，如太平洋海底的锰结核矿。海洋里锰的储量多达4000亿吨，为大陆储量的4000倍，可见海洋是元素资源的巨大宝库。我国海岸线长达18000km，这对开发、利用海洋资源极为有利。

表5.2　全球海水中的元素含量平均值（未计入溶解气体和水）

常量元素①	浓度/mg·L^{-1}	微量元素②	浓度/mg·L^{-1}
Cl	19891.80	Ti	0.001
Na	11061.28	^{95}Mo	0.01
Mg	1330.23	Al	0.02
S	929.31	N(硝酸盐)	0.510
Ca	423.54	^{238}U	0.0032
K	410.17	Ba	0.020
Br	68.88	Rb	0.120
C(无机)	28.78	Li	0.180
Sr	7.90	^{51}V	0.0025
B	0.00046	^{57}Fe	0.002
F	0.00014	^{66}Zn	0.0049

注：浓度单位已换算为mg·L^{-1}，换算海水密度采用平均值1.028kg·L^{-1}；S表示SO_4^{2-}形式的S元素。

①引自：RILEY J P，CHESTER R. Chemical Oceanogrophy [M]. 2nd Ed. 1978：369。

②引自：RILEY J P，SKIRROW G. Chemical Oceanogrophy [M]. 2nd Ed，1975：417。

在地球表面周围的大气层约厚100km，总质量达5×10^6亿吨，其主要成分见表5.3。

表5.3　大气的成分（未计入水蒸气）

气体	体积分数/%	质量分数/%	气体	体积分数/%	质量分数/%
N_2	78.09	75.51	CH_4	0.00022	0.00012
O_2	20.95	23.15	Kr	0.0001	0.00029
Ar	0.39	1.28	N_2O	0.0001	0.00015
CO_2	0.03	0.046	H_2	0.00005	0.000003
Ne	0.0018	0.00125	Xe	0.000008	0.000036
He	0.00052	0.000072	O_3	0.000001	0.000036

由表5.3可以看出，大气中的主要成分是N_2、O_2和稀有气体，其中N_2多达3.8648×10^6亿吨，所以大气层也是元素资源的一个巨大宝库。目前世界各国每年从大气中提取数以百万吨计的N_2、O_2及稀有气体等物质。

我国元素化学的研究重点是在其资源丰富的前过渡元素（如钨、钒、铌、钽、钛等）和储量居世界前列的稀土元素、稀散元素及盐湖资源化学方面。

问题讨论：

镁广泛应用于镁合金生产、炼钢脱硫，还用在稀土合金、金属还原、腐蚀保护及其他领域。从表 5.2 看出，海水中镁的含量为 1.33g·L^{-1}，总储量约为 2×10^{15}t，世界上 60%的镁来自海水，请利用自然界的矿物资源设计从海水中提取镁的工艺流程，若要就该工艺建厂，厂址应选择在什么样的地方，才能使企业的经济效益最大化？

3. 单质的晶体结构和物理性质

主族及零族元素单质的晶体类型如表 5.4 所示。

表 5.4　主族及零族元素单质的晶体类型

族 类	ⅠA	ⅡA	ⅢA	ⅣA	ⅤA	ⅥA	ⅦA	零
一	H_2 分子晶体							He 分子晶体
二	Li 金属晶体	Be 金属晶体	B 原子晶体	C 金刚石为原子晶体； 石墨为片状结构晶体； 富勒烯碳原子簇为分子晶体	N_2 分子晶体	O_2 分子晶体	F_2 分子晶体	Ne 分子晶体
三	Na 金属晶体	Mg 金属晶体	Al 金属晶体	Si 原子晶体	P 白磷为分子晶体； 黑磷为层状结构晶体	S 斜方硫、单斜硫为分子晶体； 弹性硫为链状结构晶体	Cl_2 分子晶体	Ar 分子晶体
四	K 金属晶体	Ca 金属晶体	Ga 金属晶体	Ge 原子晶体	As 黑砷为分子晶体； 灰砷为层状结构晶体	Se 红硒为分子晶体； 灰硒为链状结构晶体	Br_2 分子晶体	Kr 分子晶体
五	Rb 金属晶体	Sr 金属晶体	In 金属晶体	Sn 灰锡为原子晶体； 白锡为金属结构晶体	Sb 黑锑为分子晶体； 灰锑为层状结构晶体	Te 灰碲 链状结构晶体	I_2 分子晶体	Xe 分子晶体
六	Cs 金属晶体	Ba 金属晶体	Tl 金属晶体	Pb 金属晶体	Bi 层状结构晶体 （近于金属晶体）	Po 金属晶体	At 金属晶体 （具有某些金属性）	Rn 分子晶体

问题讨论：

1. 从表 5.4 可看出主族元素单质晶体结构有什么变化规律？

2. 由于单质晶体结构呈周期性变化，元素单质的一些物理性质也呈现周期性变化。请根据已有知识叙述表 5.4 中元素的熔点、沸点、硬度、密度、导电性的变化规律。

3. 根据物质结构基础知识，简单叙述副族元素熔点、沸点、硬度、密度、导电性的变化规律。

课题 5.2　单质的制取方法

1. 单质的制备

单质的制备大致有物理分离、热分解、电解、还原及氧化五种方法。

（1）物理分离法

物理分离法适用于分离、提取那些以单质状态存在，与其杂质在某些物理性质（如密度、沸点等）上有显著差异的元素。如淘洗黄金是利用金密度大的性质将金提取出来；又如氧气、氮气则是根据液氧、液氮沸点的不同将液态空气分馏而制得，再如四氧化三铁和三氧化二铁是根据两种物质的磁性差异通过磁选分离获得。

（2）热分解法

热稳定性差的某些金属化合物（如 Ag_2O、Au_2O_3 · HgS、ZrI_4 · [$Ni(CO)_4$] 等）受热易分解为金属单质。例如：

$$HgS(s) \xrightarrow[O_2]{\Delta} Hg(l) + SO_2(g)$$

$$Ni(CO)_4 \xrightarrow{140 \sim 240℃} Ni+4CO$$

热分解法还常用于制备一些高纯度单质，例如，将粗 Zr 和 I_2 在装有炽热钽丝的封闭容器中加热到 600℃生成 ZrI_4，ZrI_4 在 1800℃又可分解为纯 Zr 和 I_2（I_2 可循环使用）：

$$Zr(粗) + 2I_2 \xrightarrow{600℃} ZrI_4 \xrightarrow{1800℃} Zr(纯) + 2I_2$$

热分解法也用于提高白炽灯的发光效率。我们知道，要想提高白炽灯的发光效率，就必须提高灯丝温度；而灯丝温度越高，钨的蒸发也就越快，钨丝就会很快变细烧断。同时由于钨蒸发沉积到泡壳上泡壳变黑，又会降低白炽灯的发光效率。所以要制造发光效率高的钨丝灯，必须进一步解决提高灯丝温度和减小钨蒸发的问题。如果能设法使蒸发出去的钨重返灯丝，这样既防止管壁发黑，又能延长灯丝使用寿命。碘钨灯就是应用了碘钨循环的原理，大大减少了钨的蒸发量，工作温度可提高到 3000℃，发光效率也提高很多。

$$W+2I_2 \xrightarrow{200 \sim 1000℃} WI_4 \xrightarrow{1400℃} W+2I_{2(g)}$$

氢化物分解也能获得纯度较高的单质，例如：

$$SiH_4 \xrightarrow{600 \sim 800℃} Si+2H_2$$

$$TiH_2 \xrightarrow{600℃} Ti+H_2$$

（3）电解（电离）法

活泼金属和非金属单质的制备，可采用电离法。如电离饱和 NaCl 水溶液制取 H_2 和 Cl_2；电离金属熔融盐制备 Li、Na、Mg、Al 等金属：

$$2NaCl+2H_2O \xrightarrow{电离} 2NaOH+H_2\uparrow+Cl_2\uparrow$$

$$2LiCl(熔体) \xrightarrow[KCl,\ 420 \sim 430℃]{电离} 2Li+Cl_2\uparrow$$

$$2NaCl(熔体) \xrightarrow[CaCl_2,\ 580 \sim 590℃]{电离} 2Na+Cl_2\uparrow$$

$$2Al_2O_3(熔体) \xrightarrow[Na_3AlF_6,\ 960℃]{电离} 4Al+3O_2\uparrow$$

$$TiO_2(熔体) \xrightarrow[CaCl_2,\ 1000℃]{电解} Ti+O_2$$

（4）氧化法

使用氧化剂氧化化合物制取单质的方法称为氧化法。例如，用空气氧化法从黄铁矿中提取硫：

$$3FeS_2+6C+8O_2 \xrightarrow{\triangle} Fe_3O_4+6CO_2\uparrow+6S\uparrow$$

冷却硫蒸气可得到粉末状的硫。也可从天然气分离出的 H_2S 来提取硫：

$$2H_2S+3O_2 \longrightarrow 2SO_2+2H_2O$$

$$2H_2S+SO_2 \xrightarrow[300℃]{催化剂（Al_2O_3 或 Fe_2O_3）} 3S+2H_2O$$

$$Cl_2+H_2S \longrightarrow 2HCl+S$$

$$Cl_2+2NaI \longrightarrow 2NaCl+I_2$$

（5）还原法

使用还原剂还原化合物（如氧化物）来制取金属单质的方法称为还原法。一般常用焦炭、CO、H_2 及活泼金属等作为还原剂。例如：

$$MgO+C \xrightarrow{\triangle} Mg+CO\uparrow$$

$$MnO_2+2CO \xrightarrow{\triangle} Mn+2CO_2\uparrow$$

$$WO_3+3H_2 \xrightarrow{\triangle} W+3H_2O$$

$$Fe_2O_3+2Al \xrightarrow{\triangle} 2Fe+Al_2O_3$$

$$2Ca_3(PO_4)_2+10C+6SiO_2 \xrightarrow{\triangle} 6CaSiO_3+10CO\uparrow+P_4\uparrow$$

$$TiCl_4+2Mg_{(液)} \xrightarrow{1000℃(Ar)} 2MgCl_{2(液)}+Ti_{(固)}$$

$$TiCl_4+4Na_{(液)} \xrightarrow{800℃} Ti_{(固)}+4NaCl_{(液)}$$

2. 热还原法的热力学分析

把某一金属从其氧化物中还原出来所需的还原剂和反应温度条件，可借助各种氧化物的埃林汉姆图。

假设某金属 M 和 O_2 反应生成氧化物 M_mO_{2n}：

$$mM+nO_2 \longrightarrow M_mO_{2n}$$

全式除以 n：

$$\frac{m}{n}M+O_2 \longrightarrow \frac{1}{n}M_mO_{2n}$$

若以 $\Delta_rG_m^\ominus$ 表示每消耗 1mol O_2，并生成 1/nmol M_mO_{2n} 的吉布斯自由能变，以 $\Delta_rG_m^\ominus$ 对 T 作图，可得到埃林汉姆图，即 $\Delta_rG_m^\ominus-T$ 图（图 5.1）。图中各条直线折点对应的温度为该金属的沸点。

根据热力学原理，图中 $\Delta_rG_m^\ominus$ 值越小的直线所对应的氧化物越稳定，$\Delta_rG_m^\ominus<0$ 以下各直线的位置越低，表示对应金属自发形成氧化物的倾向越大。据此，由图 5.1 可知：

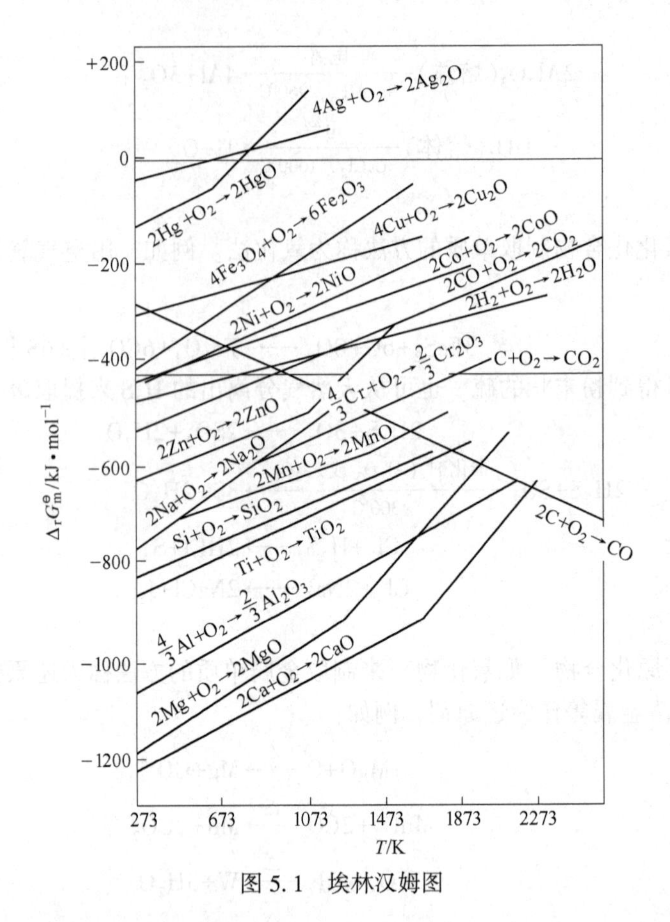

图 5.1　埃林汉姆图

（1）图中某直线对应的氧化物能被位于其下面的任一直线对应的金属所还原，而且两直线距离相差越大，反应进行越完全。例如，“Mn”线在“Al”线上方，所以 MnO_2 可被 Al 还原：

$$\frac{3}{4}Al(s) + O_2(g) \longrightarrow \frac{2}{3}Al_2O_3(s); \qquad \Delta_r G_m^\ominus(1) = -1054.9kJ \cdot mol^{-1}$$

$$Mn(s) + O_2(g) \longrightarrow MnO_2(s); \qquad \Delta_r G_m^\ominus(2) = -465.14kJ \cdot mol^{-1}$$

$$MnO_2(s) + \frac{3}{4}Al(s) \longrightarrow Mn(s) + \frac{2}{3}Al_2O_3(s)$$

$$\Delta_r G_m^\ominus = \Delta_r G_m^\ominus(1) - \Delta_r G_m^\ominus(2) = (-1054.9 + 465.14)kJ \cdot mol^{-1} = -589.8kJ \cdot mol^{-1}$$

即 $\Delta_r G_m^\ominus<0$，上述反应可以自发进行。

（2）由图可以看出，MgO、Al_2O_3、CaO 的 $\Delta_r G_m^\ominus$ 值比其他氧化物的 $\Delta_r G_m^\ominus$ 值小得多，所以 Mg、Al、Ca 可还原其他金属氧化物。

（3）$2C+O_2 \rightarrow CO$ 的 $\Delta_r G_m^\ominus$ 值随温度升高而减小，在高温下比许多氧化物的 $\Delta_r G_m^\ominus$ 小。因此，高温下许多金属氧化物（如 Fe_2O_3、ZnO、NiO 等）均可被 C 还原。

以上仅从热力学角度分析了氧化物的还原反应进行的一般条件。实际选用还原剂时，需考虑该还原剂是否易发挥；是否与还原产物进一步反应；是否“价廉物美”。另外，反应温度的确定还要考虑设备条件和能源消耗等。还原反应目前主要用于镁、铁、钴、镍、锌和各种铁合金的生产。

问题讨论：

1. 为什么一种金属氧化物能被埃林汉姆图中位于其下方直线对应的金属所还原？
2. 为何单质 Ag 和 Hg 可采用其相应氧化物热分解的方法制得？
3. 高温下焦炭为何可作为冶炼某些金属的还原剂？
4. 闪锌矿（ZnS）经煅烧成氧化锌后，试根据埃林汉姆图选用一种经济可行的还原剂以制取金属锌。

课题 5.3　氢

氢是宇宙间所有元素中含量最丰富的元素，估计占所有原子总数的90%以上。在宇宙空间中，氢原子的数目比其他所有元素原子的总和约大100倍。在自然界中氢主要以化合态存在，在地球上和地球大气中只存在极稀少的游离状态氢。氢在自然界中分布很广，水便是氢的“仓库”——氢在水中的质量分数为11%；泥土中约有1.5%的氢；石油、天然气、动植物体也含氢。空气中氢的含量极微，约占总体积的5/1000万。但在星际空间含量却很丰富，幼年星体几乎100%是氢。

1. 氢原子的性质及其成键特征

氢是周期系中第一号元素，在所有元素原子中氢原子的结构是最简单的，氢的电子层结构为 $1s^1$。已知氢在自然界有三种同位素，其中 ^1_1H（氕，符号 H）占其总量的99.98%，^2_1H（氘，符号 D）占0.016%，^3_1H（氚，符号 H）占总量的0.004%。氢以人工方法合成的同位素还有 ^4_1H、^5_1H、^6_1H、^7_1H，由于它们的质子数相同而中子数不同，因而它们的单质和化合物的化学性质基本相同，物理性质和生物性质则有所不同。

氢原子的一些重要性质列于表5.5中。

表5.5　氢原子的性质

价层电子构型	$1s^1$	摩尔体积/$L \cdot mol^{-1}$	22.4
氧化数	-1，0，+1	相对原子质量	1.00794
范德华半径/pm	120	电离能/$kJ \cdot mol^{-1}$	1312
玻尔半径/pm	53	电子亲和能/$kJ \cdot mol^{-1}$	-72.8
共价半径/pm	37	电负性	2.20

从氢的原子结构和成键特征来看，氢在周期表中的位置是不易确定的。氢与ⅠA族、ⅦA族元素相比在性质上有所不同，但考虑氢原子失去1个电子后变成 H^+，与碱金属相似，因此人们将氢归于ⅠA族；如考虑氢原子得到1个电子后变成 H^-，与卤素相似，所以人们也将氢归入ⅦA族中。可见，氢的化学性质有其特殊性。

从表5.5可以看出，氢的电离能并不小（比碱金属几乎大2~3倍）；电子亲和能代数值也不太小；电负性在元素中处于中间地位，所以氢与非金属和金属都能化合。它的成键方式主要有以下几种情况：

（1）失去价电子。氢原子失去1s电子就成为 H^+，H^+ 实际上是氢原子的核即质子。由于质子的半径为氢原子半径的几万分之一，因此质子具有很强的电场，能使邻近的原子或分子强烈变形。H^+在水溶液中与H_2O结合，以水和氢离子（H_3O^+）存在。

（2）结合一个电子。氢原子可以结合1个电子而形成具有氦原子$1s^2$结构的H^-，这是氢和活泼金属相化合形成离子型氢化物时的价键特征。

（3）形成共价化合物。氢很容易同其他非金属通过共用电子对相结合，形成共价型氢化物。

2. 氢气的性质和用途

（1）氢气的主要物理性质（表5.6）

表5.6　氢气的物理性质

颜　色	常温无色气体，液氢无色，固氢雪花状		
熔点/℃	−259.23	$\Delta_{fus}H_m$/J·mol^{-1}	117.15
沸点/℃	−252.77	$\Delta_{vap}H_m$/J·mol^{-1}	903.74
三相点	−259℃、7.042kPa	临界点	−240℃、1.293MPa
汽化热/kJ·mol^{-1}	0.44936	熔化热/kJ·mol^{-1}	0.05868
质量热容/J·kg^{-1}·℃$^{-1}$	14000	气态密度/kg·m^{-3}	0.0899（为空气的1/4倍）
热导率/W·m^{-1}·K^{-1}	0.187（为空气的5倍）	空气中的爆炸极限（体积分数）/%	5~75
热值/J·mol^{-1}	2.82×10^5	恒压质量热容/J·kg^{-1}·K^{-1}	14.30
可溶性	难溶于水	危险性	高温、易燃、易爆

（2）氢气的用途

1）气态氢用途

氢气是无色、无味的气体，是所有气体中最轻的。所以氢气可作为飞艇、氢气球的填充气体（由于氢气具有可燃性，安全性不高，飞艇现多用氦气填充）。在农业上，使用氢气球携带干冰、碘化银等试剂在云层中喷洒，进行人工降雨。

氢在水中的溶解度很小，0℃时每升水中可溶解19.9mL氢，但它却能大量地被过渡金属镍、钯、铂等所吸收。若在真空中把吸有氢气的金属加热，氢气即可放出。利用这种性质可以获得极纯的氢气。

氢气可在氧气或空气中燃烧，得到的氢氧焰温度可高达3000℃，适用于金属切割或焊接。

在点燃氢气或加热氢气时，必须确保氢气的纯净，以免发生爆炸事故。故使用氢气的厂房要严禁烟火，加强通风。

加热时，氢气可与许多金属或非金属反应，形成各类氢化物。

在高温下，氢可以从氧化物或氯化物中夺取氧或氯，将某些金属或非金属还原出来。电气工业需要的高纯钨和硅就是用这种方法制取的：

$$WO_3+3H_2 \xrightarrow{\text{高温}} W+3H_2O$$

$$SiHCl_3+H_2 \xrightarrow{\text{高温}} Si+3HCl\uparrow$$

高温下（如2000K以上），氢分子可分解为原子氢。太阳中存在的主要是原子氢。原子氢比分子氢性质活泼得多，能在常温下将铜、铁、铋、汞、银等的氧化物或氯化物还原为金属，又能直接与硫作用生成硫化氢：

$$2H+CuCl_2 \longrightarrow Cu+2HCl$$
$$2H+S \longrightarrow H_2S$$

即使在常压下，氢通过钨电极间的电弧时也有部分解离为原子，但所得原子氢仅能存在半秒，随后重新结合成分子。利用原子氢化合生成氢分子时释放热能所产生的高温焊接金属，可在焊接时起到防止焊接金属表面被氧化的作用。

氢分子在常温下不活泼。由于氢原子半径特别小，又无内层电子，因而氢分子中共用电子对直接受核的作用，形成的键相当牢固，故 H_2 的解离能（D）相当大，达到 $436kJ \cdot mol^{-1}$。

相反，当已解离的氢原子重新结合为分子时，将放出同样多的热量，利用这种性质可以设计能获得 3500℃高温的原子氢吹管，用以熔化最难熔的金属（如 W、Ta 等）。

氢能在 21 世纪有可能在世界能源舞台上成为一种举足轻重的二次能源。它是一种极为优越的新能源，其主要优点有：燃烧热值高，每千克氢燃烧后的热量，约为汽油的 3 倍、酒精的 3.9 倍、焦炭的 4.5 倍。燃烧的产物是水，是世界上最干净的能源。资源丰富，氢气可以由水制取，而水是地球上最为丰富的资源，演绎了自然物质循环利用、持续发展的经典过程。

氢气与氧气或空气的化学反应可得到直流电，得到氢燃料电池，燃料电池按电解质的不同可分为：碱性（AFC）、磷酸型（PAFC）、熔融碳酸盐（MCFC）、固体氧化物（SOFC）、固体聚合物（SPEFC）、质子交换膜（PEMFC）等。用燃料电池发电，能量密度大、发电效率高，PEMFC 的效率可达 70%以上。只要能减轻质量和降低成本，用燃料电池取代内燃机，便可大大提高燃料能源效率、减少污染。另外，还可将太阳能等可再生能源转换成化学能储存，然后通过燃料电池再转换成电能。因此，氢燃料电池是未来电动汽车、电动船舶的理想电源，已用于航天飞船作电源。据储能国际峰会获悉，作为真正意义上“零排放”的清洁能源，氢燃料电池在发达国家的应用正在提速。

2007 年，Ohsawa 的关于氢气选择性抗氧化和对大鼠脑缺血治疗作用的报道是该领域具有开创意义的工作。氢气的分子效应可在多种组织和疾病中存在，例如大脑、脊髓、眼、耳、肺、心、肝、肾、胰腺、小肠、血管、肌肉、软骨、代谢系统、围产期疾病和炎症等。在上述这些器官、组织和疾病状态中，氢气对器官缺血再灌注损伤和炎症相关疾病的治疗效果最显著。

氢气是化学和其他工业的重要原料。据估计，目前世界氢气的年产量在标准状况下的体积大致为 $10^{11} \sim 10^{12} m^3$，主要用于化学、冶金、电子、能源、医疗、建材和航天等工业。

2）液氢的用途

液氢是由氢气经由降温而得到的液体。液态氢须保存在非常低的温度（约-252.8℃）下。液态氢的密度约为 $70.8kg/m^3$，是气体氢的 788 倍，液氢是重要的高能燃料。它通常被作为火箭发射的燃料，现在也用作其他交通工具的燃料。

同时，液氢还是超低温制冷剂，可将除氦外的所有气体冷冻成固体。

3）固态氢的用途

液态的氢在温度下降到-259℃时，氢即为固体，当对固体氢施加以相当于 325 万个大气压的压力时，它将分裂成单个氢原子，并使电子能够自由运动，进而使氢具有导电的特性，高压使得氢原子核外的单个电子挤压在一起，成为可以自由移动的公有电子，这样就实现了把电子从原子的束缚下解放出来，把共价键转变为金属键，从而制得金属氢（密度为 1.3g·cm^{-3}），这揭示了金属元素与非金属元素之间并无不可逾越的界限。

固态金属氢是一种高效储能物质，其中能存储大量能量，并且单位体积能量非常高，因此它便拥有可以取代化石燃料成为 21 世纪人类主要能源的潜力。

金属氢超导材料在军事领域的应用将是非常广泛的，如超导电磁推进系统、超导电磁炮、超导粒子束武器、大功率发动机、超导储能系统、超导计算机等。

金属氢也可以作为一种爆炸物来使用。如果固态金属氢中存储的化学能量在短时间内全部释放出来，就会产生爆炸性的效果，这时金属氢就成为一种超高能炸药，可以作为大规模杀伤性武器使用，金属氢的爆炸威力相当于相同质量 TNT 炸药的 2535 倍，是目前可以想象到的威力最强大的化学爆炸物，用它制造的武器，其爆炸威力甚至可以与核武器相媲美。

金属氢是最轻的金属，在材料学方面同样具有很高的发展价值。然而，常态下的金属氢很难保持稳定，通过使用添加剂，可以把金属氢变得既稳定又坚固，具有密度小、强度高的特点。据科学家估算，其密度可能仅为 0.7g/cm^3，只有铝的密度的 1/3、铁的密度的 1/10，但其强度却是铁的 2 倍。如果将这种金属氢制成合金，那么其强度与韧性将得到进一步的提升，用这种合金制成的航天器可以具有探索一些极端宇宙环境的能力，从而推动人类探索宇宙的进程。

3. 氢气的制备、纯化、储存和消除

（1）氢气的制备

实验室中通常是用锌与盐酸或稀硫酸作用制取氢气：

$$Zn+2H^+ \longrightarrow Zn^{2+}+H_2\uparrow$$

军事上使用的信号气球和气象气球所充的氢气，常用离子型氢化物同水的反应来制取：

$$CaH_2+2H_2O \longrightarrow Ca(OH)_2+2H_2\uparrow$$

由于 CaH_2 便于携带，而水易取得，所以此法很适用于野外作业制氢。

氢的工业制法主要有：

1）水煤气法。天然气（主要成分为 CH_4）或焦炭与水蒸气作用，可以得到水煤气（CO 和 H_2 的混合气）：

$$CH_4+H_2O \xrightarrow[\text{Ni、Co 催化剂}]{700\sim800℃} CO+3H_2$$

$$C+H_2O \xrightarrow{1000℃} CO+H_2$$

$$C_nH_{2n+2}+nH_2O \longrightarrow nCO+(2n+1)H_2$$

将水煤气再与水蒸气反应，在铁铬催化剂的作用下，变成二氧化碳和氢的混合气：

$$CO+H_2O \longrightarrow CO_2+H_2$$

除去 CO_2 后可以得到比较纯的氢气。这是一种较廉价的生产氢气的方法，是目前工业用 H_2 的主要来源。

2）氨分解法。氨分解气体发生装置以液氨为原料，经汽化后将氨气加热到一定温度，在催化剂作用下，氨发生分解成氢氮混合气体。

氨分解的化学方程式如下：

$$2NH_3 \xrightarrow[\text{Ni、Fe 催化剂}]{700\sim800℃} 3H_2+N_2$$

即在标准状况下，1mol 氨完全分解可产生氢氮混合气体 44.8L，也就是 1kg 液氨完全分解能产生 2.64m^3 氢氮混合气体。根据化学方程式，分解气体由 75%H_2 和 25%N_2 组成。

氨分解在工业装置条件下不可能 100%完全分解，存在微量的残余氨，工业液氨中含有少量的水，配套使用气体纯化器，可脱除混合气中的残余氨和水分，获得满意的保护气体，满足工业生产的需要（如对杂质氧有较高要求，还可在纯化器中增加除氧器）。

以该产品气的混合气氛直接作还原保护气氛，是需要氢气作保护气氛场合最经济的方法。该产品也可作为富氢原料气，提取纯氢，是一种经济的制氢方法。

液氨分解氢气纯化装置利用 5A 分子筛的大比表面积和极性吸附达到对水和残余氨的深度吸附。分解后的氮氢混合气进入干燥器，除去残余水分及其他杂质。纯化装置采用双吸附塔流程，一台吸附干燥氨分解气，另一台在加热状态下（一般为 300~350℃）解吸出其中的水分及残余氨，从而达到再生的目的。

3）电解法。用直流电电解 15%~20%氢氧化钠溶液，在阴极上放出氢气，在阳极上放出氧气：

阴极：　$2H^+ + 2e \longrightarrow H_2\uparrow$

阳极：　$4OH^- - 4e \longrightarrow 2H_2O + O_2\uparrow$

阴极上产生的氢气纯度为 99.5%~99.9%。此法电耗大，生产每千克 H_2 耗电 50~60kW·h。另外，电解食盐溶液制备 NaOH 时，氢气是重要的副产品。由于电解法制得的氢气比较纯净，所以工业上氢化反应用的氢一般通过电解法制得。但考虑到该法的电解质为碱性物质，腐蚀性强，电解槽须经常维修，使用不便，效率低，20 世纪 60 年代，美国通用电气公司研制成用固体聚合物电解质电解制氢，其电解质为全氟磺酸聚合物薄膜。继美国之后，英、法、日等国也陆续开展了这方面的研究。

据统计，目前世界上的氢气约有 96%的产量是由天然气、煤、石油等矿物燃料转化生产的，电解法制氢因耗电量大、成本高，只占 4%。近年来，利用太阳能光化学催化分解水制氢的研究得到较大的发展。此外，科学工作者还发现，某些微生物具有产生氢的本领，如 1g 葡萄糖在使用一种芽孢杆菌发酵时，可产生 0.25L 氢气，因而探讨微生物产生氢气的原理及如何提高微生物产氢的能力是目前的一个研究课题。等离子体化学法制氢的研究目前极为引人注目，一旦工艺成熟，就会成为工业制氢的重要途径之一。

（2）氢气的纯化

随着半导体工业、精细化工和光电纤维工业的发展，产生了对高纯氢的需求。例如，半导体生产工艺需要使用 99.999%以上的高纯氢。但是目前工业上各种制氢方法所得到的氢气纯度不高，为满足工业上对各种高纯氢的需求，必须对氢气进一步的纯化。氢气现有的纯化方法，大致可分为物理法和化学法两类（见表 5.7）。

表 5.7　氢气纯化法

技术	方法	基本原理	适用原料气	制得的氢气纯度/%	适用规格
催化氧化	高压催化法	氢与氧发生催化反应而除去氧	含少量氧的氢气，主要为电解法得到的氢气	99.999	小

续表 5.7

技术	方法	基本原理	适用原料气	制得的氢气纯度/%	适用规格
氢化脱氢	金属氢化物分离法	先使氢与金属形成金属氢化物后，加热或减压使其分解	氢含量较低的气体	>99.9999	中小
变压吸附	高压吸附法	吸附剂选择性吸附杂质	任何含氢气体	99.999	大
低温分离	低温冷凝法	低温下使气体杂质凝固	适合氢含量 30%～80%的原料气回收氢	90~98	大
	低温吸附法	以液氮为冷源，硅胶、活性炭为吸附剂除杂	电解氢或纯度为 99.9%的工业原料氢气	99.999~99.9999	中小
膜分离	钯合金薄膜扩散法	钯合金薄膜对氢有选择渗透性，而其他气体不能透过	氢含量较低的气体	>99.9999	中小
	聚合物薄膜扩散法	气体通过薄膜的扩散速率不同	炼油厂废气	92~98	小

(3) 氢气的储存和消除

氢能作为一种新型的清洁能源，氢的廉价制取、安全高效储存与输送及规模应用是当今研究的重点课题，而氢的储存是氢能应用的关键。储氢技术按存储原理分为物理储氢和化学储氢两大类。物理储氢主要有：液化储存、高压储存、低温压缩储存、活性炭吸附储存等；化学储氢有：金属氢化物储氢、碳纤维和碳纳米管储存、有机液氢化物储氢、无机物储氢等。衡量储氢技术性能的主要参数有：储氢体积密度、质量分数、充-放氢的可逆性、充放氢速率、可循环使用寿命及安全性等。表 5.8 列出了几种常用的氢气储存方法。

表 5.8　氢气的储存方法

物态	储存方式或方法	备　注
气态	压缩气体	常使用钢瓶（国内钢瓶外涂绿漆，国外一般外涂白漆），容积一般为 10L，压力为 15.2MPa。适用于少量运输和短期储存
	常压水封储气罐	较安全
	地下储氢	费用较高，氢易失去
	化学吸附储氢	碳纳米材料吸附，安全可靠，储存效率高，不成熟
	物理吸附储氢	分子筛、高比表面积活性炭
液态	低温液化	必须高度绝热
	中间液体形式	氨、甲醇、可逆中间液体作为储氢液体（实为催化剂分解出 H_2）
固态	固体非氢化物形式	沸石：需很高压力；低温吸附剂：储氢量大，材料价格低，但低温技术工程费用高
	固态氢化物形式	金属氢化物：安全性好、结构简单、储氢容量大、可循环使用

氢气是一种可燃性气体，易引起爆炸，对于经常可能产生氢气的特殊场所（例如潜艇、核电站等），须采取有效措施加以消除，使空气中氢的含量降低到允许范围，以确保设备和人身安全。例如，核动力潜艇下潜时，蓄电池放电释放出的氢气（副反应）和水电解制氢装置泄漏的氢气无法排到艇外；核反应堆由于金属腐蚀，水的辐射分解、冷却剂泄

漏、堆芯熔化和应急冷却系统发生故障等，都会产生大量氢气。消氢的主要方法如下：

1）热消除法：加热至600℃以上，使氢与氧化合成水。

2）常温催化消氢法：在催化剂作用下，使氢与氧化合成水。

3）吸附消氢法：用吸附剂（如镧镍合金）吸附氢。

（4）氢化物

氢几乎能和除稀有气体外的所有元素化合，生成不同类型的二元化合物，这些化合物一般统称为氢化物。但严格来说，氢化物是专指含 H 的化合物，而非金属氢化物则称为"某化氢"，如氯与氢化合为氯化氢（HCl）。

氢化物按其结构与性质的不同可大致分为三类：离子型、金属型以及共价型。元素的氢化物属于哪一类型，与元素的电负性大小有关，因而也与元素在周期表中的位置有关（如表 5.9 所示）。

表 5.9　氢化物类型

Li	Be											B	C	N	O	F
Na	Mg											Al	Si	P	S	Cl
K	Ca	Sc	Ti	V	Cr	Mn	Fe	Co	Ni	Cu	Zn	Ga	Ge	As	Se	Br
Rb	Br	Y	Zr	Nb	Mo	Tc	Ru	Rh	Pb	Ag	Cd	In	Sn	Sb	Te	I
Cs	Ba	La	Hf	Ta	W	Re	Os	Ir	Pt	Au	Hg	Tl	Pb	Bi	Po	At
离子型氢化物		金属型氢化物											共价型氢化物			

1）离子型（类盐型）氢化物

碱金属碱土金属（铍除外）在加热时能与氢直接化合，生成离子型氢化物：

$$2M+H_2 \longrightarrow 2MH（M代表碱金属）$$

$$M+H_2 \longrightarrow MH_2（M代表 Ca、Sr、Ba）$$

所有纯的离子型氢化物都是白色晶体，不纯的通常为浅灰色至黑色，其性质类似盐，又称为类盐型氢化物。这类氢化物具有离子化合物特征，如熔点、沸点较高，熔融时能导电等。其密度都比相应的金属的密度大得多（例如 K 的密度是 $0.86g \cdot cm^{-3}$）。

离子型氢化物在受热时可以分解为氢气和游离金属：

$$2MH \xrightarrow{\triangle} M+H_2\uparrow$$

$$MH_2 \xrightarrow{\triangle} M+H_2\uparrow$$

离子型氢化物易与水反应产生氢气，例如：

$$MH+H_2O \longrightarrow MOH+H_2\uparrow$$

原因是 H^- 与水电离出的 H^+ 结合成 H_2 的缘故。

离子型氢化物都是极强的还原剂，$E^{\ominus}(H_2/H^-)=-2.23V$。例如，在400℃时，NaH 可以自 $TiCl_4$ 中还原出金属钛：

$$TiCl_4+4NaH \longrightarrow Ti+4NaCl+2H_2\uparrow$$

H^- 能在非极性溶剂中同 B^{3+}、Al^{3+}、Ga^{3+} 等结合成复合氢化物，如氢化铝锂的生成：

$$4LiH+AlCl_3 \xrightarrow{乙醚} Li[AlH_4]+3LiCl$$

这类化合物包括 $Na[BH_4]$、$Li[AlH_4]$ 等。其中 $Li[AlH_4]$ 是重要的还原剂。

氢化铝锂在干燥空气中较稳定，遇水则发生猛烈的反应：

$$Li[AlH_4] + 4H_2O \longrightarrow LiOH\downarrow + Al(OH)_3\downarrow + 4H_2\uparrow$$

最有实用价值的离子型氢化物是 CaH_2、LiH 和 NaH。由于 CaH_2 反应性能最弱（较安全），在工业规模的还原反应中用作氢气源，制备硼、钛、钒和其他单质。而且也可用作微量水的干燥剂。$Li[AlH_4]$ 在有机合成工业中用于有机官能团的还原，例如将醛、酮、羧酸等还原为醇，将硝基还原为氨基等，在高分子化学工业中作某些高分子聚合反应的引发剂。在其他化学工业中和科学研究中都有广泛的应用。

2）共价型（分子型）氢化物

周期表中的绝大多数 p 区元素与氢形成共价氢化物。此外，与电负性极强的其他原子形成氢键，以及在缺电子化合物（如乙硼烷）中存在氢桥键。这类氢化物在固态时大多属于分子晶体，因此也称为分子型氢化物。

共价氢化物可用通式 RH_{8-N} 表示（R 表示ⅣA～ⅦA 族某元素，N 代表该元素所在族号），其几何构型与对应的氢化物如表 5.10 所示。

表 5.10　ⅣA～ⅦA 族元素氢化物的几何构型

RH_{8-N}	RH_4	RH_3	RH_2	RH
空间构型	正四面体	三角锥形	V 形	直线形
R	C Si Ge Sn Pb	N P As Sb Bi	O S Se Te Po	F Cl Br I

共价型氢化物大多是无色的，熔点和沸点较低，在常温下除 H_2O、BiH_3 为液态外，其余均为气体。共价型氢化物的物理性质有很多相似之处，而其化学性质则有显著的差异。F、O、N 的氢化物能稳定存在，Ge、Br 也能形成稳定的氢化物；At、Po 及 Pb 的氢化物非常不稳定或不存在；GaH_3 的稳定性最差。PH_3、AsH_3、SbH_3 气体的毒性最大。

3）金属性氢化物

除了离子型氢化物和共价型氢化物外，周期系中 d 区和 ds 区元素几乎都能形成金属型氢化物（或间充型氢化物），以及氢作配体的含氢配合物。过去曾认为金属氢化物是氢在金属中的固溶体，或认为氢间充在晶格空隙中，但现已弄清，除氢化钯（$PdH_{0.8}$）以及少数 La、Ac 系的 MH_2 外，多数的金属氢化物有明确的物相，其结构与原金属完全不同。在过渡金属氢化物中，氢以三种形式存在：

①氢以原子状态存在于金属晶格中；

②氢的价电子进入氢化物导带中，本身以 H^+ 形式存在；

③氢从氢化物导带中得到一个电子，以 H^- 形式存在。

某些过渡金属具有可逆吸收和释放氢气的特性，例如：

$$2Pd + H_2 \underset{放氢}{\overset{吸氢}{\rightleftharpoons}} 2PdH \quad \Delta_r H_m^{\ominus} < 0$$

室温下，1 体积钯可吸收多达 700 体积氢；在减压下加热，又可把吸收的氢气完全释放出来。利用上述反应，这类金属氢化物可作储氢材料。近年来，申泮文教授等又发现过渡金属的合金也有很好的储氢性能，如 TiFe、TiMn、$LaNi_5$ 以及含稀土的 Ni—Zr—Al（或 Cr、Mn）组成的多元合金，其中 $LaNi_5$ 在空气中稳定，吸氢和放氢过程可以反复进行，其性质不会发生改变：

$$LaNi_5+3H_2 \xrightarrow[\text{微热}]{298K,\ 2.5\times10^2 kPa} LaNi_5H_6$$

因此，$LaNi_5$ 是较为理想的储氢材料。

金属含氢配合物如 $Na[BH_4]$、$Li[AlH_4]$ 以及以氢作单齿或双齿配体的过渡金属配合物如 $[Fe(CO)_4H_2]$、$[Co(CO)_4H]$、$[Cr_2(CO)_{10}H]^-$等，这类配合物的数量日益增多，在均相催化中的作用引人注目。

问题讨论：

1. 2016 年 9 月，全球首台常温常压储氢-氢能汽车工程样车“泰歌号”在武汉扬子江汽车厂面世，你怎么看？如果武汉扬子江汽车要量产此类汽车，你认为还应考虑哪些方面的问题？

2. 请查阅《日本氢能源技术发展战略及启示》一文，谈谈你的看法。

3. 工业上用氢化脱氢的方法制备高纯钛。现有氯碱工业产生的氢气，含有氯气、少量氧气、水蒸气等杂质，若要得到 99.999%的高纯氢气，可以采用哪些方法？在氢气生产和使用场所，应采取哪些措施消除和防范氢泄漏带来的危险？

课题 5.4　稀有气体

（1）稀有气体的发现

稀有气体中首先被发现的是氦。1868 年天文学家在观察日全食时，发现太阳光谱上有一条当时地球上尚未发现的橙黄色谱线。这条谱线不属于任何已知元素。英国天文学家 J. N. Lockyer 和英国化学家 S. E. Frankland 认为这条橙黄色谱线对应于太阳外围气氛中的一种新的元素，被称为氦（Helium，希腊文原意是“太阳”）。1895 年英国化学家 W. Ramsay 在铀钍矿石放出的气体中看到了这条谱线，在地球上第一次找到氦。1894 年以前，人们一直认为空气只是氮气和氧气的混合物。1894 年英国物理学家 J. W. Rayleigh 和 W. Ramsay 发现，从空气中除去氧以后制得的氮的密度 $1.2572g\cdot L^{-1}$，而从化合物制得的氮的密度为 $1.2502g\cdot L^{-1}$，两者差异是由空气中尚有某些比氮更重的未知气体造成的，此种气体能产生自己特有的发射光谱，而被确定是一种新的元素，这种元素因其惰性而被命名为氩（Argon，希腊文表示“懒”的意思）。

氦、氩发现后，由于它们性质很相似，而和周期系中已发现的元素差异很大，Ramsay 认为应属于周期系中新的一族，因而还应该有性质类似的新元素存在。1898 年 Ramsay 又从液态空气中分离出和氩性质相似的三种元素：氖（Neon）、氪（Krypton）、氙（Xenon）。1900 年 F. E. Dorn 在放射性镭的蜕变产物中发现了氡（Radon），至此，稀有气体氦、氖、氩、氪、氙、氡全部被发现，构成了周期系中的零族元素。

（2）稀有气体的存在、结构、性质和用途

稀有气体的主要资源是空气，此外，氦也存在于某些天然气中，氡是某些放射性元素的蜕变产物。

稀有气体的价层电子构型是稳定的 8 电子构型（氦为 2 电子），电离能较大，难以形成电子转移型的化合物；若不拆开成对电子，则不能形成共价键。所以稀有气体在一般条件下不具备化学活性，因而在 1962 年以前一直将稀有气体称为“惰性气体”。这些气体在自然界中以原子的形式存在。

稀有气体原子间存在着微弱的色散力，其作用随着原子序数的增加而增大。因而稀有气体的物理性质如熔点、沸点、临界温度、溶解度等也随着原子序数的增加而递增。

稀有气体的很多用途是基于这些元素的化学惰性和它们的一些物理性质。稀有气体最初是在光学上获得广泛的应用，近年来又逐步扩展到冶炼、医学以及一些重要工业部门。

1）氦。除氢以外，氦是最轻的气体，常用它取代氢气充填气球和汽艇。氦在血液中的溶解度比氮小得多，利用氦和氧的混合物的混合物制成“人造空气”供潜水员呼吸，以防止潜水员出水时，压力骤然下降使原来溶在血液中的氮气逸出，阻塞血管而得“潜水病”。另外，氦的密度、黏度均小，对呼吸困难者，使用氦—氧混合呼吸气有助于吸氧、排出 CO_2。所有物质中，氦的沸点（4. 2K）最低，广泛用作超低温研究中的制冷剂。氦还适合作为低温温度计的填充气体。氦在电弧焊接中作惰性保护气体。据报道，${}_2^3He$（月球上存在氦-3 矿）是较为安全的高效聚变反应原料。用氦液化器、氦制冷机可获得接近绝对零度的低温，此时分子运动大大减弱，有利于研究固体的分子和晶格结构，是固体物理研究的一种极重要的实验工具。此外，液氦、液氖的低温也被用于对自由基的研究。近年来迅速地把大空间抽成真空的大容量排气装置——低温泵（使用液氦、氖）已实际应用。用液氦操作的低温泵，可以达到电子工业中需要的 130nPa 的高真空和空间研究中需要的 13~0. 13nPa 以上的超高真空。

使用氦的检漏器及用氦、氩作色谱载气等，不论在实验室还是在工业上都有很重要的应用。稀有气体在基础科学领域中的用途，还涉及等离子体的研究，用氦、氖测定多孔物质的真密度和表面积，氦气体温度计，用氪 86 进行长度的基准标定，放射性同位素氪 85 用于自发光光源、静电空气净化器、厚度规和超感应检漏器，还用作实现液相中化学反应的照射能源。

2）氖和氩。当电流通过充氖的灯管时，能产生鲜艳的红色，充氩则产生蓝光，所以氖和氩常用于霓虹灯、灯塔等照明工程。氩的导电性和导热性都很小，可用氩和氦的混合气体等来填充灯泡。液氖可用作冷冻剂（制冷温度 25~40K）。氩也常用作保护气体。

3）氪和氙。氪和氙用于制造特种光源。在高效灯泡中常充填氪。氙有极高的发光强度，可用以填充光电管和闪光灯。这种氙灯放电强度大、光线强、有“小太阳”之称。80%的氙与 20%的氧气混合使用，可作为无副作用的麻醉剂，用于外科手术。此外，氪和氙的同位素在医学上用于测量脑血流量和研究肺功能、计算胰岛素分泌量等。

4）氡。氡是核动力工厂和自然界 U 和 Th 放射性聚变的产物，在医学上用于恶性肿瘤的放射性治疗。

（3）稀有气体在材料工程中的应用

化学惰性是稀有气体的特性。这一性质被广泛应用于电弧焊接及切割上，以防止金属被空气氧化或氮化。氩及氦是焊接工艺中常用的保护气。不锈钢、镁合金、铝、镍、钛、钼及它们的合金焊接都离不开氩或氦气保护。焊接操作时，与电极同心安装的喷嘴喷出氩或氦气，从各个方向包围钨极与焊件之间的电弧。考虑到氩气价格便宜及在交流电源下用氦时电弧不稳定，通常用氩气作保护气。但在焊接熔点高的材料或厚材时，需要用较高的电压来提高温度，此时仍要用氦气。氩广泛地应用于金属切割。等离子切割就是利用离解能小的氩，或氩－氢混合气体（Ar＋5%、10%或30% H_2）来切割，温度可达5000～20000K。不能用燃烧切割的非铁金属如不锈钢、高合金钢、轻金属以及铜、黄铜等，多用等离子切割。此外，氙灯凹面聚光后可以产生2500℃高温，用以焊接或切割难冶炼金属，如钛、钼等。

提取稀有金属如铀、钍、铍、锆、钛等以及冶炼半导体材料锗、硅的过程中，需要用氩气作环境气体。在硅冶炼中，氮在高温下要与硅反应生成氮化物（Si_3N_4），因此通常用氢、氩和氦作环境气体。由于用氢气易爆炸，不安全，而用氦气价格贵，不经济，因此广泛使用氩气，并要求氩气中含氮越少越好（10×10^{-6}以内）。在一些钢材的轧制成型工艺中，以及某些特种钢的冶炼中，也要用稀有气体进行保护。

在金属中溶解的气体夹杂物（H_2、N_2），形成铸造件和金属锭的多孔结构，这往往会导致金属力学性能下降。在有氦鼓泡的情况下，在溶化物上面溶解气体分压降低，使溶解气体部分逸出，最后送入纯氦就可以使金属中的气体夹杂物降至最低。

高碳钢（弹簧钢）和高级特殊钢（不锈钢、高强度钢、低温抗张钢、电磁钢）等在1200℃熔化，如果无氩保护气，则大气水分分解，O_2、H_2、CO和N_2将被熔钢吸收。O_2的存在使材料耐腐性变差，N_2使材料变硬而难以加工，因此以吹氩进行气体置换。据资料报道，吹氩用量一般为$10\sim40m^3\cdot t^{-1}$钢。轴承钢、工具钢、型钢、飞机用钢等的精炼也缺少不了惰性气体氩和氦。

原子能工业也要用到氦等，石墨减速材料上吸附的空气，在原子反应堆内脱附，会产生不良影响，为防止这一现象发生，石墨减速材料要在氦气氛中制造储存。用液体金屑冷却的原子反应堆须用氦作合金的保护气。铀的炼制也要用到稀有气体。

Calderhall型原子反应堆用二氧化碳作冷却剂，实际上氦是最好的冷却剂，因为它的化学性质不活泼，对燃料和装置没有腐蚀作用，能提高反应堆温度和效率，受中子冲击后也不具放射能，且热导率大，冷却效果好。

为了安全防爆，可用氦气代替氢气充填飞船，尽管氦的举力（升力）比氢小8%。用15%H_2和85%He的混合气来充填，则举力差距就可以大大缩小（与纯H_2相比）。空气中的大型雷达站（几百吨甚至上千吨）、气象气球等是用氦充填的。现代技术可以保证飞船轻巧、坚实和价格便宜。

在低温技术中，除了前面提到的用于低温泵（主要指冷凝泵和吸附泵）外，稀有气体还可用于超导方面的用途，今后将会得到极大的发展．超导磁场可应用于磁浮列车、超导电机、磁流体发电、超导电缆、激光、微波放大器、大型电子计算机及高能物质的研究等。

由氦3和氦4组成的稀释制冷机，可制备40～0.005K的低温。

（4）稀有气体化合物

稀有气体由于具有稳定的电子层结构，过去很长时间人们一直认为这些气体的化学性质是“惰性”的，不会发生化学反应，因此在化学键理论中，曾经把“稳定的八隅体”作为化合成键的一种趋势。这种简单的价键概念对稀有气体化合物的合成起了一定的阻碍作用。1962年以后，稀有气体的某些化合物被合成出来，从此“惰性气体”的名称才被“稀有气体”所代替。

第一个稀有气体化合物$Xe^+[PtF_6]^-$[六氟合铂（V）酸氙]，于1962年由英国化学家

N. Bartlett 合成得到：

$$Xe+PtF_6 \longrightarrow Xe^+[PtF_6]^-$$

不久，人们利用相似的方法又合成了 $XeRuF_6$ 和 $XeRhF_6$ 等。迄今已制成稀有气体化合物有数百种，例如卤化物（XeF_2、XeF_4、$XeCl_2$、KrF_2）、氧化物（XeO_3、XeO_4）、氟氧化物（$XeOF_2$、$XeOF_4$）、含氧酸盐［$M(I)HXeO_4$、$M(I)_4XeO_6$］和一些复合物、加合物等，其中简单化合物甚少，大多数化合物的制备都与氟化物的反应有关，某些化合物可看作是氟化物的衍生物。

在密闭的镍容器内，将氙与氟加热到高于 250℃时，依氟的用量不同，可分别制得 XeF_2、XeF_4、XeF_6：

$$Xe+F_2 \longrightarrow XeF_2$$

$$Xe+2F_2 \longrightarrow XeF_4$$

$$Xe+3F_2 \longrightarrow XeF_6$$

三种氙的氟化物均为稳定的白色结晶状的共价化合物，均能与水反应。例如：

$$XeF_2+H_2O \longrightarrow 2Xe+4HF+O_2\uparrow$$

又如 XeF_6 的水解反应很猛烈，生成易爆炸的固态 XeO_3：

$$XeF_6+3H_2O \longrightarrow XeO_3+6HF$$

它们还是优良的氟化剂。例如：

$$2XeF_6+SiO_2 \longrightarrow 2XeOF_4+SiF_4$$

这三种氙的氟化物均为强氧化剂。现以 XeF_2 为例说明：

$$XeF_2+H_2 \longrightarrow Xe+2HF$$

$$XeF_2+H_2O_2 \longrightarrow Xe+2HF+O_2\uparrow$$

H_4XeF_6 和 XeF_3 也都是强氧化剂，能使 NH_3、H_2O_2、Cl^-、Br^-、I^-、Mn^{2+}等氧化，分别形成 N_2、O_2、Cl_2、Br_2、I_2、MnO_2（或 MnO_4^-）等。由于大多数情况下，氙化物的还原产物仅是单质 Xe，不会给反应体系引入额外的杂质，且产物 Xe 又可循环使用，所以氙的化合物是一个值得重视的氧化剂。

问题讨论：

我们已经知道，稀有气体在材料工程上有广泛应用。尤其是氩气的应用最为广泛，请简单描述氩气的用途。

自学成果评价

一、是非题（对的在括号内填“√”，错的填“×”）

1. W 是所有金属单质中熔点最高的（3410℃），其次是 Cr 和 Re。（　）
2. 金属单质中硬度最大的是 Cr，仅次于金刚石。（　）
3. Si、Ge 被认为是最好的半导体材料。（　）
4. 根据埃林汉姆图，在 1873K 以下，金属铝能还原 TiO_2 为金属单质，C 在 1573K 左右也能还原 TiO_2 为金属单质（　）
5. 碱金属碱土金属在加热时都能与氢直接化合，生成离子型氢化物。（　）
6. 金属氢化物有明确的物相，其结构与原金属完全不同（　）

二、根据热力学原理，试用埃林汉姆图说明以下示例：

(1) 一种金属氧化物能被图中位于其下方直线对应的金属所还原；

（2）单质 Ag 和 Hg 可采用其相应氧化物热分解的方法制得；

（3）高温下焦炭可作为冶炼某些金属的还原剂。

学能展示

知识应用

能运用离子型氢化物的性质，写出相应的反应方程式，并进行计算。

若用 CaH_2 与 H_2O 反应生产的氢气充装容量标准状况下为 350L 的气球，设 CaH_2 与 H_2O 反应产率为 92%，试计算所需 CaH_2 的质量。

拓展提升

能应用掌握的化学反应的基本原理知识，初步应用于解决较为复杂工程问题，即能对多种制取锌的还原工艺方案，从经济的角度进行选择和初步评价。

闪锌矿（ZnS）经煅烧成氧化锌后，试根据埃林汉姆图选用一种经济实用的还原剂以制取金属锌。

第6章　s区元素：碱金属和碱土金属

【本章学习要点】本章介绍s区碱金属和碱土金属的单质及化合物的主要物理性质和化学性质。

<table>
<tr><td>学习目标</td><td colspan="2">能将s区碱金属和碱土金属的单质及化合物的主要物理性质和化学性质，初步运用于解决有关实际问题</td></tr>
<tr><td>能力要求</td><td colspan="2">1. 能将s区元素化合物基础知识初步应用于解决某些工程问题；
2. 能针对复杂工程问题，初步运用离子势、离子极化理论和元素化合物基础知识和信息进行综合分析，得到合理有效的结论；
3. 具有自主学习的意识，逐渐养成终身学习的能力</td></tr>
<tr><td rowspan="2">重点难点预测</td><td>重点</td><td>离子势，离子极化理论</td></tr>
<tr><td>难点</td><td>离子势，离子极化理论</td></tr>
<tr><td>知识清单</td><td colspan="2">碱金属和碱土金属单质、各类氧化物、氢氧化物、离子势、盐类的性质及几种典型盐的生产，离子极化理论</td></tr>
<tr><td>先修知识</td><td colspan="2">高中化学：碱金属和碱土金属的有关知识</td></tr>
</table>

课题6.1　碱金属和碱土金属的性质

s区元素包括周期表中ⅠA和ⅡA族。ⅠA族由锂、钠、钾、铷、铯及钫6种元素组成。由于钠和钾的氢氧化物是典型的“碱”，故本族元素有碱金属之称。锂、铷、铯是轻稀有金属；钫是放射性元素。ⅡA族由铍、镁、钙、锶、钡及镭6种元素组成。由于钙、锶、钡的氧化物性质介于“碱”族与“土”族元素之间，故有碱土金属之称。现在习惯上把铍和镁也包括在碱土金属之内。第ⅢA族元素有时称为土族元素，其中铝最典型，铝的氧化物（Al_2O_3为黏土的主要成分）既难溶又难熔，故有土金属之称。

锂最重要的矿石是锂辉石（$LiAlSi_2O_6$）。钠主要以NaCl形式存在于海洋、盐湖及岩石中。钾的主要矿物是钾石盐（$2KCl \cdot MgCl_2 \cdot H_2O$），我国青海钾盐储量占全国的96.8%。铍的主要矿物是绿柱石（$3BeO \cdot Al_2O_3 \cdot 6SiO_2$）。镁主要以菱镁矿（$MgCO_3$）、白云石[$MgCa(CO_3)_2$]形式存在。钙、锶、钡以碳酸盐、硫酸盐形式存在，如方解石（$CaCO_3$）、石膏（$CaSO_4 \cdot 2H_2O$）、天青石（$SrSO_4$）、重晶石（$BaSO_4$）。

碱金属和碱土金属元素的一些基本性质，分别列于表6.1和表6.2中。

表 6.1　碱金属元素的性质

元　素	锂（Li）	钠（Na）	钾（K）	铷（Rb）	铯（Cs）
原子序数	3	11	19	37	55
价层电子构型	$2s^1$	$3s^1$	$4s^1$	$5s^1$	$6s^1$
主要氧化数	+1	+1	+1	+1	+1
固体密度（20℃）/$kg \cdot cm^{-3}$	0.53	0.97	0.86	1.53	1.88
熔点/℃	180.5	97.82	63.25	38.89	28.40
沸点/℃	1342	882.9	760	686	669.3
硬度（金刚石=10）	0.6	0.4	0.5	0.3	0.2
金属半径/pm	152	186	227	248	265
离子半径/pm	76	102	138	152	167
第一电离能 I_1/$kJ \cdot mol^{-1}$	520	496	419	403	376
第二电离能 I_2/$kJ \cdot mol^{-1}$	7298	4562	3051	2632	2234
电负性（xp）	1.0	0.9	0.8	0.8	0.7
$\varphi^{\ominus}(M^+/M)/V$	−3.014	−2.713	−2.924	（−2.98）	（−3.26）
单质导电性	导电	导电	导电	导电	导电
单质颜色	银白色	银白色	银白色	银白略带金	金黄色
主要氧化物	Li_2O	Na_2O、Na_2O_2	K_2O、K_2O_2	复杂	复杂
正常氧化物晶体结构	反萤石	反萤石	反萤石	反萤石	—
氧化物对应的水化物	LiOH（难溶）	NaOH	KOH	RbOH	CsOH
气态氢化物	LiH	NaH	KH	RbH	CsH
气态氢化物的稳定性	不稳定	不稳定	不稳定	不稳定	不稳定
氢化物的性质	强还原剂	强还原剂	强还原剂	强还原剂	强还原剂

表 6.2　碱土金属元素的性质

元　素	铍（Be）	镁（Mg）	钙（Ca）	锶（Sr）	钡（Ba）
原子序数	4	12	20	38	56
价层电子构型	$2s^2$	$3s^2$	$4s^2$	$5s^2$	$6s^2$
主要氧化数	+2	+2	+2	+2	+2
固体密度（20℃）/$kg \cdot cm^{-3}$	1.85	1.74	1.54	2.6	3.51
熔点/℃	1278	648.8	839	769	725
沸点/℃	2970	1107	1484	1384	1640
硬度（金刚石=10）	4.0	2.0	1.5	1.8	—
金属半径/pm	111	160	197	215	217
离子半径/pm	45	72	100	118	136
第一电离能 I_1/$kJ \cdot mol^{-1}$	899	738	590	549	503
第二电离能 I_2/$kJ \cdot mol^{-1}$	1757	1451	1145	1064	965
电负性	1.57	1.31	1.00	0.95	0.90
$\varphi^{\ominus}(M^{2+}/M)/V$	−1.99	−2.356	−2.84	−2.89	−2.92

续表 6.2

元　素	铍（Be）	镁（Mg）	钙（Ca）	锶（Sr）	钡（Ba）
单质导电性	导电	导电	导电	导电	导电
单质颜色	银白色	银白色	银白色	银白色	银白色
主要氧化物	BeO	MgO	CaO、CaO_2	SrO、SrO_2	BaO、BaO_2
氧化物晶体类型	ZnS 型	NaCl 型	NaCl 型	NaCl 型	NaCl 型
氧化物对应水化物	$Be(OH)_2$	$Mg(OH)_2$	$Ca(OH)_2$	$Sr(OH)_2$	$Ba(OH)_2$
氢化物	BeH_2	MgH_2	CaH_2	SrH_2	BaH_2
氢化物的性质	加热分解	强还原剂	强还原剂	强还原剂	强还原剂

ⅠA 族和ⅡA 族元素的原子最外层分别只有 1~2 个 s 电子，在同一周期中这些原子具有较大的原子半径和较小的核电荷，故ⅠA 族、ⅡA 族金属晶体中的金属键很不牢固，单质的熔点、沸点较低，硬度较小。由于碱土金属比碱金属原子半径小，核电荷多，因此碱土金属的熔点和沸点都比碱金属高，密度和硬度比碱金属大。Li 的密度为 $0.53kg \cdot m^{-3}$，是最轻的金属。碱金属和 Ca、Sr、Ba 均可用刀切割，其中最软的是 Cs。

碱金属和碱土金属表面都具有银白色光泽，在同周期中碱金属是金属性最强的元素，碱土金属逊于碱金属，在同族元素中随原子序数增加，元素的金属性依次递增。碱金属尤其是 Cs 和 Rb，失去电子的倾向很大，当受到光的照射时，金属表面的电子易逸出，因此，常用来制造光电管。如铯光电管制成的自动报警装置，可报告远处火警；制成的天文仪器可根据由星光转变的电流大小测出太空中星体的亮度，推算出星体与地球的距离。

ⅠA 族和ⅡA 族元素常见的氧化数分别为+1 和+2，这与它们的族号相一致。常见的ⅠA、ⅡA 族元素的化合物以离子型为主。由于 Li^+、Be^{2+} 的半径远小于同族其他阳离子，故锂、铍的化合物具有一定程度的共价性。碱金属和碱土金属同族元素的标准电极电势随原子序数增加而降低，但 Li 的标准电极电势却比 Cs 还低，这是由于 Li 有较小的半径，易与水分子结合生成水合离子而释放出较多能量的缘故。

碱金属和碱土金属的化学性质活泼，可与空气中氧、水及许多非金属直接反应，而且碱金属的化学活泼性比碱土金属更强，其中一些重要反应见表 6.3。

表 6.3　碱金属和碱土金属的一些重要反应

金　属	直接与金属反应的物质	反 应 式
碱金属 碱土金属	H_2	$2M+H_2 \rightarrow 2MH$ $M+H_2 \rightarrow MH_2$
碱金属 Ca、Sr、Ba Mg	H_2O	$2M+2H_2O \rightarrow 2MOH+H_2$ $M+2H_2O \rightarrow M(OH)_2+H_2$ $Mg+H_2O(g) \rightarrow MgO+H_2$ $Mg+H_2O$（热水）$\rightarrow Mg(OH)_2+H_2$
碱金属 碱土金属	卤素	$2M+X_2 \rightarrow 2MX$ $M+X_2 \rightarrow MX_2$
Li Mg、Ca、Sr、Ba	N_2	$6M+N_2 \rightarrow 2M_3N$ $3M+N_2 \rightarrow M_3N_2$

续表 6.3

金 属	直接与金属反应的物质	反 应 式
碱金属 Mg、Ca、Sr、Ba	S	$2M+S \rightarrow M_2S$ $M+S \rightarrow MS$
Li Na K、Rb、Cs 碱土金属 Ca、Sr、Ba	O_2	$4M+O_2 \rightarrow 2M_2O$ $2M+O_2 \rightarrow M_2O_2$ $M+O_2 \rightarrow MO_2$ $2M+O_2 \rightarrow 2MO$ $M+O_2 \rightarrow MO_2$
碱金属 碱土金属	液氨	$M(s) + (x+y)NH_3 \rightleftharpoons M^+(NH_3)_x + e(NH_3)y$ $M(s) + (x+2y)NH_3 \rightleftharpoons M^{2+}(NH_3)_x + 2e(NH_3)y$

碱金属和碱土金属可溶于液氨，形成深蓝色溶液，具有较高的导电性和与金属本身相同的化学性质。稀的碱金属氨溶液是优良的还原剂，例如钾的液氨溶液还原 Ni（Ⅱ），制得 Ni（Ⅰ）配合物：

$$2K_2[Ni(CN)_4] + 2K^+(NH_3) + 2e(NH_3) \longrightarrow K_4[Ni_2(CN)_6](NH_3) + 2KCN$$

碱金属和碱土金属氨溶液不稳定，特别是过滤金属化合物的存在可催化其分解为氨基化物，例如：

$$Na^+(NH_3) + e(NH_3) \xrightarrow[\text{铁的氧化物}]{33℃} NaNH_2(NH_3) + 1/2H_2(g)$$

但在无水、不接触空气及不存在过渡金属化合物的条件下，其溶液可在液氨沸点温度（-33℃）长时间保存。

碱金属还可溶于醚和烷基胺中，金属钠在乙二胺中的溶解可用下式表示：

$$2Na(s) \longrightarrow Na^+(en) + Na^-(en)$$

问题讨论：

1. 铍为什么不与水反应？从原子结构的角度出发，分析铍具有哪些特殊性？
2. 金属钠着火时能否用 H_2O、CO_2、石棉毯扑灭？为什么？
3. 为何 $\varphi^\ominus(Li^+/Li)$ 比 $\varphi^\ominus(Na^+/Na)$ 小，但锂同水的作用不如钠激烈？

课题 6.2　碱金属和碱土金属氧化物

碱金属和碱土金属能形成多种类型的氧化物：正常氧化物（含有 O^{2-}）、过氧化物（含有 O_2^{2-}）、超氧化物（含有 O_2^-）、臭氧化物（含有 O_3^-）及低氧化物。S 区元素所形成的氧化物列于表 6.4 中。

表 6.4　S 区元素形成的氧化物

氧化物类型	在空气中直接形成	间接形成
正常氧化物	Li、Be、Mg、Ca、Sr、Ba	ⅠA、ⅡA 族所有元素
过氧化物	Na	除 Be 外的所有元素
超氧化物	Na、K、Rb、Cs	除 Be、Mg、Li 外的所有元素

1. 正常氧化物

碱金属中的锂和所有碱土金属在空气中燃烧时，分别生成正常氧化物 Li_2O 和 MO。其他碱金属的正常氧化物是由金属与它们的过氧化物或硝酸盐相作用而制得。例如：

$$Na_2O_2+2Na \longrightarrow 2Na_2O$$

$$2KNO_3+10K \longrightarrow 6K_2O+N_2\uparrow$$

碱土金属氧化物也可以由它们的碳酸盐或硝酸盐加热分解而得到。例如：

$$CaCO_3 \xrightarrow{\triangle} CaO+CO_2\uparrow$$

$$2Sr(NO_3)_2 \xrightarrow{强热} 2SrO+4NO_2\uparrow+O_2\uparrow$$

碱金属和碱土金属氧化物的一些性质分别列于表 6.5 和表 6.6 中。

表 6.5　碱金属氧化物的性质

性质	Li_2O	Na_2O	K_2O	Rb_2O	Cs_2O
颜色	白色	白色	淡黄色	亮黄色	橙红色
熔点/℃	>1700	1275	350（分解）	400（分解）	400（分解）

表 6.6　碱土金属氧化物的性质

性质	BeO	MgO	CaO	SrO	BaO
熔点/℃	2530	2852	2614	2430	1918
硬度（金刚石=10）	9	5.6	4.5	3.5	3.3
M—O 核间距/pm	165	210	240	257	277

碱土金属的氧化物均为白色粉末。一般来说，在水中溶解度较小。除 BeO 为 ZnS 型晶体外，其余均为 NaCl 型晶体。由于阴、阳离子都带有两个单位正电荷，而且 M—O 核间距又较小，MO 具有较大晶格能，因此它们的硬度和熔点都很高。

根据这种特性，BeO 和 MgO 常用来制造耐火材料和金属陶瓷。特别是 BeO，还具有反射放射性射线的能力，常用作原子反应堆外壁砖块材料。

氧化镁按制取工艺及产品的致密程度不同，有重质和轻质之分：

$$\underset{(天然苦土粉)}{MgO+H_2O} \longrightarrow Mg(OH)_2 \longrightarrow \underset{(重质)}{MgO+H_2O}$$

$$5MgCl_2+5Na_2CO_3+H_2O \longrightarrow 4MgCO_3\cdot Mg(OH)_2+10NaCl+CO_2\uparrow$$

$$\llcorner\ \underset{(轻质)}{5MgO+4CO_2\uparrow+H_2O\uparrow}$$

重质氧化镁水泥是一种很好的建筑材料，和木屑、刨花一起，可制成质轻、隔音、绝热、耐火的纤维板。轻质氧化镁价格比重质贵 3 倍，是制作坩埚的原料和油漆、纸张的填料。CaO 是重要的建筑材料，在冶炼厂中用作助溶剂，以除去硫、磷、硅等杂质，在化工中用作制取电石（CaC_2）的原料，还可用作生产钙的化学试剂，用于污水处理、造纸等，其产量仅次于硫酸。

问题讨论：

1. 碱土金属的氧化物（除 BeO）的熔点逐渐降低的原因是什么？为何 BeO 的熔点不是碱土金属的氧化物中最高的？

2. BeO 和 MgO 用来制造耐火材料和金属陶瓷，利用了它们的什么性质？

3. 轻质氧化镁为何比重质氧化镁价格贵？它们分别有些什么用途？

2. 过氧化物和超氧化物

过氧化物是含有过氧基（—O—O—）的化合物，可看作是 H_2O_2 的衍生物。除铍外，所有碱金属和碱土金属都能形成离子型过氧化物。

除锂、铍、镁外，碱金属和碱土金属都能形成超氧化物。其中钠、钾、铷、铯在过量的氧气中燃烧可直接生成超氧化物。例如：

$$K+O_2 \longrightarrow KO_2$$

Na_2O_2 是化工中最常用的碱金属过氧化物。纯的 Na_2O_2 为白色粉末，工业品一般为浅黄色。工业上制备 Na_2O_2 是用熔钠与已去除二氧化碳的干燥空气反应：

$$2Na+O_2 \longrightarrow Na_2O_2$$

纯净的 $Na_2O_2 \cdot 8H_2O$ 是用饱和 NaOH（纯级）溶液和 42%H_2O_2 混合制得：

$$2NaOH+H_2O_2 \xrightarrow{0℃} Na_2O_2+2H_2O$$

Na_2O_2 在碱性介质中是强氧化剂，常用作熔矿剂，以使既不溶于水又不溶于酸的矿石被氧化分解为可溶于水的化合物。例如：

$$2Fe(CrO_2)_2+7Na_2O_2 \longrightarrow 4Na_2CrO_4+Fe_2O_3+3Na_2O$$

Na_2O_2 也用于纺织、纸浆的漂白。Na_2O_2 在熔融时几乎不分解，但遇到棉花、木炭或铝粉等还原性物质时，就会发生爆炸，故使用 Na_2O_2 时要特别小心。

室温下，过氧化物、超氧化物与水或稀酸反应生成过氧化氢，过氧化氢又分解而放出氧气：

$$Na_2O_2+2H_2O \longrightarrow 2NaOH+H_2O_2$$
$$Na_2O_2+H_2SO_4 \longrightarrow Na_2SO_4+H_2O_2$$
$$2KO_2+2H_2O \longrightarrow 2KOH+H_2O_2+O_2\uparrow$$
$$2KO_2+H_2SO_4 \longrightarrow K_2SO_4+H_2O_2+O_2\uparrow$$
$$2H_2O_2 \longrightarrow H_2O+O_2\uparrow$$

过氧化物和超氧化物与二氧化碳反应放出氧气：

$$2Na_2O_2+2CO_2 \longrightarrow 2Na_2CO_3+O_2\uparrow$$
$$4KO_2+2CO_2 \longrightarrow 2K_2CO_3+3O_2\uparrow$$

因此，过氧化物和超氧化物常用作防毒面具和高空飞行、潜水的供氧剂。

问题讨论：

什么是熔矿剂？熔矿剂应具备哪些性质？Na_2O_2 用作熔矿剂应注意什么问题？

3. 臭氧化物和低氧化物

在低温下通过 O_3 与粉末状无水碱金属（除 Li 外）氢氧化物反应，并用液氨提取，即可得到红色的 MO_3 固体：

$$3MOH(s)+2O_3(g) \longrightarrow 2MO_3(s)+MOH \cdot H_2O(s)+1/2O_2(g)$$

室温下，臭氧化物缓慢分解为MO_2和O_2：

$$MO_3 \longrightarrow MO_2+1/2O_2\uparrow$$

臭氧化物与水反应，则生成MOH和O_2：

$$4MO_3+2H_2O \longrightarrow 4MOH+5O_2\uparrow$$

Rb和Cs除可形成以上氧化物外，还可形成低氧化物，如低温时，Rb发生不完全氧化可得到Rb_6O，它在-7.3℃以上时分解为Rb_9O_2：

$$2Rb_6O \xrightarrow{\geqslant -7.3℃} Rb_9O_2+3Rb$$

Cs可形成一系列低氧化物，如Cs_7O（青铜色）、Cs_4O（红紫色）、$Cs_{11}O_3$（紫色晶体）、$Cs_{3+x}O$（为非化学计量物质）等。

问题讨论：

Rb_6O、Rb_9O_2、Cs_7O、$Cs_{11}O_3$等低氧化物的存在，是否感觉化学的世界越来越奇妙了？标示的化合价是否就是元素的氧化数？

课题6.3　碱金属和碱土金属氢氧化物

碱金属和碱土金属的氧化物（除BeO、MgO外）与冷水作用，即可得到相应的氢氧化物，并伴随着释放出大量热：

$$M_2O+H_2O \longrightarrow 2MOH$$

$$MO+H_2O \longrightarrow M(OH)_2$$

碱金属和碱土金属的氢氧化物均为白色固体，易潮解，在空气中吸收CO_2生成碳酸盐。由于碱金属氢氧化物对纤维、皮肤有强烈的腐蚀作用，故称为苛性碱。

1. 碱金属和碱土金属氢氧化物的碱性

碱金属和碱土金属氢氧化物［除$Be(OH)_2$外］均呈碱性，同族元素氢氧化物的碱性均随金属元素原子序数的增加而增强：

LiOH	NaOH	KOH	RbOH	CsOH
中强碱	强碱	强碱	强碱	强碱
$Be(OH)_2$	$Mg(OH)_2$	$Ca(OH)_2$	$Sr(OH)_2$	$Ba(OH)_2$
两性	中强碱	强碱	强碱	强碱

其中$Be(OH)_2$是两性的氢氧化物，它既溶于酸也溶于碱：

$$Be(OH)_2+2H^+ \longrightarrow Be^{2+}+2H_2O$$

$$Be(OH)_2+2OH^- \longrightarrow [Be(OH)_4]^{2-}$$

2. 离子势——氢氧化物酸碱递变规律R—O—H规则

水合物都可以用通式$R(OH)_n$表示，其中R代表成碱或成酸元素的离子。R—O—H在水中有两种解离方式：

$$RO^-+H^+ \leftarrow R—O—H \rightarrow R^++OH^-$$

酸式解离　　　　　　碱式解离

R—O—H究竟进行酸式解离还是进行碱式解离，与阳离子的极化作用有关。

G. H. Cartledge提出以R的离子势$\varphi(Z/r)$来衡量阳离子极化作用的强弱：在R—O—

H 中，若 R 的 φ 值大，其极化作用强，氧原子的电子云将偏向 R，使 O—H 键极性增强，则 R—O—H 按酸式分解离；若 R 的 φ 值小，R—O 键的极性强，则 R—O 按碱式解离。据此，有人提出用 $\sqrt{\varphi}$ 值作为判断 R—O—H 酸、碱性的标度。

$\sqrt{\varphi}$ 值	<7	7~10	>10
R—O—H 酸碱性	碱性	两性	酸性

现以第三周期元素氧化物的水合物为例，说明它们的酸碱性递变与 $\sqrt{\varphi}$ 值的关系（见表 6.7）。

同一族元素，例如ⅡA 族元素的氢氧化物 $M[OH]_2$，从表 6.8 所列的 $\sqrt{\varphi}$ 值可见，$Be(OH)_2$ 为两性氢氧化物，其余都是碱性氢氧化物，而且碱性依 Be 到 Ba 的顺序逐渐增强。

表 6.7　第三周期元素氧化物水合物的性质

元素	Na	Mg	Al	Si	P	S	Cl
氧化物的水合物	NaOH	$Mg(OH)_2$	$Al(OH)_3$	H_2SiO_3	H_3PO_4	H_2SO_4	$HClO_4$
R^{n+} 半径/nm	0.102	0.072	0.0535	0.040	0.038	0.029	0.027
$\sqrt{\varphi}$ 值	3.13	5.27	7.49	10	11.5	14.4	16.1
酸碱性	强碱	中强碱	两性	弱酸	中强酸	强酸	最强酸
水溶解性	可溶	不可溶	不可溶	不可溶	可溶	可溶	可溶
分解温度/℃	1390	350	300	—	158	337	—

表 6.8　碱土金属元素氢氧化物的性质

元素	Be	Mg	Ca	Sr	Ba
氢氧化物	$Be(OH)_2$	$Mg(OH)_2$	$Ca(OH)_2$	$Sr(OH)_2$	$Ba(OH)_2$
R^{n+} 半径/nm	0.045	0.072	0.100	0.118	0.136
$\sqrt{\varphi}$ 值	6.67	5.27	4.47	4.12	3.83
酸碱性	两性	中强酸	强碱	强碱	强碱
水溶解性	不可溶	不可溶	微溶	可溶	可溶
分解温度/℃	138	350	580	710	408

离子势判断氧化物水合物的酸碱性只是一个经验规律。计算表明，它对某些物质是不适用的，如 $Zn(OH)_2$ 的 Zn^{2+} 半径为 0.074nm，$\sqrt{\varphi}=5.2$，按酸碱性的标度 $Zn(OH)_2$ 应为碱性，而实际上 $Zn(OH)_2$ 为两性。

碱金属的氢氧化物都易溶于水，仅 LiOH 溶解度较小，20℃时溶解度为 12.8g，沸点为 925℃，KOH 的沸点为 1324℃。碱土金属氢氧化物在水中的溶解度比碱金属的氢氧化物小得多，并且同族元素的氢氧化物的溶解度从上往下逐渐增大，这是因为随着阳离子半径的增大，阳离子和阴离子之间的吸引力逐渐减小，容易被水分子拆开的缘故。同理，在同一周期内，从 M(Ⅰ) 到 M(Ⅱ) 随着离子半径的减小和离子电荷的增多，氢氧化物的溶解度减小。

碱土金属氢氧化物中，较重要的是氢氧化钙 $Ca(OH)_2$（即熟石灰）。它的溶解度不大，且随温度升高而减小。如果配成石灰水，浓度小而碱性弱，不便使用，若配成石灰乳，在石灰乳中由于存在着如下平衡：

$$Ca(OH)_2(s) \rightleftharpoons Ca^{2+} + 2OH^-$$

使用时，随着 OH^- 的消耗，平衡就向右移动，石灰乳中的固体小颗粒能继续溶解，供给 OH^-。当需要碱时，如果不需要高浓度 OH^-，而且 Ca^{2+} 的存在并不妨碍所进行的反应时，则可以使用价廉易得的 $Ca(OH)_2$。

问题讨论：

表 6.7 和表 6.8 中的 $\sqrt{\varphi}$ 值具有较好的经验性结论。已知 Fe^{3+} 半径为 0.055nm，请问 $Fe(OH)_3$ 的酸碱性如何？Cu^{2+} 半径为 0.073nm，请问 $Cu(OH)_2$ 的酸碱性如何？它们与实际物质的酸碱性是否相符？

课题 6.4　碱金属盐类及离子极化理论

1. 盐类的性质

碱金属、碱土金属最常见的盐有卤化物、硫酸盐、硝酸盐、碳酸盐和磷酸盐。

除 Be^{2+} 外，绝大多数碱金属、碱土金属盐类的晶体属于离子晶体，它们具有较高的熔点和沸点。常温下是固体，熔化时能导电。

碱金属离子（M^+）和碱土金属离子（M^{2+}）都是无色的。盐的颜色与阴离子的颜色密切相关。只要阴离子是无色的，它们的化合物就是无色或白色的（少数氧化物除外），例如 X^-（卤素离子）、O^{2-}、NO_3^-、ClO_3^-、SO_4^{2-}、CO_3^{2-} 等；若阴离子是有色的，则它们的化合物常显阴离子的颜色，如 CrO_4^- 为黄色，$BaCrO_4$ 和 K_2CrO_4 也为黄色；MnO_4^- 为紫红色；$KMnO_4$ 也为紫红色。

一般来说，碱金属盐具有较高的热稳定性。卤化物在高温时挥发而不分解；硫酸盐在高温时既不挥发，又难分解；碳酸盐除 Li_2CO_3，在 1000℃ 以上部分地分解为 Li_2O 和 CO_2，其余都不分解；唯有硝酸盐的热稳定性较差，加热到一定温度即可分解。

碱土金属的碳酸盐在常温下是稳定的（$BeCO_3$ 除外），只有在强热的情况下，才能分解为相应的 MO 和 CO_2。

碱金属的盐类一般都易溶于水。仅有少数碱金属盐微溶于水，一类是若干锂盐如 LiF、Li_2CO_3、Li_3PO_4 等；一类是 K^+、Rb^+、Cs^+（以及 NH_4^+）同某些较大阴离子所成的盐，例如高氯酸钾（$KClO_4$）、六氯合铂酸钾（K_2PtCl_2）、四苯硼酸钾［$KB(C_6H_5)_4$］、六氯合锡酸铷（Rb_2SnCl_6）等。

碱土金属中，铍盐多数是易溶，镁盐有部分易溶，而钙、锶、钡的盐则多为难溶。其中依 Ca—Sr—Ba 的顺序，硫酸盐和铬酸盐的溶解度递减，氟化物的溶解度递增。铍盐和可溶性钡盐均有毒。

2. 离子极化理论

离子极化理论能说明离子键向共价键的转变，并解释铍盐和锂盐性质的特殊性及周期表中物质性质的变化规律。

离子极化理论是从离子键理论出发，把化合物中的组成元素看成正、负离子，然后考虑正、负离子间的相互作用。元素的离子一般可以看作球形，正、负电荷的中心分别重合，见图 6.1(a)。在外电场的作用下，离子中的原子核和电子会发生相对位移，离子就会变形，产生诱导偶极，这种过程叫做离子极化，见图 6.1(b)。事实上所有的离子都带电荷，离子本身产生的电场能使带异号电荷的相邻离子极化，见图 6.1(c)。

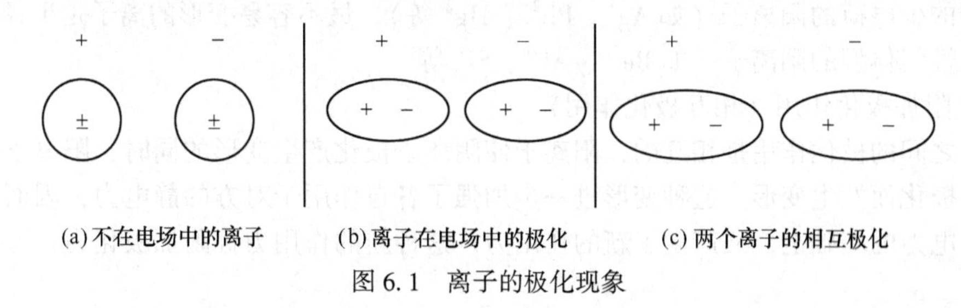

(a) 不在电场中的离子　(b) 离子在电场中的极化　(c) 两个离子的相互极化

图 6.1　离子的极化现象

离子极化的结果，使正、负离子之间发生了额外的吸引力，甚至有可能使两个的原子轨道（或电子云）发生变形，导致轨道相互重叠，使生成的化学键有部分的共价键成分，因而生成的化学键极性变小，即离子键向共价键转变。从这个观点看，离子键和共价键之间并没有严格的界限，在两者之间存在着过渡状态。因而，极性键可以看成是离子键和共价键之间的一种过渡形式。

(1) 离子的极化作用

对阳离子来讲，离子的极化作用表现为以下几点：

1) 离子的电荷：电荷越高，极化作用越强。如 Si^{4+}>Al^{3+}>Mg^{2+}>Na^{+}。

2) 离子的半径：在结构相似、电荷相同的条件下，半径越小，极化作用越强。如 Na^{+}>K^{+}>Rb^{+}>Cs^{+}；Be^{2+}>Mg^{2+}>Ca^{2+}>Sr^{2+}>Ba^{2+}。

3) 离子的电子层构型（外层电子构型）：不同的电子构型，其极化作用大小不同。当离子大小相近、电荷相同时，离子的电子层构型则起决定性作用。极化作用大小的规律如下：

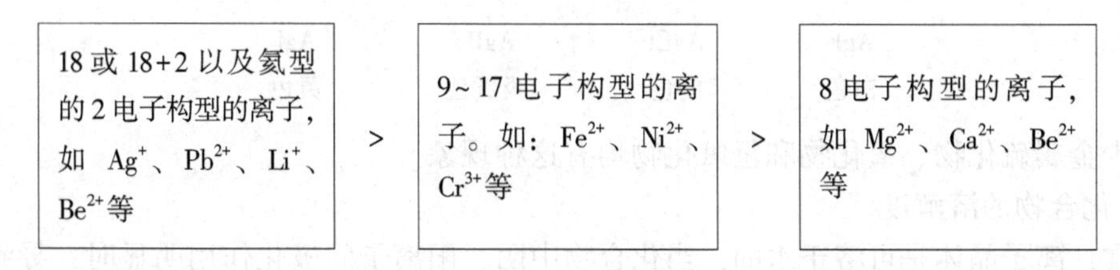

18 电子构型的离子极化作用较大，是因为其最外层中的 d 电子对原子核有较小的屏蔽作用。

对阴离子而言，简单离子的半径越小，极化作用越大，如 F^{-}>Cl^{-}>Br^{-}>I^{-}。复杂离子的极化作用一般较小，电荷高的复杂离子也有一定的极化作用，如 SO_4^{2-} 和 PO_4^{3-}。

离子极化作用的大小可用极化力表示。极化力越大，说明极化作用越强。

(2) 离子的变形性

离子的变形性可用离子的极化率来量度。离子的极化率越大，说明该离子的变形性越大。

1) 对于阴离子，离子的变形性主要取决于离子的半径，半径越大，变形性越大。其次是电荷，电荷越多，变形性越大（结构相同的离子），如 O^{2-}>F^{-}。

2）对于阳离子，主要考虑离子的电子构型，在电荷、半径相近条件下，18电子构型、9~17电子构型的离子，其变形性比8电子构型的离子大得多。

从上面几点可以看出，最容易变形的离子是体积大的阴离子和18电子构型或不规则电子构型的少电荷的阳离子（如Ag^+、Pb^{2+}、Hg^{2+}等）；最不容易变形的离子是半径小、电荷高的惰性气体型的阳离子，如Be^{2+}、Al^{3+}、Si^{4+}等。

（3）附加极化作用（相互极化作用）

离子之间的极化作用是相互的，阳离子使阴离子极化产生变形的同时，阳离子本身也被阴离子极化而发生变形。这种变形进一步加强了各自作用于对方的静电力，因而离子间在原有静电力的基础上，又产生了新的作用力，这种新的作用力称附加极化力，即附加极化作用。

一般来说，对于阳离子，极化作用占主要地位，而对阴离子，变形性占主要地位。

（4）离子极化对物质结构及性质的影响

1）化学键键型的过渡

当极化力很强的阳离子与变形性大的阴离子结合时，由于相互极化，阴、阳离子的外层电子云会发生强烈变形，从而导致它们电子云的重叠。相互极化作用越强，电子云重叠程度越大，键的极性也越弱，结果由离子键过渡到共价键。如：

$NaCl$	$MgCl_2$	$AlCl_3$	$SiCl_4$
离子键	离子键	过渡型	共价键

2）化合物的颜色

离子极化总是加深物质的颜色。一般情况下，由无色离子所形成的化合物也无色。但极化力较大、变形性也较大的无色离子所形成的化合物有颜色。如Ag^+和I^-都是无色离子，而AgI却是黄色。

一般来说，化合物的颜色随着相互极化作用的增大而加深。如：

AgF	AgCl	AgBr	AgI
白色	白色	淡黄色	黄色

不少金属硫化物、氧化物和氢氧化物均有这种现象。

3）化合物的溶解度

通常，离子晶体是可溶于水的，当化合物中阴、阳离子间极化作用明显时，导致离子间距离的缩短和轨道的重叠，离子键过渡为共价键，使化合物在水中的溶解度变小。如上述卤化银：AgF、AgCl、AgBr、AgI，溶解度依次减小。

硫化物的溶解度也是如此。

4）晶格类型的转变

离子极化使离子晶体的键型过渡，由离子键型过渡到共价键，缩短了离子间的距离。结果使晶体的配位数减小。

5）含氧酸盐热稳定性的降低

金属离子的极化能力越强，含氧酸盐的热稳定性越差。

在应用离子极化概念解释物质一些性质时，当阳离子变形性不大，阴离子极化力不明显时，我们只考虑阳离子极化阴离子。但是当阳离子不仅极化作用强而且又易变形，阴离子又有一定的极化作用时，不能忽略附加极化作用。在这种情况下往往附加极化作用是明显的。

离子极化对晶体类型和熔点等性质的影响，可以第三周期和第二主族的氯化物为例说明，如表 6.9 所示。由于 Na^+、Mg^{2+}、Al^{3+}、Si^{4+} 的离子电荷依次递增而半径减小，极化力依次增强，引起 Cl^- 发生变形的程度也依次增大，致使正负离子轨道的重叠程度增大，键的极性减小，相应的晶体由 NaCl 的离子晶体转变为 $MgCl_2$、$AlCl_3$ 的层状晶体，最后转变为 $SiCl_4$ 的分子晶体，其熔点、沸点、导电性也依次递减。

表 6.9　第三周期中一些氯化物的性质

氯化物	NaCl	$MgCl_2$	$AlCl_3$	$SiCl_4$
正离子	Na^+	Mg^{2+}	Al^{3+}	Si^{4+}
r^+/nm	0.097	0.066	0.051	0.042
熔点	801	714	190（加压下）	-70
沸点	1413	1412	117.8（升华）	57.57
摩尔电导率（熔点时）	大	尚大	很小	零
晶体类型	离子晶体	层状结构晶体	层状结构晶体	分子晶体

由于第ⅡA 族离子半径依次增大，极化力依次减弱，引起 Cl^- 发生变形的程度也依次减小，正、负离子轨道重叠，都逐渐减小，键的极性增大，相应的晶体由共价晶体转变为层状晶体，最后转变为离子晶体。摩尔电导率也逐渐增大（表 6.10）。

表 6.10　第ⅡA 族氯化物的性质

氯化物	$BeCl_2$	$MgCl_2$	$CaCl_2$	$SrCl_2$	$BaCl_2$
正离子	Be^{2+}	Mg^{2+}	Ca^{2+}	Sr^{2+}	Ba^{2+}
r^+/nm	0.045	0.072	0.1	0.118	0.135
熔点	405	714	782	875	963
沸点	520	1412	1600	1250	1560
摩尔电导率（熔点时）	零	尚大	大	大	大
晶体类型	共价晶体	层状结构晶体	离子晶体	离子晶体	离子晶体

对于表 6.10 所示的熔点规律，可作如下解释：由于 Cl^- 离子半径较大，有一定变形性，而第Ⅱ主族的 Sr^{2+}、Ca^{2+}、Mg^{2+}、Be^{2+} 的离子半径比同周期的第Ⅰ主族金属离子的半径要小得多，且电荷数为+2，因而正离子的极化能力随之有所增强。这就使得第Ⅱ主族金属的氯化物的晶体结构，随着极化作用的增强，自下而上，由 $BaCl_2$ 的离子晶体逐渐转变为 $MgCl_2$ 层状结构晶体或 $BeCl_2$ 的链状结构晶体（气态 $BeCl_2$ 是电偶极矩为零的共价型分子）。$BeCl_2$、$MgCl_2$ 可溶于有机溶剂，甚至 $SrCl_2$ 也能溶于乙醇。这些都说明第Ⅱ主族金属的氯化物，由于极化作用逐渐向分子晶体过渡。

3. 重要盐类的应用

（1）卤盐

离子型卤化物中，NaCl、KCl、$BaCl_2$ 熔点、沸点较高，稳定性好，受热不易分解。这类氯化物的熔融态可用作高温时的加热介质，叫做盐浴剂。CaF_2、NaCl、KBr 晶体可用作红外光谱仪棱镜（红外透光材料）。

（2）碳酸盐

碱金属碳酸盐和碱土金属碳酸盐工业上最常用的是碳酸钠和碳酸钙。

1）碳酸钠

碳酸钠（Na_2CO_3）又称为纯碱、苏打或碱面，它是基本化工产品之一，除用作化工原料外，还用于玻璃、造纸、肥皂、洗涤剂的生产及水处理等。

碳酸钠常用索尔维（E. Solvay）法来生产。该法是用饱和食盐水吸收氨气和二氧化碳制得溶解度较小的 $NaHCO_3$ 煅烧即生成 Na_2CO_3，其反应为：

$$NaCl+NH_3+CO_2+H_2O \xrightarrow{冷} NaHCO_3+NH_4Cl$$

$$2NaHCO_3 \xrightarrow{200℃} Na_2CO_3+CO_2\uparrow+H_2O$$

析出 $NaHCO_3$ 母液中的 NH_4Cl，用消石灰来回收氨以循环使用：

$$2NH_4Cl+Ca(OH)_2 \longrightarrow 2NH_3\uparrow+CaCl_2+2H_2O$$

所需的 CO_2 和石灰由石灰石煅烧来制取：

$$CaCO_3 \xrightarrow{煅烧} CaO+CO_2\uparrow$$

索尔维法具有技术成熟、原料来源丰富且价廉等优点，但食盐利用率低，氨损失大，$CaCl_2$ 废渣造成环境污染。我国杰出的工业化学家侯德榜对氨碱法做了重大改革，将制氨与合成氨创造性地联结为一体，于1943年发明了“侯氏联合制碱法”，又称氨碱法。该方法先采用半煤气转化得到的 H_2 和 N_2 来合成氨，同时有 CO_2 放出；再采用合成氨系统提供的 NH_3 和 CO_2 来制碱，副产品 NH_4Cl 则作为化肥。该方法使 NaCl 的利用率高达96%以上，降低了成本，实现了连续化生产，对世界制碱工业作出了重大贡献。目前我国生产纯碱的基地主要在天津、大连、青岛、湖北和四川自贡。

$$NaCl+CO_2+NH_3+H_2O \longrightarrow NaHCO_3+NH_4Cl$$

$$2NaHCO_3 \xrightarrow{200℃} Na_2CO_3+CO_2+H_2O$$

2）碳酸钙

碳酸钙 $CaCO_3$（俗称灰石、石灰石、石粉、大理石等）是地球上常见的物质，存在于霰石、方解石、白垩、石灰岩、大理石、石灰华等岩石内，也是动物骨骼或外壳的主要成分。碳酸钙是重要的建筑材料，工业上用途甚广。

根据碳酸钙生产方法的不同，可以将碳酸钙分为重质碳酸钙、轻质碳酸钙、胶体碳酸钙和晶体碳酸钙。

重质碳酸钙（俗称重钙），是用机械方法（用雷蒙磨或其他高压磨）直接粉碎天然的方解石、石灰石、白垩、贝壳等就可以制得。由于重质碳酸钙的沉降体积比轻质碳酸钙的沉降体积小，所以称为重质碳酸钙，密度 $2.71g\cdot cm^{-3}$。熔点1339℃。几乎不溶于水。加热分解为氧化钙（CaO）和二氧化碳（CO_2）。用途：按粉碎细度的不同，工业上分为四种不同规格：单飞粉（95%通过200目）、双飞粉（99%通过325目）、三飞粉（99.9%通过325目）、四飞粉（99.95%通过400目），分别用于各工业部门。

①单飞粉：用于生产无水氯化钙（$CaCl_2$），是重铬酸钠生产的辅助原料，玻璃及水泥

生产的主要原料。此外，也用于建筑材料和家禽饲料等。

②双飞粉：是生产无水氯化钙和玻璃等的原料，橡胶和油漆的白色填料，以及建筑材料等。

③三飞粉：用作塑料、涂料腻子、涂料、胶合板及油漆的填料。

④四飞粉：用作电线绝缘层的填料、橡胶模压制品以及沥青制油毡的填料。

轻质碳酸钙（又称沉淀碳酸钙），简称轻钙，是将石灰石等原料煅烧生成石灰（主要成分为氧化钙）和二氧化碳，再加水消化石灰生成石灰乳（主要成分为氢氧化钙），然后再通入二氧化碳生成碳酸钙沉淀，最后经脱水、干燥和粉碎而制得。或者先用碳酸钠和氯化钙进行复分解反应生成碳酸钙沉淀，然后经脱水、干燥和粉碎而制得。由于轻质碳酸钙的沉降体积（2.4~2.8$mL \cdot g^{-1}$）比重质碳酸钙的沉降体积（1.1~1.9$mL \cdot g^{-1}$）大，所以称轻质碳酸钙，密度约2.71$g \cdot cm^{-3}$。在825~896.6℃分解。熔点1339℃。有无定形和结晶形两种形态，结晶形中又可分为斜方晶系和六方晶系，呈柱状或菱形。难溶于水和醇。溶于酸，同时放出二氧化碳，呈放热反应。也溶于氯化铵溶液中。在空气中稳定，有轻微的吸潮能力。它可用作橡胶、塑料、造纸、涂料和油墨等行业的填料。广泛应用于有机合成、冶金、玻璃和石棉等生产中。还可用作工业废水的中和剂、胃与十二指肠溃疡病的制酸剂、酸中毒的解毒剂、含SO_2废气中的SO_2消除剂、乳牛饲料添加剂和油毛毡的防粘剂。也可用作牙粉、牙膏及其他化妆品的原料。

胶体碳酸钙（活化碳酸钙），又称改性碳酸钙、表面处理碳酸钙、胶质碳酸钙或白艳华，简称活钙，是用表面改性剂对轻质碳酸钙或重钙碳酸钙进行表面改性而制得。由于经表面改性剂改性后的碳酸钙一般都具有补强作用，即所谓的“活性”，所以习惯上都把改性碳酸钙称为活性碳酸钙。白色细腻、轻质粉末，粒子表面吸附一层脂肪酸皂，使$CaCO_3$具有胶体活化性能。密度1.99~2.01$g \cdot cm^{-3}$。胶体碳酸钙不溶于水，遇酸分解，灼烧变成焦黑色，放出二氧化碳并生成氧化钙。其活性比普通碳酸钙大，具有补强性。易分散于胶料之中。用途：橡胶的填充料，可使橡胶色泽光艳、伸长率大、抗张强度高、耐磨性能良好。还用作制人造革、电线、聚氯乙烯、涂料、油墨和造纸等工业的填料。可使成品具有一定的抗张强度及光滑的外观。生产微孔橡胶时，可使其发泡均匀。

晶体碳酸钙是纯白色、六方结晶型粉末。溶于酸，几乎不溶于水。它用于牙膏、医药等方面。也可用作保温材料和其他化工原料。

（3）硫酸盐

1）硫酸钙

二水硫酸钙（$CaSO_4 \cdot 2H_2O$）又称生石膏，为白色粉末，微溶于水。半水硫酸钙（$CaSO_4 \cdot 1/2H_2O$）又称熟石膏，也为白色粉末，有吸潮性，熟石膏粉末与水混合，可逐渐硬化并膨胀，故可用来制造模型、塑像、粉笔和石膏绷带等。

工业上用氯化钙与硫酸铵反应，得到二水硫酸钙：

$$CaCl_2+(NH_4)_2SO_4+2H_2O \longrightarrow CaSO_4 \cdot 2H_2O+2NH_4Cl$$

二水硫酸钙经煅烧、脱水，可得到半水硫酸钙。

2）硫酸钠

硫酸钠溶于水且其水溶液呈中性，溶于甘油而不溶于乙醇。高纯度、颗粒细的无水物称为元明粉，白色、无臭、有苦味的结晶或粉末，有吸湿性。暴露于空气容易吸水生成十水合硫酸钠（俗称芒硝），外形为无色、透明、大的结晶或颗粒性小结晶。主要用于制造水玻璃、玻璃、瓷釉、纸浆、制冷混合剂、洗涤剂、干燥剂、染料稀释剂、分析化学试剂、医药品、饲料等。

问题讨论：

1. 离子极化作用对第三周期氧化物晶体结构和熔点、沸点、溶解度的影响规律如何？
2. 离子极化作用对第四周期最高价氧化物晶体结构和熔点、沸点、溶解度的影响规律如何？
3. 查阅资料，简单描述 Na_2CO_3 生产普通玻璃的原理是什么？
4. 查阅资料，比较四种碳酸钙的生产方法有什么不同？

自学成果评价

一、是非题（对的在括号内填“√”，错的填“×”）

1. 所有氢氧化物的酸碱性都能用离子势的大小来判断。（　　）
2. 氢氧化锌$\sqrt{\varphi}$的为 5.2，所以氢氧化锌显碱性。（　　）
3. BeO 的晶体结构为 ZnS 型晶体。（　　）
4. 碱金属碱土金属在加热时都能与氢直接化合，生成离子型氢化物。（　　）

二、简答题

1. 金属钠着火时能否用 H_2O、CO_2 石棉毯扑灭？为什么？
2. 某地的土壤显碱性，主要是由 Na_2CO_3 引起的，加入石膏为什么有降低碱性的作用？
3. 为何 $BeCl_2$ 为共价化合物，而 $CaCl_2$ 为离子化合物？
4. 为何金属钙与盐酸反应剧烈，但与硫酸反应缓慢？
5. NaCl、$MgCl_2$、$AlCl_3$、$SiCl_4$ 的熔点、沸点、导电性为何依次递减？
6. 碱土金属氧化物的熔点 BeO 为何最低？MgO 为何最高？
7. 可在灯管中加入少量碘制得碘钨灯，以提高灯管使用寿命，是利用了 WI_4 易挥发且热稳定性差的性质，试从极化理论说明 WI_4 为何具备这样的性质？除了充碘，还可充入何种物质？

学能展示

1. 能运用热力学数据，进行计算。

判断下列反应能正向进行的最低温度：

$$MgO(s) + C(石墨) \longrightarrow CO(g) + Mg(s)$$

在 298.15K 下的 $\Delta_f H_m^\ominus$、$S_m^\ominus$ 与 $\Delta_f G_m^\ominus$，以及该反应自发进行的最低温度。

	MgO(s)	C(石墨)	CO(g)	Mg(s)
$\Delta_f H_m^\ominus/kJ \cdot mol^{-1}$	-601.70	0	-110.525	0
$S_m^\ominus/J \cdot mol^{-1} \cdot K^{-1}$	26.94	5.740	197.674	32.68
$\Delta_f G_m^\ominus/kJ \cdot mol^{-1}$	-569.43	0	-137.168	0

2. 能运用化学知识解决实际工程成本问题。

用联碱法制纯碱，可使 NaCl 的利用率由 73%提高到 96%，试计算每生产 5 万吨纯碱，可节约 NaCl 多少吨？由所节约的 NaCl 可制得无水 Na_2CO_3 多少吨？

第7章　p区元素：卤族、氧族、氮族

【本章学习要点】p区元素包括周期系中的ⅢA～ⅦA和零族元素。该区元素沿B-Si-As-Te-At对角线将其分为两部分，对角线右上角为非金属元素（含对角线上的元素），对角线左下角为10种金属元素。除氢外，所有非金属元素全部集中在该区。本章介绍p区卤族、氧族、氮族的单质及化合物的主要物理性质和化学性质及其用途。

学习目标	初步了解p区元素的特点（原子半径变化规律、金属性和非金属性变化规律、价层电子构型、熔点、导电性等）；能通过p区主要元素及其化合物、矿物的主要物理性质和化学性质的学习，了解其在工业中的应用，并能初步运用于解决有关实际问题	
能力要求	1. 能将p区元素化合物基础知识初步应用于解决某些工程问题； 2. 能针对复杂工程问题，初步运用p区卤族、氧族、氮族元素化合物基础知识和信息进行综合分析，得到合理有效的结论； 3. 具有自主学习的意识，逐渐养成终身学习的能力	
重点难点预测	重点	砷、锑、铋及其重要化合物
	难点	砷、锑、铋及其重要化合物
知识清单	p区元素概述、卤族、氧族、氮族元素化合物	
先修知识	高中化学：卤族、氧族、氮族元素的有关知识	

课题7.1　卤族元素

1. 卤族元素通性

卤族元素又称卤素，是周期系第ⅦA族元素氟（F）、氯（Cl）、溴（Br）、碘（I）、砹（At）的总称。卤素的希腊文原意为盐元素。在自然界，氟主要以萤石（CaF_2）和冰晶石（Na_3AlF_6）等矿物存在，氯、溴、碘主要以钠、钾、钙、镁的无机盐形式存在于海水中，海藻是碘的重要来源，砹为放射性元素，仅以微量且短暂地存在于铀和钍的蜕变产物中。有关卤素元素的一些基本性质以及卤素列于表7.1中。

表7.1　卤族元素的性质

元　素	氟（F）	氯（Cl）	溴（Br）	碘（I）
原子序数	9	17	35	53
价层电子构型	$2s^22p^5$	$3s^23p^5$	$4s^24p^5$	$5s^25p^5$

续表 7.1

元　素	氟（F）	氯（Cl）	溴（Br）	碘（I）
主要氧化数	-1、0	-1、0、+1、+3、+5、+7	-1、0、+1、+3、+5、+7	-1、0、+1、+3、+5、+7
原子半径/pm	64	99	114	133
第一电离能 I_1/kJ·mol^{-1}	1681	1251	1140	1008
电子亲和能 E_{A1}/kJ·mol^{-1}	-327.9	-349	-324.7	-295.1
电负性	4.0	3.0	2.8	2.5
$\varphi^{\ominus}(X_2/X^-)$/V	+2.866	+1.358	+1.066	+0.521
单质颜色及状态	淡黄色气体	黄绿色气体	红棕色液体	紫黑色固体
单质熔点/℃	-219.6	-101	-7.2	113.5
单质沸点/℃	-188	-34.6	58.78	184.3
单质的水溶解度/g	分解水	0.732	3.58	0.029
氧化物对应的水化物	—	$HClO$、$HClO_2$、$HClO_3$、$HClO_4$	$HBrO$、$HBrO_2$、$HBrO_3$、$HBrO_4$	HIO、HIO_2、HIO_3、HIO_4
卤化氢	HF	HCl	HBr	HI
卤化氢的稳定性	>2000℃分解	1000℃分解	500℃分解	200℃分解
卤化氢的酸性	中强酸	强酸	强酸	无机最强酸
卤化氢的还原性	—	弱	较强	强
卤化氢的熔点/℃	-83.1	-114.8	-88.5	-50.8
卤化氢的沸点/℃	19.54	-84.9	-67	-35.38

碘难溶于水，但易溶于碘化物溶液（如碘化钾）中，这主要是由于生成 I_3^- 的缘故：

$$I_2+I^- \longrightarrow I_3^-$$

此反应是因为 I^- 接近 I_2 分子时，使 I_2 分子极化产生诱导偶极，然后彼此以静电吸引形成 I_3^-。I_3^- 可以解离而生成 I_2，故多碘化物溶液的性质实际上和碘溶液相同。实验室常用此反应获得较大浓度的碘水溶液。氯和溴也能形成 Cl_3^- 和 Br_3^-，不过这两种离子都很不稳定。

根据 $\Delta_r G_m^{\ominus}=-RT\ln K^{\ominus}$，可以分别算出 HF、HCl、HBr 和 HI 在 298.15K 时的 $K_a^{\ominus}$ 依次等于 10^{-4}、10^{8}、10^{10}、10^{11}。HF 键解离能大、脱水焓大（HF 溶液中存在氢键）以及氟的电子亲和能的代数值比预期值偏高；酸解离平衡常数 $K^{\ominus}(HF)\ll 1$。

HF 不能被一般氧化剂所氧化；HCl 较难被氧化，与一些强氧化剂如 F_2、MnO_2、$KMnO_4$、PbO_2 等反应才显还原性；Br^- 和 I^- 的还原性较强，空气中的氧就可以使它们氧化为单质。溴化氢溶液在日光、空气作用下即可变为棕色；而碘化氢溶液即使在阴暗处，也会逐渐变为棕色。

气态卤素单质均有刺激性气味，强烈刺激眼、鼻、气管等黏膜，吸入较多蒸气会严重中毒（其毒性从氟到碘依次减小），甚至会造成死亡，所以使用卤素单质时应特别小心。若不慎猛吸入氯气，当即会窒息、呼吸困难。此时应立即去室外，也可吸入少量氨气解毒，严重的须及时送医院抢救。液溴对皮肤能造成难痊愈的灼伤，若溅到身上，应立即用大量水冲洗，再用5%$NaHCO_3$溶液淋洗后敷上油膏。

问题讨论：

1. 根据表7.1，描述卤族元素单质、卤化氢性质递变规律，并解释之。
2. 在卤素化合物中，Cl、Br、I为何可呈现多种氧化数。

2. 卤族元素的一些重要反应

表7.2列出了卤素单质的一些重要反应。

表7.2 卤素的一些重要反应

卤　素	直接与卤素反应的物质	反　应　式
F_2、Cl_2、Br_2、I_2	H_2	$X_2+H_2 \rightarrow 2HX$
F_2、Cl_2、Br_2、I_2	H_2O	$2X_2+2H_2O \rightarrow 4HX+O_2\uparrow$
Cl_2、Br_2、I_2		$X_2+H_2O \rightleftharpoons H^++X^-+HXO$
Cl_2、Br_2、I_2	OH^-	$3X_2(g)+6OH^-(aq) \rightarrow 5X^-(aq)+XO_3^-(aq)+3H_2O(l)$
Cl_2、Br_2	$Y^-(Br^-、I^-)$	$X_2+Y^- \rightarrow Y_2+X^-$

氟气与氢气在阴冷的环境中接触即发生爆炸，放出大量的热，氯气在强光照射下也会与氢气发生剧烈反应，发生爆炸，溴与氢气常温下、在催化剂作用下会缓慢反应，碘与氢气在常温下的反应缓慢而可逆。

氟与铜、镍和镁作用时，由于生成金属氟化物保护膜，可阻止进一步被氧化，因此氟可以储存在铜、镍、镁或它们的合金制成的容器中。氯在干燥的情况下可储存于铁罐中。溴和碘在常温下可以和活泼金属直接作用，与其他金属的反应需在加热情况下进行。

3. 卤素的制备和用途

(1) 卤素的制备

X^-失去电子能力的大小顺序为$I^->Br^->Cl^->F^-$。根据X^-还原性和产物X_2氧化性的差异，决定了不同卤素的制备方法。

对F^-来说，用一般的氧化剂是不能使其氧化的。因此一个多世纪以来，制取F_2一直采用电解法。通常是电解三份氟氢化钾（KHF_2）和两份无水氟化氢的熔融混合物：

$$2KHF_2 \xrightarrow{\text{电解}} \underset{(\text{阴极})}{2KF+H_2\uparrow} + \underset{(\text{阳极})}{F_2\uparrow}$$

直到1986年才由化学家K. Christe设计出制备F_2的化学反应：

$$K_2MnF_6+2SbF_5 \xrightarrow{150℃} 2KSbF_6+MnF_3+1/2F_2\uparrow$$

但目前尚未能取代电解法。

工业上，氯气是电解饱和食盐水溶液制烧碱的副产品，也是氯化镁熔盐电解制镁以及电解熔融NaCl制钠的副产品：

$$MgCl_2(\text{熔融}) \xrightarrow{\text{电解}} \underset{(\text{阴极})}{Mg} + \underset{(\text{阳极})}{Cl_2\uparrow}$$

实验室需要少量氯气时，可用MnO_2、$KMnO_4$、$K_2Cr_2O_7$、$KClO_3$等氧化剂与浓盐酸反应的方法来制取：

$$MnO_2+4HCl(浓) \xrightarrow{\triangle} MnCl_2+Cl_2\uparrow+2H_2O$$

$$2KMnO_4+16HCl(浓) \longrightarrow 2MnCl_2+2KCl+5Cl_2\uparrow+8H_2O$$

制备溴时，可用氯气氧化溴化钠中的溴离子而得到：

$$Cl_2+2Br^- \longrightarrow 2Cl^-+Br_2$$

工业上从海水中提取溴时，首先通氯气于 pH 为 3.5 左右晒盐后留下苦卤（富含 Br^- 离子）中置换出 Br_2。然后用空气把 Br_2 吹出，再用 Na_2CO_3 溶液吸收，即得较浓的 NaBr 和 $NaBrO_3$ 溶液：

$$3CO_3^{2-}+3Br_2 \longrightarrow 5Br^-+BrO_3^-+3CO_2\uparrow$$

最后，用硫酸将溶液酸化，Br_2 即从溶液中游离出来：

$$5Br^-+BrO_3^-+6H^+ \longrightarrow 3Br_2+3H_2O$$

为了除去残存的游离氯，可加入少量 KBr，然后加热蒸出溴，盛入陶瓷罐储存。

碘可以从海藻中提取，将适量氯气通入用水浸取海藻所得的溶液，则 I^- 被氧化为 I_2，形成 I_3^- 溶液，然后用离子交换树脂加以浓缩。

在四川地下天然卤水中含有丰富的碘化物（每升约含碘 0.5~0.7g），向这种卤水通氯气，即可把碘置换出来。用此法制碘应避免通入过量氯气，因为过量的氯气可将碘进一步氧化为碘酸：

$$I_2+5Cl_2+6H_2O \longrightarrow 2IO_3^-+10Cl^-+12H^+$$

碘还可从碘酸钠制取，方法是把从智利硝石提取 $NaNO_3$ 后剩下的母液（含 $NaIO_3$），用酸式亚硫酸盐处理，则析出碘：

$$2IO_3^-+5HSO_3^- \longrightarrow I_2+3HSO_4^-+2SO_4^{2-}+H_2O$$

（2）卤素的用途

氟用于制备六氟化铀（UF_6），它是富集核燃料的重要化合物。在 20 世纪含氟化合物的应用有了显著发展，聚四氟乙烯 $\left[CF_2—CF_2\right]_n$ 是耐高温绝缘材料，氟化烃可作血液的临时代替品，以挽救病人的生命。在原子能工业中氟化石墨，化学式为 $(CF)_n$，是一种性能优异的无机高聚物，与金属锂可制成高能量电池，氟化物玻璃（主要成分为 $ZrF_4\cdot BaF_2\cdot NaF$）可制作光导纤维。

氯是一种重要的工业原料。主要用于合成盐酸、聚氯乙烯、漂白粉、农药、有机溶剂、化学试剂等，氯也用于自来水消毒，但近年来逐渐改用臭氧或二氧化氯作消毒剂，因为发现氯能与水中所含的有机烃形成致癌的卤代烃。

溴用于染料、感光材料、药剂、农药、无机溴化物和溴酸盐的制备，也用于军事上制造催泪性毒剂。

碘和碘化钾的酒精溶液（碘酒）在医药上用作消毒剂，碘仿（CHI_3）用作防腐剂。碘化物是重要的化学试剂，也用于防治甲状腺肿大，食用加碘盐中加入的是 KI 或 KIO_3。碘化银用于制造照相底片和人工降雨。

氢卤酸中以氢氟酸和盐酸有较大的实用意义。

常用的浓盐酸的质量分数为 37%，密度为 $1.19g\cdot cm^{-3}$，浓度为 $12mol\cdot L^{-1}$。盐酸是一种重要的工业原料和化学试剂，用于制造各种氯化物。在皮革工业、焊接、电镀、搪瓷、医药和食品工业也有广泛应用。

氢氟酸（或 HF 气体）能和 SiO_2 反应生成气态 SiF_4：

$$SiO_2+4HF \longrightarrow SiF_4\uparrow +2H_2O$$

利用这一反应，氢氟酸被广泛用于分析化学中，用以测定矿物或钢样中 SiO_2 的含量，金相制样中对样品的腐蚀，还用在玻璃器皿上刻蚀标记和花纹，毛玻璃和灯泡的“磨砂”也是用氢氟酸腐蚀的。通常氢氟酸储存在塑料容器中。氟化氢有氟原之称，利用它制取单质氟和许多氟化物。氟化氢对皮肤会造成痛苦的难以治疗的灼伤（对指甲也有强烈的腐蚀作用），使用时要注意安全。

4. 卤化物的性质和键型

从广义来说，在含有卤素的二元化合物中，卤素呈负价的化合物称为卤化物。包括氟化物、氯化物、溴化物、碘化物以及某些卤素互化物。按组成卤化物元素的属性分为金属卤化物和非金属卤化物。按卤化物化学键类型可分为离子型卤化物、过渡型卤化物和共价型卤化物。

卤化物化学键的类型与成键元素的电负性、原子或离子的半径以及金属离子的电荷有关。一般来说，碱金属（Li 除外）、碱土金属（Be 除外）和大多数镧系、锕系元素的卤化物基本上是离子型化合物。其中电负性最大的氟与电负性最小、离子半径最大的铯化合形成的氟化铯（CsF），是最典型的离子型化合物。随着金属离子半径的减小，离子电荷的增加以及卤素离子半径的增大，键型由离子型向共价型过渡的趋势增强。

表 7.3~表 7.6 列出了卤化物的性质和键型。

表 7.3　第三周期元素氟化物的性质和键型

氟化物	NaF	MgF_2	AlF_3	SiF_4	PF_5	SF_6
熔点/℃	993	1250	1040	-90	-83	-51
沸点/℃	1695	2260	1260	-86	-75	-64（升华）
熔融态导电性	易	易	易	不能	不能	不能
键型	离子型	离子型	离子型	共价型	共价型	共价型

表 7.4　氮族元素的氟化物的性质和键型

氟化物	NF_3	PF_3	AsF_3	SbF_3	BiF_3
熔点/℃	-206.6	-151.5	-85	292	727
沸点/℃	-129	-101.5	-63	319（升华）	102.7（升华）
熔融态导电性	不能	不能	不能	难	易
键型	共价型	共价型	共价型	过渡型	离子型

表 7.5　AlX_3 的性质和键型

卤化物	AlF_3	$AlCl_3$	$AlBr_3$	AlI_3
熔点/℃	1024	190（加压）	97.5	191
沸点/℃	1260	178（升华）	263.3	360
熔融态导电性	易	难	难	难
键型	离子型	共价型	共价型	共价型

表 7.6　不同氧化数氯化物的熔点、沸点和键型

氯化物	$SnCl_2$	$SnCl_4$	$PbCl_2$	$PbCl_4$
熔点/℃	246	-33	501	-15
沸点/℃	652	114	950	105
键型	离子型	共价型	离子型	共价型

在卤化物中，由于离子极化作用，某些卤化物表现出特殊性，见表 7.7。

表 7.7　卤化物的溶解性

氯化物	AgF	AgCl	AgBr	AgI	PbX_2	Hg_2X_2	CuX	CaF_2	其余卤化物
溶解性	易溶	难溶	极难溶	不溶	难溶	难溶	难溶	极难溶	可溶
键型	离子型	共价型	共价型	共价型	共价	共价	共价	离子型	—

在 AgX 系列中，虽然 Ag^+的极化力和变形性都大，但 F^-半径小，难以被极化，故 AgF 基本上是离子型且易溶，在 AgX 中，从 Cl^-到 I^-，变形性增大，与 Ag^+相互极化作用增加，键的共价性随之增加，故它们均难溶，且溶解度越来越小。而钙的卤化物基本上是离子型的，但 F^-半径小，与 Ca^{2+}吸引力强，CaF_2 的晶格能大，致使其难溶。

大多数卤化物易溶于水。氯、溴、碘的银盐（AgX）、铅盐（PbX_2）、亚汞盐（Hg_2X_2）、亚铜盐（CuX）是难溶的。

问题讨论：

请根据表 7.3~表 7.7 归纳卤化物的键型与性质的递变规律及原因。

5. 金属卤化物的制备举例

（1）湿法。最常用的方法是用盐酸与活泼金属（如镁、铁、铝、锌等）反应，例如：

$$Zn+2HCl \longrightarrow ZnCl_2+H_2\uparrow$$

对电极电势为正值的某些金属（如铜），只要在盐酸中加入适量的氧化剂，仍有可能制得相应氯化物。例如：

$$Cu+H_2O_2+2HCl \longrightarrow CuCl_2+2H_2O$$

此外，用盐酸与氧化物、氢氧化物、碳酸盐反应，也可制得相应的金属氯化物。例如：

$$ZnO+2HCl \longrightarrow ZnCl_2+H_2O$$

$$LiOH+HCl \longrightarrow LiCl+H_2O$$

但强烈水解的氯化物（如 $SnCl_4 \cdot SiCl_4$ 等）只能采用干法合成。

（2）干法。由于绝大多数氯化物的 $\Delta_f G_m^\ominus$ 为负值，且代数值较小，因此，从理论上说，一般可用元素单质与氯气直接反应合成氯化物。但是，要使反应能继续下去，必须及时把产物从反应体系中分离出去。例如铝、铁和氯气反应的产物——$AlCl_3$、$FeCl_3$ 均可升华，故可用干法。又如欲制备纯的 $SnCl_4$，可用熔态锡与氯气反应。考虑到 $SnCl_4$ 的沸点（114℃）比 $SnCl_2$ 的沸点（652℃）低，只要控制反应温度为 114~652℃，即可使 $SnCl_4(g)$ 从反应器顶部导出而与 $SnCl_2$ 分离。

此外，许多金属氧化物氯化反应的 $\Delta_r G_m^\ominus$ 也为负值，且代数值较小，因而易于把这些

氧化物转变为氯化物，例如：

$$Na_2O(s) + Cl_2(g) \longrightarrow 2NaCl(s) + 1/2O_2(g) \qquad \Delta_r G_m^\ominus = -392.7kJ \cdot mol^{-1}$$

但是，不要以为 $\Delta_r G_m^\ominus$ 为正值的氯化反应就一定不能进行，例如：

$$1/2TiO_2(s) + Cl_2(g) \longrightarrow 1/2TiCl_4(l) + 1/2O_2(g) \qquad \Delta_r G_m^\ominus = 74.8kJ \cdot mol^{-1}$$

只要加入吸氧剂（例如碳，在加热情况下吸氧转变为 CO_2），反应仍有可能实现：

$$TiO_2(s) + C(s) + 2Cl_2(g) \longrightarrow TiCl_4(l) + CO_2(g) \qquad \Delta_r G_m^\ominus = -224.7kJ \cdot mol^{-1}$$

上述反应是获得 $TiCl_4$ 的方法，$TiCl_4$ 是生产氯化法钛白及海绵钛的重要原料。

$$TiCl_4 + O_2 \longrightarrow TiO_2 + 2Cl_2$$

$$1/2TiCl_4 + Mg = 1/2Ti + MgCl_2$$

$$1/2TiCl_4 + 2Na = 1/2Ti + 2NaCl$$

6. 卤素的电势图

（1）元素的电势图

一种元素的不同氧化数物种按照其氧化数由低到高从左到右的顺序排成图式，并在两种氧化数物种之间标出相应的标准电极电势值。这种表示一种元素各种氧化数之间标准电极电势的图式称为元素电势图，又称拉蒂默图。如碘在酸性溶液中的电势图见图 7.1。

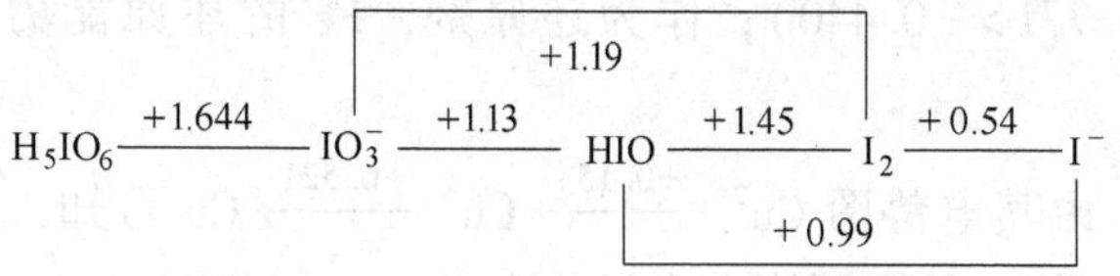

$$H_5IO_6 \xrightarrow{+1.644} IO_3^- \xrightarrow{+1.13} HIO \xrightarrow{+1.45} I_2 \xrightarrow{+0.54} I^-$$

图 7.1　碘在酸性溶液中的电势图

（2）电势图的应用

1）判断元素各种氧化数的相对稳定性（判断是否能发生歧化）

对某一元素，其不同氧化数的稳定性主要取决于相邻电对的标准电极电势值。若相邻电对的 $\varphi^\ominus$ 值符合 $\varphi^\ominus_{右} > \varphi^\ominus_{左}$，则处于中间的个体必定是不稳定态，可发生歧化反应，其产物是两相邻的物质。如 $Cu^{2+} \xrightarrow{+0.153} Cu^+ \xrightarrow{+0.521} Cu$ 中，Cu^+可发生歧化反应生成 Cu^{2+}和 Cu。

这是很明显的，如将两相邻电对组成电池，则中间物种到右边物种的电对的还原半反应为电池正极反应，而到左边物种的反应则为负极反应。电池的电动势为 $E^\ominus = \varphi^\ominus_{右} - \varphi^\ominus_{左}$，若 $\varphi^\ominus_{右} > \varphi^\ominus_{左}$，$E^\ominus > 0$，表示电池反应可自发进行，即中间物种可发生歧化反应。

若相反，$\varphi^\ominus_{左} > \varphi^\ominus_{右}$，则两边的个体不稳定，可发生逆歧化反应，两头的个体是反应物，产物是中间的那个个体。

如根据：$Fe^{3+} \xrightarrow{+0.771} Fe^{2+} \xrightarrow{-0.440} Fe$，可以得出结论，在水溶液中 Fe^{3+}和 Fe 可发生反应生成 Fe^{2+}。

2）求未知电对的电极电势

利用 Gibbs 函数变化的加和性，可以从几个相邻电对的已知电极电势求算任一未知的电对的电极电势（图 7.2）。

已知 $\varphi_1^\ominus$ 和 $\varphi_2^\ominus$，求 $\varphi_3^\ominus$。因为：

$$\Delta_r G_1^\ominus = -n_1 F \varphi_1^\ominus$$

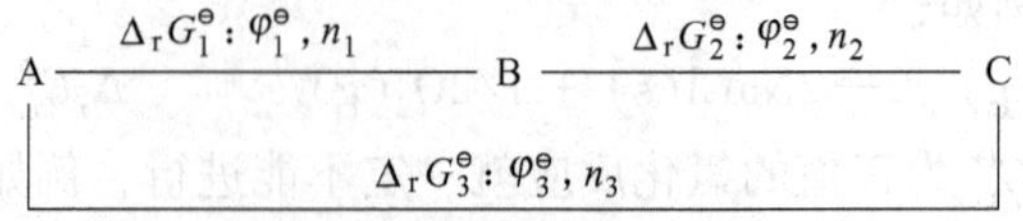

A —— $\Delta_r G_1^\ominus : \varphi_1^\ominus, n_1$ —— B —— $\Delta_r G_2^\ominus : \varphi_2^\ominus, n_2$ —— C

$\Delta_r G_3^\ominus : \varphi_3^\ominus, n_3$

图 7.2　电对的电极电势图

$$\Delta_r G_2^\ominus = -n_2 F\varphi_2^\ominus$$

$$\Delta_r G_3^\ominus = -n_3 F\varphi_3^\ominus$$

由盖斯定律得
$$\Delta_r G_3^\ominus = \Delta_r G_1^\ominus + \Delta_r G_2^\ominus$$

则：$-n_3F\varphi_3^\ominus = -n_1F\varphi_1^\ominus + (-n_2F\varphi_2^\ominus)$，其中 $n_3 = n_1 + n_2$。

所以，同理，若有 i 个电对相邻，

则：
$$\varphi_n^\ominus = \frac{n_1\varphi_1^\ominus + n_2\varphi_2^\ominus + \cdots + n_i\varphi_i^\ominus}{n_1 + n_2 + \cdots + n_i}$$

3）判断元素处于不同氧化数时的氧化还原能力

根据某一电对的电极电势越大，其氧化型的氧化能力越强，相应的还原型的还原性越弱的原理。由下列电势图 $Fe^{3+} \xrightarrow{+0.771} Fe^{2+} \xrightarrow{-0.440} Fe$，可以知道，作为氧化剂，$Fe^{3+}$ 的氧化能力大于 Fe^{2+}（$+0.771 > -0.440$）；作为还原剂，Fe 的还原能力大于 Fe^{2+}（$-0.440 < +0.771$）。

而对于 Cu 元素，由其电势图 $Cu^{2+} \xrightarrow{+0.153} Cu^{+} \xrightarrow{+0.521} Cu$ 可知，Cu^{+} 的氧化能力大于 Cu^{2+}（$0.521 > 0.153$），而 Cu 的还原能力小于 Cu^{+}（$0.153 < 0.521$）。

卤素在酸性溶液中的电势图见图 7.3，卤素在碱性溶液中的电势图见 7.4。

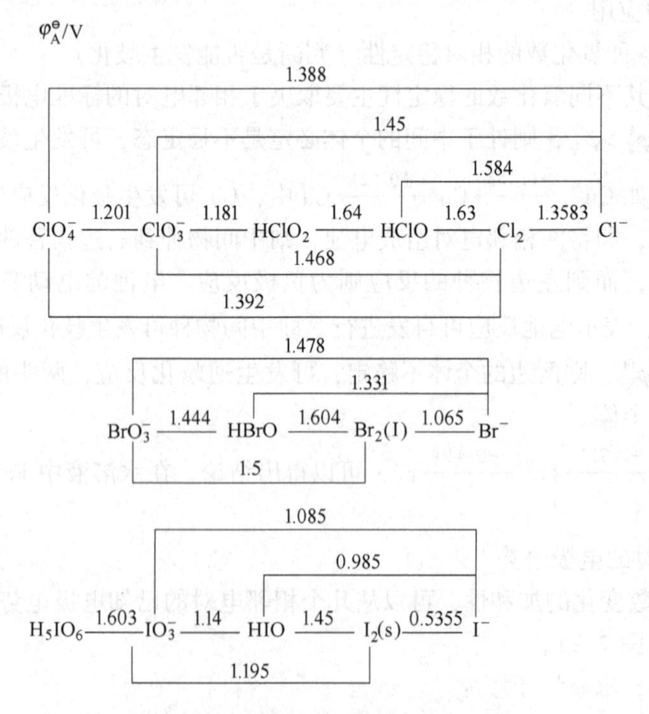

图 7.3　卤素在酸性溶液中的电势图

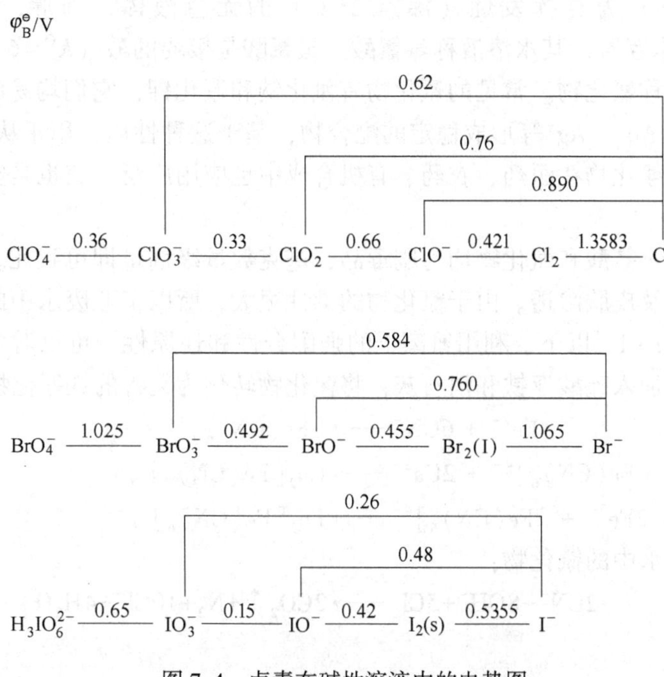

图 7.4　卤素在碱性溶液中的电势图

从卤素电势图可以看出：

1）在图 7.3$\varphi_A^\ominus$ 中，几乎所有电对的电极电势都有较大的正值，表明在酸性介质中，卤素单质及各种含氧酸均有较强的氧化性，它们作氧化剂时的还原产物一般为 X^-。

2）在图 7.4$\varphi_B^\ominus$ 中，除 X_2/X^- 电对的电极电势与 $\varphi_A^\ominus$ 值相同外，其余电对的电极电势虽为正值，但均相应变小，表明在碱性介质中，卤素各种含氧酸盐的氧化性已大为降低（NaClO 除外），说明含氧酸的氧化性强于其盐。

3）许多中间氧化数物质由于 $\varphi_{(右)}^\ominus > \varphi_{(左)}^\ominus$，因而存在着发生歧化反应的可能性。

问题讨论：

在钒的系统中欲只使 V(Ⅱ) 稳定存在，有 Zn、Sn^{2+} 和 Fe^{2+} 三种还原剂，应选择哪一种？已知 $Zn^{2+} \xrightarrow{-0.76} Zn$，$Sn^{4+} \xrightarrow{+0.15} Sn^{2+}$，$Fe^{3+} \xrightarrow{+0.771} Fe^{2+}$，以及钒的电势图（图 7.5）。

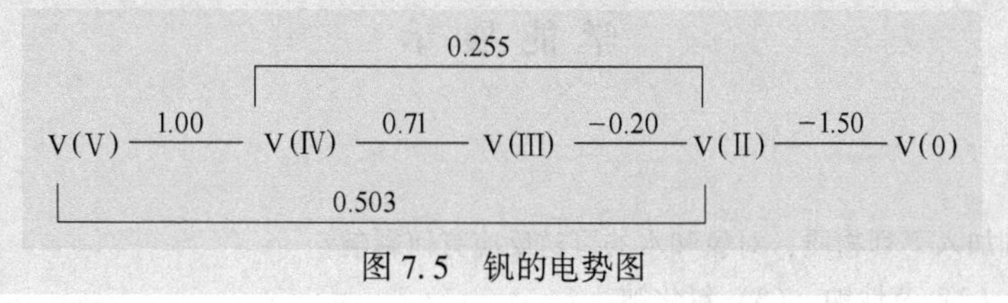

图 7.5　钒的电势图

7. 拟卤素

某些原子团形成的分子与卤素单质有相似的性质，它们的离子也与卤素离子的性质相似，这些原子团称为拟卤素。重要的拟卤素有氰（$(CN)_2$）、硫氰（$(SCN)_2$）和氧氰（$(OCN)_2$）等。

氰（$(CN)_2$）是无色可燃气体，剧毒，有苦杏仁味。

氰化氢（HCN）为有挥发性（沸点25℃）的无色液体，剧毒，分子结构式为H—C≡N，能与水互溶，其水溶液称氢氰酸。氢氰酸是极弱的酸（$K_a^{\ominus}=6.2\times10^{-10}$）。

氢氰酸的盐又称氰化物。常见的氰化物有氰化钠和氰化钾，它们均易溶于水。氰化物与一些金属离子如Au^{+}、Ag^{+}等形成稳定的配合物，基于这种性质，用于从矿石中提炼金、银以及用于电镀。氰化物在医药、农药、有机合成中也应用广泛，它也是实验室和科研中常用的化学试剂。

氰、氰化氢、氢氰酸和氰化物均为剧毒品，毫克数量级剂量即可致死。中毒的途径是通过呼吸、误食以及皮肤渗透。由于氰化物的毒性很大，所以工业废水中的氰化物排放标准应控制在$0.05mg\cdot L^{-1}$以下。利用氰离子的强配合性和还原性，可以对含氰离子废水进行处理。在废水中加入硫酸亚铁和消石灰，将氰化物转化为无毒的铁氰化物：

$$Fe^{2+}+6CN^{-}\longrightarrow[Fe(CN)_6]^{4-}$$

$$[Fe(CN)_6]^{4-}+2Ca^{2+}\longrightarrow Ca_2[Fe(CN)_6]\downarrow$$

$$2Fe^{2+}+[Fe(CN)_6]^{4-}\longrightarrow Fe_2[Fe(CN)_6]\downarrow$$

也可用氯气氧化废水中的氰化物：

$$2CN^{-}+8OH^{-}+5Cl_2\longrightarrow 2CO_2\uparrow+N_2+10Cl^{-}+4H_2O$$

问题讨论：

碳酸锰是生产电信器材软磁铁氧体的原料，工业上以软锰矿（主要成分MnO_2）和黄铁矿（主要成分FeS_2）为主要原料制备碳酸锰，其中除铁工序之后的净化工序的目的是除去溶液中的Cu^{2+}、Ca^{2+}等杂质。若测得滤液中$c(F^{-})=0.01mol\cdot L^{-1}$，滤液中残留$c(Ca^{2+})=$ ________ $mol\cdot L^{-1}$。已知：$K_{sp}(CaF_2)=1.46\times10^{-10}$。

自学成果评价

1. 在四川地下天然卤水中含有丰富的碘化物（每升约含碘0.5~0.7g），向这种卤水通氯气，即可把碘置换出来。用此法制碘应避免通入过量氯气，为什么？
2. 怎样除去工业溴中少量Cl_2？
3. 将Cl_2通入熟石灰中得到漂白粉，而向漂白粉中加入盐酸却产生Cl_2，试解释之。
4. 根据元素电势图判断下列歧化反应能否发生？

（1）$Cl_2+OH^{-}\longrightarrow Cl^{-}+ClO^{-}+H_2O$　（2）$I_2+H_2O\longrightarrow IO_3^{-}+I^{-}+H^{+}$　（3）$HIO\longrightarrow IO_3^{-}+I^{-}+H_2O$

学能展示

基础知识

在氯气中分别加入下列物质，对氯和水的可逆反应有何影响？

（1）稀硫酸　（2）苛性钠　（3）氯化钠

知识应用

1. 能运用所学的卤素有关知识及相关化学原理，对实际问题进行简单描述。解释下列现象：

（1）I_2在水中的溶解度小，而在KI溶液中的溶解度大；

（2）I^{-}可被Fe^{3+}氧化，但加入F^{-}后就不被Fe^{3+}氧化；

（3）漂白粉在潮湿空气中逐渐失效。

2. 若误将少量 KCN 排入下水道，应立即采取什么措施以消除污染。

拓展提升

能运用卤素有关知识，分析和解决实际工程问题。

近年来，钛及钛合金作为轻质、高强度、高耐蚀性结构材料，在航空航天、海洋、石油化工等较多领域被广泛应用。因此，常常涉及钴和钛合金的原材料检查、钛设备及其零部件的产品质量控制与检验，以及在役设备的检测与失效分析。金相分析中常采用 Kroll 试剂（1% ~ 3%HF，2% ~ 6%HNO_3 水溶液），或 HF(1mL) + HNO_3(12mL) + H_2O(50 ~ 60mL) 混合液或 HF(2mL) + HNO_3(2mL) + 甘油(6mL) 作为腐蚀液，但无论哪种配方，其中都有 HF。钛或钛合金表面氧化层主要为 TiO_2，其次还有低价钛氧化物（如 TiO、Ti_2O_3）和高价氧化物（如 TiO_2），氢氟酸为酸洗液中的主要腐蚀成分，但量都不是很大，钛与氢氟酸的反应为：

$$2Ti+6HF \xlongequal{} 2TiF_3+3H_2\uparrow$$

在腐蚀液中加入 HNO_3 后，将发生如下反应：

$$3Ti+4HNO_3+12HF \xlongequal{} 3TiF_4+8H_2O+4NO\uparrow$$

你能解释腐蚀液中 HF 和 HNO_3 同时存在的原因吗？能否只用 HF 溶液或者 HNO_3 溶液作腐蚀剂？

课题 7.2　氧族元素

1. 氧族元素概述

周期系第ⅥA 族包括氧、硫、硒、碲、钋 5 种元素，这些元素统称为氧族元素。

在自然界中氧和硫能以单质存在，由于很多金属在地壳中以氧化物和硫化物的形式存在，故这两种元素常称为成矿元素。硒和碲为稀散元素，常存在于重金属的硫化物矿中，在自然界中不存在单质。它们都是半导体材料。钋是放射性元素。它们的一些基本性质列于表 7.8 中。

表 7.8　氧族元素的性质

元素		氧（O）	硫（S）	硒（Se）	碲（Te）	钋（Po）
原子序数		8	16	34	52	84
价层电子构型		$2s^22p^4$	$3s^23p^4$	$4s^24p^4$	$5s^25p^4$	$6s^26p^4$
主要氧化数		−1、−2、0、+6	−2、0、+4、+6	−2、0、+2、+4、+6	−2、0、+2、+4. +6	—
原子半径/pm		140	104	117	137	153
离子半径	$r(M^{6+})$/pm	—	184	198	221	—
	$r(M^{2-})$/pm		29	42	56	67
第一电离能 I_1/kJ · mol^{-1}		1314	1000	941	869	812
电子亲和能 E_{A1}/kJ · mol^{-1}		−141	−200. 4	−195	−190. 2	−173. 7
电负性（χ_p）		3. 5	2. 5	2. 4	2. 1	2. 0
单质颜色及状态		无色气体	黄色晶体	灰色固体	银白色	银白色

续表 7.8

元素	氧（O）	硫（S）	硒（Se）	碲（Te）	钋（Po）
最高价氧化物对应的水化物	—	H_2SO_4	H_2SeO_4	H_2TeO_4	—
最高价氧化物对应的水化物酸性	—	强酸	中强酸	弱酸	—
氢化物	H_2O	H_2S	H_2Se	H_2Te	H_2Po
氢化物的酸性	中性	弱酸性	中强酸	中强酸	不稳定
氢化物的溶解性	—	能溶于水	溶于水	溶于水	—
氢化物的毒性及状态	无毒液体	有毒气体	有毒气体	有毒气体	放射性液体

钋是一种银白色金属，能在黑暗中发光，是由著名科学家居里夫人与丈夫皮埃尔·居里在1898年发现的。为了纪念居里夫人的祖国波兰，两人将这种元素命名为钋。钋是目前已知最稀有的元素之一，在地壳中含量约为100万亿分之一，在所有自然环境中，例如泥土、大气以至人体都可以找到极少量钋210。天然的钋存在于所有铀矿石、钍矿石中。钋主要通过人工合成方式取得。钋是世界上最毒的物质之一。

2. 水的净化

天然水中除含有泥沙等固体悬浮物外，还含有可溶性气体、无机盐、有机物以及许多污染物，因而在使用前必须对天然水加以净化。

（1）饮水的净化。饮水的净化是指除去水中的悬浮物和细菌。悬浮物可用自然沉降或加入沉降剂，过滤的方法除去。常用的沉降剂为石灰乳和硫酸铝：

$$3Ca(OH)_2 + 2Al^{3+} \longrightarrow 2Al(OH)_3\downarrow + 3Ca^{2+}$$

产生的氢氧化铝胶状沉淀吸附水中较小的悬浮物和大部分细菌，使之沉降而除去。

除菌常采用充气（氧化有机物），日光或紫外线辐射、煮沸、氯化（加入少量液氯或漂白粉）、臭氧化以及加入少量硫酸铜等方法。

（2）硬水的软化。含有可溶性钙盐、镁盐的水称为硬水。其中若钙、镁是以酸式盐形式存在，则称为暂时硬水。暂时硬水用煮沸即可使其沉淀析出：

$$Ca^{2+} + 2HCO_3^- \xrightarrow{\triangle} CaCO_3\downarrow + CO_2\uparrow + H_2O$$

$$Mg^{2+} + 2HCO_3^- \xrightarrow{\triangle} MgCO_3\downarrow + CO_2\uparrow + H_2O$$

当钙、镁是以硫酸盐或氯化物形式存在时，用加热方法不能使其除去，这种水称永久硬水。

一般硬水可以饮用，但不宜用于洗涤或作为锅炉用水，因钙、镁离子会与肥皂中的硬脂酸钠形成不溶性物，例如：

$$Ca^{2+} + 2C_{17}H_{35}COO^- \longrightarrow Ca(C_{17}H_{35}COO)_2\downarrow$$

硬水作为锅炉用水时，会形成锅垢，不仅有碍传热、降低热利用率，甚至会由于堵塞管道以及受热不均而引起锅炉爆炸。

使硬水软化的方法较多，常用的有化学法和离子交换法。

1）化学法。加入石灰乳和碳酸钠，使钙、镁离子形成沉淀析出：

$$Ca^{2+} + CO_3^{2-} \longrightarrow CaCO_3\downarrow$$

$$2Mg^{2+} + CO_3^{2-} + 2OH^- \longrightarrow Mg_2(OH)_2CO_3\downarrow$$

2）离子交换法。用钠型强酸性阳离子交换树脂 $R—SO_3^-Na^+$ 除去水中的 Ca^{2+}、Mg^{2+} 等离子：

$$2R—SO_3^-Na^+ + Ca^{2+} \xrightleftharpoons{\text{交换}} (R—SO_3^-)_2Ca^{2+} + 2Na^+$$

离子交换反应为可逆过程，被 Ca^{2+}、Mg^{2+} 等离子饱和后的树脂可用浓食盐水处理再生。

（3）海水淡化。20 世纪以来，工农业的发展和人口的增长使世界淡水资源面临严重短缺，而人类自身的盲目性造成的江河湖水污染、湖泊缩小、地下水位下降、水土流失等更是雪上加霜。目前世界约有 43 个国家和地区缺水，占全球陆地面积的 60%，约 20 亿人口用水紧张。现在人类要想在地球上继续生存和发展，一是必须采取有效措施治理环境、保护水资源；二是要加紧海水淡化的研究和发展。阿拉伯半岛上的干旱地区供水已全部靠海水淡化。海水淡化目前主要有蒸馏脱盐法、离子交换脱盐法和反渗透脱盐法。反渗透法主要使用一种选择性薄膜（例如醋酸纤维素膜），当将海水加压超过其渗透压时，因盐不能通过薄膜而水可以穿过，从而实现海水淡化。

目前海水淡化技术已经成熟，我国天津大港日产淡水 $6000m^3$，随着海水淡化技术的不断进步，近年来海水淡化的投资和成本有所下降。

3. 水合作用

水为强极性分子，可与许多物质发生水合作用，若水与分子发生水合作用，则形成水合分子，例如：

$$NH_3(g) + H_2O \longrightarrow NH_3 \cdot H_2O$$

若水与离子发生水合作用，则形成水合离子，例如：

$$HCl(g) + H_2O \longrightarrow H_3O^+(aq) + Cl^-(aq)$$

含水的静态物质称为结晶水合物，在结晶水合物中，水以不同形式存在：

（1）烃基。水在化合物中以 OH^- 形式存在，如 $Mg(OH)_2 \cdot Al(OH)_3$，它们是氧化物的水合物，即为 $MgO \cdot H_2O$、$Al_2O_3 \cdot 3H_2O$。

（2）配位水。水在化合物中以配体形式存在，例如 $BeSO_4 \cdot 4H_2O$ 中存在 $[Be(H_2O)_4]^{2+}$ 离子，$NiSO_4 \cdot 6H_2O$ 中存在 $[Ni(H_2O)_6]^{2+}$ 离子。

（3）阴离子水。水通过氢键与阴离子相结合，例如 $CuSO_4 \cdot 5H_2O$ 分子，其中 4 个水分子以配位水的形式存在，而另一个水分子却以氢键与配位水及 SO_4^{2-} 相结合。

（4）晶格水。水分子位于水合物的晶格中，不与阴、阳离子直接联结，如 $MgSO_4 \cdot 7H_2O$ 中 6 个水分子为配位水，而另一个水分子则占据晶格上位置，该水为晶格水。

（5）沸石水。这种水分子在某种物质（如沸石）的晶格中占据相对无规律的位置，当加热脱除这种水分子时，物质的晶格不被破坏。

4. 过氧化氢的性质和用途

（1）过氧化氢的性质

纯过氧化氢是近乎无色的黏稠液体，分子间有氢键，由于极性比水强，在固体和液态时分子缔合程度比水大，所以沸点（150℃）远比水高。过氧化氢与水可以任何比例互溶，通常所用的双氧水为过氧化氢的水溶液，商品浓度有 30% 和 3% 两种。

过氧化氢的化学性质主要表现为对热不稳定性、强氧化性、弱还原性和极弱的酸性。

1）不稳定性。由于过氧基—O—O—内过氧键的键能较小，因此过氧化氢分子不稳定，易分解：

$$2H_2O_2(l) \longrightarrow 2H_2O(l) + O_2(g) \qquad \Delta_r H_m^\ominus = -196.06kJ \cdot mol^{-1}$$

纯过氧化氢在避光和低温下较稳定，常温下分解缓慢，但153℃时爆炸分解。过氧化氢在碱性介质中分解较快。微量杂质或重金属离子（Fe^{3+}、Mn^{2+}、Cr^{3+}、Cu^{2+}）及MnO_2等以及粗糙活性表面均能加速过氧化氢的分解。为防止其分解，通常储存在光滑塑料瓶或棕色玻璃瓶中并置于阴凉处，若能再放入一些稳定剂，如微量的锡酸钠、焦磷酸钠和8-烃基喹啉等，则效果更好。

2）弱酸性。H_2O_2具有极弱的酸性：

$$H_2O_2 \rightleftharpoons H^+ + HO_2^- \qquad K_{a(1)}^\ominus = 2.3\times10^{-12}$$

H_2O_2的$K_{a(2)}^\ominus$更小，其数量级约为10^{-25}。

H_2O_2可与碱反应，例如：

$$H_2O_2 + Ba(OH)_2 \longrightarrow BaO_2 + 2H_2O$$

为此，BaO_2可视为H_2O_2的盐。

3）氧化还原性。过氧化氢中氧的氧化数为-1（处于中间氧化数），因此H_2O_2既有氧化性又有还原性。H_2O_2在酸性和碱性介质中的标准电极电势如下：

酸性介质：

$$H_2O_2 + 2H^+ + 2e \rightleftharpoons 2H_2O \qquad E^\ominus = 1.763V$$

$$O_2 + 2H^+ + 2e \rightleftharpoons H_2O_2 \qquad E^\ominus = 0.695V$$

碱性介质：

$$HO_2^- + H_2O + 2e \rightleftharpoons H_3OH^- \qquad E^\ominus = 0.867V$$

$$O_2 + H_2O + 2e \rightleftharpoons HO_2^- + OH^- \qquad E^\ominus = -0.076V$$

从电极电势数值可以看出，无论在酸性介质还是碱性介质中，过氧化氢均有氧化性，尤其在酸性介质中氧化性更为突出。例如，在酸性溶液中可以将I^-氧化为单质I_2：

$$H_2O_2 + 2I^- + 2H^+ \longrightarrow I_2 + 2H_2O$$

过氧化氢可使黑色的PbS氧化为白色的$PbSO_4$：

$$PbS + 4H_2O_2 \longrightarrow PbSO_4\downarrow + 4H_2O$$

这一反应用于油画的漂白。在碱性介质中H_2O_2可以把$[Cr(OH)_4]^-$氧化为CrO_4^{2-}：

$$2[Cr(OH)_4]^- + 3H_2O_2 + 2OH^- \longrightarrow 2CrO_4^{2-} + 8H_2O$$

过氧化氢还原性较弱，只有遇到比它更强的氧化剂时才表现出还原性。例如：

$$2MnO_4^- + 5H_2O_2 + 6H^+ \longrightarrow 2Mn^{2+} + 5O_2\uparrow + 8H_2O$$

$$Cl_2 + H_2O_2 \longrightarrow 2HCl + O_2\uparrow$$

前一反应用来测定H_2O_2的含量，后一反应在工业上常用于除氯。

一般来说，H_2O_2的氧化性比还原性要显著得多，因此，它主要用作氧化剂。H_2O_2作为氧化剂的主要优点是它的还原产物是水，不会给反应体系引入新的杂质，而且过量部分很容易在加热下分解成H_2O及O_2，O_2可从体系中逸出，也不会增加新的物种。

（2）过氧化氢的制备和用途

实验室中可用冷的稀硫酸或稀盐酸与过氧化钠反应制备过氧化氢：

$$Na_2O_2+H_2SO_4+10H_2O \xrightarrow{\text{低温}} Na_2SO_4 \cdot 10H_2O+H_2O_2$$

目前工业上制备过氧化氢主要有电解法和蒽醌法两种方法。

1）电解法。首先电解硫酸氢铵饱和溶液制得过二硫酸铵：

$$2NH_4HSO_4 \xrightarrow{\text{电解}} \underset{\text{（阳极）}}{(NH_4)_2S_2O_8}+\underset{\text{（阴极）}}{H_2\uparrow}$$

然后加入适量稀硫酸使过二硫酸铵水解，即得到过氧化氢：

$$(NH_4)_2S_2O_8+2H_2O \xrightarrow{H_2SO_4} 2NH_4HSO_4+H_2O_2$$

生成的硫酸氢铵可循环使用。

2）蒽醌法。以 H_2 和 O_2 作原料，在有机溶剂（重芳烃和氢化萜松醇）中借助 2—乙基蒽醌和钯（Pd）的作用制得过氧化氢，总反应如下：

$$H_2+O_2 \xrightarrow{\text{2—乙基蒽醌}} H_2O_2$$

与电解法相比，蒽醌法能耗低，用氧取之于空气，乙基蒽醌能重复使用，所以此法应用广泛。不过，对于电价低廉地区，也不排斥采用电解法。

过氧化氢的用途主要是基于它的氧化性，3%（稀）和 30%的过氧化氢溶液是实验室常用的氧化剂。目前生产的 H_2O_2 约有半数以上用作漂白剂，用于漂白纸浆、织物、皮革、油脂、象牙以及合成物等。化工生产上 H_2O_2 用于制取过氧化物（如过硼酸钠、过醋酸等）、环氧化合物、氢醌以及药物（如头孢菌素）等。

5. 硫化物

氢硫酸可形成正盐和酸式盐，酸式盐均易溶于水，而正盐中除碱金属（包括 NH_4^+）的硫化物和 BaS 易溶于水外，碱土金属硫化物微溶于水（BeS 难溶），其他硫化物大多难溶于水，并具有特征的颜色。

大多数金属硫化物难溶于水。从结构方面来看，S^{2-} 的半径比较大，因此变形性较大，在与重金属离子结合时，离子相互极化作用使这些金属硫化物中的 M—S 键显共价性，造成此类硫化物难溶于水。显然，金属离子的极化作用越强，其硫化物溶解度越小。根据硫化物在酸中的溶解情况，将其分为 4 类，见表 7.9。

表 7.9　硫化物的分类

溶于稀盐酸（0.3mol·L^{-1} HCl）	难溶于稀盐酸		
	溶于浓盐酸	难溶于浓盐酸	
		溶于浓硝酸	仅溶于王水
MnS（肉色） CoS（黑色） ZnS（白色） NiS（黑色） FeS（黑色）	SnS（褐色） Sb_2S_3（橙色） SnS_2（黄色） Sb_2S_5（橙色） PbS（黑色） CdS（黄色） Bi_2S_3（暗棕）	CuS（黑色） As_2S_3（浅黄） Cu_2S（黑色） As_2S_5（浅黄） Ag_2S（黑色）	HgS（黑色） Hg_2S（黑色）

现以 MS 型硫化物为例，结合上述分类情况进行讨论。

（1）不溶于水，但溶于稀盐酸的硫化物。此类硫化物的 $K_{sp}^{\ominus}>10^{-24}$，与稀盐酸反应即可有效的降低 S^{2-}浓度而使之溶解。例如：

$$ZnS+2H^{+} \longrightarrow Zn^{2+}+H_2S\uparrow$$

（2）不溶于水和稀盐酸，但溶于浓盐酸的硫化物。此类硫化物的 $K_{sp}^{\ominus}$为 $10^{-25}\sim10^{-30}$，与浓盐酸作用除产生 H_2S 气体外，还生成配合物，降低了金属离子的浓度。例如：

$$PbS+4HCl \longrightarrow H_2[PbCl_4]+H_2S\uparrow$$

（3）不溶于水和盐酸，但溶于浓硝酸的硫化物。此类硫化物的 $K_{sp}^{\ominus}<10^{-30}$，与浓硝酸可发生氧化还原反应，溶液中的 S^{2-} 被氧化成 S，S^{2-} 浓度大为降低而导致硫化物的溶液。例如：

$$4CuS+8HNO_3 \longrightarrow 3Cu(NO_3)_2+3S\downarrow+2NO\uparrow+4H_2O$$

（4）仅溶于王水的硫化物。对于 $K_{sp}^{\ominus}$更小的硫化物（如 HgS）来说，必须用王水才能溶解。因为王水不仅能使 S^{2-} 氧化，还能使 Hg^{2+} 与 Cl^{-} 结合，从而使硫化物溶解。反应如下：

$$3HgS+2HNO_3+12HCl \longrightarrow 3H_2[HgCl_4]+3S\downarrow+2NO\uparrow+4H_2O$$

由于氢硫酸是弱酸，故硫化物都有不同程度的放热水解性。碱金属硫化物（例如 Na_2S）溶于水，因水解而使溶液呈碱性。工业上常用价格便宜的 Na_2S 代替 NaOH 作为碱使用，故硫化钠俗称“硫化碱”。其水解反应如下：

$$S^{2-}+H_2O \rightleftharpoons HS^{-}+OH^{-}$$

碱土金属硫化物遇水也会发生分解，例如：

$$2CaS+2H_2O \rightleftharpoons Ca(HS)_2+Ca(OH)_2$$

某些氧化数较高金属的硫化物如 Al_2S_3、Cr_2S_3 等遇水发生完全水解：

$$Al_2S_3+6H_2O \longrightarrow 2Al(OH)_3\downarrow+3H_2S\uparrow$$

$$Cr_2S_3+6H_2O \longrightarrow 2Cr(OH)_3\downarrow+3H_2S\uparrow$$

因此，这些金属硫化物在水溶液中是不存在的。制备这些硫化物必须用干法，如用金属铝粉和硫粉直接化合生成 Al_2S_3。

可溶性硫化物可用作还原剂，制造硫化燃料、脱毛剂、农药和鞣革，也用于制荧光粉。

问题讨论：

1. 表 7.9 中的硫化物均难溶于水，且金属离子多为有毒重金属，欲除去水中的 Hg^{2+}，从 Na_2S、S 粉、FeS、ZnS、H_2S、NaCl 中选择一种经济有效的工业原料处理水中的 Hg^{2+}。

2. 现欲从废铁屑制取硫酸铁铵复盐 $NH_4Fe(SO_4)_2\cdot12H_2O$，有下列氧化剂可供选用：$H_2O_2$、$(NH_4)_2S_2O_8$、$HNO_3$、$O_2$，试问选用哪种氧化剂最合理？写出制取过程的全部化学反应式。

学 能 展 示

基础知识

1. 下列各组物质能否共存，为什么？

（1）H_2S 与 H_2O_2；（2）MnO_2 与 H_2O_2；（3）H_2SO_3 与 H_2O_2；（4）PbS 与 H_2O_2

2. 实验室中制取 H_2S 气体为什么不用 HNO_3 或 H_2SO_4，而用 HCl 与 FeS 作用？

知识应用

1. 能运用所学的氧族有关知识及溶度积规则，对实际问题进行简单分析。

H_2S 气体通入 $MnSO_4$ 溶液中不产生 MnS 沉淀。若 $MnSO_4$ 溶液中含有一定量的氨水，再通入 H_2S 时即有 MnS 沉淀产生。为什么？

2. 能运用有关化学知识，分析和解决实际工程问题。

全球工业生产每年向大气排放约 1.46 亿吨的 SO_2，请提出几种可能的化学方法以消除 SO_2 对大气的污染。

课题 7.3　氮族元素

1. 氮族元素概述

氮族元素包括氮（N）、磷（P）、砷（As）、锑（Sb）、铋（Bi）和一种尚未确定的元素（Uup）。

氮族元素的一般性质见表 7.10。

表 7.10　氮族元素的性质

元素	氮（N）	磷（P）	砷（As）	锑（Sb）	铋（Bi）
原子序数	7	15	33	51	83
价层电子构型	$2s^22p^3$	$3s^23p^3$	$4s^24p^3$	$5s^25p^3$	$6s^26p^3$
主要氧化数	−3~−1、0、+1~+5	−3、+1、+3、+5	−3、+3、+5	−3、+3、+5	+3、+5
配位数	3、4	3、4、5、6	3、4、5、6	3、4、5、6	3、6
共价半径/pm	70	110	121	141	155
第一电离能 I_1 /kJ·mol^{-1}	1409	1020	953	840	710
电子亲和能 E_{A1} /kJ·mol^{-1}	6.75	−72.1	−72.8	−103.2	−110
电负性	3.04	2.19	2.18	2.05	2.02
单质颜色及状态	无色气体	白磷或黄磷	灰砷、黑砷和黄砷	银白金属	银粉色金属
单质沸点/℃	−195.79	280	615（升华）	1587	1564
单质熔点/℃	−210.01	44.15			271.5
单质的水溶解度	难溶	不溶	不溶	不溶	不溶
单质的晶体结构	分子晶体	分子晶体（白磷） 层状晶体（黑磷）	分子晶体（黄砷） 层状晶体（灰砷）	分子晶体（黑锑） 层状晶体（灰锑）	层状晶体
最高价氧化物对应的水化物或盐	HNO_3	H_3PO_4	H_3AsO_4	$Na[Sb(OH)_6]$	$NaBiO_3$(不溶于水)
氢化物	NH_3	PH_3	AsH_3	SbH_3	BiH_3
氢化物的稳定性	稳定	稳定	常温稳定	不稳定	极不稳定

续表 7.10

元素	氮（N）	磷（P）	砷（As）	锑（Sb）	铋（Bi）
氢化物的溶解性	极易溶于水	微溶于水	可溶于水	微溶于水	不溶
氢化物的还原性	弱	较强	较强	强	很强
氢化物的熔点/℃	-77.7	-132.8	-117	-88	—
氢化物的沸点/℃	-33.5	-87.7	-62.5	-18.5	25.65
氢化物的毒性	刺激性	臭鱼味剧毒气体	剧毒可燃气体	无色蒜味 剧毒可燃气体	—

氮族元素中除磷在地壳中含量较多外，其他元素含量均较少。氮主要以单质存在于大气中，天然存在的氮的无机化合物较少。磷较容易氧化，在自然界中不存在单质。它主要以磷酸盐的形式分布在地壳中。砷、锑、铋主要以硫化矿物的形式存在（如雌黄 As_2S_3、雄黄 As_4S_4、辉锑矿 Sb_2S_3、辉铋矿 Bi_2S_3 等），见图 7.6。

雌黄　　雄黄

辉锑矿

辉铋矿

图 7.6　砷、锑、铋的硫化矿物

氮可以形成多种不同的氧化物。在氧化物中，氮的氧化数可为+1～+5。其中，以 NO 和 NO_2 较为重要。氮的氧化物的性质见表 7.11。

表 7.11　氮的氧化物的性质

氧化物名称	化学式	状态	颜色	化学性质	熔点/℃	沸点/℃	一般用途
一氧化二氮	N_2O	气态	无色	常温下稳定 （即笑气）	-90.8	-88.5	火箭和赛车的氧化剂及 增加发动机的输出功率
一氧化氮	NO	气态	无色（固态、液 态时为蓝色）	反应能力适中	-163.6	-151.8	引起血管的扩张而 导致血压下降；生产硝酸
三氧化二氮	N_2O_3	液态	蓝色	室温下分解为 NO 和 NO_2	-102	-3.5（分解）	
二氧化氮	NO_2	气态	红棕色	强氧化性	-11.2	21.2	生产硝酸
四氧化二氮	N_2O_4	气态	无色	强烈地分解为 NO_2	-92	21.3	火箭推进剂组分中的氧化剂
五氧化二氮	N_2O_5	固态	无色	不稳定	30	47（分解）	

氮族元素的单质除了氮气外，性质都较为活泼。具有特殊的稳定性。在常温下化学性质很不活泼，表现出高的化学惰性，常用作保护气体。N_2 在放电条件下可与氧气反应生成 NO，P 极易与氧气反应生成三氧化二磷和五氧化二磷，其余氮族元素的单质只有在强热条件下才能生成三价氧化物。N_2 与 H_2 在高温高压或等离子体条件下可生成 NH_3，P 蒸

气与氢气反应可生成 PH_3，其余氮族单质不能直接与 H_2 反应。但氮族元素的单质除氮气外，都能与 Cl_2 反应生成三氯化物或五氯化物。而与 S 只能生成三硫化物。

2. 氨和铵盐

（1）氨

1）制法：工业上，直接 N_2 和 H_2 合成。

$$N_2+3H_2 \longrightarrow 2NH_3$$

$$2NH_4Cl+Ca(OH)_2 \longrightarrow CaCl_2+2NH_3\uparrow+2H_2O$$

目前，应用微波等离子体技术合成正在研究中。

2）性质：易液化，常温下加压（9.9atm）或常压下冷却至-33℃即液化。液氨也是一种良好的溶剂，能溶解碱金属和碱土金属，有微弱解离。

$$2NH_3\ (l) \rightleftharpoons NH_4^++NH_2^- \qquad K^{\ominus}(NH_3,\ l)=10^{-30}(-50℃)$$

①加合反应：

（a）与 H_2O 中 H^+ 加合：

$$NH_3+H_2O \rightleftharpoons NH_3 \cdot H_2O \rightleftharpoons NH_4^++OH^- \qquad K^{\ominus}=1.8\times10^{-5}$$

（b）与酸中 H^+ 加合：

$$NH_3+H^+ \longrightarrow NH_4^+$$

与金属离子加合形成配离子：

$$Cu^{2+}+4NH_3 \longrightarrow [Cu(NH_3)_4]^{2+}$$

（c）与一些分子加合：

$$CuCl_2+8NH_3 \longrightarrow CaCl_2 \cdot 8NH_3$$

②取代反应：NH_3 分子中的 H 原子在一定条件下可依次取代，生成一系列氨的衍生物：氨基化物（—NH_2），亚氨基化物（═NH），氮化物（≡N）

$$2Na+2NH_3 \longrightarrow 2NaNH_2+H_2\uparrow$$

$$HgCl_2+2NH_3 \longrightarrow HgNH_2Cl\downarrow(\text{氨基氯化汞})+NH_4Cl$$

$$COCl_2(\text{光气})+4NH_3 \longrightarrow CO(NH_2)_2(\text{尿素})+2NH_4Cl$$

③氧化反应：NH_3 中 N 处于氮的最低氧化数（-3），故有还原性，可被氧化。

如 NH_3 在纯氧中燃烧（在空气中不能燃烧）：

$$4NH_3+3O_2 \xrightarrow{400℃} 2N_2+6H_2O$$

在有催化剂时：

$$4NH_3+5O_2 \xrightarrow[Pt-Rh]{800℃} 4NO\uparrow+6H_2O(\text{用于制 }HNO_3)$$

NH_3 在空气中爆炸极限：体积分数为 16%~27%。

此外，与其他一些氧化剂及某些氧化物的氧化反应：

$$3CuO+2NH_3 \longrightarrow 3Cu+N_2\uparrow+3H_2O$$

$$3Cl_2+2NH_3 \longrightarrow N_2\uparrow+6HCl$$

（2）铵盐

铵盐在晶型、颜色、溶解度等方面与钾盐类似。铵盐一般为无色晶体（阴离子为无色时），易溶于水。一般还具有以下化学性质。

1）水解性：　$NH_4^++H_2O \rightleftharpoons NH_3+H_3O^+$

加碱则平衡右移，所以铵盐加碱受热时放出 NH_3，可用于鉴定铵盐。

2）热稳定性：固体铵盐受热极易分解

①挥发性酸组成的铵盐，一般分解为 NH_3 和相应的酸：

$$NH_4HCO_3 \longrightarrow NH_3\uparrow + CO_2\uparrow + H_2O \qquad (NH_4)_2CO_3 \longrightarrow 2NH_3\uparrow + CO_2\uparrow + H_2O$$

②非挥发性酸组成的铵盐，逸出 NH_3：

$$(NH_4)_2SO_4 \longrightarrow NH_3\uparrow + NH_4HSO_4$$

$$(NH_4)_3PO_4 \longrightarrow 3NH_3\uparrow + H_3PO_4$$

③氧化性酸组成的铵盐，分解产物为 N_2 或氮的氧化物：

$$NH_4NO_3 \xrightarrow{210℃} N_2O\uparrow + 2H_2O$$

$$2NH_4NO_3 \xrightarrow{300℃} 2N_2 + O_2 + 4H_2O$$

3. 氮的氧化物，含氧酸及其盐

氮的氧化物有多种（+1～+5 均有），其中 NO 和 NO_2 较重要。因在中学阶段学习过，这里不再赘述。

（1）氮的含氧酸及其盐

1）亚硝酸及其盐

①亚硝酸的制取

等物质的量的 NO、NO_2 混合溶入冰水中可得到亚硝酸：

$$NO + NO_2 + H_2O \longrightarrow 2HNO_2$$

②亚硝酸的性质

弱酸性：亚硝酸的酸性比 HAc 酸性稍强，$K^\ominus$ 为 7.2×10^{-4}，将亚硝酸盐的冷溶液加入 H_2SO_4：

$$Ba(NO_2)_2 + H_2SO_4 \longrightarrow BaSO_4 + 2HNO_2$$

热稳定性：很低，仅存在于冷的稀溶液中浓缩或加热时即分解：

$2HNO_2 \rightleftharpoons N_2O_3(蓝) + H_2O \rightleftharpoons NO + NO_2\uparrow + H_2O$ 可用此反应鉴定 NO_2^-。

亚硝酸还具有氧化还原性能。

2）盐

亚硝酸盐的制法：工业上用碱（NaOH 或 Na_2CO_3）液吸收 NO 和 NO_2 的混合气体而得。或金属在高温下还原固态硝酸盐，如：

$$Pb(粉) + KNO_3 \longrightarrow KNO_2 + PbO$$

亚硝酸盐的性质：

①溶解性，除 $AgNO_2$（浅黄色）难溶外，一般易溶于水。

②热稳定性，比较稳定。

活泼金属（如ⅠA、ⅡA）>活泼性较差金属及重金属（不活泼）

活泼金属的硝酸盐高温不分解，不活泼金属的硝酸盐受热易分解：

$$2AgNO_2 \longrightarrow Ag_2O + NO_2 + NO$$

$$Cu(NO_2)_2 \longrightarrow CuO + NO_2\uparrow + NO$$

③氧化还原性，既有氧化性又有还原性。

酸性介质：$\varphi^\ominus_{HNO_2/NO} = +0.996V$，$\varphi^\ominus_{HNO_2/N_2O} = +1.29V$，$\varphi^\ominus_{NO_3^-/HNO_2} = +0.94V$；

碱性介质：$\varphi^{\ominus}_{NO_2^-/NO}=-0.46V$，$\varphi^{\ominus}_{NO_2^-/N_2O}=-0.45V$，$\varphi^{\ominus}_{NO_2^-/NO_3^-}=+0.001V$。

可见，HNO_2 及其盐在酸性介质中有较强氧化性，在碱性介质中可作还原剂，在酸性介质中作还原剂时，氧化剂必须有强氧化性才可能被氧化。

如：$2NO_2^-+2I^-+4H^+ \rightarrow 2NO+I_2+2H_2O$，此反应可用于鉴定 I^- 和定量测定亚硝酸盐。

还原性：　　$2MnO_4^-+5NO_2^-+6H^+ \longrightarrow 2Mn^{2+}+5NO_3^-+3H_2O$

④NO_2^- 的配位性

NO_2^- 是一种很好的配体。如：用 $Na_3[Co(NO_2)_6]$ 作鉴定试剂，鉴定 K^+，若溶液中有 K^+，会生成 $K_2Na[Co(NO_2)_6]\downarrow$（金黄色）。

注意：亚硝酸盐均具有毒性，进入人体后易转化为致癌物质亚硝胺（有机胺）。

（2）硝酸及其盐（略）

4. 磷及其重要化合物

磷有多种同素异形体——白磷（或黄磷）、红磷、黑磷，常见的是白磷和红磷。一般由以下反应制得：

$$2Ca_3(PO_4)_2+6SiO_2+10C \longrightarrow 6CaSiO_3+10CO\uparrow+P_4\uparrow$$

白磷很活泼，在空气中自燃，活泼性强的原因是 P_4 具有四面体，以 p 轨道成键，键角 60°，张力很大，键能变小（$79kJ\cdot mol^{-1}$），易断键。

P_2O_5 白色无定形粉末或六方晶体，极易吸湿，是很好的干燥剂。

（1）磷的含氧酸

1）正磷酸（H_3PO_4）的结构，是由一个单一的磷氧四面体构成的磷酸。在磷酸分子中 P 原子是 sp^3 杂化的，3 个杂化轨道与氧原子间形成 3 个 σ 键，另一个 P—O 键是由一个从磷到氧的 σ 配键和两个由氧到磷的 d-pπ 键组成的。σ 配键是磷原子上的一对孤对电子向氧原子的空轨道配位而形成。d←p 配键是氧原子的 p_y、p_z 轨道上的两对孤对电子和磷原子的 d_{xz}、d_{yz} 空轨道重叠而成。由于磷原子 3d 能级比氧原子的 2p 能级能量高很多，组成的分子轨道不是很有效的，所以 P—O 键从数目上来看是三重键，但从键能和键长来看是介于单键和双键之间。纯 H_3PO_4 和它的晶体水合物中都有氢键存在，这可能是磷酸浓溶液之所以黏稠的原因。

2）磷酸的制法

实验室可用强酸+磷酸盐制备磷酸。

$$3H^++PO_4^{3-} = H_3PO_4 \text{（原理：强酸制弱酸）}$$

H_3PO_4 工业制法：磷酸的原料主要是磷矿（主要成分为氟磷酸钙 $Ca_5F(PO_4)_3$）和以硫酸为主的无机酸。

工业上常用 76%左右的 H_2SO_4 与磷酸钙、磷矿石反应制取磷酸，滤去微溶于水的硫酸钙沉淀，所得滤液就是磷酸溶液：

$$Ca_3(PO_4)_2+H_2SO_4 \longrightarrow 2H_3PO_4+3CaSO_4$$

或让白磷与硝酸作用，可得到纯的磷酸溶液：

$$3P_4+20HNO_3+8H_2O = 12H_3PO_4+20NO\uparrow$$

将工业磷酸用蒸馏水溶解后，把溶液提纯，除去砷和重金属等杂质，经过滤，使滤液符合食品级要求时，浓缩，可制得食用磷酸成品。

3）磷酸的性质

纯 H_3PO_4 是无色晶体，熔点 42.35℃，市售 H_3PO_4 为黏稠状浓溶液，含 H_3PO_4 约 83%，密度为 $1.6g/cm^3$，相当于 $14mol \cdot L^{-1}$。H_3PO_4 是一种无氧化性、不挥发的中强三元酸。

特性：①H_3PO_4 有很强的配位能力，能与许多金属离子形成化合物。②H_3PO_4 变热会发生缩合作用，形成多种缩合酸。

（2）磷酸盐

H_3PO_4 可形成三种盐。

1）溶解性：

正盐：除 K^+、Na^+、NH_4^+ 盐外，一般不溶于水。

酸式盐：一氢盐除 K^+、Na^+、NH_4^+ 盐外，一般不溶于水。

二氢盐：均溶于水。

2）水解性：可溶性磷酸盐在水中发生不同程度水解（$K_1^{\ominus}=7.1\times10^{-3}$，$K_2^{\ominus}=6.3\times10^{-8}$，$K_3^{\ominus}=4.8\times10^{-13}$）。

二氢盐溶液显弱酸性（$0.1mol \cdot L^{-1}$，pH=4.6）：

$$H_2PO_4^- \rightleftharpoons H^+ + HPO_4^{2-}\text{（主要）} \qquad (K_{a2}^{\ominus} = 6.3 \times 10^{-8})$$

$$H_2PO_4^- + H_2O \rightleftharpoons H_3PO_4 + OH^-\text{（次要）}$$

一氢盐溶液显弱碱性（$0.1mol \cdot L^{-1}$，pH=8~9）：

$$HPO_4^{2-} \rightleftharpoons H^+ + PO_4^{3-}\text{（次要）} \qquad (K_{a3}^{\ominus} = 4.8 \times 10^{-13})$$

$$HPO_4^{2-} + H_2O \rightleftharpoons H_2PO_4^- + OH^-\text{（主要）}$$

正盐溶液为强碱性（$0.1mol \cdot L^{-1}$，pH≈13）：

$$PO_4^{3-} + H_2O \rightleftharpoons HPO_4^{2-} + OH^-$$

PO_4^{3-} 离子的鉴定：

$$PO_4^{3-} + 12MoO_4^{2-} + 24H^+ + 3NH_4^+ \longrightarrow \underset{\text{（黄色）}}{(NH_4)_3PO_4 \cdot 12MoO_3 \cdot 6H_2O\downarrow} + 6H_2O$$

普钙主要成分为磷酸二氢钙 $Ca(H_2PO_4)_2$ 和石膏 $CaSO_4 \cdot 2H_2O$，又称过磷酸石灰，一般用下面的反应制取：

$$Ca_3(PO_4)_2 + 2H_2SO_4 + 4H_2O \longrightarrow 2CaSO_4 \cdot 2H_2O + Ca(H_2PO_4)_2$$

重过磷酸钙（重钙）由下列反应制取：

$$Ca_5F(PO_4)_3 + 7H_3PO_4 + 5H_2O \longrightarrow 5Ca(H_2PO_4)_2 \cdot H_2O + HF\uparrow$$

重钙成分 $Ca(H_2PO_4)_2$，能溶于水，肥效比过磷酸钙（普钙）高，最好与农家肥混合施用，但不能与碱性物质混用，否则会发生如下反应：$H_2PO_4^- + 2OH^- = 2H_2O + PO_4^{3-}$，生成难溶性磷酸钙而降低肥效。

5. 砷、锑、铋及其重要化合物

因氮、磷的单质及重要化合物在中学阶段学习较多，因此本教材重点介绍砷、锑、铋的重要化合物。

氮族元素从氮到铋，经历了从典型非金属元素到典型金属元素的过渡。其中氮、磷为非金属，砷为准金属，锑、铋为明显的金属。该族元素的价电子构型为 ns^2np^3。不同的是，氮、磷的次外层为 8 电子结构，而 Sb、Bi、As 的次外层为 18 电子结构。18 电子结构对核的屏蔽效应较强，因此，Sb、Bi、As 三者的性质较为接近，也常称为砷分族。

（1）氧化物及其水合物

1）溶解性

氧化物中 As_2O_3 微溶于水，热水中溶解度增大，其余均难溶于水。氢氧化物中 H_3AsO_3、H_3AsO_4 溶于水，其余难溶。H_3AsO_3、H_3AsO_4 为无色水溶液。$Sb(OH)_3$、$Bi(OH)_3$ 为白色沉淀，$H[Sb(OH)_6]$ 为浅黄色沉淀。

2）酸碱性

H_3AsO_3　弱酸性　　$K_{\mathrm{I}}^{\ominus}=5.9\times10^{-10}$

H_3AsO_4　中强酸　　$K_{\mathrm{II}}^{\ominus}=6.0\times10^{-3}$

3）氧化还原性（含氧酸盐）

As(Ⅲ)—Sb(Ⅲ)—Bi(Ⅲ)　化合物还原性减弱

As(Ⅴ)—Sb(Ⅴ)—Bi(Ⅴ)　化合物氧化性增强

砷酸盐、铋酸盐在强酸性溶液中才显示明显的氧化性：

pH<0.5 时，　$H_3AsO_4+2I^-+2H^+ \longrightarrow H_3AsO_3+I_2+H_2O$

pH>1 时，则上述反应逆转，表明 As(Ⅲ) 较强的还原性。

pH>9 时，下面反应明显进行：

$$I_2+AsO_3^{3-}+2OH^- \longrightarrow AsO_4^{3-}+2I^-+H_2O$$

铋酸盐在酸性溶液中是很强的氧化剂，$\varphi^{\ominus}_{BiO_3^{2-}/Bi^{3+}}=+1.80V$。

$$2Mn^{2+}+5NaBiO_3+14H^+ \longrightarrow 2MnO_4^-+5Bi^{3+}+5Na^++7H_2O$$

（2）砷、锑、铋的盐

两种形式的盐：阳离子形式为 M^{3+}、M^{5+} 盐，阴离子形式为 MO_3^{3-}、MO_4^{3-} 盐。金属性强的元素易形成阳离子盐；非金属性强的元素易形成阴离子盐（含氧酸盐）。

M(Ⅲ)：As 主要形成 AsO_3^{3-} 盐；Sb 主要形成 SbO_3^{3-} 盐；Bi 主要形成 Bi^{3+} 盐。

M(Ⅴ)：As 主要是 MO_4^{3-} 盐；少数卤化物及硫化物形成 As^{5+} 盐；Sb 主要是 MO_4^{3-} 盐；少数卤化物及硫化物形成 Sb^{5+} 盐；Bi 无 Bi^{5+} 盐。

重要的盐：

1）M(Ⅲ) 的氯化物、硝酸盐极易水解：

$$AsCl_3+3H_2O \longrightarrow H_3AsO_3+3HCl$$

$$SbCl_3+H_2O \longrightarrow SbOCl\downarrow+2HCl$$

$$BiCl_3+H_2O \longrightarrow BiOCl\downarrow+2HCl$$

配制时，要加酸抑制水解。硝酸盐也发生此类型水解反应，生成 $SbONO_3$、$BiONO_3$。

2）硫化物及硫代酸盐

制取：向 As、Sb 的 M^{3+}、M^{5+} 盐溶液或酸化后的 MO_3^{3-}，MO_4^{3-} 溶液中通入 H_2S，得相应硫化物：

As_2S_3(黄)　　Sb_2S_3(橙红)　　Bi_2S_3(黑色)

As_2S_5(黄)　　Sb_2S_5(橙红)

如　$AsO_3^{3-}+6H^++3H_2S \longrightarrow As_2S_3\downarrow+6H_2O$

硫化物具有酸碱性。

As、Sb 的氧化物能溶于强碱液，生成相应含氧酸盐：

$$M_2O_3+6OH^- \longrightarrow 2MO_3^{3-}+3H_2O(M=As、Sb)$$

As、Sb 的硫化物溶于强碱，发生如下反应：

$$As_2S_3+6OH^- \longrightarrow AsO_3^{3-}+AsS_3^{3-}+3H_2O$$

As、Sb 的硫化物还能溶于碱性硫化物或 $(NH_4)_2S$：

$$As_2S_3+3S^{2-} \longrightarrow 2AsS_3^{3-} \qquad Sb_2S_3+3S^{2-} \longrightarrow 2SbS$$

$$As_2S_5+3S^{2-} \longrightarrow 2AsS_4^{3-} \qquad As_2S_5+3S^{2-} \longrightarrow 2AsS_4^{3-}$$

硫代酸盐在碱溶液中稳定，加酸则生成不稳定的硫代酸，进一步分解，重新生成硫化物沉淀：

$$2AsS_3^{3-}+6H^+ \longrightarrow 2H_3AsS_3 \longrightarrow As_2S_3\downarrow+3H_2S\downarrow$$

$$2AsS_4^{3-}+6H^+ \longrightarrow 2H_3AsS_5 \longrightarrow As_2S_5\downarrow+3H_2S\downarrow$$

在分析中常利用硫代酸盐的形成和分解，进行 As、Sb 与其他金属硫化物的分离。

学能展示

知识应用

1. 如何除去 N_2 中少量的 NH_3 和 NH_3 中的水气？

2. 为何可用浓氨水检查氯气管道的漏气？

3. 过磷酸钙肥料为什么不能和石灰一起使用、储存？

4. 试解释：铝为活泼金属，但却广泛地用于航空航天和建筑工业，用作非饮用水管和某些化工设备。铝比铜活泼，但浓硝酸能溶解铜却不能溶解铝。

5. 试根据电极电势说明：(1) 酸性介质中 Bi(Ⅴ) 可氧化 Cl^- 为 Cl_2；(2) 在碱性介质中 Cl_2 可将 Bi(Ⅲ) 氧化为 Bi(Ⅴ)。

第 8 章　p 区元素：碳族、硼族

【本章学习要点】本章介绍 p 区碳族、硼族的单质及化合物的主要物理性质和化学性质。

学习目标	能结合碳族、硼族元素单质及化合物的性质，初步应用于分析某些工程问题	
能力要求	1. 能结合碳族、硼族元素单质及化合物的性质，初步应用于分析某些工程问题； 2. 具有自主学习的意识，逐渐养成终身学习的能力	
重点难点预测	重点	碳族、硼族元素单质的制备、性质及用途
	难点	碳族、硼族元素的化合物的性质
知识清单	碳族、硼族单质的制备、性质；碳族、硼族元素化合物的性质和用途，硼化学、碳及其重要化合物、硅的制取与提纯	
先修知识	高中化学：碳及碳的化合物，铝的有关知识	

课题 8.1　碳族元素

1. 碳族元素概述

周期表中第ⅣA 族包括碳（C）、硅（Si）、锗（Ge）、锡（Sn）、铅（Pb）5 种元素，统称碳族元素。其中碳（C）、硅（Si）是非金属元素，锗（Ge）、锡（Sn）、铅（Pb）是金属元素。本族元素基态原子的价电子层结构是 ns^2np^2，主要氧化数是+4 和+2。

碳原子的价电子层结构是 $2s^22p^2$，在化合物中一般多显+4，也可显+4～-4 的任意氧化数。在化合物中，C 能以 sp、sp^2、sp^3 杂化轨道相互结合或与其他原子结合。C—C、C—H、C—O 键的键能大，稳定性高，奠定了含碳有机物结构复杂、数量庞大的基础。

硅原子的价电子层结构是 $3s^23p^2$，化合物中一般显+4 价。Si—Si 键不稳定，但硅氧键很稳定，所以硅的化合物中硅氧键占很大比例。锗（Ge）、锡（Sn）、铅（Pb）中，随着原子序数的增大，稳定氧化态逐渐由+4 变为+2，这是由于 ns^2 电子对随 n 的增大逐渐稳定的结果。

锡一般以+2 价的形式存在于离子化合物中。铅则以+4 价氧化态的形式存在于共价化合物和少数离子型化合物中。+4 价的铅由于惰性电子对效应，具有很强的氧化性。

碳主要以煤、石油、天然气等有机物存在。硅主要以硅酸盐的形式存在于土壤和泥沙中，自然界也存在石英矿。碳、硅在地壳中的丰度分别为 0.023%、25.90%，碳是组成生物界的主要元素，硅是组成地球矿物界的主要元素。硅在地壳中的含量仅次于氧，分布很广。硅有很强的亲氧性，自然界中基本不存在游离态的硅，一般以硅的含氧化合物（如SiO_2、硅酸盐等）形式存在。

锗、锡、铅主要以硫化物和氧化物的形式存在。

2. 碳的单质

碳有金刚石、石墨和球碳三种同素异形体。

（1）金刚石：具有四面体结构。每个碳以sp^3杂化，与相邻四个碳原子结合成键，是典型原子晶体。金刚石晶体中碳碳键很强，所有价电子都参与了共价键的形成，没有自由电子，金刚石硬度最大，在所有单质中熔点最高，而且不导电。主要用于制造钻探用钻头和磨削工具，它还用于制作首饰等高档装饰品。

（2）石墨：具有层状结构，见图8.1。层内每个碳原子都是以sp^2杂化轨道与相邻的3个碳原子形成σ单键。每个碳原子均余下1个p轨道，在同层中与相邻碳原子的p轨道相互平行重叠，形成1个垂直于σ键所在平面的m中心m电子的离域π键。大π键中的电子可以在同一平面层中“流动”，所以石墨具有良好的导电性和导热性。石墨的层与层之间的距离较大（335pm），结合力相当于范德华力，易于滑动，故石墨质软且具有润滑性。

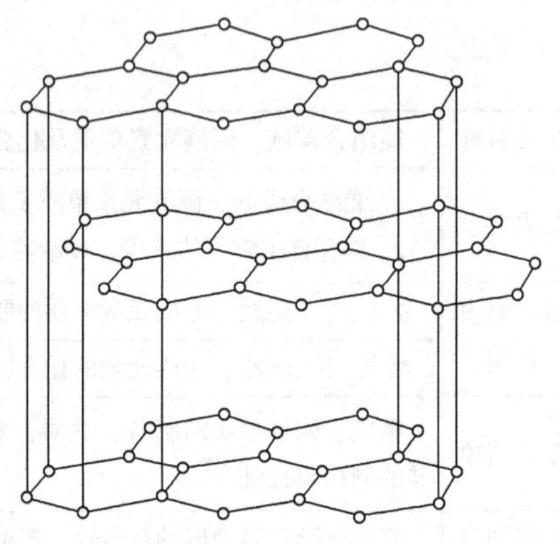

图8.1　石墨的层状结构

石墨在工业上用途广泛，可以用于制造电极和高温热电偶、坩埚、冷凝器等化工设备、润滑剂、颜料、铅笔芯、火箭发动机喷嘴和宇宙飞船及导弹的某些部件等。在核反应堆中用作中子减速剂及防射线材料等。

石墨和金刚石的大量工业用品是由人工制造的。

人造石墨可用石油、焦炭加煤焦油或沥青，成型烘干后在真空电炉中加热到3273K左右制得。工业上一般以Ni-Cr-Fe合金等为催化剂，在$1.52\times10^6\sim6\times10^6$kPa和1500~2000K下，将石墨转变为金刚石。

石墨烯是一种由碳原子以sp^2杂化方式形成的蜂窝状平面薄膜，只有一个原子层厚度的准二维材料，所以又叫做单原子层石墨，见图8.2。它的厚度约为0.335nm，因制备方式的不同而异。通常在垂直方向的高度约1nm左右，水平方向宽度约10~25nm，是除金刚石以外所有碳晶体（零维富勒烯、一维碳纳米管、三维体向石墨）的基本结构单元。

（3）球碳：是一大类由碳原子组成的呈现封闭的多面体形的圆球形或椭球形结构的碳单质的总称。主要有C_{60}、C_{70}和C_{84}等。C_{60}是由60个碳原子相互联结的一种近似圆球的分子，又被称为“富勒烯”或“巴基球”。C_{60}和1985年后相继发现的C_{24}、C_{120}、C_{180}等碳原子组成的分子一样，是碳单质的新的存在形式。C_{60}分子中每个碳原子与周围3个碳原子相连，形成三个σ键并参与组成两个六元环和一个五元环，见图8.3。碳原子杂化轨道介于sp^2（石墨）和sp^3（金刚石）之间，分子中有一个π_{60}^{60}。

C_{60}等碳原子簇的发现，对物理学、电子学、材料学、生物学、医药科学等领域产生了广泛的影响，且在理论研究和应用方面显示出了广阔的前景。

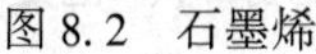

图 8.2　石墨烯

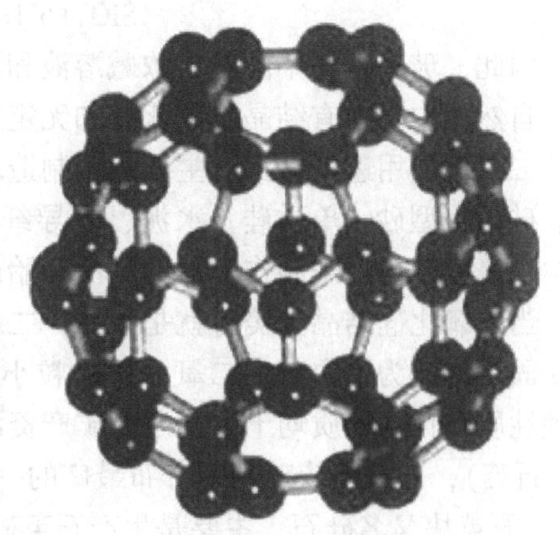

图 8.3　C_{60}结构

3. 碳的氧化物、碳酸及其盐（略）

4. 硅及其化合物

（1）单质

单质硅有无定型与晶体两种，晶体硅结构与金刚石相同，属原子晶体，熔点、沸点较高，硬而脆，呈灰色，有金属光泽。单质硅加热条件下能同单质如卤素、氮、碳等非金属作用，也能同某些金属如镁、钙、铁、铂等作用生成硅化物。它不溶于一般的无机酸中，但能溶解在碱溶液中，并放出氢气。

$$Si(s) + 2NaOH(aq) = NaSiO_3(aq) + 2H_2(g)$$

在炽热温度下，硅能同水蒸气发生作用

$$Si(s) + 2H_2O(g) = SiO_2(s) + 2H_2(g)$$

以上反应都反映了硅同氧有很强的亲和力。硅在空气中燃烧能直接生成二氧化硅并放出大量热。

国际上通常把商品硅分成金属硅和半导体硅，金属硅主要用来制作多晶硅、单晶硅、硅铝合金及硅钢合金的化合物。半导体硅用于制作半导体器件。总的来说，硅主要用来制作高纯半导体、耐高温材料、光导纤维通信材料、有机硅化合物、合金等，被广泛应用于航空航天、电子电气、建筑、运输、能源、化工、纺织、食品、轻工、医疗、农业等行业。

问题讨论：

1. 通过查阅文献，简述金属硅的冶炼工艺及流程。
2. 硅的提纯方法是什么？所涉及的化学方程式是什么？
3. 通过硅的冶炼和提纯工艺，你对硅工业有何看法？

（2）二氧化硅

二氧化硅是无色晶体，硅和氧原子以［SiO_4］四面体的形式相互连接，属原子型晶体，因此性质和二氧化碳的差异很大。二氧化硅的熔点、沸点分别为 1713±5℃、2950℃，难溶于普通酸，但能溶于热碱和 HF 溶液中：

$$SiO_2+2NaOH = Na_2SiO_3+H_2O$$

$$SiO_2+6HF \xlongequal{} H_2SiF_6+2H_2O$$

因此，玻璃容器不能盛放浓碱溶液和氢氟酸。

自然界中存在有结晶二氧化硅和无定形二氧化硅两种。

二氧化硅用途很广泛，主要用于制造玻璃、水玻璃、陶器、搪瓷、耐火材料、气凝胶毡、硅铁、型砂、单质硅、水泥、光导纤维、电子工业的重要部件、光学仪器等。在古代，二氧化硅也用来制作瓷器的釉面和胎体。

当二氧化硅结晶完美时就是水晶；二氧化硅胶化脱水后就是玛瑙；二氧化硅含水的胶体凝固后就成为蛋白石；二氧化硅晶粒小于几微米时，就组成玉髓、燧石、次生石英岩。物理性质和化学性质均十分稳定的矿产资源，晶体属三方晶系的氧化物矿物，即低温石英（α-石英），是石英族矿物中分布最广的一个矿物种。广义的石英还包括高温石英（β-石英）。石英块又名硅石，主要是生产石英砂（又称硅砂）的原料，也是石英耐火材料和烧制硅铁的原料。

（3）硅酸及其盐

1）硅酸和硅凝胶

简单的硅酸是正硅酸 $H_4SiO_4[Si(OH)_4]$。在室温下将细的无定形的二氧化硅放在水中不断搅动至平衡，可以得到一种含 0.01%$Si(OH)_4$ 的稀溶液：

$$SiO_2+2H_2O \xlongequal{} Si(OH)_4$$

用冷的稀酸同可溶的正硅酸盐作用，可以得到较浓（过饱和的）的正硅酸盐溶液：

$$SiO_4^{4-}+4H^+ \xlongequal{} Si(OH)_4$$

四氯化硅水解也可以得到正硅酸的水溶液。硅酸是一种弱酸（$K_1=3.0\times10^{-10}$，$K_2=2\times10^{-12}$），它的盐在水溶液中有显著的水解作用。正硅酸在 pH=2~3 的范围内是稳定的，不过若将饱和的 $Si(OH)_4$ 溶液长期放置，有时会生成无定形的二氧化硅沉淀相。这种二氧化硅可以呈现为胶态粒子、沉淀物或凝胶。它的聚合过程如下：

$$nSi(OH)_4 \xlongequal{} (SiO_2)_n\cdot 2nH_2O$$

在少量碱存在下，正硅酸的聚合会被催化到形成稳定的水溶胶，而在酸性溶液中则生成凝胶。将凝胶中的部分水蒸发掉，就可以得到一种多孔的干燥固态凝胶，即常见的二氧化硅凝胶（硅胶）。硅胶具有强的吸附性，可用作干燥剂。在某些反应中可用作催化剂，或用作其他催化剂的载体。

硅酸经高度缩合可以形成多硅酸，化学式可以写成 $xSiO_2\cdot yH_2O$。目前实验室发现的硅酸有5种：$SiO_2\cdot3.5H_2O$、$SiO_2\cdot2H_2O$、$SiO_2\cdot1.5H_2O$、$SiO_2\cdot H_2O$、$SiO_2\cdot0.5H_2O$。

2）硅酸盐

硅酸盐可分为可溶性和不溶性两大类。天然存在的硅酸盐结构较为复杂，都是不溶性的。只有钠、钾离子的某些盐是可溶性的。工业上最常用的硅酸盐是 Na_2SiO_3，其水溶液俗称“泡花碱”或“水玻璃”。将不同比例的 Na_2CO_3 和 SiO_2 放在反射炉中煅烧可得到组成不同的硅酸钠，最简单的一种是 Na_2SiO_3，用作黏合剂，也可用作洗涤剂的添加物。Na_2SiO_3 只能存在于碱性溶液中，遇到酸性物质即生成硅酸。例如：

$$SiO_3^{2-}+2CO_2+2H_2O \xlongequal{} H_2SiO_3+2HCO_3^-$$

$$SiO_3^{2-}+2NH_4^+ \xlongequal{} H_2SiO_3+2NH_3$$

硅酸盐和二氧化硅一样，都是以硅氧四面体作为基本结构。

①每个［SiO_4］四面体，Si：O=1：4，化学式为SiO_4^{4-}，见图8.4(a)。

②两个［SiO_4］以角氧相连，Si和O的原子数之比是1：3.5，化学式为$Si_2O_7^{2-}$，见图8.4(b)。

③［SiO_4］以两上角氧分别和其他两个［SiO_4］相连成环状或长链状结构，Si：O=1：3，见图8.4(c)。

④［SiO_4］以角氧构造成双链，Si：O=4：11，化学式为$[Si_4O_{11}]_n^{6n-}$，见图8.4(d)。

⑤［SiO_4］分别以三角氧和其他三个［SiO_4］相连成层状结构，Si：O=2：5，化学式为$[Si_2O_5]_n^{2n-}$，见图8.4(e)。

⑥［SiO_4］分别以四个氧和其他四个［SiO_4］相连成骨架状结构，Si：O=1：2，化学式为SiO_2，见图8.4(f)。

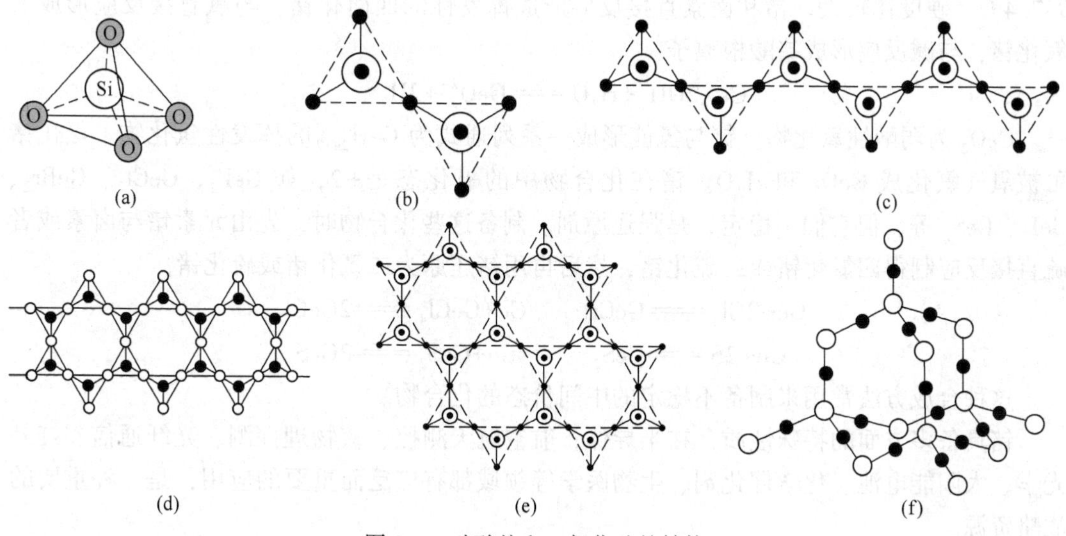

图8.4 硅酸盐和二氧化硅的结构

由金属阳离子与硅酸根化合而成的含氧酸盐矿物，在自然界分布极广，是构成地壳、上地幔的主要矿物，估计占整个地壳的90%以上。已知的约有800个矿物种，约占矿物种总数的1/4。许多硅酸盐矿物如石棉、云母、滑石、高岭石、蒙脱石、沸石等是重要的非金属矿物原料和材料。

5. 锗锡铅单质及化合物

（1）单质的制备

1）锗的制备

先将含锗的矿石转化成$GeCl_4$，经精馏提纯后，$GeCl_4$水解成GeO_2，再用H_2在高温下将GeO_2还原为单质Ge。超纯锗的制备是用区域熔融法，制造半导体的超纯锗的纯度大于99.99999%。

2）锡的制备

矿石经氧化焙烧，其中所含S、As变成挥发性物质除去，其他杂质转化成金属氧化物。用酸溶解可与酸作用的金属氧化物，分离后得SnO_2，再用C高温还原SnO_2制备单质Sn：

$$SnO_2(s) + 2C(s) = Sn(l) + 2CO(g)$$

3）铅的制备

方铅矿先经浮选，然后在空气中焙烧转化成 PbO，最后用 CO 高温还原制备 Pb：

$$2PbS(s) + 3O_2(g) = 2PbO(s) + 2SO_2(g)$$

$$PbO(s) + CO(g) = Pb(l) + CO_2(g)$$

粗铅经电解精制，其纯度可达 99.995%，高纯（99.9999%）铅仍需用区域熔融法获得。

（2）单质的性质

1）锗

固态锗具有金刚石结构并显示出半导体的导电性能。具有灰白色的金属光泽，熔点 937.4℃，硬度比较大。锗和卤素直接反应形成挥发性的四卤化锗，与氧直接反应形成二氧化锗，与碱反应形成锗酸根离子：

$$Ge+2OH^-+H_2O = GeO_3^{2-}+2H_2$$

GeO_2 为弱酸性氧化物。锗与氢能形成一系列通式为 GeH_{2n+2} 的挥发性氢化物。氢化锗可被氧气氧化成 GeO_2 和 H_2O。锗在化合物中的氧化态是+2，如 GeF_2、$GeCl_2$、$GeBr_2$、GeI_2、GeS_2 等，但它们不稳定，是强还原剂。制备这些化合物时，先由元素锗与卤素或者硫直接反应制得四氯化锗或二硫化锗，然后再用锗还原为二氯化锗或硫化锗：

$$Ge+2Cl_2 = GeCl_4 \qquad Ge+GeCl_4 = 2GeCl_2$$

$$Ge+2S = GeS_2 \qquad Ge+GeS_2 = 2GeS$$

这种合成方法常用来制备不稳定的中间价态的化合物。

锗具备多方面的特殊性质，在半导体、航空航天测控、核物理探测、光纤通信、红外光学、太阳能电池、化学催化剂、生物医学等领域都有广泛而重要的应用，是一种重要的战略资源。

2）锡

锡是银白色的金属，硬度低，熔点是 505K。

锡有三种同素异形体：灰锡（α-锡）、白锡（β-锡）及脆锡（γ-锡）。白锡是银白色略带有蓝色的金属，有延展性，可以制成器皿。在温度低于 286K 时，白锡可转化为粉末状的灰锡，温度越低，转变速度越快，在 225K 时转变速度最快。所以，锡制品长期放置于低温下会毁坏。这种变化先从某一点开始，然后迅速蔓延，称为锡疫。而当温度高于 434K 时，白锡可以转化为脆锡。

$$(286K<)\text{灰锡}(\alpha\text{-锡}) \leftarrow \text{白锡}(\beta\text{-锡}) \rightarrow \text{脆锡}(\gamma\text{-锡})(>434K)$$

常温下，由于锡表面有一层保护膜，所以在空气和水中都能稳定存在。镀锡的铁皮俗称马口铁，常用来制作水桶、烟筒等民用品。锡还常用来制造青铜（Cu-Sn 合金）和焊锡（Pb-Sn 合金）。

锡的金属性比锗强些，可以与非氧化性的酸反应，生成 Sn（Ⅱ），放出 H_2。在冷的稀盐酸中溶解缓慢，但迅速溶解于热的浓盐酸中：

$$Sn+2HCl = SnCl_2+H_2$$

锡与极稀的硝酸反应：

$$3Sn+8HNO_3(极稀) = 3Sn(NO_3)_2+2NO+4H_2O$$

锡与卤素单质反应：　　$Sn+2X_2 = SnX_4(X=Cl,\ Br)$

锡与 NaOH 溶液反应放出氢气：

$$Sn+2OH^-+4H_2O = Sn(OH)_6^{2-}+H_2$$

以上反应的产物均为 Sn(Ⅱ)。Sn(Ⅱ) 的还原性是很强的，如果与金属锡作用的是有一定氧化性的物质，产物则为 Sn(Ⅳ)。例如，浓硝酸与锡的反应，产物为 β-锡酸，即水合二氧化锡：

$$Sn+4HNO_3 = H_2SnO_3(\beta)+4NO_2+H_2O$$

3）铅

新切开的铅呈银白色，但很快就在表面形成碱式碳酸铅保护膜而显灰色；铅的密度很大，可制造铅球、钓鱼坠等；铅的熔点为 601K，主要用来制造低熔点合金，如焊锡、保险丝等；铅属于软金属，用指甲能在铅上刻痕；铅能抵挡 X 射线的穿射，常用来制造 X 射线的防护品，如铅板、铅玻璃、铅围裙、铅罐等。铅锑合金用作铅蓄电池的极板。铅的电极电势 $\varphi^{\ominus}(Pb^{2+}/Pb)=-0.126V$，按理 Pb 能从稀盐酸和硫酸中置换出 H_2，但由于 $PbCl_2$ 和 $PbSO_4$ 难溶于水，附着在 Pb 的表面阻碍反应的继续进行，并且在铅上的超电势大，因此，铅难溶于稀盐酸和稀硫酸。

铅易与稀硝酸和醋酸反应生成易溶的硝酸盐和乙酸配合物：

$$3Pb+8HNO_3(稀) = 3Pb(NO_3)_2+2NO\uparrow+4H_2O \qquad Pb+2HAc = Pb(Ac)_2+H_2\uparrow$$

在乙酸铅溶液中，除 $Pb(Ac)_2$ 外还有 $PbAc^+$。如果氧气存在，铅在乙酸中的溶解度会很大。

Pb 是两性金属，可以溶解于碱性溶液：

$$Pb+2H_2O+2KOH = K_2[Pb(OH)_4]+H_2\uparrow$$

（3）化合物

1）含氧酸或氢氧化物

在 Sn(Ⅱ) 或 Sn(Ⅳ) 的酸性溶液中加 NaOH 溶液生成白色 $Sn(OH)_2$ 沉淀或 $Sn(OH)_4$ 胶状沉淀，$Sn(OH)_2$ 和 $Sn(OH)_4$ 都是两性氧化物，既可溶于酸，又可溶于碱，前者以碱性为主，后者以酸性为主。

$$Sn^{2+}+2OH^- = Sn(OH)_2\downarrow \qquad Sn(OH)_2+OH^- = Sn(OH)_3^-$$

在浓强碱溶液中，$Sn(OH)_3^-$ 部分地歧化为 $Sn(OH)_6^{2-}$ 和浅黑色的 Sn：

$$2Sn(OH)_3^- = Sn(OH)_6^{2-}+Sn\downarrow$$

向 Sn（Ⅳ)溶液中加碱或通过 $SnCl_4$ 水解都可得到活性的 α-锡酸，反应式如下：

$$SnCl_4+6H_2O = \alpha\text{-}H_2Sn(OH)_6\downarrow+4HCl$$

α-锡酸既可溶于酸溶液，也可溶于碱溶液，在溶液中静置或加热就逐渐晶化，变成 β-锡酸，Sn 和浓硝酸作用只能得到不溶于酸的惰性 β-锡酸 $SnO_2\cdot nH_2O$，β-锡酸既难溶于酸溶液，又难溶于碱溶液，经高温灼烧过的 SnO_2，不再和酸、碱反应，但却能溶于熔融碱生成锡酸盐。

$Pb(OH)_2$ 是以碱性为主的两性物，溶于酸溶液生成 Pb^{2+}，溶于碱溶液生成 $[Pb(OH)_3^-]$。归纳总结如下：

	$Ge(OH)_2$	$Sn(OH)_2$	$Pb(OH)_2$		碱性增大
	$xGeO_2 \cdot yH_2O$	$xSnO_2 \cdot yH_2O$	PbO_2		酸性减弱
（酸性介质）	GeO_2	Sn^{4+}	PbO_2		氧化性增强
（碱性介质）	$HGeO_2^-$	$Sn(OH)_6^{2-}$	PbO_2		氧化性增强
（酸性介质）	Pb^{2+}	Sn^{2+}	Ge^{2+}		还原性增强
（碱性介质）	$Pb(OH)_3^-$	$Sn(OH)_3^-$	$HGeO_2^-$		还原性增强
	$SiF_4(g)$	$SiCl_4(l)$	$SiBr_4(l)$	$SiI_4(s)$	熔点沸点由低到高

2）卤化物

卤化物可以分成 MX_2 和 MX_4 两大类。四碘化铅和四溴化铅不能稳定存在，Sn^{2+} 的还原性：在酸碱中，还原能力都比较强。

$$2HgCl_2+SnCl_2+2HCl = Hg_2Cl_2\downarrow(\text{白})+H_2SnCl_6$$

$$Hg_2Cl_2+SnCl_2 = SnCl_4+2Hg\downarrow(\text{黑})$$

（这两个反应用于鉴定 Sn^{2+}）

$$3HSnO_2^-+2Bi^{3+}+6OH^- = 3HSnO_3^-+2Bi\downarrow(\text{黑})+3H_2O(\text{鉴定 } Bi^{3+})$$

易水解：

$$SnCl_2+H_2O = Sn(OH)Cl\downarrow+H^++Cl^-(\text{配制 } SnCl_2 \text{ 溶液时要加盐酸和锡粒})$$

$$SnCl_4+2Cl^- = SnCl_6^{2-} \qquad PbI_2+2I^- = PbI_4^{2-}$$

3）硫化物

锗分族元素的硫化物都不溶于水。

GeS_2 和 SnS_2 能溶解在碱金属硫化物或强碱的水溶液中，而 GeS 和 SnS 则不能。锗分族元素高氧化态的硫化物显酸性，低氧化态的硫化物显碱性。

$$GeS_2+S^{2-} = [GeS_3]^{2-} \text{（硫代锗酸盐）}$$

$$SnS_2+S^{2-} = [SnS_3]^{2-} \text{（偏硫代锡酸盐）}$$

或

$$SnS_2+2S^{2-} = [SnS_4]^{4-} \text{（正硫代锡酸盐）}$$

$$3SnS_2+6OH^- = 2SnS_3^{2-}+[Sn(OH)_6]^{2-}$$

GeS 及 SnS 能溶于多硫化铵溶液中，因为多硫离子有氧化性，它能将 GeS 或 SnS 氧化成硫代锗酸盐或硫代锡酸盐。

例如：

$$SnS+S_2^{2-} = SnS_3^{2-}$$

SnS_3^{2-} 与酸反应，析出黄色 SnS_2 沉淀并放出 H_2S 气体：

$$SnS_3^{2-}+2H^+ = H_2S\uparrow+SnS_2\downarrow$$

Pb^{2+} 离子与 S^{2-} 离子反应生成黑色 PbS，用于鉴别 S^{2-} 或 H_2S 气体。

PbS 的溶度积很小，但能溶于稀 HNO_3 或浓盐酸中。

$$3PbS+8H^++2NO_3^- = 3Pb^{2+}+3S+2NO\uparrow+4H_2O$$

$$PbS+4HCl(\text{浓}) = H_2S\uparrow+H_2[PbCl_4]$$

将 PbS 与 H_2O_2 反应，它很容易转化为白色的 $PbSO_4$。

$$PbS+4H_2O_2 = PbSO_4+4H_2O$$

问题讨论：

1. 碳族元素的单质性质为何存在显著差异，从非金属过渡到典型的金属？
2. As、Sb、Bi 可与许多金属形成金属化合物的原因是什么？
3. 什么是伍德合金？伍德合金熔点低（60~70℃），含一定比例 Bi、Sn、Cd、Pb 的合金，利用 Sn、Pb 的什么性质？
4. $\varphi^{\ominus}_{Pb^{2+}/Pb}=-0.126V$，却不能从稀盐酸或稀硫酸中置换出 H_2，是为什么？

课题 8.2　硼族元素

1. 概述

第ⅢA 族包括硼、铝、镓、铟和铊 5 种元素。其中除硼是非金属元素外，其余的都是金属元素，且其金属性随着原子序数的增加而增强。

硼族元素的一些基本性质列于表 8.1。

表 8.1　硼族元素的基本性质

性质		硼（B）	铝（Al）	镓（Ga）	铟（In）	铊（Tl）
原子序数		5	13	31	49	81
相对原子质量		10.81	26.98	69.72	114.82	204.38
价电子构型		$2s^22p^1$	$3s^23p^1$	$4s^24p^1$	$5s^25p^1$	$6s^26p^1$
主要氧化态		+3，0	+3，0	+3，(+1)，0	+3，+1，0	(+3)，+1，0
共价半径/pm		88	125	125	150	155
离子半径/pm	M^+	—	—	—	132	144
	M^{3+}	23	51	62	81	95
第一电离势/$kJ\cdot mol^{-1}$		800.6	577.6	578.8	558.3	589.3
电负性		2.04	1.61	1.81	1.78	2.04

2. 硼族元素的特性

本族元素原子的价电子层结构为 ns^2np^1，常见氧化态为+3 和+1，随原子序数的递增，ns^2 电子对趋于稳定，特别是 6s 上的 2 个电子稳定性特别强。使得从硼到铊高氧化数（+3）稳定性依次减小，即氧化性依次增强；而低氧化数（+1）稳定性依次增强，其还原性依次减弱。例如：Tl(Ⅲ) 是很强的氧化剂，而 Tl(Ⅰ) 很稳定，其化合物具有较强的离子键特性。

+1 氧化态的硼族元素具有相当强的形成共价键的倾向。硼因原子半径较小，电负性较大，使其共价倾向最强，其他的硼族元素成键时表现为极性共价键。

硼族元素的价电子层有 4 条轨道（ns、np_x、np_y、np_z），而只有 3 个价电子，这种价电子层中价轨道数超过价电子数的原子称为缺电子原子。中心原子价轨道数超过成键电子对数的化合物称为缺电子化合物。如本族+1 价单分子化合物 BF_3、$AlCl_3$ 等。缺电子原子在形成共价键时，往往采用接受电子形成双聚分子或稳定化合物和形成多中心键（即较多中心原子靠较少电子结合起来的一种离域共价键）的方式来弥补成键电子的不足。

3. 硼族元素电势图

硼族元素的标准电极电势图如图 8.5 所示。

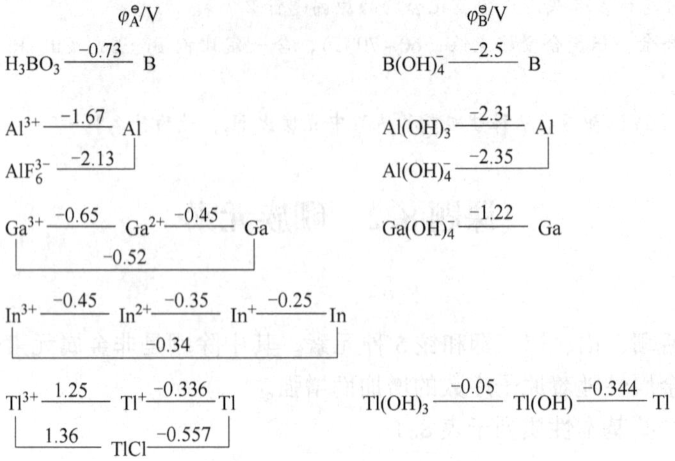

$\varphi_A^\ominus/V$

$H_3BO_3 \xrightarrow{-0.73} B$

$Al^{3+} \xrightarrow{-1.67} Al$

$AlF_6^{3-} \xrightarrow{-2.13} Al$

$Ga^{3+} \xrightarrow{-0.65} Ga^{2+} \xrightarrow{-0.45} Ga$；$Ga^{3+} \xrightarrow{-0.52} Ga$

$In^{3+} \xrightarrow{-0.45} In^{2+} \xrightarrow{-0.35} In^{+} \xrightarrow{-0.25} In$；$In^{3+} \xrightarrow{-0.34} In$

$Tl^{3+} \xrightarrow{1.25} Tl^{+} \xrightarrow{-0.336} Tl$；$Tl^{3+} \xrightarrow{1.36} TlCl \xrightarrow{-0.557} Tl$

$\varphi_B^\ominus/V$

$B(OH)_4^- \xrightarrow{-2.5} B$

$Al(OH)_3 \xrightarrow{-2.31} Al$

$Al(OH)_4^- \xrightarrow{-2.35} Al$

$Ga(OH)_4^- \xrightarrow{-1.22} Ga$

$Tl(OH)_3 \xrightarrow{-0.05} Tl(OH) \xrightarrow{-0.344} Tl$

图 8.5　标准电极电势图

问题讨论：

根据硼族元素的电势图，Ga^{2+}、Tl^{+}能否发生歧化反应？

4. 硼元素

硼原子的价电子构型是 $2s^2 2p^1$，它能提供成键的电子是 $2s^1 2p_x^1 2p_y^1$，还有一个空轨道。硼在化合物的分子中配位数为 4 还是 3，取决于 sp^3 或 sp^2 杂化轨道中 σ 键的数目。同硅一样，它不能形成多重键，而倾向于形成聚合体，例如通过 B—O—B 链形成 B_2O_3 或 H_3BO_3 或硼酸盐的庞大“分子”。

硼原子成键有三大特性：

（1）共价性，以形成共价化合物为特征。

（2）缺电子性，除作为电子对受体易与电子对供体形成 σ 配键外，还有形成多中心键的特征。

（3）多面体习性，晶态硼和许多硼的化合物为多面体或多面体的碎片而呈笼状或巢状等结构。这种多面体习性同它能形成多种类型的键有关。硼的化学性质主要表现在缺电子性质上。

（1）单质硼

无定形和粉末状硼比较活泼，而晶态硼惰性较大。

1）与氧的作用

$$4B+3O_2 \xrightarrow{973K} 2B_2O_3 \qquad \Delta_r H_m^\ominus = -2887 kJ \cdot mol^{-1}$$

无定形硼在空气中燃烧，除生成 B_2O_3 以外，还可生成少量 BN。从硼的燃烧热及 B—O 键的键能（$561 \sim 590 kJ \cdot mol^{-1}$）可知，硼与氧的亲和力超过硅，所以它能从许多稳定的氧化物（如 SiO_2、P_2O_5、H_2O 等）中夺取氧而用作还原剂。它在炼钢工业中用作去氧剂。

2）与非金属作用

无定形硼在室温下与 F_2 反应得到 BF_3，加热时也能与 Cl_2、Br_2、S 和 N_2 反应，分别得

到 BCl_3、BBr_3、B_2S_3 和 BN（在 1473K 以上）。它不与 H_2 作用。

$$2B+3F_2 \xlongequal{} 2BF_3$$

3）与酸的作用

它不与盐酸作用，仅被氧化性酸（如浓 HNO_3、浓 H_2SO_4 和王水）所氧化：

$$B+3HNO_3 \xlongequal{} H_3BO_3+3NO_2\uparrow$$

$$2B+3H_2SO_4 \xlongequal{} 2H_3BO_3+3SO_2\uparrow$$

4）与强碱作用

无定形硼与 NaOH 有类似硅那样的反应：

$$2B+6NaOH \xlongequal{熔融} 2Na_3BO_3+3H_2\uparrow$$

5）与金属作用

硼几乎与所有金属都生成金属型化合物。它们的组成一般为 M_4B、M_2B、MB、M_3B_4、MB_2 及 MB_6，如 Nb_3B_4、Cr_4B、LaB_6 等等。这些化合物一般都很硬，且耐高温、抗化学侵蚀，通常它们都具有特殊的物理和化学性质。

（2）硼烷

用类似于制硅烷的方法已制得 20 多种硼的氢化物——硼烷。硼烷在组成上与硅烷、烷烃相似，而在物理、化学性质方面更像硅烷。表 8.2 对碳、硅、硼的氢化物的物理性质进行了比较。

表 8.2　碳、硅、硼的氢化物的物理性质的比较

硼　烷			烷　烃			硅　烃		
化合物	熔点/K	沸点/K	化合物	熔点/K	沸点/K	化合物	熔点/K	沸点/K
B_2H_6	107.5	180.5	CH_4	90	110	SiH_4	88	161
			C_2H_6	101	184.7	Si_2H_6	141	258
			C_3H_8	83	228	Si_3H_8	156	326
B_4H_{10}	153	291	C_4H_{10}	148	272.5	Si_4H_{10}	189	380
B_5H_9	226.4	321	C_5H_{12}	141	309.2	Si_5H_{12}	—	>373
B_5H_{11}	150	336	C_6H_{14}	178.7	342	Si_6H_{14}	—	>373
B_6H_{10}	210.7	383	C_7H_{16}	183.0	371.4	—	—	—
$B_{10}H_{14}$	372.6	486	$C_{10}H_{22}$	241	447	—	—	—

硼烷有 B_nH_{n+4} 和 B_nH_{n+6} 两大类，前者较稳定。在常温下，B_2H_6 及 B_4H_{10} 为气体，B_5～B_8 的硼烷为液体，$B_{10}H_{14}$ 及其他高硼烷都是固体。常见硼烷的物理性质见表 8.3。

表 8.3　常见硼烷的物理性质

分子式	B_2H_6	B_4H_{10}	B_5H_9	B_5H_{11}	B_6H_{10}	$B_{10}H_{14}$
名称	乙硼烷	丁硼烷	戊硼烷-9	戊硼烷-11	已硼烷	癸硼烷
室温下状态	气体	气体	液体	液体	液体	固体
沸点/K	180.5	291	321	336	383	486
熔点/K	107.5	153	226.4	150	210.7	372.6

续表 8.3

分子式	B_2H_6	B_4H_{10}	B_5H_9	B_5H_{11}	B_6H_{10}	$B_{10}H_{14}$
溶解情况	易溶于乙醚	易溶于苯	易溶于苯	—	易溶于苯	易溶于苯
水解情况	室温下很快	室温下缓慢	363K，3天尚未水解完全	—	363K时，16小时尚未水解完全	室温缓慢加热较快
稳定性	373K以下稳定	不稳定	很稳定	室温分解	室温缓慢分解	极稳定

硼烷大多有毒、有气味、不稳定，有些硼烷加热即分解。硼烷水解即放出 H_2，它们还是强还原剂，如与卤素反应生成卤化硼。在空气中激烈燃烧且放出大量的热。因此，硼烷曾被考虑用作高能火箭燃料。如：

$$B_2H_6+3O_2 \xlongequal{\text{燃烧}} B_2O_3+3H_2O \qquad \Delta_rH_m^{\ominus}=-2166\text{kJ}\cdot\text{mol}^{-1}$$

$$B_2H_6+6X_2 \xlongequal{} 2BX_3+6HX$$

组成相当于 CH_4 和 SiH_4 的 BH_3 是否能瞬时存在，至今还是个疑问，制备反应中得到的是 BH_3 的二聚体 B_2H_6。

$$4BF_3\cdot Et_2O+3NaBH_4 \xlongequal[\text{（或其他非羟基溶剂）}]{\text{乙醚}} 2B_2H_6\uparrow+3NaBF_4+4Et_2O$$

（3）硼的氧化物

三氧化二硼 B_2O_3 的熔点为720K，沸点为2523K；易溶于水，形成硼酸：

$$B_2O_3+3H_2O \xlongequal{} 2H_3BO_3$$

但遇热的水蒸气可生成易挥发的偏硼酸：

$$B_2O_3+H_2O(g) \xlongequal{} 2HBO_2(g)$$

由于B—O键能大，即使在高温下也只能被强还原剂镁或铝所还原。熔融玻璃体 B_2O_3 可以溶解多种金属氧化物，得到有特征颜色的玻璃，可依此做定性鉴定。

（4）硼酸

1）结构

如果说构成二氧化硅、硅酸和硅酸盐的基本结构单元是［SiO_4］四面体，那么，构成三氧化二硼、硼酸和多硼酸的基本结构单元是平面三角形的 BO_3（见图8.6(a)）和四面体的 BO_4。在 H_3BO_3 的晶体中，每个硼原子用3个 sp^2 杂化轨道与3个氢氧根中的氧原子以共价键相结合（见图8.6(b)）。每个氧原子除以共价键与一个硼原子和一个氢原子相结

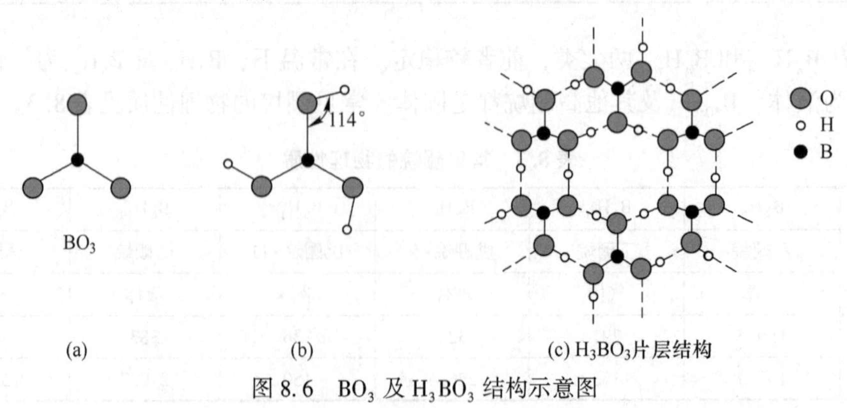

图8.6　BO_3 及 H_3BO_3 结构示意图

合外，还通过氢键同另一 H_3PO_3 单元中的氢原子结合而连成片层结构（见图 8.6(c)），层与层之间则以范德华力相吸引。硼酸晶体是片状的，有滑腻感，可作润滑剂。硼酸的这种缔合结构使其在冷水中的溶解度很小（273K 时为 6.35g/100g 水）；加热时，由于晶体中的部分氢键被破坏，其溶解度增大（373K 时为 27.6g/100g 水）。

2）性质

硼酸 H_3BO_3 为白色片状晶体，微溶于水，在热水中溶解度明显增大，这是由于受热时，晶体中的氢键部分断裂所致。

H_3BO_3 是一元弱酸，$K_a=6\times10^{-10}$。它之所以有酸性并不是因为它本身给出质子，而是由于硼是缺电子原子，它加合了来自 H_2O 分子的 OH^-（其中氧原子有孤电子对）而释出 H^+ 离子。

$$B(OH)_3+H_2O \rightleftharpoons \left[HO-\overset{\overset{\displaystyle H}{|}\,\overset{\displaystyle O}{|}}{\underset{\underset{\displaystyle H}{|}\,\underset{\displaystyle O}{|}}{B}}\leftarrow OH\right]^-+H^+$$

利用 H_3BO_3 的这种缺电子性质，加入多羟基化合物（如甘油或甘露醇等），可使硼酸的酸性大为增强：

$$2\ \begin{matrix} & R & \\ & | & \\ H- & C & -OH \\ & | & \\ H- & C & -OH \\ & | & \\ & R & \end{matrix} +H_3BO_3 \rightleftharpoons \left[\begin{matrix} & R & & & & R & \\ & | & & & & | & \\ H- & C & -O & & O- & C & -H \\ & | & & B & & | & \\ H- & C & -O & & O- & C & -H \\ & | & & & & | & \\ & R & & & & R & \end{matrix}\right]^- +H^+ + 3H_2O$$

所生成的配合物的 $K_a=7.08\times10^{-6}$，此时溶液可用强碱以酚酞为指示剂进行滴定。

常利用硼酸和甲醇或乙醇在浓 H_2SO_4 存在的条件下，生成挥发性硼酸酯燃烧所特有的绿色火焰来鉴别硼酸根。

$$H_3BO_3+3CH_3OH \xlongequal{H_2SO_4} B(OCH_3)_3+3H_2O$$

H_3BO_3 与强碱 NaOH 中和，得到偏硼酸钠 $NaBO_2$，在碱性较弱的条件下则得到四硼酸盐，如硼砂 $Na_2B_4O_7\cdot10H_2O$，而得不到单个 BO_3^{3-} 离子的盐。但反过来，在任何一种硼酸盐的溶液中加酸时，总是得到硼酸，因为硼酸的溶解度较小，它容易从溶液中析出。

加热灼烧 H_3BO_3 时起下列变化：

$$H_3BO_3 \xrightarrow[-H_2O]{422K} HBO_2 \xrightarrow[-H_2O]{578K} B_2O_3$$

（5）多硼酸盐—硼砂

1）结构

硼酸同硅酸相似，可缩合为链状或环状的多硼酸 $xB_2O_3\cdot yH_2O$。所不同的是在多硅酸中，只有［SiO_4］四面体这一种结构单元，而在多硼酸中有两种结构单元，一种即前述 BO_3 平面三角形，另一种为硼原子以 sp^3 杂化轨道与氧原子结合而成的 BO_4 四面体。在多硼酸中最重要的是四硼酸。实验证明，四硼酸根［$B_4O_5(OH)_4$］$^{2-}$离子的结构如图 8.7 所示。

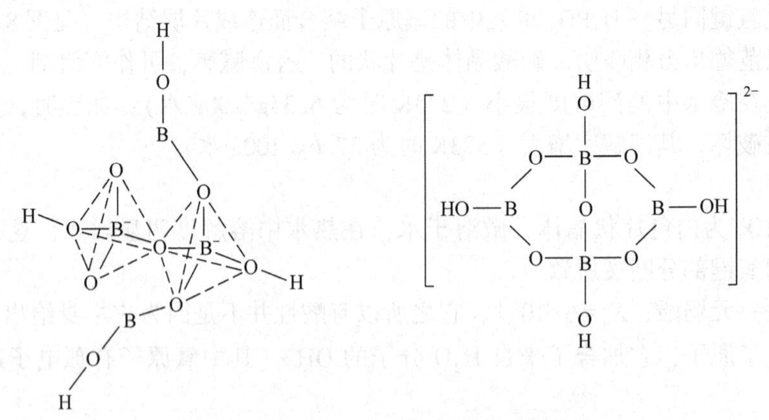

图 8.7　$[B_4O_5(OH)_4]^{2-}$离子的立体结构

2）性质

除ⅠA族金属元素以外，多数金属的硼酸盐不溶于水。多硼酸盐与硅酸盐一样，加热时容易玻璃化。

最常用的硼酸盐即硼砂。它是无色半透明的晶体或白色结晶粉末。在它的晶体中，$[B_4O_5(OH)_4]^{2-}$离子通过氢键连接成链状结构，链与链之间通过 Na^+离子键结合，水分子存在于链之间，所以硼砂的分子式按结构应写为 $Na_2B_4O_5(OH)_4 \cdot 8H_2O$。

硼砂在干燥空气中容易风化，加热到 623～673K 时，成为无水盐，继续升温至 1151K 则熔为玻璃状物。它风化时首先失去链之间的结晶水，温度升高，则链与键之间的氢键因失水而被破坏，形成牢固的偏硼酸骨架。

硼砂同 B_2O_3 一样，在熔融状态能溶解一些金属氧化物，并依金属的不同而显出特征的颜色（硼酸也有此性质）。例如：

$$Na_2B_4O_7+CoO \xlongequal{} 2NaBO_2+Co(BO_2)_2$$（蓝宝石色）

因此，在分析化学中可以用硼砂来做“硼砂珠试验”，鉴定金属离子。此性质也被应用于搪瓷和玻璃工业（上釉、着色）和焊接金属（去金属表面的氧化物）。硼砂还可以代替 B_2O_3 用于制作特种光学玻璃和人造宝石。

硼酸盐中的B—O—B键不及硅酸盐中的Si—O—Si键牢固，所以硼砂较易水解。它水解时，得到等物质的量的 H_3BO_3 和 $B(OH)_4^-$：

$$B_4O_5(OH)_4^{2-}+5H_2O \xlongequal{} 2H_3BO_3+2B(OH)_4^-$$

这种水溶液具有缓冲作用。硼砂易于提纯，水溶液又显碱性，所以分析化学常用它来标定酸的浓度。硼砂还可以作肥皂和洗衣粉的填料。

（6）硼的其他化合物

1）过硼酸盐

将硼酸盐与 H_2O_2 反应或者 H_3BO_3 与碱金属的过氧化物反应，都可以得到过硼酸盐。如

$$H_3BO_3+Na_2O_2+HCl+2H_2O \xlongequal{} NaBO_3 \cdot 4H_2O+NaCl$$

过硼酸钠 $NaBO_3 \cdot 4H_2O$ 是强氧化剂，水解时放出 H_2O_2，用于漂白羊毛、丝、革和象牙等物或加在洗衣粉中作漂白剂。过硼酸钠的分子结构尚未弄清楚，可看作是含 H_2O_2 的

水合物 $NaBO_2 \cdot H_2O_2 \cdot 3H_2O$。它是无色晶体，加热失水后成为黄色固体。

2）氮化硼

将硼砂与 NH_4Cl 一同加热，再用盐酸、热水处理，可得到白色固体氮化硼 BN。

$$Na_2B_4O_7+2NH_4Cl \xlongequal{} 2NaCl+B_2O_3+2BN+4H_2O$$

在高温下用硼和氨或氮作用也可得 BN。BN 具有石墨型晶体结构，层内的硼原子和氮原子均采取 sp^2 杂化轨道相互结合。结构中 B—N 基团同 C—C 基团是等电子体。BN 耐腐蚀、热稳定性好，在 3272K 的高温下仍保持稳定的固体状态。它的电阻大，热导率大，绝缘性能好。当前它主要用作润滑材料、耐磨材料、电气和耐热的涂层材料。

在高温高压下，石墨晶形的 BN 可转化为金刚石型立方晶系的 BN。这种金刚石结构的 BN 的硬度可与金刚石的硬度相比拟。

5. 铝

（1）金属铝

铝是银白色金属，熔点 930K，沸点 2700K，具有良好的导电性和延展性，也是光和热的良好反射体。

铝最突出的化学性质是亲氧性，同时它又是典型的两性元素。

铝一接触空气或氧气，其表面就立即被一层致密的氧化膜所覆盖，这层膜可阻止内层的铝被氧化，它也不溶于水，所以铝在空气和水中都很稳定。

铝的亲氧性还可以从氧化铝非常高的生成焓看出来。

$$4Al+3O_2 \xlongequal{} 2Al_2O_3 \qquad \Delta_f H^{\ominus}=-3339kJ \cdot mol^{-1}$$

由于铝的亲氧性，它能从许多氧化物中夺取氧，故它是冶金上常用的还原剂。且常被用于冶炼铁、镍、铬、锰、钒等难熔金属，称为铝还原法。

$$Fe_2O_3+2Al \xlongequal{} Al_2O_3+2Fe$$

高纯度的铝（99.950%）不与一般酸作用，只溶于王水。普通的铝能溶于稀盐酸或稀硫酸，被冷的浓 H_2SO_4 或浓、稀 HNO_3 所钝化。所以常用铝桶装运浓 H_2SO_4、浓 HNO_3 或某些化学试剂。

但是，铝能同热的浓 H_2SO_4 反应。

$$2Al+6H_2SO_4(浓) \xlongequal{\triangle} Al_2(SO_4)_3+3SO_2\uparrow+6H_2O$$

铝比较易溶于强碱中。

$$2Al+2NaOH+6H_2O \xlongequal{} 2Na[Al(OH)_4]+3H_2\uparrow$$

（2）氧化铝

1）α-Al_2O_3

自然界存在的刚玉为 α-Al_2O_3，它的晶体属于六方紧密堆积构型，6 个氧原子围成一个八面体，在整个晶体中有 2/3 的八面体孔穴为 Al 原子所占据。由于这种紧密堆积结构，加上晶体中 Al^{3+} 离子与 O^{2-} 离子之间的吸引力强，晶格能大，所以 α-Al_2O_3 的熔点（2288±15K）和硬度（8.8）都很高。它不溶于水，也不溶于酸或碱，耐腐蚀且电绝缘性好，用作高硬度材料、研磨材料和耐火材料。天然的或人造刚玉由于含有不同杂质而有多种颜色。例如，合微量 Cr(Ⅲ) 的呈红色，称为红宝石；含有 Fe(Ⅱ)、Fe(Ⅲ) 或 Ti(Ⅳ) 的称为蓝宝石；含少量 Fe_3O_4 的称为刚玉粉。将任何一种水合氧化铝加热至 1273K 以上，都可以得到α-Al_2O_3。工业上用高温电炉或氢氧焰熔化氢氧化铝以制得人造刚玉。

2）γ-Al_2O_3

在温度为723K左右时，将$Al(OH)_3$、偏氢氧化铝$AlO(OH)$或铝铵矾$(NH_4)_2SO_4\cdot Al_2(SO_4)_3\cdot 24H_2O$加热，使其分解，则得到$\gamma$-$Al_2O_3$。这种$Al_2O_3$不溶于水，但很易吸收水分，易溶于酸。把它强热至1273K，即可转变α-Al_2O_3。γ-Al_2O_3的粒子小，具有强的吸附能力和催化活性，所以又称活性氧化铝，可用作吸附剂和催化剂。

3）β-Al_2O_3

还有一种β-Al_2O_3，它有离子传导能力（允许Na^+通过），以β-铝矾土为电解质制成钠-硫蓄电池。由于这种蓄电池单位质量的蓄电量大，能进行大电流放电，因而具有广阔的应用前景。这种电池负极为熔融钠，正极为多硫化钠（Na_2S_x），电解质为β-铝矾土（钠离子导体），其电池反应为：

正极 $$2Na^++xS+2e \underset{\text{充电}}{\overset{\text{放电}}{\rightleftharpoons}} Na_2S_x$$

负极 $$2Na \underset{\text{充电}}{\overset{\text{放电}}{\rightleftharpoons}} 2Na^++2e$$

总反应： $$2Na+xS \underset{\text{充电}}{\overset{\text{放电}}{\rightleftharpoons}} Na_2S_x$$

这种蓄电池使用温度范围可达620~680K，其蓄电量为铅蓄电池蓄电量的3~5倍。用β-Al_2O_3陶瓷作电解食盐水的隔膜生产烧碱，有产品纯度高、公害小的特点。

（3）氢氧化铝

Al_2O_3的水合物一般都称为氢氧化铝。它可以由多种方法得到。加氨水或碱于铝盐溶液中，得一种白色无定形凝胶沉淀。它的含水量不定，组成也不均匀，统称为水合氧化铝。无定形水合氧化铝在溶液内静置即逐渐转变为结晶的偏氢氧化铝$AlO(OH)$，温度越高，这种转变越快。若在铝盐中加弱酸盐碳酸钠或醋酸钠，加热，则有偏氢氧化铝与无定形水合氧化铝同时生成。只有在铝酸盐溶液中通入CO_2，才能得到真正的氢氧化铝白色沉淀，称为正氢氧化铝。结晶的正氢氧化铝与无定形水合氧化铝不同，它难溶于酸，而且加热到373K也不脱水；在573K下，加热2h，才能变为$AlO(OH)$。

氢氧化铝是典型的两性化合物。新鲜制备的氢氧化铝易溶于酸也易溶于碱：

$$3H_2O+Al^{3+} \underset{H^+}{\overset{OH^-}{\rightleftharpoons}} Al(OH)_3 \underset{H^+}{\overset{OH^-}{\rightleftharpoons}} Al(OH)_4^-$$

例如： $$Al(OH)_3+3HNO_3 = Al(NO_3)_3+3H_2O$$

$$Al(OH)_3+KOH = K[Al(OH)_4]$$

（4）铝盐和铝酸盐

1）铝盐

用金属铝或氧化铝或氢氧化铝与酸反应即可得到铝盐。铝盐都含有Al^{3+}离子，在水溶液中Al^{3+}离子实际上以八面体的水合配离子$[Al(H_2O)_6]^{3+}$而存在。它在水中水解，而使溶液显酸性。如

$$[Al(H_2O)_6]^{3+}+H_2O \rightleftharpoons [Al(H_2O)_5OH]^{2+}+H_3O^+$$

$[Al(H_2O)_5OH]^{2+}$还将逐级水解。因为$Al(OH)_3$是难溶的弱碱，一些弱酸（如

H_2CO_3、H_2S、HCN 等）的铝盐在水中几乎完全或大部分水解，所以弱酸的铝盐如 Al_2S_3 及 $Al_2(CO_3)_2$ 等不能用湿法制得。

2）铝酸盐

用金属铝或氧化铝或氢氧化铝与碱反应即生成铝酸盐。铝酸盐中含 $Al(OH)_4^-$ [或 $Al(OH)_4(H_2O)_2^-$] 及 $Al(OH)_6^{3-}$ 等配离子，拉曼光谱已证实有 $Al(OH)_4^-$ 离子存在。

铝酸盐水解使溶液显碱性，水解反应式如下：

$$Al(OH)_4^- \rightleftharpoons Al(OH)_3 + OH^-$$

在溶液中通入 CO_2，将促进水解的进行而得到真正的氢氧化铝沉淀。工业上利用此反应从铝土矿制取纯 $Al(OH)_3$ 和 Al_2O_3。方法是：先将铝土矿与烧碱共热，使矿石中的 Al_2O_3 转变为可溶性的偏铝酸钠而溶于水，然后通入 CO_2，即得到 $Al(OH)_3$ 沉淀，滤出沉淀，经过煅烧即成 Al_2O_3。

$$Al_2O_3 + 2NaOH + 3H_2O = 2NaAl(OH)_4$$

$$2NaAl(OH)_4 + CO_2 = H_2O + 2Al(OH)_3\downarrow + Na_2CO_3$$

$$2Al(OH)_3 \xlongequal{煅烧} Al_2O_3 + 3H_2O$$

这样制得的 Al_2O_3，可用于冶炼金属铝。

将该方法得到的 $Al(OH)_3$ 和 Na_2CO_3 一同溶于氢氟酸，则得到电解法制铝所需要的助熔剂冰晶石 Na_3AlF_6。

$$2Al(OH)_3 + 12HF + 3Na_2CO_3 = 2Na_3AlF_6 + 3CO_2\uparrow + 9H_2O$$

（5）铝的卤化物

1）铝的三卤化物

铝的 4 种卤化物 AlX_3 都存在，它们的一些物理性质如表 8.4 所示。

表 8.4　铝的卤化物的物理性质

性质	AlF_3	$AlCl_3$	$AlBr_3$	AlI_3
状态（室温）	无色晶体	无色晶体	无色晶体	棕色片状固体
熔点/K	—	463（250kPa 下）	371	464
沸点/K	1564 升华	456 升华	536	633

这些卤化物中，仅 AlF_3 为离子型化合物，其余均为共价化合物。在通常条件下都是双聚分子，这是因为这些共价化合物都是缺电子的，为了解决这一问题，只能采用双聚形式。

2）三氯化铝

无水 $AlCl_3$ 在常温下是一种白色固体，遇水强烈水解，解离为 $Al(H_2O)_6^{3+}$ 和 Cl^- 离子。$AlCl_3$ 还容易与电子对给予体形成配离子（如 $AlCl_4^-$）和加合物（如 $AlCl_3 \cdot NH_3$）。这一性质使它成为有机合成中常用的催化剂。

3）碱式氯化铝

以铝灰和盐酸为主要原料（还有其他方法和原料），在控制的条件下制得的碱式氯化铝是一种高效净水剂。它为无色或黄色树脂状固体，溶液无色或呈黄褐色，粗制品为灰黑色。它是由介于 $AlCl_3$ 和 $Al(OH)_3$ 之间一系列中间水解产物聚合而成的高分子化合物。它

的组成式为 $[Al_2(OH)_nCl_{6-n}]_m$，$1 \leqslant n \leqslant 5$，$m \leqslant 10$，是一种多羟基多核配合物，通过羟基架桥而聚合。因其式量较一般絮凝剂 $Al_2(SO_4)_3$、明矾或 $FeCl_3$ 大得多且有桥式结构，所以它有强的吸附能力。另外，它在水溶液中形成许多高价配阳离子，如 $[Al_2(OH)_2(H_2O)_8]^{4+}$ 和 $[Al_3(OH)_4(H_2O)_{10}]^{5+}$ 等。它能显著地降低水中泥土胶粒上的负电荷，所以它有高的凝聚效率和沉淀作用，能除去水中的铁、锰、氟、放射性污染物和重金属、泥沙、油脂、木质素以及印染废水中的流水性染料等，因而在水质处理方面大有取代 $Al_2(SO_4)_3$ 和 $FeCl_3$ 的趋势。

（6）硫酸铝

无水硫酸铝 $Al_2(SO_4)_3$ 为白色粉末。从水溶液中得到的为 $Al_2(SO_4)_3 \cdot 18H_2O$，它是无色针状结晶。将纯 $Al(OH)_3$ 溶于热的浓 H_2SO_4 或者用 H_2SO_4 直接处理铝土矿或黏土都可以制得 $Al_2(SO_4)_3$。

$$2Al(OH)_3 + 3H_2SO_4 \longrightarrow Al_2(SO_4)_3 + 6H_2O$$

$$Al_2O_3 \cdot 2SiO_2 \cdot 2H_2O(\text{黏土}) + 3H_2SO_4 \longrightarrow Al_2(SO_4)_3 + 2H_4SiO_4 \downarrow + H_2O$$

硫酸铝易与 K^+、Rb^+、Cs^+、NH_4^+ 和 Ag^+ 等的硫酸盐结合形成矾，其通式为 $MAl(SO_4)_2 \cdot 12H_2O$（M 表示一价金属离子）。在矾的分子结构中，有 6 个 H_2O 分子与 Al^{3+} 配位，形成 $Al(H_2O)_6^{3+}$ 离子，余下的为晶格中的水分子，它们在 $Al(H_2O)_6^{3+}$ 与阴离子（SO_4^{2-}）之间形成氢键。硫酸铝钾 $KAl(SO_4)_2 \cdot 12H_2O$ 叫做铝钾矾，俗称明矾，它是无色晶体。$Al_2(SO_4)_3$ 或明矾都易溶于水并且水解，它们的水解过程与 $AlCl_3$ 的相同，产物也是从一些碱式盐到 $Al(OH)_3$ 胶状沉淀。由于这些水解产物胶粒的吸附作用和 Al^{3+} 的凝聚作用，$Al_2(SO_4)_3$ 和明矾是人们早已广泛使用的净水剂（絮凝剂），但是处理水的效果不及碱式氯化铝好。铝离子能引起神经元退化，若人脑组织中铝离子浓度过大会出现早衰性痴呆症。$Al_2(SO_4)_3$ 和明矾还用作媒染剂。织物用 $Al_2(SO_4)_3$ 的水溶液浸泡以后，再浸在 Na_2CO_3 或 $Ca(OH)_2$ 溶液中片刻，则所产生的胶状 $Al(OH)_3$ 沉积在纤维上，很容易吸附染料。此外，$Al_2(SO_4)_3$ 还是泡沫灭火剂中常用的药剂。

课题 8.3　镓分族

1. 概述

（1）单质

1）物理性质

镓、铟、铊都是银白色的金属。它们的一些物理性质如表 8.5 所示。

表 8.5　镓分族单质的物理性质

性质	镓	铟	铊
熔点/K	302.8	430	577
沸点/K	2676	2353	1730
硬度（莫氏）	1.5~2.5	1.2	1.2~1.3
密度/$g \cdot cm^{-3}$	5.91	7.31	11.9

由表 8.5 可见，镓、铟和铊有较大的差别。特别是镓，它的熔点很低（放在手上即可熔化），但它的沸点很高，液态范围在 2000℃以上。这和它的结构有关（见金属镓的性质）。

2）化学性质

镓、铟、铊的化学性质较为活泼，但和铝一样，表面易形成一层氧化膜而使之稳定。在受热时，才能和空气进一步反应。镓分族元素与非金属反应，易生成氧化物、硫化物、卤化物等，并易溶于非氧化性酸和氧化性酸。它们都能形成氧化数为+3 和+1 的两类化合物。按 Ga、In、Tl 的次序，+3 氧化态的化合物稳定性降低，+1 氧化态的稳定性增高。镓、铟、铊元素+1 和+3 氧化态的稳定性和氧化还原性（其中，Tl(Ⅲ）是很强氧化剂，而 Tl(Ⅰ）几乎无还原性）变化规律如下：

稳定性减弱，氧化性增强 →

Ga(Ⅲ)	In(Ⅲ)	Tl(Ⅲ)
Ga(Ⅰ)	In(Ⅰ)	Tl(Ⅰ)

← 稳定性减弱，还原性增强

(2）氧化物及氢氧化物的性质

镓分族元素氧化物、氢氧化物性质如下：

氧化性增强 →

Ga_2O_3(白色)	In_2O_3(黄色)	Tl_2O_3(棕色)
$Ga(OH)_3$(白色)	$In(OH)_3$(白色)	$Tl(OH)_3$(红棕色)
两性偏酸	两性	弱碱性

← 碱性增强

(3）镓分族的盐

镓、铟、铊 3 种元素的卤化物 MX_3 和 AlX_3 相似，除氯化物为离子型化合物外，其余均为共价型化合物，熔点低，溶于有机溶剂，强烈水解。低温气态时为双聚分子。

2. 镓

(1）单质

1）物理性质

固体镓为蓝灰色斜方晶体，液体镓是有银白色光泽的软金属，密度 5.91g · cm^{-3}，熔点 302.8K，很低，放在手上即可熔化，而沸点为 2676K，很高，液态范围在 2000℃以上。这和它的结构有关，每个镓原子周围有 7 个镓原子，其中有 1 个和它的距离（244pm）比其他 6 个的距离（270~280pm）要近，接近镓原子的共价半径的两倍，于是在金属中可以想象为含有“Ga_2”团，金属镓稍热即熔化（熔融态主要由 Ga_2 组成），若要使其沸腾，成为蒸气（为 Ga 原子组成），就要破坏 Ga—Ga 键，需消耗更多能量。因而沸点很高。正由于金属镓原子间距离不同，固态的密度（5.91g · cm^{-3}）比液态的密度（6.09g · cm^{-3}）反而小，是凝固时体积膨胀的少数几种金属之一。镓与铝、锌、锡、铟形成低熔点合金，与钒、铌、锆形成的合金具有超导性。

2）化学性质

镓的化学活泼性比铝低，和铝类似，镓也是两性金属元素，主要氧化态为+1和+3，其化学性质主要表现在以下几个方面：

①与氧化水的反应

镓在常温下因其表面易形成一层氧化膜而使之稳定，不与空气中的氧和水作用。但高温时，能与氧反应，形成氧化数为+3氧化物。

$$4Ga+3O_2 = 2Ga_2O_3$$

②与非金属的反应

镓在常温下就能与卤素反应（与碘反应需加热），生成三卤化镓或一卤化镓，与硫反应需在高温下。

$$2Ga+3X_2 = 2GaX_3$$

③与酸的反应

镓与稀酸作用缓慢，但易溶于热的硝酸、浓的氢氟酸和热浓的高氯酸以及王水中，生成镓盐。

$$2Ga+3H_2SO_4 = Ga_2(SO_4)_3+3H_2\uparrow$$

$$Ga+6HNO_3 \xlongequal{\triangle} Ga(NO_3)_3+3NO_2\uparrow+3H_2O$$

④与碱的反应

镓除溶于酸外，还可溶于碱，是两性金属：

$$2Ga+NaOH+2H_2O \xlongequal{\triangle} 2NaGaO_2+3H_2\uparrow$$

（2）氢氧化镓

$Ga(OH)_3$的酸性（$\sim10^{-7}$）比$Al(OH)_3$的酸性（$\sim10^{-11}$）还强。这主要是镓为第四周期中紧接过渡元素（含$3d^{10}$）后的第一个元素。因有效核电荷增加，致使镓的离子半径（62pm）比同族上一周期的铝的离子半径（51pm）增加不多，而核电荷却增加了18，因此，Ga(Ⅲ)的电场力比Al(Ⅲ)的还强，对氧原子引力也就大，$Ga(OH)_3$的酸性也就比$Al(OH)_3$的强。同理，四周期的$Ge(OH)_4$酸性略强于$Si(OH)_4$，但随着族数的增加，这种影响就不太明显了，这是次级周期性的一种体现。

因$Ga(OH)_3$显两性，所以它既可溶于酸，也可溶于碱。

（3）镓盐

GaX_3的性质和AlX_3相似，除氯化物为离子型化合物外，其余均为共价型化合物，熔点低，溶于有机溶剂，强烈水解。低温气态时为双聚分子。

3. 铟

（1）物理性质

铟是银白色略带淡蓝色的金属，为四方晶体结构，熔点430K，沸点2353K，密度$7.31g\cdot cm^{-3}$。其延展性好，比铅还软。

（2）化学性质

常温下铟与空气中的氧作用缓慢，表面易形成一层氧化膜。加热时能与氧、硫、卤素、硒、碲、磷作用，还能与许多金属形成合金。大块金属铟不与沸水和碱反应，但粉末状铟可以与水反应生成$In(OH)_3$。

铟与稀酸作用缓慢，易溶于热的硝酸或浓的矿物酸和乙酸、草酸中。

$$2In+3H_2SO_4 = In_2(SO_4)_3+3H_2\uparrow$$

$$In+6HNO_3 \xlongequal{\triangle} In(NO_3)_3+3NO_2\uparrow+3H_2O$$

4. 铊

(1) 单质

1) 物理性质

铊是灰白色，重而软的金属，熔点 576.7K，沸点 1730K，密度 $11.85g\cdot cm^{-3}$，莫氏硬度为 1.2~1.3。

2) 化学性质

室温下，铊就能与空气中的氧作用而失去光泽变得灰暗，生成厚的 Tl_2O 膜。铊与氧作用还能生成 Tl_2O_3。

室温下，铊能与卤素作用生成 TlX_3。TlX_3 不稳定，不存在 $TlBr_3$ 和 TlI_3。高温时，铊能与硫、硒、碲、磷反应。

铊不溶于碱，与盐酸作用较慢，但能迅速溶解在硝酸、稀硫酸中，生成可溶性盐。

$$2Tl+H_2SO_4 = Tl_2SO_4+H_2\uparrow$$

$$3Tl+4HNO_3 = 3TlNO_3+NO\uparrow+2H_2O$$

(2) 铊的氧化物和氢氧化物

将 $Tl(OH)_3$ 加热到 373K，即分解为 Tl_2O(黑色)，溶于水后得到 TlOH(黄色)。TlOH 碱性很强，但不如 KOH，它又像 AgOH，容易分解成 Tl_2O。

(3) 铊盐

铊（Ⅲ）的卤化物很不稳定，加热即分解。另外，不存在 $TlBr_3$ 和 TlI_3。Tl(Ⅲ) 是强氧化剂，很容易被还原，如：

$$TlCl_3 \xlongequal{313K} TlCl+Cl_2$$

$$2Tl^{3+}+3S^{2-} = Tl_2S\downarrow+2S$$

所以对于铊盐，Tl(Ⅰ) 是稳定化合物。

由于 Tl^+ 离子半径（144pm）和 K^+(133pm)、Rb^+(147pm)、Ag^+(126pm) 离子半径相似，因此它们相应化合物的性质也相似。当阴离子变形性小时，铊盐性质接近于碱金属。如硫酸盐易溶于水，易成矾，共晶型等。当阴离子变形性大时，铊盐与银盐性质更接近。如 TlX 和 AgX（卤化物除氟化物外）均难溶，TlCl 和 AgCl 均有光敏性等。

第9章　过渡元素：钛钒铬族

【本章学习要点】本章介绍过渡金属元素的性质变化规律，钛钒铬族的物理、化学性质及用途。

<table>
<tr><td>学习目标</td><td colspan="2">1. 初步了解过渡金属元素性质的变化规律；
2. 对d区钛钒铬族元素单质及其重要化合物的性质、制备方法能了解；
3. 通过钛钒铬族元素单质及其化合物、矿物的主要物理性质和化学性质的学习，能了解其在工业中的应用，并能初步运用于解决有关实际问题</td></tr>
<tr><td>能力要求</td><td colspan="2">1. 掌握过渡元素化合物基础知识，并能初步应用于解决某些工程问题；
2. 能够针对复杂工程问题，初步运用化学反应的基本原理和元素化合物基础知识，进行研究和信息综合，得到合理有效的结论；
3. 具有自主学习的意识，逐渐养成终身学习的能力</td></tr>
<tr><td rowspan="2">重点难点预测</td><td>重点</td><td>钛钒铬族元素的单质及其重要化合物</td></tr>
<tr><td>难点</td><td>过渡元素性质的变化规律</td></tr>
<tr><td>知识清单</td><td colspan="2">1. 过渡元素概述（配位、催化、磁性、氧化数、最高氧化数变化规律、过渡元素原子的特征、金属活泼性及其变化规律、单质的物理性质、化合物的颜色等）；
2. 钛钒族元素概述、钛的重要化合物（二氧化钛、钛酸盐和钛氧酸盐、四氯化钛）、钛族主要元素单质及其化合物的性质用途；
3. 钒族主要元素单质及其化合物主要性质用途，五氧化二钒、钒酸盐；
4. 铬族元素概述、铬的重要化合物（氧化物及其水合物、三氧化二铬、氢氧化铬、铬盐、三价铬离子鉴定、铬酸盐及其重铬酸盐）</td></tr>
</table>

课题9.1　过渡元素通论

1. 概述

过渡元素位于周期表中部，原子中d或f亚层电子未填满。这些元素都是金属，也称为过渡金属。根据电子结构的特点，过渡元素又可分为：外过渡元素（包括d区元素）及内过渡元素（又称f区元素）两大组。

外过渡元素包括镧、锕和除镧系锕系以外的其他过渡元素，它们的d轨道没有全部填满电子，f轨道为全空（第四、五周期）或全满（第六周期）。

内过渡元素指镧系和锕系元素，它们的电子部分填充到f轨道。

d 区过渡元素可按元素所处的周期分成三个系列：

Sc　Ti　V　Cr　Mn　Fe　Co　Ni　　　　第一过渡系元素
Y　Zr　Nb　Mo　Tc　Ru　Rh　Pd　　　　第二过渡系元素
La　Ac　Hf　Ta　W　Re　Os　Ir　Pt　　　　第三过渡系元素

本章只讨论外过渡元素，对于镧系和锕系元素，本教材暂不作讨论。d 区元素是指ⅢB～Ⅷ族元素，ds 区元素是指ⅠB、ⅡB 族元素。d 区元素的外围电子构型是 $(n-1)d^{1\sim10}ns^{1\sim2}$(Pd 例外)，ds 区元素的外围电子构型是 $(n-1)d^{10}ns^{1\sim2}$。它们分布在第四～六周期中，而我们主要讨论第四周期的 d 区和 ds 区元素。

2. 过渡元素的基本性质

过渡元素具有许多共同的性质：

（1）它们都是金属，硬度较大，熔点和沸点较高，有着良好的导热、导电性能，易生成合金。

（2）大部分过渡金属与其正离子组成电对的电极电势为负值，即还原能力较强。例如，第一过渡系元素一般都能从非氧化性酸中置换出氢。

（3）大多数都存在多种氧化态，水合离子和酸根离子常呈现一定的颜色。

（4）具有部分填充的电子层，能形成一些顺磁性化合物。

（5）原子或离子形成配合物的倾向较大。

3. 过渡元素原子的电子构型

过渡元素原子电子构型的特点是它们的 d 轨道上的电子未充满（Pd 除外），最外层仅有 1～2 个电子，它们的价电子构型为 $(n-1)d^{1\sim9}ns^{1\sim2}$（Pd 为 $4d^{10}5s^0$）。

表 9.1　过渡元素原子的价电子层结构和氧化态

元　素	Sc	Ti	V	Cr	Mn	Fe	Co	Ni
价电子层结构	$3d^14s^2$	$3d^24s^2$	$3d^34s^2$	$3d^54s^1$	$3d^54s^2$	$3d^64s^2$	$3d^74s^2$	$3d^84s^2$
氧化态	(+Ⅱ) +Ⅲ	+Ⅱ +Ⅲ +Ⅳ	+Ⅱ +Ⅲ +Ⅳ +Ⅴ	+Ⅱ +Ⅲ +Ⅵ	+Ⅱ +Ⅲ +Ⅳ +Ⅵ +Ⅶ	+Ⅱ +Ⅲ (+Ⅵ)	+Ⅱ +Ⅲ	+Ⅱ (+Ⅲ)
元　素	Y	Zr	Nb	Mo	Tc	Ru	Rh	Pd
价电子层结构	$4d^15s^2$	$4d^25s^2$	$4d^45s^1$	$4d^55s^1$	$4d^55s^2$	$4d^75s^1$	$4d^85s^1$	$4d^{10}5s^0$
氧化态	+Ⅲ	+Ⅱ +Ⅲ +Ⅳ	+Ⅱ +Ⅲ +Ⅳ +Ⅴ	+Ⅱ +Ⅲ +Ⅳ +Ⅴ +Ⅵ	+Ⅱ +Ⅲ +Ⅳ +Ⅴ +Ⅵ +Ⅶ	+Ⅱ +Ⅲ +Ⅳ +Ⅴ +Ⅵ +Ⅶ +Ⅷ	+Ⅱ +Ⅲ +Ⅳ +Ⅴ +Ⅵ	+Ⅱ +Ⅲ +Ⅳ

续表 9.1

元　素	La	Hf	Ta	W	Re	Os	Ir	Pt
价电子层结构	$5d^16s^2$	$5d^26s^2$	$5d^36s^2$	$5d^46s^2$	$5d^56s^2$	$5d^66s^2$	$5d^76s^2$	$5d^96s^1$
氧化态	+Ⅲ	+Ⅲ +Ⅳ	+Ⅱ +Ⅲ +Ⅳ +Ⅴ	+Ⅱ +Ⅲ +Ⅳ +Ⅴ +Ⅵ	+Ⅲ +Ⅳ +Ⅴ +Ⅵ +Ⅶ	+Ⅱ +Ⅲ +Ⅳ +Ⅴ +Ⅵ +Ⅷ	+Ⅱ +Ⅲ +Ⅳ +Ⅴ +Ⅵ	+Ⅱ +Ⅲ +Ⅳ +Ⅴ +Ⅵ

注：划横线的表示比较常见、稳定的氧化态；带括号的表示不稳定的氧化态。

多电子原子的原子轨道能量变化是比较复杂的，由于在 4s 和 3d、5s 和 4d、6s 和 5d 轨道之间出现了能级交错现象，能级之间的能量差值较小，所以在许多反应中，过渡元素的 d 电子可以部分或全部参加成键。

4. 过渡元素的氧化态及其稳定性

过渡元素最外层 s 电子和次外层 d 电子可参加成键，所以过渡元素常有多种氧化态。一般可由+Ⅱ依次增加到与族数相同的氧化态（ⅧB 族除 Ru、Os 外，其他元素尚无+Ⅷ氧化态）。

（1）同一周期从左到右，氧化态首先逐渐升高，随后又逐渐降低。

随 3d 轨道中电子数的增加，氧化态逐渐升高；当 3d 轨道中电子数达到 5 或超过 5 时，3d 轨道逐渐趋向稳定，高氧化态逐渐不稳定（呈现强氧化性），此后氧化态又逐渐降低。

三个过渡系元素的氧化态从左到右的变化趋势是一致的。不同的只是第二、三过渡系元素的最高氧化态表现稳定，而低氧化态化合物并不常见。

（2）同一族中从上至下，高氧化态趋向于比较稳定，这和主族元素不同。

5. 元素的原子半径和离子半径

过渡元素与同周期的ⅠA、ⅡA 族元素相比较，原子半径较小。

各周期中随原子序数的增加，原子半径依次减小，而到铜副族前后，原子半径增大。

各族中从上到下原子半径增大，但第五、六周期同族元素的原子半径很接近，铪的原子半径（146pm）与锆（146pm）几乎相同。

同周期过渡元素 d 轨道的电子未充满，d 电子的屏蔽效应较小，核电荷依次增加，对外层电子的吸引力增大，所以原子半径依次减小。到铜副族前后，充满的 d 轨道使得屏蔽效应增强，原子半径增大。由于镧系收缩的影响，第五、六周期同族元素的原子半径相近。

离子半径变化规律和原子半径变化相似，即同周期自左向右，氧化态相同的离子半径随核电荷的增加逐渐变小；同族元素的最高氧化态的离子半径从上到下，随电子层数增加而增大；镧系收缩效应同样影响着第五、六周期同族元素的离子半径。

6. 单质的性质

（1）物理性质

1）过渡元素一般具有较小的原子半径，最外层 s 电子和次外层 d 电子都可以参与形成金属键，使键的强度增加。

2）过渡金属一般呈银白色或灰色（锇呈灰蓝色），有金属光泽。

3）除钪和钛属轻金属外，其余都是重金属。

4）大多数过渡元素都有较高的熔点和沸点，有较大的硬度和密度。如，钨是所有金属中最难熔的，铬是金属中最硬的。

（2）化学性质

1）过渡元素的金属性比同周期的 p 区元素强，而弱于同周期的 s 区元素。

2）第一过渡系比第二、三过渡系的元素活泼——核电荷和原子半径两个因素。

同一族中自上而下原子半径增加不大，核电荷却增加较多，对外层电子的吸引力增强，核电荷起主导作用。第三过渡系元素与第二过渡系元素相比，原子半径增加很少（镧系收缩的影响），所以其化学性质显得更不活泼。

第一过渡系单质一般都可以从稀酸（盐酸和硫酸）中置换氢，标准电极电势基本上从左向右数值逐渐增大，这和金属性的逐渐减弱一致。

锰的标准电极电势数值有些例外（比铬还低）：失去两个 4s 电子形成稳定的 $3d^5$ 构型。

钪、钇和镧是过渡元素中最活泼的金属，在空气中能迅速被氧化，与水反应则放出氢，也能溶于酸，这是因为它们的次外层 d 轨道中仅有一个电子，这个电子很容易失去，所以它们的性质较活泼并接近于碱土金属。

7. 过渡元素含氧化合物

（1）同一周期的过渡元素，从左到右最高氧化态氧化物及其水合氧化物的碱性逐渐减弱，酸性增强。

Sc_2O_3	TiO_2	CrO_3	Mn_2O_7
碱性氧化物	两性	酸酐（铬酸酐）	强酸酸酐

Fe、Co 和 Ni 不能生成稳定的高氧化态的氧化物。

（2）同族中相同氧化态的氧化物及其水合物自上而下，酸性减弱，碱性逐渐增强。

如 Ti、Zr、Hf 的氢氧化物 $M(OH)_4$（或 H_2MO_3）中，$Ti(OH)_4$ 的碱性较弱，$Zr(OH)_4$ 和 $Hf(OH)_4$ 的碱性比酸性强。这种变化规律和过渡元素高氧化态离子半径变化规律一致。

（3）同一元素不同氧化态氧化物及其水合物的酸碱性，在高氧化态时酸性较强，随着氧化态的降低而酸性减弱（或碱性增强），一般是低氧化态氧化物及其水合物呈碱性。不同氧化态锰的氧化物的酸碱性变化如表 9.2 所示。

表 9.2　锰的氧化物的酸碱性变化

锰的氧化态	+2	+3	+4	+6	+7
氧化物	MnO	Mn_2O_3	MnO_2	MnO_3	Mn_2O_7
酸碱性	碱性	弱碱性	两性	酸性	酸性

8. 过渡金属及化合物的磁性

物质在外加磁场的影响下，表现出三种情况：

（1）物质本身就有磁性，并随外磁场的加强而增强，它的磁化方向与外加磁场方向一致，这种物质称为顺磁性物质。

（2）物质本身没有磁性，在外磁场的影响下，会诱导出磁性来，但物质的磁化方向与外磁场的方向相反，当外磁场移走时，磁性也就消失了，这种物质称为反磁性物质。

（3）物质被磁化的性质表现得很强烈，随外磁场的加强而急剧提高，并且在外磁场移走后，仍有残留磁性，这种物质称为铁磁质。图 9.1 所示为在铁磁性物质中的磁化情况。

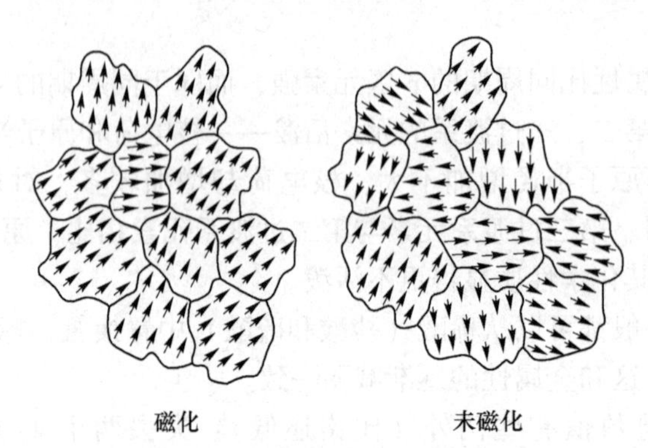

图 9.1　在铁磁性物质中的磁化情况

物质的磁性和组成物质的原子（或分子）中的电子运动有关：

（1）单电子的旋转运动所产生的磁矩而使整个物质具有了顺磁性。

（2）铁磁质是顺磁质的一种极端形式，它是由许多顺磁原子通过集体有规则的配合而产生的。在通常情况下，顺磁性原子的排列是混乱的，它们的磁效应彼此互相抵消。当把一种铁磁质放在磁场中时，各顺磁性原子依磁场而取向，使上百万个原子磁体顺排起来，所以铁磁质和磁场间的相互作用要比顺磁性物质大得多。

（3）过渡元素的单质及其化合物中常含有未成对的 d 电子，因而许多过渡金属及其化合物具有顺磁性，且 Fe、Co、Ni 三种金属有铁磁性。

检测过渡元素的单质或化合物的磁性，了解成键情况，进而判断过渡元素成键理论的正确性。

9. 过渡金属离子及化合物的颜色

过渡元素的大多数离子在水溶液中显示一定的颜色。过渡元素的水合离子之所以具有颜色，与离子 d 轨道具有未充满的电子有关。这些 d 电子能吸收可见光中某些波长的光，激发到较高的能级，而透过另一些波长的光，这就使它们有一定的颜色。而 Sc^{3+}、Ti^{4+}、Zn^{2+} 的 d 轨道没有电子或具有全充满的电子结构，因此其水合离子是无色的；其他具有未充满电子的离子则呈现出颜色（表 9.3）。

表 9.3　过渡元素低氧化态水合离子的颜色

水合离子	Ti^{3+}	V^{2+}	V^{3+}	Cr^{3+}	Mn^{2+}	Fe^{2+}	Fe^{3+}	Co^{2+}	Ni^{2+}
颜色	紫红	紫	绿	蓝紫	肉色	浅绿	淡紫	粉红	绿

10. 过渡元素的配位化合物

过渡元素的原子或离子具有 $(n-1)$d，ns 和 np 共 9 个价电子轨道。对过渡金属原子和离子而言，其中 ns 和 np 轨道是空的，$(n-1)d$ 轨道为部分空或者全空。这种电子构型为接受配位体孤电子对形成配位键创造了条件。因此它们的原子和离子都有很强的形成配合物的倾向。

过渡元素一般都容易形成氟配合物、氨配合物、氰配合物、羰基配合物、草酸配合物等。

过渡元素的性质与其他元素不同，和它们具有未充满的 d 电子有关，这是过渡元素的特点之一。

课题 9.2 钛副族

钛副族包括钛（Ti）、锆（Zr）、铪（Hf），钛副族元素原子的价电子层结构为 $(n-1)d^2ns^2$，所以钛、锆和铪的最稳定氧化态是+4，其次是+3，+2 氧化态比较少见。在个别配位化合物中，钛还可以呈低氧化态 0 和−1。锆、铪生成低氧化态的趋势比钛小。它们的 M(Ⅳ) 化合物主要以共价键结合。在水溶液中主要以 MO^{2+} 形式存在，并且容易水解。

钛主要存在于钛铁矿 $FeTiO_3$ 和金红石 TiO_2，锆主要存在于锆英石 $ZrSiO_4$ 和斜锆石 ZrO_2，铪通常与锆共生，由于镧系收缩，铪的离子半径与锆接近，因此它们的化学性质极相似，造成锆和铪分离上的困难。本教材重点介绍钛及其化合物。

1. 金属钛

（1）物理性质

银白色，密度 4.54g·cm^{-3}，较轻，强度接近钢铁，兼有铝、铁的优点。高于铝而低于铁、铜、镍。但比强度位于金属之首。熔点 1668±4℃，熔化潜热 15.5~20.9kJ·mol^{-1}，沸点 3260±20℃，汽化潜热 428.9~470.7kJ·mol^{-1}，临界温度 4350℃，临界压力 1130 大气压。钛的导热性和导电性能较差，近似或略低于不锈钢，钛具有超导性，纯钛的超导临界温度为 0.38~0.4K。金属钛是顺磁性物质，磁导率为 1.00004。

（2）化学性质

钛在较高的温度下，可与许多元素和化合物发生反应。各种元素，按其与钛发生不同反应可分为四类：

第一类：卤素和氧族元素与钛生成共价键与离子键化合物；

第二类：过渡元素、氢、铍、硼族、碳族和氮族元素与钛生成金属间化合物和有限固溶体；

第三类：锆、铪、钒族、铬族、钪元素与钛生成无限固溶体；

第四类：惰性气体、碱金属、碱土金属、稀土元素（除钪外）、锕、钍等不与钛发生反应或基本上不发生反应。与氟化物如 HF 气体等在加热时发生反应生成 TiF_4，反应式为：

$$Ti+4HF \xlongequal{} TiF_4+2H_2$$

不含水的氟化氢液体可在钛表面上生成一层致密的四氟化钛膜，可防止 HF 侵入钛的内部。钛易溶于氢氟酸或含有氟离子的酸中：

$$Ti+6HF \xlongequal{\triangle} TiF_6^{2-}+2H^++2H_2\uparrow$$

1）与非金属反应

钛是活泼的金属，在高温下能直接与绝大多数非金属元素反应。

$$Ti+O_2 = TiO_2(红热)$$

$$3Ti+2N_2 = Ti_3N_4(点燃)$$

$$Ti+4Cl_2 = TiCl_4(300℃)$$

$$Ti+C = TiC(高温)$$

所以钛是冶金中的消气剂。

2）与酸反应

在室温下，钛不与无机酸反应，但能溶于浓、热的盐酸和硫酸中：

$$2Ti+6HCl(浓) \xlongequal{\triangle} 2TiCl_3+3H_2\uparrow$$

$$2Ti+3H_2SO_4(浓) \xlongequal{\triangle} 2Ti_2(SO_4)_3+3H_2\uparrow$$

纯钛在大多数介质中，特别是在中性、氧化性介质和海水中有高的耐蚀性。钛在海水中的耐蚀性比铝合金、不锈钢和镍合金还高，在工业、农业和海洋环境的大气中数年，表面也不变色。

氢氟酸、硫酸、盐酸、正磷酸以及某些热的浓有机酸对钛的腐蚀较大，其中氢氟酸不论浓度、温度高低，都对钛有很高的腐蚀作用。钛对各种浓度的硝酸和铬酸的稳定性高，在碱溶液和大多数有机酸、无机盐溶液中的耐蚀性也很高。

（3）钛的用途

钛及其合金广泛地用于制造喷气发动机、超音速飞机和潜水艇（防雷达、防磁性水雷）以及海军化工设备。

钛与生物体组织相容性好，结合牢固，用于接骨和制造人工关节；钛具有隔热、高度稳定、质轻、坚固等特性，由纯钛制造的假牙是任何金属材料无法比拟的，所以钛又被称为“生物金属”。因此，继 Fe、Al 之后，预计 Ti 将成为应用广泛的第三金属。

（4）钛单质的制备

工业上常用硫酸分解钛铁矿的方法制取二氧化钛，再由二氧化钛制取金属钛。浓硫酸处理磨碎的钛铁矿（精矿），发生下面的化学反应：

$$FeTiO_3+3H_2SO_4 = Ti(SO_4)_2+FeSO_4+3H_2O$$

$$FeTiO_3+2H_2SO_4 = TiOSO_4+FeSO_4+2H_2O$$

$$FeO+H_2SO_4 = FeSO_4+H_2O$$

$$Fe_2O_3+3H_2SO_4 = Fe_2(SO_4)_3+3H_2O$$

为了除去杂质 $Fe_2(SO_4)_3$，加入铁屑，Fe^{3+} 还原为 Fe^{2+}，然后将溶液冷却至 273K 以下，使得 $FeSO_4 \cdot 7H_2O$（绿矾）作为副产品结晶析出。

$Ti(SO_4)_2$ 和 $TiOSO_4$ 水解析出白色的偏钛酸沉淀，反应是：

$$Ti(SO_4)_2+H_2O = TiOSO_4+H_2SO_4$$

$$TiOSO_4+2H_2O = H_2TiO_3+H_2SO_4$$

煅烧偏钛酸即制得二氧化钛：

$$H_2TiO_3 = TiO_2+H_2O$$

工业上制金属钛采用金属热还原法还原四氯化钛。将 TiO_2（或天然的金红石）和炭粉混合加热至 1000~1100K，进行氯化处理，并使生成的 $TiCl_4$ 蒸气冷凝。

$$TiO_2+2C+2Cl_2 = TiCl_4+2CO$$

在 1070K 用熔融的镁在氩气中还原 $TiCl_4$ 可得多孔的海绵钛：

$$TiCl_4+2Mg = 2MgCl_2+Ti$$

这种海绵钛经过粉碎、放入真空电弧炉里熔炼，最后制成各种钛材。

问题讨论：

根据埃林汉姆图，还有哪些金属可还原 $TiCl_4$ 制备单质钛？工业上为何不采用 TiO_2 与还原剂作用来制取金属钛？

2. 钛的氧化物

(1) 二氧化钛 (TiO_2)

1) 二氧化钛的性质

TiO_2 是一种多晶型氧化物，它有锐钛矿型、板钛矿型和金红石型三种晶型。在自然界中，锐钛矿和金红石以矿物形式存在，但很难找到板钛矿型的矿物。因为它晶型不稳定，在成矿时的高温下会转变成金红石型。板钛矿可人工合成，它不具有多大实际价值。

纯 TiO_2 是白色粉末，加热到高温时略显黄色。工业生产的 TiO_2 俗称钛白粉，是重要的白色颜料，被誉为“白色颜料之王”，不论锐钛型钛白还是金红石型钛白，其应用都很广泛。

TiO_2 的热稳定性较大，加热至 2200℃以上时，才会部分热分解放出 O_2 并生成 Ti_3O_5，进一步加热转变成 Ti_2O_3。

TiO_2 中 O—Ti 键结合力很强，因而 TiO_2 具有较稳定的化学性质。TiO_2 实际上不溶于水和稀酸，在加热条件下能溶于浓 H_2SO_4、浓 HCl、浓 HNO_3 和熔化的 $KHSO_4$ 中，也可溶于 HF 中。在酸性溶液中，钛以 Ti^{4+} 离子或 TiO^{2+}(钛酰基) 阳离子形式存在。在硫酸法钛白生产过程生成的钛液中就同时含有 $Ti(SO_4)_2$ 和 $TiOSO_4$。

TiO_2 与强碱共熔可得到钛酸盐，如 K_2TiO_3、Na_2TiO_3，其他钛酸盐还有 $BaTiO_3$、$FeTiO_3$、$ZnTiO_3$ 等。

$$TiO_2+BaCO_3 = BaTiO_3(\text{偏钛酸钡})+CO_2\uparrow$$

TiO_2 在有还原剂 C 存在的条件下，加热至 800~1000℃时，可被 Cl_2 氯化成 $TiCl_4$，是工业生产 $TiCl_4$ 的主要方法：

$$TiO_2+2C+2Cl_2 = TiCl_4+2CO$$

TiO_2 在高温下能被 H_2 和一些活泼金属，如 K、Na、Ca、Mg、Al 等还原，但常常还原不彻底，而生成低价钛的氧化物或 Ti(O) 固溶体，这也就是为什么工业规模生产不用 TiO_2 而用 $TiCl_4$ 作原料来制取金属钛的道理。

在高温下，TiO_2 也可与 NH_3、CS_2、C 作用生成相应的 TiN、TiS_2 和 TiC。TiO_2 在高温条件下也可与一些有机物，如 CH_4、CCl_4、C_2H_5OH 等发生反应，但无多大实际意义。

2) 二氧化钛的制备

当今世界钛白产业的潮流是氯化法钛白不断发展，硫酸法钛白逐渐萎缩被淘汰。同世界先进水平相比，我国钛白行业却绝大部分都是规模小、产量低、成本高、产品质量不稳定、环境污染严重的硫酸法钛白。我国生产的钛白粉有 99%以上都是采用硫酸法钛白，该法使用的原料为钛铁矿或钛渣。

问题讨论：

查阅文献，比较颜料钛白和脱硝钛白的产品标准，并从用途和效能的角度分析两者指标存在差异的原因。

①硫酸法

钛铁矿与硫酸的反应非常缓慢，在常温下几乎不发生变化。为了促进这个反应，往往需要加热，引导反应的开始。如以偏钛酸亚铁 $FeTiO_3$ 代表钛铁矿的主要成分，则酸解反应一般认为按下列方程进行：

$$FeTiO_3+3H_2SO_4(过量) \longrightarrow Ti(SO_4)_2+FeSO_4+3H_2O$$

$$FeTiO_3+2H_2SO_4(过量) \longrightarrow TiOSO_4+FeSO_4+2H_2O$$

我们也可以把 TiO_2 视作是钛铁矿的一个单独成分，则上面反应可写成：

$$TiO_2+2H_2SO_4(过量) \longrightarrow Ti(SO_4)_2+2H_2O$$

$$TiO_2+H_2SO_4(过量) \longrightarrow TiOSO_4+H_2O$$

$$TiOSO_4+2H_2O \longrightarrow H_2TiO_3\downarrow +H_2SO_4$$

$$H_2TiO_3 = TiO_2+H_2O(煅烧)$$

②氯化法

一般来说，氯化法采用的钛原料 TiO_2 含量不能低于 85%。并且要求具有低 MgO、CaO 的天然金红石、人造金红石、钛渣。因为 Ca、Mg 含量太高，在氯化时形成液体氯化物（如 $MgCl_2$、$CaCl_2$）堵塞流化床排渣，造成生产不正常及停产。

$$TiO_2+Cl_2+C \longrightarrow TiCl_4+CO+CO_2$$

$$TiCl_4+O_2 \longrightarrow TiO_2+Cl_2$$

问题讨论：

从原料、生产工艺、产品特点、环保等角度分析硫酸法、氯化法制取钛白两种反应的优缺点。

（2）五氧化三钛（Ti_3O_5）

在 1200～1400℃下，用 C 还原 TiO_2，或是在 1400～1450℃下加热 $TiO+2TiO_2$ 或 Ti_2O_3 的混合物均可得到 Ti_3O_5。具有实际意义的是，在电炉中用 C 还原熔炼钛铁精矿制钛渣时，以 Ti_3O_5 为基体的黑钛石是钛渣中的一种重要成分。

（3）三氧化二钛（Ti_2O_3）

Ti_2O_3 可在 1100～1200℃下用 H_2 还原 TiO_2，或在 1350～1400℃下用 C 还原 TiO_2 制得。

Ti_2O_3 具有弱碱性和还原性。在空气中加热到很高温度时，Ti_2O_3 将转变成 TiO_2。Ti_2O_3 微溶于水。在加热条件下可溶于硫酸，形成三价钛的紫色硫酸盐溶液：

$$Ti_2O_3+3H_2SO_4 = Ti_2(SO_4)_3+3H_2O$$

在用酸溶性钛渣生产硫酸法钛白时，因钛渣中含有部分 Ti_2O_3，因而酸解钛液常因含有少量 Ti^{3+} 离子而呈较深的颜色。

（4）一氧化钛（TiO）

TiO 可由 TiO_2 和金属 Ti 粉混合，在真空条件下，于 1550℃时加热制得。也可用 C 或金属 Mg、Al 在高温下还原 TiO_2 制得。TiO 可作为乙烯聚合反应的催化剂。

TiO 不溶于水，与 H_2SO_4 或 HCl 反应放出 H_2 形成三价钛盐：

$$2TiO+3H_2SO_4 = Ti_2(SO_4)_3+H_2\uparrow+2H_2O$$

$$2TiO+6HCl = 2TiCl_3+H_2\uparrow+2H_2O$$

在沸腾的 HNO_3 中 TiO 被氧化成 TiO_2：

$$TiO+2HNO_3 = TiO_2+2NO_2+H_2O$$

TiO 可与 F_2、Cl_2、Br_2 等反应形成四价钛的化合物，例如：

$$2TiO+4F_2 = 2TiF_4+O_2$$

$$TiO+Cl_2 = TiOCl_2$$

TiO 在空气中加热至 800℃，被氧化成 TiO_2。TiO 与 TiC、TiN 可形成连续固溶体。

3. 卤化物及氯氧化物（$TiCl_4$、$TiCl_3$、$TiCl_2$、$TiOCl_2$、TiOCl、TiI_4）

钛与卤素生成易挥发的高价钛卤化物。另外，也可生成二价和三价的钛卤化物。它们在钛冶金中具有重要意义。

$TiCl_4$ 分子结构呈正四面体型，钛原子位于正四面体中心，四个顶角点为氯原子。Ti—Cl 间距为 0.219nm，Cl—Cl 间距为 0.358nm。$TiCl_4$ 呈单分子存在，属非极性分子（偶极距为零），分子间相互作用较弱，这正是 $TiCl_4$ 沸点低，蒸发潜热不很大的原因。$TiCl_4$ 不离解为 Ti^{4+} 离子，在含有 Cl^- 离子的溶液中可形成 $[TiCl_6]^{2-}$ 络阴离子。$TiCl_4$ 固体是白色晶体，属于单斜晶系。

常温下纯 $TiCl_4$ 是无色透明、密度较大的液体，在空气中易挥发冒白烟，有强烈的刺激性气味。熔点 -23.2℃，沸点 135.9℃。

$TiCl_4$ 对热很稳定，在 136℃ 沸腾而不分解。在 2500K 下只部分分解，在 5000K 高温下才能完全分解为钛和氯。

$TiCl_4$ 与某些氯化物能无限互溶生成连续溶液，如 TiCl-$SiCl_4$、$TiCl_4$-$VOCl_3$ 等，这在工业生产中给 $TiCl_4$ 的精制提纯带来一定困难。

$TiCl_4$ 遇水发生激烈反应生成偏钛酸沉淀并放出大量反应热：

$$TiCl_4+3H_2O = H_2TiO_3+4HCl$$

在 300~400℃ 温度下，$TiCl_4$ 蒸气与水蒸气发生水解作用生成 TiO_2：

$$TiCl_4(g)+2H_2O(g) = TiO_2+4HCl$$

问题讨论：

有人曾对 $TiCl_4(g)$ 水蒸气水解制钛白进行过研究，但终究未形成工业化，你认为是什么原因？

$TiCl_4$ 与 O_2（或空气中的 O_2）在高温下反应生成 TiO_2：

$$TiCl_4+O_2 = TiO_2+2Cl_2$$

这个反应是工业上氯化法制钛白的基础。

$TiCl_4$ 在高温下可被 H_2 还原。H_2 浓度越大，温度越高，则还原能力越强：

$$2TiCl_4+H_2 \xlongequal{500\sim800℃} 2TiCl_3+2HCl$$

$$TiCl_4+H_2 \xlongequal{650\sim850℃} TiCl_2+2HCl$$

将温度提高到 1000℃ 以上，并有大量过剩 H_2 条件下，可被还原成金属钛：

$$TiCl_4+2H_2 \xlongequal{>1000℃} Ti+4HCl$$

但此反应并不用于工业上制钛，因为高温下 HCl 对设备腐蚀严重，H_2 耗量大并有燃爆危险，所得钛也含有大量氢杂质。

$TiCl_4$ 可被一些活泼金属（如 Na、K、Mg、Ca、Al 等）还原生成海绵钛，这是工业上用金属热还原法生产海绵钛的基础：

$$TiCl_4(g) + 4Na(l) \xlongequal{130 \sim 150℃} Ti + 4NaCl$$

$$TiCl_4 + 2Mg \xlongequal{>750℃} Ti + 2MgCl_2$$

$TiCl_4$ 可剧烈地吸收 NH_3 并放出大量热，随着时间的延长，能不断地饱和并生成 $TiCl_4 \cdot 4NH_3$。

纯 $TiCl_4$ 在常温下对铁几乎不腐蚀，因此可用钢和不锈钢制造储槽、高位槽等容器。但在 200℃以上时则有较大腐蚀性。当温度高于 850～900℃时，发现它们之间有明显的相互作用。

问题讨论：

$TiCl_4$ 是氯化法生产二氧化钛，还原法生产海绵钛的主要原料，要获得较为纯净的 $TiCl_4$，对原料和工艺有些什么要求？

钛（Ⅳ）还能够与许多配合剂形成配合物，如 $[TiF_6]^{2-}$、$[TiCl_6]^{2-}$、$[TiO(H_2O_2)]^{2+}$ 等，其中与 H_2O_2 的配合物较重要。利用这个反应可进行钛的比色分析，加入氨水则生成黄色的过氧钛酸 H_4TiO_6 沉淀，这是定性检出钛的灵敏方法。

课题 9.3　钒副族

钒副族包括钒、铌、钽三个元素，它们的价电子层结构为 $(n-1)d^3ns^2$，5 个价电子都可以参加成键，因此最高氧化态为+5，相当于 d^0 的结构，为钒族元素最稳定的一种氧化态。按 V、Nb、Ta 顺序稳定性依次增强，而低氧化态的稳定性依次减弱。铌钽由于半径相近，性质非常相似。本章重点介绍钒。

1. 金属钒

（1）物理性质

钒是一种单晶金属，呈银灰色，具有体心立方晶格，曾发现在 1550℃以及-28～-38℃时有多晶转变。钒的力学性质与其纯度及生产方法密切相关。O、H、N、C 等杂质会使其性质变脆，少量则可提高其硬度及剪切力，但会降低其延展性。钒的主要物理性质见表 9.4，钒的力学性质见表 9.5。

表 9.4　金属钒的物理性质

性　质	数值	性　质	数值
原子序数	23	热导率（100℃）/$J \cdot cm^{-1} \cdot s^{-1} \cdot K^{-1}$	0.31
相对原子质量	50.9415	外观	浅灰
晶格结构	体心立方	外电子层	$3d^34s^2$
晶格常数 a/nm	0.3024	焓（298K）/$kJ \cdot mol^{-1}$	5.27
密度/$kg \cdot m^{-3}$	6110	熵（298K）/$J \cdot mol^{-1} \cdot K^{-1}$	29.5

续表 9.4

性　质	数值	性　质	数值
熔点/℃	1890~1929	热容 c_p(298K 液态) $/kJ \cdot mol^{-1} \cdot K^{-1}$	24.35~25.59 47.43~47.51
沸点/℃	3350~3409		
熔化热$/kJ \cdot mol^{-1}$	16.0~21.5		
蒸气压/Pa	1.3×10^{-6}(1200℃) 1.3(2067℃)	热容 c_p①(298~990K) $/kJ \cdot mol^{-1} \cdot K^{-1}$	$a=24.134$ $b=6.196\times10^{-3}$ $c=-7.305\times10^{-7}$ $d=-1.3892\times10^{5}$
	3.73(2190K)		
	207.6(2600K)		
蒸发热$/kJ \cdot mol^{-1}$	444~502	热容 c_p②(900~2200K) $/kJ \cdot mol^{-1} \cdot K^{-1}$	$a=25.9$ $b=-1.25\times10^{-4}$ $c=4.08\times10^{-6}$
线膨胀系数（20~200℃）$/K^{-1}$	$(7.88\sim9.7)\times10^{-6}$		
比电阻（20℃）$/\mu\Omega \cdot cm$	24.8	温度系数（100℃）$/cm \cdot K^{-1}$	0.0034

①$c_p=a+bT+cT^2+dT^{-2}$；

②$c_p=a+bT+cT^2$，式中，T 为温度，K。

表 9.5　金属钒的力学性质

性　质	工 业 纯 品		高纯品
抗拉强度 σ_b/MPa	245~450	210~250	180
延展性/%	10~15	40~60	40
维氏硬度 HV/MPa	80~150	60	60~70
弹性模量/GPa	137~147	120~130	
泊松比	0.35	0.36	
屈服强度/MPa	125~180		

（2）钒的化学性质

由图 9.2 可见，钒在周期表中位于第四周期、VB 族，属于过渡金属元素中的高熔点元素，包括 Ti、Zr、Hf、V、Nb、Ta、Cr、Mo、W、Re 等 10 个元素。它们的特点是：具有很高的熔点，例如钨的熔点是 3180℃，钼的熔点是 2610℃，它们主要用作合金的添加剂，有些也可以单独使用，其中某些金属在高温下具有抗氧化性、高硬度、高耐磨性。但这些金属的力学性质与其纯度和制备方法密切相关，少量的晶间杂质，会使其硬度和强度明显提高，但却使其延展性下降。在原子结构方面，这些元素的外电子层具有相同的电子数，一般有两个电子（少数是一个电子），而在次外电子层的电子数目则依次递增，其化学性质介于典型金属与弱典型金属之间，处于过渡状态，具有彼此相互接近的性质，有其共同的特点。

1）这些元素外电子层的电子比较稳定，但较易失去次外电子层的电子，而形成不同价态的离子，例如钒可以形成−1、+2、+3、+4、+5 的价态，而 Ti 则可以形成+2、+3、+4的价态。图 9.3 所示为钒原子核的结构。

	IA	IIA	IIIB	IVB	VB	VIB	VIIB		VIII		IB	IIB	IIIA	IVA	VA	VIA	VIIA	0
	H																	He
2	Li	Be											B	C	N	O	F	Ne
3	Na	Mg											Al	Si	P	S	Cl	Ar
4	K	Ca	Sc	Ti	V	Cr	Mn	Fe	Co	Ni	Cu	Zn	Ga	Ge	As	Se	Br	Kr
5	Rb	Sr	Y	Zr	Nb	Mo	Tc	Ru	Rh	Pd	Ag	Cd	In	Sn	Sb	Te	I	Xe
6	Cs	Ba	La*	Hf	Ta	W	Re	Os	Ir	Pt	Au	Hg	Tl	Pb	Bi	Po	At	Rn
7	Fr	Ra	Ac**															

图9.2　高熔点元素在周期表中的位置

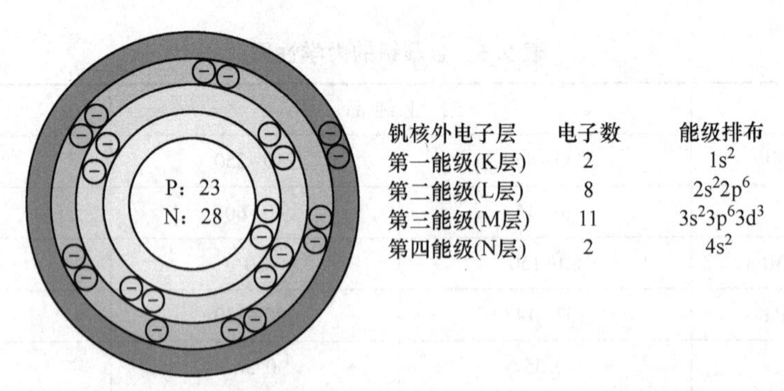

图9.3　钒原子核的结构（质子数P=23，中子数N=28）

2）这些元素按其顺序，次外电子层的电子数目依次增加，由于电子的静电引力作用，原子的半径也渐趋缩小。

3）这些元素的水溶液，由于电子的转移作用形成的光谱，其离子呈现颜色，只有少数例外。

4）这些元素会形成硼化物、碳化物、氮化物、氢化物，它们多数都具有金属性质，只有少数例外。

钒在空气中250℃以下是稳定的，呈浅银灰色，有良好的可塑性和可锻性。长期保存表面会呈现蓝灰、黑橙色，超过300℃会有明显的氧化。超过500℃，钒吸附氢于晶格间隙，使其变得易脆，易成粉末。真空下600~700℃加热，氢可逸出。低温下存在氢化物VH。钒在400℃开始吸收氮气，800℃以上钒与氮反应生成氮化钒，在高真空、1700~2000℃下，发生氮化钒的分解，但是氮不可能完全从金属中释出。钒对碳有较高亲和力，800~1000℃下可形成碳化物。

钒对稀硫酸、稀盐酸、稀磷酸保持相对稳定。但在硝酸、氟氢酸中溶解。金属钒对自来水抗蚀性良好，对海水抗蚀性中等，但未出现点腐蚀。钒能抗10%NaOH溶液腐蚀，但不能抗热 KOH 溶液的腐蚀。钒及其合金对低熔点金属或合金的熔融体有良好的抗蚀性，特别是碱金属（它们在核反应堆中用作冷却剂或热交换介质）。表 9.6 所示为钒的抗腐蚀性能。

表 9.6　钒对某些介质的抗腐蚀性能

溶液	腐蚀速度/$mg\cdot cm^{-2}\cdot h^{-1}$	腐蚀速度/$nm\cdot h^{-1}$	材料
10%H_2SO_4(沸)	0.055	20.5(70℃)	钒板
30%H_2SO_4(沸)	0.251		
10%HCl(沸)	0.318	25.4(70℃)	钒板
17%HCl(沸)	1.974		
溶液	腐蚀速度（35℃）/$\mu m\cdot a^{-1}$	腐蚀速度（60℃）/$\mu m\cdot a^{-1}$	材料
4.8%H_2SO_4	15.2	53.3	
3.6%HCl	15.2	48.3	
20.2%HCl	132	899	
3.1%HNO_3	25.4	1100	
11.8%HNO_3	68.6	88390	
10%H_3PO_4	10.2	45.7	
85%H_3PO_4	25.4	160	
溶液	腐蚀速度/$mg\cdot cm^{-2}\cdot 月^{-1}$		材料
液体 Na(500℃)	0.2		

从广义上来说，钒的化合物可以包括化学化合物、晶间化合物、金属间物、取代基合金等。这种区分主要是基于化学键的性质和晶体结构。通常，化学化合物指的是一类化合价态比较明确的化合物，对钒而言，就是价态为+2～+5 的化合物。钒的价态或氧化态决定该化合物的性质，即使其物理性质也与它的价态密切相关。例如+5 价钒是抗磁性的，形成的化合物常为无色或淡黄色；而低价钒则为顺磁性的，有颜色，存钒原子的第三能级（M 电子层）中，有一个或多个电子处于游离状态，这些未配合的电子，在游离过程中产生的光谱，即呈现为不同的颜色。

问题讨论：

根据钒的性质，请推测钒可能有的用途。

许多具有实际应用的钒化合物，是一类晶隙间化合物，如钒的碳化物、氮化物、硅化物等，这类含钒的化合物，作为添加剂在合金中可以起到细化晶粒的作用，以获取优异的性质。但它们并无确切的价态，而不是真正意义上的化合物。本章侧重介绍的是有确切价态的化合物。

2. 钒氧化物

常见的钒氧化物为+2、+3、+4、+5 价的氧化物：VO、V_2O_3、VO_2、V_2O_5，钒的氧化物从低价（二价）到高价（五价），系强还原剂到强氧化剂，其水溶液由强碱性逐渐变成弱酸性。

低价氧化钒不溶于水，但遇强酸会形成强酸盐如 VCl_2、VSO_4；如遇强碱则形成

$V(OH)_2$，$V(OH)_2$ 水解会放出 H_2。低价氧化钒在空气中易被氧化成高价氧化钒，反之，五价氧化钒则可借还原性气体还原成四、三、二价的氧化钒。它们的物理与化学性质以及热力学性质等，见表 9.7。

表 9.7　钒氧化物的性质

性　质	VO	V_2O_3	VO_2	V_2O_4	V_2O_5
晶系	面心立方	菱形	单斜	α	斜方
颜色	浅灰	黑	深蓝		橙黄
密度/$kg \cdot m^{-3}$	5550~5760	4870~4990	4330~4339		3352~3360
熔点/℃	1790	1970~2070	1545~1967		650~690
分解温度/℃					1690~1750
生成热 $\Delta H^{\ominus}_{298}$/$kJ \cdot mol^{-1}$	-432	-1219.6	-718	-1428	-1551
绝对熵 $S^{\ominus}_{298}$/$J \cdot mol^{-1} \cdot K^{-1}$	38.91	98.8	62.62	102.6	131
自由能 $\Delta G^{\ominus}_{298}$/$kJ \cdot mol^{-1}$	-404.4	-1140.0	-659.4	-1319	-1420
水溶性	无	无	微		微
酸溶性	溶	HF、HNO_3	溶		溶
碱溶性	无	无	溶		溶
氧化还原性	还原	还原	两性		氧化
酸碱性	碱	碱	碱		两性

（1）五氧化二钒

V_2O_5 是钒氧化物中最重要的，也是最常用的钒化工制品。工业上首先是制取 NH_4VO_3，然后加热至 500℃，即可制得 V_2O_5。其反应如下：

$$2NH_4VO_3 \longrightarrow 2NH_3 + H_2O + V_2O_5$$

另一种方法是用 $VOCl_3$ 水解，反应如下：

$$2VOCl_3 + 3H_2O = V_2O_5 + 6HCl$$

V_2O_5 是原子缺失型半导体，其中的缺失型是 V^{4+} 离子，在 700~1125℃，V_2O_5 存在下列可逆反应：

$$V_2O_5 = V_2O_{5-x} + (x/2)O_2$$

式中，x 随温度的升高而增大，这一性质使其呈现为催化性质。V_2O_5 微溶于水，溶解度为 0.01~0.08$g \cdot L^{-1}$，其大小取决于前期生成的历史。如果是自水溶液中沉淀生成的，则其溶解度会大些。

V_2O_5 是两性化合物，但其碱性弱，酸性强，易溶于碱性构成钒酸盐，强酸也能溶解 V_2O_5。在酸、碱溶液中，生成物的形态取决于溶液的钒浓度和 pH 值，当溶液处于强碱性，pH>13 时，则会以单倍体 VO_4^{3-} 存在；若处于强酸性溶液中（pH<3），而且钒浓度较低（<$10^{-4}mol \cdot L^{-1}$）时，则主要以 VO_2^+ 存在，如果钒的浓度较高（>$50\times10^{-3}mol \cdot L^{-1}$），则析出固相 V_2O_5；如果处在中间 pH 值的状态，则会以下列配合物存在：VO_3^-、HVO_4^{2-}、$V_3O_9^{3-}$、$V_4O_{12}^{4-}$、$V_{10}O_{28}^{6-}$、$V_2O_7^{4-}$；当 pH=1.8 时，V_2O_5 的溶解度最小，约为 2.2$mmol \cdot L^{-1}$。为此，在酸性条件下沉钒时，多选择在 pH 值为 1.8 左右，如图 9.4 所示。

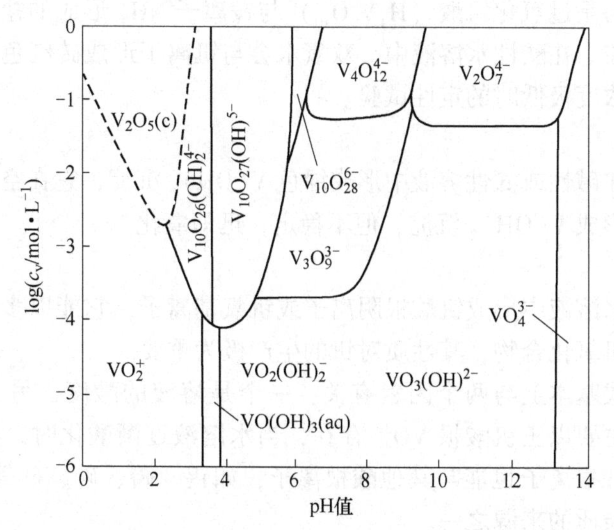

图9.4 水溶液中五价钒离子的形态与钒浓度及pH值的关系

（2）二氧化钒与四氧化二钒

VO_2 或 V_2O_4 的制备方法：V_2O_5 在600℃于回转窑中，在硫、碳或含碳物如糖、草酸等气氛下，缓慢还原可得。四价钒在空气中被缓慢氧化，加热则快速被氧化；四价钒的氧化物也是两性物质，在热酸中溶解形成稳定的 VO^{2+}，例如与硫酸形成 $VOSO_4$；在碱性溶液中则形成次钒酸盐 $HV_2O_5^-$，而次钒酸 $H_2V_4O_9$ 或 $H_2O \cdot 4VO_2$，是一种异聚酸，它是 $M(\text{II})V_4O_9 \cdot 7H_2O$ 的配合物。

（3）三氧化二钒

V_2O_3 的制备方法：可用 H_2、C等还原剂，还原 V_2O_5 制得。例如，将 H_2 气加入少许水蒸气（每1L H_2 加水蒸气48~130mg），在600~650℃下通过 V_2O_5，其反应如下：

$$V_2O_5+2H_2 = V_2O_3+2H_2O$$

通常，V_2O_5 含有VN杂质，加入水蒸气是为了脱出杂质中的 N_2，其反应如下：

$$2VN+3H_2O = V_2O_3+3H_2+N_2$$

V_2O_3 的熔点高，在空气中不易氧化，但 Cl_2 可使其迅速氧化，形成 $VOCl_3$，其反应如下：

$$3V_2O_3+6Cl_2 = V_2O_5+4VOCl_3$$

三价钒化合物不溶于水，能缓慢溶解于酸，形成 V^{3+}；三价钒化合物是良好的催化剂，用于加氢反应，而且它不会受有机硫化物的毒害。

（4）一氧化钒

VO可在1700℃下用 H_2 气还原 V_2O_5 制得，也可以在真空下用 V_2O_3 加金属V制得。在钒的氧化物中，随氧含量的降低，其中的金属—金属键增加，从钒氧系相图可以看出，一氧化钒是非化学计量化合物，而具有广泛的非均一性范围，它具有NaCl缺陷性结构。

（5）钒的过氧化物

偏钒酸盐的非酸性水溶液，加入双氧水会生成过氧化钒酸盐，例如偏钒酸铵会生成过氧化钒酸铵，可认为是过氧化钒酸（$H_4V_2O_{10}$）与铵离子 NH_4^+ 形成的盐，但是过氧化钒酸不会在水中游离存在。在酸性水溶液中，双氧水会与钒离子形成砖红色配合物，这是个敏感反应，可用于钒浓度极低时的定性试验。

3. 氢氧化钒

三价的钒可以在碱性或氨性溶液中形成绿色 $V(OH)_3$ 沉淀，它在空气中易氧化；二价的钒盐，加碱也会形成 $V(OH)_2$ 沉淀，但不稳定，迅即氧化。

4. 钒酸

钒的含氧酸在水溶液中形成钒酸根阴离子或钒氧基离子，它能以多种聚集态存在，使之形成各种组成的钒氧化合物，其性质对钒的生产极为重要。

钒酸的存在形式基本上与两个因素有关：一个是溶液的酸度，另一个是钒酸盐的浓度。在高碱度下，主要以正钒酸根 VO_4^{3-} 存在，当水溶液逐渐酸化时，其钒酸根会发生一系列水解作用。钒酸根离子也能与其他酸根离子，如钨、磷、砷、硅等的酸根生成复盐，这也就构成钒酸盐杂质的来源之一。

5. 五价钒酸盐

钒酸盐中含有五价钒的有偏钒酸盐、正钒酸盐、焦钒酸盐以及多钒酸盐。偏钒酸盐是最稳定的，其次是焦钒酸盐，而正钒酸盐是比较少的，即使在温度较低的情况下，也会迅速水解，转化为焦钒酸盐。以钒酸钠为例，其反应如下：

$$2Na_3VO_4+H_2O = Na_4V_2O_7+2NaOH$$

而在沸腾的溶液中，焦钒酸盐又会转化为偏钒酸盐，其反应如下：

$$Na_4V_2O_7+H_2O = 2NaVO_3+2NaOH$$

但是焦钒酸铵是不存在的，当把氯化铵加入到焦钒酸钠溶液中时，得到的则是偏钒酸铵沉淀，其反应如下：

$$4NH_4Cl+Na_4V_2O_7 = 2NH_4VO_3+4NaCl+2NH_3+H_2O$$

偏钒酸盐：碱金属的氢氧化物与 V_2O_5 作用，则可得到碱金属的偏钒酸盐；其他金属的可溶性盐与碱金属钒酸盐的中性溶液作用，即可按复分解反应而制得该金属的钒酸盐。偏钒酸盐溶液加入氯化铵，即可制得偏钒酸铵，其反应如下：

$$NH_4Cl+NaVO_3 = NH_4VO_3+NaCl$$

偏钒酸铵是最普通的钒酸盐，为白色结晶，若不纯则略呈黄色，微溶于水和乙醇，在空气中灼烧，最终分解产物为 V_2O_5，其反应如下：

$$2NH_4VO_3 = V_2O_5+2NH_3+H_2O$$

问题讨论：

请根据上述知识，设计从石煤中提取钒生产 V_2O_5 的方法及关键环节，并写出相关的反应方程式。

此外，还有 $V_3O_9^{3-}$ 和 $V_4O_{12}^{4-}$，是偏钒酸根的三、四聚体，再有就是十钒酸根 $V_{10}O_{28}^{6-}$，实为正钒酸根的十聚体。大多数金属离子都能与这些钒酸根结合，包括碱土金属、重金属、贱金属、贵金属等，如：Bi、Ca、Cd、Cr、Co、Cu、Fe、Mg、Mn、Mo、Ni、Ag、Sn、Zn，此类盐在水中的溶解度都比较低，均可用水溶液沉淀法制取（也可用金属氧化物与钒氧化物在高温下熔融制取）。

某些金属的五价钒酸盐的性质，见表9.8。

表 9.8　五价钒酸盐的物理及化学性质

化合物	分子式	状态	熔点/℃	水溶性	$\Delta_f H_m^{\ominus}$/kJ·mol^{-1}	$S^{\ominus}$/J·mol^{-1}·K^{-1}	$\Delta_f G_m^{\ominus}$/kJ·mol^{-1}
偏钒酸	HVO_3	黄色垢状/固		溶于酸碱			
偏钒酸铵	NH_4VO_3	淡黄色/固①	200（分解）	微溶于水	-1051	140.7	-886
偏钒酸钠	$NaVO_3$	无色/固/单斜晶体	630	溶于水	-1145	113.8	-1064
		水溶液②			-1129	108.9	-1046
偏钒酸钾	KVO_3	固		溶于热水			
正钒酸钠	Na_3VO_4	无色/固/六方晶系	850~856	溶于水	-1756	190.1	-1637
		水溶液②			-1685		
	NaH_2VO_4	水溶液②			-1407	180.0	-1284
焦钒酸钠	$Na_4V_2O_7$	无色/固/六方晶系	632~654	溶于水	-2917	318.6	-2720
偏钒酸钙	CaV_2O_6	固	778		-2330	179.2	-2170
焦钒酸钙	$Ca_2V_2O_7$	固	1015		-3083	220.6	-2893
正钒酸钙	$Ca_3V_2O_8$	固	1380		-3778	275.1	-3561
偏钒酸铁	FeV_2O_6				-1899		-1750
焦钒酸铅	$Pb_2V_2O_7$	固	722		-2133		-1946
正钒酸铅	$Pb_3V_2O_8$	固	960		-2375		-2161
偏钒酸镁	MgV_2O_6	固			-2201	160.8	-2039
焦钒酸镁	$Mg_2V_2O_7$	固	710		-2836	200.5	-2645
偏钒酸锰	MnV_2O_6				-2000		-1849

①密度为 2326kg/m^3；②浓度小于 1mol/L。

自学成果评价

一、是非题（对的在括号内填“√”，错的填“×”）

1. $TiCl_4$ 是离子化合物吗？　（　）
2. 钛、钒、铌被认为是稀有金属，是因为其在地壳中的丰度很低。　（　）

二、简答题

1. 金属钛有哪些优良的性质和用途？
2. 钛的重要矿物有哪些？
3. 金属钒有哪些性质和用途？
4. 自然界的 TiO_2 有哪三种晶型？
5. TiO_2 有哪些重要性质和用途？写出 TiO_2 与浓硫酸和浓氢氧化钠的反应方程式，并写出其产物的水解反应方程式。
6. 钛族、钒族和铬族元素分别包含哪些元素？
7. $TiCl_4$ 的主要性质有哪些？试写出高温下用 TiO_2、Cl_2、焦炭制取 $TiCl_4$ 的反应方程式。

学 能 展 示

1. 能运用化学基本原理，判断反应产物

酸性溶液中钒的标准电极电势如下：Fe^{3+}/Fe^{2+}的标准电极电势0.771，判断如若用VO_2^+与Fe^{2+}在酸性条件下反应，钒的还原产物是什么？下列钒的氧化态，是否可发生歧化反应？

$$VO_2^+ \underline{\ 1.000\ } VO^{2+} \underline{\ 0.337\ } V^{3+} \underline{\ -0.255\ } V^{2+} \underline{\ -1.13\ } V$$

2. 能运用化学知识解释实际工程问题

TiO_2 为何可用于制造高档白色油漆？

3. 能运用化学知识初步解决实际工程问题

V_2O_5 有哪些主要性质？请描述以钒渣为原料制取 V_2O_5 的工艺流程。

课题9.4　铬副族

1. 铬副族的基本性质

周期表第ⅥB族包括铬、钼、钨3个元素。铬和钼的价电子层结构为（n-1）d^5ns^1，钨为（n-1）d^4ns^2。它们的最高氧化态为+6，都具有d区元素多种氧化态的特征。它们的最高氧化态按Cr、Mo、W的顺序稳定性增强，活泼性降低，而低氧化态的稳定性则相反。铬主要存在于铬铁矿$FeCr_2O_4$($FeO \cdot Cr_2O_3$）中，钼在自然界中主要以辉钼矿MoS_2形式存在，钨主要以黑钨矿（钨锰铁矿）(Fe^{2+}、Mn^{2+})WO_4和白钨矿$CaWO_4$的形式存在。

2. 单质铬

（1）物理性质

铬（Cr），银白色金属，质极硬，耐腐蚀。密度7.20g/cm^3，熔点1857±20℃，沸点2672℃。铬在地壳中的含量为0.01%，居第17位。自然界不存在游离状态的铬，主要存在于铬铅矿中。在元素周期表中属ⅥB族，属于体心立方晶体，常见化合价为+2、+3和+6。氧化数为6、5、4、3、2、1、-1、-2、-4，是硬度最大的金属，能刻划玻璃。

（2）化学性质

铬是重要的合金元素。铬以金属铬和铬铁形式加入钢与合金中。铬具有很高的耐腐蚀性，在空气中，即便是在赤热的状态下，氧化也很慢。不溶于水，可溶于强碱溶液，镀在金属上可起保护作用。

铬比较活泼，去掉保护膜的铬可缓慢溶于稀盐酸和稀硫酸中，起初生成蓝色Cr^{2+}溶液，而后被空气氧化成绿色的Cr^{3+}溶液：

$$Cr+2HCl = CrCl_2+H_2\uparrow$$

$$4CrCl_2+4HCl+O_2 = 4CrCl_3+2H_2O$$

铬还可与热浓硫酸作用：

$$2Cr + 6H_2SO_4(热，浓) = Cr_2(SO_4)_3 + 3SO_2\uparrow + 6H_2O$$

铬不溶于浓硝酸，在冷、浓HNO_3中钝化。

3. 铬（Ⅲ）的化合物

（1）三氧化二铬及其水合物

高温下，通过以下三种方法，都可生成绿色三氧化二铬（Cr_2O_3）固体：

$$4Cr+3O_2 = 2Cr_2O_3$$

$$(NH_4)_2Cr_2O_7 = Cr_2O_3+N_2\uparrow+4H_2O$$

$$4CrO_3 = 2Cr_2O_3+3O_2\uparrow$$

（2）氢氧化铬

氢氧化铬是灰绿色胶状水合氧化铬（$Cr_2O_3 \cdot xH_2O$）沉淀，向 Cr^{3+} 溶液中逐滴加入 $2mol \cdot dm^{-3}$ NaOH，则生成灰绿色 $Cr(OH)_3$ 沉淀。氢氧化铬难溶于水，具有两性，易溶于酸，得到蓝紫色的 $[Cr(H_2O)_6]^{3+}$；溶于碱，得到亮绿色的 $[Cr(OH)_4]^-$。

$$Cr(OH)_3 + 3H^+ \xlongequal{} Cr^{3+} + 3H_2O(\text{蓝紫色})$$

$$Cr(OH)_3 + OH^- \xlongequal{} Cr(OH)_4^-(\text{亮绿色})$$

在碱性溶液中，$[Cr(OH)_4]^-$ 有较强的还原性。例如：

$$2[Cr(OH)_4]^-(\text{绿色}) + 3H_2O_2 + 2OH^- \xlongequal{} CrO_4^{2-}(\text{黄色}) + 8H_2O$$

（3）铬（Ⅲ）的盐

$CrCl_3 \cdot 6H_2O$（紫色或绿色），$Cr_2(SO_4)_3 \cdot 18H_2O$（紫色），铬钾矾（简称 $KCr(SO_4)_2 \cdot 12H_2O$（蓝紫色）），它们都易溶于水。

（4）铬（Ⅲ）的配合物

Cr^{3+} 电子构型为 $3d^3$，有 6 个空轨道。Cr^{3+} 具有较高的有效核电荷，半径小，有较强的正电场，决定了 Cr^{3+} 容易形成 d^2sp^3 型配合物。

Cr^{3+} 因配体不同而呈现不同颜色：

$$[Cr(H_2O)_6]^{3+}(\text{蓝紫}) \xrightarrow{Cl^-} [CrCl(H_2O)_5]^{2+}(\text{浅绿})$$

$$\downarrow \text{加 } NH_3 \qquad\qquad \downarrow \text{加 } NH_3$$

$$[Cr(NH_3)_3(H_2O)_3]^{3+}(\text{浅红}) \xrightarrow{NH_3} [Cr(NH_3)_6]^{3+}(\text{黄色})$$

Cr^{3+} 也会因构型不同而显不同颜色。

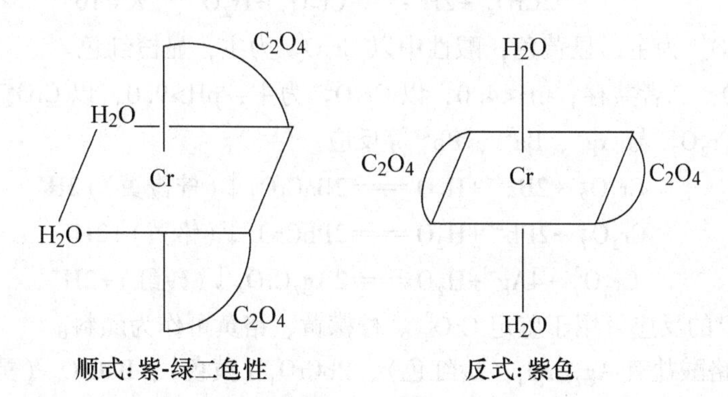

顺式：紫-绿二色性　　　　反式：紫色

Cr(Ⅲ）还能形成许多桥联多核配合物，以 OH^-、O^{2-}、SO_4^{2-}、CH_3COO^-、$HCOO^-$ 等为桥，把两个或两个以上的 Cr^{3+} 连起来。如：

$$2[Cr(H_2O)_5OH]^{2+} \rightleftharpoons [(H_2O)_4Cr\langle{}^{\text{H}}_{\text{O}}\rangle\!\langle{}_{\text{O}}^{\text{H}}\rangle Cr(H_2O)_4]^{4+} + 2H_2O$$

4. 铬（Ⅵ）的化合物

Cr(Ⅵ）离子比 Cr(Ⅲ）具有更高的正电荷和更小的离子半径。因此，无论溶液还是晶体中，都不存在 Cr^{6+} 离子，Cr(Ⅵ）的化合物均呈现特征颜色，铬的毒性与其存在的价态有关，六价铬比三价铬毒性高100倍，易被人体吸收且在体内蓄积，是重要的环境水测试指标。铬的污染源有含铬矿石的加工、金属表面处理、皮革鞣制、印染等排放的污水。

（1）三氧化铬

三氧化铬 CrO_3，俗称“铬酐”，暗红色晶体，是 H_2CrO_4 的酸酐，是铬酸洗液（5g $K_2Cr_2O_7$+100mL 浓 H_2SO_4）析出的暗红色晶体：

$$K_2Cr_2O_7+H_2SO_4(浓) = 2CrO_3\downarrow+K_2SO_4+H_2O$$

三氧化铬是很强的氧化剂，遇有机物剧烈反应，甚至着火、爆炸。CrO_3 易潮解，溶于水主要生成铬酸，溶于碱生成铬酸盐：

$$CrO_3+H_2O = H_2CrO_4(黄色)$$

$$CrO_3+2NaOH = Na_2CrO_4(黄色)+H_2O$$

CrO_3 有毒，对热不稳定，加热到197℃时分解放氧：

$$4CrO_3 = 2Cr_2O_3+3O_2\uparrow(加热)$$

在分解过程中，可形成中间产物二氧化铬（CrO_2，黑色）。CrO_2 有磁性，可用于制造高级录音带。

（2）铬酸盐与重铬酸盐

K_2CrO_4 是黄色晶体，$K_2Cr_2O_7$ 是橙红色晶体（红矾钾）。$K_2Cr_2O_7$ 不易潮解，不含结晶水，化学分析中的基准物。

1）铬酸盐与重铬酸盐的互转化

向铬酸盐溶液中加入酸，溶液由黄色变为橙红色；向重铬酸盐溶液中加入碱，溶液由橙红色变为黄色。二者存在如下平衡关系：

$$2CrO_4^{2-}+2H^+ \rightleftharpoons Cr_2O_7^{2-}+H_2O \qquad K=10^{14}$$

碱性中以 CrO_4^{2-} 为主，显黄色；酸性中以 $Cr_2O_7^{2-}$ 为主，显橙红色。

$4.0<pH<9.0$，二者共存；$pH<4.0$，以 $Cr_2O_7^{2-}$ 为主；$pH>9.0$，以 CrO_4^{2-} 为主。

2）CrO_4^{2-}、$Cr_2O_7^{2-}$ 与 Ag^+、Ba^{2+}、Pb^{2+} 等反应

$$Cr_2O_7^{2-}+2Ba^{2+}+H_2O = 2BaCrO_4\downarrow(柠檬黄)+2H^+$$

$$Cr_2O_7^{2-}+2Pb^{2+}+H_2O = 2PbCrO_4\downarrow(铬黄)+2H^+$$

$$Cr_2O_7^{2-}+4Ag^++H_2O = 2Ag_2CrO_4\downarrow(砖红)+2H^+$$

$Cr_2O_7^{2-}+2Pb^{2+}$ 的反应可用于鉴定 CrO_4^{2-}。柠檬黄、铬黄可作为颜料。

常见的难溶铬酸盐有 Ag_2CrO_4（砖红色）、$PbCrO_4$（黄色）、$BaCrO_4$（黄色）和 $SrCrO_4$（黄色）等，它们均溶于强酸，生成 M^{2+} 和 $Cr_2O_7^{2-}$。

问题讨论：

为什么不论是酸性还是碱性介质，溶液中加入 Ag^+、Pb^{2+}、Ba^{2+} 等重金属离子得到的都是铬酸盐沉淀而不是重铬酸盐沉淀？

3）重铬酸盐在酸性溶液中的强氧化性

$K_2Cr_2O_7$ 是常用的强氧化剂（$\varphi^{\ominus}_{Cr_2O_7^{2-}/Cr^{3+}}=1.33V$），在酸性溶液中能氧化许多具有还原性的物质。

$$Cr_2O_7^{2-}+H_2S+8H^+ = 2Cr^{3+}+3S\downarrow+7H_2O$$

$$Cr_2O_7^{2-}+3SO_3^{2-}+8H^+ = 2Cr^{3+}+3SO_4^{2-}+4H_2O$$

$$Cr_2O_7^{2-}+6I^-+14H^+ = 2Cr^{3+}+3I_2+7H_2O$$

$$Cr_2O_7^{2-}+6Fe^{2+}+14H^+ = 2Cr^{3+}+6Fe^{3+}+7H_2O$$

4）$Cr_2O_7^{2-}$ 的特征反应

①鉴别 H_2O_2 或 Cr^{3+} 的特征反应：$Cr_2O_7^{2-}+4H_2O_2+2H^+ = 2CrO_5$（美丽蓝色）$+5H_2O$；

②$K_2Cr_2O_7$ 试纸，可监测司机是否酒后开车；

$$2Cr_2O_7^{2-}(\text{橙黄色}) + 3CH_3CH_2OH + 16H^+ = 4Cr^{3+}(\text{绿色}) + 3CH_3COOH + 11H_2O$$

③CrO_4^{2-} 的检验：Ba^{2+}/Pb^{2+}/酸性条件下加入 H_2O_2 乙醚。

（3）氯化铬酰 CrO_2Cl_2

CrO_2^{2+}：铬氧基，铬酰基，CrO_2Cl_2 是深红色液体，像溴，易挥发。$K_2Cr_2O_7$ 和 KCl 粉末相混合，滴加浓 H_2SO_4，加热，则有 CrO_2Cl_2 挥发出来：

$$K_2Cr_2O_7+4KCl+3H_2SO_4 = 2CrO_2Cl_2\uparrow+3K_2SO_4+3H_2O$$

钢铁分析中，铬干扰测定时可用此方法除去。

$$CrO_3+2HCl = CrO_2Cl_2+H_2O$$

CrO_2Cl_2 易水解：

$$2CrO_2Cl_2+3H_2O = 2H_2Cr_2O_7+4HCl$$

5. 钼和钨及其重要化合物（略）

（1）钼和钨的单质

钼、钨都是高熔点、沸点的重金属，可用于制作特殊钢，能溶于硝酸和氢氟酸的溶液中。钨是所有金属中熔点最高的，故被用作灯丝。

（2）氧化物

MoO_3 为白色固体，受热时变为黄色，熔点为 795℃。WO_3 为柠檬黄色固体，受热时变为橙黄，冷却后又都恢复原来的颜色。MoO_3、WO_3 和 CrO_3 不同，它们不溶于水，仅能溶于氨水和强碱溶液，生成相应的含氧酸盐。

$$MoO_3+2NH_3\cdot H_2O = (NH_4)_2MoO_4+H_2O$$

$$WO_3+2NaOH = Na_2WO_4+H_2O$$

（3）含氧酸及其盐

当可溶性钼酸盐或钨酸盐用强酸酸化时，可析出黄色水合钼酸（$H_2MoO_4\cdot H_2O$）和白色水合钨酸（$H_2WO_4\cdot xH_2O$）。钼酸、钨酸与铬酸不同，它们是难溶酸，酸性、氧化性都较弱，钼和钨的含氧酸盐只有铵、钠、钾、铷、锂、镁、银和铊（Ⅰ）的盐溶于水，其余的含氧酸盐都难溶于水。酸性按 $H_2CrO_4>H_2MoO_4>H_2WO_4$ 顺序迅速减弱。氧化性很弱，在酸性溶液中只能用强还原剂才能将它们还原到+3 氧化态。

自学成果评价

一、是非题（对的在括号内填“√”，错的填“×”）

1. 铬是最硬的金属，钨是熔点最高的金属，钨钼都不能溶于三酸，能溶于混酸。（　　）
2. 三氧化铬也称铬酐，毒性强。三氧化二铬无毒。（　　）
3. 重铬酸盐和铬酸盐一样都易溶于水。（　　）
4. 重铬酸盐中加入 Ba^{2+}、Pb^{2+}、Ag^+ 可转变为铬酸盐沉淀。（　　）

二、简答题

铬酸洗液是如何制得的？

学能展示

知识应用

能运用化学基础知识，设计方案解决简单的工程问题。

TiO_2 中混有少量 WO_3，请设计实验方案将两者分开。

第 10 章　过渡元素：锰铁铜锌族 

【本章学习要点】 本章简单介绍锰铁铜锌族的物理、化学性质及用途。

学习目标	1. 能了解锰铁铜锌族主要元素单质及其重要化合物的性质、制备方法； 2. 能通过锰铁铜锌族主要元素单质及其化合物、矿物的主要物理性质和化学性质的学习，了解其在工业中的应用，并能初步运用于解决有关实际问题	
能力要求	1. 初步掌握锰铁铜锌族主要元素单质及其重要化合物知识，并能初步解决某些工程问题； 2. 具有自主学习的意识，逐渐提高终身学习的能力	
重点难点预测	重点	锰铁铜锌元素的单质及其重要化合物的性质
	难点	锰铁铜锌元素的单质及其重要化合物的性质及其在材料中的应用
知识清单	锰副族、铁系元素、ds 区元素	

课题 10.1　锰副族

1. 锰副族的基本性质及用途

ⅦB 族包括锰、锝和铼 3 个元素。其中只有锰及其化合物有很大实用价值。同其他副族元素性质的递变规律一样，从 Mn 到 Re 高氧化态趋向稳定。低氧化态则相反，以 Mn^{2+} 为最稳定。

钢铁工业中锰主要用于钢的脱硫和脱氧；也用作合金的添加料，以提高钢的强度、硬度、弹性极限、耐磨性和耐腐蚀性等；在高合金钢中，锰还用作奥氏体化合元素，用于炼制不锈钢、特殊合金钢、不锈钢焊条等。此外，锰还用于有色金属、化工、医药、食品、分析和科研等方面。

锝在冶金中用作示踪剂，用于低温化学及抗腐蚀产品中，亦用于核燃料燃耗测定。

铼是一种金属元素，高熔点金属之一。根据权威专业书籍《兰氏化学手册》，铼的熔点为 3180℃。其熔点低于金属钨的 3410℃，不是熔点最高的金属。可用来制造电灯丝、人造卫星和火箭的外壳、原子反应堆的防护板等，化学上用作催化剂、高温热电偶等。

2. 锰及其化合物

（1）锰

锰是活泼金属，在空气中表面生成一层氧化物保护膜。锰在水中，因表面生成氢氧化锰沉淀而阻止反应继续进行。锰和强酸反应生成 Mn(Ⅱ) 盐和氢气。但和冷浓 H_2SO_4 反应很慢（钝化）。

（2）锰（Ⅱ）的化合物

在酸性介质中 Mn^{2+} 很稳定。但在碱性介质中 Mn(Ⅱ) 极易氧化成 Mn(Ⅳ) 化合物。

$Mn(OH)_2$ 为白色难溶物，$K_{sp}=4.0\times10^{-14}$，极易被空气氧化，甚至溶于水中的少量氧气也能将其氧化成褐色 $MnO(OH)_2$ 沉淀。

$$2Mn(OH)_2+O_2 = 2MnO(OH)_2\downarrow$$

Mn^{2+} 在酸性介质中只有遇强氧化剂 $(NH_4)_2S_2O_8$、$NaBiO_3$、PbO_2、H_5IO_6 时才被氧化。

$$2Mn^{2+}+5S_2O_8^{2-}+8H_2O = 2MnO_4^-+10SO_4^{2-}+16H^+$$

$$2Mn^{2+}+5NaBiO_3+14H^+ = 2MnO_4^-+5Bi^{3+}+5Na^++7H_2O$$

（3）锰（Ⅳ）的化合物

最重要的 Mn(Ⅳ) 化合物是 MnO_2，二氧化锰在中性介质中很稳定，在碱性介质中倾向于转化成锰（Ⅵ）酸盐；在酸性介质中是一种强氧化剂，倾向于转化成 Mn^{2+}。

$$2MnO_2+2H_2SO_4(浓) = 2MnSO_4+O_2\uparrow+2H_2O$$

$$MnO_2+4HCl(浓) = MnCl_2+Cl_2\uparrow+2H_2O$$

简单的 Mn(Ⅳ) 盐在水溶液中极不稳定，或水解生成水合二氧化锰 $MnO(OH)_2$，或在浓强酸中和水反应生成氧气和 Mn（Ⅱ）。

（4）锰（Ⅵ）的化合物

最重要的 Mn(Ⅵ) 化合物是锰酸钾 K_2MnO_4。在熔融碱中 MnO_2 被空气氧化生成 K_2MnO_4。

$$2MnO_2+O_2+4KOH = 2K_2MnO_4(深绿色)+2H_2O$$

在酸性、中性及弱碱性介质中，K_2MnO_4 发生歧化反应：

$$3K_2MnO_4+2H_2O = 2KMnO_4+MnO_2+4KOH$$

锰酸钾是制备高锰酸钾（$KMnO_4$）的中间体。

$$2MnO_4^{2-}+2H_2O \xlongequal{电解} 2MnO_4^-+2OH^-+H_2\uparrow$$

$KMnO_4$ 是深紫色晶体，强氧化剂，和还原剂反应所得产物因溶液酸度不同而异。例如和 SO_3^{2-} 反应：

酸性：$$2MnO_4^-+5SO_3^{2-}+6H^+ = 2Mn^{2+}+5SO_4^{2-}+3H_2O$$

近中性：$$2MnO_4^-+3SO_3^{2-}+H_2O = 2MnO_2+3SO_4^{2-}+2OH^-$$

碱性：$$2MnO_4^-+SO_3^{2-}+2OH^- = 2MnO_4^{2-}+SO_4^{2-}+H_2O$$

MnO_4^- 在碱性介质中不稳定：

$$4MnO_4^-+4OH^- = 4MnO_4^{2-}+O_2+2H_2O$$

$KMnO_4$ 晶体和冷浓 H_2SO_4 作用，生成绿褐色油状 Mn_2O_7，它遇有机物即燃烧，受热爆炸分解：

$$2KMnO_4+H_2SO_4(浓) = Mn_2O_7+K_2SO_4+H_2O$$

$$2Mn_2O_7 = 3O_2+4MnO_2$$

课题 10.2　铁系元素

1. 铁系元素基本性质及用途

位于第四周期、第一过渡系列的三个Ⅷ族元素铁、钴、镍，性质很相似，称为铁系元素。铁、钴、镍三个元素原子的价电子层结构分别是 $3d^64s^2$、$3d^74s^2$、$3d^84s^2$，它们的原子半径十分相近，最外层都有两个电子，只是次外层的 3d 电子数不同，所以它们的性质很相似。铁的最高氧化态为+6，在一般条件下，铁的常见氧化态是+2、+3，只有与很强的氧化剂作用时才生成不稳定的+6 氧化态的化合物。钴和镍的最高氧化态为+4，在一般条件下，钴和镍的常见氧化态都是+2。钴的+3 氧化态在一般化合物中是不稳定的，而镍的+3 氧化态则更少见。

铁、钴、镍主要用于制造合金。铁是重要的基本结构材料，铁合金用途广泛。

钴是生产耐热合金、硬质合金、防腐合金、磁性合金和各种钴盐的重要原料。钴基合金或含钴合金钢用作燃汽轮机的叶片、叶轮、导管、喷气发动机、火箭发动机、导弹的部件和化工设备中各种高负荷的耐热部件以及原子能工业的重要金属材料。钴作为粉末冶金中的黏结剂能保证硬质合金有一定的韧性。钴也是永久磁性合金的重要组成部分。在化学工业中，钴除用于高温合金和防腐合金外，还用于有色玻璃、颜料、珐琅及催化剂、干燥剂等。硬质金属和超合金方面对钴的需求较为强劲。钴在电池部门消费量增长率最高。钴在蓄电池行业、金刚石工具行业和催化剂行业的应用也将进一步扩大。

镍可用来制造货币等，镀在其他金属上可以防止生锈。镍主要用来制造不锈钢和其他抗腐蚀合金，如镍钢、镍铬钢及各种有色金属合金，含镍成分较高的铜镍合金，就不易腐蚀。也作加氢催化剂和用于陶瓷制品、特种化学器皿、电子线路、玻璃着绿色以及镍化合物制备等。

2. 铁的化合物

(1) 铁的氧化物和氢氧化物

铁的氧化物颜色不同，FeO、Fe_3O_4 为黑色，Fe_2O_3 为砖红色。

向 Fe^{2+} 溶液中加碱生成白色 $Fe(OH)_2$，立即被空气中 O_2 氧化为棕红色的 $Fe(OH)_3$。$Fe(OH)_3$ 显两性，以碱性为主。新制备的 $Fe(OH)_3$ 能溶于强碱。

(2) 铁盐

Fe(Ⅱ) 盐有两个显著的特性，即还原性和形成较稳定的配离子。Fe(Ⅱ) 化合物中以 $(NH_4)_2SO_4 \cdot FeSO_4 \cdot 6H_2O$（摩尔盐）比较稳定，用以配制 Fe(Ⅱ) 溶液。向 Fe(Ⅱ) 溶液中缓慢加入过量 CN^-，生成浅黄色的 $Fe(CN)_6^{4-}$，其钾盐 $K_4[Fe(CN)_6] \cdot 3H_2O$ 是黄色晶体，俗称黄血盐。若向 Fe^{3+} 溶液中加入少量 $Fe(CN)_6^{4-}$ 溶液，生成难溶的蓝色沉淀 $KFe[Fe(CN)_6]$，俗称普鲁士蓝。

$$Fe^{3+} + K^+ + Fe(CN)_6^{4-} = KFe[Fe(CN)_6] \downarrow$$

Fe(Ⅲ) 盐有三个显著性质：氧化性、配合性和水解性。Fe^{3+} 能氧化 Cu 为 Cu^{2+}，用以制作印刷电路板。$[FeSCN]^{2+}$ 具有特征的血红色。$[Fe(CN)_6]^{3-}$ 的钾盐 $K_3[Fe(CN)_6]$ 是红色晶体，俗称赤血盐。向 Fe^{2+} 溶液中加入 $[Fe(CN)_6]^{3-}$，生成蓝色难溶的 $KFe[Fe(CN)_6]$，俗称滕布尔蓝。

$$Fe^{2+} + K^+ + [Fe(CN)_6]^{3-} = KFe[Fe(CN)_6] \downarrow$$

经结构分析，滕布尔蓝和普鲁士蓝是同一化合物，它们有多种化学式，本章介绍的 $KFe[Fe(CN)_6]$ 只是其中的一种。

Fe(Ⅲ) 对 F^- 离子的亲和力很强，FeF_3（无色）的稳定常数较大，在定性和定量分析中用以掩蔽 Fe^{3+}。

Fe^{3+} 离子在水溶液中有明显的水解作用，在水解过程中，同时发生多种缩合反应，随着酸度的降低，缩合度可能增大而产生凝胶沉淀。利用加热水解使 Fe^{3+} 生成 $Fe(OH)_3$ 除铁，是制备各类无机试剂的重要中间步骤。

3. 钴、镍及其化合物

（1）钴、镍

钴和镍在常温下对水和空气都较稳定，它们都溶于稀酸中，与铁不同的是，铁在浓硝酸中发生“钝化”，但钴和镍与浓硝酸发生激烈反应，与稀硝酸反应较慢。钴和镍与强碱不发生作用，故实验室中可以用镍制坩埚熔融碱性物质。

（2）钴、镍的氧化物和氢氧化物

钴、镍的氧化物颜色各异，CoO 灰绿色，Co_2O_3 黑色；NiO 暗绿色，Ni_2O_3 黑色。

向 Co^{2+} 溶液中加碱，生成玫瑰红色（或蓝色）的 $Co(OH)_2$，放置，逐渐被空气中 O_2 氧化为棕色的 $Co(OH)_3$。向 Ni^{2+} 溶液中加碱生成比较稳定的绿色的 $Ni(OH)_2$。

$Co(OH)_3$ 为碱性，溶于酸得到 Co^{2+}（因为 Co^{3+} 在酸性介质中是强氧化剂）：

$$4Co^{3+}+2H_2O = 4Co^{2+}+4H^++O_2\uparrow$$

（3）钴、镍的盐

常见的 Co(Ⅱ) 盐是 $CoCl_2 \cdot 6H_2O$，由于所含结晶水的数目不同而呈现多种不同的颜色：

$$CoCl_2 \cdot 6H_2O(\text{粉红}) \xrightarrow{52.3℃} CoCl_2 \cdot 2H_2O(\text{紫红}) \xrightarrow{90℃} CoCl_2 \cdot H_2O(\text{蓝紫}) \xrightarrow{120℃} CoCl_2(\text{蓝})$$

这个性质用以制造变色硅胶，以指示干燥剂吸水情况。

Co(Ⅱ) 盐不易被氧化，在水溶液中能稳定存在。而在碱性介质中，$Co(OH)_2$ 能被空气中 O_2 氧化为棕色的 $Co(OH)_3$ 沉淀。

Co(Ⅲ) 是强氧化剂（$\varphi^{\ominus}_{Co^{3+}/Co^{2+}}=1.8V$），在水溶液中极不稳定，易转化为 Co^{2+}。Co(Ⅲ) 只存在于固态和配合物中，如 CoF_3、Co_2O_3、$Co_2(SO_4)_3 \cdot 18H_2O$、$[Co(NH_3)_6]Cl_3$、$K_3[Co(NH)_6]$、$Na_3[Co(NO_2)_6]$。

常见的 Ni(Ⅱ) 盐有黄绿色的 $NiSO_4 \cdot 7H_2O$，绿色的 $NiCl_2 \cdot 6H_2O$ 和绿色的 $Ni(NO_3)_2 \cdot 6H_2O$。常见的配离子有 $[Ni(NH_3)_6]^{2+}$、$[Ni(CN)_4]^{2-}$、$[Ni(C_2O_4)_3]^{4-}$ 等。Ni^{2+} 在氨性溶液中同丁二酮肟（镍试剂）作用，生成鲜红色的螯合物沉淀，用以鉴定 Ni^{2+}。

镍粉与 CO 在 323K 可生成 $Ni(CO)_4$，在约 473K 时加热分解，得到纯镍。

$$Ni+4CO \rightleftharpoons Ni(CO)_4$$

问题讨论：

用作干燥剂的硅胶是如何制备的？其中能显示干燥剂失效的成分是什么？红色硅胶再生成蓝色硅胶的条件是什么？

课题 10.3　ds 区元素

1. 铜族元素

（1）铜族元素的基本性质及用途

铜族元素包括铜、银、金，属于ⅠB 族元素，位于周期表中的 ds 区。铜族元素结构特征为 $(n-1)d^{10}ns^1$，从最外层电子来说，铜族和ⅠA 族的碱金属元素都只有 1 个电子，失去 s 电子后都呈现+1 氧化态；因此在氧化态和某些化合物的性质方面ⅠB 与ⅠA 元素有一些相似之处，但由于ⅠB 族元素的次外层比ⅠA 族元素多出 10 个 d 电子，它们又有一些显著的差异。如：

1）与同周期的碱金属相比，铜族元素的原子半径较小，第一电离势较大，表现在物理性质上：ⅠA 族单质金属的熔点、沸点、硬度均低；而ⅠB 族金属具有较高的熔点和沸点，有良好的延展性、导热性和导电性。

2）化学活泼性：铜族元素的标准电极电势比碱金属为正。ⅠA 族是极活泼的轻金属，在空气中极易被氧化，能与水剧烈反应，同族内的活泼性自上而下增大；ⅠB 族都是不活泼的重金属，在空气中比较稳定，与水几乎不起反应，同族内的活泼性自上而下减小。

3）铜族元素有+1、+2、+3 等三种氧化态，而碱金属只有+1 一种。碱金属离子一般是无色的，铜族水合离子大多数显颜色。

4）ⅡA 族所形成的化合物多数是离子型化合物，ⅠB 族的化合物有相当程度的共价性。ⅠA 族的氢氧化物都是极强的碱，并且非常稳定；ⅠB 族的氢氧化物碱性较弱，且不稳定，易脱水形成氧化物。

5）ⅠA 族的离子一般很难成为配合物的形成体，ⅠB 族的离子有很强的配合能力。

（2）铜、银、金及其化合物

1）铜、银和金

铜族元素的化学活性从 Cu 至 Au 降低，主要表现在与空气中氧的反应和与酸的反应上。

室温时，在纯净干燥的空气中，铜、银、金都很稳定。在加热时，铜形成黑色氧化铜，但银和金不与空气中的氧化合。在含有 CO_2 的潮湿空气中放久后，铜表面会慢慢生成一层绿色的铜锈：

$$2Cu+O_2+H_2O+CO_2 = Cu(OH)_2 \cdot CuCO_3$$

银和金不发生上述反应。

铜、银可以被硫腐蚀，特别是银对硫及硫化物（H_2S）极为敏感，这是银器暴露在含有这些物质的空气中生成一层 Ag_2S 的黑色薄膜而使银失去白色光泽的主要原因。金不与硫直接反应。

铜族元素均能与卤素反应。铜在常温下就能与卤素反应，银反应很慢，金必须加热才能与干燥的卤素起反应。

铜、银、金都不能与稀盐酸或稀硫酸作用放出氢气，但在有空气存在时，铜可以缓慢溶解于稀酸中，铜还可溶于热的浓盐酸中：

$$2Cu+4HCl+O_2 = 2CuCl_2+2H_2O$$

$$2Cu+2H_2SO_4+O_2 = 2CuSO_4+2H_2O$$

$$2Cu + 8HCl(浓) \xlongequal{\triangle} 2H_3[CuCl_4] + H_2\uparrow$$

铜和银溶于硝酸或热的浓硫酸，而金只能溶于王水（这时 HNO_3 作氧化剂，HCl 作配位剂）：

$$Au+4HCl+HNO_3 = HAuCl_4+NO\uparrow+2H_2O$$

问题讨论：

根据铜、银、金的性质，推测铜、银、金的用途？

2）铜的化合物

①Cu(Ⅰ)的化合物

在酸性溶液中Cu^+离子易于歧化而不能在酸性溶液中稳定存在。

$$2Cu^+ \rightleftharpoons Cu+Cu^{2+} \qquad K=1.2\times10^6(293K)$$

但必须指出，Cu^+在高温及干态时比Cu^{2+}离子稳定。

Cu_2O和Ag_2O都是共价型化合物，不溶于水。Ag_2O在573K分解为银和氧；而Cu_2O对热稳定。CuOH和AgOH均很不稳定，很快分解为M_2O。

用适量的还原剂（如SO_2、Sn^{2+}、Cu…）在相应的卤素离子存在下还原Cu^{2+}离子，可制得CuX。如：

$$Cu^{2+}+2Cl^-+Cu \xlongequal{\triangle} 2CuCl\downarrow(白)$$

$$H[CuCl_2] \underset{H_2O}{\overset{浓HCl}{\rightleftharpoons}} 2Cu^{2+}+4I^- = 2CuI\downarrow(白)+I_2$$

Cu^+为d^{10}型离子，具有空的外层s、p轨道，能和X^-(F^-除外)、NH_3、$S_2O_3^{2-}$、CN^-等配体形成稳定程度不同的配离子。

无色的$[Cu(NH_3)_2]^+$在空气中易于氧化成深蓝色的$[Cu(NH_3)_4]^{2+}$离子。

②Cu(Ⅱ)的化合物

+2氧化态是铜的特征氧化态。在Cu^{2+}溶液中加入强碱，即有蓝色$Cu(OH)_2$絮状沉淀析出，它微显两性，既溶于酸也能溶于浓NaOH溶液，形成蓝紫色$[Cu(OH)_4]^{2-}$离子：

$$Cu(OH)_2+2OH^- = [Cu(OH)_4]^{2-}$$

$Cu(OH)_2$加热脱水变为黑色CuO。

在碱性介质中，Cu^{2+}可被含醛基的葡萄糖还原成红色的Cu_2O，用以检测糖尿病。最常见的铜盐是$CuSO_4\cdot5H_2O$（胆矾），它是制备其他铜化合物的原料。

Cu^{2+}为d^9构型，绝大多数配离子为四短两长键的细长八面体，有时为平面正方形结构。如$[Cu(H_2O)_4]^{2+}$(蓝色)、$[Cu(NH_3)_4]^{2+}$（深蓝色）、$[Cu(en)_2]^{2+}$(深蓝紫)、$(NH_4)_2CuCl_4$（淡黄色）中的$CuCl_4^{2-}$离子等均为平面正方形。由于Cu^{2+}有一定的氧化性，所以与还原性阴离子，如I^-、CN^-等反应，生成较稳定的CuI及$[Cu(CN)_2]^-$，而不是CuI_2和$[Cu(CN)_4]^{2-}$。

3）银的化合物

氧化态为+1的银盐的一个重要特点是只有$AgNO_3$、AgF和$AgClO_4$等少数几种盐溶于水，其他则难溶于水。非常引人注目的是，$AgClO_4$和AgF的溶解度高得惊人（298K时分别为$5570g\cdot L^{-1}$和$1800g\cdot L^{-1}$）。

Cu(Ⅰ)不存在硝酸盐，而$AgNO_3$却是一个最重要的试剂。固体$AgNO_3$及其溶液都是氧化剂（$\varphi^\ominus_{Ag^+/Ag}=0.799V$），可被氨、联氨、亚磷酸等还原成Ag。

$$2NH_2OH+2AgNO_3 = N_2\uparrow+2Ag\downarrow+2HNO_3+2H_2O$$

$$N_2H_4+4AgNO_3 = N_2\uparrow+4Ag\downarrow+4HNO_3$$

$$H_3PO_3+2AgNO_3+H_2O = H_3PO_4+2Ag\downarrow+2HNO_3$$

Ag^+和 Cu^{2+}离子相似，形成配合物的倾向很大，把难溶银盐转化成配合物是溶解难溶银盐的重要方法。

4）金的化合物

Au(Ⅲ）化合物最稳定，Au^+像 Cu^+离子一样容易发生歧化反应，298K 时反应的平衡常数为 10^{13}。

$$3Au^+ \rightleftharpoons Au^{3+}+2Au$$

可见，Au^+(aq）离子在水溶液中不能存在。

Au^+像 Ag^+一样，容易形成二配位的配合物，例如［$Au(CN)_2$］$^-$。

在最稳定的+3 氧化态的化合物中有氧化物、硫化物、卤化物及配合物。

碱与 Au^{3+}水溶液作用产生一种沉淀物，这种沉淀脱水后变成棕色的 Au_2O_3。Au_2O_3 溶于浓碱形成含［$Au(OH)_4$］$^-$离子的盐。

将 H_2S 通入 $AuCl_3$ 的无水乙醚冷溶液中，可得到 Au_2S_3，它遇水后很快被还原成 Au(Ⅰ）或 Au。

金在 473K 时同氯气作用，可得到褐红色晶体 $AuCl_3$。在固态和气态时，该化合物均为二聚体（类似于 Al_2Cl_6）。$AuCl_3$ 易溶于水，并水解形成一羟三氯合金（Ⅲ）酸：

$$AuCl_3+H_2O = H[AuCl_3OH]$$

将金溶于王水或将 Au_2Cl_6 溶解在浓盐酸中，然后蒸发得到黄色的氯代金酸 $HAuCl_4\cdot 4H_2O$。由此可以制得许多含有平面正方形离子［AuX_4］$^-$的盐（X = F，Cl，Br，I，CN，SCN，NO_3）。

2. 锌族元素

（1）锌族元素的基本性质及用途

锌族元素包括锌、镉、汞，是ⅡB 族元素，与铜族元素同处于周期表中的 ds 区。锌族元素结构特征为（n-1）$d^{10}ns^2$，锌族和ⅡA 族的碱土金属元素都有两个 s 电子，失去 s 电子后都能呈+2 氧化态。故ⅡB 与ⅡA 族元素有一些相似之处，但锌族元素由于次外层有 18 个电子，对原子核的屏蔽较小，有效核电荷较大，对外层 s 电子的引力较大，其原子半径、M^{2+}离子半径都比同周期的碱土金属为小，而其第一、第二电离势之和以及电负性都比碱金属为大。由于是 18 电子层结构，所以本族元素的离子具有很强的极化力和明显的变形性。因此锌族元素在性质上与碱土金属有许多不同。如：

1）主要物理性质：ⅡB 族金属的熔、沸点都比ⅡA 族低，汞在常温下是液体。ⅡA 族和ⅡB 族金属的导电性、导热性、延展性都较差（只有镉有延展性）。

2）化学活泼性：锌族元素活泼性较碱土金属差。ⅡA 族元素在空气中易被氧化，不但能从稀酸中置换出氢气，而且也能从水中置换出氢气。ⅡB 族在干燥空气中常温下不起反应，不能从水中置换出氢气，在稀的盐酸或硫酸中，锌易溶解，镉较难，汞则完全不溶解。

3）化合物的键型及形成配合物的倾向：由于ⅡB 族元素的离子具有 18 电子构型，因而它们的化合物所表现的共价性，不管在程度上还是范围上都比ⅡA 族元素的化合物所表现的共价性为大。ⅡB 族金属离子形成配合物的倾向比ⅡA 族金属离子强得多。

4）氢氧化物的酸碱性：ⅡB 族元素的氢氧化物是弱碱性的，且易脱水分解，ⅡA 的氢氧化物则是强碱性的，不易脱水分解。而 $Be(OH)_2$ 和 $Zn(OH)_2$ 都是两性的。

5）盐的溶解度及水解情况：两族元素的硝酸盐都易溶于水；ⅡB 族元素的硫酸盐易溶，而钙、锶、钡的硫酸盐则是微溶；两族元素的碳酸盐又都难溶于水。ⅡB 族元素的盐在溶液中都有一定程度的水解，而钙、锶和钡的盐则不水解。

6）某些性质的变比规律：ⅡB 族元素的金属活泼性自上而下减弱，但它们的氢氧化物的碱性却自上而下增强；而ⅡA 族元素的金属活泼性以及它们的氢氧化物的碱性都自上而下增强。

（2）锌具有广泛的用途

1）锌具有优良的抗大气腐蚀性能，在常温下表面易生成一层保护膜，因此锌最大的用途是用于镀锌工业。被主要用于钢材和钢结构件的表面镀层（如镀锌板），广泛应用于汽车、建筑、船舶、轻工等行业。

2）合金添加剂。锌本身的强度和硬度不高，但加入铝、铜等合金元素后，其强度和硬度均大为提高，尤其是锌铜钛合金的出现，其综合力学性能已接近或达到铝合金、黄铜、灰铸铁的水平，其抗蠕变性能也大幅度提高。因此，锌铜钛合金已被广泛应用于小五金生产中。主要为压铸件，用于汽车、建筑、部分电气设备、家用电器、玩具等的零部件生产。

3）电池原料。锌可以用来制作电池。例如：锌锰电池以及锌空气蓄电池。

4）锌粉、锌钡白、锌铬黄可作颜料。

5）氧化锌还可用于医药、橡胶、油漆等工业。

（3）锌、汞及其化合物

1）锌和汞

锌在含有 CO_2 的潮湿空气中很快变暗，生成一层碱式碳酸锌，它是一层较紧密的保护膜：

$$4Zn+2O_2+3H_2O+CO_2 = ZnCO_3+3Zn(OH)_2$$

锌在加热条件下，可以与绝大多数非金属反应，在 1273K 时锌在空气中燃烧生成氧化锌；而汞在约 620K 时与氧明显反应，但在约 670K 以上 HgO 又分解为单质汞。

锌粉与硫黄共热可形成硫化锌。汞与硫黄粉研磨即能形成硫化汞。这种反常的活泼性是因为汞为液态，研磨时汞与硫黄接触面增大，反应就容易进行。

锌既可以与非氧化性的酸反应，又可以与氧化性的酸反应，而汞在通常情况下只能与氧化性的酸反应。汞与热的浓硝酸反应，生成硝酸汞：

$$3Hg+8HNO_3 = 3Hg(NO_3)_2+2NO\uparrow+4H_2O$$

用过量的汞与冷的稀硝酸反应，生成硝酸亚汞：

$$6Hg+8HNO_3 = 3Hg_2(NO_3)_2+2NO\uparrow+4H_2O$$

和汞不同，锌与铝相似，都是两性金属，能溶于强碱溶液中：

$$Zn+2NaOH+2H_2O = Na_2[Zn(OH)_4]+H_2\uparrow$$

锌和铝又有区别，锌溶于氨水形成氨配离子，而铝不溶于氨水形成配离子：

$$Zn+4NH_3+2H_2O = [Zn(NH_3)_4]^{2+}+H_2\uparrow+2OH^-$$

锌、汞都能与其他各种金属形成合金。锌与铜的合金称为黄铜，汞的合金称为汞齐。

2）锌、汞的化合物

Zn^{2+}和Hg^{2+}离子均为18电子构型，均无色，故一般化合物也无色。但Hg^{2+}离子的极化力和变形性较强，与易变形的S^{2-}、I^-形成的化合物往往显共价性，呈现很深的颜色和较低的溶解度。如ZnS（白色、难溶）、HgS（黑色或红色，极难溶）；ZnI_2（无色、易溶）、HgI_2（红色或黄色，微溶）。

Zn^{2+}和Hg^{2+}离子溶液中加适量碱，发生如下反应：

$$Zn^{2+}+2OH^- \xlongequal{} Zn(OH)_2\downarrow(\text{白色})$$

$$Hg^{2+}+2OH^- \xlongequal{} HgO(\text{黄色})+H_2O$$

$Zn(OH)_2$为两性，既可溶于酸又可溶于碱。受热脱水变为ZnO。$Hg(OH)_2$在室温不存在，只生成HgO。而HgO也不够稳定，受热分解成单质。

$ZnCl_2$是固体盐中溶解度最大的（283K，333g/100g H_2O），它在浓溶液中形成配合酸：

$$ZnCl_2+H_2O \xlongequal{} H[ZnCl_2(OH)]$$

这种酸有显著的酸性，能溶解金属氧化物：

$$FeO + 2H[ZnCl_2(OH)] \xlongequal{} Fe[ZnCl_2(OH)]_2 + H_2O$$

故$ZnCl_2$的浓溶液用作焊药。

$HgCl_2$（熔点549K）加热能升华，常称升汞，有剧毒，稍有水解，但易氨解：

$$HgCl_2+2H_2O \xlongequal{} Hg(OH)Cl+H_3O^++Cl^-$$

$$HgCl_2+2NH_3 \xlongequal{} Hg(NH_2)Cl\downarrow(\text{白色})+NH_4^++Cl^-$$

可被$SnCl_2$还原成Hg_2Cl_2（白色沉淀）：

$$2HgCl_2+SnCl_2+2HCl \xlongequal{} Hg_2Cl_2\downarrow+H_2SnCl_6$$

若$SnCl_2$过量，则进一步还原为Hg：

$$Hg_2Cl_2+SnCl_2+2HCl \xlongequal{} 2Hg_2Cl_2\downarrow(\text{黑色})+H_2SnCl_6$$

红色HgI_2可溶于过量I^-溶液中：

$$Hg^{2+}+2I^- \xlongequal{} HgI_2\downarrow;\ HgI_2+2I^- \xlongequal{} [HgI_4]^{2-}(\text{无色})$$

$K_2[HgI_4]$和KOH的混合液称为奈斯勒试剂，用于检验NH_4^+或NH_3。

$$NH_4Cl + 2K_2[HgI_4] + 4KOH \xlongequal{} Hg_2NI\cdot H_2O\downarrow(\text{红色}) + KCl + 7KI + 3H_2O$$

Hg_2^{2+}在水溶液中能稳定存在，且与Hg^{2+}有下列平衡关系：

$$Hg^{2+}+Hg \rightleftharpoons Hg_2^{2+} \qquad K=166$$

Hg_2Cl_2俗称甘汞，微溶于水，无毒，无味，但见光易分解：

$$Hg_2Cl_2 \xlongequal{\text{光}} HgCl_2+Hg$$

在氨水中发生歧化反应：

$$Hg_2Cl_2 + 2NH_3 \xlongequal{} HgNH_2Cl\downarrow(\text{白色}) + Hg\downarrow(\text{黑色}) + NH_4Cl$$

此反应可用以检验Hg_2^{2+}离子。

问题讨论：

1. 铍为什么不与水反应？从原子结构的角度出发，分析铍具有哪些特殊性？
2. 金属钠着火时能否用H_2O、CO_2、石棉毯扑灭？为什么？
3. 为何$\varphi^\ominus(Li^+/Li)$比$\varphi^\ominus(Na^+/Na)$小，但锂同水的作用不如钠激烈？

自学结果评价

一、是非题（对的在括号内填“√”，错的填“×”）

1. 铁系元素易与 K^+、Na^+、NH_4^+ 形成复盐。（　）
2. Fe^{3+}、Fe^{2+} 常见的配位数位 6，其配位体结构一般为八面体。（　）
3. Co^{2+}、Ni^{2+} 常见的配位数为 4、6，其配位体一般为四面体和八面体。（　）
4. 氧化锰在酸碱性介质中都有强氧化性，都能被还原成 Mn^{2+}。（　）
5. MnS 难溶于水，因此锰钢生产中，常用金属锰脱硫。（　）
6. 第ⅧB 元素具有相似的性质。（　）
7. 铁钴镍都不能形成含氧酸盐。（　）

二、简答题

1. 铁系元素最常见的氧化态是多少？铁系元素有哪些主要性质？
2. 铁系元素有哪些氧化物，其主要性质有哪些？有哪些氢氧化物？
3. $CoCl_2 \cdot 6H_2O$ 在受热脱水过程中伴有下列颜色变化，变色硅胶的成分是 $CoCl_2$ 吗？

$CoCl_2 \cdot 6H_2O$	$CoCl_2 \cdot 2H_2O$	$CoCl_2 \cdot H_2O$	$CoCl_2$
粉红	紫红	蓝紫	蓝

4. 金属锰有哪些用途？锰最常见的化合物是什么？锰的氧化物都难溶于水吗？锰的最稳定氧化物是什么？
5. 二氧化锰在材料制备上有哪些用途？
6. 铁系和铂系元素均属于第ⅧB 元素，该族包含哪些元素？
7. 为何ⅧB 元素不易形成含氧酸盐？（d 轨道电子数超过 5，全部电子参与成键的可能性小）
8. 我国铁矿、钴矿、镍矿资源分布如何？
9. 什么是铁磁性？
10. 实验室在熔融碱性物质时，通常用什么材质的坩埚？为什么？
11. 国外一些发达国家明文规定“高强度钢不准酸洗”是什么原因？
12. 铁钴镍的氧化物和氢氧化物都难溶于水和碱，铁钴镍的氧化物和氢氧化物的碱性变化规律如何？+3 价的氢氧化物氧化性变化规律如何？
13. 用作干燥剂的硅胶是如何制备的？其中能显示干燥剂失效的成分是什么？红色硅胶再生呈蓝色硅胶的条件是什么？

学 能 展 示

1. 利用所学元素化合物知识，解决简单的复杂工程问题
   现有含少量金属镍的废铁屑，若要实现铁和镍的回收利用，请设计原则流程，并写出相关的化学反应方程式。
2. 利用所学元素化合物知识，初步提出解决工程问题的方案
   纳米铁粉有哪些优良性质与用途？请列举 2~3 种纳米铁粉的制备方法。

第 11 章　无机材料基础

【本章学习要点】无机材料包括金属材料和无机非金属材料。本章对金属材料主要介绍合金的类型，对非金属材料主要介绍功能材料。

<table>
<tr><td>学习目标</td><td colspan="2">能初步了解无机化学与材料的关系，初步描述无机材料的类型和用途</td></tr>
<tr><td>能力要求</td><td colspan="2">1. 能简单描述无机化学与材料的关系；
2. 能描述无机材料的类型和用途；
3. 具有自主学习的意识，逐渐提高终身学习的能力</td></tr>
<tr><td rowspan="2">重点难点预测</td><td>重点</td><td>无</td></tr>
<tr><td>难点</td><td>无</td></tr>
<tr><td>知识清单</td><td colspan="2">金属材料、非金属材料</td></tr>
<tr><td>先修知识</td><td colspan="2">中学化学：金属的性质、合金的概念</td></tr>
</table>

课题 11.1　无机材料概述

材料是人类赖以生产和生活的物质基础，是社会进步的物质基础与先导。材料发展的历史从生产力的侧面反映了人类社会发展的文明史，因此历史学家往往根据当时的标志性材料将人类社会划分为石器时代、青铜器时代、铁器时代和高分子时代等。如今，正跨入人工合成材料的新时代。为了满足 21 世纪国民经济对材料的需求，开展新材料的研究和开发新型材料是一项重要的战略任务。

材料的品种繁多，可以按用途、尺寸大小、化学组成等不同的方法将材料分为多种不同的种类。例如，按用途，可将材料分为结构材料和功能材料两大类。结构材料以其所具有的强度为特征被广泛利用；功能材料则主要以其所具有的热、光、电、磁等效应和功能为特征而被利用。按材料的基本化学组成，可分为无机材料和有机高分子材料。

无机材料种类繁多、性能各异。从传统硅酸盐材料到新型无机材料，众多门类的无机材料已经渗透到人类生活、生产的各个领域，需从多个角度对无机材料进行分类。无机材料按成分特点、可分为单质和化合物两大类；按结构特征，可分为单晶、多晶、玻璃、无定形材料、复合材料等；按形态，可分为体相材料、薄膜材料、纤维、粉体等；按性能特征和使用效能，又可分为结构材料和功能材料两大类；按合成制备工艺，还可分为烧结成材、湿法合成材料、涂镀材料、水硬材料等。

无机材料的制造和使用有着悠久的历史。早在远古旧石器时代人们就使用经过简单加工的石器作为工具。到新石器时期已经出现粗陶器；我国商代开始出现原始瓷和上釉的彩陶；东汉时期的青瓷，经过唐、宋、元、明、清不断发展，已达到相当高的技术和艺术水平。青铜器时代的金属冶炼中已经开始使用黏土质和硅质材料作为耐火材料。从青铜器时代、铁器时代到近代钢铁工业的兴起，耐火材料都起着关键的作用。距今五六千年前的古埃及文物中就发现有绿色玻璃珠饰品，我国的白色玻璃珠也有近3000年的历史；17世纪以来，由于用工业纯碱代替天然草木灰与硅石、石灰石等矿物原料生产钠钙硅酸盐玻璃，各种日用玻璃和技术玻璃迅速进入普通家庭、建筑物和工业领域：在距今五六千年的古代建筑中已开始大量使用石灰和石膏等气硬性胶凝材料，到公元初期水硬性的石灰和火山灰胶凝材料也开始被应用到建筑工业中，但是用人工方法合成硅酸盐水泥制品还只有100多年的历史；19世纪初，英国人阿斯普丁发明用硅酸盐矿物和石灰原料经高温煅烧制成波特兰水泥（又称硅酸盐水泥），从而开始了高强度水硬性胶凝材料的新纪元。

20世纪40年代以后（第二次世界大战后期），无机材料的发展进入了一个新的阶段。在原料纯化、工艺进步、材料理论的发展，显微分析技术的提高，性能研究的深入，无损评估技术的成就以及相邻学科的推动等因素的作用下，传统无机材料的成分、结构、性能和应用得到了空前的延伸。人们发展了包括结构陶瓷、功能陶瓷、复合材料、半导体材料、新型玻璃、非晶态材料、人工晶体、炭素材料、无机涂层及高性能水泥和混凝土等一系列高性能先进无机材料，特别是具有电、磁、声、光、热、力等信息的存储、转换功能的新型无机功能材料，正在日益广泛地被应用在现代高技术领域，如微电子、航天、能源、计算机、激光、通信、光电子、传感、红外、生物医学和环境保护等领域，成为现代高新技术、新兴产业和传统工业的主要物质基础。如半导体材料的出现，对电子工业的发展具有巨大的推动作用，计算机小型化和功能的提高，与硅、锗等半导体材料密切相关；涂覆SiC热解碳-碳结合等复合材料在空间技术的发展中产生了巨大作用；人工晶体、无机涂层、无机纤维等先进材料已逐渐成为近代尖端科学技术的重要组成部分；各种矿物材料也因其电、光、磁、热、摩擦、密封、填充、增强、表面效应以及胶体性、化学活性与惰性、吸附性、载体与催化性等，在工业、农业、国防及民用等领域起着不可替代的作用。

20世纪90年代以来，人类对无机材料的需求量越来越大，对其性能要求越来越高。无机材料的研究与应用进入了一个更新的发展阶段。纳米材料与技术的发展，引起了无机材料从原料合成、制备工艺、材料科学、性能表征以及材料应用的革命性进步。复合技术、材料设计等相关理论与技术的进步，大大扩充了新型无机材料发展与创造的空间。基于材料学、物理、化学、电子、冶金等基础学科的新型无机材料呈现空前活跃的发展前景，在近代高新技术领域发挥着日益重要的作用。

无机材料不仅是人民生活、工业生产和基础建设所必需的基础材料，也是传统工业技术改造、新兴产业和高新技术发展中不可缺少的重要物质基础和先导。可以预测，先进无机材料将是未来人类社会科技进步与社会文明发展的重要物质基础与支柱。本章主要介绍无机材料中的金属合金材料和无机非金属材料。

课题 11.2　金属合金材料

金属材料是指金属元素或以金属元素为主构成的具有金属特性的材料的统称。包括纯金属、合金、金属间化合物和特种金属材料等。金属材料具备许多可贵的使用性能和加工性能，其中包括良好的导电、传热性，高的机械强度，较为宽广的温度使用范围，良好的机械加工性能等。但是，工程上实际使用的金属材料绝大多数是合金材料。这是因为单纯的一种金属远不能满足工程上提出的较多的性能要求，其不足之处在于易被腐蚀和难以满足高新技术更高温的需求等。从经济上说，制取纯金属也不可取。

下面首先介绍合金材料的基本结构类型，并根据用途介绍一些典型合金材料。

1. 合金的基本结构类型

合金是由两种或两种以上的金属元素（或金属和非金属元素）组成的，具有金属特征的，但结构比单一金属复杂的，性能比纯金属优良的一类物质。人类从很早就开始使用合金材料，如古代的青铜就是铜和锡的合金。建筑和工业生产中大量使用的钢也是合金，它是由铁和碳两种元素组成的合金。

根据合金中组成元素之间的相互作用的情况不同，一般可将合金分为金属固溶体、金属化合物和机械混合物三种。前两种都是均匀合金；机械混合物合金结构不均匀，其力学性能（如硬度等性质）一般是各组分的平均性质，但其熔点会降低。例如，焊锡就是一种由锡和铅形成的机械混合物合金，其低熔点非常适合焊接时使用，焊接后的材料本身的力学性能还能有较好的保障。下面简单介绍前两类合金。

（1）金属固溶体合金

金属固溶体合金是指一种含量较多的金属元素与另一种添加其内的元素（金属或非金属）相互溶解而形成一种结构均匀的固溶体。通常，含量较多的金属可被当作溶剂，添加其内的其他元素可以认为是溶质。这种合金在液态时为均匀的液相，转变为固态后，仍保持组织结构的均匀性，且能保持溶剂元素原来的晶格类型。

按照溶质原子在溶剂原子格点上所占据的位置不同，金属固溶体又可分为置换固溶体和间隙固溶体，见图 11.1。

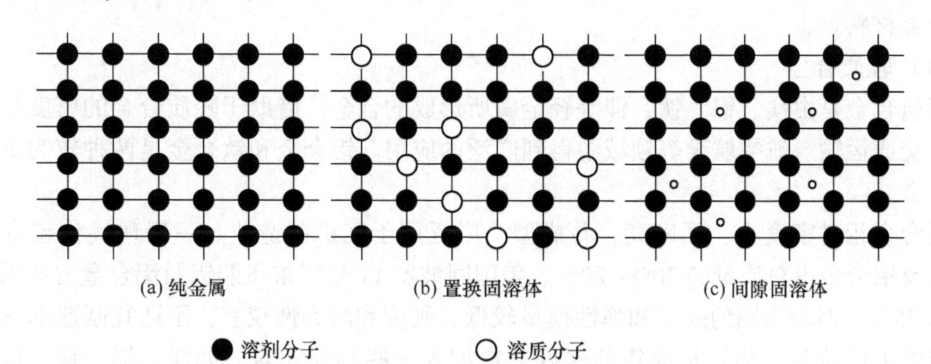

图 11.1　金属固溶体与纯金属晶格对比

在置换固溶体中，溶质原子部分占据了溶剂原子格点的位置，如图 11.1(b) 所示。当溶质元素与溶剂元素在原子半径、电负性以及晶格类型等因素都相近时，易形成置换固溶体。例如钒、铬、锰、镍和钴等元素与铁都能形成置换固溶体。在间隙固溶体中，溶质原子占据了溶剂原子的间隙中，如图 11.1(c) 所示。氢、硼、碳和氮等一些原子半径特别小的元素与许多副族金属元素能形成间隙固溶体。

应当指出，当溶剂原子溶入溶质原子后，多少能使原来的晶格发生畸形，它们能阻碍外力对材料引起的形变，因而使固溶体的强度提高，同时其延展性和导电性将会下降。固溶体的这种普遍存在的现象称为固溶强化。固溶体的强化原理对钢的性能和热处理具有重要意义。

(2) 金属化合物

金属化合物是指一种金属元素与另一种元素（金属或非金属）间起化学反应而形成的化合物。当合金中加入的溶质量超过了溶剂金属的溶解度时，除能形成固溶体外，同时还会出现新的第二相。它可以是另一种组成的固溶体（如以加入的含量较少的元素为溶剂，原来大量的元素为溶质的固溶体），但更常见的是形成一种全新结构的、两种元素间有强烈的化学相互作用的新的物质，也即金属化合物。它们通常具有某些独特的性能，对金属和合金材料的应用起着重要的作用。

金属化合物种类很多，从组成元素来说，可以由金属元素与金属元素，也可以由金属元素与非金属元素组成。前者如 CuZn、TiAl 等；后者如硼、碳和氮等非金属元素以及一些金属元素形成的化合物，分别称为硼化物、碳化物和氮化物。例如，碳可以与金属钛、锆、钒、铌、钽、钼、钨、锰、铁等作用而形成碳化物。这类碳化物的共同特点是具有金属光泽，能导电、导热，熔点高，硬度大，但脆性也大。硼化物和氮化物一般与相应碳化物性质相似，也具有高的熔点和硬度。

金属化合物与金属固溶体一样，是一种结构均匀的合金物质。两种的不同之处在于形成金属固溶体时，溶剂元素原来的晶格类型基本保持不变；但形成金属化合物时内部有全新的不同于原来的晶格类型的结构，其化学组成也相对固定，如铁的碳化物 Fe_3C。另外，新形成的金属化合物又可以作为溶剂溶解它的组成元素，形成固溶体，因而其成分可以在一定范围内变化的非整数比化合物。如碳化钛的组分为 $TiC_{0.5}$~TiC。

2. 典型的合金材料

合金材料的种类非常多，也可以按用途、组成、性能等进行不同的分类，下面介绍典型的合金材料。

(1) 轻质合金

轻质合金是由镁、铝、钛、锂等轻金属所形成的合金，借助于轻质合金的密度小的优势，在交通运输、航空航天等领域中得到广泛的应用。铝合金和钛合金是两种较为重要的轻质合金。

铝合金相对密度小、强度高、易成型，广泛用于飞机制造业。一架现代化超音速飞机，铝及铝合金占总质量的 70%~80%。美国阿波罗 11 号宇宙飞船铝及铝合金占所用金属材料的 75%。但金属铝的强度和弹性模量较低，硬度和耐磨性较差，不适宜制造承受大载荷和强磨损的构件。为了提高铝的强度，常加入一些其他元素，如镁、铜、锌、锰、硅等。这些元素与铝形成铝合金后，不但提高了强度，而且还具有良好的塑性和压力加工性能，如铝镁合金、铝锰合金。铝铜镁合金称为硬铝，铝锌镁铜合金称为超硬铝。若把锂掺入铝中，就可生成比铝的密度还低的铝锂合金，若在铝合金加入 2%~3%的锂，可使铝合金强度提高 20%~24%，刚度提高 19%~30%，密度比铝降低 7.5%。因此用铝锂合金制造飞机，可使飞机质量减轻 15%~20%，并能降低油耗和提高飞机性能。

钛合金是金属钛中加入铝、钒、铬、锰和铁等合金元素，形成的金属固溶体或金属化合物的合金。钛合金具有密度小、强度高、无磁性、耐高温、抗腐蚀等优点，是制造飞机、火箭发动机、人造卫星外壳和宇宙飞船船舱等的重要结构材料。钛被誉为“空间金属”。钛合金还可以帮助人类潜入海底，如美国已制成钛合金的深海潜艇，可在 4500m 的深海中航行。

（2）耐热合金

以铁、钴、镍等Ⅷ族金属元素为基体，再与其他元素复合时可以形成熔点特别的合金材料。它们广泛地用来制造涡轮发动机、各种燃气轮机热端部件、涡轮工作叶片、涡轮盘、燃烧室等。例如，镍钴合金能耐热 1200℃，用于喷气发动机和燃气轮机的构件。镍铬铁非磁性耐热合金在 1200℃时仍具有高强度、韧性好的特点，可用于航天飞机的部件和原子核反应堆的控制棒等。寻找耐高温、可长时间运行、耐腐蚀、高强度等要求的合金材料，仍是今后研究的方向。钛合金通过调整 Al、Sn、Mo 和 Si 元素的含量，得到的 Ti-1100 合金已用于制造莱康明公司 T55-712 改型发动机的高压压气机轮盘和低压涡轮叶片等零件。现有钛合金的使用温度已基本达到 600℃的上限。Ti-Al 金属间化合物有以 α_2 为基的 Ti_3Al 和以 γ 为基的 TiAl。有文献报道，Ti_3Al 基金属间化合物的使用温度在 650℃以上，TiAl 基金属间化合物的正常使用温度为 700℃，短时可达 900℃。

（3）低熔合金

在一些不同的技术应用领域，常常需要一些特殊的低熔点材料，这就是低熔点合金。常用的有汞、锡、铅、锑和铋等低熔点金属及其合金。

由于汞在室温时呈液态，而且在 0~200℃时的体积膨胀系数很均匀，又不润湿玻璃，因而常用作温度计、气压计的液柱。汞也可作恒温设备中的点开关接触液。当恒温器加热时，汞膨胀并接通了电路从而使加热器再继续工作。铋的某些合金的熔点在 100℃以下，例如，由质量分数为 50%铋、25%铅、13%锡和 12%镉组成的所谓伍德（Wood）合金，其熔点为 71℃，应用于自动灭火设备、锅炉安全装置及信号仪表等。用质量分数为 37%铅和 63%锡组成的合金的熔点为 183℃，用于制造焊锡。当然，随着人类认知的提高，无论耐热合金还是低熔合金，都将有更多的金属元素参与形成。例如，含质量分数为 77.2%钾和 22.8%钠就是一种熔点仅为-12.3℃的液态合金，目前用作原子能反应堆的冷却剂。

（4）形状记忆合金

形状记忆合金有一个特殊转变温度，在转变温度以下，金属晶体结构处于一种不稳定的结构状态，在转变温度以上，金属结构处于一种稳定的结构状态。一旦把它加热到转变温度以上，不稳定结构就转变成为稳定结构，合金就恢复了原来的形状。即合金好像“记得”原先所具有的形状，故称这类合金为形状记忆合金。

形状记忆合金的这种特异的性能在宇航、自动控制、医疗等多个领域得到应用。例如，用钛镍形状合金制成管接口，在使用温度下加工的管接口内径比外径略小，安装时在低温下将其机械扩张，套接完毕在室温下放置，由于接口恢复原状而使接口非常紧密。这种管子固定法在 F14 型战斗机油压系统的接头及在海底输送管的接口固接均有很成功的实例。还可用于电子线路的连接器上以及制备卡钳、紧固套、钢板铆钉等。

形状记忆合金还用于医疗方面，如牙齿矫形，用超弹性 TiNi 合金丝和不锈钢丝作牙齿矫正丝，其中用超弹性 TiNi 合金丝是最适宜的。通常牙齿矫形用不锈钢丝 CoCr 合金丝，但这些材料有弹性模量高，弹性应变小的缺点。如果用 TiNi 合金作牙齿矫形丝，即使应变高达 10%也不会产生塑性变形，这种材料不仅操作简单，疗效好，也可减轻患者不适感。再如把冷却后稍加拉伸的镍钛合金板安装在骨折部位，再稍加热让它收缩（恢复原状），可把骨折端牢固地接在一起，显著降低陈旧骨折率。人工关节上的镍钛合金冷却后可插入骨头的中空部，安装好后，体温可使其稍微膨胀而牢固固定。形状记忆合金具有传感和驱动双重功能，故可广泛应用于各种自动调节和控制装置，在高技术领域中具有十分重要的作用，可望在核反应堆、加速器、太空实验室等高技术领域大显身手。

迄今为止，发现的记忆合金体系很多：Au-Cd、Ag-Cd、Cu-Zn、Cu-Zn-Al、Cu-Zn-Sn、Cu-Zn-Si、Cu-Sn、Cu-Zn-Ga、In-Ti、Au-Cu-Zn、NiAl、Fe-Pt、Ti-Ni、Ti-Ni-Pd、Ti-Nb、U-Nb 和 Fe-Mn-Si 等，但使用最多的合金还是镍钛合金。除形状记忆合金外，一些高分子材料类的物质也具备形状记忆效应，限于篇幅，这里不再赘述。总的来说，形状记忆材料属于智能材料的一种。

问题讨论：

请查阅文献列举 1~2 种合金，并描述其性能和用途，简单说明合金元素与合金的性能之间的关系。

课题 11.3　无机非金属材料

人们使用无机非金属材料历史悠久。古人使用陶瓷、砖瓦等就是典型的无机非金属材料。它包括各种无机非金属单质材料、非金属元素间形成的无机化合物材料等。

无机非金属材料主要特点是耐高温、抗氧化、耐腐蚀、硬度大和耐压强度高，而抗断强度低、缺少延展性，脆性大。

无机非金属材料分为传统硅酸盐材料和新型无机材料等。前者是指陶瓷、玻璃、水泥、耐火材料等以天然硅酸盐为原料的制品。新型无机材料是用人工合成方法制得的材料，它包括氧化物、氮化物、碳化物、硅化物、硼化物等化合物（这些材料又称精细陶瓷和特种陶瓷），例如，透明的氧化铝陶瓷、耐高温的二氧化锆（ZrO_2）陶瓷、高熔点的氮化硅（Si_3N_4）和碳化硅（SiC）陶瓷等精细陶瓷，在超硬陶瓷、高温结构陶瓷、电子陶瓷、磁性陶瓷、光学陶瓷、超导陶瓷和生物陶瓷等方面取得了很好的进展。

1. 耐热高强结构材料

随着各种新技术的发展，特别是空间技术和能源技术的开发，对耐热高强结构的需要十分迫切。例如，航天器的喷嘴、燃烧室的内衬、喷气发动机叶片以及能源开发和核燃料等。

（1）氮化硅

非氧化物系列新型陶瓷材料，如 Si_3N_4、SiC、BN 等，有可能同时满足耐高温和高强度的双重要求，而成为目前最有希望的耐热高强材料，首推氮化物（Si_3N_4）。它可用多种方法合成，工业上普遍采用高纯硅与氮气在 1300℃ 反应获得：

$$3Si+2N_2 = Si_3N_4$$

也可用化学气相沉积法，使卤化硅与氮气在氢气氛保护下反应：

$$3SiCl_4+2N_2+6H_2 \xlongequal{} Si_3N_4+12HCl$$

产物 Si_3N_4 沉积在石墨基体上。

组成氮化硅的两种元素的电负性相近，属强共价键结合，所以氮化硅的硬度高（耐磨损）、熔点高（耐高温）、结构稳定、绝缘性能好，是制造高温燃气轮机的理想材料。因为燃气轮机的气体温度高，热效率就高，如制成 Si_3N_4 陶瓷汽车发动机，发动机的工作温度能稳定在1300℃左右，由于燃料充分燃烧而又不需要水冷系统，可使热效率提高20%以上，而且发动机的质量可以减轻2/3左右。由于陶瓷的密度小，作为结构材料还可以降低自重，所以航天航空业也很有吸引力。

氮化硅陶瓷存在的一个缺陷是抗机械冲击强度偏低，容易发生脆性断裂。氮化硅陶瓷的韧化是材料工作者的一个新课题，ZrO_2 或 HfO_2 等可制得增韧氮化物陶瓷。增韧后的氮化硅陶瓷是一种高温燃气轮机、高温轴承等领域应用的理想材料。

（2）氮化硼

以 B_2O_3 和 NH_4Cl，或单质硼和 NH_3 为原料，利用加压烧结方法可制得高密度的氮化硼（BN）陶瓷，作为新型无机材料而独树一帜，它兼有许多优良性能，不但耐高温、耐腐蚀、高导热、高绝缘，还可很容易地进行机械加工，且加工精密度高（可达0.01mm）、密度小、润滑、无毒，是一种理想的高温导热绝缘材料，用途广泛。

通常制得的氮化硼具有石墨型的六方层状结构，俗称白色石墨，它是比石墨更耐高温的固体润滑剂。和石墨转变为金刚石的原理相似，六方层状结构 BN 在 1800℃ 高温、8000MPa 高压下可转变为金刚石型的立方晶体 BN，其键长、硬度均比金刚石的要好（熔点约为3000℃，可承受1500~1800℃高温），是新型耐高温超硬材料。用立方 BN 制作的刀具适用于切削既硬又韧的超硬材料（如冷硬铸铁、合金耐磨铸铁、淬火钢等），其工作效率是金刚石的5~10倍，刀具使用寿命提高几十倍。

2. 半导体材料

半导体材料是导电能力介于绝缘体与导体之间的一类物质。半导体在一定条件下可以导电，其电导率随温度的升高而迅速增大。各种外界因素如光、热、磁、电等作用于半导体会引起一些特殊的物理效应和现象。因而，半导体材料可以制成不同功能和特性的半导体器件和集成电路的电子材料，是最重要的信息功能材料，其发明和发展对信息技术的发展具有划时代的历史意义。

半导体按是否含有杂质又可分为本征半导体和杂质半导体。本征半导体材料是高纯材料（例如，大规模集成电路用的单晶硅）；杂质半导体中还有一定量的掺杂物，通过控制掺杂物的浓度，可以提高和准确控制电导率。

半导体按化学组成可分为单质半导体和化合物半导体。单质 Si、Ge 是所有半导体材料中应用最广泛的两种材料，Sn、Te 等单质也具有半导性。化合物半导体种类很多，有无机化合物半导体和有机化合物半导体。无机半导体化合物有二元体系、三元体系等。二元体系如 SiC、GeAs、ZnS、CdTe、HgTe 等；以砷化镓（GaAs）为代表的一类无机化合物的发现，促进了微波器件的迅速发展。三元体系如 $SnSiP_2$、$ZnGeP_2$、$ZnGeAs_2$、$CdGeAs_2$、$CdSnSe_2$ 等。

3. 超导材料

它是具有超导电性的材料。一般金属材料的电导率将随温度的下降而增大，而当温度接近绝对零度的温度范围内，随着温度的下降，其电导率趋近于一有限的常数。而对某些纯金属或合金等有所例外，它们在某一特定的温度附近，其电导率将突然增至无穷大（即电阻为零），这种现象称为超导电性。

最早发现超导现象的是荷兰物理学家昂内斯（H. K. Onnes）。他于 1911 年发现汞在 4. 15K 时出现了零电阻，但在这样低的温度（液氦的温度范围）下工作给超导材料的应用带来严重的障碍。超导材料从一有限电导率的正常状态向无限大电导率的超导态转变时的温度称为临界温度，常用 T_c 表示。

半个多世纪以来，人们在寻找具有更高 T_c 放热超导材料过程中发现，约近几十种元素的金属单质以及数千种化合物都具有超导性能，但直到 1973 年，得到的最高临界温度的超导材料是 Nb_3Ge，它的 T_c 为 23. 2K。近年来，对化合物超导材料的研究有了可喜的进步。我国在这方面的成就已跻身于国际先进行列，中国科技大学研制的超导体的 T_c 可达 132K，约为液氮的温度范围。

室温超导是科学家努力追求的目标，工业界则不失时机地抓紧在液氮温度下工作的超导材料的开发利用。例如，利用超导材料的超导电性，可制造超导发电机、电动机，大大减小其质量、体积并提高其输出功率。利用超导材料的抗磁性，超导磁铁与铁路路基导体间所产生的磁性斥力，可制成超导磁悬浮列车。它具有阻力小、能耗低、无噪声和时速高（目前这类实验性列车的运行速率可达到 500～600km · h^{-1}） 等优点，是一种很有发展前途的交通工具。总之，超导材料为国民经济各领域的应用展示了美好的前景。

4. 光导纤维材料

光导纤维是最近几十年迅速发展起来的以传光和传像为目的的一种光波的传导介质。光导纤维是一种由特殊的材料制成的“导线”，它可以使光束像电流一样在光导纤维中沿着“导线”弯弯曲曲地从一端传输到另一端而不中途损耗。

光导纤维是根据光的全反射原理制成的，其最大应用是激光通信，即光纤通信（用激光作为光源，以光纤做成光缆）。光纤具有信息容量大、抗干扰、保密性好、耐腐等优点，是一种极为理想的信息传递材料。此外，光纤还可用于电视、电脑视频、传真电话、光学、医学（如胃镜等各种人体内窥镜）、工业生产的自动控制、电子和机械工业等各个领域。

为了减少传光损耗，对光导纤维材料的纯度要求很高（比半导体材料的纯度还要高 100 倍），而且还要求材料具有光学均匀性。

光导纤维大多由无机化合物制得。目前用的主要有氧化物玻璃光纤、非氧化物光纤和聚合物光纤等。氧化物玻璃光纤中性能最好、应用较广的是石英光纤。石英光纤的组成以 SiO_2 为主，添加少量的 GeO_2、P_2O_3 及 F 等以控制光纤的折射率。它具有资料丰富、化学性能极其稳定、膨胀系数小，易于在高温下加工，且光纤的性能不随温度而改变等优点。此外，氧化物玻璃光纤还包括多元氧化物光纤，如 $SiO_2-CaO-Na_2O$、$SiO_2-B_2O_3-Na_2O$ 等光纤。非氧化物光纤有氟化物玻璃（如 $ZrF_4-BaF-LaF_3$），硫族化合物玻璃（如 As-S 及 As-Se 系）和卤化物玻璃（如 $ZnCl_2$、$KCl-BiCl_3$、$ZnBr_2$）。聚合物光纤的材料有聚苯乙烯、聚甲基苯烯酸甲酯、聚碳酸酯等。

问题讨论：

组成和结构决定性质，性质决定用途和使用效能，通过化学知识的学习，请描述化学与无机材料之间有什么关系？

第 12 章　高分子材料

【本章学习要点】本章在介绍高分子化合物的基本概念、合成与制备方法的基础上，重点讨论高分子化合物结构与性能的关系，介绍一些重要的高分子材料的性能及应用。

<table>
<tr><td>学习目标</td><td colspan="2">1. 能对高聚物进行分类和命名，识别高聚物的基本结构和重要特性，能初步根据高聚物的结构特点与性能对其进行合理应用；
2. 能根据聚合物合成反应类型，写出单体结构，对聚合物的回收及再利用技术有初步了解；
3. 能识别几种重要的高分子材料及复合材料的组成、结构、性能，并知道其用途</td></tr>
<tr><td>能力要求</td><td colspan="2">1. 掌握高分子化合物的基础知识；
2. 能初步运用高分子化合物的性质，对简单的高聚物进行合成、改性及回收处理；
3. 掌握高分子化合物性能及合成、改性的基础知识；
4. 能在小组讨论中承担个体角色并发挥个体优势；具有自主学习的意识，逐渐养成终身学习的能力</td></tr>
<tr><td rowspan="2">重点难点预测</td><td>重点</td><td>高聚物的概念、命名、分类、基本结构和重要特性，几种重要聚合反应；高分子的相对分子质量及其表示方法，高分子结构与性能的关系</td></tr>
<tr><td>难点</td><td>几种重要的聚合物的合成反应，聚合物改性及回收再利用技术，高分子材料结构与性能关系</td></tr>
<tr><td>知识清单</td><td colspan="2">高分子相关概念、命名、分类、基本结构和重要性质，聚合物的合成反应，高分子结构与性能，重要高分子材料的性能及用途，改性及再利用技术</td></tr>
<tr><td>先修知识</td><td colspan="2">高中化学选修 5：有机化合物结构与性能，高分子材料的合成及应用等</td></tr>
</table>

课题 12.1　高分子化合物概述

1. 高分子化合物的相关概念

高分子化合物（简称高分子，又称高聚物或聚合物），顾名思义，高分子化合物是一类相对分子质量很高的物质，通常是指相对分子质量大于 10^4，原子间以共价键链接起来的大分子化合物。相对分子质量大是高分子化合物的基本特征之一，也是同低分子化合物的根本区别。但若相对分子质量不足 10^4，其物理性能与低分子化合物相比有明显差别的，也应属于高分子化合物。由于这类化合物表现出与无机、金属和有机小分子化合物完全不同的机械和化学性质，因而成为化学学科领域中的一个重要分支。

能通过相互间的化学反应生成高分子的小分子有机化合物称为单体。例如聚乙烯可以经由乙烯通过配位聚合反应制备得到，因此乙烯为聚乙烯的单体。

$$nCH_2=CH_2 \xrightarrow{\text{催化剂}} {+}CH_2{-}CH_2{+}_n \quad (12.1)$$

高分子化合物的相对分子质量虽然很大，但其化学组成一般却比较简单，它们的分子往往由相同的基本结构单元以共价键相连多次重复结合成高分子链。例如聚丙烯分子：

$$\left[CH_2-\underset{\displaystyle CH_3}{\underset{|}{CH}}\right]_n$$

其重复结构单元为$-CH_2-\underset{\displaystyle CH_3}{\underset{|}{CH}}-$，称为聚丙烯的链节。$n$ 为链节的数目，称为聚丙烯的聚合度。因此，高分子化合物的相对分子质量是链节分子式的相对分子质量与聚合度的乘积。

同一种高分子化合物中各个分子的聚合度不完全相同，因而各个高分子的相对分子质量也不相同，即高分子化合物是由链节结构相同但聚合度不同的分子组成的混合物。所以，高分子化合物的聚合度是指平均聚合度；其相对分子质量是指平均相对分子质量。高分子化合的中相对分子质量大小不等的这一性质称为高分子的多分散性（即不均一性），高分子化合物的分散性越大，一般其性能越差。

问题讨论：

从化学的角度讲，物质可以分为纯净物和混合物两类，其中纯净物又包括单质和化合物。那么高分子化合物是纯净物还是混合物？

2. 高分子化合物的特点

（1）化学组成

高分子化合物包括有机高分子和无机高分子两类，不过有机高分子无论在产量还是在用途上都处于垄断的地位。因此，这里是指有机高分子化合物，它们的分子主要由 C、H、O、N 等元素组成。即高分子化合物的化学组成一般比较简单，往往由特定的结构单元经过共价键多次重复结合而成高分子链。相对分子质量大，具有多分散性。

（2）分子结构

从分子结构上看，高分子化合物可归纳为线型和体型两种结构。线型结构中包括链型和支链型（图 12.1）。线型结构的特征是分子链中的原子以共价键相互联结成一条很长的卷曲状态的“链”或分子链汇总有支叉。体型结构的特征是分子链之间还有很多共价键交联起来，形成三维空间的网状结构。

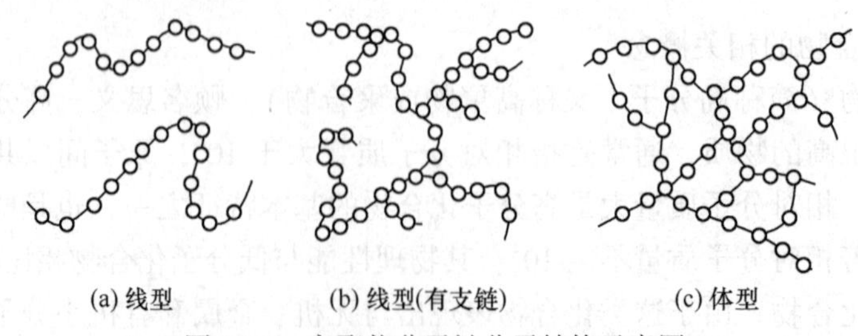

图 12.1　高聚物分子链分子结构示意图

（3）性能

高分子化合物由于其相对分子质量很大，使它具有低分子有机物所没有的特点，主要表现在物理性质上。

1）高分子化合物不挥发，不能蒸馏。通常高分子化合物是以固态或凝胶态存在。

2）高分子化合物的分子中的主链以共价键相连，因而高分子化合物有较好的绝缘性和耐腐蚀性。

3）高分子化合物由于其相对分子质量很大，有较好的机械强度。又因为分子链很长，分子链间的作用力大，因而表现出一定的韧性和耐磨性，同时具有较好的可塑性和高弹性。

4）高分子化合物的溶解性也很差，溶解过程很缓慢，其溶解行为与低分子化合物相比有很大差别，其溶解过程可分为溶胀和溶解两个阶段，有些高分子化合物不能溶解，只能溶胀，有的连溶胀也不能进行。溶解得到的高分子溶液有较大的黏度。

3. 高分子化合物的命名和分类

（1）分类

1）按来源分类

按来源分类，可把高分子化合物分成天然高分子和合成高分子两大类（图 12.2）。

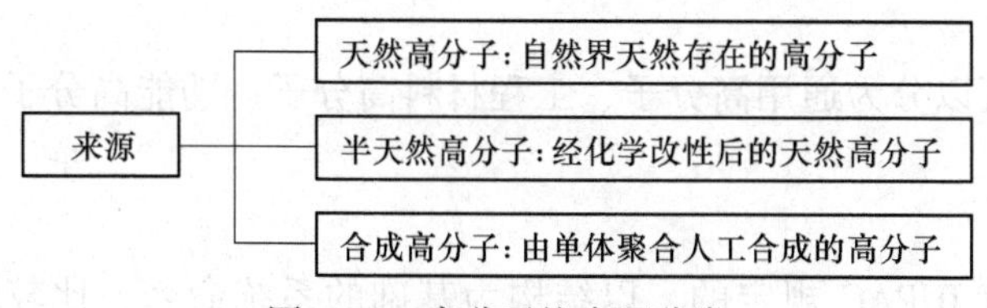

图 12.2　高分子按来源分类

2）按主链元素（链原子）组成分类

按主链结构可以分为碳链高分子、杂链高分子、元素有机高分子和无机高分子四大类（图 12.3）。无机高分子是指主链和侧链均由无机元素或集团组成。例如：

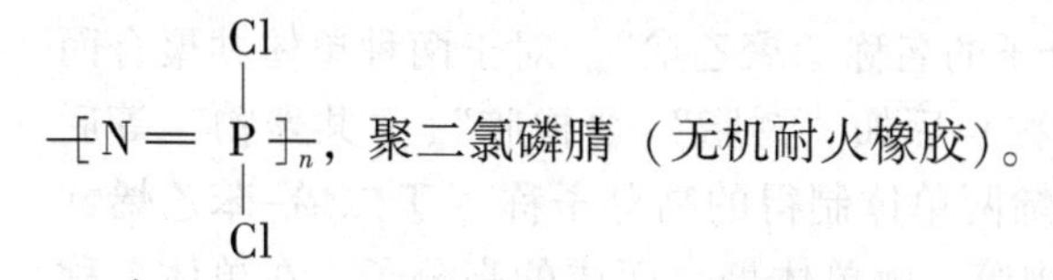

$\left[N = P(Cl)_2 \right]_n$，聚二氯磷腈（无机耐火橡胶）。

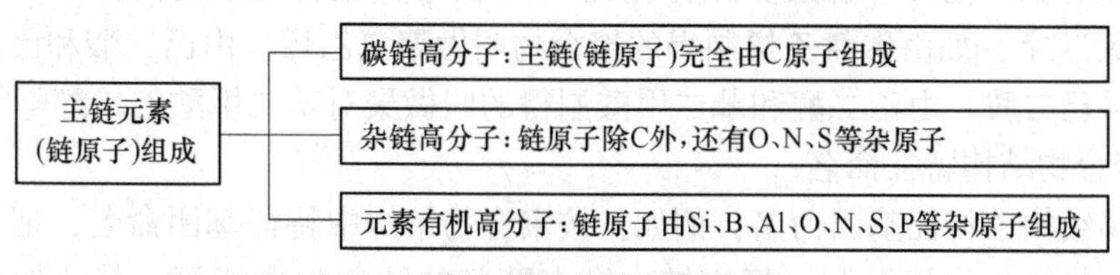

图 12.3　高分子按主链元素组成分类

3）按性能和用途分类

按性能和用途分类，可以分成塑料、橡胶、纤维、涂料、胶粘剂和功能高分子六大类（图 12.4）。其中塑料、橡胶和纤维的产量最大，与国民经济、人民生活关系密切，故称为“三大合成材料”。涂料是涂布于物体表面能粘成坚韧保护膜的涂装材料。胶粘剂是指具有良好的黏合性能，可将两种相同或不同物体黏结在一起的连接材料。功能高分子是指在高分子主链和侧链上带有反应性功能基团，并具有可逆或不可逆的物理功能或化学活性的一类高分子。

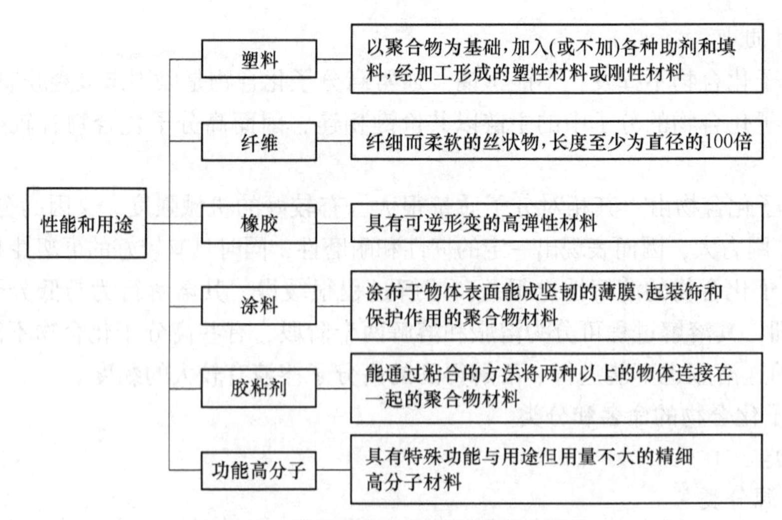

图 12.4　高分子材料按性能和用途分类

4）按功能分类

按功能分类，可以分为通用高分子、工程材料高分子、功能高分子、仿生高分子等。

（2）命名

1）系统命名法

高分子化合物有 IUPAC 规定的，以结构为基础的系统命名，比较严格但很烦琐，尤其对结构复杂的高分子化合物的命名、读写、交流都不方便，故很少使用。习惯上对合成高分子命名有如下三种方法。

2）按单体结构特征命名

按单体结构特征命名，是在原料单体的名称前，加一“聚合”中的“聚”字而成。例如单体“乙烯”加上“聚”字，即为高分子的名称“聚乙烯”。对于两种单体共聚合而成的高聚物，其名称通常在单体名称（或简称）后加“树脂”、“橡胶”、“共聚物”等后缀而成。例如，酚醛树脂，由丁二烯、苯乙烯两单体制得的高分子称“丁二烯-苯乙烯共聚物”或丁苯橡胶，乙烯-醋酸乙烯酯共聚物等。由单体聚合而成的高分子，在单体名称前面冠以“聚”字，如由聚氯乙烯制得的聚合物叫做聚氯乙烯，由己二酸和己二胺制得的聚合物己二酸己二胺，由乙二醇和苯二甲酸制得的叫做聚对苯二甲酸乙二醇酯等。

3）按聚合物结构特征命名

按聚合物结构中特征基团命名，例如，按聚合物结构中特征基团命名，把主链中含有酰胺基的聚合物统称为聚酰胺，把主链中含有酯基的统称为聚酯等。其他如聚氨酯、聚醚、聚碳酸酯等。

$$\underset{\text{聚酰胺}}{-\overset{\overset{\displaystyle O}{\|}}{C}-NH-}\qquad \underset{\text{聚酯}}{-\overset{\overset{\displaystyle O}{\|}}{C}-O-}\qquad \underset{\text{聚氨酯}}{-NH-\overset{\overset{\displaystyle O}{\|}}{C}-O-}\qquad \underset{\text{聚醚}}{-O-}$$

4）按商品名命名

按简称命名，由于高分子科学与生产实际联系紧密，并且高分子学名往往较长，常常使用简称。简称中包括商业性质的名称和英文名称的缩写。用后缀“纶”来命名合成纤维。如涤纶（聚酯纤维）、腈纶（聚丙烯腈纤维）、氯纶（聚氯乙烯）、丙烯（聚丙烯）、维尼纶（聚乙烯醇缩甲醛）、锦纶（聚己内酰胺）、氨纶（聚氨基甲酸酯）等。其中“耐纶”后面常常附有一个或两个数字。附一个数字时，为末位氨基酸的缩聚形成的化合物，此数字表示直链氨基酸单体中的碳原子数，如“尼龙 6”（即聚己内酰胺）。附两个数字时，为二元酸与二元胺缩聚形成的聚合物，如“尼龙 6，10”，其中前一数字表示直链二元胺中的碳原子数，后一数字表示二元酸中的碳原子数。另外，为解决聚合物名称冗长读写不便的问题，对常见的一些聚合物采用国际通用的英文缩写符号。例如，聚氯乙烯用 PVC(polvinyl chloride）表示，塑料和橡胶用高分子，常常以其英文名称的缩写表示。

课题 12.2　高聚物的基本结构与性能

高分子能作为材料在不同场合使用并表现出各种优异的物理性能，是因为它具有链的结构和聚集态结构。了解高分子的结构特征，认识结构与性能的内在联系，可以进一步指导高分子的合成，得到具有特定结构与性能的新型高分子。因此，研究高分子的结构与性能间的关系具有重要的科学与实际意义，是高分子物理学的核心内容。高聚物是由许多单个的链聚集而成，因而其结构包括单个高分子链的结构和许多高分子链聚集在一起表现出来的聚集态结构。

1. 高聚物的基本结构特征

高分子的结构主要分为链结构、聚集态结构和织态结构。

链结构是指单个高分子的结构与形态，包括近程结构和远程结构，其中近程结构属于化学结构，称为一级结构，而远程结构包括高分子的大小和链构象，称为二级结构。

聚集态结构是指高分子材料本体内部分子链间的堆砌结构，可分为结晶态结构、液晶态结构、无定形态结构和取向态结构。

高分子的织态结构或高次结构，是更高级的结构，是高分子材料在应用过程中的实际结构。高分子的织态结构或高次结构是由聚集态结构决定的，而聚集态结构又由其链结构决定。高分子结构如图 12.5 所示。下面对高分子结构中的一些重要内容进行较为详细的介绍。

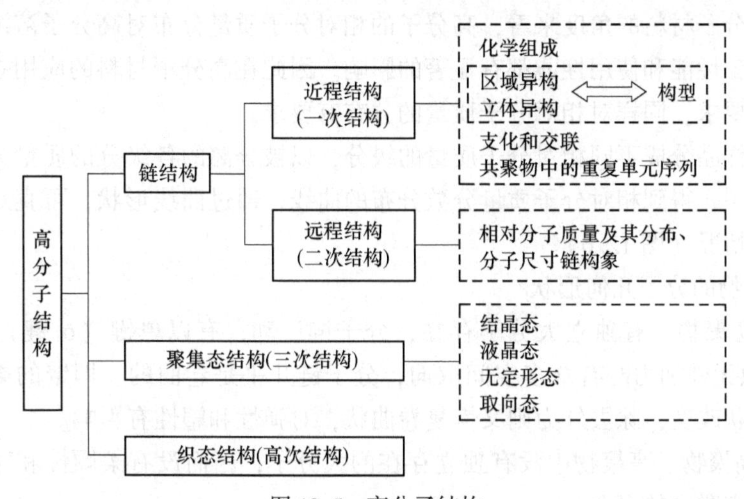

图 12.5　高分子结构

（1）高分子的相对分子质量及其分布

相对分子质量是高分子最基本的结构参数之一，与高分子材料物理性能有着密切的关系，高分子的许多优良物理性能均因其相对分子质量大而获得，因此在理论研究和生产实践中，经常需要测定高分子的相对分子质量。

同一种高分子中不同分子链所含的重复单元数目并不同，即高分子的相对分子质量具有不均一性，称为多分散性。一般所说的高分子的分子质量实际上是指它的平均相对分子质量。

高分子的平均相对分子质量有几种不同的表示方法，有数均相对分子质量、黏均相对分子质量等。

数均相对分子质量是高分子试样的质量除以试样中所含的分子总数（物质的量）。

$$\overline{M_{\mathrm{n}}} = \frac{m}{n} = \frac{\sum_i n_i M_i}{\sum n_i} = \sum_i x_i M_i$$

式中，m 为高分子试样的总质量；n 为高分子物质的量；i 表示高分子中不同相对分子质量的组分。相对分子质量 M_i 的第 i 种组分，其物质的量为 n_i，在整个试样中所占的物质的量分数为 x_i。

可以采用沸点升高法、凝固点降低法、渗透压法、端基分析法、凝胶色谱法等方法，测定高分子的数均相对分子质量。

采用稀溶液黏度法测得的高分子样品的相对分子质量，称为黏均相对分子质量。

把高分子试样溶解在合适的溶剂中，测得该溶液的黏度，可以推算得到高分子的黏均相对分子质量。黏均相对分子质量是高分子试样中不同大小的分子对溶液黏度贡献的平均表现。黏均相对分子质量的数值以及物理意义均不同于数均相对分子质量。

一般情况下，高分子的相对分子质量是不均一的，具有一定的分布，称为相对分子质量的多分散性。高分子的物理性能不仅与相对分子质量有关，也与相对分子质量的分布密切相关。从高分子材料的角度来看，高分子的相对分子质量分布对高分子溶液的性质、高分子材料的加工性能和使用性能都有显著的影响。因此在高分子材料的应用中，不仅对相对分子质量有要求，同样对相对分子质量的分布有要求。

将高分子样品分成不同相对分子质量的级分，以被分离的各级分的质量分数对平均相对分子质量作图，得到相对分子质量分数分布的曲线，通过曲线形状，可直观判断相对分子质量分布的情况（图 12.6）。

（2）高聚物的分子几何形状

1）线型高聚物。有独立大分子存在，分子链运动，有以单键（σ 键）为轴的旋转（图 12.7），故无外加力时有众多空间取向，分子链几乎是卷曲的，即链的柔顺性，有外力时分子链形状改变，除去外力则又恢复卷曲状，对弹性和塑性有影响。

2）体型高聚物。高聚物中没有独立存在的大分子，因而没有柔顺性和相对分子质量的概念，只有交联度的概念。

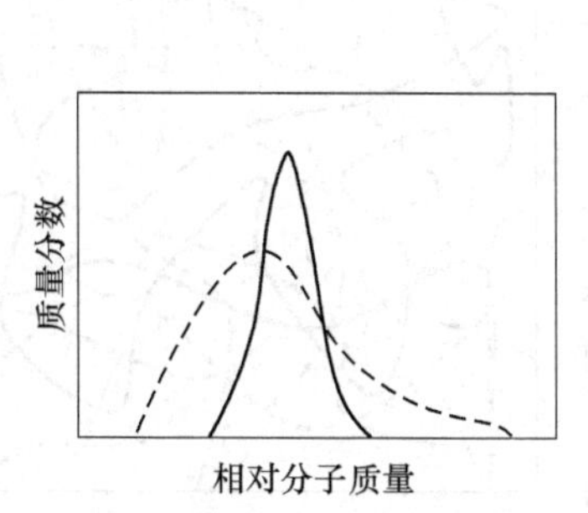

图 12.6　高分子试样的相对分子质量分布示意图

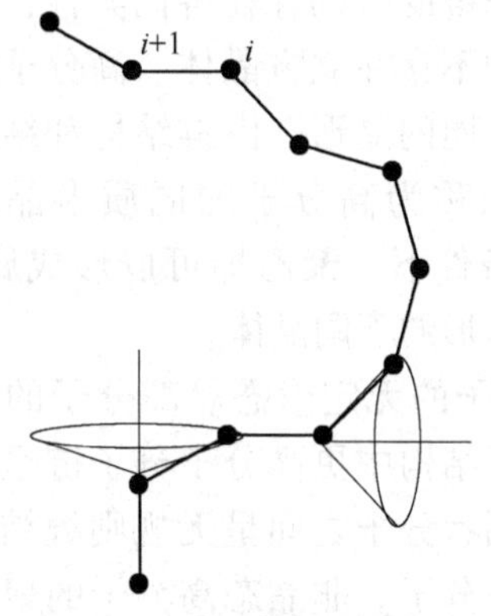

图 12.7　键角固定的高分子链节的旋转示意图

（3）高聚物的聚集态

高分子的性能不仅与高分子的分子组成、分子结构和相对分子质量等链结构有关，也和高分子链在空间排列（堆砌）结构即聚集态结构有关。高分子的链结构决定了高分子的基本性质，而高分子的聚集态结构决定了高分子本体的性质。例如，有的高分子具有很好的弹性（如天然橡胶），有的则几乎没有弹性显得很坚硬（如聚苯乙烯），这主要是由于它们的聚集态结构不同的缘故。

1）高分子的结晶态。有些高分子能够结晶，如聚乙烯和聚丙烯等。其链段能够在三维空间产生周期性有序规则排列，成为结晶态。由于高分子的分子链很长，要使分子链每一部分都作有序规则排列是很困难的，因此高分子的结晶度一般不能达到100%。也就是说，结晶性高分子中仍然存在许多无序排列的区域，即分子链为定形态的区域。人们把高分子中结晶性的区域称为结晶区，无序排列的区域称为非晶区（图 12.8）。高分子中结晶区域所占的比率称为结晶度。结晶性高分子有一定的熔点。

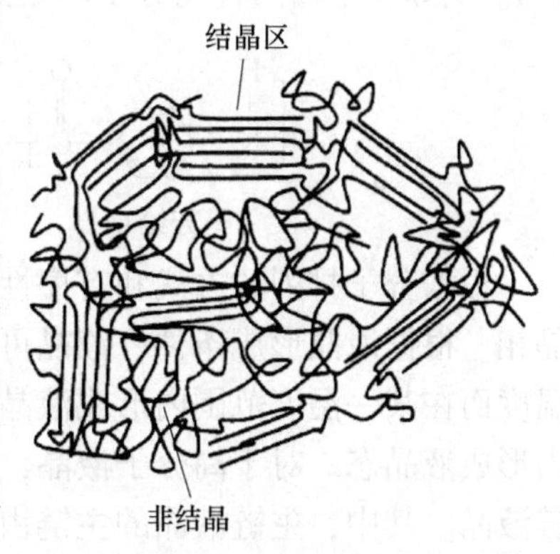

图 12.8　结晶区与非结晶区示意图

实验观察到的高分子晶体，其片晶厚度只有十几纳米，而高分子的分子链长度能有几百纳米，远远大于片晶厚度，所以一般认为分子链在结晶区内部是折叠排列的，如图 12.9 所示。

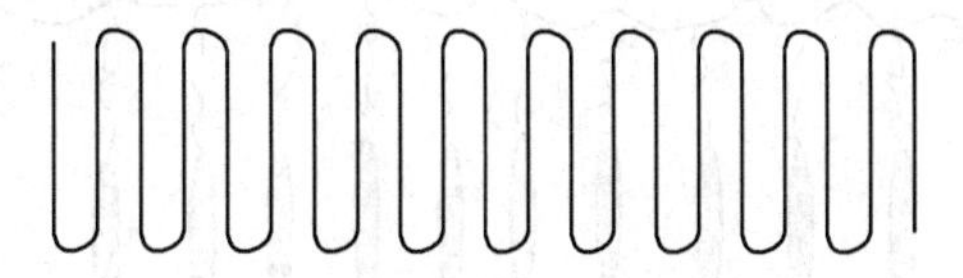
图 12.9　高分子链在结晶区内部的折叠示意图

可以看到，沿着分子链方向，原子间由共价键相连，而在其他方向，则只有分子间相互作用力。分子间相互作用使分子链间的距离只能在范德华距离允许的范围内，导致高分子晶体中分子链的排列存在各向异性，所以在高分子的晶体中不存在立方晶体。高分子结晶时可以形成几种不同的晶形，由链结构和结晶条件决定，这种现象称为高分子的同质多晶现象。例如，在不同条件下，聚乙烯可以形成属于正交、三斜或单斜晶形的不同晶体。

2）高分子的无定形态。高分子的无定形态是指在聚集态结构中更高分子分子链呈无规则的线团状，线团状分子之间呈无规则缠结形态，也称为非晶态高分子。非晶态高分子的聚集态结构是均相的。如图 12.10 所示。

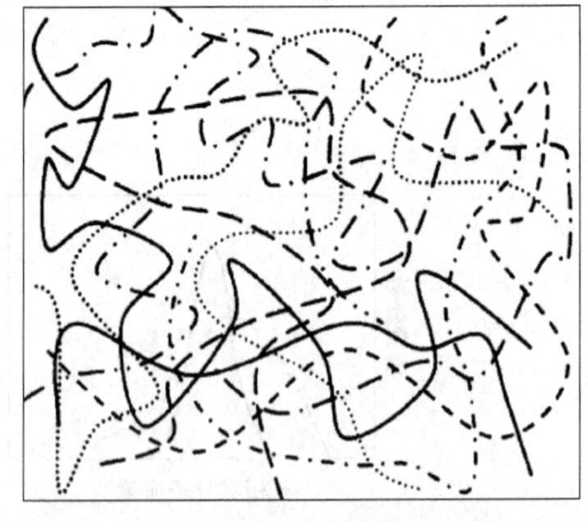

图 12.10　非晶态高分子的聚集态结构示意图

3）高分子的液晶态。液晶态是一种介于结晶固态和无序液态之间的一种特殊形态，液晶态同时具有晶体和液体的部分性质。液晶态没有固态物质的刚性，具有液态物质的流动性，同时局部具有结晶态物质的分子有序排列，在物理性质上呈现各向异性。处于液晶态的物质称为液晶。

液晶包括高分子液晶和小分子液晶。不论高分子还是小分子，形成有序流体都必须具备一定条件，从结构上讲，称其为液晶基元。液晶基元通常是具有刚性结构的分子，呈棒状、近似棒状或盘状。对于棒状分子要求其长径比大于 4，对于盘状分子要求其轴比小于 1/4。例如，下面两种高分子均是液晶高分子。

$$-\!\!\left[\mathrm{NH}-C_6H_4-\mathrm{CO}\right]_n\!\!-$$

芳纶14

$$-\!\!\left[\mathrm{NH}-C_6H_4-\mathrm{NH}-\mathrm{CO}-C_6H_4-\mathrm{CO}\right]_n\!\!-$$

芳纶1414

根据分子排列的方式和有序性的不同，液晶可以分为近晶相、向列相和单甾相三种液晶相。根据液晶形成条件，液晶可以分为热致型液晶和溶致型液晶。其中，热致型指升高温度而在某一温度范围内形成液晶态；而溶致型液晶指溶解于某种溶剂中在一定浓度范围内形成液晶态。对于高分子液晶，根据液晶基元在分子链中的位置又可分为主链液晶和侧链液晶。其中，主链液晶的主链由液晶基元和柔性链节组成，侧链液晶的主链是柔性的，液晶基元位于侧链，如图 12.11 所示。

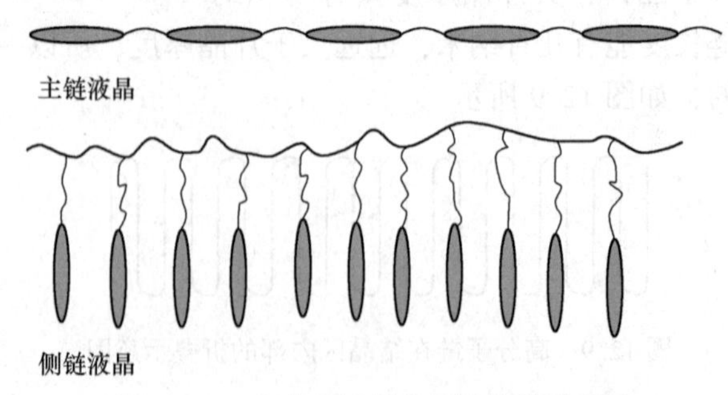

图 12.11　高分子液晶分子链结构示意图

4）高分子的取向态。高分子的取向态是指高分子的分子链、链段以及结晶性高分子中的晶片等沿着某一特定方向择优排列的聚集态结构。对于无定形态的高分子，分子链和链段是随机取向的，是各向同性的。而取向态的高分子，其分子链和链段在某些方向上择优排列，是各向异性的。取向态的有序程度比结晶态低，结晶态时分子链和链段在三维空间有序排列，而取向态仅是在一维或二维空间上有一定的有序。高分子的取向态结构通常是在外力作用下形成的，在外力不存在时会发生解取向，因此高分子的取向态是热力学不稳定态。

（4）高分子溶液

高分子溶解于溶剂中形成的均相混合物称为高分子溶液。由于高分子的相对分子质量大而且具有多分散性，高分子的链和聚集态结构复杂，因此高分子的溶解比小分子困难，高分子溶液的性质也比较复杂。

高分子的溶解需要经历两个阶段。首先，溶剂分子渗入高分子内部，使高分子链间产生松动，并通过溶剂化使高分子膨胀成凝聚状，称为溶胀。然后，随着时间的推移，溶解的高分子链从凝胶表面分散进入溶剂中，形成完全溶解的均相体系，即高分子溶液。

高分子的聚集态结构对其溶解过程有影响。结晶态高分子由于分子链堆砌较紧密，分子链之间的作用力较大，溶剂分子难以渗入其中，因此，其溶解常比非结晶态或无定形态的高分子要困难。一般需将其加热至熔点附近，待结晶态转变为非结晶态后，溶剂分子才能渗入，使高聚物逐渐溶解。体型交联的高分子不能够溶解，它只是在溶剂中膨胀。

高分子的相对分子质量对溶解过程有影响，相对分子质量大的高分子溶解速度慢，相对分子质量越高，越难以选择合适的溶剂。

高分子的溶解能力与高分子的极性相关，溶剂的选择要考虑“极性相近”的原则。极性大的高分子选用极性大的溶剂；极性小的高分子选用极性小的溶剂。例如，天然橡胶是弱极性的，可溶于汽油、苯、甲苯等非极性或弱极性溶剂中；聚苯乙烯也是弱极性，可溶于苯、乙苯等非极性或弱极性溶剂中，也可溶于极性不太大的丁酮中。聚甲基丙烯酸甲酯（俗称有机玻璃）是极性的，可溶于极性的丙酮中；聚乙烯醇极性相当大，可溶于水或乙醇等极性溶剂中。

高分子的浓溶液通常指高分子的浓度很高，一般大于10%。典型的例子有纺丝液，其浓度为15%～40%，用于纺丝制备纤维；凝胶和冻胶，这是高分子溶液已经失去了流动性，一般浓度高达30%～40%，如加了增塑剂的高分子、果冻等。

（5）线型非晶态高聚物的物理形态

高分子是长链分子，链结构复杂，其分子热运动具有多样性和复杂性。同一种高分子材料，由于其内部分子运动的情况不同，可以表现出不同的性质和性能。如日常用的塑料容器，在常温下具有相同的刚性，而在高温下就会变软；在常温下柔软和富有弹性的橡胶，而在低温下就会变硬和变脆。这些均是由不同温度下，高分子内部的分子链的热运动状态不同导致的。

高分子分子热运动的运动单元具有多重性的特点，可以是链节、链段、侧链和整个分子链等。高分子的分子热运动与环境温度密切相关。在低温时，通常只是链节和链段在局部空间范围内进行运动，温度升高可以使链节、链段和整个分子链在较大的空间范围产生运动。如高分子在熔融状态下整个分子链可以产生相对移动，表现为高分子的熔体可以流动。橡胶在零下温度时只有局部的链节能产生热运动，因此橡胶表现为硬脆；而在常温下橡胶的链段和分子链能产生热运动，因此表现为有弹性。

线型非晶态高聚物无固定容点，随温度变化会呈现三种物理状态：玻璃态、高弹态和黏流态，如图 12.12 所示。每种高分子材料都有其特定的玻璃化温度（T_g）、黏流化温度（T_f）或熔融温度（T_m）和分解温度（T_d）。

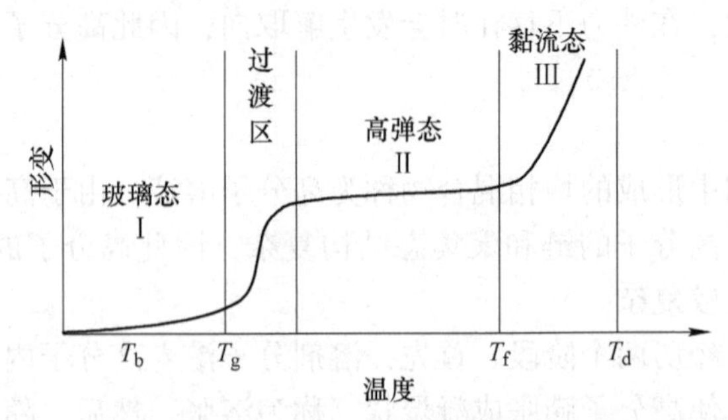

图 12.12　线型非晶态聚合物的物理形态与温度的关系

当温度较低时（区域Ⅰ），由于分子热运动的能量很低，尚不足以使分子链节、链段或整个分子链产生运动，分子热运动少，聚合物在外力作用下的形变小，当外力除去时，形变又立即恢复，表现为质硬而脆，呈现如玻璃状的固态，称为玻璃态。随着温度的升高，分子发生内旋转，较小的能产生很大的形变，且外力除去后，形变又可逐渐恢复（区域Ⅰ）。常温下的塑胶一般处于玻璃态，当温度升高到一定程度时，链节和链段可以较自由地旋转和运动，但高分子的整个分子链还是不能移动。此时在不大的外力作用下，可产生相当大的可逆性形变，当外力除去时，通过链节的旋转又恢复原状。这种受力能产生很大的形变，除去外力后能恢复原状的性能称高弹性。此种高聚物的形态成为高弹态。常温下的橡胶就处于高弹态。当温度继续升高时（区域Ⅲ），高分子得到的能量足以使整个分子链都可以自由运动，高聚物就成为了流动的黏稠液体（其黏度比液态低分子化合物的黏度要大得多），所以称为黏流态。此时外力作用下的形变在除去外力后，形变不能再恢复原状。塑料等制品的加工成型，即利用此阶段软化而可塑制的特性。玻璃态和高弹态之间的转变称为玻璃转变，对应的转变温度称为玻璃化温度，用 T_g 表示。T_g 是高分子的一项重要性质，它的高低不仅可确定该高分子是否适合作塑料，而且还能显示材料的耐热、耐寒性能。高分子分子链的刚性越大、相对分子质量越大和交联程度越高，其 T_g 越高。增加分子链的刚性或分子间的相互作用力，如引入刚性基团、极性基团、交联和结晶均会使 T_g 升高；相反，增加分子链的柔顺性或减弱分子链间的相互作用，如引入非极性基团、柔性基团、添加增塑剂或溶剂等，均能使 T_g 降低。表 12.1 列出了一些非晶态高分子的 T_g 和 T_f 值。

表 12.1　一些非晶态高分子的 T_g 和 T_f 值

高分子	T_g	T_f
聚氯乙烯	81	175
聚苯乙烯（无规）	100	135
聚甲基丙烯酸甲酯（无规）	105	150
聚丁二烯（顺丁橡胶）	−108	—
天然橡胶	−73	122
聚二甲基硅氧烷（硅橡胶）	−125	250

2. 高聚物的结构与性能的关系

（1）弹性和塑性

高聚物 T_g<室温、T_f>室温，则常温下处于高弹态，具有弹性，而且 T_g 越低、T_f 越高，则聚合物的耐寒性与耐热性越好，性能越优。高聚物 T_g>室温，则为塑料材料。

（2）力学性能

由于高分子是长链分子，其分子的运动与温度和观测的时间尺度相关，而高分子的形变是分子链相对运动的宏观表现，因此高分子材料在受力时，其形变具有温度和时间依赖性，表现为黏弹性行为。黏弹性是高分子材料力学性能的一个重要特性。升高温度可以提高分子链的运动能力，相当于缩短高分子形变所需的时间，而在较低温度时，分子链运动比较慢，要达到相同的形变量需要更长的时间，这时延长观测时间仍然可以得到相同的形变量。利用时温等效原理，能够对不同温度或不同频率下测得的高分子的力学量进行换算，可以得到一些在实际条件下无法通过实验测量的力学性能。高分子材料力学性能的另一种特性是弹性大。

高分子的力学性能主要指标有弹性模量、拉伸强度、冲击强度和硬度等，它们主要与分子链结构、链间的作用力、相对分子质量及其分布、接枝、结晶与取向等因素有关。高分子的相对分子质量增大，有利于增加分子链间的作用力，可使拉伸强度与冲击力等有所提高。高分子分子链中含有极性取代基在链间能形成氢键时，都可因增加分子链间的作用力而提高其强度。例如，聚氯乙烯因含极性基团—Cl，使其拉伸强度一般比聚乙烯高。又如，在聚酰胺的长链分子中存在着酰胺键（—CO—NH—），分子链之间通过氢键的形成增强了作用，使聚酰胺显示出较高的机械强度。适度交联有利于增加分子链之间的作用力。例如，聚乙烯交联后，冲击强度可提高 3~4 倍。但过分交联往往并不利，交联程度过高，材料易变脆。一般来说，在结晶区内分子链排列紧密有序，可使分子链间作用力增大，机械强度也随之增高。纤维的强度与刚性通常比塑料、橡胶都要好，其原因就在于制作纤维用的高聚物，特别是经过拉伸处理后，其结晶度是比较高的。结晶度的增加也会使链节运动变得困难，从而降低了高分子的弹性和韧性，影响其耐冲击强度。主链含苯环等的高聚物，其强度和刚性比含脂肪族支链的高分子的要大。因此，新型的工程塑料大都是主链含苯环、杂环的。引入芳环、杂环取代基也会提高高聚物的强度和刚性，例如，聚苯乙烯的强度和刚性通常都超过聚乙烯。

（3）电性能

高分子中一般不存在自由电子和离子，因此高分子通常是很好的电绝缘体，可作为绝缘材料。高分子的绝缘性能与其分子极性有关。一般来说，高分子的极性越小，其绝缘性越好。分子链节结构对称的高分子称非极性高分子，如聚乙烯、聚四氟乙烯等。分子链节结构不对称的高分子称极性高分子，如聚氯乙烯、聚酰胺等。通常可按分子链节结构与电绝缘性能的不同，可将作为电绝缘材料的高分子分为以下几种情况：

1）链节结构对称且无积极性基团的高分子，如聚乙烯、聚四氟乙烯，对直流电和交流电都绝缘，可用作高频电绝缘材料。

2）虽无极性基团，但链节结构不对称的高分子，如聚苯乙烯、天然橡胶等，可用作中频电绝缘材料。

3）链节结构不对称却具有极性基团的高分子，如聚氯乙烯、聚酰胺、酚醛树脂等，可用作低频或中频电绝缘材料。

4）两种电性不同的物质相互接触或摩擦时，会有电子的转移而使一种物体带正电荷，另一种物体带负电荷，这种现象称为静电现象。高分子材料一般是不导电的绝缘体，静电现象极普遍，不论是加工过程还是使用过程中，均可产生静电。例如，在干燥的气候条件下脱下合成纤维的衣裤时，常可听到放电而产生的“噼啪”声响，如果在暗处还可看到放电的光辉；有些新塑料薄膜袋很不易张开，也是静电作用的结果。高分子一旦带有静电，消除便很慢，如聚四氟乙烯、聚乙烯、聚苯乙烯等带的静电可持续几个月之久，有的电压可达到上千伏或几万伏。

高分子材料的这种现象已被应用于静电印刷、油漆喷涂和静电分离等。但静电往往是有害的，例如腈纶纤维起毛球、系灰尘；粉料在干燥运转中会结块；某些干燥场合，静电会引起火灾、爆炸等。因此，人们通常用一些抗静电剂来消除静电。常用的抗静电剂是一些表面活性剂，其主要作用是提高分子表面的导电性，使之迅速放电，防止电荷积累。另外，在高分子中填充导电材料如炭黑、金属粉、导电纤维等，也同样起到抗静电的作用。

近年来的研究发现，由于分子链结构的特殊性，某些特殊的高分子具有半导体、导体的电导率。因此，现在高分子在电器工业上的应用，已不再局限于作绝缘体或电介质，也可作高分子半导体、导体乃至超导体。导电高分子的研究也是近年来十分活跃的热点研究领域之一。

（4）溶解性和保水性

由于聚合物相对分子质量大，具有多分散性，可有线型、支化和交联等多种分子形态，聚集态又可表现为晶态、非晶态等，因此聚合物的溶解现象比小分子化合物复杂得多，具有许多与小分子化合物溶解不同的特性。聚合物的溶解是一个缓慢过程，包括两个阶段：

1）溶胀：由于聚合物链与溶剂分子大小相差悬殊，溶剂分子向聚合物渗透快，而聚合物分子向溶剂扩散慢，结果溶剂分子向聚合物分子链间的空隙渗入，使之体积胀大，但整个分子链还不能做扩散运动。

2）溶解：随着溶剂分子的不断渗入，聚合物分子链间的空隙增大，加之渗入的溶剂分子还能是高分子链溶剂化，从而削弱了高分子链间的相互作用，使链段得以运动，直至脱离其他链段的作用，转入溶解。当所有的高分子都进入溶液时，溶解过程才完成。

保水性：高吸水性树脂只溶胀不溶解，有惊人的吸水能力，加压不易挤出。

（5）化学稳定性

化学稳定性通常是指物质对水、酸、碱、氧化剂等化学因素的作用所表现的稳定性。一般高分子主要由 C—C、C—H、C—O 等共价键连接而成，含活泼的基团较少，且分子链相互缠绕，使分子链上不少基团难以参与反应，因而一般化学稳定性较高。尤其是被称作“塑料王”的聚四氟乙烯，不仅耐酸碱，还能经受煮沸王水的侵蚀。此外，由于高分子一般是电绝缘体，因而也不受电化学腐蚀。

高分子虽有较好的化学稳定性，但不同的高分子的化学稳定性还是有差异的。一些含酰氨基、酯基和氰基等基团的高分子不耐水，在酸或碱的催化下会与水反应。尤其当这些基团在主链中时，对材料的性能影响更大。例如，聚酰胺与水发生如下反应：

$$-\!\!\left[\begin{array}{c}\mathrm{H}\\ |\\ \mathrm{N}\end{array}-(\mathrm{CH_2})_6-\begin{array}{c}\mathrm{H}\\ |\\ \mathrm{N}\end{array}-\begin{array}{c}\mathrm{O}\\ \|\\ \mathrm{C}\end{array}-(\mathrm{CH_2})_4-\begin{array}{c}\mathrm{O}\\ \|\\ \mathrm{C}\end{array}\right]_n\!\!- + \mathrm{H_2O}$$

$$\rightarrow \sim\sim\begin{array}{c}\mathrm{H}\\ |\\ \mathrm{N}\end{array}-(\mathrm{CH_2})_6-\begin{array}{c}\mathrm{H}\\ |\\ \mathrm{N}\end{array}-\mathrm{H} + \begin{array}{c}\mathrm{O}\\ \|\\ \mathrm{C}\\ |\\ \mathrm{OH}\end{array}-(\mathrm{CH_2})_4-\begin{array}{c}\mathrm{O}\\ \|\\ \mathrm{C}\end{array}\sim\sim$$

高分子材料的缺点是不耐久，易老化。老化是指在加工、储存和使用过程中，长期受化学、物理（热、光、电、机械等）以及生物（霉菌）因素的综合影响，高分子发生裂解或交联，导致性能变坏的现象。例如，塑料制品变脆、橡胶龟裂、纤维泛黄、油漆发漆等。

高分子的老化可归结为链的交联和链的裂解。裂解又称为降解（指大分子断链变为小分子的过程），上述聚酰胺与水的反应也是一种裂解。降解使高分子的聚合度降低，以致变软、发黏，丧失机械强度。例如，天然橡胶易发生氧化而降解，使之发黏。老化通常以降解反应为主，有时也伴随有交联。交联可使链型高分子变为体型结构，增大了聚合度，从而使之丧失弹性，变硬变脆。例如，丁苯橡胶等合成橡胶的老化以交联为主。在引起高分子老化的诸因素中，以氧化剂、热、光最为重要。通常又以发生氧化而降解的情况为主，且往往是在光、热等因素影响和促成下发生的。

防止高分子老化和延长高分子材料使用寿命的方法一般有：

1）通过改善高分子的结构以提高分子材料的耐老化性能。如在高分子的分子链中引入较多的芳环、杂环结构，或在主链或支链中引入无机元素（如硅、磷、铝等）。均可提高其热稳定性。

2）在高分子材料的加工过程中添加防老化剂。为了延长光、氧、热对高分子的老化作用，通常可在高分子中加入各类光稳定剂、防止氧气或臭氧引起老化的抗氧化剂或热稳定剂（如硬脂酸盐），等等。

3）采用一些物理防护的方法，如涂漆、镀金属、浸涂防老剂溶液等对高分子材料的保护。

问题讨论：

1. 同一种高分子化合物，其相对分子质量是否相同？为什么？
2. 高分子化合物的性能与哪些因素有关？

课题 12.3　高聚物的合成、改性及再利用

人们日常用的材料均是通过人工的方法得到的。由小分子单体合成高分子的反应称为聚合反应。高分子的合成属于高分子化学的重要内容。高分子化学主要是研究人工合成高分子的方法和原理。了解高分子的合成方法和原理，对于进一步设计和合成新型高分子材料具有重要意义。下面简单介绍高分子的一些主要合成方法及特点。

1. 高聚物的合成方法

由低分子单体合成聚合物的反应称为聚合反应。可以从不同的角度对聚合反应进行分类。根据聚合物和单体元素组成和共价键结构的变化可将聚合反应分为加聚反应和缩聚反应

两大类。按照反应机理可以将聚合反应分为连锁聚合和逐步聚合反应两大类。按反应机理分类涉及聚合反应的本质，主要是高分子化学反应机理、热力学和动力学等知识，在此不做讨论。

（1）加聚反应

单体因加成而聚合起来的反应称为加聚反应，即由含不饱和键或环状结构的一种或多种单体相互加成得到聚合物的反应。加聚反应的产物称为加聚物。加聚物的化学组成与其单体相同，在加聚反应中没有其他副产物，加聚物相对分子质量是单体相对分子质量的整数倍。由一种单体经加聚反应而合成的高分子称为均聚物。其分子链中只包含一种单体构成的链节，这种聚合反应称为均聚反应。如乙烯经均聚反应合成聚乙烯（图 12.13）。

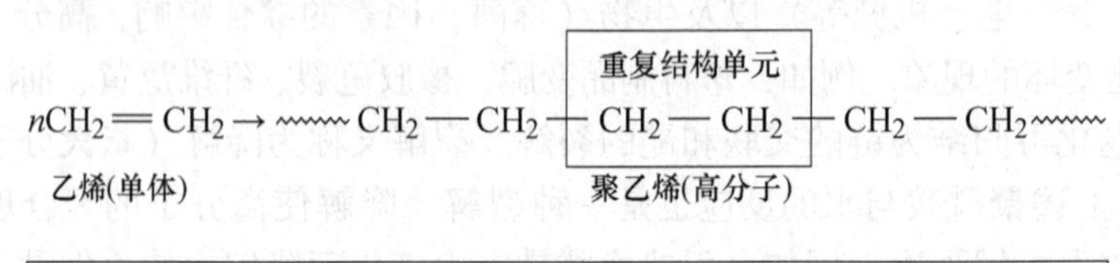

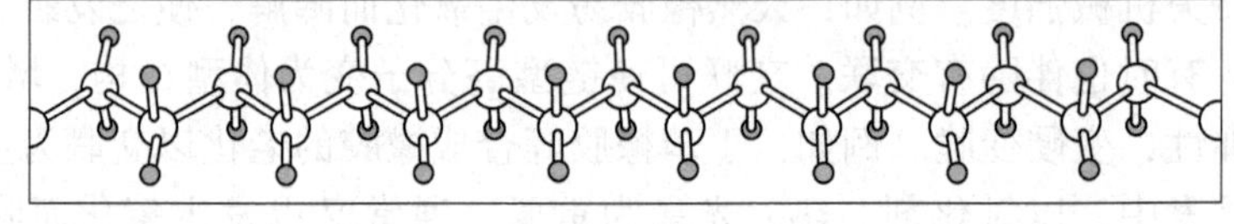

○C　●H

图 12.13　聚乙烯分子链结构示意图

由两种或两种以上单体进行加聚，生成的聚合物含有多种单体构成的链节，这种聚合反应称为共聚反应，生成的高分子称为共聚物。如 ABS 工程塑料，它是由丙烯腈（acrylonitrile，以 A 表示）、丁二烯（butadiene，以 B 表示）、苯乙烯（styrene，以 S 表示）三种不同单体共聚而成的。

（2）缩聚反应

缩聚反应是指由一种或多种单体相互缩合生成高分子的反应，其主产物称为缩聚物。缩聚反应往往是官能团间的反应，除形成缩聚物外，还有水、醇、氨或氯化氢等低分子副产物产生。缩聚反应兼有缩合出低分子和聚合成高分子的双重意义。

缩聚反应所用的单体必须具有两个或两个以上的官能团。一般含两个官能团的单体缩聚时，生成链型聚合物，含两个以上官能团的单体缩聚时可生成交联的体型聚合物。聚合物结构单元要比单体少若干原子。因为在缩聚反应中产生副产物，缩聚物的相对分子质量不再是单体相对分子质量的整数倍。

大部分缩聚物是杂链的聚合物，分子链中含有原单体的官能团结构特征，如含有酰胺键—NHCO—、酯键—OCO—、醚键—O—等。因此缩聚物容易被水、醇、酸等药品水解、醇解和酸解。尼龙、涤纶、环氧树脂等都是通过缩聚反应合成的。例如，己二酸和己二胺缩聚得到的尼龙-66 的反应。

$$nH_2NRCOOH \rightleftharpoons H(NH-R-\overset{\overset{\displaystyle O}{\|}}{C})_nOH+(n-1)H_2O$$

$$nHO-\overset{\overset{\displaystyle O}{\|}}{C}-R-\overset{\overset{\displaystyle O}{\|}}{C}-OH+nHOR'OH \rightleftharpoons H(O\overset{\overset{\displaystyle O}{\|}}{C}-R-\overset{\overset{\displaystyle O}{\|}}{C}-OR')_nOH+(2n-1)H_2O$$

（3）高聚物共混和高分子合金

共混高聚物是表观均一但含有两种或两种以上不同结构的多组分聚合物体系。通过共混可以提高高分子材料的物理力学性能、加工性能，降低成本和扩大使用范围。因而是实现聚合物改性和生产多性能新材料的重要途径之一。在高分子共混物的研究和应用中，常用相容性一词，两种聚合物共混后，如不出现宏观分相引起的弊病并产生性能上有益的效果，就称相容性好（也称混溶性好），反之称不相容。高分子共混物按生产方法分为机械共混物、化学共混物、胶乳共混物和溶液共混物。

高分子合金由两种或两种以上高分子材料构成的复合体系，即由两种或两种以上不同种类的树脂，或者树脂与少量橡胶，或者树脂与少量热塑性弹性体，在熔融状态下，经过共混，在机械剪切力作用下，使部分高聚物断链，再接枝或嵌段，抑或基团与链段交换，从而形成聚合物与聚合物之间的复合新材料。高分子合金技术使得高分子材料功能化和高性能化，相容剂是高分子合金技术的关键。让热力学不相容的不同高分子材料各自优越的性能进行叠加，这是高分子材料合金化的目的。高分子材料完全不容将失去使用价值，完全互容各项性能平均，同样降低材料的使用价值。

2. 高聚物的改性方法

高分子的改性是指通过各种方法改变已有材料的组成、结构，以达到改善高分子的性能、扩大品种和应用范围的目的。如天然纤维经硝化可制得塑料、清漆、人造纤维等产品，使其扩大了应用范围；橡胶经硫化，可改善其使用性能；在塑料、橡胶或胶粘材料中添加稳定剂、防老剂，可以延长其使用寿命。因此，高分子的改性和合成新的高分子具有同等重要的意义。高分子的改性方法可以分为化学改性与物理改性法两大类。

（1）化学改性

化学改性是指通过化学反应改变高分子本身的组成、结构，以达到改变高分子的化学与物理性质的方法。常用的有下列三类反应。

1）交联反应。通过化学键的形成，使线型高分子连接成为体型高分子的反应，称为交联反应。一般经过适当交联的高分子材料，在机械强度、耐溶剂和耐热等方面都比线型高分子有所提高。例如，橡胶的硫化就是通过交联反应对橡胶进行改性。未经硫化的橡胶（常称生橡胶）分子链之间容易产生滑动，受力产生形变后不能恢复原状，其制品表现为弹性小、强度低、韧性差、表面有黏性，且不耐溶剂，因此使用价值不大，而硫化则可使橡胶的高分子链通过“硫桥”适度交联，形成体型结构。例如：

$$
\begin{array}{c}
\quad\ \ CH_3 \\
\quad\ \ | \\
-CH_2-\overset{}{C}-CH-CH_2- \\
\qquad\ \ |\qquad | \\
\qquad\ \ S\qquad S \\
\qquad\ \ |\qquad | \\
-CH_2-C-CH-CH_2- \\
\quad\ \ | \\
\quad\ \ CH_3
\end{array}
$$

经部分交联后的橡胶，可减少分子链间的相互滑动，但仍允许分子链的部分延伸和伸长，因此既提高了强度和韧性，又同时具有较好的弹性。部分交联还是橡胶在有机溶剂中的溶解变难了，具有耐溶剂性。但由于橡胶中仍留有溶剂分子能透入的空间，因此硫化后的橡胶或合成橡胶都要进行硫化。目前用于橡胶工业中的硫化剂（即交联剂）已远不止硫黄一种，但习惯上仍将橡胶的交联称为硫化。

2）共聚和接枝反应。由两种或两种以上不同单体通过共聚反应生成的共聚物，往往在性能上有取长补短的效果，因而共聚反应也常用作高分子材料的变性的方法。根据单体的种类多少分为二元共聚、三元共聚等，根据高分子的分子结构的不同可分为无规共聚、嵌段共聚、交替共聚和接枝共聚等。如ABS工程塑料就是共聚改性的典型实例，ABS树脂既保持了聚苯乙烯优良的电性能和易加工成型性，又由于其中丁二烯可提高弹性和冲击强度，丙烯腈可增加耐热、耐油、耐腐蚀性和表面硬度，使之成为综合性能优良的工程材料。而且可以根据使用者对性能的要求，改变ABS中三者的比例，合成得到具有合适分子结构的ABS树脂。

接枝使之在高分子分子链上通过化学键结合上适当的支链或功能性侧基的反应，所形成的产物称为接枝共聚物。通过共聚可将两种性质不同的高分子接枝在一起，形成性能特殊的高分子。因此，接枝改性是改变和改善高分子材料性能的一种简单又行之有效的方法。接枝共聚物的命名以组成主分子链的A单元放在前面，组成分枝的B单元放在末尾，两者之间用—g—连接起来，加上括号并冠以字首“聚”，即聚（A—g—B），如聚（丁二烯—g—苯乙烯）。接枝共聚物的性能决定主链和支链的组成、结构和长度以及支链数。如高抗冲聚苯乙烯（HIPS），就是将用量约10%的聚丁二烯橡胶溶于苯乙烯单体中，加入引发剂进行本体或悬浮接枝共聚合，在聚丁二烯的主链接枝上许多聚苯乙烯侧链。由于聚丁二烯橡胶具有很好的韧性，大大地提高了聚苯乙烯的抗冲强度。

3）官能团反应。官能团反应是指通过对高分子的分子链进行化学反应从而在分子链上引入特定官能团，使改性后的高分子具有某一特定性能的方法。如常用的离子交换树脂就是利用官能团反应，在高分子的分子链上引入可供离子交换的基团而制得的。

离子交换树脂是一类功能高分子，它不仅要求具有离子交换功能，而且应具备不溶性和一定的机械强度。因此，先要制备树脂（即骨架），如苯乙烯—二乙烯苯共聚物（体型高分子），然后再通过官能团反应，在高聚物骨架上引入活性基团。例如，制取磺酸型阳离子交换树脂，可利用上述共聚物和H_2SO_4的磺化反应，引入磺酸基（$—SO_3H$），所得的离子交换树脂称为聚苯乙烯磺酸型阳离子交换树脂，可简称为$R—SO_3H$（R代表树脂母体）。$—SO_3H$中的氢离子能与溶液中的阳离子进行离子交换。聚苯乙烯磺酸型阳离子交换树脂的结构如下：

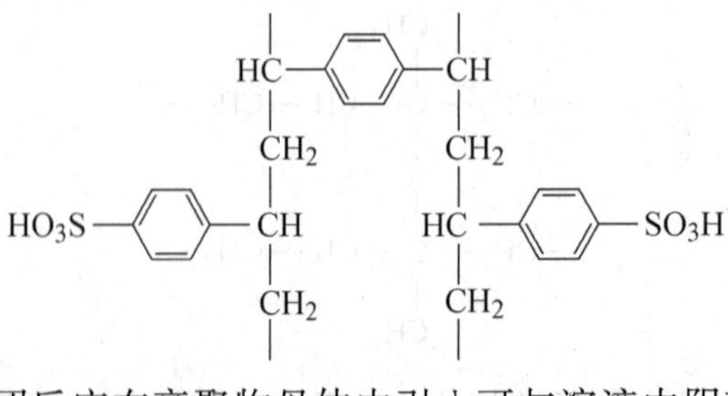

HC—C₆H₄—CH
CH$_2$　CH$_2$
HO_3S—C₆H₄—CH　HC—C₆H₄—SO_3H
CH$_2$　CH$_2$

同理，若利用官能团反应在高聚物母体中引入可与溶液中阴离子进行离子交换的基团，即可得阴离子交换树脂。例如，季铵型阴离子交换树脂$R—\overset{+}{N}(CH_3)_3Cl^-$。

（2）物理改性

高分子的物理化学改性是指高分子中掺和各种助剂（又叫添加剂），将不同高分子共混，或用其他材料与高分子材料复合而完成的改性。可见，它主要是通过混入其他组分来改变和完善原有高分子的性能。

1）掺和改性。单一的聚合物往往难以满足性能与工艺所有的要求，因此，除少数情况（如食品包装用的聚乙烯薄膜）外，将聚合物加工或配制成塑料、胶粘材料等高分子材料时，通常要加入填料、增塑剂、防老剂（抗氧剂、热稳定剂、紫外光稳定剂）、着色剂、发泡剂、固化剂、润滑剂、阻燃剂等添加剂，以提高产品质量和使用效果。添加剂中有的用量相当可观，如填料（或称为填充料）、增塑剂等；有的用量虽少，但作用明显。下面着重介绍填料和增塑剂的作用。常用的无机填料有碳酸钙、硅藻土（主要成分为 $SiO_2 \cdot nH_2O$）、炭黑、滑石粉（$3MgO \cdot 4SiO_2 \cdot H_2O$）、金属氧化物等。有机填料用得较少，常用的有木粉、化学纤维、棉布、纸屑等。一般填料的加入量可占材料总质量约 40%~70%。填料可以改善高分子材料的力学性能、耐热性能、电性能以及加工性能等，同时还可降低塑料等的成本。通常借填料和高分子形成化学键，或降低高分子分子链的柔顺性，对材料可产生增强作用。例如，橡胶中常用炭黑作填料，有时也用二氧化硅（又称为白炭黑）作填料，它们主要对橡胶起增强作用。对炭黑这类粉状填料而言，填料往往分散得越细，增强效果越好。

增塑剂是一种能增进高分子柔韧性和熔融流动性的物质，增塑剂的加入能增大高分子分子链间的距离，减弱分子链之间的作用力，从而使其 T_g 和 T_i 值降低，材料的脆性和加工性能得以改善，例如，聚氯乙烯中加入质量分数为 30%~70%的增塑剂就成为软质聚氯乙烯塑料。为了防止增塑剂在使用过程中渗出、回发而损失，通常都选用一些高沸点（一般大于 300℃）的液体或低熔点的固体有机化合物（如邻苯二甲酸酯类、磷酸酯类、脂肪族二元酸酯类、环氧化合物等）作为增塑剂。此外还常选一些高分子作增塑剂。例如，用乙烯—醋酸乙烯酯共聚物作聚氯乙烯的增塑剂。由于高聚物增塑剂的相对分子质量大、挥发性小，从而使增塑剂不易从高分子材料中游离出去，成为一种长效增塑剂。

2）共混改性。两种或两种以上不同的高分子形成的共混高分子（又称为高分子合金），往往具有纯组分所没有的综合性能。近年来，这个领域中的研究工作十分活跃，日益引起人们的重视。

3. 高聚物的加工

将高分子化合物经过工程技术处理后所得到的材料称为高分子材料。高聚物的加工是将高分子材料转变成所需形状和性质的实用材料或制品的工程技术。主要内容包括橡胶加工和塑料加工。塑料加工又称塑料成型加工，是将合成树脂或塑料转化为塑料制品的各种工艺的总称，是塑料工业中一个较大的生产部门。塑料加工一般包括塑料的配料、成型、机械加工、接合、修饰和装配等。后四个工序是在塑料已成型为制品或半制品后进行的，又称为塑料二次加工。塑料加工所用的原料，除聚合物外，一般还要加入各种塑料助剂（如稳定剂、增塑剂、着色剂、润滑剂、增强剂和填料等），以改善成型工艺和制品的使用性能或降低制品的成本。塑料配料即是将添加剂与聚合物经混合、均匀分散为粉料，又称为干混料。有时粉料还需经塑炼加工成粒料。这种粉料和粒料统称配合料或模塑料。塑料成型是塑料加工的关键环节。将各种形态的塑料（粉料、粒料、溶液或分散体）制成所需形状的制品或坯件。成型的方法多达三十几种。它的选择主要取决于塑料的类型（热塑性还是热固性)、起始形态以及制品的外形和尺寸。加工热塑性塑料常用的方法，有挤出、注射成型、压延、吹塑和热成型等，加工热固性塑料一般采用模压、传递模塑，也用注射成型。层压、模压和热成型是使塑料在平面上成型。上述塑料加工的方法，均可用于橡胶加工。此外，还有以液态单体或聚合物为原料的浇铸等。在这些方法中，以挤出和注射成型用得最多，也是最基本的成型方法。塑件接合是把塑料件接合起来的方法，有焊接和粘接。焊接法是使用焊条的热风焊接，使用热极的热熔焊接，以及高频焊接、摩擦焊接、感应焊接、超声焊接等。粘接法可按所用的胶粘剂分为熔剂、树脂溶液和热熔胶粘接。塑件装配是指用黏合、焊接以及机械连接等方法，使制成的塑料件组装成完整制品的作业。例如：塑料型材，经过锯切、焊接、钻孔等步骤组装成塑料窗框和塑料门。机械加工是借用金属和木材等的加工方法，制造尺寸很精确或数量不多的塑料制品，也可作为成型的塑料加工辅助工序，如挤出型材的锯切。由于塑料的性能与金属和木材不同，塑料的热导性差，热膨胀系数、弹性模量低，当夹具或刀具加压太大时，容易引起变形，切削时受热易熔化，且易黏附在刀具上。因此，塑料进行机械加工时，所用的刀具及相应的切削速度等都要适应塑料特点。常用的机械加工方法有锯、剪、冲、车、刨、钻、磨、抛光、螺纹加工等。此外，塑料也可用激光截断、打孔和焊接。表面修饰目的是美化塑料制品表面，通常包括机械修饰，即用锉、磨、抛光等工艺，去除制件上毛边、毛刺，以及修正尺寸等；涂饰，包括用涂料涂敷制件表面，用溶剂使表面增亮，用带花纹薄膜贴覆制品表面等；施彩，包括彩绘、印刷和烫印；镀金属，包括真空镀膜、电镀以及化学法镀银等。其中烫印是在加热、加压下，将烫印膜上的彩色铝箔层（或其他花纹膜层）转移到制件上。许多家用电器及建筑制品、日用品等，都用此法获得金属光泽或木纹等图案。橡胶制品种类繁多，但其生产工艺过程却基本相同，以一般固体橡胶为原料的制品，其生产工艺过程主要包括原料准备、塑料、混炼、压延或挤出、成型和硫化等基本工序。每个工序针对制品有不同的要求，分别配合以若干辅助操作。为了能将各种所需的配合剂加入橡胶中，生胶首先需经过塑炼提高其塑性；然后通过混炼将炭黑及各种橡胶助剂与橡胶均匀混合成胶料；胶料经过压出制成一定形状坯料；再使其与经过压延挂胶或涂胶的纺织材料（或与金属材料）组合在一起成型为半成品；最后经过硫化又将具有塑性的半成品制成高弹性的最终产品。

4. 高聚物的回收与再利用技术

随着我国国民经济的不断发展，环境污染问题也日益严重，化工行业渗透在各个方面，与人们的衣、食、住、行密切相关，是国民经济十分重要的一部分，而化工环保也就显得尤为重要。其中降低原材料成本和提高副产品的循环利用效率为重中之重。本节综述塑料、橡胶、复合材料和其他交联高分子材料回收利用现状和进展，简述废弃高分子材料回收利用存在的科技问题及其发展方向。目前全球高分子聚合物的产量已超过2亿吨，高分子材料在生产、处理、循环、消耗、使用、回收和废弃的过程中也带来了沉重的环境负担。聚合物废料的来源主要有生产废料、商业废料、用后废料。我国每年废弃塑料和废旧轮胎占城市固态垃圾质量的10%，占体积的30%~40%，难以处理，形成所谓“白色污染”（废弃塑料）和黑色污染（废弃轮胎)，影响人类生态环境，也影响高分子产业自身的进一步发展。因此废弃高分子材料的回收利用对建设循环经济、节约型社会意义重大。

（1）再生利用和改性利用

此法分为简单再生利用和改性再生利用。例如将废旧塑料经过分拣、清洗、破碎、造粒后直接进行成型加工制造产品，即为简单再生利用方式。改性再生利用是靠机械共混或化学接枝进行改性，如增韧、增强、共混改性或交联接枝等化学改性，经改性的再生制品的力学性能更好，因此改性再生利用是废旧塑料回收利用的发展趋势。

（2）热分解回收化工原料

采取加热的方式使得聚合物大分子链分解，使其回到低分子化合物状态，回收化工原料，此法缺点是投资大，技术工艺要求严格。

（3）焚烧回收热能

这是指燃烧不能以其他方法加工的混合塑料或残留物，以利用其释放的热能，包括焚烧废物获取能量和燃烧废物燃料以获取能量。前者用垃圾作燃料来产生蒸汽、热水和电；后者用废料制燃烧粒子，并在锅炉或焚烧器中燃烧产生能量。但是焚烧法会产生有毒气体，污染大气，焚烧的无毒化处理设备投资大、成本高，目前还仅限于发达国家和我国局部地区采用。能量回收是高分子材料循环利用中比较重要的循环方法，但要注意二次污染问题。

（4）掩埋处理

将废弃物深埋于地下，不至于影响表皮土层的生态发展，此法不是解决问题的根本办法。

（5）降解处理

包括光降解和微生物降解。

问题讨论：

1. 什么是高分子合金？它与传统合金材料有何区别和联系？
2. 为何要对高分子化合物进行改性？有哪些改性方法？
3. 谈谈对高分子材料的回收与再利用的目的和意义。

课题12.4　高分子材料的应用

1. 塑料

塑料是常温下有固定形状和强度，在高温下具有可塑性的高分子材料，它是以树脂（或在加工过程中用单体直接聚合）为主要成分，以增塑剂、填充剂、润滑剂等添加剂为辅助成分，在加工过程中一定温度和压力的作用下能流动成型的高分子有机材料。塑料的主要成分是树脂，约占塑料总量的40%~100%。树脂是指受热时有转化或熔融范围，转化时受外力作用具有流动性，常温下呈固态或半固态或液态的有机聚合物，它是塑料最基本的、也是最重要的成分。

（1）塑料的分类

塑料按照受热后形态性能可以分为热塑性塑料和热固性塑料两大类。

1）热塑性塑料。热塑性塑料是指在特定温度范围内能反复加热软化和冷却硬化的塑料，其分子结构是线型或支链型结构。可反复成型，柔韧性大，脆性低。例如聚乙烯（PE）、聚丙烯（PP）、聚苯乙烯（PS）、聚氯乙烯（PVC）、聚甲醛（POM）、聚酰胺（俗称尼龙）（PA）、聚碳酸酯（PC）、丙烯腈-丁二烯-苯乙烯共聚物（ABS）、聚甲基丙烯酸甲酯（俗称有机玻璃）（PMMA）、丙烯腈-苯乙烯共聚物（A/S）、聚酯、聚对苯二甲酸丁二醇酯（PBT）、聚对苯二甲酸乙二醇酯（PET）等。

2）热固性塑料。热固性塑料是指在受热或其他条件下能固化成不熔不溶性物质的塑料，其分子结构最终为体型结构，即变化过程不可逆。例如酚醛树脂（PF）、环氧树脂（EP）、氨基树脂、醇酸树脂、烯丙基树脂、脲甲醛树脂（UF）、三聚氰胺树脂、不饱和聚酯（UP）、硅树脂、聚氨酯（PUR）等。

塑料按用途可以分为三类：

①通用塑料。人们将来源广、产量大、价格低、用途广、影响面宽的一些塑料品种习惯称为通用塑料。通用塑料主要包括聚乙烯、聚丙烯、聚氯乙烯、聚苯乙烯、ABS（丙烯酸—丁二烯—苯乙烯）、聚甲基苯烯酸甲酯和氨基塑料等，其产量占整个塑料产量的 90% 以上，故又称为大宗塑料品种。例如聚氯乙烯、聚苯乙烯、聚乙烯、聚丙烯、酚醛树脂、氨基树脂。

②工程塑料。从广义上说，是指凡可作为工程材料即结构材料的塑料。从狭义上说，是指具有某些金属性能，能承受一定的外力作用，并有良好的力学性能、电性能和尺寸稳定性，在高、低温下仍能保持其优良性能的塑料。通常用于对强度、耐磨性和力学性能要求较高的场合。通用工程塑料如聚酰胺、聚碳酸酯、聚甲醛、丙烯腈—丁二烯—苯乙烯共聚物、聚苯醚（PPO）、聚对苯二甲酸丁二醇酯（PBTP）及其改性产品。特种工程塑料（高性能工程塑料）如耐高温、结构材料。聚砜（PSU）、聚酰亚胺（PI）、聚苯硫醚（PPS）、聚醚砜（PES）、聚芳酯（PAR）、聚酰胺酰亚胺（PAI）、聚苯酯、聚四氟乙烯（PTFE）、聚醚酮类、离子交换树脂、耐热环氧树脂。

③特种塑料。特种塑料是指具有耐辐射、超导电、导磁和感光等特殊功能的塑料。例如氟塑料、有机硅塑料。

（2）常见塑料的主要性能及用途

1）聚乙烯（PE）

$$\left[CH_2 - CH_2 \right]_n$$

聚乙烯是乙烯经聚合制得的一种热塑性树脂。在工业上，也包括乙烯与少量 α-烯烃的共聚物。为白色蜡状半透明材料，柔而韧，稍能伸长，比水轻，易燃，无毒无臭，具有优良的耐低温性能（最低使用温度可达-70～-100℃），化学稳定性好，能耐大多数酸碱的侵蚀（不耐具有氧化性质的酸侵蚀）。常温下不溶于一般溶剂，吸水性小，电绝缘性优良。聚乙烯是塑料工业中产量最高的品种。聚乙烯是不透明或半透明、质轻的结晶性塑料，具有优良的耐低温性能（最低使用温度可达-70～-100℃），电绝缘性、化学稳定性好，能耐大多数酸碱的侵蚀，但不耐热。聚乙烯适宜采用注塑、吹塑、挤塑等方法加工。按合成方法的不同，可分为高压、中压和低压三种。近年来还开发出超高相对分子质量（300 万～600 万）聚乙烯和多种乙烯共聚物等新品种。

用途：高压聚乙烯一半以上用于薄膜制品，其次是管材、注射成型制品、电线包裹层等。中低、压聚乙烯以注射成型制品及中空制品为主。超高压聚乙烯具有优异的综合性能，可作为工程塑料使用。它机械强度、抗冲性和耐磨性极佳，但加工成型难，一般采用压缩与活塞挤出成型，主要用作齿轮、轴承、星轮、汽车燃料槽及其他工业用容器等。

2）聚丙烯（PP）

$$\left[CH_2 - \underset{\underset{CH_3}{|}}{CH} \right]_n$$

聚丙烯是由丙烯聚合而得的热塑性塑料，通常为无色、半透明固体，无臭无毒，密度为0.90~0.919g·cm^{-3}，是最轻的通用塑料。其突出优点是具有在水中耐蒸煮的特性，耐腐蚀，强度、刚性和透明性都比聚乙烯好，其缺点是耐低温冲击性差，易老化，但可分别通过改性和添加助剂来加以改进。

聚丙烯由于价格低廉，综合性能良好，容易加工，因此应用比较广泛。特别是近些年来聚丙烯树脂改性技术的迅速发展，使它用途日趋广泛。普通的聚丙烯可以通过共聚改性、交联改性、接枝改性等化学改性方法和物理改性方法来扩大使用范围，在性能上可与工程塑料相媲美。

聚丙烯可制成家具、餐具、厨房用具、盆、桶、玩具等；可制成各种农具、渔网、蘑菇培养瓶等；可制成汽车部件，如方向盘、仪表盘、保险杠等；可制成电视机、收录机外壳、洗衣机内桶等；可制成编织袋，制成打包带，还可生产各种薄膜，用于重包装袋（如粮食、糖、食盐、化肥、合成树脂的包装），制成香烟的过滤嘴；可制成工业用布、地毯、衣服用布和装饰布，特别是聚丙烯土工布广泛应用于公路、水库建设，对提高工程质量有重要作用；可制成一次性注射器、手术用服装、个人卫生用品等；聚丙烯材料印刷性能比较好，可以印刷出特别光亮、色泽鲜艳的图案。可代替部分有色金属，广泛用于汽车、化工、机械、电子和仪器仪表等工业部门，如各种汽车零件、自行车零件、法兰、接头、泵叶轮、医疗器械（可进行蒸汽消毒）、管道、化工容器、工厂配线和录音带等。由于无毒，还广泛用于食品、药品的包装以及日用品的制造。

3）聚氯乙烯（PVC）

$$\left[CH_2 - \underset{\underset{Cl}{|}}{\overset{\overset{H}{|}}{C}} \right]_n$$

它是氯乙烯单体（vinyl chloride monomer，VCM）在过氧化物、偶氮化合物等引发剂，或在光、热作用下，按自由基聚合反应机理聚合而成的聚合物。氯乙烯均聚物和氯乙烯共聚物统称为氯乙烯树脂。聚氯乙烯是由氯乙烯聚合而得的塑料，通过加入增塑剂，其硬度可大幅度改变。它制成的硬制品、软制品都有广泛的用途。PVC 在我国应用比较广泛的是薄膜类，如农用棚膜、塑料布、棚布、包装材料；可以大量用来制造管材、片材和异型材，应用于建筑业，如 PVC 门窗、上下水管等；PVC 的透明片用于食品包装；PVC 用于人造革，制作箱包、沙发等家具；用于发泡制品，如运动鞋、汽车坐垫、地板革、壁纸等；在电线电缆方面主要制作护套料。

4）聚苯乙烯（PS）

$$\left[\underset{\underset{H}{|}}{\overset{\overset{H}{|}}{C}} - \underset{\underset{C_6H_5}{|}}{\overset{\overset{H}{|}}{C}} \right]_n$$

聚苯乙烯目前主要有透明、改性、阻燃、可发性和增强等级别。可用于包装、日用品、电子工业、建筑、运输和机器制造等许多领域。透明级用于制造日用品，如餐具、玩具、包装盒、瓶和盘，光学仪器、装饰面板、收音机外壳、旋钮、透明模型、电信元件等；改性的抗冲阻燃聚苯乙烯广泛应用于制造电视机、收录机壳、各种仪表外壳以及多种工业品：可发性用于制造包装和绝缘保温材料等。聚苯乙烯可以分为通用型聚苯乙烯（GPPS）、高冲击聚苯乙烯（HIPS）、可发性聚苯乙烯（EPS）。GPPS具有无味、无毒、质硬、透明性极好、尺寸稳定性好、电绝缘性优良、耐辐射、着色性好、刚度和表面硬度大等特点，但性脆、耐热性低、耐日光性差、耐化学药品性一般，能溶于多种溶剂。它主要用于日用品、文具、灯具、室内外装饰品、化妆品容器、果盘、仪表外壳、钟罩壳和食品包装等。

HIPS刚度好、着色性好、抗冲击性能好，但拉伸强度、硬度、耐光性、光泽不如GPPS，透明性大大下降、耐候性差。主要用于制作食品、化妆品、日用品、机械仪表和文具包装；还可用于制作家用电器和仪表的外壳、电器配件、按钮、汽车零件、医疗设备附件、文体用品、办公用品、各种装饰件、照明器材、家具、玩具等。

可发性聚苯乙烯（EPS）又称发泡聚苯乙烯，是苯乙烯在发泡剂的参与下利用悬浮聚合制得的。发泡剂在聚合前加入或在加热、加压下渗入聚苯乙烯珠粒中。这种材料可进一步加工制成泡沫塑料，定做电木板，具有良好的缓冲防震和隔热、隔音性能，主要用于包装材料和建筑领域。

5）ABS塑料

$$-\!\!\left[CH_2-\underset{\displaystyle CN}{\underset{|}{CH_2}}\right]_x\!\!-\!\!\left[CH_2-CH=CH-CH_2\right]_y\!\!-\!\!\left[CH_2-\underset{\displaystyle C_6H_5}{\underset{|}{CH}}\right]_z$$

ABS塑料的主体是丙烯腈、丁二烯和苯乙烯的共混物或三元共聚物，是一种坚韧而有刚性的热塑性塑料。苯乙烯使ABS有良好的模塑性、光泽和刚性；丙烯腈使ABS有良好的耐热、耐化学腐蚀性和表面硬度；丁二烯使ABS有良好的抗冲击强度和低温回弹性。三种组分的比例不同，其性能也随之变化。性能特点：ABS在一定温度范围内具有良好的抗冲击强度和表面硬度，有较好的尺寸稳定性、一定的耐化学药品性和良好的电气绝缘性。它不透明，一般呈浅象牙色，能通过着色而制成具有高度光泽的其他任何色泽制品，电镀级的外表可进行电镀、真空镀膜等装饰。通用级ABS不透水、燃烧缓慢，燃烧时软化，火焰呈黄色、有黑烟，最后烧焦，有特殊气味，但无熔融滴落，可用注射、挤塑和真空等成型方法进行加工。ABS按用途不同可分为通用级（包括各种抗冲级）、阻燃级、耐热级、电镀级、透明级、结构发泡级和改性ABS等。通用级用于制造齿轮、轴承、把手、机器外壳和部件、各种仪表、计算机、收录机、电视机、电话等外壳和玩具等；阻燃级用于制造电子部件，如计算机终端、机器外壳和各种家用电器产品；结构发泡级用于制造电子装置的罩壳等；耐热级用于制造动力装置中自动化仪表和电动机外壳等；电镀级用于制造汽车部件、各种旋钮、铭牌、装饰品和日用品；透明级用于制造度盘、冰箱内食品盘等。

6）聚四氟乙烯（PTFE）

$$-\!\!\left[\begin{array}{c} \mathrm{F} \quad \mathrm{F} \\ | \quad\;\; | \\ \mathrm{C}-\mathrm{C} \\ | \quad\;\; | \\ \mathrm{F} \quad \mathrm{F} \end{array}\right]_n$$

聚四氟乙烯被称为“塑料王”，中文商品名“特氟隆”（teflon）、“特氟龙”、“特富隆”、“泰氟龙”等。它是由四氟乙烯经聚合而成的高分子化合物，其结构简式为 $-\!\![CF_2-CF_2]_n$，具有优良的化学稳定性、耐腐蚀性，是当今世界上耐腐蚀性能最佳材料之一。除熔融碱金属、三氟化氯、五氟化氯和液氟外，能耐其他一切化学药品，在王水中煮沸也不起变化，广泛应用于各种需要抗酸碱和有机溶剂的场合。有密封性、高润滑不黏性、电绝缘性和良好的抗老化能力、耐温优异（能在+250～-180℃的温度下长期工作）。聚四氟乙烯本身对人没有毒性。使用温度为-190～250℃，允许骤冷骤热，或冷热交替操作。

聚四氟乙烯可采用压缩或挤出加工成型；也可制成水分散液，用于涂层、浸渍或制成纤维。聚四氟乙烯在原子能、国防、航天、电子、电气、化工、机械、仪器、仪表、建筑、纺织、金属表面处理、制药、医疗、纺织、食品、金属冶炼等工业中用作耐高低温、耐腐蚀材料，绝缘材料，防粘涂层等，使之成为不可取代的产品。聚四氟乙烯具有优良综合性能，耐高温，耐腐蚀、不粘、自润滑、介电性能优良、摩擦系数很低。它用作工程塑料，可制成聚四氟乙烯管、棒、带、板、薄膜等，一般应用于性能要求较高的耐腐蚀的管道、容器、泵、阀，以及制造雷达、高频通信器材、无线电器材等。在 PTFE 中加入任何可以承受 PTFE 烧结温度的填充剂，力学性能可获得大大的改善，同时保持 PTFE 其他优良性能。填充的品种有玻璃纤维、金属、金属化氧化物、石墨、二硫化钼、碳纤维、聚酰亚胺、EKONOL 等，耐磨耗，极限 PV 值可提高 1000 倍。

7）聚甲基丙烯酸甲酯（PMMA）

$$-\!\!\left[\begin{array}{c} \quad\;\; CH_3 \\ \quad\;\; | \\ CH_2-C \\ \quad\;\; | \\ \quad\;\; COOCH_3 \end{array}\right]_n$$

聚甲基丙烯酸甲酯，以丙烯酸及其酯类聚合所得到的聚合物统称丙烯酸类树脂，相应的塑料统称聚丙烯酸类塑料。其中，以聚甲基丙烯酸甲酯应用最广泛。聚甲基丙烯酸甲酯缩写代号为 PMMA，俗称有机玻璃，是迄今为止合成透明材料中质地最优异、价格比较适宜的品种。在应用方面：PMMA 溶于有机溶剂，如苯酚、苯甲醚等，通过旋涂可以形成良好的薄膜，具有良好的介电性能，可以作为有机场效应管（OFET），又称有机薄膜晶体管（OTFT）的介质层。PMMA 树脂是无毒的环保材料，可用于生产餐具、卫生洁具等，具有良好的化学稳定性和耐候性。PMMA 树脂在破碎时不易产生尖锐的碎片，美国、日本等国家和地区已作出强制性法律规定，中小学及幼儿园建筑用玻璃必须采用 PMMA 树脂。全国各地加快了城市建设步伐，街头标志、广告灯箱和电话亭等大量出现，其中所用材料有相当一部分是 PMMA 树脂。北京奥运工程的户外彩色建材也大量使用了绿色环保的 PMMA 树脂。

8）聚碳酸酯（PC）

$$\left[O - \langle\bigcirc\rangle - \underset{\underset{\displaystyle H-C-H \atop \displaystyle H}{|}}{\overset{\overset{\displaystyle H \atop \displaystyle H-C-H}{|}}{C}} - \langle\bigcirc\rangle - O - \overset{\displaystyle O}{\overset{\|}{C}} \right]_n$$

聚碳酸酯是 20 世纪 60 年代初发展起来的一种热塑性工程塑料，通过共聚、共混合增强等途径，又发展了许多改性品种，提高了加工和使用性能。聚碳酸酯有突出的抗冲击强度和抗蠕变性能，较高的耐热性和耐寒性，可在+130～-100℃范围内使用；抗拉、抗弯强度较高，并有较高的伸长率及高的弹性模量；在宽广的温度范围内，有良好的电性能，吸水率较低、尺寸稳定性好、耐磨性较好、透光率较高，并有一定的抗化学腐蚀性能；成型性好，可用注射、挤塑等成型工艺制成棒、管、薄膜等，适应各种需要。缺点是耐疲劳强度低，耐应力开裂差，对缺口敏感，易产生应力开裂。

聚碳酸酯主要用作工业制品，代替有色金属及其他合金，在机械工业中制作耐冲击和高强度的零部件、防护罩、照相机壳、齿轮齿条、螺丝、螺杆、线圈框架、插头、插座、开关、旋钮。玻纤增强聚碳酸酯具有类似金属的特性，可代替铜、锌、铝等压铸件；电子、电气工业用作电绝缘零件、电动工具、外壳、把手、计算机部件、精密仪表零件、接插元件、高频头、印刷线路插座等。聚碳酸酯与聚烯烃共混后适合制作安全帽、纬纱管、餐具、电气零件及着色板材、管材等；与 ABS 共混后，适合制作高刚性、高冲击韧性的制件，如安全帽、泵叶轮、汽车部件、电气仪表零件、框架、壳体等。

9）聚酯

聚酯是由多元醇和多元酸缩聚而得的聚合物总称。主要指聚对苯二甲酸乙二酯（PET），习惯上也包括聚对苯二甲酸丁二酯（PBT）和聚芳酯等线型热塑性树脂，是一类性能优异、用途广泛的工程塑料。也可制成聚酯纤维和聚酯薄膜。聚酯包括聚酯树脂和聚酯弹性体。聚酯树脂又包括聚对苯二甲酸乙二酯（PET）、聚对苯二甲酸丁二酯（PBT）和聚芳酯（PAR）等。聚酯弹性体（TPEE）一般由对苯二甲酸二甲酯、1，4-丁二醇和聚丁醇聚合而成，链段包括硬段部分和软段部分，为热塑性弹性体。

PET 可加工成纤维、薄膜和塑料制品。聚酯纤维是合成纤维的重要品种，主要用于穿着。薄膜一般厚度为 4～400μm，其强度高，尺寸稳定性好，且具有良好的耐化学和介电性能，用作支持体，广泛用于制作各种磁带和磁卡。90%的磁带基材是用 PET 薄膜制作的，其中 80%用作计算机磁带。这种薄膜还用于感光材料的生产，作为照相胶卷和 X 光胶卷的片基，还用作电机、变压器和其他电子电器的绝缘材料，以及各种包装材料。

10）聚酰胺（PA）

$$\left[\overset{\displaystyle O}{\overset{\|}{C}} - (CH_2)_4 - \overset{\displaystyle O}{\overset{\|}{C}} - \overset{\displaystyle H}{\overset{|}{N}} - (CH_2)_6 - \overset{\displaystyle H}{\overset{|}{N}} \right]_n$$

聚酰胺塑料商品名称为尼龙，它是大分子主链重复单元中含有酰胺基团的高聚物的总称。聚酰胺可由内酸胺开环聚合制得，也可由二元胺与二元酸缩聚得到。它是美国 DuPont 公司最先开发用于纤维的树脂，于 1939 年实现工业化。20 世纪 50 年代开始开发和生产注塑制品，以取代金属满足下游工业制品轻量化、降低成本的要求。PA 具有良好的综合性能，包括力学性能、耐热性、耐磨损性、耐化学药品性和自润滑性，且摩擦系数低，有一定的阻燃性，易于加工，适合用玻璃纤维和其他填料填充，增强改性，提高性能和扩大应用范围。PA 的品种繁多，有 PA6、PA66、PA11、PA12、PA46、PA610、PA612、PA1010 等，以及近几年开发的半芳香族尼龙 PA6T 和特种尼龙等新品种。它是最早出现能承受负荷的热塑性塑料，也是目前机械、电子、汽车等工业部门应用较广泛的一种工程塑料。聚酰胺有很高的抗张强度和良好的冲击韧性，有一定的耐热性，可在 80℃以下使用；耐磨性好；用作转动零件，有良好的消声性，转动时噪声小；耐化学腐蚀性良好。

（3）塑料制品的成型加工工艺

根据塑料的固有性能，使其成为具有一定形状和使用价值的塑料制品，是一个复杂的过程。塑料制品工业生产中，塑料制品的生产系统主要是由塑料的成型、机械加工、装饰和装配四个连续的过程组成的。其中，塑料成型是塑料加工的关键。成型的方法多达三十几种，主要是将各种形态的塑料（粉料、粒料、溶液或分散体）制成所需形状的制品或坯件。

成型方法主要取决于塑料的类型（热塑性还是热固性）、起始形态以及制品的外形和尺寸。塑料加工热塑性塑料常用的方法有挤出、注射成型、压延、吹塑和热成型等。塑料加工热固性塑料一般采用模压、传递模塑，也用注射成型。层压、模压和热成型是使塑料在平面上成型。上述塑料加工的方法，均可用于橡胶加工。此外，还有以液态单体或聚合物为原料的浇铸等。在这些方法中，以挤出和注射成型用得最多，也是最基本的成型方法。

塑料制品生产的机械加工是借用金属和木材等的塑料加工方法，制造尺寸很精确或数量不多的塑料制品，也可作为成型的辅助工序，如挤出型材的锯切。由于塑料的性能与金属和木材不同，塑料的热导性差，热膨胀系数、弹性模量低，当夹具或刀具加压太大时，易引起变形，切削时受热易熔化，且易粘附在刀具上。因此，塑料进行机械加工时，所用的刀具及相应的切削速度等都要适应塑料特点。常用的机械加工方法有锯、剪、冲、车、刨、钻、磨、抛光、螺纹加工等。此外，塑料也可用激光截断、打孔和焊接。塑料制品生产的接合塑料加工，把塑料件接合起来的方法有焊接和粘接。焊接法是使用焊条的热风焊接，使用热极的热熔焊接，以及高频焊接、摩擦焊接、感应焊接、超声焊接等。粘接法可按所用的胶粘剂分为熔剂、树脂溶液和热熔胶粘接。塑料制品生产表面修饰的目的是美化塑料制品表面，通常包括机械修饰，即用锉、磨、抛光等工艺，去除制件上毛边、毛刺，以及修正尺寸等；涂饰包括用涂料涂敷制件表面，用溶剂使表面增亮，用带花纹薄膜贴覆制品表面等；施彩包括彩绘、印刷和烫印；镀金属包括真空镀膜、电镀以及化学法镀银等。塑料加工烫印是在加热、加压下，将烫印膜上的彩色铝箔层（或其他花纹膜层）转移到制件上。许多家用电器及建筑制品、日用品等都用此法获得金属光泽或木纹等图案。装配是用粘合、焊接以及机械连接等方法，使制成的塑料件组装成完整制品的作业。例如：塑料型材，经过锯切、焊接、钻孔等步骤，组装成塑料窗框和塑料门。

2. 橡胶

（1）橡胶的分类

橡胶是一种在外力作用下能发生较大的形变，在外力解除后，又能迅速恢复其原来形状的高分子弹性体。橡胶分为天然橡胶和合成橡胶。天然橡胶是从橡胶树、橡胶草等植物中提取胶质后加工制成；合成橡胶则由各种单体经聚合反应而得。合成橡胶又分为通用橡胶和特种橡胶。通用橡胶如丁苯橡胶、顺丁橡胶、异戊橡胶、乙丙橡胶、氯丁橡胶等。特种橡胶如丁腈橡胶、氯丁橡胶、氯基橡胶、氟橡胶、氯醚橡胶、硅橡胶、聚氨酯橡胶、聚硫橡胶、丙烯酸酯橡胶等。

橡胶按照来源分为野生橡胶、栽培橡胶、橡胶草橡胶和杜仲橡胶。按照工艺可以分为烟片橡胶、标准橡胶、皱片橡胶和乳胶。

（2）常见合成橡胶的性能及用途

1）天然橡胶（NR）

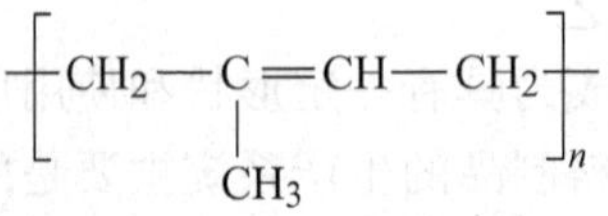

$$\left[CH_2 - \underset{\displaystyle CH_3}{\underset{|}{C}} = CH - CH_2 \right]_n$$

天然橡胶以橡胶烃（聚异戊二烯）为主，含少量蛋白质、水分、树脂酸、糖类和无机盐等。弹性大，定伸强度高，抗撕裂性和电绝缘性优良，耐磨性和耐旱性良好，加工性好，易与其他材料粘合，在综合性能方面优于多数合成橡胶。缺点是耐氧和耐臭氧性差，容易老化变质；耐油和耐溶剂性不好，抵抗酸碱的腐蚀能力低；耐热性不高。使用温度范围为-60～+80℃。制作轮胎、胶鞋、胶管、胶带、电线电缆的绝缘层和护套以及其他通用制品。特别适用于制造扭振消除器、发动机减振器、机器支座、橡胶-金属悬挂元件、膜片、模压制品。

2）丁苯橡胶（SBR）

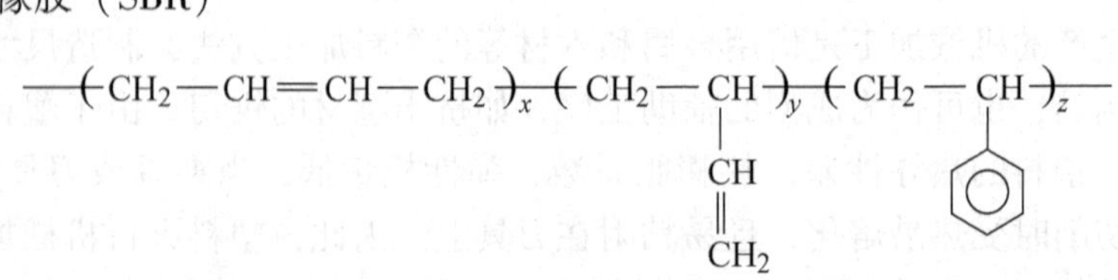

$$-\!\!\left(CH_2 - CH = CH - CH_2 \right)_x\!\left(CH_2 - \underset{\displaystyle \underset{\|}{CH}\atop CH_2}{\underset{|}{CH}} \right)_y\!\left(CH_2 - \underset{\displaystyle C_6H_5}{\underset{|}{CH}} \right)_z\!-$$

丁苯橡胶是丁二烯和苯乙烯的共聚体。性能接近天然橡胶，是目前产量最大的通用合成橡胶，其特点是耐磨性、耐老化和耐热性超过天然橡胶，质地也较天然橡胶均匀。缺点是弹性较低，抗屈挠、抗撕裂性能较差；加工性能差，特别是自粘性差、生胶强度低。使用温度范围为-50～+100℃。主要用以代替天然橡胶制作轮胎、胶板、胶管、胶鞋及其他通用制品。

3）顺丁橡胶（BR）

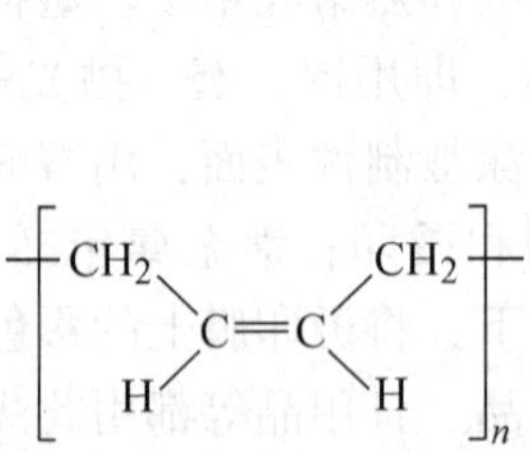

$$\left[\begin{matrix} CH_2 & & & & CH_2 \\ & \diagdown & & \diagup & \\ & & C = C & & \\ & \diagup & & \diagdown & \\ H & & & & H \end{matrix} \right]_n$$

顺丁橡胶是由丁二烯聚合而成的顺式结构橡胶。优点是：弹性与耐磨性优良，耐老化性好，耐低温性优异，在动态负荷下发热量小，易于金属粘合。缺点是强度较低，抗撕裂性差，加工性能与自粘性差。使用温度范围为-60～+100℃。一般与天然橡胶或丁苯橡胶并用，主要制作轮胎胎面、运输带和特殊耐寒制品。

4）异戊橡胶（IR）

它是由异戊二烯单体聚合而成的一种顺式结构橡胶。化学组成、立体结构与天然橡胶相似，性能也非常接近天然橡胶，故有合成天然橡胶之称。它具有天然橡胶的大部分优点，耐老化优于天然橡胶，弹性和强力比天然橡胶稍低，加工性能差，成本较高。使用温度范围为-50～+100℃，可代替天然橡胶制作轮胎、胶鞋、胶管、胶带以及其他通用制品。

5）氯丁橡胶（CR）

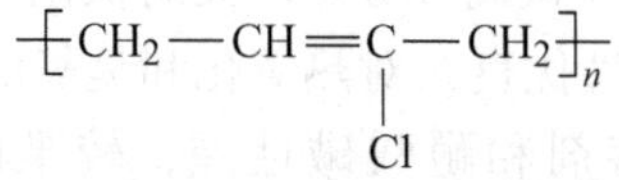

$$\left[CH_2-CH=\underset{\displaystyle Cl}{\underset{|}{C}}-CH_2 \right]_n$$

氯丁橡胶是由氯丁二烯做单体乳液聚合而成的聚合体。这种橡胶分子中含有氯原子，所以与其他通用橡胶相比，它具有优良的抗氧、抗臭氧性，不易燃，着火后能自熄，耐油、耐溶剂、耐酸碱以及耐老化、气密性好等优点；其力学性能也比天然橡胶好，故可用作通用橡胶，也可用作特种橡胶。主要缺点是耐寒性较差，密度较大，相对成本高，电绝缘性不好，加工时易粘滚、易焦烧及易粘模。此外，生胶稳定性差，不易保存。使用温度范围为-45～+100℃。主要用于制造要求抗臭氧、耐老化性高的电缆护套及各种防护套、保护罩；耐油、耐化学腐蚀的胶管、胶带和化工衬里；耐燃的地下采矿用橡胶制品，以及各种模压制品，密封圈、垫和黏结剂等。

6）丁基橡胶（ⅡR）

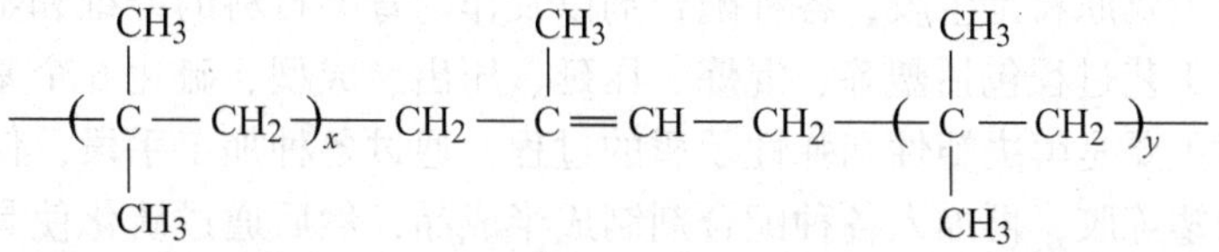

$$-\left(\underset{\displaystyle CH_3}{\underset{|}{\overset{\displaystyle CH_3}{\overset{|}{C}}}}-CH_2 \right)_x CH_2-\overset{\displaystyle CH_3}{\overset{|}{C}}=CH-CH_2-\left(\underset{\displaystyle CH_3}{\underset{|}{\overset{\displaystyle CH_3}{\overset{|}{C}}}}-CH_2 \right)_y-$$

丁基橡胶是异丁烯和少量异戊二烯或丁二烯的共聚体。最大特点是气密性好，耐臭氧、耐老化性能好，耐热性较高，长期工作温度可在 130℃下；能耐无机强酸（如硫酸、硝酸等）和一般有机溶剂，吸振和阻尼特性良好，电绝缘性也非常好。缺点是弹性差，加工性能差，硫化速度慢，黏着性和耐油性差。使用温度范围为-40～+120℃。主要用作内胎、水胎、气球、电线电缆绝缘层、化工设备衬里及防振制品、耐热运输带、耐热老化的胶布制品。

7）丁腈橡胶（NBR）

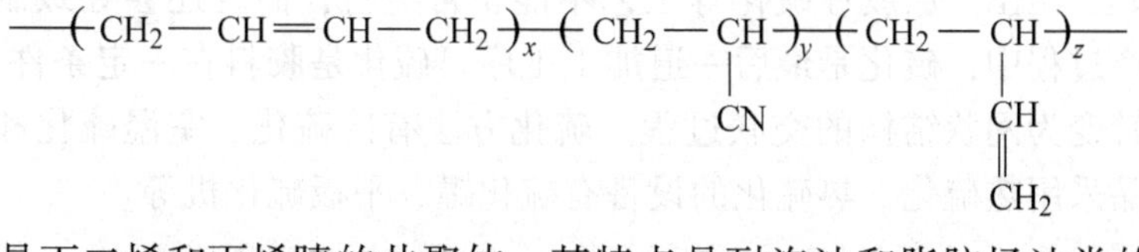

$$-\left(CH_2-CH=CH-CH_2 \right)_x\left(CH_2-\underset{\displaystyle CN}{\underset{|}{CH}} \right)_y\left(CH_2-\underset{\displaystyle \underset{\displaystyle CH_2}{\underset{\|}{CH}}}{\underset{|}{CH}} \right)_z-$$

丁腈橡胶是丁二烯和丙烯腈的共聚体。其特点是耐汽油和脂肪烃油类的性能特别好，仅次于聚硫橡胶、丙烯酸酯和氟橡胶，而优于其他通用橡胶。耐热性好，气密性、耐磨及耐水性等均较好，黏结力强。缺点是耐寒及耐臭氧性较差，强力及弹性较低，耐酸性差，电绝缘性不好，耐极性溶剂性能也较差。使用温度范围为-30～+100℃。主要用于制造各种耐油制品，如胶管、密封制品等。

8）硅橡胶

硅橡胶是主链含有硅、氧原子的特种橡胶，其中起主要作用的是硅元素，例如甲基乙烯基硅橡胶和二甲基硅橡胶的结构式：

$$\left(\underset{CH_3}{\overset{CH_3}{\underset{|}{\overset{|}{Si}}}} - O \right)_n \left(\underset{CH_3}{\overset{CH=CH_2}{\underset{|}{\overset{|}{Si}}}} - O \right)_m \qquad \left[\underset{CH_3}{\overset{CH_3}{\underset{|}{\overset{|}{Si}}}} - O \right]_n$$

硅橡胶主要特点是既耐高温（最高300℃）又耐低温（最低-100℃），是目前最好的耐寒、耐高温橡胶；同时电绝缘性优良，对热氧化和臭氧的稳定性很高，化学惰性大。缺点是机械强度较低，耐油、耐溶剂和耐酸碱性差，较难硫化，价格较贵。使用温度为-60～+200℃。主要用于制作耐高低温制品（胶管、密封件等）、耐高温电线电缆绝缘层，由于其无毒无味，还用于食品及医疗工业。

9）氟橡胶

氟橡胶是由含氟单体共聚而成的有机弹性体。其特点是耐高温可达300℃，耐酸碱，耐油性是耐油橡胶中最好的，抗辐射、耐高真空性能好；电绝缘性、力学性能、耐化学腐蚀性、耐臭氧、耐大气老化性均优良。缺点是加工性差，价格昂贵，耐寒性差，弹性、透气性较低。使用温度范围为-20～+200℃。主要用于制造飞机、火箭上的耐真空、耐高温、耐化学腐蚀的密封材料、胶管或其他零件及汽车部件。

（3）橡胶制品的成型加工工艺

橡胶制品的主要原料是生胶、各种配合剂以及作为骨架材料的纤维和金属材料，橡胶制品的基本生产工艺过程包括塑炼、混炼、压延、压出、成型、硫化6个基本工序。橡胶的加工工艺过程主要是解决塑性和弹性矛盾的过程，通过各种加工手段，使得弹性的橡胶变成具有塑性的塑炼胶，再加入各种配合剂制成半成品，然后通过硫化使具有塑性的半成品又变成弹性高、力学性能好的橡胶制品。

生胶塑炼是通过机械应力、热、氧或加入某些化学试剂等方法，使生胶由强韧的弹性状态转变为柔软、便于加工的塑性状态的过程。生胶塑炼的目的是降低它的弹性，增加可塑性，并获得适当的流动性，以满足混炼、压延、压出、成型、硫化以及胶浆制造、海绵胶制造等各种加工工艺过程的要求。混炼是指在炼胶机上将各种配合剂均匀地混到生胶种的过程。混炼的质量是对胶料的进一步加工和成品的质量有着决定性的影响，即使配方很好的胶料，如果混炼不好，也会出现配合剂分散不均，胶料可塑度过高或过低，易焦烧、喷霜等，使压延、压出、涂胶和硫化等工艺不能正常进行，而且还会导致制品性能下降。在橡胶制品生产过程中，硫化是最后一道加工工序。硫化是胶料在一定条件下，橡胶大分子由线型结构转变为网状结构的交联过程。硫化方法有冷硫化、室温硫化和热硫化三种。大多数橡胶制品采用热硫化。热硫化的设备有硫化罐、平板硫化机等。

3. 纤维

（1）纤维的分类

纤维是指长度比其直径大1000倍以上的均匀条状或丝状的高分子材料，是具有相当柔韧性和强度的纤细物质。纤维可以分为天然纤维和化学纤维两大类（图12.14）。天然纤维包括植物纤维（如棉花，成分为纤维素，属于糖类）、动物纤维（如羊毛、蚕丝，成分为蛋白质）。化学纤维包括人造纤维（对天然纤维的加工，如粘胶纤维）和合成纤维（完全由人工制造，如尼龙），尼龙又称锦纶，是人类第一次采用非纤维材料，通过化学合成方法得到的化学纤维。

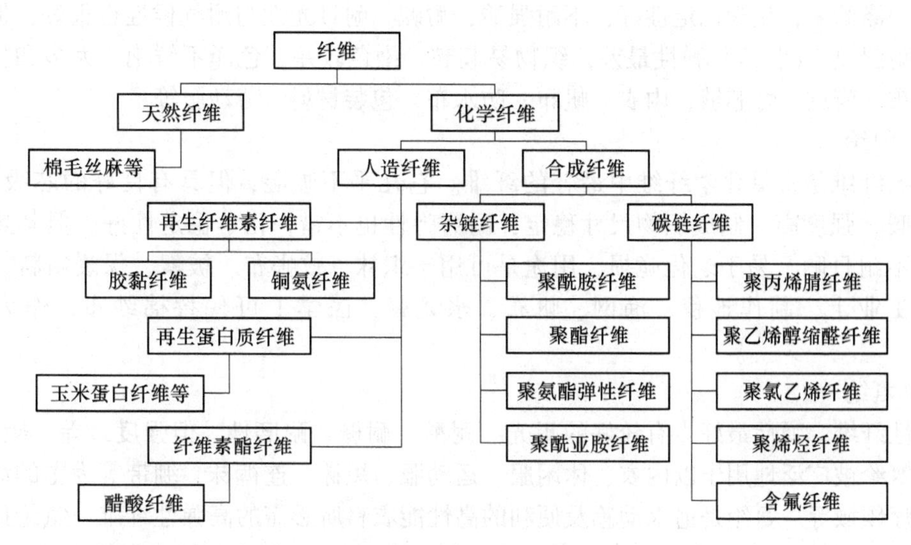

图 12.14　纤维的分类

（2）主要合成纤维性能及用途

1）涤纶

其特点是挺括不皱，强度高、耐冲击性好，耐热，耐腐，耐蛀，耐酸（不耐碱），耐光性好（仅次于腈纶），暴晒 1000h，强力保持 60%~70%，吸湿性很差，染色困难，织物易洗快干，保形性好。具有“洗可穿”的特点。长丝常作为低弹丝，制作各种纺织品；短纤（棉、毛、麻等）均可混纺。工业上，制作轮胎帘子线、渔网、绳索，滤布，绝缘材料等。涤纶是目前化纤中用量最大的。

2）锦纶

它的最大优点是结实耐磨，是最优的一种。其密度小，织物轻，弹性好，耐疲劳破坏，化学稳定性也好，耐碱（不耐酸）。最大缺点是耐日光性不好，织物久晒就会变黄，强度下降，吸湿也不好，但比腈纶、涤纶好。用途：长丝，多用于针织和丝绸工业；短纤，大都与羊毛或毛型化纤混纺，作华达呢、凡尼丁等。工业上用作帘子线和渔网，也可用作地毯、绳索、传送带、筛网等。

3）腈纶

腈纶纤维的性能很像羊毛，所以叫“合成羊毛”。腈纶分子结构：在内部结构上很独特，呈不规则的螺旋形构象，且没有严格的结晶区，但有高序排列与低序排列之分。由于这种结构使腈纶具有很好的热弹性（可加工膨体纱），腈纶密度小，比羊毛还小，织物保暖性好。特点：膨松耐晒，耐日光性与耐气候性很好（居首位），吸湿差，染色难。纯粹的丙烯腈纤维，由于内部结构紧密，服用性能差，所以通过加入第二，第三单体，改善其性能，第二单体改善弹性和手感，第三单体改善染色性。主要是民用，可纯纺也可混纺，也可制成多种毛料、毛线、毛毯、运动服及人造毛皮、长毛绒、膨体纱、水龙带、阳伞布等。

4）维纶

它的最大特点是吸湿性大，水溶吸湿是合成纤维中最好的，号称“合成棉花”。强度比锦纶、涤纶差，化学稳定性好，不耐强酸，耐碱。耐日光性与耐气候性也很好，但耐干热而不耐湿热，（收缩）弹性最差，织物易起皱，染色较差，色泽不鲜艳。大多和棉花混纺：细布、府绸、灯芯绒、内衣、帆布、防水布、包装材料、劳动服等。

5）丙纶

丙纶纤维是常见化学纤维中最轻的纤维。它几乎不吸湿，但具有良好的芯吸能力，质轻保暖，强度高，制成织物尺寸稳定，耐磨弹性也不错，化学稳定性好。但其热稳定性差，不耐日晒，易于老化脆损。用途是可用于织袜、蚊帐布、被絮、保暖填料、尿不湿等。工业上，制作地毯、渔网、帆布、水龙带，医学上可代替棉纱布，作为卫生用品。

6）氨纶

弹性纤维，弹性最好，有较好的耐光、耐酸、耐碱、耐磨性，但强度最差，吸湿差。用途：氨纶被广泛地用于以内衣、休闲服、运动服、短袜、连裤袜、绷带等为主的纺织领域及医疗领域等。氨纶是追求动感及便利的高性能衣料所必需的高弹性纤维。氨纶比原状可伸长5~7倍，所以穿着舒适，手感柔软，并且不起皱，可始终保持原来的轮廓。

4. 涂料和胶粘剂

（1）概述

涂料是涂布于物体表面在一定的条件下能形成薄膜而具有保护、装饰或其他特殊功能（绝缘、防锈、防霉、耐热等）的一类液体或固体材料。因早期的涂料大多以植物油为主要原料，故又称油漆。现在合成树脂已取代了植物油，故称涂料。涂料并非液态，粉末涂料是涂料品种一大类。涂料属于有机化工高分子材料，所形成的涂膜属于高分子化合物类型。涂料主成分大多是以高分子树脂为基础的成膜物质，其次是有装饰效果的颜料，大助剂包括固化剂、催干剂、流平剂及表面活性剂。

胶粘剂是把同种的或不同种的固体材料表面黏合在一起的媒介物，是以天然或合成化合物为主体制成的胶粘材料，又称黏结剂。胶粘剂成分构成有胶料、固化剂与促进剂、增塑剂、增韧剂、稀释剂与溶剂、填料、偶联剂及其他助剂。

（2）涂料

1）主要的涂料用树脂

涂料用合成树脂种类很多，主要的四大合成涂料树脂分别是醇酸树脂、环氧树脂、聚氨酯树脂、聚丙烯酸酯。醇酸树脂是由脂肪酸（或其相应的植物油）、二元酸及多元醇反应而成的树脂。生产醇酸树脂常用的多元醇有甘油、季戊四醇、三羟甲基丙烷等；常用的二元酸有邻苯二甲酸酐（即苯酐）、间苯二甲酸等。醇酸树脂涂料具有耐候性、附着力好和光亮、丰满等特点，且施工方便。但涂膜较软，耐水、耐碱性欠佳，醇酸树脂可与其他树脂配成多种不同性能的自干或烘干磁漆、底漆、面漆和清漆，广泛用于桥梁等建筑物以及机械、车辆、船舶、飞机、仪表等涂装。环氧树脂是泛指分子中含有两个或两个以上环氧基团的有机化合物，除个别外，它们的相对分子质量都不高。环氧树脂的分子结构是以分子链中含有活泼的环氧基团为其特征，环氧基团可以位于分子链的末端、中间或呈环状结构。由于分子结构中含有活泼的环氧基团，它们可与多种类型的固化剂发生交联反应而形成不溶的具有三向网状结构的高聚物。凡分子结构中含有环氧基团的高分子化合物统称为环氧树脂。固化后的环氧树脂具有良好的物理、化学性能，它对金属和非金属材料的表面具有优异的粘接强度，介电性能良好，变形收缩率小，制品尺寸稳定性好，硬度高，柔韧性较好，对碱及大部分溶剂稳定，因而广泛应用于国防、国民经济各部门，用于浇注、浸渍、层压料、黏结剂、涂料等。

2）常见涂料种类及用途

粉末涂料是一种新型的不含溶剂的 100% 固体粉末状涂料。具有无溶剂、无污染、可回收、环保、节省能源和资源、减轻劳动强度和涂膜机械强度高等特点。与一般涂料完全不同的形态，它是以微细粉末的状态存在的。由于不使用溶剂，所以称为粉末涂料。粉末涂料具有无害、高效率、节省资源和环保的特点。热塑性粉末涂料是由热塑性树脂、颜料、填料、增塑剂和稳定剂等成分组成的，包括热塑性粉末涂料和热固性粉末涂料两大类。热塑性粉末涂料包括聚乙烯、聚丙烯、聚酯、聚氯乙烯、氯化聚醚、聚酰胺系、纤维素系、聚酯系。热固性粉末涂料由热固性树脂、固化剂、颜料、填料和助剂等组成。热固性粉末涂料包括环氧树脂系、聚酯系、丙烯酸树脂系。

水性涂料是用水作溶剂或者作分散介质的涂料，都可称为水性涂料。依据涂料中黏结剂的类别，水性涂料可分为两大类：天然物质或矿物质（如硅酸钾）的天然水性涂料和人工合成树脂（如丙烯酸树脂）的石油化工水性涂料。这里仅介绍人工合成树脂类的水性涂料。水性涂料包括水溶性涂料、水稀释性涂料、水分散性涂料（乳胶涂料）3 种。水溶性涂料是以水溶性树脂为成膜物，以聚乙烯醇及其各种改性物为代表，此外还有水溶醇酸树脂、水溶环氧树脂及无机高分子水性树脂等。

UV 涂料即聚氨酯紫外光固化涂料；UV 固化涂料是 20 世纪末流行于欧美、日本等地的一个新型涂料品种。最早应用于家具、地板、手机、随身听外壳的表面涂装处理，其应用领域现进一步扩展到化妆品容器、电视机及电脑等家用电器领域和摩托车及罩光等其他领域。UV 固化型涂料具有防止污染及节能效果，涂饰的化学性、物理性优良，有快速固化的特性，正在多个领域广泛使用。可生产塑胶、真空电镀、PVC 地板、荫罩板、汽车头灯、木地板、橱柜面板等。UV 作为一种新的加工技术在澳大利亚获得商业化已经有 25 年以上的历史了，而且现在行情继续看好。该项技术正以每年接近 10% 的速度稳步发展，尤其是在表面涂料和相关工业方面。UV 光固化涂料具有不含挥发性有机化合物（VOC）、对环境污染小、固化速度快，节省能源、固化产物性能好、适合于高速自动化生产等优点。而传统涂料易挥发、固化速度慢，不利于环境保护。因此，UV 涂料是传统涂料的主要替代品。

防火涂料是用于可燃性基材表面，用以改变材料表面燃烧特性，阻滞火灾迅速蔓延；或施用于建筑构件上，用以提高构件的耐火极限的特种涂料，称为防火涂料。防火涂料就是通过将涂料刷在那些易燃材料的表面，能提高材料的耐火能力，减缓火焰蔓延传播速度，或在一定时间内能阻止燃烧，这一类涂料也称阻燃涂料。

（3）常见胶粘剂种类及用途

1）热塑性高分子胶粘剂。由线型聚合物粘料组成。由于它不产生交联，从而以溶液状、乳液状、熔融状进行黏结操作。优点是柔韧性、抗冲击性强，起始黏结力好，性能稳定，保存中不易分解，耐久性好。缺点是耐热性差，高温或低温环境中相对强度较低，耐溶剂性差。若掺入热固性高分子或用交联方法可提高其性能。主要用于纸张、木材、皮革等低受理结构的粘接。

2）热固性高分子胶粘剂。与热塑性胶粘剂不同，热固性胶粘剂是在热、催化剂的单独作用下或联合作用下形成化学键的一类胶粘剂。它固化后不熔化也不溶解。具有良好的抗蠕变性能，可承受高负荷，并在各种热、冷、湿、辐射和化学腐蚀等苛刻环境中有良好的耐久性，可作为优良的结构胶。热固性胶粘剂主要采用环氧树脂、酚醛树脂、尼龙或乙烯树脂改性的酚醛树脂等作为主基料。

3）热熔胶粘剂。热熔胶粘剂简称为热熔胶，一般由热塑性聚合物、增黏剂、增塑剂、黏度调节剂、抗氧剂、填料等组成。通常是指在室温下呈现固态，加热熔融成液态，涂布、润湿被粘物后，经过压合、冷却，在几秒钟内完成粘接的胶粘剂，属于一种无熔剂的热塑性胶粘剂。

4）压敏胶。压敏胶是压敏胶粘剂的简称。是一类具有对压力有敏感性的胶粘剂。主要用于制备压敏胶带。一般压敏胶的剥离力（胶粘带与被粘表面加压粘贴后所表现的剥离力）<胶粘剂的内聚力（压敏胶分子之间的作用力）<胶粘剂的黏结力（胶粘剂与基材之间的附着力）。这样的压敏胶粘剂在使用过程中才不会有脱胶等现象的发生。压敏胶按照主体树脂成分可分为橡胶型和树脂型两类。橡胶型又可分为天然橡胶和合成橡胶类；树脂型又主要包括丙烯酸类、有机硅类以及聚氨酯类。橡胶类压敏胶除主要成分为橡胶外，还要加入其他辅助成分，如由增粘树脂、增塑剂、填料、黏度调整剂、硫化剂、防老剂、溶剂等配合而成。而树脂类压敏胶除主体树脂外，还需加入消泡剂、流平剂、润湿剂等助剂。除以上分类方法外，压敏胶还可按照分散介质不同，分为水性和溶剂型压敏胶；又可按用途不同分为包装、保护、绝缘、警示、标示、文具等产品。它的应用范围很广，可用于尿布、妇女用品、双面胶带、标签、包装、医疗卫生、书籍装订、表面保护膜、木材加工、壁纸及制鞋等方面。其中，包装用 HMPSA 消费量最大，几乎占总量的一半。热熔压敏胶主成分较多应用苯乙烯类热塑弹性体。热熔压敏胶优点是无溶剂，因而无大气污染，且生产率高。但缺点是耐热性、内聚力不足。新的 SEBS、SEPS、环氧化 SBS 等热塑性弹性体，用于制备更高性能的暖熔压敏胶。

5. 功能高分子材料

功能高分子材料一般指具有传递、转换或储存物质、能量和信息作用的高分子及其复合材料，或具体指在原有力学性能的基础上，还具有化学反应活性、光敏性、导电性、催化性、生物相容性、药理性、选择分离性、能量转换性、磁性等功能的高分子及其复合材料。功能高分子材料是 20 世纪 60 年代发展起来的新兴材料，是高分子材料渗透到电子、生物、能源等领域后开发出的新材料。近年来，功能高分子材料的年增长率一般都在 10% 以上，其中高分子分离膜和生物医用高分子的增长率高达 50%。

按照功能分类，可以分为化学功能、物理功能、复合功能和生物医用功能高分子材料。化学功能包括离子交换树脂、螯合树脂、感光性树脂、氧化还原树脂、高分子试剂、高分子催化剂、高分子增感剂、分解性高分子、电子交换树脂。物理功能高分子包括导电性高分子（包括电子型导电高分子、高分子固态离子导体、高分子半导体）、高介电性高分子（包括高分子驻极体、高分子压电体）、高分子光电导体、高分子光生伏打材料、高分子显示材料、高分子光致变色材料等。复合功能高分子如高分子吸附剂、高分子絮凝剂、高分子表面活性剂、高分子染料、高分子稳定剂、高分子相溶剂、高分子功能膜和高分子功能电极等。生物、医用功能高分子包括抗血栓、控制药物释放和生物活性等。

按照功能特性分类分为离材料和化学功能材料、电磁功能高分子材料、光功能高分子材料、生物医用高分子材料、光功能高分子、导电高分子、高分子磁性材料及其他功能高分子材料（智能、隐身、催化剂、液晶、压电）。

光功能高分子材料指在光的作用下能够产生物理（如光导电、光致变色）或化学变化（如光交联、光分解）的高分子材料，或者在物理或化学作用下表现出光特性（化学荧光）的高分子材料。常见的光功能高分子材料主要有光导电高分子材料、光致变色高分子材料、高分子光致刻蚀剂、高分子荧光和磷光材料、高分子光稳定剂、高分子光能转化材料和高分子非线性光学材料等。光功能高分子材料在电子工业和太阳能利用等方面具有广阔应用前景。

6. 聚合物基复合材料

单一聚合物材料往往难以满足社会对聚合物材料愈来愈高的要求，多相复合材料成为当前材料研究的重要对象。聚合物基复合材料是目前研究最为深入、工艺最为成熟、品种最为齐全、应用最为广泛的一类复合材料。它已经成为航空、航天、兵器等领域的骨干材料之一，其在化工、船舶、桥梁、体育用品、建筑等领域已经获得广泛的应用。聚合物基复合材料在建筑、化学、交通运输、机械电器、电子工业及医疗、国防等领域都有广泛应用。自从先进复合材料投入应用以来，有三件值得一提的成果。第一件是美国全部用碳纤维复合材料制成一架八座商用飞机——里尔芳 2100 号，并试飞成功，这架飞机仅重 567kg，它以结构小巧、质量轻而闻名于世。第二件是采用大量先进复合材料制成的哥伦比亚号航天飞机，这架航天飞机用碳纤维/环氧树脂制作长 18.2m、宽 4.6m 的主货舱门，用凯芙拉纤维/环氧树脂制造各种压力容器，用硼/铝复合材料制造主机身隔框和翼梁，用碳/碳复合材料制造发动机的喷管和喉衬，发动机组的传力架全用硼纤维增强钛合金复合材料制成，被覆在整个机身上的防热瓦片是耐高温的陶瓷基复合材料。在这架代表近代最尖端技术成果的航天飞机上使用了树脂、金属和陶瓷基复合材料。第三件是在波音 767 大型客机上使用了先进复合材料作为主承力结构，这架可载 80 人的客运飞机使用碳纤维、有机纤维、玻璃纤维增强树脂以及各种混杂纤维的复合材料制造了机翼前缘、压力容器、引擎罩等构件，不仅使飞机结构质量减轻，还提高了飞机的各种飞行性能。先进复合材料的研究应用主要集中于国防工业。高性能聚合物基复合材料，主要是碳纤维和芳纶纤维增强环氧树脂，多官能团环氧树脂和 BMI，复合材料的性能稳定，已大量投入应用，相当于 T300/PMR-15 性能的复合材料已研制成功，一批高性能的热塑性聚合物基复合材料，如 PEEK、PECK、PPS 等正在从实验室走向实用。

先进复合材料构件正在由次承力件向主承力件过渡。在成型工艺方面，先进复合材料借助玻璃钢成型技术，逐步实现由手动到机械化自动化的转变。但总的水平与国外先进技术相比，还有一定差距。

问题讨论：

1. 简要说明塑料的特性及其类型。
2. 写出天然橡胶和合成橡胶的主要品种。
3. 液晶高分子溶液的黏度有何特性，此种特性有何应用？
4. 阐述感光高分子的功能性质及其主要用途。

课题12.5 高分子材料与社会发展

1. 高分子材料在国民经济中的地位和作用

高分子材料作为一种重要的材料，经过近半个世纪的发展，已在各个工业领域中发挥了巨大的作用。从高分子材料与国民经济、高技术和现代生活密切相关的角度来说，人类已进入了高分子时代。高分子材料不仅要为工农业生产和人们的衣、食、住、行、用等不断提供许多量大面广、日新月异的新产品和新材料，而且要为发展高技术提供更多更有效的高性能结构材料和功能性材料。高分子材料的广泛应用促进了生产力的发展，也使传统的生产方式和生产工艺发生了巨大的变革。因此，高分子材料已经渗透到自然科学的各个学科，并在人类社会的各个领域得到广泛的应用，为创造人类的美好未来作出贡献。

2. 高分子材料与现代社会

(1) 高分子材料与现代医学的发展

生物材料也称为生物医学材料，是指以医疗为目的，用于与生物组织接触以形成功能的无生命的材料。主要包括生物医用高分子材料、生物医用陶瓷材料、生物医用金属材料和生物医用复合材料等。而生物医用高分子材料是一门介于现代医学和高分子科学之间的新兴交叉学科。它涉及物理、化学、生物化学、病理学等多种学科。目前医用高分子材料的应用已遍及整个医学领域。

组成和结构决定性能，性能决定用途。医用高分子材料可以通过组成和结构的控制而使材料具有不同的物理化学性质，以满足不同的需求。由于其使用环境的特殊性，除了满足作为使用材料最基本的物理、力学性能和成型加工性能外，还要满足耐生物老化性能，因为作为长期植入材料其必须具有良好的生物稳定性和生物相容性。然而，生物稳定性和生物相容性影响因素众多，生物医学材料理想应用效果绝非一朝一夕所能达到，致使医用高分子材料的研究目前仍然处于经验和半经验阶段，还没有能够建立在分子设计的基础上，以材料的结构与性能关系，材料的化学组成，表面性质和生命体组织的相容性之间的关系为依据来研究开发新材料。医用高分子材料的应用领域：

1) 人工组织。在各种人工骨、人工关节、牙根等方面，医药高分子材料是医学临床上应用量很大的一类产品，涉及医学临床的骨科、颌面外科、口腔科、颅脑外科和整形外科等多个专科，往往要求具有与替代组织类似的物理、力学性能，同时能够与周围组织结合在一起。最常用的包括超高相对分子质量聚乙烯和聚甲基丙烯酸甲酯等非降解材料和聚乳酸、壳聚糖和聚酸酐等可生物降解材料。

2) 人工脏器。随着材料科学与生命科学的进步，由高分子材料制成的人工脏器正在从体外使用型向内植入型发展，为满足前面提到的医用功能性、生物相容性的要求，把酶和生物细胞固定在合成高分子材料上，也就是表面改性，能够克服合成材料的无生物活性缺点，从而制成各种脏器，满足医学要求。作为软组织材料的一个重要组成部分的人工器官，其应用前景良好。随着人工脏器性能的不断完善，其在临床上的应用必将越来越广泛。如：人工肺、人工肾、人工肝脏、人工心脏、人工食管、人工膀胱等。

3) 药物缓释剂。高分子缓释药物载体，恰好是前面提到的小刺激、大响应特性的体现。与低分子药物相比，高分子材料具有低毒、高效、缓释、长效、可定点释放等优点。

高分子材料制备药物控制释放制剂主要有两个目的：一是为了使药物以最小的剂量在特定部位产生治疗药效；二是优化药物释放速率以提高疗效，降低毒副作用。比如温度敏感型水凝胶，PH 敏感型水凝胶在药物缓释方面的应用，对治疗癌症可能会起到根本性变革作用。

对医用高分子材料的研究主要集中在以下几个方面，如何提高材料对人体的安全性，如何改善提高组织相容性和血液相容性。这些都是近期科学工作者研究的重点内容。然而，如前所述，目前医用高分子材料仍是一个年轻的学科，仍处于经验与半经验的探索性阶段，远没有像高分子化学与高分子物理那样形成系统，形成体系。并且，这样的交叉学科更需要基础学科的积极推动，生物、化学、计算机科学这样的基础学科的一小步就能使生物医用高分子材料向前迈出一大步，而这需要大力度的科研投入。相信，随着全世界对这一崭新领域的投入力度的增大，生物医用高分子材料将会有向更多领域纵深发展的广阔前景。

（2）信息产业中的高分子材料

信息产业是属于第四产业范畴，它包括电信、电话、印刷、出版、新闻、广播、电视等传统的信息部门和新兴的电子计算机、激光、光导纤维、通信卫星等信息部门。主要以电子计算机为基础，从事信息的生产、传递、储存、加工和处理。信息工业和微电子工业的飞速发展无一不是以电子高分子材料的发展为依托的：没有高分辨光刻胶和塑封树脂的发展就不可能有超大规模集成电路的成功；没有有机光缆和光信息存储材料的出现也不可能有信息高速公路的发展。

（3）高分子材料与环境治理

经济的发展和消费水平的提高，也带来了环境污染的问题。白色污染则是最为严重的一项，传统的塑料袋包装袋都是采用聚乙烯加工而成的，聚乙烯相对分子质量高，结构稳定，分解周期长。通常，在底下深埋 60 年而不腐烂。所以另一种环保友好型塑料就应运而生了——光降解塑料和光生物降解塑料。光降解塑料就是靠吸收太阳光引起光化学反应而分解的塑料。光降解塑料的制备方法大致有两种：一是在高分子材料中添加光敏感剂，敏感剂吸收光能后产生的自由基促使高分子材料发生氧化作用，达到裂化的目的；二是利用共聚方式，将适合的光敏感剂倒入高分子结构内赋予材料光降解的特性。常用的光降解基有金属盐类、二戊铁衍生物类、羧酸盐类、烷基硫代氨基甲酸铁类等。用此类塑料制成的地膜有三个特点：1）使用后，在阳光照射下可自行光分解，分解后的小残体可被土壤中的微生物继续分解。2）使用寿命可以控制。3）节省回收地膜的费用，并且解决了残膜对土壤和环境的污染。光降解塑料的降解速度取决于日照的时间和强度，且降解后碎片易形成二次污染。光降解技术与生物降解技术结合，可利用光敏体系的复合配比。用量来实现降解时间人为控制的目的。因此，目前工业化较多的是光降解技术与生物降解技术结合的双降解淀粉塑料。我国现有光生物降解塑料生产线 35 条。制约该技术应用的主要原因是生产成本大于普通塑料，难以推广。光降解与光生物降解塑料所用的主要原料是合成高分子单体，不具备环境相溶性，仍会对环境造成二次污染。所以在国际上研究完全生物降解塑料越来越受到重视。完全生物降解塑料可分为三类：微生物合成高分子降解塑料、化学合成高分子降解塑料及天然高分子改性降解塑料。微生物合成高分子降解塑料微生物合成高分子降解塑料是采用微生物或基因合成，其中基因合成是最有生命力和广阔前景的合成方法。在众多的微生物合成生物可降解材料中，采用微生物发酵法生产的聚 β-羟基酸酯（简称 PHAs）成为人们研究的热点。PHAs 作为一种有光学活性的聚酯除具有高分子化合物的基本特性外，还具有很好的生物可相容性。已有研究表明，采用 PHAs 制作的香波瓶，在自然环境中 9 个月后可基本上被完全降解，而同样用合成塑料制成的物品，完全降解时间大约需要 100 年。目前已鉴定的 PHAs 约有 40 多种，其中聚 β-羟基酸酯（PHB）和 3-羟基丁酸酯与 3-羟基戊酸酯的共聚物（PHBV）是 PHAs 的典型代表。它存在于多种微生物中，具有良好的应用前景。由 PHB 制成的一次性塑料制品，其废弃物在生态环境中很容易被土、活性污泥、细菌等分解为二氧化碳和水，不污染环境。另外，由于 PHB 具有良好的生物相容性，生物机体对 PHB 不像对其他材料那样具有强烈的排斥作用，在机体内容易被水解成单体 β-羟基丁酸，最后通过酮代谢成二氧化碳和水，在医学上可用作外科手术缝合线及药物控制释放体系的载体。

可降解塑料的发展方向：

1）积极开发高效廉价光敏剂、氧化剂、生物诱发剂、降解促进剂和稳定剂等，进一步提高可降解塑料的准时可控性、用后快速降解性和完全降解性。

2）为避免二次污染，同时保证有丰富的原料，以天然高分子微生物合成高分子的完全生物降解塑料将会越来越受到重视。

3）水解性塑料和可食性材料由于具有特殊的功能和用途而备受瞩目，也成为黄菁适应性材料的热点。

4）充分利用基因工程技术培育可生产聚酯的生物性植物以降低生物降解塑料的成本。

（4）高分子材料与可持续发展

21 世纪人类面临能源、资源危机和环境污染，这些问题严重威胁着人类及生物的生存，我们必须走可持续发展的道路。现在高分子材料的发展已经渗透到各个领域，能源产业是其中一个重要的分支。能源产业中的高分子材料也有很多，主要包括超导材料、太阳能电池材料、储氢材料、固体氧化物电池材料；智能材料；磁性材料；相变材料等，很多能源高分子是通过高分子/无机材料物理化学复合，得到综合性能优异的新材料。

目前研究和应用最广泛的太阳能电池主要是单晶硅、多晶硅和非晶硅系类电池。其缺点是存在生产工艺复杂、成本高、难设计、不透明以及基本达到其转换效率极限等问题，使其大面积实用化受到很大的限制。有机聚合物太阳能电池以其低成本、质量轻、分子上的可设计性、生成工艺简单、可实现大面积柔性太阳能电池等优点，日益被人们所重视。尽管目前有机聚合物太阳能电池光电转换效率低（约为 7.9%），还不能与无机半导体太阳能电池抗衡，但它可作为用于日照、尚不具备开发地区（如沙漠）等的低值光电转换设备而投入实际应用。有关研究表明有机聚合物太阳能电池的光电转换效率在未来几年中有望突破 10%，如能达到这一转换效率，用有机聚合物材料制作的太阳能电池将具有巨大的市场。

随着新技术的发展和应用，各种各样的新的高分子材料异军突起，在各生产部门和人们的生活领域得到广泛的应用。尽管它们也有诸多优点，但是随着应用时间的增加，越来越多的环境问题也显现出来，因此社会和科技界都在呼吁高分子材料要绿色化。于是高分子领域掀起了一股绿色浪潮。长期以来，化学工业为人类社会的进步起到了巨大的作用。同时，许多化学化工过程对环境造成了严重的污染。为了实现社会的可持续发展，21 世纪的化学工业必将通过调整产业结构，研究开发“环境友好”的新工艺和新技术。“绿色技术”已成为 21 世纪化工技术与化工研究的热点和重要的科技前沿。绿色高分子材料的使用不仅可以减少废弃物的量，大大节省能源，减少污染，还方便了人们的生活。

绿色高分子材料作为高分子科学新的发展方向将变得越来越重要，绿色高分子材料在农业、食品包装、电子电器、临床医学等领域都有广阔的应用前景。今后一段时期，绿色高分子材料的研究将朝两个主要方向发展。一是现有工艺的改进和创新，使生产工艺尽量符合绿色化学的要求，设计之初就应考虑到回收和循环利用的因素，尽量达到“零排放”。同时在原料选取方面尽量摆脱对石油的依赖，尽量使用可再生资源。二是利用新的合成方法制造绿色高分子材料，在分子链中引入对光、热、氧、生物敏感的基团，为材料使用后的降解提供条件。另外，生物合成高分子材料也是未来的一个重要方向。

问题讨论：

1. 结合生活和工作体会，谈谈高分子材料在现代社会中的地位和作用。
2. 高分子材料同经济的可持续发展的关系如何？

自学导读单元

（1）什么是高分子化合物，高分子化合物如何分类和命名？

（2）什么是重复单元？聚乙烯的重复单元是什么？什么是聚合度？高分子的相对分子质量如何计算？同一种高分子，其相对分子质量是否相同？为什么？

（3）什么是高分子的一次结构、二次结构、三次结构？高聚物的聚集态有哪些？

（4）查阅资料，熟悉常见高分子化合物的英文缩写。

（5）根据单体和高分子结构单元的组成和共价键结构上的变化，聚合反应可分为哪两大类？按照反应机理又分哪两类？

（6）什么是均聚物和共聚物？

（7）影响高分子的性能因素有哪些？

（8）高分子的溶解需要经历哪两个阶段？

（9）非晶态高聚物随着温度的变化会呈现哪三种力学状态？

（10）什么是玻璃化温度？高分子材料的使用温度和玻璃化温度有什么关系？

（11）塑料的主要特点是什么？主要有哪些类型？塑料的基本加工工艺是怎样的？

（12）什么是橡胶？它为什么有弹性？橡胶制品生产为什么要硫化？

（13）什么是功能高分子材料？功能高分子材料包括哪些种类？

自学成果评价

一、是非题（对的在括号内填“√”，错的填“×”）

1. 聚乙烯、聚氯乙烯、聚苯乙烯、聚异戊二烯、ABS 工程塑料等合成物都是由均聚反应制得的。（　　）
2. 缩聚反应与加聚反应的区别是缩聚反应往往是官能团间的反应，除形成缩聚物外，还有水、醇、氨或氯化氢等低分子副产物产生。（　　）
3. 大多数高分子都是由自由基聚合而成。（　　）
4. 高分子都具有确定的相对分子质量，其数值与单体的相对分子质量和聚合度有关。（　　）
5. 数均相对分子质量和黏均相对分子质量具有相同的物理意义，两者数值上也相等。（　　）
6. 高分子的相对分子质量的分布越集中，高分子材料的加工性能越优良。（　　）
7. 体型交联的高分子不能够溶解，只是在溶剂中膨胀。（　　）

8. 天然橡胶可溶于汽油、苯、甲苯等非极性或弱极性溶剂中，是因其为弱极性的。（　）
9. 聚乙烯醇可溶于水或乙醇等极性溶剂中，是因其为强极性的。（　）
10. 为了提高聚乙烯冲击强度3~4倍，可对聚乙烯进行交联，交联程度越高，材料抗冲击性能越好。（　）
11. 高分子的绝缘性能与其分子极性有关。（　）

二、简答题

1. 影响高分子电绝缘性能的因素有哪些？
2. 高分子的静电现象可用于哪些工业生产？又有哪些危害？可通过什么方法消除有害静电？
3. 防止高分子老化和延长高分子材料使用寿命的方法一般有哪些？
4. 高聚物的改性方法有哪些？
5. 加工热固性塑料一般采用什么成型方法？

学能展示

基础知识

一、是非题（对的在括号内填“√”，错的填“×”）

1. 聚丙烯腈的结构式为 $\left[\mathrm{CH_2—CH_2—\underset{\displaystyle CN}{\underset{|}{CH}}}\right]_n$（　）
2. 由加聚反应活的均为碳链聚合物，由缩聚反应活的均为杂链聚合物。（　）
3. 在结晶性高分子中，通常可同时存在结晶态和非晶态两种结构。（　）
4. 任何线型非晶态高分子在玻璃化温度以上均可呈现高弹性，因此都可作为橡胶来使用。（　）
5. 不同于低分子化合物，高分子的溶解过程通常必须先经历溶胀阶段。（　）
6. 一种高分子只能制成一种材料。例如，聚氯乙烯只能用作塑料，不能加工成纤维。（　）
7. 聚酰胺是指主链中含$—\underset{\displaystyle H}{\underset{|}{N}}—\overset{\displaystyle O}{\overset{\|}{C}}—$键的一类高聚物。（　）
8. 离子交换树脂是一类不溶性的体型高分子，它含有活性基团，可用于净化水。（　）

二、选择题（将所有的正确答案的标号填入括号内）

1. 下列化合物中，可用来合成加聚物的是（　）。

A. $CHCl_3$　　B. C_2F_4

C. $CH_2═CH—CH═CH_2$　　D. C_3H_8

2. 下列化合物中，可用来合成缩聚物的是（　）。

A. CH_3NH_2　　B. HCOOH

C. $H_2N—(CH_2)_6—COOH$　　D. 邻苯二甲酸（苯环邻位上两个—COOH）

3. 适宜选作橡胶的高分子应是（　）。

A. T_g较低的结晶性高分子　　B. 体型高分子

C. T_g较高的非结晶态高分子　　D. 上述三种答案均不正确

4. 通常符合高分子溶解性规律的说法是（　　）。
   A. 若相对分子质量大，则有利于溶解
   B. 相似者相溶
   C. 体型结构的高分子比链型结构的有利于溶解
   D. 高分子与溶剂形成氢键有利于溶解
5. 下列高分子中，分子链之间能形成氢键的是（　　）。
   A. 尼龙-6　　B. 聚乙烯　　C. 尼龙-66　　D. 聚异戊二烯
6. 经适度硫化处理后的橡胶，性能上得到改善的是（　　）。
   A. 塑性增加　　B. 强度增加　　C. 易溶于有机溶剂　　D. 耐溶剂性增加
7. 下列有机高分子材料改性的方法中，属于化学改性的是（　　）。
   A. 苯乙烯-二乙烯苯共聚物经磺化制取阳离子交换树脂
   B. 苯乙烯、丁二烯、丙烯腈加聚成 ABS 树脂
   C. 丁苯橡胶与聚氯乙烯共混
   D. 聚氯乙烯中加入增塑剂

三、填空题（将正确答案填在横线上）

1. 聚合物 $\left[\!\!-\mathrm{CH_2}-\underset{\displaystyle\mathrm{CH_3}}{\underset{|}{\mathrm{CH}}}-\!\!\right]_n$ 的名称是________，其中是________，n 是________。合成此聚合物的单体的结构式是________。
2. 下列有机高分子材料中，由加聚反应制得的是________，由缩聚反应制得的是________。（选填下列标号）
   A. 丁苯橡胶　　B. 有机玻璃　　C. 尼龙-1010　　D. 醇酸树脂
3. 聚苯乙烯是________（填有或无）极性基团的，链节结构________（指是否对称）的________性高聚物（定性说明其有否极性、极性强弱）。它可溶于________等溶剂中（填溶剂名称）。
4. 纤维可分为________和________两大类。化学纤维又可分为________和________。
5. 纤维的高功能性是指________、________、________等。
6. 硅橡胶的链是由________和________两种元素的原子构成的。相对其他橡胶，既耐热又耐寒，抗氧化性能________，生物相容性________是其优良特性。
7. 天然橡胶由________单体聚合而成。分为________和________两种构型聚合物。
8. 增塑剂如________等，填料如________等，都是对高聚物掺合改性的重要助剂。将________与________（指哪一类材料）复合后，可获得金属基复合材料。

知识应用

1. 给出下列聚合物合成时所用原料、合成反应式和聚合物的主要性能及用途。
   腈纶；涤纶；ABS 树脂；有机玻璃（PMMA）；丁苯橡胶（SBR）。
2. 写出下列单体的聚合反应式、单体及聚合物的名称。
   $CH_2=CHCl$；$CH_2=C(CH_3)_2$；$NH_2(CH_2)_{10}NH_2+HOOC(CH_2)_8COOH$；
   $CH_2=C(CH_3)-CH=CH_2$；$HO-(CH_2)_5-COOH$
3. 结合生活实际，谈谈洗涤和熨烫化学纤维织物时应该注意哪些问题？
4. 热塑性塑料和热固性塑料在结构和性能上的主要差别是什么？在所学的塑料中，哪些是热塑性塑料？哪些热是固性塑料？

5. 写出下列聚合物的化学式并简要说明它们的主要用途。

聚乙烯；聚四氟乙烯；聚丙烯；聚氯乙烯；聚苯乙烯；聚甲基丙烯酸甲酯；聚对苯二甲酸乙二醇酯；尼龙-66；聚甲醛；天然橡胶；丁苯橡胶；氯丁橡胶；硅橡胶；“六大纶”（涤纶、锦纶、腈纶、丙纶、维纶和氯纶）

拓展提升

1. 一次性茶杯是用什么塑料制成的？为什么？能否用聚乙烯（PE）或聚氯乙烯（PVC）来制备一次性茶杯？为什么？

2. 蚕丝及其织品是一种天然高分子材料，而常见的涤纶及其织物是一种合成高分子材料，试提出一种鉴别真“假”天然高分子材料的方法。这种方法能否用于鉴别天然真丝和尼龙丝？

3. 什么是涂料？它具有哪些功能？防火涂料是如何防火的？

4. 对于用于生物体（主要是人体）的医用高分子材料在性质和作用上有何特殊要求？

5. 据统计，目前全球高分子材料的年产耗量约为 3 亿吨，由于高分子材料容易老化、使用寿命较短，这就意味着每年将有 1 亿多吨的高分子材料沦为“垃圾”而造成环境污染和公害。试依据高分子材料的结构和性质，提出减少、消除公害或加以利用的举措和方法。

部分习题答案

第1章

课题 1.1

自学成果评价

一、

1	2	3	4	5	6	7	8	9	10
×	√	√	×	√	×	√	×	×	√

二、

1	2	3
C	D	AD

三、

1. （1）反应前后的温度差 ΔT；（2）钢弹组件的总热容 C_b；（3）水的质量 m 和比热容

2. $-5.14\times10^3 kJ\cdot mol^{-1}$

3. 不等于

学能展示

1. $C_b=848.17J\cdot K^{-1}$

2. $Q_{V,m}=-5459kJ\cdot mol^{-1}$

课题 1.2

自学成果评价

一、

1	2	3	4	5	6	7	8
×	√	×	×	×	×	×	×

二、

1	2	3	4	5	6	7	8	9	10	11
A	C	D	B	C	D	D	C	D	A	B

三、$-16.7kJ\cdot mol^{-1}$

四、（1）有区别；（2）无区别；（3）有区别；（4）无区别

原因：因为 $Q_V=Q_p-\Delta\nu RT$，若反应中 $\Delta\nu=0$，则 Q_V、Q_p 无区别。$\Delta\nu$ 为反应前后气体物质的化学计量数。若 $\Delta\nu\neq0$，说明在反应过程中有体积功产生。

五、由于 $\Delta U-\Delta H=W=-\Delta nRT$，因此：

(1) 因为 $\Delta n=4$，所以 $\Delta U-\Delta H=W=-\Delta nRT=-(4\times 8.314\times 298.15)\text{J}=-9.92\text{kJ}$

(2) 因为 $\Delta n=0$，所以 $\Delta U-\Delta H=0$

(3) 因为 $\Delta n=5$，所以 $\Delta U-\Delta H=W=-\Delta nRT=-(5\times 8.314\times 195.15)\text{J}=-8.11\text{kJ}$

(4) 因为 $\Delta n=0$，所以 $\Delta U-\Delta H=0$

六、(1) $-1530.54\text{kJ}\cdot\text{mol}^{-1}$；(2) $-174.47\text{kJ}\cdot\text{mol}^{-1}$；(3) $-86.32\text{kJ}\cdot\text{mol}^{-1}$；(4) $-153.87\text{kJ}\cdot\text{mol}^{-1}$

学能展示

基础知识：1. −157.3；2. $Ag(s)+1/2Br_2(l)\longrightarrow AgBr(s)$

知识应用：$\Delta H=-80\text{kJ}\cdot\text{mol}^{-1}$

拓展提升：1. $-8780.4\text{kJ}\cdot\text{mol}^{-1}$

2. (1) $-851.5\text{kJ}\cdot\text{mol}^{-1}$；(2) −4210.19kJ

第2章

课题 2.1

自学成果评价

一、

1	2	3	4	5	6	7	8	9	10	11
×	√	√	×	×	×	×	√	×	×	√

二、

1	2
C	C

三、顺序为 (d) > (c) > (e) > (a) > (b)

理由：对于标准熵 $S_m^\ominus$(298.15K) 而言，其值：$S_m^\ominus$(气体)>$S_m^\ominus$(液体)>$S_m^\ominus$(固体)；$S_m^\ominus$(化合物)>$S_m^\ominus$(单质)；$S_m^\ominus$ (内部质点多的)>$S_m^\ominus$(内部质点少的)。

四、(1) $-66.9\text{kJ}\cdot\text{mol}^{-1}$；(2) $-147.06\text{kJ}\cdot\text{mol}^{-1}$；(3) $-26.91\text{kJ}\cdot\text{mol}^{-1}$；(4) $96.90\text{kJ}\cdot\text{mol}^{-1}$

学能展示

基础知识：1. 基本不变，基本不变，增大；2. $-1015.5\text{kJ}\cdot\text{mol}^{-1}$

知识应用：1. 略 2. $T_1=2841\text{K}$，$T_2=903.0\text{K}$，$T_3=840.7\text{K}$，用 (3) 反应方法比较理想。

拓展提升：1. 略 2. $T<383\text{K}$ 时，反应正向自发进行；$T>383\text{K}$ 时，反应逆向自发进行。粗镍在 323K 与 CO 反应，生成的 $Ni(CO)_4$ 为液态，很容易与反应物分离，$Ni(CO)_4$ 在 473K 分解可得到纯镍。因此该方法是合理的。

课题 2.2

自学成果评价

一、

1	2	3	4	5	6	7
×	×	√	√	√	√	×

二、

1	2	3	4	5	6	7	8	9	10	11	12	13	14
B	B	D	B	B	C	A	C	B	A	D	A	C	A

三、1. 77%；2. 不，不，向右

学能展示

知识应用：1. 1.45×10^{10}　2. 81.1，80%

拓展提升：

T/K	$K_1^\ominus$	$K_1^\ominus$	$K^\ominus$
973	1.47	2.38	0.618
1073	1.81	2.00	0.905
1173	2.15	1.67	1.29
1273	2.48	1.49	1.66

可见随着温度的升高，平衡常数增大，说明升温有利于反应进行，故这是一个吸热反应。

课题 2.3

自学成果评价

一、

1	2	3	4	5	6	7	8	9	10	11
×	√	×	√	√	√	×	√	√	×	√

二、

1	2	3	4	5	6	7	8	9	10	11
B	B	A	C	D	B	B	C	C	D	D

三、1. 基本不变，基本不变，增大，减小，增大，增大；2. $v=k_c c_{C_2H_4Br_2}\cdot c_{KI}$

学能展示

基础知识：

	$k_正$	$k_逆$	$v_正$	$v_逆$	$K^\ominus$	平衡移动方向
增加总压力	不变	不变	增大	增大	不变	左移
升高温度	增大	增大	增大	增大	增大	右移
加入催化剂	增大	增大	增大	增大	不变	不移动

知识应用：

1. （1）$v_1 = kc_{Cl_2} \cdot c_{NO}^2$；（2）3；（3）反应速率是原来的1/8；（4）反应速率是原来的9倍。

2. 4a

拓展提升：$k_2/k_1 = 9.4$

第3章

课题3.1

自学成果评价

一、

1	2	3	4	5	6	7	8	9	10	11	12	13
√	√	×	×	√	×	×	×	×	×	√	√	×

二、

1. 主量子数、角量子数、磁量子数、自旋量子数
2. 主量子数、角量子数、磁量子数
3. 4p；5d
4. n^2；$2l+1$；3

三、

1	2	3	4	5	6	7
B	D	A	C	C	B	C

学能展示

知识应用：

1	2	3	4	5	6	7	8	9
A	D	A	C	B	C	B	D	B

课题3.2

自学成果评价

一、

1	2	3	4	5	6
×	√	×	√	√	√

二、

1	2	3	4	5	6	7	8	9	10	11
D	D	C	B	D	C	D	C	A	C	A
12	13	14	15	16	17	18	19	20	21	
C	C	C	B	D	D	A	B	A	D	

三、

1. 减小，增强，增大
2. 泡利不相容原理、能量最低原理、洪特规则
3. $1s^22s^22p^63s^23p^63d^{10}4s^1$
4. $1s^22s^22p^63s^23p^63d^54s^1$，d，四，ⅥB
5. ds，五，ⅠB
6. Sc，$1s^22s^22p^63s^23p^63d^14s^2$
7. 四，ⅦB

四、(1) P区，ⅣA族，C、Si、Ge、Sn、Pb；(2) d区，Ⅷ族，Fe；(3) ds区，IB族，Cu

五、以下所列化合物并非唯一解。

(1) Cl	氧化值	−1	+1	+3	+5	+7
	化合物	HCl	HClO	$HClO_2$	$HClO_3$	$HClO_4$
(2) Pb	氧化值	+2	+4			
	化合物	$PbCl_2$	PbO_2			
(3) Mn	氧化值	+2	+4	+6	+7	
	化合物	$MnSO_4$	MnO_2	K_2MnO_4	$KMnO_4$	
(4) Cr	氧化值	+2	+3	+6		
	化合物	$CrCl_2$	$CrCl_3$	K_2CrO_4		
(5) Hg	氧化值	+1	+2			
	化合物	Hg_2Cl_2	$HgCl_2$			

六、

(1) $_{29}Cu$：$1s^22s^22p^63s^23p^63d^{10}4s^1$；$Cu^{2+}$：$1s^22s^22p^63s^23p^63d^9$

(2) $_{26}Fe$：$1s^22s^22p^63s^23p^63d^64s^2$；$Fe^{3+}$：$1s^22s^22p^63s^23p^63d^5$

(3) $_{47}Ag$：$1s^22s^22p^63s^23p^63d^{10}4s^24p^64d^{10}5s^1$；$Ag^+$：$1s^22s^22p^63s^23p^63d^{10}4s^24p^64d^{10}$

(4) $_{17}Cl$：$1s^22s^22p^63s^23p^5$；Cl^-：$1s^22s^22p^63s^23p^6$

学能展示

知识应用：

1. (1) $1s^22s^22p^63s^23p^63d^54s^1$；(2) $\psi(3, 2, 0, +1/2)$，$\psi(3, 2, 1, +1/2)$，$\psi(3, 2, 2, +1/2)$；(3) 6；(4) 第四周期，ⅥB族，d区

2.

离子	外层电子分布式	外层电子构型
(1) Sn^{2+}	$4s^24p^64d^{10}5s^2$	18+2电子构型
(2) Cd^{2+}	$4s^24p^64d^{10}$	18电子构型
(3) Fe^{2+}	$3s^23p^63d^6$	9~17电子构型
(4) Be^{2+}	$1s^2$	2电子构型
(5) Se^{2+}	$4s^24p^6$	8电子构型
(6) Cu^{2+}	$3s^23p^63d^9$	9~17电子构型
(7) Ti^{4+}	$3s^23p^6$	8电子构型

3.

原子序数	原子的外层电子构型	未成对的电子数	周期	族	所属区
16	$3s^2 3p^4$	2	3	ⅥA	p
19	$4s^1$	1	4	ⅠA	s
42	$4d^5 5s^1$	6	5	ⅥB	d
48	$4d^{10} 5s^2$	0	5	ⅡB	ds

课题 3.3

自学成果评价

一、

1	2	3	4	5	6	7	8	9
×	√	×	×	√	×	×	×	×

二、

1	2	3	4	5	6	7	8	9	10	11	12	13	14
B	B	A	B	B	C	D	B	D	A	B	C	D	B
15	16	17	18	19	20	21	22	23	24	25	26	27	28
C	B	A	D	D	D	D	BC	A	B	A	A;BCDE	C	B

三、

1. 电负性差值或成键两原子共用电子对的偏离
2. 偶极矩或分子中正、负电荷中心是否重合
3. 直线，sp，正四面体，sp^3
4. 色散力；色散力，诱导力；色散力、诱导力和取向力
5. 分子间氢键

学能展示

基础知识：

1. （1）NaOH；（4）Na_2SO_4

2.

分子	分子间作用力类型
（1）H_2	色散力
（2）SiH_4	色散力
（3）CH_3COOH	色散力、诱导力、取向力、氢键
（4）CCl_4	色散力
（5）HCHO	色散力、诱导力、取向力
（6）甲醇和水	色散力、诱导力、取向力、氢键

知识应用：

1.

分子	空间构型	杂化类型	电偶极矩
SiH_4	正四面体形	sp^3 杂化	$\mu=0$
H_2S	V 字形	不等性 sp^3 杂化	$\mu>0$
BCl_3	平面三角形	sp^2 杂化	$\mu=0$
$BeCl_2$	直线形	sp 杂化	$\mu=0$
PH_3	三角锥形	不等性 sp^3 杂化	$\mu>0$

2. 极性分子：HF、H_2S、$CHCl_3$；非极性分子：Br_2、CS_2、CCl_4

拓展提升：

1. 乙醇和二甲醚为同分异构体，同属极性分子。但乙醇分子间因除存在色散力、取向力和诱导力外，还存在氢键，因此其沸点高于二甲醚。

2.

（1）$SiF_4<SiCl_4<SiBr_4<SiI_4$，因为同类型分子晶体化合物，非极性分子间的色散力随相对分子量增大而增大，熔点因而增高。

（2）$PF_3<PCl_3<PBr_3<PI_3$，原因与（1）类似，但三卤化磷为极性分子，熔融时要克服色散力、取向力和诱导力，不过三种力以色散力为主，色散力随相对分子质量增大而增大。

课题 3.4

自学成果评价

一、

1	2	3
√	√	×

二、

1	2	3	4	5	6	7	8	9	10	11	12	13	14	15
D	D	D	A	D	C	C	D	C	A	B	B	B	B	A
16	17	18	19	20	21	22	23	24	25	26	27	28	29	
D	C	C	A	D	B	D	B	B	B	C	A	D	C	

三、

1. 有一定的几何外形、有固定的熔点、各向异性
2. <，>
3. 晶格能
4. （1）NaCl、Na_2S；（2）NaOH、$(NH_4)_2S$；（3）$(NH_4)_2S$；（4）Na_2S_2；（5）CO_2、CCl_4、C_2H_2；（6）C_2H_2；（7）H_2O_2；（8）SiO_2、SiC
5. （1）A，AEH，E；（2）B，F，DE；（3）G，BDE，AH

四、

物质	晶格结点上的粒子	微粒间的作用力	晶体类型	预测熔点（高、低）
SiC	Si、C原子	共价键	原子晶体	高
I_2	I_2分子	分子间力或范德华力	分子晶体	低
Ag	Ag原子或离子	金属键	金属晶体	高
冰	水分子	分子间力和氢键	分子晶体	低
CaO	Ca、O离子	离子键	离子晶体	高

五、KCl和BaO属离子晶体，微粒间的作用力为静电作用力；SiC属原子晶体，微粒间的作用力为共价键作用力；HI属分子晶体，微粒间的作用力为分子间作用力。熔点从高到低的顺序为SiC、BaO、KCl、HI。

六、

（1）离子极化力的相对大小顺序为：$Sn^{4+}>Sn^{2+}>Fe^{2+}>Sr^{2+}$

（2）离子变形性的相对大小顺序为：相对大小顺序为：$S^{2-}>O^{2-}>F^-$

七、

（1）极化能力：$Zn^{2+}>Fe^{2+}>Ca^{2+}>K^+$

Ca，K，Fe，Zn四个元素在同一周期，K^+只有一个正电荷，极化能力最弱，Zn^{2+}，Fe^{2+}，Ca^{2+}带正电荷数相同，Ca^{2+}离子为8电子构型，Fe^{2+}为9~17电子构型，Zn^{2+}为18电子构型，阳离子的有效核电荷$Zn^{2+}>Fe^{2+}>Ca^{2+}$，所以极化能力为$Zn^{2+}>Fe^{2+}>Ca^{2+}$。

（2）极化能力：$P^{5+}>Si^{4+}>Al^{3+}>Mg^{2+}>Na^+$

学能展示

知识应用：

1.

（1）金刚石是原子晶体，具有很大的硬度，而石墨是过渡型晶体，层间是分子间力，所以较软。

（2）SiO_2是原子晶体，SO_2是分子晶体，所以SiO_2的熔沸点高得多。

2.

（1）MgO>NaF，因离子晶体的熔点与晶体的晶格能大小有关。晶格能越大，离子晶体越稳定，其熔点也越高。MgO和NaF均属离子晶体，MgO中各离子的电荷数多于NaF，且其离子半径小于NaF中各离子的半径，因此MgO的晶格能大于NaF的晶格能，MgO的熔点更高。

（2）CaO>BaO，因CaO和BaO均为离子晶体，二者离子的电荷数相同，但Ca^{2+}的半径小于Ba^{2+}的半径，因此CaO的晶格能大于BaO的晶格能，CaO的熔点更高。

（3）$SiC>SiCl_4$，因SiC属于原子晶体，晶体微粒间以较强的共价键相结合。而$SiCl_4$属于分子晶体，分子间以较弱的分子间力相互作用，因此SiC的熔点高于$SiCl_4$。

（4）$NH_3>PH_3$，虽然NH_3、PH_3同属分子晶体，但NH_3分子间除存在分子间力外还有氢键，因此NH_3的熔点更高。

拓展提升：

1.

（1）Fe^{3+}电荷高，半径小，属不饱和电子构型，与半径大，易变形氯离子间因离子相互极化作用较强，键型以共价型为主，因而熔点较低。

（2）Na^+为8电子构型，极化力和变形性较小，与Cl^-的作用力以离子型为主，故易溶于极性溶剂水中。而Cu^+为18电子构型，有较强的极化力和变形性，离子间相互极化作用较强，键型以共价键为主，因而难溶于水中。

（3）Pb^{2+}为18+2电子构型，有较强的极化力和变形性，与半径大易变形的I^-之间相互极化作用更强，所以其溶解度更低。

(4) Cd^{2+}，Cu^{+}为18电子构型，有较强的极化力和变形性，与半径大易变形的S^{2-}之间相互极化作用更强，所以化合物的颜色更深。

2. 由于F^{-}与Ag^{+}相互极化作用较弱，而AgCl，AgBr，AgI都存在一定的极化作用，故AgCl、AgBr、AgI难溶于水中。对于AgCl、AgBr、AgI，由Cl^{-}到I^{-}其变形性越来越强，导致其相互作用由Cl^{-}到I^{-}逐渐变强，故导致其溶解度逐渐变小，而颜色依次加深。

课题 3.5

自学成果评价

一、

1	2	3	4	5	6	7	8	9	10	11	12	13	14	15
√	√	√	×	×	√	√	×	×	√	√	×	×	√	×

二、

1	2	3	4	5	6	7	8	9	10	11	12
A	B	D	A	C	A	C	B	C	B	D	B
13	14	15	16	17	18	19	20	21	22	23	
C	A	B	D	B	C	D	B	B	C	D	

三、

1. 中心离子；2. 配位；3. 配位原子，O，N，S；4. 6，Cl、N，二氯化一氯·五氨合钴（Ⅲ），+2；5. Pt^{4+}，Cl，6，六氯合铂（Ⅳ）酸；6. Co^{2+}，NCS，N，4；7. CO，C，4，四羰基合镍

学能展示

知识应用：

1.

配合物	中心离子的价态	配位数	配离子的电荷数
$[Cu(NH_3)_4]Cl_2$	+2	4	+2
$K_2[PtCl_6]$	+4	6	−2
$Na_3[Ag(S_2O_3)_2]$	+1	2	−3
$K_3[Fe(CN)_6]$	+3	6	−3

2.

$[Co(NH_3)_6]Cl_2$	二氯化六氨合钴（Ⅱ）
$K_3[Fe(CN)_6]$	六氰合铁（Ⅲ）酸钾
$[PtCl_2(NH_3)_2]$	二氯·二氨合铂（Ⅱ）
$Co_2(CO)_8$	八羰合二钴
$[Co(NH_3)_3(H_2O)Cl_2]Cl$	氯化二氯·三氨·一水合钴（Ⅲ）
$[Cu(NH_3)_4]SO_4$	硫酸四氨合铜（Ⅱ）
$H_3[AlF_6]$	六氟合铝（Ⅲ）酸
$[Ni(CO)_4]$	四羰基合镍

拓展提升：

三氯·一氨合铂（Ⅱ）酸钾	$K[PtCl_3(NH_3)]$
高氯酸六氨合钴（Ⅱ）	$[Co(NH_3)_6](ClO_4)_2$
二氯化六氨合镍（Ⅱ）	$[Ni(NH_3)_6](Cl)_2$
一羟基·一草酸根·一水·一乙二胺合铬（Ⅲ）	$[Cr(OH)(C_2O_4)(H_2O)(en)]$
五氰·一羰基合铁（Ⅱ）酸钠	$Na_3[Fe(CN)_5(CO)]$
二氯化三乙二胺合镍（Ⅱ）	$[Ni(en)_3](Cl)_2$
氯化二氯·四水合铬（Ⅲ）	$[Cr(H_2O)_4Cl_2]Cl$
六氰合铁（Ⅱ）酸铵	$(NH_4)_4[Fe(CN)_6]$

课题 3.6

自学成果评价

一、

1	2	3	4	5	6	7	8	9
√	√	×	×	×	×	√	×	×

二、

1	2	3	4	5	6	7	8	9	10	11	12
C	C	D	C	C	B	D	C	B	A	B	B

三、

1. 5，平面四边形，四面体形；2. 杂化，孤对；3. 中心离子的成单电子数，$\mu=\sqrt{n(n+2)}\mu_B$；4. sp，直线；5. 直线形，平面三角形，sp，sp^2

学能展示

知识应用：

1. sp^3，sp^3，d^2sp^3，sp^3d^2；2. 正四面体形；3. sp^3，四面体形；4. sp，$3s^23p^63d^{10}$，直线形；5. dsp^2，sp^3，sp^3d^2；6. 3，d^2sp^3，sp^3d^2，内轨，外轨；7. B；8. A；9. C；10. B

第4章

课题 4.1

自学成果评价

一、

1	2	3	4	5	6	7	8	9	10
×	√	×	×	√	×	×	√	×	√

二、

1	2	3	4	5	6	7	8	9	10	11	12	13	14
D	B	B	A	D	B	C	D	C	A	C	B	A	B
15	16	17	18	19	20	21	22	23	24	25	26	27	28
D	B	C	C	C	A	C	D	A	C	D	C	A	D

三、1. H_3PO_4，PO_4^{3-}；2. NH_4^+，5.6×10^{-10}；3. K_{b3}；4. 2.00；5. $NH_3\cdot H_2O$，H^+，减小，减小，增大；6. 强，弱；7. 同离子效应；8. 7；9. 7；10. 7；11. 8.32；12. 4.76；13. 4.76；14. 增加，减少，增大，降低，不变

四、1. HCO_3^-，H_2S，H_3O^+，$H_2PO_4^-$，NH_4^+，HS^-；2. $H_2PO_4^-$，Ac^-，S^{2-}，NO_2^-，ClO^-，HCO_3^-

学能展示

基础知识：

（1）基本不变，原溶液是强酸，NH_4^+ 的解离忽略不计；（2）减小；（3）减小，NH_4^+ 是弱酸；（4）减小，同离子效应

知识应用：

1. （1）1）$c(OH^-)=1.88\times10^{-3}\,mol\cdot dm^{-3}$；pH = 11.3；解离度：0.94%；2）$c(OH^-)=1.77\times10^{-5}\,mol\cdot dm^{-3}$；pH = 9.25；解离度：0.009%；3）由于同离子效应使平衡左移，解离度大大降低。

（2）1）pH = 9.25；2）pH = 5.27；3）pH = 1.7

2. $K_a=10^{-5.42}=3.80\times10^{-6}$

拓展提升：

1. 缓冲对选 HAc-NaAc；24g；17mL；2. 11.7cm^3

课题 4.2

自学成果评价

一、

1	2	3	4	5	6
×	×	√	×	√	×

二、

1	2	3	4	5	6	7
B	C	C	B	C	C	A

三、正向，因为 $K_s(PbS)<K_s(PbCO_3)$，沉淀的转化反应的平衡常数 $K=K_s(PbCO_3)/K_s(PbS)>1$，$K>Q$（$Q=1$），所以反应正向进行。

学能展示

基础知识：

1. 3.2×10^{-11}；2. $1\times10^{-5}\,mol\cdot dm^{-3}$；3. 10；4. <；5. 5.3；6. $1.08\times10^{-9}\,mol\cdot L^{-1}$

知识应用：

1. 1.788×10^{-10}；2. （1）1.285×10^{-3}；（2）$1.285\times10^{-3}\,mol\cdot dm^{-3}$，$2.57\times10^{-3}\,mol\cdot dm^{-3}$；（3）$8.49\times10^{-5}\,mol\cdot dm^{-3}$；（4）$4.6\times10^{-4}\,mol\cdot dm^{-3}$

拓展提升：

1. （1）无沉淀生成；（2）$c(Cl^-)>7.64\times10^{-3}\,mol\cdot dm^{-3}$；（3）$3.3\times10^{-3}\,mol\cdot dm^{-3}$

2. $2.81\leqslant pH\leqslant9.37$

课题 4.3

自学成果评价

一、

1	2	3	4	5
√	×	√	×	√

二、

1	2	3	4
D	C	C	B

三、

（1）负极：$Zn(s) = Zn^{2+}(aq) + 2e$　　正极：$Fe^{2+}(aq) + 2e = Fe(s)$

（2）负极：$2I^-(aq) = I_2(s) + 2e$　　正极：$Fe^{3+}(aq) + e = Fe^{2+}(aq)$

（3）负极：$Ni(s) = Ni^{2+}(aq) + 2e$　　正极：$Sn^{4+}(aq) + 2e = Sn^{2+}(aq)$

（4）负极：$Fe^{2+}(aq) = Fe^{3+}(aq) + e$　　正极：$MnO_4^-(aq) + 8H^+(aq) + 5e = Mn^{2+}(aq) + 4H_2O(l)$

四、

（1）$(-)Zn \mid Zn^{2+} \parallel Fe^{2+} \mid Fe(+)$　　（2）$(-)Pt \mid I_2 \mid I^- \parallel Fe^{2+}, Fe^{3+} \mid Pt(+)$

（3）$(-)Ni \mid Ni^{2+} \parallel Sn^{4+}, Sn^{2+} \mid Pt(+)$　　（4）$(-)Pt \mid Fe^{2+}, Fe^{3+} \parallel MnO_4^-, H^+, Mn^{2+} \mid Pt(+)$

学能展示

基础知识：

1. $Fe^{2+}(1mol \cdot dm^{-3}) - e = Fe^{3+}(0.01mol \cdot dm^{-3})$；$Fe^{3+}(1mol \cdot dm^{-3}) + e = Fe^{2+}(1mol \cdot dm^{-3})$；$Fe^{3+}(1mol \cdot dm^{-3}) - Fe^{3+}(0.01mol \cdot dm^{-3})$（浓差电池）
2. $(-)Pt, I_2(s) \mid I^-(c_1) \parallel Fe^{3+}(c_2), Fe^{2+}(c_3) \mid Pt(+)$
3. $(-)Pt, Cl_2(p) \mid Cl^-(c) \parallel Cr_2O_7^{2-}(c_1), H^+(c_2), Cr^{3+}(c_3) \mid Pt(+)$
4. $MnO_4^- + 8H^+ + 5e \rightarrow Mn^{2+} + 4H_2O$；$2Cl^- - 2e \rightarrow Cl_2$；0.15V；$(-)Pt, Cl_2(p^\ominus) \mid Cl^- \parallel MnO_4^-, H^+, Mn^{2+} \mid Pt(+)$
5. $(-)Pt \mid Fe^{2+}, Fe^{3+} \parallel Cl^- \mid Cl_2 \mid Pt(+)$

知识应用：

1. 2.3×10^{-11}；2. $(-)Cu \mid Cu^{2+} \parallel Fe^{2+}, Fe^{3+} \mid Pt(+)$，$3.16\times10^{14}$

课题 4.4

自学成果评价

一、

1	2
√	×

二、

1	2	3	4	5	6	7
B	B	C	B	B	A	C

三、1. −0.7618V；2. 0.639V

四、−0.256V

学能展示

基础知识：−0.28V

知识应用：

1. 5.2×10^{-13}

2. (1) 0.236V；(2) $-45.5\text{kJ}\cdot\text{mol}^{-1}$；(3) $(-)\text{Pt}\mid I_2(s)$，$I^-(1.0\text{mol}\cdot\text{dm}^{-3})\parallel Fe^{3+}(1.0\text{mol}\cdot\text{dm}^{-3})$，$Fe^{2+}(1\text{mol}\cdot\text{dm}^{-3})\mid\text{Pt}(+)$；(4) 0.058V

3. (1) 正极：$Sn^{4+}+2e\rightarrow Sn^{2+}$，负极：$H_2-2e\rightarrow 2H^+$；(2) 0.167V

课题 4.5

自学成果评价

一、

1	2	3	4	5
B	D	C	A	B

二、1. 右；2. $\varphi(+)>\varphi(-)$；3. 0.0034V，$-6.56\times10^2\text{J}\cdot\text{mol}^{-1}$，1.3

三、(1) 正向；(2) 逆向；(3) 正向

学能展示

基础知识：d

知识应用：

1. (1) 1) 正反应不能自发进行，2) 正反应不能自发进行；(2) 1) −0.28V；2) $Co+Cl_2 = Co^{2+}+2Cl^-$；3) 当 $p(Cl_2)$ 增大时，$\varphi(Cl_2/Cl^-)$ 增大，原电池电动势 E 增大；当 $p(Cl_2)$ 减小时，$\varphi(Cl_2/Cl^-)$ 减小，原电池电动势 E 减小；4) 原电池的电动势增加了 0.06V，为 1.70V。

2. $-34.5\text{kJ}\cdot\text{mol}^{-1}$，$1.12\times10^6$

拓展提升：略

课题 4.6

自学成果评价

一、

1	2	3
√	×	×

二、

1	2	3	4	5	6	7
A，B	B	C	C	A	C	D

三、1. Ag^+ 和 Zn^{2+}，其他离子；2. 升高，降低；3. 金属原子失电子被氧化，析氢，吸氧

学能展示

知识应用：

1.

(1) 阳极：$Ni(s) = Ni^{2+}(aq) + 2e$　　阴极：$Ni^{2+}(aq) + 2e = Ni(s)$；

（2）阳极：$2Cl^-(aq) = Cl_2(g) + 2e$　　阴极：$Mg^{2+} + 2e = Mg(s)$

（3）阳极：$4OH^-(aq) = 2H_2O(l) + O_2(g) + 4e$　　阴极：$2H_2O(l) + 2e = 2OH^-(aq) + H_2(g)$

2. 1.36

3. 铁在微酸性水膜中发生吸氧腐蚀，电极反应为：

阳极：$Fe(s) = Fe^{2+}(aq) + 2e$　　阴极：$O_2(g) + 2H_2O(l) + 4e = 4OH^-(aq)$

铁浸没在稀硫酸中发生析氢腐蚀，电极反应为：

阳极：$Fe(s) = Fe^{2+}(aq) + 2e$　　阴极：$2H^+(aq) + 2e = H_2(g)$

拓展提升：$j > 1.1 \times 10^{-3}\ A \cdot cm^{-2}$

第 5 章

自学成果评价

一、

1	2	3	4	5	6
√	√	√	√	×	×

二、

（1）解：在埃林汉姆图中 $\Delta_r G_m^\ominus$ 值越小的直线所对应的氧化物越稳定，即所对应金属自发形成氧化物的倾向较位于其上方直线对应的金属自发形成氧化物的倾向大，所以能还原位于其上方直线对应的金属氧化物。

（2）解：在埃林汉姆图中可看出：Ag 和 Hg 的氧化物的 $\Delta_r G_m^\ominus$ 值随温度升高而增加，“Ag” 和 “Hg” 线在较高的温度时已在 $\Delta_r G_m^\ominus = 0$ 线上，这表示 Ag 和 Hg 对应的氧化物不稳定，有自发分解的倾向，所以单质 Ag 和 Hg 可采用热分解其相应氧化物的方法制得。

（3）解：CO 的 $\Delta_r G_m^\ominus$ 值随温度升高而减小，在高温下比许多氧化物的 $\Delta_r G_m^\ominus$ 要小。因此，高温下许多金属氧化物（如 Fe_2O_3、ZnO、MgO 等）均可被 C 还原，所以高温下焦炭可作为冶炼某些金属的还原剂。

学能展示

知识应用：3.6×10^2 g

拓展提升：

解：从埃林汉姆图可以看出：Cr、Mn、Ti、Al、Mg、Ca 和高温下的 C 线均在 Zn 线以下，这些单质都可在一定条件下还原 ZnO 以制备 Zn 单质。但考虑：（1）在这些单质中 C 比较便宜；（2）C 线约在 1000℃左右相交，稍高于此温度即可还原 ZnO，对于设备要求不过高，所以选用焦炭作还原剂以制取金属锌。在反应温度下，Zn 以蒸气逸出，冷凝后得 Zn 粉。

第 6 章

自学成果评价

一、

1	2	3	4
×	×	√	×

二、

1. 解：金属钠着火时不能用 H_2O、CO_2 扑灭，可用石棉毯扑灭。因为金属钠着火时，若用 H_2O 灭火，钠可与水反应产生易燃易爆的 H_2；若用 CO_2 灭火，钠着火是表面生成的 Na_2O_2 会与 CO_2 作用产生助燃的 O_2。石棉（$CaO \cdot 3MgO \cdot 4SiO_2$）与钠不作用，可用于扑灭钠着火。
2. 解：石膏为 $CaSO_4$，它虽然不溶于水，但与 Na_2CO_3 作用可生成更难溶的 $CaCO_3$，则降低了由于 Na_2CO_3 水解而引起的土壤碱性。
3. Be 的原子半径和离子半径较小，易形成共价化合物
4. 解：因为金属钙与硫酸反应生成了难溶的 $CaSO_4$ 覆盖在金属钙的表面，妨碍了反应的进行。
5. 熔点高低顺序为 $NaCl>MgCl_2>AlCl_3>SiCl_4$，因为 Na、Mg、Al、Si 为同周期元素，随着离子有效电荷的增加，半径减小，即离子势能增大，极化力增强，结果从离子键逐渐过渡到共价键，晶体类型由离子晶体逐渐转变为分子晶体，熔点逐渐降低。
6. Be^{2+} 与 Mg^{2+} 相比，电荷数相同，Be^{2+} 的半径更小，极化 O^{2-} 的作用更强，所以 O 的电子云部分偏向 Be，带有部分共价性，而 MgO 是离子晶体，所以 BeO 的熔点比 MgO 低。
7. I^- 半径大，变形性大，WI_2 是共价型化合物，属于分子晶体。溴或溴化氢或溴的碳氢化合物。

学能展示

1. 解：查教材上附表得以下数据

	MgO(s)	+ C(石墨)	⟶ CO(g)	+ Mg(s)
$\Delta_f H_m^\ominus(kJ \cdot mol^{-1})$	−601.70	0	−110.525	0
$\Delta_f G_m^\ominus(kJ \cdot mol^{-1})$	−569.43	0	−137.168	0
$S_m^\ominus(J \cdot mol^{-1} \cdot K^{-1})$	26.94	5.740	197.674	32.68

$$\Delta_r H_m^\ominus(298K) = \sum \nu_B \Delta_f H_m^\ominus(B，相态，298K)$$
$$= -110.525-(-601.70) = 491.18(kJ \cdot mol^{-1})$$
$$\Delta_r G_m^\ominus(298K) = \sum \nu_B \Delta_f G_m^\ominus(B，相态，298K)$$
$$= -137.168-(-569.43) = 432.26(kJ \cdot mol^{-1})$$
$$\Delta_r S_m^\ominus(298K) = \sum \nu_B S_m^\ominus(B，相态，298K)$$
$$= -197.674+32.68-26.94-5.740$$
$$= 197.67(J \cdot mol^{-1} \cdot K^{-1})$$

在标准状况下，反应刚好可以自发进行的时候

$$\Delta_r G_m^\ominus(T) = \Delta_r H_m^\ominus(298K) - T\Delta_r S_m^\ominus(298K) = 0$$

则
$$T_{转} = \frac{\Delta_r H_m^\ominus(298K)}{\Delta_r S_m^\ominus(298K)} = \frac{491.18 \times 10^3}{197.67} = 2485\ (K)$$

2. 1.8 万吨，1.64 万吨

第 7 章

课题 7.1

自学成果评价

1. 因为过量的氯气可将碘进一步氧化为碘酸：$5Cl_2+I_2+6H_2O = 10Cl^-+2IO_3^-+12H^+$
2. 可加入少量 KBr，然后加热蒸出溴

$$Cl_2+2Br^- \longrightarrow 2Cl^-+Br_2$$

3.

$$2Cl_2 + 2Ca(OH)_2 = CaCl_2 + Ca(ClO)_2 + 2H_2O$$
$$Ca(ClO)_2 + 4HCl = CaCl_2 + 2Cl_2 + 2H_2O$$

4.

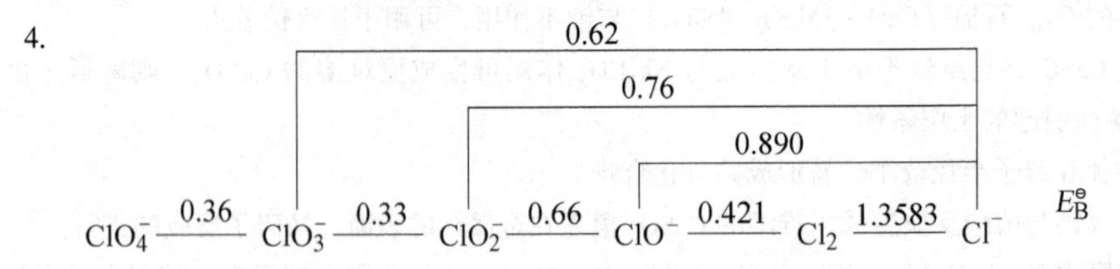

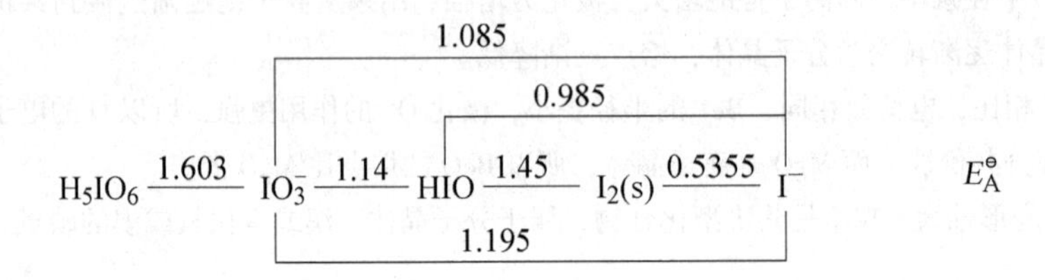

（1）在碱性条件下　　　$E^{\ominus}_{右}-E^{\ominus}_{左}=1.3583-0.421>0$　　能发生

（2）在酸性条件下，$IO_3^- \to I_2$ 电对的 $E^{\ominus}$ 为多少：

	n_1	$E^{\ominus}$	$n_iE^{\ominus}$(V)
$IO_3^- \to HIO$	4	1.14	4×1.14=4.56
$HIO \to I_2$	1	1.45	1×1.45=1.45
	5		6.01

$IO_3^- \to I_2$　　$E^{\ominus}_{HIO_3^-/I_2}=\frac{6.01}{5}=1.205(V)$

$$E^{\ominus}_{右}-E^{\ominus}_{左}=0.5355-1.205<0 \quad 不能发生$$

在碱性条件下，$IO_3^- \to I_2$ 电对的 $E^{\ominus}$ 为多少：

0.26

0.48

$H_3IO_6^{2-}$ —0.65— IO_3^- —0.15— IO^- —0.42— $I_2(s)$ —0.5355— I^-　　$E^{\ominus}_B$

	n_1	$E^{\ominus}$	$n_iE^{\ominus}$(V)
$IO_3^- \to IO^-$	4	0.15	4×0.15=0.6
$IO \to I_2$	1	0.42	1×0.42=0.42
	5		1.02

$IO_3^- \to I_2$　　$E^{\ominus}_{HIO_3^-/I_2}=\frac{1.02}{5}=0.204(V)$

$$E^{\ominus}_{右}-E^{\ominus}_{左}=0.5355-0.204>0 \quad 能发生$$

（3）在酸性条件下　　$E^{\ominus}_{右}-E^{\ominus}_{左}=0.985-1.14=0.31<0$　　不能发生

　　在碱性条件下　　$E^{\ominus}_{右}-E^{\ominus}_{左}=0.48-0.15=0.31>0$　　能发生

解：（1）$E^{\ominus}(Cl_2/Cl^-)=1.3583V>E^{\ominus}(ClO^-/Cl_2)=0.890V$，反应能进行。

（2）$E^{\ominus}(I_2/I^-)=0.5355V<E^{\ominus}(IO_3^-/I_2)=1.195V$，反应不能进行。

（3）$E^{\ominus}(HIO/I^-)=0.985V<E^{\ominus}(IO_3^-/HIO)=1.14V$，反应不能进行。

学能展示

基础知识：

1. 卤素与水可发生两类反应。第一类是卤素对水的氧化作用：$2X_2+2H_2O\rightarrow 4HX+O_2\uparrow$

第二类是卤素的水解作用，即卤素的歧化反应：$X_2+H_2O = H^++X^-+HXO$ 可见：（1）加稀硫酸能抑制 Cl_2 的水解；（2）加苛性钠则促进 Cl_2 水解，生成 HCl 和 HClO（Cl_2、Br_2、I_2 与水主要发生第二类反应）；（3）加氯化钠能抑制 Cl_2 的水解。

知识应用：

1. （1）$\because I_2+I^- \rightleftharpoons I_3^-$

因为 I^- 接近 I_2 分子时，使 I_2 分子极化产生诱导偶极，然后彼此以静电吸引形成 I_3^-。I_3^- 可以解离而生成 I_2，多碘化物溶液的性质实际上和碘溶液相同。

实验室常用此反应获得较大浓度的碘水溶液。

（2）$\because Fe^{3+}+F^- = FeF_6^{3-}$

即 F^- 易与氧化数高、半径小的阳离子形成稳定的配合离子；其稳定性是由于阳离子对于小的氟离子的强的静电引力所致。

如 BF_4^-、AlF_6^{3-}、SiF_6^{3-}、FeF_6^{3-}（除 BF_4^- 中 F^- 的配位数为 4 外，其余都为 6）。

（3）因为漂白粉与空气中的碳酸气作用生成 HClO，HClO 不稳定立即分解。

$$Ca(ClO)_2+H_2O+CO_2 = CaCO_3+2HClO$$

$$2HClO = HCl+O_2$$

2. 解 1：（1）CN^- 具有还原性，可立即撒些漂白粉，用化学氧化法消除污染。

$$4KCN+5Ca(ClO)_2+2H_2O \longrightarrow 4CO_2\uparrow+2N_2\uparrow+5CaCl_2+4KOH$$

（2）
$$FeSO_4+6CN^- = [Fe(CN)_6]^{4-}+SO_4^{2-}$$

或
$$NaClO+CN^- = Na^++CNO^-+Cl^-$$

或
$$5Cl_2+2CN^-+10OH^- = 2HCO_3^-+N_2+10Cl^-+4H_2O$$

$[Fe(CN)_6]^{4-}$、CNO^- 无毒

解 2：（1）CN^- 具有还原性，可立即撒些漂白粉，用化学氧化法消除污染。

$$4KCN+5Ca(ClO)_2+2H_2O \longrightarrow 4CO_2\uparrow+2N_2\uparrow+5CaCl_2+4KOH$$

也可用其他的氧化剂，如碱性条件下通 Cl_2 气。

$$2CN^-+8OH^-+5Cl_2 \longrightarrow 2CO_2\uparrow+N_2\uparrow+10Cl^-+4H_2O$$

（2）CN^- 具有孤对电子，可立即撒些 $FeSO_4$ 和硝石灰，使其生成难溶物。

$$6CN^- + Fe^{2+} \longrightarrow [Fe(CN)_6]^{4-}$$

$$[Fe(CN)_6]^{4-} + 2Ca^{2+} \longrightarrow Ca_2[Fe(CN)_6]\downarrow$$

$$[Fe(CN)_6]^{4-} + 2Fe^{2+} \longrightarrow Fe_2[Fe(CN)_6]\downarrow$$

拓展提升：略

课题 7.2

学能展示

基础知识：

1. 解：（1）H_2S 与 H_2O_2 不能共存，因为 $E^{\ominus}(H_2O_2/H_2O) = 1.763V > E^{\ominus}(S/H_2S) = 0.144V$，$H_2S$ 与

H_2O_2 发生反应：

$$H_2S+H_2O_2 \longrightarrow S\downarrow +2H_2O$$

（2）H_2S 与 H_2O_2 不能共存，因为 H_2S 对 H_2O_2 分解起催化作用：

$$2H_2O_2 \xrightarrow{MnO_2} 2H_2O+O_2\uparrow$$

（3）H_2SO_3 与 H_2O_2 不能共存，因为 $E^\ominus(SO_4^{2-}/H_2SO_3)=0.158V<E^\ominus(H_2O_2/H_2O)=1.763V$，它们之间发生如下反应：

$$H_2SO_3+H_2O_2 \longrightarrow H_2SO_4+H_2O$$

（4）PbS 与 H_2O_2 不能共存，因为 PbS 可被 H_2O_2 氧化：

$$PbS+4H_2O_2 \longrightarrow PbSO_4+4H_2O$$

2. 解：实验室常用硫化亚铁与稀盐酸作用制备硫化氢气体：

$$FeS+2H^+ \longrightarrow Fe^{2+}+H_2S\uparrow$$

不用 HNO_3 或 H_2SO_4 与 FeS 作用，是因为 HNO_3 有氧化性，与 FeS 发生如下反应：

$$FeS+4HNO_3 \longrightarrow Fe(NO_3)_3+S\downarrow +NO\uparrow +2H_2O$$

而 H_2SO_4 与 FeS 作用的产物 $FeSO_4$，易结晶为 $FeSO_4 \cdot 7H_2O$，堵塞管道。

知识应用：

1. 解：因为 $K_{sp}^\ominus(MnS)$ 较大，而 H_2S 溶液中 $c(S^{2-})$ 很小，因而得不到 MnS 沉淀。若有一定量氨水的存在时，$NH_3 \cdot H_2O$ 与 H_2S 反应生成的 $(NH_4)_2S$ 为强电解质，提供的 $c(S^{2-})$ 较大，因此足以产生 MnS 沉淀。
2. 解：SO_2 为酸性氧化物，可采用氨水、氢氧化钠、碳酸钠或石灰乳 $Ca(OH)_2$ 等碱性物质作为吸收剂以除去。

课题 7.3

学能展示

知识应用：

1. 将混合气体通入浓 H_2SO_4 便会除去 N_2 中少量的 NH_3，而 N_2 不溶于水或酸。将 NH_3 通过碱石灰（NaOH 和 CaO 的混合物）便会除去少量的水气。

$$2NH_3+H_2SO_4 = (NH_4)_2SO_4$$
$$CaO+H_2O = Ca(OH)_2$$

2. 由于浓氨水易挥发出 NH_3，NH_3 有还原性，能被强氧化剂 Cl_2 氧化生成 N_2 和 HCl，生成的 HCl 与 NH_3 生成白色小颗粒 NH_4Cl。如果漏气用浓氨水检验，会看到有白烟生成，反之则没有。

$$2NH_3+3Cl_2 = N_2+6HCl \qquad NH_3+HCl = NH_4Cl$$

3. 过磷酸钙肥料的主要成分为 $Ca(H_2PO_4)_2$，之所以作为磷肥是因为其能溶于水，生成 H_2P 被植物吸收，而与石灰一起使用、储存时。两者会发生反应，生成难溶于水的 $CaHPO_4$ 或 $Ca_3(PO_4)_2$，使肥料失效。
4. （1）由于铝表面易形成一层致密的氧化膜。（2）由于冷浓硝酸可使铝表面发生钝化，形成氧化物膜而起保护作用，而不能溶解铝。因此，铝广泛用于航空航天和建筑行业及用作非饮用水管和某些化工设备。
5. 解：（1）在酸性介质中 $\varphi^\ominus(Bi_2O_5/Bi^{3+})=1.60V$，$\varphi^\ominus(Cl_2/Cl^-)=1.36V$，前者大于后者，所以 Bi（V）可氧化 Cl^- 为 Cl_2。

$$Bi_2O_5+10H^++4Cl^- = 2Bi^{3+}+2Cl_2+5H_2O$$

（2）在碱性介质中，$\varphi^\ominus(BiO_3^-/Bi_2O_3)=0.55V$，$\varphi^\ominus(Cl_2/Cl^-)=1.36V$，后者大于前者，所以 Cl_2 可将 Bi(Ⅲ) 氧化成 Bi(Ⅴ)。

$$Bi_2O_3+2Cl_2+6OH^- = 2BiO_3^-+4Cl^-+3H_2O$$

第9章

课题9.3

自学成果评价

一、

1	2
×	×

二、

1. 熔点高、密度小、耐磨、耐低温、无磁性、延展性好，优越的抗腐蚀性及生物相容性。
2. 金红石矿、钛铁矿、钒钛铁矿
3. 性质：钒属于高熔点金属，熔点1900±25℃，沸点为3000℃。金属钒呈银白色，很软，可塑，是电的不良导体，在室温条件下，金属钒在空气中是最稳定的。金属钒不溶于水、碱溶液、稀硫酸及盐酸，但溶于硝酸和王水，浓硫酸和氢氟酸仅在加热时才与钒发生作用。熔融的碱、碳酸钾、硝酸钾可与钒作用生成钒酸盐。钒与氧反应有从+2～+5价的各种化合物，其中最主要的是 V_2O_5（红褐色粉末状物）。钒还具有增强合金的强度，降低热膨胀系数的特点。
   用途：80%～85%的钒主要用于黑色冶金工业中作加制剂、作合金元素，以制备特种钢。在化学工业方面，钒的化合物作为催化剂和裂化剂。此外，在特种玻璃、陶瓷、纺织、橡胶、油漆、照相、电影、医药、电池等行业中也用到钒的化合物。在医学方面，二氧钒（Ⅳ），是潜在的胰岛素代用品，可治疗糖尿病。
4. 金红石、锐钛矿、板钛矿
5. $$TiO_2+H_2SO_4(浓) \xrightarrow{\triangle} TiOSO_4+H_2O$$
   $$TiO_2+2NaOH(浓) \xrightarrow{\triangle} Na_2TiO_3+H_2O$$
   $$Na_2TiO_3+2H_2O \longrightarrow H_2TiO_3\downarrow+2NaOH$$
   $$TiOSO_4+2H_2O \xrightarrow{\triangle} H_2TiO_3\downarrow+H_2SO_4$$
6. 钛族：Ti、Zr、Hf；钒族：V、Nb、Ta；铬族：Cr、Mo、W
7. $$TiO_2(s)+2Cl_2(g)+C(s) \longrightarrow TiCl_4(l)+CO_2(g)$$

学能展示

1. VO^{2+}
2. 覆盖能力强，折射率高
3. V_2O_5 是一种无味、无嗅、有毒的橙黄色或红棕色的粉末，微溶于水，溶液呈微黄色。是两性氧化物，但主要呈酸性。可用偏钒酸铵在空气中于500℃左右分解制得。
   高炉冶炼含钒铁水时，首先使钒钛磁铁矿中的钒进入铁水，含钒铁水在炼钢前，用吹渣的办法使钒从铁水中转入炉渣，然后以此种含钒炉渣（通常称为钒渣）为原料，加入附加剂并经氧化钠化焙烧、水浸、沉钒，此种提钒方法也称为火法提钒。

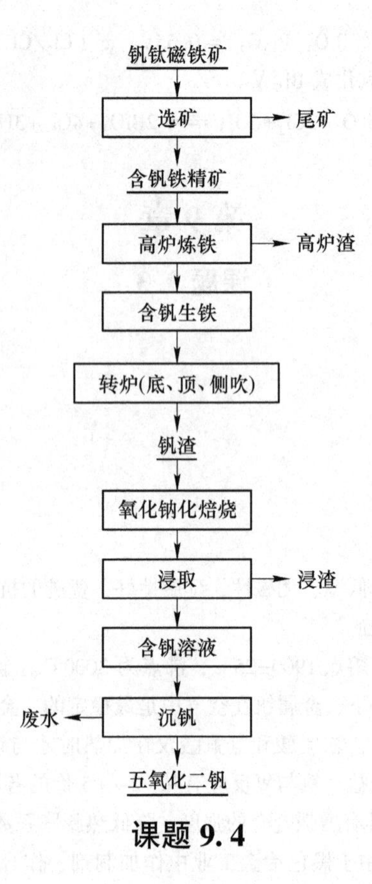

课题 9.4

自学成果评价

一、

1	2	3	4
×	×	×	√

二、重铬酸钾的饱和溶液和浓硫酸混合制得。

学能展示

知识应用：

加入浓 NaOH，发生如下反应：

$$TiO_2+2NaOH\text{（浓）}\xrightarrow{\triangle}Na_2TiO_3+H_2O$$

$$WO_3+2NaOH\longrightarrow Na_2WO_4+H_2O$$

加水稀释，$Na_2TiO_3+2H_2O\rightarrow H_2TiO_3\downarrow+2NaOH$，$H_2TiO_3$ 沉淀下来，钨酸钠留在溶液中，过滤。H_2TiO_3 沉淀经高温煅烧得到 TiO_2，滤液加入硫酸调节 pH 值小于 1，水合三氧化钨析出，过滤、洗涤、烘干、灼烧，得到 WO_3。

第 10 章

课题 10.3

自学成果评价

一、

1	2	3	4	5	6	7
√	√	√	×	√	×	×

二、略

学能展示

1. 解：（1）加稀硝酸加热；（2）加 NaOH；（3）加氨水
2. 纳米铁粉是纳米零价铁颗粒及纳米铁的氧化物颗粒的总称。

   纳米铁颗粒由于具有三维纳米尺寸，因此具有许多奇异的物理、化学性能，粒子将具有量子尺寸效应、小尺寸效应、表面效应和宏观量子隧道效应；在光、电、磁、机械等方面都展现出优异的特性；在催化、滤光、光吸收、医学、生物及磁介质材料等方面具有广泛的应用。

   化学还原法、热解羰基铁法、共沉淀法、水热合成法等。

第 12 章

课题 12. 5

自学成果评价

一、

1	2	3	4	5	6	7	8	9	10	11
×	√	√	×	×	√	√	√	√	×	√

二、

1. 分子的极性
2. （1）加抗静电剂。常用的抗静电剂是一些表面活性剂，其主要作用是提高分子表面的电导性，使之迅速放电，防止电荷积累。

   （2）在高分子中填充导电材料如炭黑、金属粉、导电纤维等也起到抗静电的作用。
3. 改善高分子的结构、添加防老化剂、物理防护
4. 化学改性有一般有三种类型：交联反应、共聚和接枝反应、官能团反应；物理化学改性一般有两种方法：掺合、共混。
5. 模压、注射。在这些方法中以挤塑和注塑成型用得最多，也是最基本的成型方法。

学能展示

基础知识：

一、

1	2	3	4	5	6	7	8
×	×	√	×	√	×	√	√

二、

1	2	3	4	5	6	7
BC	CD	D	B	C	BD	AB

附　录

附表1　常用物理常数

物理量	符号	数值	单位
真空中光速	c	2.99792458×10^{8}	$m\cdot s^{-1}$
真空介电常数	ε_0	8.854188×10^{-12}	$F\cdot m^{-1}$
重力加速度	g	9.80665	$m\cdot s^{-2}$
电子电荷	e	1.60217733×10^{-19}	C
原子质量单位	u	1.6605655×10^{-27}	kg
质子静质量	m_p	1.6726485×10^{-27}	kg
中子静质量	m_n	1.6749543×10^{-27}	kg
电子静质量	m_e	9.109534×10^{-31}	kg
玻尔半径	a_0	5.2917706×10^{-11}	m
理想气体摩尔体积	V_m	22.41383×10^{-3}	$m^3\cdot mol^{-1}$
摩尔气体常数	R	8.31441	$J\cdot mol^{-1}\cdot K^{-1}$
阿伏加德罗常数	N_A	6.022045×10^{23}	mol^{-1}
法拉第常数	F	9.648456×10^{4}	$C\cdot mol^{-1}$
普朗克常数	h	6.626176×10^{-34}	$J\cdot s$
玻耳兹曼常数	k	1.380662×10^{-23}	$J\cdot K^{-1}$
里德伯常量	R_∞	1.097373177×10^{7}	m^{-1}

录自 R. C. Weast，CRC Handbook of Chmemistry and Physics，63rd，1982-1983。

附表 2　标准生成焓、标准生成吉布斯函数和标准熵（$p^{\ominus}=100kPa$，$T=298.15K$）

物质	状态	$\Delta_f H_m^{\ominus}$/kJ · mol^{-1}	$\Delta_f G_m^{\ominus}$/kJ · mol^{-1}	$S_m^{\ominus}$/J · mol^{-1} · K^{-1}
Ag	s	0.0	0.0	42.6
Ag	g	284.9	246.0	173.0
Ag^+	aq	105.65	77.18	72.72
AgBr	s	−100.4	−96.9	107.1
AgCl	s	−127.0	−109.8	96.3
AgI	s	−61.8	−66.2	115.5
$Ag(NH_3)_2^+$	aq	−111.37	−17.25	245.35
$AgNO_3$	s	−124.4	−33.4	140.9
Ag_2CrO_4	s	−731.7	−641.8	217.6
Ag_2O	s	−31.1	−11.2	121.3
Ag_2S	s	−32.6	−40.7	144.0
Al	s	0.0	0.0	28.3
Al	g	330.0	289.4	164.6
$AlCl_3$	s	−704.2	−628.8	110.7
AlF_3	s	−1510.4	−1431.1	66.5
AlI_3	s	−313.8	−300.8	159.0
Al_2O_3	s	−1675.7	−1582.3	50.9
As(灰)	s	0.0	0.0	35.1
As	g	302.5	261.0	174.2
$AsBr_3$	g	−130.0	−159.0	363.9
$AsCl_3$	g	−261.5	−248.9	327.2
AsF_3	g	−785.8	−770.8	298.1
AsH_3	g	66.4	68.9	222.8
As_2O_5	s	−924.9	−782.3	105.4
As_2S_3	s	−169.0	−168.6	163.6
Au	s	0.0	0.0	47.4
Au	g	366.1	326.3	180.5
B	s	0.0	0.0	5.9
B	g	565.0	521.0	153.4
BBr_3	l	−239.7	−238.5	229.7
BBr_3	g	−205.6	−232.5	324.2
BCl_3	l	−427.2	−387.4	206.3

续附表 2

物质	状态	$\Delta_f H_m^\ominus$/kJ·mol^{-1}	$\Delta_f G_m^\ominus$/kJ·mol^{-1}	$S_m^\ominus$/J·mol^{-1}·K^{-1}
BCl_3	g	−403.8	−388.7	290.1
BF_3	g	−1136.0	−1119.4	254.4
H_3BO_3	s	−1094.3	−968.9	88.8
BN	s	−254.4	−228.4	14.8
BN	g	647.5	614.5	212.3
B_2O_3	s	−1273.5	−1194.3	54.0
B_2O_3	g	−843.8	−832.0	279.8
B_2H_6	g	35.6	86.7	232.1
H_3BO_3	aq	−1073.03	−969.50	162.45
$H_2BO_3^-$	aq	−1053.5	−910.44	30.5
Ba	s	0.0	0.0	62.8
Ba	g	180.0	146.0	170.2
$BaBr_2$	s	−757.3	−736.8	146.0
$BaCl_2$	s	−858.6	−810.4	123.7
BaF_2	s	−1207.1	−1156.8	96.4
BaO	s	−553.5	−525.1	70.4
$BaSO_4$	s	−1473.2	−1362.2	132.2
Be	s	0.0	0.0	9.5
Be	g	324.0	286.6	136.3
Be^{2+}	aq	−383.09	−379.95	129.79
$BeCl_2$	s	−490.4	−445.6	82.7
BeF_2	s	−1026.8	−979.4	53.4
BeO	s	−609.4	−580.1	13.8
$BeSO_4$	s	−1205.2	−1093.8	77.9
Bi	s	0.0	0.0	56.7
Bi	g	207.1	168.2	187.0
$BiCl_3$	s	−379.1	−315.0	177.0
$BiCl_3$	g	−265.7	−256.0	358.9
Bi_2O_3	s	−573.9	−493.7	151.5
Br_2	l	0.0	0.0	152.2
Br_2	g	30.9	3.1	245.5
Br^-	aq	−121.63	−104.04	82.48
HBr	g	−36.3	−53.4	198.7

续附表2

物质	状态	$\Delta_f H_m^{\ominus}/kJ \cdot mol^{-1}$	$\Delta_f G_m^{\ominus}/kJ \cdot mol^{-1}$	$S_m^{\ominus}/J \cdot mol^{-1} \cdot K^{-1}$
BrF_3	l	-300.8	-240.5	178.2
BrF_3	g	-255.6	-229.4	292.5
BrF_5	l	-458.6	-351.8	225.1
BrF_5	g	-428.9	-350.6	320.2
C(石墨)	s	0.0	0.0	5.7
C(金刚石)	s	1.9	2.9	2.4
C	g	716.7	671.3	158.1
CO	g	-110.5	-137.2	197.7
CO_2	g	-393.5	-394.4	213.8
CO_2	aq	-414.07	-386.27	117.65
H_2CO_3	aq	-700.12	-623.58	187.57
HCO_3^-	aq	-692.45	-587.24	91.27
CO_3^{2-}	aq	-677.59	-528.25	-56.94
CS_2	l	89.0	64.6	151.3
CS_2	g	116.6	67.1	237.8
CH_4	g	-74.4	-50.3	186.3
CH_3COOH	aq	-488.60	-396.82	178.78
CH_3COO^-	aq	-486.34	-369.65	86.67
Ca	s	0.0	0.0	41.6
Ca	g	177.8	144.0	154.9
Ca^{2+}	aq	-543.20	-553.91	-53.17
$CaBr_2$	s	-682.8	-663.6	130.0
$CaCl_2$	s	-795.4	-748.8	108.4
$CaCO_3$(方解石)	s	-1207.6	-1129.1	91.7
CaF_2	s	-1228.0	-1175.6	68.5
CaO	s	-634.9	-603.3	38.1
$CaSO_4$	s	-1434.5	-1322.0	106.5
CaS	s	-482.4	-477.4	56.5
$Ca(OH)_2$	s	-985.2	-897.5	83.4
Cd	s	0.0	0.0	51.8
$CdBr_2$	s	-316.2	-296.3	137.2
$CdCl_2$	s	-391.5	-343.9	115.3
CdO	s	-258.4	-228.7	54.8

续附表 2

物质	状态	$\Delta_f H_m^\ominus$/kJ · mol^{-1}	$\Delta_f G_m^\ominus$/kJ · mol^{-1}	$S_m^\ominus$/J · mol^{-1} · K^{-1}
$CdSO_4$	s	-933.3	-822.7	123.0
CdS	s	-161.9	-156.5	64.9
$CdCO_3$	s	-750.6	-669.4	92.5
Ce	s	0.0	0.0	72.0
Ce	g	423.0	385.0	191.8
CeO_2	s	-1088.7	-1024.6	62.3
Cl_2	g	0.0	0.0	223.1
Cl^-	aq	-167.26	-131.34	56.52
HCl	g	-92.2	-95.3	186.9
HCl	aq	-167.27	-131.34	56.5
ClO^-	aq	-107.18	-36.84	41.87
ClO_2^-	aq	-66.57	17.17	101.32
ClO_3^-	aq	-104.04	-8.04	162.45
ClO_4^-	aq	-129.41	-8.62	182.13
Co	s	0.0	0.0	30.0
Co	g	424.7	380.3	179.5
Co^{2+}	aq	-58.20	-54.43	-113.04
$CoCl_2$	aq	-392.72	-316.94	0
CoF_2	s	-692.0	-647.2	82.0
$Co(OH)_2$	s	-539.7	-454.3	79.0
CoO	s	-237.9	-214.2	53.0
$CoSO_4$	s	-888.3	-782.3	118.0
$CoCl_2$	s	-312.5	-269.8	109.2
Cr	s	0.0	0.0	23.8
Cr	g	396.6	351.8	174.5
Cr^{2+}	aq	-143.61	-176.1	
Cr^{3+}	aq		-215.5	-307.5
$CrCl_3$	s	-556.5	-486.1	123.0
CrO_4^{2-}	aq	-881.74	-728.34	50.24
Cr_2O_3	s	-1139.7	-1058.1	81.2
$Cr_2O_7^{2-}$	aq	-1491.34	-1302.09	262.09
Cs	s	0.0	0.0	85.2
Cs	g	76.5	49.6	175.6

续附表2

物质	状态	$\Delta_f H_m^{\ominus}/kJ \cdot mol^{-1}$	$\Delta_f G_m^{\ominus}/kJ \cdot mol^{-1}$	$S_m^{\ominus}/J \cdot mol^{-1} \cdot K^{-1}$
CsBr	s	-405.8	-391.4	113.1
CsCl	s	-443.0	-414.5	101.2
CsF	s	-553.5	-525.5	92.8
CsI	s	-346.6	-340.6	123.1
$CsNO_3$	s	-506.0	-406.5	155.2
Cu	s	0.0	0.0	33.2
Cu	g	337.4	297.7	166.4
Cu^+	aq	71.72	50.03	40.61
Cu^{2+}	aq	64.81	65.57	-99.65
CuBr	s	-104.6	-100.8	96.1
$[Cu(CN)_2]^-$	aq		257.91	
CuCl	s	-137.2	-119.9	86.2
CuI	s	-67.8	-69.5	96.7
$[Cu(NH_3)_4]^{2+}$	aq	-348.76	-111.37	273.82
Cu_2O	s	-168.6	-146.0	93.1
CuO	s	-157.3	-129.7	42.6
$CuSO_4$	s	-771.4	-662.2	109.2
CuS	s	-53.1	-53.6	66.5
F_2	g	0.0	0.0	202.8
F^-	aq	-329.11	-276.8	-9.6
HF	g	-273.3	-275.4	173.8
Fe	s	0.0	0.0	27.3
Fe	g	416.3	370.7	180.5
$FeBr_2$	s	-249.8	-238.1	140.6
$FeCl_2$	s	-341.8	-302.3	118.0
$FeCl_3$	s	-399.5	-334.0	142.3
FeF_2	s	-711.3	-668.6	87.0
Fe_2O_3	s	-824.2	-742.2	87.4
Fe_3O_4	s	-1118.4	-1015.4	146.4
FeS	s	-100.0	-100.4	60.3
$FeSO_4$	s	-928.4	-820.8	107.5
Ga	s	0.0	0.0	40.9
Ga	g	277.0	238.9	169.1

续附表 2

物质	状态	$\Delta_f H_m^{\ominus}$/kJ·mol^{-1}	$\Delta_f G_m^{\ominus}$/kJ·mol^{-1}	$S_m^{\ominus}$/J·mol^{-1}·K^{-1}
$Ga(OH)_3$	s	-964.4	-831.3	100.0
GaO	g	279.5	253.5	231.1
Ga_2O_3	s	-1089.1	-998.3	85.0
Ge	s	0.0	0.0	31.1
Ge	g	372.0	331.2	167.9
$GeCl_4$	l	-531.8	-462.7	245.6
$GeCl_4$	g	-495.8	-457.3	347.7
GeO_2	s	-580.0	-521.4	39.7
H_2	g	0.0	0.0	130.7
H^+	aq	0.0	0.0	0.0
H_3O^+	aq	-285.85	-237.2	69.96
OH^-	aq	-230.15	-157.38	-10.76
Hg	l	0.0	0.0	75.9
Hg	g	61.4	31.8	175.0
Hg_2Cl_2	s	-265.4	-210.7	191.6
$HgCl_2$	s	-224.3	-178.6	146.0
Hg_2I_2	s	-121.3	-111.0	233.5
HgI_2(红)	s	-105.4	-101.7	180.0
HgO(红)	s	-90.8	-58.5	70.3
HgS	s	-58.2	-50.6	82.4
I_2	s	0.0	0.0	116.1
I_2	g	62.4	19.3	260.7
I_2	aq	22.61	16.41	137.33
I^-	aq	-55.22	-51.62	111.37
I_3^-	aq	-51.50	-51.50	239.48
HI	g	26.5	1.7	206.6
IBr	g	40.8	3.7	258.8
ICl	l	-23.9	-13.6	135.1
ICl	g	17.8	-5.5	247.6
IF	g	-95.7	-118.5	236.2
IF_5	g	-822.5	-751.7	327.7
In	s	0.0	0.0	57.8
In	g	243.3	208.7	173.8

续附表 2

物质	状态	$\Delta_f H_m^{\ominus}$/kJ · mol^{-1}	$\Delta_f G_m^{\ominus}$/kJ · mol^{-1}	$S_m^{\ominus}$/J · mol^{-1} · K^{-1}
K	s	0.0	0.0	64.7
K	g	89.0	60.5	160.3
K^+	aq	-252.55	-283.45	102.58
KBr	s	-393.8	-380.7	95.9
KCl	s	-436.5	-408.5	82.6
KF	s	-567.3	-537.8	66.6
KI	s	-327.9	-324.9	106.3
$KMnO_4$	s	-837.2	-737.6	171.7
KNO_2	s	-369.8	-306.6	152.1
KNO_3	s	-494.6	-394.9	133.1
KO_2	s	-284.9	-239.4	116.7
K_2O_2	s	-494.1	-425.1	102.1
K_2SO_4	s	-1437.8	-1321.4	175.6
Kr	g	0.0	0.0	164.1
La	s	0.0	0.0	56.9
La	g	431.0	393.6	182.4
La_2O_3	s	-1793.7	-1705.8	127.3
Li	s	0.0	0.0	29.1
Li	g	159.3	126.6	138.8
Li^+	aq	-278.67	-293.49	13.40
LiBr	s	-351.2	-342.0	74.3
LiCl	s	-408.6	-384.4	59.3
LiF	s	-616.0	-587.7	35.7
Li_2CO_3	s	-1215.9	-1132.1	90.4
Lu	s	0.0	0.0	51.0
Lu	g	427.6	387.8	184.8
Mg	s	0.0	0.0	32.7
Mg	g	147.1	112.5	148.6
Mg^{2+}	aq	-467.16	-455.11	-138.16
$MgCl_2$	s	-641.3	-591.8	89.6
MgF_2	s	-1124.2	-1071.1	57.2
MgI_2	s	-364.0	-358.2	129.7
MgO	s	-601.6	-569.3	27.0

续附表 2

物质	状态	$\Delta_f H_m^\ominus$/kJ · mol^{-1}	$\Delta_f G_m^\ominus$/kJ · mol^{-1}	$S_m^\ominus$/J · mol^{-1} · K^{-1}
$MgSO_4$	s	-1284.9	-1170.6	91.6
Mn	s	0.0	0.0	32.0
Mn	g	280.7	238.5	173.7
Mn^{2+}	aq	-220.90	-228.18	-73.69
MnO	s	-385.2	-362.9	59.7
MnO_2	s	-520.0	-465.1	53.1
MnO_4^-	aq	-541.77	-447.57	191.34
MnO_4^{2-}	aq	-653.14	-501.16	58.62
MnS	s	-214.2	-218.4	78.2
Mo	s	0.0	0.0	28.7
Mo	g	658.1	612.5	182.0
MoO_3	s	-745.1	-668.0	77.7
N_2	g	0.0	0.0	191.6
NO	g	90.0	87.0	211.0
NO_2	g	33.2	51.3	240.1
N_2O_4	g	9.2	97.9	304.3
HN_3	l	264.0	327.3	140.6
NH_3	g	-45.9	-16.4	192.8
NH_3	aq	-80.34	-26.59	111.37
NH_4^+	aq	-132.60	-79.42	113.46
HNO_2	g	-79.5	-46.0	254.1
HNO_3	l	-174.1	-80.7	155.6
HNO_3	aq	-207.50	-111.41	146.54
NO_3^-	aq	-207.50	-111.41	146.54
N_2H_4	l	50.6	149.3	121.2
N_2H_4	g	95.4	159.4	238.5
NH_4Br	s	-270.8	-175.2	113.0
NH_4Cl	s	-314.4	-202.9	94.6
NH_4F	s	-464.0	-348.7	72.0
NH_4I	s	-201.4	-112.5	117.0
Na	s	0.0	0.0	51.3
Na	g	107.5	77.0	153.7
Na^+	aq	-240.28	-262.05	59.03

续附表 2

物质	状态	$\Delta_f H_m^{\ominus}$/kJ·mol^{-1}	$\Delta_f G_m^{\ominus}$/kJ·mol^{-1}	$S_m^{\ominus}$/J·mol^{-1}·K^{-1}
NaBr	s	-361.1	-349.0	86.8
NaCl	s	-411.2	-384.1	72.1
NaF	s	-576.6	-546.3	51.1
NaI	s	-287.8	-286.1	98.5
Na_2CO_3	s	-1130.7	-1044.4	135.0
Na_2O	s	-414.2	-375.5	75.1
Na_2O_2	s	-510.9	-447.7	95.0
Na_2SO_4	s	-1387.1	-1270.2	149.6
Na_2S	s	-364.8	-349.8	83.7
NaOH	s	-425.6	-379.5	64.5
NaH	s	-56.3	-33.5	40.0
Nb	s	0.0	0.0	36.4
Nb	g	725.9	681.1	186.3
Nb_2O_5	s	-1899.5	-1766.0	137.2
Ne	g	0.0	0.0	29.9
Ni	s	0.0	0.0	29.9
Ni	g	429.7	384.5	182.2
Ni^{2+}	aq	-54.01	-45.64	-128.95
$Ni(OH)_2$	s	-529.7	-447.2	88.0
NiS	s	-82.0	-79.5	53.0
$NiSO_4$	s	-872.9	-759.7	92.0
$Ni(NH_3)_5^{3+}$	aq		-254.4	
$Ni(CN)_4^{2-}$	aq	368.02	472.27	217.71
O_2	g	0.0	0.0	205.2
H_2O	l	-285.8	-237.1	70.0
H_2O	g	-241.8	-228.6	188.8
H_2O_2	l	-187.8	-120.4	109.6
H_2O_2	g	-136.3	-105.6	232.7
P(白)	s	0.0	0.0	41.1
P(红)	s	-17.6	-12.13	22.8
P_2	g	144.0	103.5	218.1
P_4	g	58.9	24.4	280.0
PBr_3	g	-139.3	-162.8	348.1

续附表 2

物质	状态	$\Delta_f H_m^\ominus$/kJ · mol^{-1}	$\Delta_f G_m^\ominus$/kJ · mol^{-1}	$S_m^\ominus$/J · mol^{-1} · K^{-1}
PCl_3	g	-287. 0	-267. 8	311. 8
PCl_5	g	-374. 9	-305. 0	364. 6
PF_5	g	-1594. 4	-1520. 7	300. 8
PH_3	g	5. 4	13. 4	210. 2
PO_4^{3-}	aq	-1278. 23	-1019. 49	-221. 90
H_3PO_4	l	-1271. 7	-1123. 6	150. 8
H_3PO_4	aq	-1289. 20	-1143. 42	158. 26
$H_2PO_4^-$	aq	-1297. 15	-1131. 15	90. 43
HPO_4^{2-}	aq	-1293. 01	-1089. 99	-33. 49
Pb	s	0. 0	0. 0	64. 8
Pb	g	195. 2	162. 2	175. 4
Pb^{2+}	aq	1. 63	-24. 31	21. 3
$PbCl_2$	s	-359. 4	-314. 1	136. 0
PbI_2	s	-175. 5	-173. 6	174. 9
PbO_2	s	-277. 4	-217. 3	68. 6
Pb_3O_4	s	-718. 4	-601. 2	211. 3
PbS	s	-100. 4	-98. 7	91. 2
$PbSO_4$	s	-920. 0	-813. 0	148. 5
Pt	s	0. 0	0. 0	41. 6
Pt	g	565. 3	520. 5	192. 4
Ra	s	0. 0	0. 0	71. 0
Ra	g	159. 0	130. 0	176. 5
Rb	s	0. 0	0. 0	76. 8
Rb	g	80. 9	53. 1	170. 1
RbCl	s	-435. 4	-407. 8	95. 9
Rh	s	0. 0	0. 0	31. 5
Rh	g	556. 9	510. 8	185. 8
Ru	s	0. 0	0. 0	28. 5
Ru	g	642. 7	595. 8	186. 5
S(斜方)	s	0. 0	0. 0	32. 1
S	g	277. 2	236. 7	167. 8
S_2	g	128. 6	79. 7	228. 2
S^{2-}	aq	33. 08	85. 83	-14. 65

续附表2

物质	状态	$\Delta_f H_m^{\ominus}/\text{kJ}\cdot\text{mol}^{-1}$	$\Delta_f G_m^{\ominus}/\text{kJ}\cdot\text{mol}^{-1}$	$S_m^{\ominus}/\text{J}\cdot\text{mol}^{-1}\cdot\text{K}^{-1}$
SF_4	g	-763.2	-722.0	299.6
SF_6	g	-1220.5	-1116.5	291.5
H_2S	g	-20.6	-33.4	205.8
H_2S	aq	-39.77	-27.88	121.42
SO_2	g	-296.8	-300.1	248.2
SO_3	g	-395.7	-371.1	256.8
HS^-	aq	-17.58	12.06	62.80
H_2SO_4	aq	-909.88	-745.12	20.10
HSO_4^-	aq	-885.75	-752.86	126.85
SO_4^{2-}	aq	-909.88	-745.12	20.10
Sb	s	0.0	0.0	45.7
Sb	g	262.3	222.1	180.3
$SbCl_3$	s	-382.2	-323.7	184.1
Sc	s	0.0	0.0	34.6
Sc	g	377.8	336.0	174.8
Se	s	0.0	0.0	42.4
Se	g	227.1	187.0	176.7
H_2Se	g	29.7	15.9	219.0
Si	s	0.0	0.0	18.8
Si	g	450.0	405.5	168.0
$SiBr_4$	g	-415.5	-431.8	377.9
$SiCl_4$	g	-657.0	-617.0	330.7
SiF_4	g	-1615.0	-1572.8	282.8
SiH_4	g	34.3	56.9	204.6
SiO_2	s	-910.7	-856.3	41.5
H_4SiO_4	s	-1481.1	-1332.9	192.0
Sn(白)	s	0.0	0.0	51.2
Sn(灰)	s	-2.1	0.1	44.1
Sn	g	301.2	266.2	168.5
$SnBr_4$	s	-377.4	-350.2	264.4
$SnCl_4$	l	-511.3	-440.1	258.6
$SnCl_4$	g	-471.5	-432.2	365.8
$Sn(OH)_2$	s	-561.1	-491.6	155.0

续附表 2

物质	状态	$\Delta_f H_m^{\ominus}$/kJ · mol^{-1}	$\Delta_f G_m^{\ominus}$/kJ · mol^{-1}	$S_m^{\ominus}$/J · mol^{-1} · K^{-1}
SnO	s	-280.7	-251.9	57.2
SnO_2	s	-577.6	-515.8	49.0
SnS	s	-100.0	-98.3	77.0
Sr	s	0.0	0.0	52.3
Sr	g	164.4	130.9	164.6
$SrCl_2$	s	-828.9	-781.1	114.9
$SrCO_3$	s	-1220.1	-1140.1	97.1
SrO	s	-592.0	-561.9	54.4
Ta	s	0.0	0.0	41.5
Ta	g	782.0	739.3	185.2
Te	s	0.0	0.0	49.7
Te	g	196.7	157.1	182.7
TeO_2	s	-322.6	-270.3	79.5
Ti	s	0.0	0.0	30.7
Ti	g	473.0	428.4	180.3
$TiCl_3$	s	-720.9	-653.5	139.7
$TiCl_4$	l	-804.2	-737.2	252.3
$TiCl_4$	g	-763.2	-726.3	353.2
TiO	s	-519.7	-495.0	50.0
TiO_2(金红石)	s	-944.0	-888.8	50.6
V	s	0.0	0.0	28.9
V	g	514.2	754.4	182.3
V_2O_5	s	-1550.6	-1419.5	131.0
W	s	0.0	0.0	32.6
W	g	849.4	807.1	174.0
WO_3	s	-842.9	-764.0	75.9
Xe	g	0.0	0.0	169.7
Zn	s	0.0	0.0	41.6
Zn	g	130.4	94.8	161.0
Zn^{2+}	aq	-152.42	-147.19	-106.48
$ZnCl_2$	s	-415.1	-369.4	111.5
$ZnCO_3$	s	-812.8	-731.5	82.4
$Zn(OH)_2$	s	-641.9	-553.5	81.2

续附表 2

物质	状态	$\Delta_f H_m^{\ominus}/kJ \cdot mol^{-1}$	$\Delta_f G_m^{\ominus}/kJ \cdot mol^{-1}$	$S_m^{\ominus}/J \cdot mol^{-1} \cdot K^{-1}$
ZnO	s	-350.5	-320.5	43.7
ZnS(闪锌矿)	s	-206.0	-201.3	57.7
$ZnSO_4$	s	-982.8	-871.5	110.5
Zr	s	0.0	0.0	39.0
Zr	g	608.8	566.5	181.4
$ZrCl_4$	s	-980.5	-889.9	181.6
ZrO_2	s	-1100.6	-1042.8	50.4

录自 David R. Lide，Editor-in-chief，Handbook of Chemistry and Physics，76th Edition，CRC Press Inc.，1995-1996。

附表 3　一些弱电解质在水溶液中的解离常数

电解质		温度/℃	分布	解离常数 K_a 或 K_b	pK_a 或 pK_b
名称	化学式				
砷酸	H_3AsO_4	18	K_{a1}	5.62×10^{-3}	2.25
			K_{a2}	1.70×10^{-7}	6.67
			K_{a3}	3.95×10^{-12}	11.60
硼酸	H_3BO_3	20	K_{a1}	7.3×10^{-10}	9.14
			K_{a2}	1.8×10^{-13}	12.74
			K_{a3}	1.6×10^{-14}	13.80
碳酸	H_2CO_3	25	K_{a1}	4.30×10^{-7}	6.73
			K_{a2}	5.61×10^{-11}	10.25
氢氰酸	HCN	25	K_a	4.93×10^{-10}	9.31
硫化氢	H_2S	18	K_{a1}	9.1×10^{-8}	7.04
			K_{a2}	1.1×10^{-12}	11.96
草酸	$H_2C_2O_4$	25	K_{a1}	5.90×10^{-2}	1.23
			K_{a2}	6.40×10^{-5}	4.19
铬酸	H_2CrO_4	25	K_{a1}	1.8×10^{-1}	0.74
			K_{a2}	3.20×10^{-7}	6.49
氢氟酸	HF	25	K_a	3.53×10^{-4}	3.45
亚硝酸	HNO_2	12.5	K_a	4.6×10^{-4}	3.37
磷酸	H_3PO_4	25	K_{a1}	7.52×10^{-3}	2.12
			K_{a2}	6.25×10^{-8}	7.21
			K_{a3}	2.2×10^{-13}	12.67
硫代硫酸	$H_2S_2O_3$	25	K_{a1}	2.50×10^{-1}	0.60
			K_{a2}	1.90×10^{-2}	1.72
硅酸	H_2SiO_3	25	K_{a1}	2×10^{-10}	9.7
			K_{a2}	1×10^{-12}	12.00
亚硫酸	H_2SO_3	18	K_{a1}	1.54×10^{-2}	1.81
			K_{a2}	1.02×10^{-7}	6.99
醋酸	HAc	25	K_a	1.76×10^{-5}	4.75
氨水	$NH_3\cdot H_2O$	25	K_b	1.77×10^{-5}	4.75

主要录自 Lide D R. CRC Handbook of Chemistry and Physics 73rd Edition，Boca Roton：CRC：839-841。

附表 4 难溶电解质溶度积常数 K_s(25℃)

化合物	pK_{sp}	化合物	pK_{sp}	化合物	pK_{sp}
Ag_3AsO_4	22.0	BiI_3	18.09	CuI	11.96
$AgBrO_3$	4.28	$BiPO_4$	22.89	CuBr	8.28
AgBr	12.3	Bi_2S_3	97	CuCl	5.92
Ag_2CO_3	11.09	BiOOH	9.4	CuCN	19.49
AgCl	9.75	BiOBr	6.52	CuSCN	14.32
Ag_2CrO_4	11.95	BiOCl	30.75	CuOH	14.0
AgCN	15.92	BiOSCN	6.8	Cu_2S	47.6
$Ag_2Cr_2O_7$	6.70	$CaCO_3$	8.54	$FeCO_3$	10.50
AgOH	7.71	$CaCrO_4$	3.15	$Fe(OH)_2$	15.1
$AgIO_3$	7.52	CaF_2	8.28	$FeC_2O_4 \cdot 2H_2O$	6.5
AgI	16.08	$Ca(OH)_2$	5.26	FeS	17.2
$AgNO_2$	3.22	$CaC_2O_4 \cdot H_2O$	8.4	$Fe_4[Fe(CN)_6]_3$	40.52
$Ag_2C_2O_4$	10.46	$Ca_3(PO_4)_2$	28.70	$Fe(OH)_3$	37.4
Ag_3PO_4	15.84	$CaSiO_3$	7.6	Hg_2Br_2	22.24
Ag_2SO_4	4.84	$CaSO_4$	5.04	Hg_2CO_3	16.05
Ag_2SO_3	13.82	$CaSO_3$	7.17	$Hg_2(CN)_2$	39.3
Ag_2S	49.2	$CdCO_3$	11.28	Hg_2Cl_2	17.88
AgSCN	12.00	$Cd(OH)_2$	13.6	Hg_2I_2	28.35
$AlAsO_4$	15.8	CdS	26.1	$Hg_2C_2O_4$	12.7
$Al(OH)_3$	32.9	CeF_3	15.1	Hg_2SO_4	6.13
$AlPO_4$	18.24	$Ce(OH)_3$	19.8	Hg_2SO_3	27.0
Al_2S_3	6.7	$Ce(OH)_4$	47.7	Hg_2S	47.0
AuCl	12.7	Ce_2S_3	10.22	$Hg_2(SCN)_2$	19.7
AuI	22.8	$CoCO_3$	12.84	$Hg(OH)_2$	25.52
$AuCl_3$	24.5	$Co(OH)_2$	14.8	HgS(红)	52.4
$Au(OH)_3$	45.26	$Co(OH)_3$	43.8	HgS(黑)	51.8
AuI_3	46	$Co[Hg(SCN)_4]$	5.82	Li_2CO_3	1.60
$Au_2(C_2O_4)_3$	10	α-CoS	20.4	LiF	2.42
$BaCO_3$	8.29	β-CoS	24.7	LI_3PO_4	8.5

续附表 4

化合物	pK_{sp}	化合物	pK_{sp}	化合物	pK_{sp}
$BaCrO_4$	9.93	$Co_3(PO_4)_2$	34.7	$MgCO_3$	7.46
$Ba(OH)_2$	2.3	$Cr(OH)_3$	30.2	MgF_2	8.19
BaC_2O_4	6.79	$CuCO_3$	9.86	$Mg(OH)_2$	10.74
$Ba_3(PO_4)_2$	22.47	$CuCrO_4$	5.44	$MgSO_3$	2.5
$Ba_2P_2O_7$	10.5	$Cu_2[Fe(CN)_6]$	15.89	$MnCO_3$	10.74
$BaSO_4$	9.96	$Cu(IO_3)_2$	7.13	$Mn(OH)_2$	12.72
$BaSO_3$	6.1	$Cu(OH)_2$	19.66	MnS(无定形)	9.6
BaS_2O_3	4.79	CuC_2O_4	7.64	MnS(晶状)	12.6
$BeCO_3 \cdot 4H_2O$	3	$Cu_3(PO_4)_2$	36.9	$Na[Sb(OH)_6]$	7.4
$Be(OH)_2$	21.8	CuS	35.2	Na_3AlF_6	9.39
$Bi(OH)_3$	30.4	$PbSO_4$	7.79	Tl_2S	20.3
$NiCO_3$	8.18	PbS	28	TlSCN	3.77
$Ni_2[Fe(CN)_6]$	14.89	$Pb(SCN)_2$	4.70	$ZnCO_3$	10.84
$Ni(OH)_2$	14.7	PbS_2O_3	6.40	$Zn_2[Fe(CN)_6]$	15.40
NiC_2O_4	9.4	$Pb(OH)_4$	65.49	$Zn(OH)_2$	16.92
$Ni_3(PO_4)_2$	30.3	$Pt(OH)_2$	35	ZnC_2O_4	7.56
α-NiS	18.5	$Sn(OH)_2$	27.85	$Zn_3(PO_4)_2$	32.04
β-NiS	24.0	$Sn(OH)_4$	56	α-ZnS	23.8
γ-NiS	25.7	SnS	25.0	β-ZnS	21.6
$Pb(Ac)_2$	2.75	SnS_2	26.6	$Zn[Hg(SCN)_4]$	6.66
$PbBr_2$	4.41	$SrCO_3$	9.96	$ZrO(OH)_2$	48.2
$Pb(BrO_3)_2$	1.70	$SrCrO_4$	4.65	$Zr_3(PO_4)_4$	132
$PbCO_3$	13.13	SrF_2	8.61		
$PbCl_2$	4.79	$SrC_2O_4 \cdot H_2O$	6.80		
$PbCrO_4$	12.55	$Sr_3(PO_4)_2$	27.39		
PbF_2	7.57	$SrSO_3$	7.4		
$Pb(OH)_2$	14.93	$SrSO_4$	6.49		
PbI_2	8.15	$TiO(OH)_2$	29		
$Pb(IO_3)_2$	12.49	TlBr	5.47		
PbC_2O_4	9.32	TlCl	3.76		

录自 J. A. 迪安主编，兰式化学手册，科学出版社，1991。

附表 5　标准电极电势

1. 在酸性溶液中

电极反应	电极反应	$\varphi^{\ominus}$/V
Li^+/Li	$Li^+ + e = Li$	-3.045
Rb^+/Rb	$Rb^+ + e = Rb$	-2.925
K^+/K	$K^+ + e = K$	-2.924
Cs^+/Cs	$Cs^+ + e = Cs$	-2.923
Ba^{2+}/Ba	$Ba^{2+} + 2e = Ba$	-2.90
Sr^{2+}/Sr	$Sr^{2+} + 2e = Sr$	-2.89
Ca^{2+}/Ca	$Ca^{2+} + 2e = Ca$	-2.76
Na^+/Na	$Na^+ + e = Na$	-2.712
La^{3+}/La	$La^{3+} + 3e = La$	-2.52
Mg^{2+}/Mg	$Mg^{2+} + 2e = Mg$	-2.375
Y^{3+}/Y	$Y^{3+} + 3e = Y$	-2.37
Lu^{3+}/Lu	$Lu^{3+} + 3e = Lu$	-2.30
Nd^{3+}/Nd	$Nd^{3+} + 3e = Nd$	-2.246
Sc^{3+}/Sc	$Sc^{3+} + 3e = Sc$	-2.08
Ti^{3+}/Ti^{2+}	$Ti^{3+} + e = Ti^{2+}$	-2.0
Be^{2+}/Be	$Be^{2+} + 2e = Be$	-1.85
Ti^{2+}/Ti	$Ti^{2+} + 2e = Ti$	-1.63
ZrO_2/Zr	$ZrO_2 + 4H^+ + 4e = Zr + 2H_2O$	-1.43
V^{2+}/V	$V^{2+} + 2e = V$	-1.2
SiF_6^{2-}/Si	$SiF_6^{2-} + 4e = Si + 6F^-$	-1.2
Mn^{2+}/Mn	$Mn^{2+} + 2e = Mn$	-1.18
Cr^{2+}/Cr	$Cr^{2+} + 2e = Cr$	-0.90
TiO_2/Ti	$TiO_2 + 4H^+ + 4e = Ti + 2H_2O$	-0.86
SiO_2/Si	$SiO_2 + 4H^+ + 4e = Si + 2H_2O$	-0.84
Zn^{2+}/Zn	$Zn^{2+} + 2e = Zn$	-0.7628
Cr^{3+}/Cr	$Cr^{3+} + 3e = Cr$	-0.74
H_3BO_3/B	$H_3BO_3 + 3H^+ + 3e = B + 3H_2O$	-0.73
$Ag_2S/2Ag$	$Ag_2S + 2e = 2Ag + S^{2-}$	-0.7051
Ga^{3+}/Ga	$Ga^{3+} + 3e = Ga$	-0.560
S/S^{2-}	$S + 2e = S^{2-}$	-0.508
$2CO_2/H_2C_2O_4$	$2CO_2 + 2H^+ + 2e = H_2C_2O_4$	-0.49

续附表 5

电极反应	电极反应	$\varphi^{\ominus}$/V
Fe^{2+}/Fe	$Fe^{2+}+2e=Fe$	-0.44
Cr^{3+}/Cr^{2+}	$Cr^{3+}+e=Cr^{2+}$	-0.409
Cd^{2+}/Cd	$Cd^{2+}+2e=Cd$	-0.4026
Co^{2+}/Co	$Co^{2+}+2e=Co$	-0.28
H_3PO_4/H_3PO_3	$H_3PO_4+2H^++2e=H_3PO_3+H_2O$	-0.276
V^{3+}/V^{2+}	$V^{3+}+e=V^{2+}$	-0.255
Ni^{2+}/Ni	$Ni^{2+}+2e=Ni$	-0.25
$2SO_4^{2-}/S_2O_3^{2-}$	$2SO_4^{2-}+4H^++2e=S_2O_3^{2-}+2H_2O$	-0.20
Sn^{2+}/Sn	$Sn^{2+}+2e=Sn$	-0.1364
H_2GeO_3/Ge	$H_2GeO_3+4H^++4e=Ge+3H_2O$	-0.13
Pb^{2+}/Pb	$Pb^{2+}+2e=Pb$	-0.1263
Hg_2I_2/Hg	$Hg_2I_2+2e=2Hg+2I^-$	-0.0405
Ag_2S/Ag	$Ag_2S+2H^++2e=2Ag+H_2S$	-0.0366
Fe^{3+}/Fe	$Fe^{3+}+3e=Fe$	-0.036
H^+/H_2	$2H^++2e=H_2$	0.0000
Sn^{4+}/Sn^{2+}	$Sn^{4+}+2e=Sn^{2+}$	0.15
Cu^{2+}/Cu^+	$Cu^{2+}+e=Cu^+$	0.158
SO_4^{2-}/H_2SO_3	$SO_4^{2-}+4H^++2e=H_2SO_3+H_2O$	0.20
Hg_2Cl_2/Hg(饱和 NaCl)	$Hg_2Cl_2+2e=2Hg+2Cl^-$	0.2360
Hg_2Cl_2/Hg(饱和 KCl)	$Hg_2Cl_2+2e=2Hg+2Cl^-$	0.2415
Hg_2Cl_2/Hg	$Hg_2Cl_2+2e=2Hg+2Cl^-$	0.2682
VO^{2+}/V^{3+}	$VO^{2+}+2H^++e=V^{3+}+H_2O$	0.337
Cu^{2+}/Cu	$Cu^{2+}+2e=Cu$	0.3402
$AgIO_3/Ag$	$AgIO_3+e=Ag+IO_3^-$	0.3551
$(CN)_2/HCN$	$(CN)_2+2H^++2e=2HCN$	0.37
H_2SO_3/S	$H_2SO_3+4H^++4e=S+3H_2O$	0.45
Cu^+/Cu	$Cu^++e=Cu$	0.522
I_2/I^-	$I_2+2e=2I^-$	0.535
O_2/H_2O_2	$O_2+2H^++2e=H_2O_2$	0.682
Sb_2O_5/Sb_2O_3	$Sb_2O_5+4H^++4e=Sb_2O_3+2H_2O$	0.69
Fe^{3+}/Fe^{2+}	$Fe^{3+}+e=Fe^{2+}$	0.770
Hg_2^{2+}/Hg	$Hg_2^{2+}+2e=2Hg$	0.7961
Ag^+/Ag	$Ag^++e=Ag$	0.7996
Pd^{2+}/Pd	$Pd^{2+}+2e=Pd$	0.83

续附表5

电极反应	电极反应	$\varphi^{\ominus}/V$
Hg^{2+}/Hg	$Hg^{2+}+2e=Hg$	0.851
TiO_2/Ti	$TiO_2+4H^++4e=Ti+2H_2O$	0.86
Hg^{2+}/Hg_2^{2+}	$2Hg^{2+}+2e=Hg_2^{2+}$	0.905
NO_3^-/HNO_2	$NO_3^-+3H^++2e=HNO_2+H_2O$	0.94
NO_3^-/NO	$NO_3^-+4H^++3e=NO+2H_2O$	0.96
HIO/I^-	$HIO+H^++2e=I^-+H_2O$	0.99
HNO_2/NO	$HNO_2+H^++e=NO+H_2O$	0.99
$VO_2{}^+/VO^{2+}$	$VO_2{}^++2H^++e=VO^{2+}+H_2O$	1.00
$Br_2(l)/Br^-$	$Br_2(l)+2e=2Br^-$	1.065
IO_3^-/I^-	$IO_3^-+6H^++6e=I^-+3H_2O$	1.085
ClO_4^-/ClO_3^-	$ClO_4^-+2H^++2e=ClO_3^-+H_2O$	1.19
IO_3^-/I_2	$2IO_3^-+12H^++10e=I_2+6H_2O$	1.19
MnO_2/Mn^{2+}	$MnO_2+4H^++2e=Mn^{2+}+2H_2O$	1.208
O_2/H_2O	$O_2+4H^++4e=2H_2O$	1.229
$HBrO/Br^-$	$HBrO+H^++2e=Br^-+H_2O$	1.33
$Cr_2O_7^{2-}/Cr^{3+}$	$Cr_2O_7^{2-}+14H^++6e=2Cr^{3+}+7H_2O$	1.33
Cl_2/Cl^-	$Cl_2+2e=2Cl^-$	1.3583
ClO_4^-/Cl^-	$ClO_4^-+8H^++8e=Cl^-+4H_2O$	1.37
Au^{3+}/Au	$Au^{3+}+3e=Au$	1.42
BrO_3^-/Br^-	$BrO_3^-+6H^++6e=Br^-+3H_2O$	1.44
ClO_3^-/Cl^-	$ClO_3^-+6H^++6e=Cl^-+3H_2O$	1.45
PbO_2/Pb^{2+}	$PbO_2+4H^++2e=Pb^{2+}+2H_2O$	1.46
$HClO/Cl^-$	$HClO+H^++2e=Cl^-+H_2O$	1.49
MnO_4^-/Mn^{2+}	$MnO_4^-+8H^++5e=Mn^{2+}+4H_2O$	1.491
Mn^{3+}/Mn^{2+}	$Mn^{3+}+e=Mn^{2+}$	1.51
$HClO/Cl_2$	$2HClO+2H^++2e=Cl_2+2H_2O$	1.63
MnO_4^-/MnO_2	$MnO_4^-+4H^++3e=MnO_2+2H_2O$	1.679
Au^+/Au	$Au^++e=Au$	1.68
$PbO_2/PbSO_4$	$PbO_2+SO_4^{2-}+4H^++2e=PbSO_4+2H_2O$	1.685
H_2O_2/H_2O	$H_2O_2+2H^++2e=2H_2O$	1.776
Co^{3+}/Co^{2+}	$Co^{3+}+e=Co^{2+}$	1.84
FeO_4^{2-}/Fe^{3+}	$FeO_4^{2-}+8H^++3e=Fe^{3+}+4H_2O$	1.9
$S_2O_8^{2-}/SO_4^{2-}$	$S_2O_8^{2-}+2e=2SO_4^{2-}$	2.01
O_3/O_2	$O_3+2H^++2e=O_2+H_2O$	2.07
F_2/F^-	$F_2+2e=2F^-$	2.87
F_2/HF	$F_2+H^++2e=2HF$	3.06

2. 在碱性溶液中

电极反应	电极反应	$\varphi^{\ominus}$/V
$Mn(OH)_2/Mn$	$Mn(OH)_2 + 2e = Mn + 2OH^-$	-1.47
$Cr(OH)_3/Cr$	$Cr(OH)_3 + 3e = Cr + 3OH^-$	-1.3
ZnO_2^{2-}/Zn	$ZnO_2^{2-} + 2H_2O + 2e = Zn + 4OH^-$	-1.216
SO_4^{2-}/SO_3^{2-}	$SO_4^{2-} + H_2O + 2e = SO_3^{2-} + 2OH^-$	-0.92
H_2O/H_2	$2H_2O + 2e = H_2 + 2OH^-$	-0.8277
$Co(OH)_2/Co$	$Co(OH)_2 + 2e = Co + 2OH^-$	-0.73
$Ni(OH)_2/Ni$	$Ni(OH)_2 + 2e = Ni + 2OH^-$	-0.66
$2SO_4^{2-}/S_2O_3^{2-}$	$2SO_4^{2-} + 3H_2O + 4e = S_2O_3^{2-} + 6OH^-$	-0.58
Cu_2O/Cu	$Cu_2O + H_2O + 2e = 2Cu + 2OH^-$	-0.361
O_2/H_2O_2	$O_2 + 2H_2O + 2e = H_2O_2 + 2OH^-$	-0.146
$CrO_4^{2-}/Cr(OH)_3$	$CrO_4^{2-} + 4H_2O + 3e = Cr(OH)_3 + 5OH^-$	-0.12
$Cu(OH)_2/Cu_2O$	$2Cu(OH)_2 + 2e = Cu_2O + 2OH^- + H_2O$	-0.09
AsO_4^{3-}/AsO_2^-	$AsO_4^{3-} + 2H_2O + 2e = AsO_2^- + 4OH^-$	-0.08
NO_3^-/NO_2^-	$NO_3^- + H_2O + 2e = NO_2^- + 2OH^-$	0.01
HgO/Hg	$HgO + H_2O + 2e = Hg + 2OH^-$	0.0984
Hg_2O/Hg	$Hg_2O + H_2O + 2e = 2Hg + 2OH^-$	0.123
ClO_4^-/ClO_3^-	$ClO_4^- + H_2O + 2e = ClO_3^- + 2OH^-$	0.17
Ag_2O/Ag	$Ag_2O + H_2O + 2e = Ag + 2OH^-$	0.342
ClO_3^-/ClO_2^-	$ClO_3^- + H_2O + 2e = ClO_2^- + 2OH^-$	0.35
O_2/OH^-	$O_2 + 2H_2O + 4e = 4OH^-$	0.401
IO^-/I^-	$IO^- + H_2O + 2e = I^- + 2OH^-$	0.49
IO_3^-/IO^-	$IO_3^- + 2H_2O + 4e = IO^- + 4OH^-$	0.56
MnO_4^-/MnO_4^{2-}	$MnO_4^- + e = MnO_4^{2-}$	0.564
MnO_4^-/MnO_2	$MnO_4^- + 2H_2O + 3e = MnO_2 + 4OH^-$	0.58
MnO_4^{2-}/MnO_2	$MnO_4^{2-} + 2H_2O + 3e = MnO_2 + 4OH^-$	0.588
ClO_2^-/ClO^-	$ClO_2^- + H_2O + 2e = ClO^- + 2OH^-$	0.59
BrO_3^-/Br^-	$BrO_3^- + 3H_2O + 6e = Br^- + 6OH^-$	0.61
ClO_3^-/Cl^-	$ClO_3^- + 3H_2O + 6e = Cl^- + 6OH^-$	0.62
BrO^-/Br^-	$BrO^- + H_2O + 2e = Br^- + 2OH^-$	0.70
ClO_2^-/Cl^-	$ClO_2^- + 2H_2O + 4e = Cl^- + 4OH^-$	0.76
ClO^-/Cl^-	$ClO^- + H_2O + 2e = Cl^- + 2OH^-$	0.90
O_3/O_2	$O_3 + H_2O + 2e = O_2 + 2OH^-$	1.24

录自姚允斌，解涛，高英敏编，物理化学手册，上海科学技术出版社，1985。

参考文献

[1] 浙江大学普通化学教研组编．徐端均，方文军，聂晶晶，沈宏修订．普通化学，6 版［M］．北京：高等教育出版社，2011.
[2] 南京大学《无机及分析化学》编写组．无机及分析化学，5 版［M］．北京：高等教育出版社，2015.
[3] 董元彦，左贤云，邬荆平，等．无机及分析化学［M］．北京：科学出版社，2000.
[4] 北京师范大学、华中师范大学、南京师范大学无机化学教研室．无机化学（下），4 版［M］．北京：高等教育出版社，2003.
[5] 武汉大学．分析化学，4 版［M］．北京：高等教育出版社，2005.
[6] 张留成，瞿雄伟，丁会利．高分子材料基础，3 版［M］．北京：化学工业出版社，2011.
[7] 徐效清．化学上的“可逆反应”与热力学上的“可逆过程”［J］．内蒙古教育学院学报，2000（3）：25~26.
[8] 郝传璞，王清，马仁涛，王英敏，羌建兵，董闯．体心立方固溶体合金中的“团簇+连接原子”结构模型［J］．物理学报，2011（11）：484~491.
[9] 伍茂松．$BiFeO_3$ 基固溶体陶瓷的多铁、微波吸收和磁电耦合性质研究［D］．武汉：华中科技大学，2013.
[10] 蒋玉香，金漫漫，乌凤岐．离子极化理论在无机化学中的应用［J］．辽宁师专学报，2006，8（2）：16~17.
[11] 全球首台常温常压储氢·氢能汽车工程样车“泰歌号”面世［J］．创新时代，2016（10）：101.
[12] 高金良，袁泽明，尚宏伟，雍辉，祁焱．氢储存技术及其储能应用研究进展［J］．金属功能材料，2016（1）：1~11.
[13] 苏玉蕾，王少波，宋刚祥，何丰．氨分解制氢催化剂研究进展［J］．舰船科学技术，2010（4）：138~143.
[14] 吴分贤，史金兰．钛和钛合金的无污染金相腐蚀试剂的研究［J］．上海金属，有色分册，1991（5）：19~21.
[15] 马红征，胡幼芬，应诗臣，叶红川，张之翔．钛及钛合金表面特殊污染层的观察方法——氟化氢氨溶液腐蚀金相观察法［J］．钛工业进展，2001（3）：43~45.
[16] 史烨婷．纯钛及 TC4 钛合金抗空蚀性能的研究［D］．天津：天津大学，2012.
[17] 刘庆宾．中国战略性新兴产业研究与发展——功能材料［M］．北京：机械工业出版社，2016.
[18] 班英飞．揭开钢铁氢脆之谜［J/OL］．中国腐蚀与防护网，腐蚀防护之友，http：//www. ecorr. org/journal/wangzhanhuikan/2015nian11yuedibaqi/2015/1127/12607. html，2015，11（8）.
[19] 2016 年中国石墨烯产业化发展分析［EB/OL］．新材料在线，http：//www. xincailiao. com/news/news_detail. aspx？id=28948，2017-02-13.
[20] 陈平，廖明义．高分子合成材料学（上）［M］．北京：化学工业出版社，2005.
[21] 平郑骅，汪长春．高分子世界［M］．上海：复旦大学出版社，2004.
[22] 韩冬冰，王慧敏．高分子材料概论［M］．北京：中国石化出版社，2008.

元 素 周 期 表

原子序数 — 92 U — 元素符号，红色指放射性元素

元素名称 — 铀

注 * 的是人造元素

$5f^36d^17s^2$ — 外围电子层排布，括号指可能的电子层排布

238.0 — 相对原子质量（加括号的数据为该放射性元素半衰期最长同位素的质量数）

非金属　金 属　过渡元素

周期＼族	IA 1	IIA 2	IIIB 3	IVB 4	VB 5	VIB 6	VIIB 7	VIII 8	9	10	IB 11	IIB 12	IIIA 13	IVA 14	VA 15	VIA 16	VIIA 17	0 18	电子层	0族电子数
1	1 H 氢 $1s^1$ 1.008																	2 He 氦 $1s^2$ 4.003	K	2
2	3 Li 锂 $2s^1$ 6.941	4 Be 铍 $2s^2$ 9.012											5 B 硼 $2s^22p^1$ 10.81	6 C 碳 $2s^22p^2$ 12.01	7 N 氮 $2s^22p^3$ 14.01	8 O 氧 $2s^22p^4$ 16.00	9 F 氟 $2s^22p^5$ 19.00	10 Ne 氖 $2s^22p^6$ 20.18	L K	8 2
3	11 Na 钠 $3s^1$ 22.99	12 Mg 镁 $3s^2$ 24.31											13 Al 铝 $3s^23p^1$ 26.98	14 Si 硅 $3s^23p^2$ 28.09	15 P 磷 $3s^23p^3$ 30.97	16 S 硫 $3s^23p^4$ 32.06	17 Cl 氯 $3s^23p^5$ 35.45	18 Ar 氩 $3s^23p^6$ 39.95	M L K	8 8 2
4	19 K 钾 $4s^1$ 39.10	20 Ca 钙 $4s^2$ 40.08	21 Sc 钪 $3d^14s^2$ 44.96	22 Ti 钛 $3d^24s^2$ 47.87	23 V 钒 $3d^34s^2$ 50.94	24 Cr 铬 $3d^54s^1$ 52.00	25 Mn 锰 $3d^54s^2$ 54.94	26 Fe 铁 $3d^64s^2$ 55.85	27 Co 钴 $3d^74s^2$ 58.93	28 Ni 镍 $3d^84s^2$ 58.69	29 Cu 铜 $3d^{10}4s^1$ 63.55	30 Zn 锌 $3d^{10}4s^2$ 65.41	31 Ga 镓 $4s^24p^1$ 69.72	32 Ge 锗 $4s^24p^2$ 72.64	33 As 砷 $4s^24p^3$ 74.92	34 Se 硒 $4s^24p^4$ 78.96	35 Br 溴 $4s^24p^5$ 79.90	36 Kr 氪 $4s^24p^6$ 83.80	N M L K	8 18 8 2
5	37 Rb 铷 $5s^1$ 85.47	38 Sr 锶 $5s^2$ 87.62	39 Y 钇 $4d^15s^2$ 88.91	40 Zr 锆 $4d^25s^2$ 91.22	41 Nb 铌 $4d^45s^1$ 92.91	42 Mo 钼 $4d^55s^1$ 95.94	43 Tc 锝 $4d^55s^2$ [98]	44 Ru 钌 $4d^75s^1$ 101.1	45 Rh 铑 $4d^85s^1$ 102.9	46 Pd 钯 $4d^{10}$ 106.4	47 Ag 银 $4d^{10}5s^1$ 107.9	48 Cd 镉 $4d^{10}5s^2$ 112.4	49 In 铟 $5s^25p^1$ 114.8	50 Sn 锡 $5s^25p^2$ 118.7	51 Sb 锑 $5s^25p^3$ 121.8	52 Te 碲 $5s^25p^4$ 127.6	53 I 碘 $5s^25p^5$ 126.9	54 Xe 氙 $5s^25p^6$ 131.3	O N M L K	8 18 18 8 2
6	55 Cs 铯 $6s^1$ 132.9	56 Ba 钡 $6s^2$ 137.3	57~71 La~Lu 镧系	72 Hf 铪 $5d^26s^2$ 178.5	73 Ta 钽 $5d^36s^2$ 180.9	74 W 钨 $5d^46s^2$ 183.8	75 Re 铼 $5d^56s^2$ 186.2	76 Os 锇 $5d^66s^2$ 190.2	77 Ir 铱 $5d^76s^2$ 192.2	78 Pt 铂 $5d^96s^1$ 195.1	79 Au 金 $5d^{10}6s^1$ 197.0	80 Hg 汞 $5d^{10}6s^2$ 200.6	81 Tl 铊 $6s^26p^1$ 204.4	82 Pb 铅 $6s^26p^2$ 207.2	83 Bi 铋 $6s^26p^3$ 209.0	84 Po 钋 $6s^26p^4$ [209]	85 At 砹 $6s^26p^5$ [210]	86 Rn 氡 $6s^26p^6$ [222]	P O N M L K	8 18 32 18 8 2
7	87 Fr 钫 $7s^1$ [223]	88 Ra 镭 $7s^2$ [226]	89~103 Ac~Lr 锕系	104 Rf 𬬻* $(6d^27s^2)$ [261]	105 Db 𬭊* $(6d^37s^2)$ [262]	106 Sg 𬭳* [266]	107 Bh 𬭛* [264]	108 Hs 𬭶* [277]	109 Mt 鿏* [268]	110 Ds 𫟼* [281]	111 Rg 𬬭* [272]	112 Uub * [285]	······							

镧系	57 La 镧 $5d^16s^2$ 138.9	58 Ce 铈 $4f^15d^16s^2$ 140.1	59 Pr 镨 $4f^36s^2$ 140.9	60 Nd 钕 $4f^46s^2$ 144.2	61 Pm 钷 $4f^56s^2$ [145]	62 Sm 钐 $4f^66s^2$ 150.4	63 Eu 铕 $4f^76s^2$ 152.0	64 Gd 钆 $4f^75d^16s^2$ 157.3	65 Tb 铽 $4f^96s^2$ 158.9	66 Dy 镝 $4f^{10}6s^2$ 162.5	67 Ho 钬 $4f^{11}6s^2$ 164.9	68 Er 铒 $4f^{12}6s^2$ 167.3	69 Tm 铥 $4f^{13}6s^2$ 168.9	70 Yb 镱 $4f^{14}6s^2$ 173.0	71 Lu 镥 $4f^{14}5d^16s^2$ 175.0
锕系	89 Ac 锕 $6d^17s^2$ [227]	90 Th 钍 $6d^27s^2$ 232.0	91 Pa 镤 $5f^26d^17s^2$ 231.0	92 U 铀 $5f^36d^17s^2$ 238.0	93 Np 镎 $5f^46d^17s^2$ [237]	94 Pu 钚 $5f^67s^2$ [244]	95 Am 镅* $5f^77s^2$ [243]	96 Cm 锔* $5f^76d^17s^2$ [247]	97 Bk 锫* $5f^97s^2$ [247]	98 Cf 锎* $5f^{10}7s^2$ [251]	99 Es 锿* $5f^{11}7s^2$ [252]	100 Fm 镄* $5f^{12}7s^2$ [257]	101 Md 钔* $(5f^{13}7s^2)$ [258]	102 No 锘* $(5f^{14}7s^2)$ [259]	103 Lr 铹* $(5f^{14}6d^17s^2)$ [262]

注:相对原子质量录自2001年国际原子量表，并全部取4位有效数字。